绿色环保新兴领域
"十四五"高等教育教材

环境工程
微生物学

任洪强　主编

中国教育出版传媒集团

高等教育出版社·北京

内容提要

　　本书构建了"微生物学基础—环境工程应用—应用前沿及热点"模块化知识体系，包括绪论、微生物学基础、微生物生态、环境微生物学新技术及应用、展望等篇章。其中，"微生物学基础"部分主要包括微生物的分类与特征、微生物的营养与代谢、微生物的生长和控制、微生物的遗传和育种，"微生物生态"部分主要包括微生物的生态、微生物在物质循环中的作用、环境污染治理中的微生物，"环境微生物学新技术及应用"部分主要包括微生物检测技术及应用、微生物组学及应用、合成生物学及应用。本书还配套建设了系列数字化资源、核心示范课、重点实验实践项目。

　　本书可作为高等学校环境工程、环境科学、资源循环科学与工程、环境生态工程、给排水科学与工程及相关专业的本科生和研究生教材，也可供相关专业的科研人员、设计人员、工程技术人员等参考。

图书在版编目（CIP）数据

　　环境工程微生物学／任洪强主编. -- 北京：高等教育出版社，2025.2. -- ISBN 978-7-04-063123-4

　　Ⅰ. X172

　　中国国家版本馆 CIP 数据核字第 2024XC9509 号

Huanjing Gongcheng Weishengwuxue

策划编辑	陈正雄　张梅杰	责任编辑	张梅杰	封面设计	张雨微	版式设计	杨　树
责任绘图	邓　超	责任校对	窦丽娜	责任印制	沈心怡		

出版发行	高等教育出版社	网　址	http://www.hep.edu.cn
社　址	北京市西城区德外大街 4 号		http://www.hep.com.cn
邮政编码	100120	网上订购	http://www.hepmall.com.cn
印　刷	运河（唐山）印务有限公司		http://www.hepmall.com
开　本	787mm×1092mm　1/16		http://www.hepmall.cn
印　张	29.75		
字　数	680 千字	版　次	2025 年 2 月第 1 版
购书热线	010-58581118	印　次	2025 年 2 月第 1 次印刷
咨询电话	400-810-0598	定　价	63.00 元

前　言

　　环境工程微生物学主要研究微生物在污染物控制和生态修复过程中的基本原理、理论、技术、工艺及其实际应用，不仅是环境工程专业的一门重要基础课程，也是解决现代环境问题的重要手段。

　　本书在充分吸收和借鉴世界范围内环境工程微生物学领域新成果及国内相关教材的基础上，以"微生物学基础—环境工程应用—应用前沿及热点"为主线，系统介绍相关模块化知识，包括绪论、微生物学基础、微生物生态、环境微生物学新技术及应用、展望等篇章。其中，"微生物学基础"部分主要包括微生物的分类与特征、微生物的营养与代谢、微生物的生长和控制、微生物的遗传和育种，"微生物生态"部分主要包括微生物的生态、微生物在物质循环中的作用、环境污染治理中的微生物，"环境微生物学新技术及应用"部分主要包括微生物检测技术及应用、微生物组学及应用、合成生物学及应用。

　　面对层出不穷的环境问题与不断升级的产业需求，本书合理融入国际科研和产业发展新进展、新技术、新案例，配套建设了系列数字化资源、核心示范课、重点实验实践项目，在交叉融通、科教融汇与产教融合方面进行了有益探索，打造新形态教材。

　　本书内容新颖，系统性、实用性强，是新时期环境工程微生物学课程发展的最新成果，能满足不同学科背景的环境工程及相关专业学生的需求，各院校可根据自身特点，确定适宜的学时和教学内容重点。

　　本书各章节主要编写人员有：绪论，任洪强；第一章至第四章，胡海冬；第五章至第七章，黄辉；第八章至第九章，叶林；第十章及展望，王瑾丰。配套的数字化资源、核心示范课和重点实验实践项目由任洪强、黄辉统筹设计，本书编写组合作完成。孙珮石和丁丽丽对本书进行了审阅并提出修改意见，在此一并表示感谢！

　　本书在编写过程中参考了大量的国内外教材、专著和相关资料，在此对这些著作的作者表示感谢。

　　鉴于研究范围和水平所限，书中有不妥之处，敬请专家学者、广大师生和科研人员批评指正，不胜感激！

编　者

2024 年 6 月于南大仙林

目　录

第二篇　微生物生态

第三篇　环境微生物学新技术及应用

绪　论

本章导读

　　微生物在环境工程领域扮演着重要的角色，发挥着不可或缺的作用。本章介绍微生物的概念与特点、微生物与环境工程的关系、环境工程微生物学的主要内容，从而使读者建立环境工程微生物学的知识框架，为读者理清整体脉络。

第一节　微生物概述

一、微生物的概念及特点

（一）微生物的概念

　　微生物，是形体微小的所有生物的统称，通常是指直接用肉眼（分辨力大多是 0.2 mm）看不见、必须借助显微镜才能看见的所有微小生物。微生物不是生物学上的生物分类类别。

　　微生物既包括很多小于 1 μm（微米）的病毒、数微米的细菌、几十微米的原生动物等极其微小的生物，也包括真菌和藻类，以及动物和植物中形体有数百微米的生物。因此，微生物包含了生物学上多个分类类别（动物界、植物界、病毒界、真菌界、原核生物界）中形体微小的生物。

（二）微生物的特点

　　各类微生物虽然在形态、细胞结构等方面有很多不同点，但也有许多共同点，具体介绍如下：

1. 个体微小

　　微生物的个体极小，有微米（μm）级的，要通过光学显微镜才能看见。大多数病毒小于 0.2 μm，是纳米（nm）级的，在光学显微镜可视范围外，要通过电子显微镜才可看见。

2. 分布广泛、种类繁多

微生物极小、很轻，附着于尘土随风飞扬，漂洋过海，栖息在世界各处，分布极广。同一种微生物可分布于世界各地，在江、河、湖、海、土壤、空气、高山、温泉水、人和动物体内外、酷热的沙漠、寒冷的雪地、南极、北极、冰川、污水、淤泥、固体废物等处处都有。自然界物质丰富，为微生物提供丰富食物。微生物的营养类型和代谢途径呈多样性，从无机营养到有机营养，能充分利用自然资源。其呼吸类型也呈多样性，在有氧环境、缺氧环境，甚至是无氧环境均有能生活的种类。环境的多样性（如极端高温、低温、高盐度和极端 pH）造就了微生物的种类繁多和数量庞大。

3. 繁殖迅速

大多数微生物以裂殖方式繁殖后代，在适宜的环境条件下，十几分钟至二十几分钟就可繁殖一代，如大肠杆菌等。就算繁殖慢的也只需几天，如产甲烷菌等。

4. 易变异

多数微生物为单细胞，结构简单，整个细胞直接与环境接触，易受环境因素影响，引起遗传物质 DNA 的改变而发生变异，或变异为优良菌种，或使菌种退化。病毒更是容易发生变异（如禽流感病毒），人们对它的认识及对它的应变能力，远跟不上它的变异速度，以致患病的人和动物得不到及时治疗而死亡。此外，微生物个体微小，比表面积大，繁殖迅速，较之高等生物容易发生变异。

二、微生物的分类和命名

（一）微生物的分类

形体微小微生物的结构通常较简单。有些微生物不具备细胞结构，如病毒，仅由一些大分子有机物构成。绝大多数微生物是以细胞为结构单元组成的单细胞或多细胞生物。

微生物的细胞按细胞核膜、细胞器及有丝分裂等的有无，划分为原核细胞和真核细胞两大类。由原核细胞构成的微生物称为原核（微）生物，由真核细胞构成的微生物称为真核（微）生物。总体上，真核细胞要比原核细胞大。真核生物有单细胞和多细胞之分。原核微生物几乎都是由一个原核细胞构成的。

原核微生物是生物进化进程中早期出现的生物，其细胞较原始，细胞内 DNA 链高度盘曲折叠，直接散布在细胞质中，外面没有核膜包裹，细胞核物质与细胞质之间缺乏明显的"界线"，仅有一个核区，称为拟核或似核，因此，原核细胞内没有明显的"细胞核"。另外原核微生物的细胞内也没有细胞器，只有由细胞质内陷形成的不规则泡沫结构的膜体系，如间体和光合作用层片及其他内折，也不进行有丝分裂。原核微生物包括细菌、放线菌、蓝绿细菌、古细菌、支原体、衣原体。

真核微生物是在和原核微生物具有的共同"祖先"的基础上进化而来的，但它们的细胞具有发育完好的细胞核。细胞核内有核质和染色质，其最外为核膜，将核质与细胞质分开，使两者之间存在有明显的界线。真核细胞具有高度分化的细胞器，如线粒体、中心体、高尔基体、内质网、溶酶体和叶绿体等，进行有丝分裂。真核微生物包括霉菌、酵母菌、除蓝细菌以外的藻类、原生动物、微型后生动物等。

为了识别和研究微生物，将各种微生物按其客观存在的生物属性（如个体形态及大小、染色反应、菌落特征、细胞结构、生理生化反应、与氧的关系、血清学反应等）及它们的亲缘关系，有次序地分门别类排列成一个系统，从大到小，按域（domain）、界（kingdom）、门（phylum）、纲（class）、目（order）、科（family）、属（genus）、种（species）等分类。把主要的、基本属性类似的微生物分列为域，在域内从类似的微生物中找出它们的差别，再列为界。以此类推，一直分到种。"种"是分类的最小单位。种内微生物之间的差别很小，有时为了区分小差别可用株表示，但"株"不是分类单位。在两个分类单位之间可加亚门、亚纲、亚目、亚科、亚属、亚种及变种等次要分类单位。最后对每一属或种给予严格的、科学的名称。

（二）微生物的命名

微生物的命名是采用生物学中的二名法，即用两个拉丁词命名一个微生物的种。种的名称是由一个属名和一个种名组成，属名和种名都用斜体字表达，属名在前，用拉丁文名词表示，第一个字母大写；种名在后，用拉丁文的形容词表示，第一个字母小写。如大肠埃希氏菌的名称是 *Escherichia coli*。为了避免同物异名或同名异物，在微生物名称之后缀有命名人的姓。例如，大肠埃希氏菌的名称是 *Escherichia coli* Castellani and Chalmers（"大肠埃希氏菌"简称"大肠杆菌"），浮游球衣菌的名称是 *Sphaerotilus natans* Kutzing 等。如果只将细菌鉴定到属，未鉴定到种，则该细菌的名称只有属名，没有种名。例如，芽孢杆菌属的名称是 *Bacillus*，梭菌属的名称是 *Clostridium*，也可在属名后面加 sp.（单数）或 spp.（复数），sp 和 spp 是种（species）的缩写。例如，*Bacillus* sp.（spp.）。

第二节　微生物与环境工程

一、微生物对人类生存环境的影响

（一）微生物对环境的积极影响

微生物活动给人类生存环境带来不可忽视的影响，可概括为几点：

① 微生物菌种是人类宝贵的自然资源，是地球生物多样性中的重要成员。

② 微生物是环境中有机物的主要分解者。因为环境中各种有机污染物可得到生物降解，动植物残体才不会堆积如山，减少了对环境的危害。在生物界中只有微生物能将有机质彻底分解，使之最终变成 CO_2、H_2O 及其他不可再分解的简单物质回归于环境，从而使地球上生命所需的各种化学元素得以循环使用，使人类社会得以绵延不绝，向前发展。

③ 微生物是环境中无机物的重要转化者。环境中有毒有害无机物可被微生物经生物转

化为无毒害态的无机物。

④ 微生物是参与环境污染物综合利用、变废为宝的重要一员。它们在分解有机污染物时，能将废弃物转化生成有益于人体或可以利用的化学物质，如蛋白质，有机酸、醇类等有机溶剂；同时有机物分解，释放大量热能或产生甲烷、氢气等物质可作清洁能源。

（二）微生物对环境的有害影响

1. 病原微生物

人类在生产生活过程排出的废物中可带有大量病原微生物。它们在一定条件下会造成环境污染、随环境传播而致疾病流行。例如，许多医院污水未经有效处理即排入江河湖泊，会造成"前门治病，后门放毒"的危害。又如，生活污水未经处理即行灌溉，加上不合理的灌溉方式（如高程喷淋）会产生含病菌的气溶胶，在大气环境中传播。

2. 微生物代谢物

微生物在环境中活动，可因产生有害的代谢物而污染环境。一方面，微生物活动可产生常见、简单的化学物质如硫化氢、氮氧化物、甲烷、强酸等，它们在特定条件下可能积累于环境中形成危害；另一方面，微生物活动可能产生某些特殊的化学物质，它们是毒性物质甚至是致癌、致畸、致突变物，积累于环境中严重威胁人体健康。例如，具有毒性的甲基汞化合物、致癌的亚硝胺类化合物、可能致肝癌的黄曲霉毒素等的产生与积累，均与环境中的微生物代谢有关。

3. 富营养化水体中的微生物

由于严重的污染使一些沿海港湾及内陆湖泊等水体成为富营养化水体，在特定条件下会发生赤潮或水华危害。十余年来，富营养化有呈广泛发展且较常发生之势。例如，从未报道过水华的汉江，其武汉段江水在20世纪90年代竟发生过3次严重的水华。赤潮与水华是由于某些蓝细菌或微小藻类暴发性增殖所致。当其发生时，不仅水体景观恶劣，且会带来渔业、旅游业等重大经济损失，亦会因藻类产生毒素而危及人群健康。

二、微生物与环境工程之间的关系

微生物在环境保护和环境治理中，在保持生态平衡等方面与其他生物一样，起着举足轻重的作用。

首先，微生物在环境工程中扮演着重要的角色。它们可以帮助净化空气和水环境，可以从空气中去除有害的有机物质，如二氧化碳、甲烷、硫化氢等，还可以从水中去除有害的有机物质，如酚类等。此外，微生物还可以帮助净化土壤，降低土壤中污染物的浓度，促进土壤中有益微生物的发展，促进土壤肥力的恢复。

其次，微生物在环境工程中还有一些特殊的应用。例如，微生物可以被用来处理含有重金属的废水，也可以用来处理含有石油的废水，还可以用来处理含有有机物质的废水。此外，微生物在环境工程中还可以用来处理废气，改善空气质量。微生物可以作为一种降解剂，有效地降解有毒有害物质，如氯化氢、氨气等，从而改善空气质量。

第三节　环境工程微生物学的主要内容

一、环境工程微生物学的研究对象

环境工程微生物学主要研究微生物在污染物控制和生态修复过程中的基本原理、理论、技术、工艺及其实际应用，包括微生物的分类与特征、微生物的营养与代谢、微生物的生长与控制、微生物的遗传与变异；水体、土壤、空气、城市生活污水、工业废水和城市有机固体废物以及废气生物处理中的微生物及其生态；自然环境中物质循环与转化；水体和土壤的自净作用，污染水体治理与修复、污染土壤的治理与修复等环境工程净化的原理；微生物检测技术、微生物组学、合成生物学等环境微生物学新技术及应用。

二、环境工程微生物学的研究任务

环境工程微生物学的研究内容和具体任务就是充分利用有益微生物资源为人类造福，防止、控制和消除微生物的有害活动，化害为利。利用微生物实现污废水、废气的净化，处理有机固体废物，将污染物转化为有用资源，变"废"为宝，生产出能源和肥料等；加速污染的环境（如石油污染的土壤、河湖以及海洋）尽快恢复到清洁的状态，防治水体中病原微生物的污染和饮用水的消毒。

在环境工程中处理废水、污染的土壤和有机固体废物的众多方法中，生物处理法都占据着重要位置。与物理、化学法相比，它经济、高效，更重要的是可基本达到无害化。微生物是对污染物进行生物处理、净化环境的工作主体，只有全面了解和掌握微生物的基本特性，才能培养、应用好微生物，取得较好的净化效果。

三、环境工程微生物学的发展

环境工程微生物学是伴随水环境污染的出现而形成的。自西方工业革命起，环境污染问题就开始涌现，并日趋严重，造成所在国环境质量急剧恶化。环境污染问题也逐渐扩展，演变成了世界范围内的共同问题之一。20世纪50年代后，相继发生了一些著名的环境公害事件，如美国洛杉矶的光化学烟雾、英国伦敦烟雾、日本四日市的哮喘病、日本熊本由于汞引起的水俣病及神通川骨痛病，都曾对人类造成极大伤害。20世纪80年代后，由于环境保护工作较工农业生产和城市化发展相对滞后，我国各地地表河湖甚至地下水都遭到了明显的污染，严重威胁人民的生命健康和社会经济的发展。携带有机物的废水和固体废物被排入自然环境，造成环境中微生物的快速、大量繁殖，从而导致水体缺氧、黑臭，水生生物消亡，湖泊和海湾的富营养化；垃圾散发出恶臭；土壤和水体等污染现象，使得水体和土壤丧失使用价值。进入2000年以来，排水中大量低浓度污染物导致的长期、累积性健康危害逐渐受到关注，水质健康风险防控又成为水污染控制的新目标。这些污染很多是和微生物的介入密不可分的，要深入了解污染过程就离不开微生物学知识。

随着微生物学中各个分支学科相互渗透，尤其是分子生物学、分子遗传学的发展，推动了酶学和基因工程在各个领域的应用和长足发展。如固定化酶、固定化微生物细胞处理工业废水，筛选处理特种废水的菌种，用基因工程技术构建超级菌用于环境工程，这方面已有分解石油烃类的超级菌的实例。基因组学和蛋白质组学等组学及合成生物学也逐渐应用于环境微生物学的研究。在生物修复领域，微生物组学的应用已经成为一种重要的环境治理策略。这项技术使得科学家能够识别出那些具有特定降解能力的微生物，这些微生物能够分解土壤和水体中的有害化学物质，例如多环芳烃、重金属和残留农药。通过实验室培养和野外实验，研究人员能够验证这些微生物的生物修复潜力，并开发出针对性的方案，以自然方式净化受污染环境。生物组学还能帮助人们理解微生物群落在生态系统服务中的作用。例如，在海洋生态系统中，微生物通过参与碳的固定和释放，对全球碳循环有着不可忽视的影响。在生物传感器方面，合成生物学可以设计能够选择性地检测污染物的生物体。在微生物降解污染物方面，合成生物学提供了改造微生物的工具，已经有相关应用案例，如特纳（Tumer）实验室在 2013 年对单胺氧化酶 MAO-N 的底物口袋进行了定向进化，使得其能催化降解的底物从苯甲胺拓展到二苯甲胺，且其降解产物的手性是特定的，纯度可达 99%。

Nature 杂志及其子刊根据每个领域的重大发现，每年都推选其认为最具价值的技术为年度技术。2018 年的年度技术为"单细胞转录组技术"，2019 年为"单细胞多组学技术"，2020 年为"空间转录组技术"，连续三年的年度技术反映了带有单细胞和空间分辨率转录组技术应用的前沿趋势。

总而言之，不断迭代升级的微生物学研究方法和技术，为高水平环境保护和生态恢复提供了强有力的方法和工具支撑，有利于加深人们对微生物在生态系统中作用的理解，并最终加快环境工程微生物技术的创新和发展，服务于人与自然和谐共生的现代化建设。

思考题

1. 微生物有哪些特点？
2. 微生物对人类生存环境的积极影响有哪些？消极影响有哪些？
3. 微生物与环境工程之间的关系是怎样的？
4. 请简述环境工程微生物学的研究对象与研究任务。
5. 环境工程微生物学未来应朝着哪些方向发展？请提出你的见解。

第一篇 微生物学基础

第一章
微生物的分类与特征

本章导读

根据细胞结构的有无，将微生物分为细胞型微生物和非细胞型微生物（如病毒），又把细胞型微生物分为原核微生物和真核微生物。原核微生物中只包括真细菌（细菌、放线菌、蓝细菌、支原体、立克次氏体和衣原体等）和古细菌两大类微生物，真核微生物中包括真菌、原生动物、藻类和微型后生动物。本章主要介绍这些不同类群的微生物及其各自的特征。

第一节　微生物分类

一、微生物的分类系统

微生物种类繁多，类群庞杂。微生物系统分类学是一门与相关研究技术和方法学共同发展的学科。各类群微生物有各自的分类系统，如细菌分类系统、酵母菌分类系统、霉菌分类系统等。在对原核微生物（以细菌为主）分类中，目前国际上有三个比较全面的分类系统，分别是苏联克拉西里尼科夫著的《细菌和放线菌的鉴定》（1949 年出版）、法国普雷沃著的《细菌分类学》（1961 年出版）和美国细菌学家协会出版的《伯杰细菌鉴定手册》（*Bergey's Manual of Determinative Bacteriology*）（1957 年第七版）。这三个系统虽然都是针对细菌的，但它们所依据的原则、排列的系统、对各类细菌的命名和所用名称的含义等都不相同，例如，《伯杰细菌鉴定手册》在第七版之前按照细菌的革兰氏染色反应、菌体形态、代谢特征等表型特征进行分类，克拉西里尼科夫的鉴定书按照细菌的形态和结构特征进行分类，普雷沃的分类学按照细菌的亲缘关系进行分类。

二、微生物在生物界的地位

人类对于自然界中微生物的认识经历了一个比较漫长的历史发展过程。

（一）两界到六界系统

历史上，人们先后提出了二界系统、三界系统、四界系统、五界系统、六界系统等。早在18世纪中叶，人们将所有生物分为动物界和植物界。随着人类认识水平不断进步，1665年荷兰人列文虎克改进了显微镜并观察到了神奇的微观世界，人们发现传统的二界系统已难以对生物进行合理的分类。19世纪，细胞学说被提出，生物学家海克尔（E. N. Haeckel）于1866年建议在动物界和植物界之外增加一个由低等生物组成的第三界——原生生物界。原生生物界主要由一些单细胞生物及无核细胞生物组成，其中包括细菌、真菌、藻类和原生动物。

20世纪30年代，电子显微镜的发明又使人们认识到病毒的非细胞结构。随后电子显微镜的应用及细胞超微结构分析技术不断发展，原核和真核的概念被建立。1956年考柏兰（H. F. Copeland）提出四界分类系统，即原核生物界（细菌和蓝藻等）、原生生物界（藻类和原生动物等）、动物界和植物界。

1969年魏特克（Whittaker）提出把真菌单独列为一界，后经过修改成为普遍接受的五界分类系统，即将生物分类为原核生物界、真核原生生物界、真菌界、动物界和植物界。

1977年我国学者王大耜等提出将病毒列为一界，即增加一个病毒界。由此，原来的五界系统即变成了六界系统。至此可见，在生物六界分类系统中，微生物占据了四界。

（二）三域学说

随着分子生物学的发展，到20世纪70年代，沃斯（Woese）等用寡核苷酸序列编目分析法对60多种不同细菌的16S rRNA序列研究后发现，有一群序列与其他细菌完全不同的细菌，这类细菌包括产甲烷菌、嗜盐细菌、嗜热细菌等，这些细菌是地球上最早出现的生命形式之一。沃斯等人认为这类细菌是生命的第三种形式，与细菌和真核生物在同一进化分支上，将其称为古细菌。1990年，沃斯等正式提出了生命系统是由细菌域、古菌域和真核生物域所构成的三域说（图1-1），在分类等级上，在界以上增加了一个"域"的等级。微生物分属于生物系统的三个域，即微生物占据了整个生物系统。

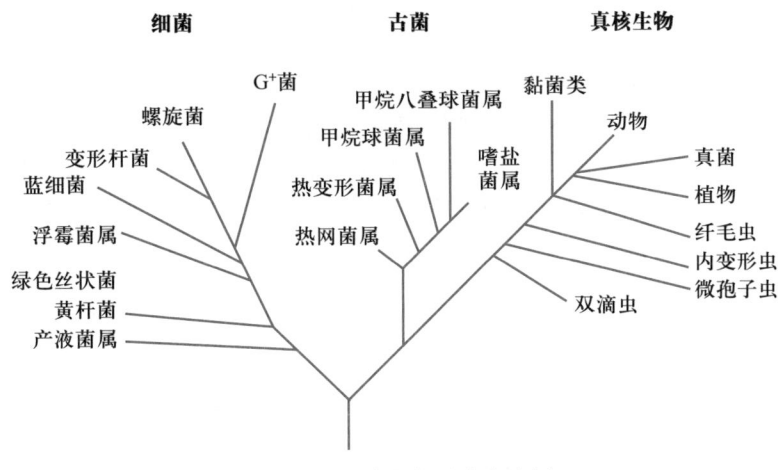

图 1-1 三域生物系统发生树

（摘自 Linda Bruslind. General Microbiology. 2019）

三、病毒和类病毒

病毒没有细胞结构，不能独立生存和复制，必须借助宿主细胞的原料体系、能量和场所进行复制，是明显区别于原核微生物和真核微生物的一类特殊的超微生物。类病毒是比病毒更小的超微小生物。

四、原核微生物和真核微生物

（一）原核微生物

原核微生物的核很原始，发育不全，只是 DNA 链高度折叠形成的一个核区，没有核膜，核质裸露，与细胞质没有明显界线，一般称为拟核或似核。原核微生物没有细胞器，只有由细胞质膜内陷形成的不规则的泡沫结构体系（如间体和光合作用层片及其他内褶），也不进行有丝分裂。原核微生物形状细短，结构简单，多以二分裂方式进行繁殖，是在自然界分布最广、个体数量最多的有机体，是大自然物质循环的主要参与者。原核微生物包括古菌（即古细菌）、细菌、蓝细菌、放线菌、衣原体、立克次氏体、支原体和螺旋体等。

（二）真核微生物

真核微生物有发育完好的细胞核，由核膜包裹，核内具有核仁和染色质，能更完善地执行生物的遗传功能。真核微生物具有高度分化的由膜包围的细胞器（如线粒体、中心体、高尔基体、内质网、溶酶体和叶绿体等），进行有丝分裂。真核微生物包括真菌、藻类、原生动物和微型后生动物等，其中真菌又可细分为酵母菌、霉菌、伞菌等。

第二节　非细胞结构的超微生物——病毒

病毒是一类超显微的非细胞型微生物，每一种病毒只含有一种核酸（DNA 或 RNA），只能在宿主细胞内寄生和复制。根据病毒的宿主，可将其分为动物病毒、植物病毒和微生物病毒（噬菌体）。在离体条件下，病毒没有代谢活动，无法进行复制，但是它们并不会立即死亡，而是以无生命的化学大分子的休眠形式存在，称为病毒休眠体，一旦病毒休眠体遇到合适的宿主细胞，就可以恢复活性并进行复制。

一、病毒的特征与分类

（一）病毒的特征

病毒的基本特征是：① 极其微小。大多数病毒个体十分微小，一般用纳米（nm）来表示其大小，可以通过细菌过滤器，在普通的光学显微镜下不容易被观察到，必须在分辨率更高、放大倍数更大的电子显微镜下才能看见病毒的形态结构。② 结构简单。病毒大多数由蛋白质和核酸组成，有的还含有类脂、多糖等。③ 只含一种遗传因子。一般来说，在病毒颗粒中，只含有 DNA 或 RNA，外部包以蛋白质外壳。大多数病毒所含的核酸是双链 DNA（dsDNA），少数（如细小病毒、环状病毒和卫星病毒）为单链 DNA（ssDNA），另外有一些病毒（如冠状病毒、流感病毒和埃博拉病毒）所含的 RNA 为单链 RNA（ssRNA）。④ 营专性寄生。由于病毒没有合成蛋白质的机构——核糖体，也没有合成细胞物质和繁殖所必备的酶系，因此不具备独立的代谢能力，它必须专性寄生在活的敏感宿主细胞内，依靠宿主细胞合成病毒的化学组成和繁殖新个体。但病毒并不是可以感染任何种类的细胞，它对宿主有专一性。

（二）病毒的分类

病毒有自己单独的分类系统，随着新病毒不断被发现，人们意识到必须对已经发现的病毒进行更加科学和系统的分类，以便于研究和防治。病毒的分类系统是一门不断发展和完善的科学。早期分类是以病毒所引起的疾病的症状和病理特点为标准，将引起相同症状的病毒归为一类。随着分子生物学和生物信息学的发展，人们可以利用高通量测序和大数据分析等技术，对病毒进行更加深入和全面的鉴定和分类。简而言之，目前病毒的分类系统涉及病毒的形态和结构、致病性、病毒粒子的大小、基因组、复制策略、进化关系、宿主类别等多方面的特征。

国际病毒分类委员会（International Committee on Taxonomy of Viruses，ICTV）是一个专门负责给病毒分类和命名的机构。1971 年以后 ICTV 建立了统一的病毒分类系统。2005 年 7 月 ICTV 公布了第八次报告，将已知的 5 450 株病毒按照其基因组和蛋白质结构分为 8 大类，分别归属于 3 个病毒目，73 个科，11 个亚科，289 个属，1 950 个种。ICTV 在 2019 年确定了正式的 15 级病毒分类方法，即 8 个主要等级（一级等级，principle or primary rank）和 7 个衍生等级（二级等级，derivative or secondary rank），将病毒共分为 6 域 10 界 17 门 40 纲 72 目 264 科 2 818 属 11 273 种（图 1-2）。

在实际应用中，人们习惯将病毒按照专性宿主分类，将病毒分为动物病毒、植物病毒、细菌病毒（噬菌体）、放线菌病毒（噬放线菌体）、藻类病毒（噬藻体）和真菌病毒（噬真菌体）等。

动物病毒能够感染人体和动物细胞并引起人和动物疾病。如人的流行性感冒、水痘、麻疹、腮腺炎、乙型脑炎、脊髓灰质炎、甲型肝炎、乙型肝炎和非典型性肺炎（SARS）等，高致病性的禽流感、狂犬病、口蹄疫等疾病。

植物病毒能够感染植物细胞并引起植物疾病，大部分属于 ssRNA 病毒。如烟草花叶病、番茄丛矮病、马铃薯退化病、水稻萎缩病和小麦黑穗病等。

噬菌体能够感染细菌并寄生在它们体内生长繁殖，最终引起细菌裂解。1917 年 d＇Herelle 在人的粪便中发现大肠杆菌噬菌体，它们广泛分布在废水和被粪便污染的水体中。噬菌体病毒的增殖方式有两种：裂解型和溶原型。裂解型噬菌体在宿主细胞内复制增殖，产生许多子代噬菌体，并最终裂解细菌。溶原型噬菌体则将自身的核酸整合到宿主细胞的基因组中，与宿

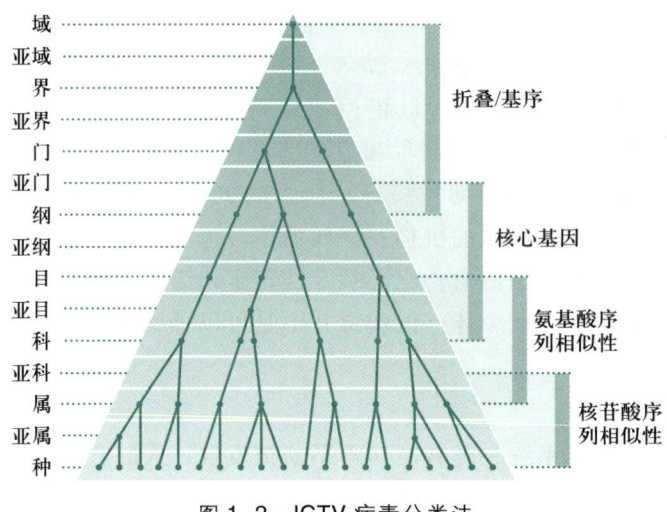

图 1-2　ICTV 病毒分类法

主共存。蓝细菌病毒广泛存在于自然水体，已在世界各地的稳定塘、河流或鱼塘中分离出来。寄生在蓝细菌体内的噬菌体有以下几种：LPP1、LPP2（宿主均是鞘丝蓝细菌、席蓝细菌和织线蓝细菌）、MS-L（宿主是聚球蓝细菌和微囊蓝细菌）、N-1（宿主是念珠蓝细菌）和 AS-1（宿主是组囊蓝细菌和聚球蓝细菌）。

二、病毒的形态与结构

（一）病毒的形态和大小

病毒的形态各异，一般有球形、杆状、卵圆形、蝌蚪形、丝状等（图 1-3）。人和动物的病毒多为球形、卵圆形或砖形，如腺病毒、脊髓灰质炎病毒及疱疹病毒即为球状。植物病毒多呈杆状、丝状，少数为球形，如烟草花叶病毒为丝状，花椰菜花叶病毒为球形。细菌噬菌体多为蝌蚪形，也有微球形和丝状，大肠杆菌 T 系偶数噬菌体为蝌蚪形，fd 噬菌体则为丝状，φX174 噬菌体为球形。经用磷钨酸负染后，在电子显微镜下可以观察到病毒表面的微细结构。利用 X 射线晶体学的方法，可以通过测量病毒结晶的 X 射线衍射图谱，推断出简单病毒的超微结构。

病毒形体微小，直径为 10~400 nm。口蹄疫病毒的直径为 22 nm，略大于核糖体；痘苗病毒的体积为 100 nm×200 nm×300 nm，接近细菌的体积。研究病毒大小可以采用高分辨率电子显微镜法，利用电子显微镜的高放大倍数和高分辨率，直接观察和测量病毒的形态和尺寸；也可以采用分级过滤法，根据不同孔径的超滤膜能够过滤掉不同大小的病毒颗粒，通过比较不同过滤条件下的病毒活性或数量，估计病毒的大小范围；或用超速离心法，根据病毒大小、形状与沉降速率之间的关系，推算其大小。

（二）病毒的化学组成和结构

病毒的主要化学成分是核酸和蛋白质，少数病毒含有脂质和多糖等物质，如个体大的痘

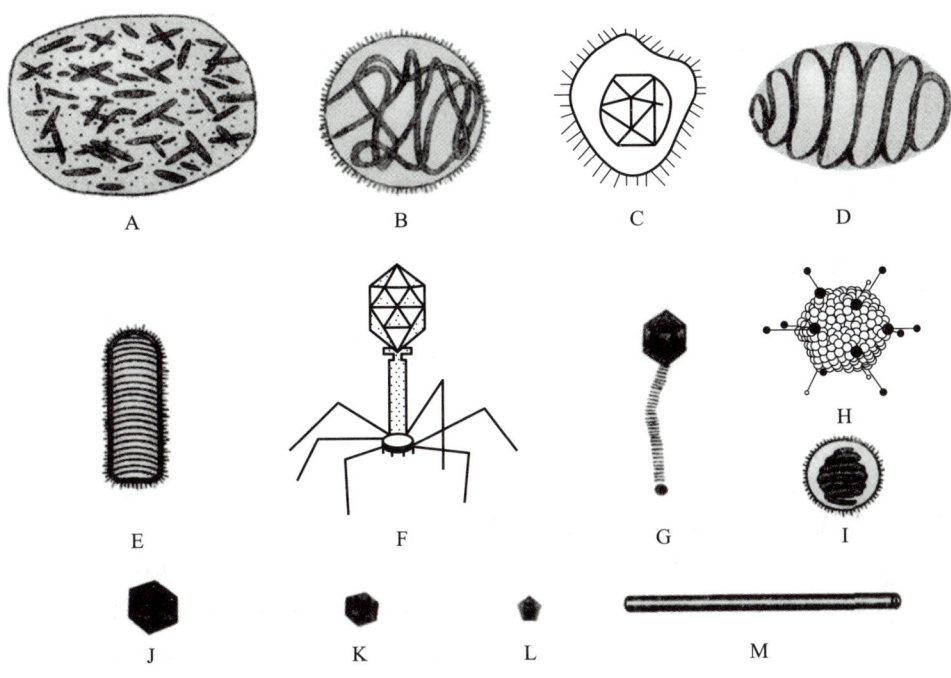

图 1-3　几种病毒的形态与相对大小

A—痘苗病毒；B—副黏病毒（流行性腮腺炎病毒）；C—疱疹病毒；D—口疮病毒；E—棒状病毒；
F—大肠杆菌 T 系偶数噬菌体；G—有弯曲尾噬菌体；H—腺病毒；I—流感病毒；J—多瘤病毒；
K—小核糖核酸病毒；L—噬菌体；M—烟草花叶病毒

（摘自郑平，环境微生物学教程，2010）

病毒。

　　病毒粒子是指一个结构与功能完整的病毒颗粒，核酸和衣壳是病毒的基本结构（图 1-4）。核酸是 DNA 或 RNA，每种病毒只含一种核酸。衣壳由壳粒组成，壳粒的化学成分是蛋白质。核酸与衣壳构成核衣壳。最简单的病毒就是裸露的核衣壳，如脊髓灰质炎病毒等。有囊

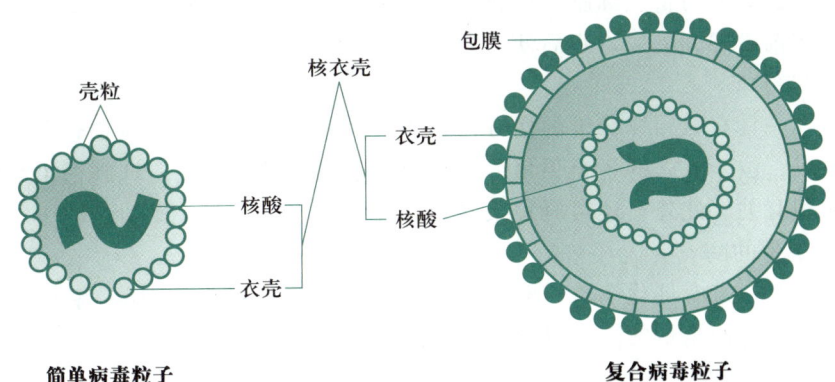

图 1-4　病毒粒子结构模式图
（摘自郑平，环境微生物学教程，2010）

膜的病毒核衣壳又称为核心。由核衣壳构造而成的病毒粒子，称为简单病毒粒子。由核衣壳和囊膜构造而成的病毒粒子，称为复合病毒粒子。

病毒的结构有两种，一是基本结构，为所有病毒所必备；一是辅助结构，为某些病毒所特有。它们各有特殊的生物学功能。

1. 病毒的基本结构

（1）核酸

病毒核酸也称基因组。最大的痘病毒含有数百个基因，最小的微小病毒仅有 3~4 个基因。核酸根据构型及极性可分为环状、线状、分节段，以及正链、负链等不同类型。病毒核酸储存着病毒的遗传信息，控制着其遗传变异、增殖和对宿主的感染性等。

（2）衣壳

衣壳是由一定数量的壳粒（由一种或几种多肽链折叠而成的蛋白质亚单位），按一定的排列组合构成的病毒外壳，也称蛋白质衣壳。根据壳粒的排列方式将病毒构型区分为：① 立体对称，形成 20 个等边三角形的面，12 个顶和 30 条棱，具有五、三、二重轴旋转对称性，如腺病毒、脊髓灰质炎病毒等；② 螺旋对称，壳粒沿螺旋形盘红色的核酸呈规则的重复排列，通过中心轴旋转对称，如正黏病毒、副黏病毒及弹状病毒等；③ 复合对称，同时具有或不具有两种对称性的病毒，如痘病毒与噬菌体。蛋白质衣壳的功能是：① 致密稳定的衣壳结构除赋予病毒固有的形状外，还可保护内部核酸免遭外环境（如血流）中核酸酶的破坏；② 衣壳蛋白质是病毒基因产物，具有病毒特异的抗原性，可刺激机体产生抗原病毒免疫应答；③ 具有辅助感染作用，病毒表面与敏感细胞表面特定部位有特异的亲和力，是病毒选择性吸附宿主细胞并建立感染灶的首要步骤。

2. 病毒的辅助结构

（1）囊膜

囊膜也称封套或包膜，指在核衣壳外包绕着一层含脂蛋白的外膜。囊膜中含有磷脂、多糖和蛋白质，其中蛋白质具有病毒特异性，常与多糖构成糖蛋白亚单位，嵌合在脂质层，表面呈棘状突起，称"刺突"或"囊微粒"。囊膜有利于病毒吸附寄生细胞，破坏宿主细胞表面受体，促使病毒囊膜与宿主细胞膜融合，使感染性核衣壳进入胞内。有囊膜的病毒对脂溶剂和其他有机溶剂敏感，失去囊膜后便会丧失感染性。

（2）触须样纤维

腺病毒是唯一具有触须样纤维的病毒，腺病毒的触须样纤维是由线状聚合多肽和一球形末端蛋白所组成，位于衣壳的各个顶角。该纤维吸附到敏感细胞上，抑制宿主细胞蛋白质代谢，与致病作用有关。此外，还可凝集某些动物红细胞。

（3）病毒携带的酶

某些病毒核心中带有催化病毒核酸合成的酶，如流感病毒带有 RNA 聚合酶，这些病毒在宿主细胞内要靠它们携带的酶合成感染性核酸。

（三）病毒的增殖

病毒粒子在细胞外处于静止状态，基本上与无生命的物质相似，当病毒进入活细胞后便发挥其生物活性。病毒缺少完整的酶系统，不具有合成自身成分的原料和能量，也没有核糖体。这决定了它的专性寄生性，必须侵入易感的宿主细胞，依靠宿主细胞的酶系统、原料和能量复制病毒的核酸，借助宿主细胞的核糖体翻译病毒的蛋白质。病毒这种增殖的方式叫作"复制"。病毒复制的过程分为吸附、穿入、脱壳、生物合成及装配释放五个步骤，又称复制周期（图1-5）。

1. 吸附

吸附是指病毒附着于敏感细胞的表面，它是感染的起始期。特异性吸附是非常重要的，根据这一点可确定许多病毒的宿主范围，不吸附就不能引起感染。细胞与病毒相互作用最初是偶然碰撞和静电作用，这是可逆的联结。病毒吸附也受离子强度、pH、温度等环境条件的影响。

2. 穿入

穿入是指病毒核酸或感染性核衣壳穿过细胞进入细胞质，开始病毒感染的细胞内期。主要有三种方式：① 融合，在细胞膜表面病毒囊膜与细胞膜融合，病毒的核衣壳进入细胞质。② 胞饮，由于细胞膜内陷整个病毒被吞饮入胞内形成囊泡。胞饮是病毒穿入的常见方式。③ 直接进入，某些无囊膜病毒核酸可直接穿越细胞膜到细胞质中，而大部分蛋白质衣壳仍留在细胞膜外，这种进入的方式较为少见。

3. 脱壳

穿入和脱壳是连续的过程，失去病毒粒子的完整性被称为"脱壳"。从脱壳到出现新的感染病毒之间叫"隐蔽期"。经胞饮进入细胞的病毒，衣壳可被吞噬体中的溶酶体酶降解而去除。

4. 生物合成

病毒的生物合成包括核酸复制和蛋白质合成两部分。DNA病毒和RNA病毒在复制的生化方面有区别，但复制的结果都是合成核酸分子和蛋白质衣壳，然后装配成新的有感染性的病毒。一个复制周期需6~8 h。简而言之，病毒侵入宿主细胞后，引起宿主细胞代谢发生改变。细胞的生物合成不再由细胞本身支配，而受病毒核酸携带的遗传信息所控制。病毒利用宿主细

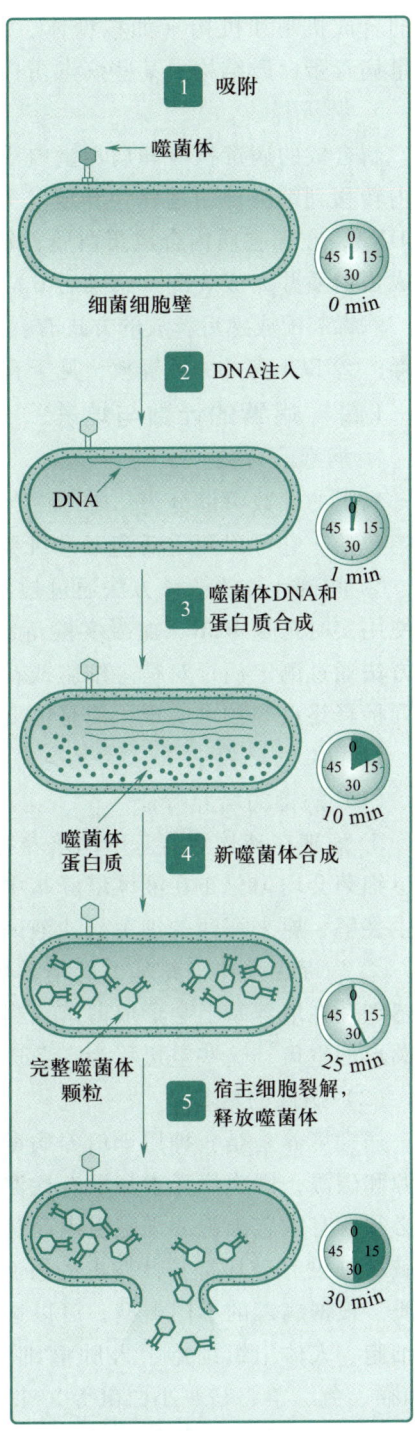

图1-5　病毒粒子增殖过程
（摘自 Harvey，Microbiologia Ilustrada，2th ed，2008）

胞的合成机制和机构（如核糖体、tRNA、mRNA、酶、ATP等）复制出病毒核酸，并合成大量病毒蛋白质结构。某些病毒蛋白合成后还需要修饰，如磷酸化、糖基化等。

5. 装配释放

新合成的病毒核酸和病毒蛋白质在感染细胞内组合成病毒颗粒的过程称为装配，而从细胞内转移到细胞外的过程为释放。大多数DNA病毒（除痘病毒等少数外），在细胞核内复制DNA，在细胞质内合成蛋白质，转入细胞核内装配。RNA病毒多在细胞质内复制核酸及合成蛋白质并完成装配。感染后6h，一个细胞可产生多达10 000个病毒颗粒。

病毒装配成熟后释放的方式有：① 宿主细胞裂解，病毒释放到周围环境中，见于无囊膜病毒；② 以出芽的方式释放，见于有囊膜病毒。也可通过细胞间桥或细胞融合邻近的细胞。

（四）病毒的计数与培养

1. 病毒的计数

病毒的计数可以分为：① 颗粒计数法。该方法是直接用电子显微镜观察并计数病毒颗粒的数量，它可以测定活病毒和死病毒的总数，但是需要高度纯化的病毒样品和昂贵的仪器。② 间接计数法。该方法通过检测病毒的核酸或蛋白质的数量来推算病毒的数量，它可以使用实时定量PCR、血凝实验等技术，但是不能区分活病毒和死病毒。③ 感染效价法。该方法通过测定病毒对宿主细胞或动物的感染能力来估算病毒的数量，它可以通过空斑法、系列稀释终点等技术实现，但是需要较长的时间和适合的细胞或动物模型。

2. 病毒的培养

（1）病毒的培养特征

① 病毒在液体培养基中的培养特征。将噬菌体的敏感细菌在液体培养基中先进行培养，敏感细菌会均匀分布在液体培养基中而使培养基出现浑浊。当噬菌体感染细菌后，敏感细菌发生裂解，原来浑浊的细菌悬浊液因此而变得透明。

② 病毒在固体培养基中的培养特征。将噬菌体的敏感细菌接种在琼脂固体培养基上，敏感细菌在培养基上会形成菌落。当噬菌体感染细菌后，会使细菌菌落裂解成一个个圆形或椭圆形的空斑，这些空斑称为噬菌斑。

（2）病毒的培养基

病毒培养基是一种用于培养病毒的特殊介质，它不能像细菌培养基那样提供病毒所需的氮源和碳源，因为病毒本身没有代谢能力，只能依赖于活细胞进行复制。因此，病毒培养基中必须含有敏感细胞或细胞组织而且要求它能提供病毒附着的受体，不对侵入的病毒核酸造成破坏（没有破坏特异性病毒的限制性核酸内切酶），以及适合细胞生长的营养物质和缓冲物质。根据病毒的不同类型，可以选择不同的病毒培养基。脊椎动物的病毒敏感细胞有胚组织细胞、人体组织细胞、人肿瘤细胞、动物组织细胞、鸡鸭胚细胞，也可以用敏感动物（如猴、兔、羊、马、小白鼠等）来培养病毒。不同病毒对组织的敏感性不一样，如脊髓灰质炎病毒对人胚肾细胞最敏感，乙型脑炎病毒对鸭胚肌皮细胞及猪肾细胞最敏感。植物病毒的培养可用相应的敏感植株或植物组织细胞进行。噬菌体的培养则用与之相应的敏感细菌，如大肠杆菌噬菌体就需要用大肠杆菌来培养。

（3）动物病毒的培养

动物病毒的培养方法有动物接种、鸡胚接种和组织培养技术。现在，组织培养技术已经得到了广泛的应用。空斑实验和系列稀释终点法就是利用组织培养技术来对病毒进行计数的两种方法。

空斑实验的原理是按照一定的办法将动物细胞在培养基上进行培养并形成单层生长的细胞。然后用采集的病毒样品进行接种感染，再覆盖一层半固体的培养基，限制病毒的扩散。经适当时间的孵育培养，被病毒感染的细胞会发生裂解或变性，形成肉眼可见的空斑。每个空斑都是由一个初始的病毒颗粒引起的，因此可以通过计数空斑来估算单位体积中含有的病毒数。

系列稀释终点法的原理是将病毒悬液经一系列稀释后，接种到含有敏感细胞的培养管中，或者敏感动物体内，观察细胞或动物是否发生死亡或病变，然后用统计方法计算出能够造成50%致细胞病变作用（CPE）的病毒含量，表示为TCLD50（50%组织细胞感染量）、LD50（半数致死量）或ID50（50%动物感染量）。

（4）噬菌体的分离培养

噬菌体可用双层琼脂法培养。这种方法是在实验的前一天在灭菌的培养皿内倒入10 mL适合某种宿主菌生长的琼脂培养基，待凝固成平板后置于一定温度的恒温箱内烘干平板上的水分，取2~3滴宿主菌（每毫升含有108个细菌）于琼脂培养基（溶化并冷却至45 ℃）中，再加入0.1 mL噬菌体样品，摇匀后全部倒入平板，使之铺满整个琼脂平板上，凝固后，于一定温度的恒温箱中倒置培养一定时间后，取出计噬菌斑数。

三、病毒在环境中的存活及其在污水处理过程中的去除

（一）病毒对理化因素的抵抗力

1. 物理因素

温度：大多数病毒（除脊髓灰质炎病毒中抗热变异株）耐冷而不耐热。病毒一旦离开机体，经加热56~60 ℃ 30 min，由于表面蛋白变性，而丧失其感染性，即被灭活。环境中的蛋白质和金属阳离子（如Mg^{2+}）可保护病毒免受热的破坏，黏土、矿物和土壤也可保护病毒免受热的破坏作用。病毒对低温的抵抗力较强，但对反复冻融则敏感。一般可用低温真空干燥法保存病毒，在室温条件下干燥易使病毒灭活。

光及其他辐射：射线、紫外线、X射线和高能量粒子可灭活病毒，这是因为光量子可击毁病毒核酸的分子结构，导致病毒的遗传物质被破坏而死亡。在天然水体和氧化塘中，日光对肠道病毒有灭活作用。在低浊度的水中，当平均光强为2.37 J/（$cm^2 \cdot min$）、平均温度为26 ℃时，80%的脊髓灰质炎病毒1型在3 h内被灭活。

干燥：干燥是控制环境中病毒的重要因素。许多病毒在空气中干燥时可以死亡，但不同的病毒在干燥环境中的生存时间不同。如当相对湿度为7%时，载玻片上的腺病毒2型和脊髓灰质炎病毒2型至少存活8周，柯萨奇病毒B3存活两周；当相对湿度为35%时，肠道病毒在衣物表面存活达20周；在土壤中，水分含量低于10%时，病毒会被迅速灭活；在污泥

中，当固体含量大于 65% 时，病毒量降低。

2. 化学因素

pH 对病毒的直接作用可能是通过改变病毒外壳的构型，从而影响病毒的感染性。pH 对病毒的间接作用主要是通过造成病毒外壳蛋白质及环境中胶体和悬浮物的电离，影响病毒对胶体及悬浮物的吸附能力而影响病毒的存活。病毒一般在 pH 5.0~9.0 的环境是稳定的。

脂溶剂、干扰素等化学物质会对病毒的存活产生较大影响。有囊膜病毒可迅速被脂溶剂破坏，如乙醚、氯仿、去氧胆酸钠。病毒对脂溶剂的敏感性可作为病毒分类的依据之一。干扰素是宿主为抵抗入侵的病毒而产生的一种糖蛋白，它可以诱导宿主产生一种抗病毒蛋白将病毒灭活，因此干扰素起间接作用。

一般病毒对高锰酸钾、次氯酸盐等氧化剂都很敏感，升汞（氯化汞）、酒精、强酸及强碱均能迅速杀灭病毒，但 0.5%~1% 石炭酸仅对少数病毒有效。饮水中漂白粉浓度对乙型肝炎病毒、肠道病毒无效。β-丙内酯及环氧乙烷可杀灭各种病毒。

抗生素及磺胺对病毒无效。利福平能抑制痘病毒复制，干扰病毒 DNA 或 RNA 合成，但也干扰宿主细胞的代谢，有较强的细胞毒性作用。

（二）病毒在不同环境中的存活

1. 病毒在水体中的存活

在海水和淡水中，温度是影响病毒存活的主要因素，同时病毒的存活与病毒类型也有关。许多肠道病毒具有较强的抵抗力，仍能够较长时间地存活在水中，并由于它们在自然水体及废水中常和悬浮固体颗粒结合在一起，在水中的生存期更长。在水体淤泥中，病毒吸附在固体颗粒上或被有机物包裹在颗粒中间，因为受到保护其存活时间会长些。因此，在处理废水或给水时，不能忽视水中病毒的去除。

2. 病毒在土壤中的存活

土壤由黏土、砂砾、腐殖质、矿物质、可溶性有机物及许多微生物等组成，有一定的团粒结构和孔隙，在土壤中可形成许多毛细管，是很好的过滤层。土壤有净化污物的功能。人们大量利用土地处理系统处理污水、污泥和垃圾的同时，病毒会随之进入土壤，通过吸附作用附着于土壤颗粒，土壤对病毒将起到保护作用，这会大大延长病毒的存活时间。土壤截留病毒的能力受土壤的类型、渗滤液的流速、土壤孔隙的饱和度、pH、渗滤液中阳离子的价数（阳离子吸附病毒的能力：3 价>2 价>1 价）和数量、可溶性有机物和病毒的种类等的影响。病毒存活时间主要受土壤温度和湿度的影响：低温时的存活时间比高温时长；干燥易使病毒灭活，其灭活的原因是病毒成分的解离和核酸的降解，土壤水分含量在 10% 以下，病毒的数量大减。病毒在土地处理场中可存活 6 个月以上。

3. 病毒在空气中的存活

生活污水喷灌和生活污水生物处理都可使病毒气溶胶化。气溶胶进一步与空气中的尘埃结合，随风飘浮于空气中。病毒在空气中的存活受到相对湿度、太阳光中的紫外辐射、温度和风速等的影响。相对湿度大，病毒存活时间长；相对湿度小，病毒存活时间短。

（三）病毒在污水处理中的去除效果

去除和破坏水中的病毒，可采用物理、化学或生物方法。物理方法主要采用加温以及光照破坏水中的病毒，其中加温处理效果较好，沉淀、絮凝、吸附、过滤能够去除水中的病毒，但不能破坏和杀死病毒；化学处理法中，高 pH、化学消毒剂及染料可以破坏和灭活水中的病毒，其中以加石灰、漂白粉或碘的方法较为常用；生物因素对病毒的破坏是由于生物直接吞食病毒、产生生物热、分泌抑制病毒存活的物质或影响 pH。在废水处理过程中，各工艺段对病毒的消除情况有所不同。

污水处理分一级、二级和三级处理。一级处理包括筛滤、絮凝和沉淀等，可除去沙砾、碎纸、塑料袋及纤维状固体废物，去除病毒的效果主要依赖病毒吸附在固体物质表面，去除率最高不超过 30%。沉淀过程对病毒的去除也很少，初级沉淀对所有生物体的去除都是不完全的，而且有时检测到的病毒数量还会增加，这是因为沉淀池内的粪块破碎后释放病毒进入污水中。

二级处理是生物处理方法，通过生物吸附、生物降解和絮凝沉降作用过程，以去除有机物、脱氮和除磷为目的，同时对污水中病毒的去除率较高，去除病毒率在 90% ~ 99%。病毒被吸附在活性污泥中，由液相转向固相，虽然活性污泥中黄杆菌、气杆菌、克雷伯氏菌、枯草杆菌、大肠杆菌、铜绿假单胞菌有抗病毒活性，但对病毒的灭活率不高。

三级处理是深度处理，它包括絮凝、沉淀、过滤和消毒（加氯或臭氧）过程，进一步去除有机物、脱氮和除磷。三级处理可使病毒数目的指数降低 4~6 个数量级。

第三节　原核微生物

原核微生物是一类没有真正的细胞核和细胞器的单细胞生物，包括细菌（真细菌，其中包括蓝细菌、放线菌、支原体和衣原体等，有时"原核微生物"一词仅指真细菌）和古菌两大类。它们的细胞结构简单，细胞内只有一个核区，无核膜包裹也无核仁，只有一个高度折叠的 DNA 链；也没有细胞器，不进行有丝分裂。但是原核微生物的代谢功能多样，能够适应各种极端的环境。它们也是地球上最早出现的生命形式，对生物圈的平衡和人类的生活有重要的影响。

一、古菌域

古细菌简称古菌，是一群古老而特殊的微生物，长久以来，由于研究技术和手段的限制，古菌一直被列入细菌的范畴。

（一）古菌的特征

1. 古菌的形态

古菌的细胞形态有很多种，有球形、杆状、螺旋形、叶状、方形、不规则形状等。古菌的细胞大小也有很大的差异，有的古菌以单细胞存在，有的则会形成丝状体或团聚体，一般菌体直径在 0.1~15 μm 之间，有些丝状体或团聚体的长度可以达到 200 μm（图 1-6）。

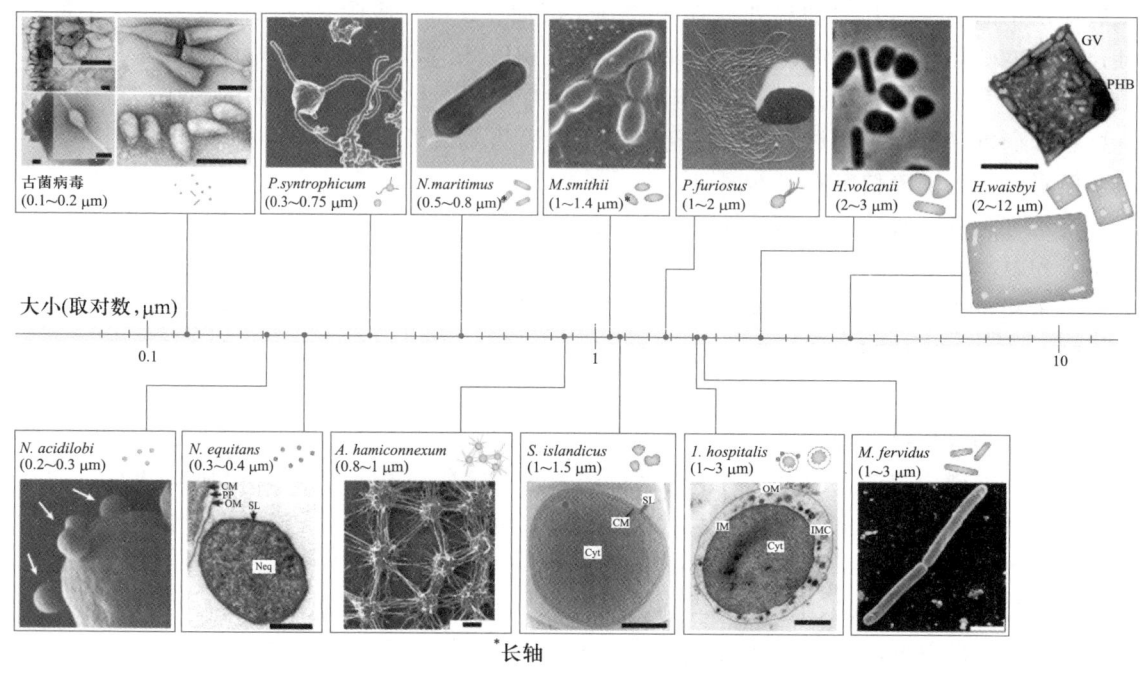

图 1-6　古菌的形态和大小

2. 古菌的细胞结构

古菌的细胞结构与细菌不同，古菌的细胞壁不含二氨基庚二酸（D-氨基酸）和胞壁酸，不受溶菌酶和内酰胺抗生素的作用。古菌的细胞壁有各种复杂的多聚体，如假肽聚糖、复杂聚多糖、蛋白质或糖蛋白亚基的表层等。古菌的细胞膜是由醚键和甘油结合的脂质构成，与细菌和真核生物的酯键脂质不同。古菌的细胞膜有两种类型：双分子层膜和单分子层膜。双分子层膜的脂质分子有两个烷基链，单分子层膜的脂质分子有四个烷基链，这使得古菌的细胞膜更加稳定和耐受极端环境。古菌的遗传物质是单条环状的双链 DNA，没有组成染色体的蛋白质，但有类似于真核生物的核小体。古菌的 DNA 复制、转录和转译的过程和酶与真核生物更为相似，而与细菌有很大差异。古菌的基因没有内含子，但有重复序列和转座子。

3. 古菌的代谢

古菌的代谢呈现多样性。古菌的代谢过程中，有许多特殊的辅酶，如辅酶 M、辅酶 F420、辅酶 HS-HTP、四氢甲烷蝶呤等，这些辅酶在甲烷代谢、一碳代谢和硫代谢中发挥重要作用。古菌有异养型、自养型和不完全光合作用型 3 种类型。

4. 古菌的繁殖

古菌不会进行减数分裂，其利用二分裂、分裂和出芽进行无性繁殖，繁殖速度较慢，进化速度也比细菌慢。

5. 古菌的分布

很多古菌是生存在极端环境中的，如极酸、极碱、高温、低温或高盐的环境，或者是压力极高的环境，极端环境下的古菌主要可以分为四种生理群：嗜盐生物、嗜热生物、嗜碱生物及嗜酸生物。一些古菌生存在极高的温度（经常 100 ℃ 以上）下，比如间歇泉、石油井或者海底深海热泉中。还有的生存在很冷的环境或者高盐、强酸或强碱性的水中。很多产甲烷的古菌生存在动物的消化道中，如反刍动物、白蚁或者人类。

（二）古菌的分类

根据《伯杰氏系统细菌学手册》，古菌界包含泉古生菌门和广古生菌门，9 纲，13 目，23 科，79 属和 289 种。按照古菌的生活习性和生理特征，古菌可分为 3 大类型：产甲烷菌、嗜热嗜酸菌和极端嗜盐菌。

1. 产甲烷菌

在污染控制微生物工程中，最常用的古菌是产甲烷菌。产甲烷菌是广古生菌门的主要生理类群，是一群极端厌氧的化能自养型或化能异养型微生物，可以将无机或有机化合物厌氧发酵转化成甲烷和二氧化碳，这种独特的厌氧代谢机制使其充当了自然界的碳素循环和甲烷排放的重要参与者。产甲烷菌形态上有杆状、规则或不规则的球状、长链杆状、螺旋状、八叠状等，有时也呈现一些不规则形状如不规则扁平盘状。

产甲烷菌对底物有很强的特异性，它们可以利用的底物只有 H_2、CO_2、甲酸、甲醇、甲胺、乙酸等，最终的代谢产物都含有甲烷。产甲烷是产甲烷菌获得能量的唯一途径，同时产甲烷菌是唯一以甲烷作为代谢终产物的微生物类群。目前的研究发现产甲烷菌有 3 种代谢类型，分别是 CO_2 营养型、甲基营养型和乙酸营养型。

产甲烷菌可分为 3 个纲（产甲烷杆菌纲、产甲烷球菌纲和产甲烷嗜高热菌纲）、5 个目（产甲烷杆菌目、产甲烷球菌目、产甲烷微菌目、产甲烷八叠球菌目和产甲烷嗜高热菌目）、26 个属。

产甲烷菌广泛分布于自然界各种厌氧环境中，如水稻田、河湖淤泥、沼泽地、海底沉积物和动物的消化道等。在不同的环境下，产甲烷菌群落的组成差异较大。影响环境中产甲烷菌分布的因素包括温度、有机质含量、NO_3^-、Fe^{3+} 和 SO_4^{2-} 等电子受体含量等。温度的变化可以影响所有的生化过程，包括产甲烷菌的代谢以及为产甲烷菌提供底物的微生物的代谢活性。有机质含量高的环境有利于产甲烷菌的生存。当有 NO_3^-、Fe^{3+} 和 SO_4^{2-} 等电子受体存在时，相应的微生物，如硝酸盐还原菌、铁还原菌、硫酸盐还原菌，可以利用这些作为电子受体与产甲烷菌竞争底物。同时 NO_3^- 作为反硝化作用的底物会产生 NO、N_2O 等，这些中间产物对产甲烷菌造成不良影响。

2. 嗜热嗜酸菌

嗜热嗜酸菌包括古生硫酸盐还原菌和极端嗜热古菌。这一类菌的特点是好氧、严格厌氧或兼性；革兰氏阴性，呈现杆状、丝状或球状；最适生长温度一般在 45 ℃ 以上，有的甚至超过 100 ℃，如 Strain 121 可以在 121 ℃ 下生长；最适生长 pH 一般在 3.0 以下，有的甚至低于 1.0，如铁质菌属可以在 pH 0.4 下生长；自养或异养生长，大多数种是硫代谢菌；在自然界中广泛分布，如热泉、火山、深海热液喷口等。

3. 极端嗜盐菌

极端嗜盐菌是一类能够在高盐环境下生存并繁殖的微生物。其生活的高盐环境中的盐度可达 25%，如死海和盐湖中。极端嗜盐菌的细胞呈链状、杆状或球状；革兰氏阴性或阳性，好氧或兼性厌氧，化能有机营养型；嗜中性或嗜碱性，嗜中温或轻度嗜热，生长温度可高达 55 ℃。为了抵御高盐环境，细胞内往往积累了大量（4~5 mol/L）的钾离子以维持渗透压平衡。极端嗜盐菌的细胞壁不含二氨基庚二酸和胞壁酸，其成分主要是脂蛋白，其荚膜含 20% 类脂，并靠钠、氯和镁离子维持细胞结构和硬度。

（三）古菌研究意义及应用

古菌最初是从极端环境（如高温、低 pH 和高盐度）中分离出来的。在过去的几年里，古菌已在多种环境中被发现，包括海洋水域和沉积物以及动物（包括人类）的胃肠道。利用独立培养的技术鉴定环境样本中的新物种，使古菌的系统发育树迅速扩大。例如，通过这种方法从各种环境中鉴定出了多种亚微米级古菌，这些古菌的基因组较小，只能作为不同古菌宿主的附属物生存。与此同时，环境元基因组采样发现了一个未经培养的古菌支系——阿斯加德古菌，阿斯加德古菌的许多基因组中都有编码真核蛋白质同源物的基因，这些真核蛋白质参与细胞形状控制和膜重塑等活动，而这些基因以前从未在原核生物中发现过，这弥补了真核细胞与原核细胞之间的认知鸿沟。最近大量的序列数据揭示了古菌在生命树中占据的关键位置。古菌处于重大进化事件的十字路口，不仅对了解真核生物的起源至关重要，而且对我们了解地球上细胞生命进化的早期事件，特别是所有生命的最后一个普遍共同祖先的性质也至关重要。

嗜热菌生物活性很高，代谢速度快，利用嗜热菌处理高浓度垃圾浸出液可以大大提高 COD 的去除率。极端嗜酸菌中的嗜酸硫杆菌可以脱除煤中的无机硫，嗜热嗜酸菌（如硫化叶菌）既能脱除煤中的无机硫也能脱除有机硫。当高原或高纬度寒冷地带的河流、湖泊及土壤被污染时，嗜冷微生物能够在寒冷环境下对污染物进行降解和转化。嗜酸微生物和嗜碱微生物可以用于处理因工业生产产生的酸性工业废物和碱性工业废水。

二、细菌域

细菌被称为微小的单细胞生物，它们以数百万计存在于任何环境中，包括其他生物的内部和外部。1676 年，荷兰显微镜学家安东尼·菲利普斯·范·列文虎克（Antonie Philips van Leeuwenhoek）首次通过使用他自己设计的单镜显微镜观察到细菌细胞。1828 年，克里斯汀·戈特弗里德·埃伦伯格（Christian Gottfried Ehrenberg）首次引入了"细菌"一词。细菌域共分为 23 门、32 纲、77 目、14 亚目、182 科、871 属、5 007 种。

（一）细菌的形态和大小

1. 细菌的形态

根据细菌细胞在显微镜下的形状，细菌可分为球菌、杆菌、螺形菌三大类。球菌的外观呈圆形或类球形，根据细菌排列方式不同（图1-7），可分为双球菌（如肺炎双球菌），链球菌（如溶血性链球菌），四联球菌（如四联加夫基菌），八叠球菌（如藤黄八叠球菌），葡萄球菌（如金黄色葡萄球菌）。杆菌的基本形态为直杆状，菌体两端多呈钝圆形。杆菌可细分为小杆菌（如布鲁氏菌）、中杆菌（如大肠杆菌）和大杆菌（如炭疽芽孢杆菌）。螺形菌按照菌体弯曲类型可分为呈弧形弯曲的弧菌和呈螺旋状的螺菌。细菌形态受各种理化因素的影响，一般说来，在生长条件适宜时培养 8~18 h 的细菌形态较为典型；幼龄细菌形体较长；细菌衰老时，在陈旧培养物中，或环境中有不适合于细菌生长的物质（如药物、抗生素、抗体、过高的盐分等）时，细菌常常出现不规则的形态，表现为多形性，或呈梨形、气球状、丝状等，称为衰退型，不易识别。

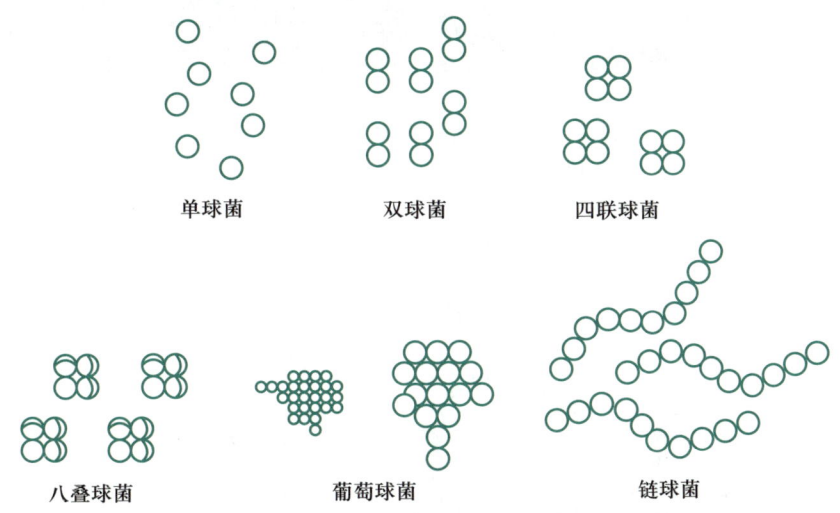

图 1-7　球菌的排列方式

（摘自王国惠，环境工程微生物学，2011）

2. 细菌的大小

细菌的大小是真核细胞的十分之一，长度为 0.5~5.0 μm（图1-8）。单个球菌的直径在 0.8~1.2 μm，大多数杆菌中等大小长 2~5 μm，宽 0.3~1 μm。大的杆菌如炭疽杆菌 [（3~5 μm×(1.0~1.3) μm]，小的如野兔热杆菌 [（0.3~0.7）μm×0.2 μm]。细菌的大小有生态和生理学的意义，较小尺寸的细菌有利于在生态环境中生存。例如海洋沉积物，这些环境通常没有其他生命形式，这使得细菌能够有效地垄断可用资源。此外，较小的尺寸通常有利于寄生以及在营养稀缺地区的持久性，这是因为高表面积和体积比较小的细胞能够有效吸收营养，促进持续生长和繁殖。

（二）细菌的细胞结构

细菌是典型的原核细胞，其结构可分为基本结构和特殊结构两个部分。其中基本结构是细菌生命活动必需的结构，为所有细菌或原核生物所共有，如细胞壁、细胞膜、细胞核和核糖体；特殊结构则只会存在部分细菌中，且具有某些特定的功能，如鞭毛、散毛、荚膜、芽孢和气泡等。细菌细胞的结构模式见图1-9。

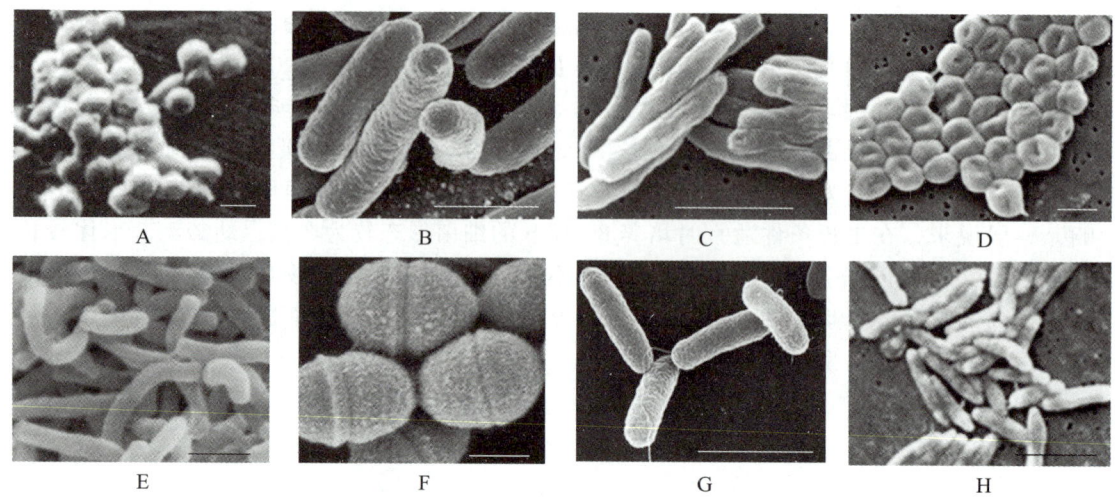

图 1-8　细菌细胞常见的形态和大小

A—肺炎支原体（球形）；B—大肠杆菌（杆形）；C—结核分枝杆菌（杆形）；D—鲍曼不动杆菌（杆形）；E—霍乱弧菌（弧形）；F—化脓性链球菌（球形）；G—鼠伤寒沙门氏菌（杆形）；H—胎儿弯曲杆菌（杆形）。比例尺 A、D、F 0.5 μm；B、C、E、G、H 2 μm

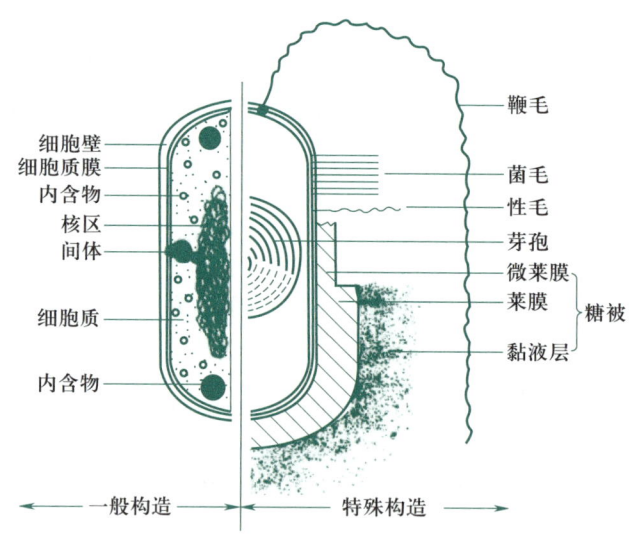

图 1-9　细菌细胞结构模式图

（摘自王国惠，环境工程微生物学，2011）

1. 细胞壁

细菌的细胞壁是细菌最外部的一层坚韧、厚实的外被。它占菌体质量的 10%～25%。细菌的细胞壁中均含有肽聚糖，合成肽聚糖是原核生物特有的能力。肽聚糖是由 N-乙酰葡萄糖胺和 N-乙酰胞酸两种氨基糖经 β-1，4 糖苷键连接间隔排列形成的多糖支架。在 N-乙酰胞壁酸分子上连接四肽侧链，肽链之间再由肽桥或肽链联系起来，组成一个机械性很强的网状结构（图 1-10）。肽聚糖中的糖链上，每个残基就会出现一条含有 D-氨基酸的四肽肽尾。

肽聚糖通过肽尾之间的相互联结，产生一定的韧性。

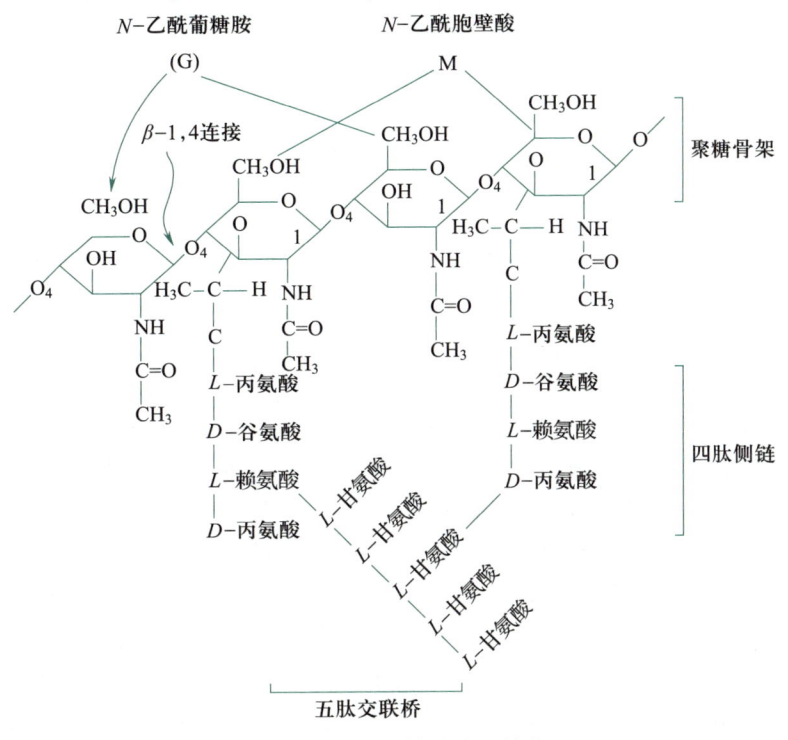

图 1-10 肽聚糖的分子结构

(摘自王国惠，环境工程微生物学，2011)

　　1884 年，丹麦人 Christian Gram 开发了一种以他的名字命名的染色技术——革兰氏染色法。革兰氏染色已经成为细菌学实验室中最重要的染色方法，因为它可以区分革兰氏阳性和革兰氏阴性菌的细胞壁。该染色的基本过程有：对已固定的细菌用结晶紫染液染色 1 min（初染），再用碘液染色（媒染）1 min，然后用 95% 乙醇脱色 10 ~ 30 s，直到涂片不再流出紫色液体，最后再用沙黄或番红染液染色 1 min（复染），如果细菌在脱色步骤中没有被脱色，那么在革兰氏染色法结束时，它们会呈现蓝色或紫色，这样的细菌被称为革兰氏阳性菌，通常以 G$^+$ 表示，这是因为革兰氏阳性菌的细胞壁中含有一层厚厚的肽聚糖，这使得它们在脱色步骤中难以去除结晶紫-碘复合物；在革兰氏染色法结束时呈现红色的则为革兰氏阴性菌，通常以 G$^-$ 表示。革兰氏阳性菌和阴性菌的细胞壁结构和化学组成上存在着较大差异（表 1-1）。

表 1-1　革兰氏阳性菌与革兰氏阴性菌细胞壁的主要区别

比较项目	革兰氏阳性菌	革兰氏阴性菌
强度	较坚韧	较疏松
厚度	厚，20 ~ 80 nm	薄，2 ~ 10 nm

比较项目	革兰氏阳性菌	革兰氏阴性菌
肽聚糖层数	多，可达50层	少，1~3层
肽聚糖含量	多，可占胞壁干重40%~90%	少，占胞壁干重10%~20%
磷壁酸	多数含有	无
脂多糖	无	内壁层无，外壁层11%~22%
脂蛋白	无	内壁层有或无，外壁层有
外膜	无	有
结构	三维空间（立体结构）	二维空间（平面结构）

革兰氏阳性菌细胞壁较厚，20~80 mm。肽聚糖含量丰富，有15~50层，每层厚度1 nm。肽聚糖单体包括三个部分：N-乙酰葡萄糖胺、N-乙酰胞壁酸和四肽链。此外，革兰氏阳性菌细胞壁尚有大量特殊组分——磷壁酸。磷壁酸是由核糖醇或甘油残基经由磷酸二键互相连接而成的多聚物。磷壁酸分壁磷壁酸和膜磷壁酸两种，前者和细胞壁中肽聚糖的N-乙酰胞壁酸联结，膜磷壁酸又称脂磷壁酸和细胞膜联结，另一端均游离于细胞壁外。磷壁酸抗原性很强，是革兰氏阳性菌的重要表面抗原；磷壁酸在调节离子通过黏肽层中起作用；磷壁酸也可能与某些酶的活性有关，因为其带负电，可与环境中的Mg^{2+}等阳离子结合，以保证细胞膜上一些合成酶维持高活性；某些细菌的磷壁酸，能黏附在人类细胞表面，其作用类似菌毛，可能与致病性有关。

革兰氏阴性菌细胞壁较薄，可分为内壁层和外壁层。内壁层紧贴细胞膜，含有肽聚糖，不含磷壁酸，占细胞壁干重的5%~10%。共分三层，最外层是脂多糖，中间是脂质双层，内层是脂蛋白。脂多糖由脂质双层向细胞外伸出，包括类脂A、核心多糖、特异性多糖三个组成部分。脂质双层是革兰阴性菌细胞壁的主要结构，除了转运营养物质外，还有屏障作用，能阻止多种物质透过，抵抗许多化学药物的作用，所以革兰氏阴性菌对溶菌酶、青霉素等比革兰氏阳性菌具有较大的抵抗力。一些化学物质如乙二胺四乙酸（EDTA）与2%十二烷基硫酸钠（SDS）或45%酚水溶液可以将外膜除去，而留下坚韧的肽聚糖层。脂蛋白一端以蛋白质部分共价键连接于肽聚糖的四肽侧链上，另一端以脂质部分经共价键连接于外膜的磷酸上。因此，脂蛋白是从肽聚糖层到外壁层之间的桥梁，其功能是稳定外膜并将之固定于肽聚糖层。

细菌细胞壁坚韧而富有弹性，保护细菌抵抗低渗环境，使细菌在低渗的环境下细胞不易破裂；细胞壁对维持细菌的固有形态起重要作用；可允许水分及直径小于1 nm的可溶性小分子自由通过，与物质交换有关；细胞壁上带有多种抗原决定簇，决定了细菌菌体的抗原性；细胞壁还具有鞭毛细菌鞭毛运动的力学支点。

用溶菌酶处理细菌细胞或在培养基中加入青霉素、甘氨酸或丝裂霉素C等因子，可使细菌细胞壁的形成受到破坏或抑制，产生了细胞壁缺陷细菌——L型细菌。L型是指细菌发生细胞壁缺陷的变型。因其首次在Lister研究所发现，故以其第一个字母命名。当细菌细胞壁中的肽聚糖结构受到理化或生物因素的直接破坏或合成被抑制，这种细胞壁受损的细菌一般在普通环境中不能耐受菌体内部的高渗透压而将胀裂死亡；但在高渗环境下，它们仍可存活而成为细菌细胞壁缺陷型。革兰氏阳性菌 L 型称为原生质体，必须生存于高渗环境中，对环境条件敏感。革兰氏阴性菌 L 型称为原生质球，因为保留了外壁层中脂多糖和脂蛋白，外壁结构尚存，在低渗环境中仍有一定的抵抗力。

　　2. 细胞质膜

　　（1）细胞质膜的结构和组成

　　细胞质膜又称细胞膜，位于细胞壁内侧，是包裹细胞质的一层柔软而富有弹性的半渗透性脂质双层生物膜，厚 7~10 nm，约占细胞干重的 10%。主要由脂质（30%~40%）及蛋白质（60%~70%）构成，膜不含胆固醇是与真核细胞膜的区别点。细菌细胞膜的脂质主要是甘油磷脂。磷脂分子在水溶液中形成具有高度定向的双分子层，相互平行排列。亲水的极性基指向双分子层外表面，疏水的非极性基组成膜的内部（图 1-11）。膜的流动性高低取决于饱和及不饱和脂肪酸的相对含量和类型。

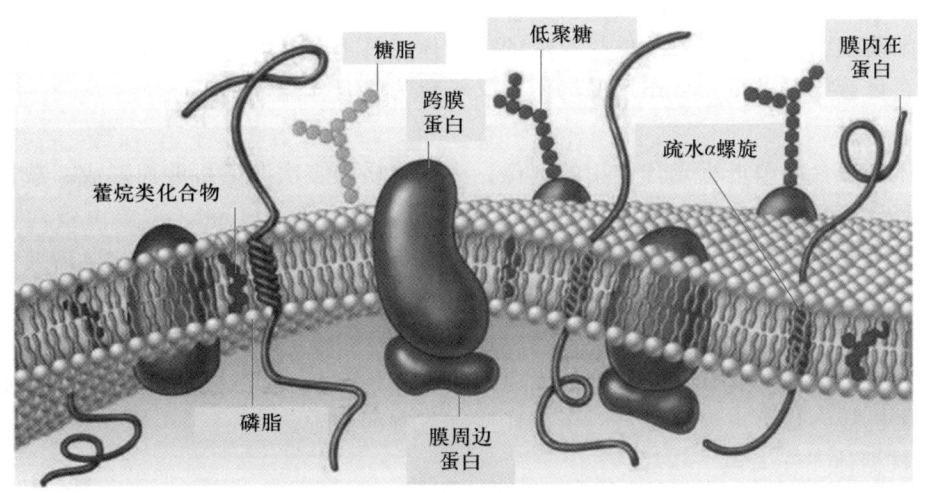

图 1-11　原核生物的细胞膜结构

（摘自 Prescott. Microbiology，9th ed，2014）

　　细胞膜中的蛋白质可分为膜周边蛋白和膜内在蛋白两大类。膜周边蛋白也称边缘蛋白或外周蛋白，存在于膜的内或外表面，系水溶性蛋白，占膜蛋白总量的 20%~30%。膜内在蛋白又称整合蛋白、内嵌蛋白或结构蛋白，镶嵌于磷脂双层中，多为非水溶性蛋白，占膜蛋白总量的 70%~80%。许多膜蛋白本身就是运输营养物质的通透酶或具有催化活性的酶蛋白，在细胞代谢过程中起着重要作用，一些膜蛋白也是抗生素和免疫系统的作用靶点。

　　（2）细胞质膜的生理功能

　　细胞膜具有屏障功能，能够维持细胞内正常的渗透压。细胞膜有选择性通透作用，与细胞壁共同完成菌体内外的物质交换。细胞膜上有多种呼吸酶，参与细胞的呼吸过程。细胞膜上有多种合成酶，参与生物合成过程。细胞膜还有传递信息的作用，膜上的特殊蛋白能够接受光、电及化学物质等产生的刺激信号并发生构象变化，从而引起细胞内的一系列代谢变化。

3. 内膜系统

许多细菌还具有与细胞质膜相连的内膜系统，包括间体、羧酶体、类囊体及载色体等。

（1）间体

间体是一些细菌细胞膜向内凹陷折叠形成的层状、管状或囊状的结构，可以增加细胞膜的表面积，相应地增加了呼吸酶的数量，为一些酶提供附着位点，参与细菌的呼吸等过程，有拟线粒体之称。间体也可以促进细菌的分裂和遗传物质的复制和分离。间体的形态和数量与细菌的种类和生长条件有关，间体多见于革兰氏阳性菌，在革兰氏阴性菌中不明显。

（2）羧酶体

羧酶体又叫多角体，多存在于自养细菌中。羧酶体由以蛋白质为主的单层膜包围，厚约3.5 nm，大小为 $50 \sim 500$ nm。羧酶体阻止了 CO_2 的逸出，使其能够在内部积累。羧酶体内部还包含有核糖-1，5-二磷酸羧化酶和 5-磷酸核酮糖激酶，是 CO_2 固定的关键酶，它能将 CO_2 转化为羧酸己糖。因此，羧酶体可作为 CO_2 固定的场所。

在蓝细菌细胞中还存在由单位膜组成的囊状体，其上含有叶绿素、藻胆色素等光合色素和相关酶，是蓝细菌进行光合作用的场所，又被称为光合作用膜。

（3）载色体

载色体是光合细菌进行光合作用的部位，由细胞质膜多次凹陷折叠而形成。载色体的形态和类型有囊泡型、片层型和管状型。载色体直径一般大于 100 nm，主要由蛋白质和脂质组成。载色体含有菌绿素、胡萝卜素、藻红素、藻黄素等色素和光合磷酸化所需的酶系和电子传递体。

4. 细胞质

细胞质包含细胞的所有其他成分的无色透明胶状物，基本成分是水、蛋白质、脂质、核酸及少量无机盐，是负责细胞生长、新陈代谢和复制的细胞区域。

（1）核糖体

电镜下可见到细胞质中有大量沉降系数为 70S 的颗粒，即核糖体。其化学组成 65% 为 RNA，35% 为蛋白质。细胞中约 90% 的 RNA 和 40% 的蛋白质存在于核糖体中。当 mRNA 连成多聚核蛋白体，就成为合成蛋白质的场所。细菌的 70S 核糖体由 50S 和 30S 两个亚基组成。链霉素能与细菌核糖体的 30S 基结合，红霉素能与 50S 亚基结合，从而干扰细菌蛋白质的合成而导致细菌的死亡。核糖体的蛋白质成分只起维持核糖体形态和稳定功能的作用。

（2）细胞质颗粒

细胞质颗粒大多数为营养贮藏物，较为常见的是贮藏高能磷酸盐的异染颗粒，嗜碱性较强，用蓝色染料如甲苯胺蓝或甲烯蓝染色后不呈蓝色而呈紫色，常大量积聚在聚磷菌体内。另外细胞质颗粒还有聚-β-羟基丁酸颗粒、糖原和硫粒。

（3）气泡

紫色光合细菌和蓝细菌中含有气泡。气泡由许多气泡囊组成。气泡膜与真正的膜不同，只含蛋白质而无磷脂。构成气泡膜的蛋白质亚单位排列成一个坚硬的结构，以对抗外部施加于该结构的压力，使之维持正常功能。膜的外表亲水，而内侧绝对疏水，故气泡只能透气而不能透过水和溶质。专性好氧的嗜盐细菌体内含气泡量多，在含盐量高的水中，嗜盐细菌借助气泡浮到水表面吸收氧气。

5. 拟核与质粒

（1）拟核

细菌的核因没有核膜和核仁，故称为原始核或拟核，也叫细菌染色体。拟核是细菌的遗传物质，决定细菌的遗传特征。集中在细胞质的某一区域，多在菌体中部。它与真核细胞的细胞核不同点在于其四周无核膜，故不成形，也无组蛋白包绕。一个菌体内一般含有 1~2 个核质。现已证明，细菌的核质是由双链 DNA 组成的单一的一根环状染色体反复回旋盘绕而成。以大肠杆菌为例，大肠杆菌的染色体分子量为 3×10^9，伸展后长度约达 1.1 mm，约含 5×10^6 个碱基对，足可携带 3 000~5 000 个基因（图 1-12）。拟核携带了细菌的遗传信息，控制细菌的各种遗传性状。由于高度紧密折叠，拟核只占菌体的很小一部分，若用酸或 RNA 酶处理，使 RNA 水解，再用富尔根氏法染色，便可染出核质，在普通光学显微镜下可以看见，一般呈球状、棒状或哑铃状。

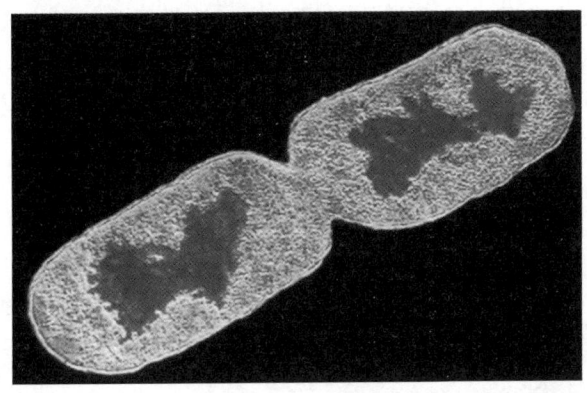

图 1-12　正在分裂的大肠杆菌显微镜图片（深色区域是两个子细胞中存在的拟核）

（摘自 Prescott. Microbiology，9th ed，2014）

（2）质粒

质粒是独立于染色体外的能自我复制并稳定遗传的双链环状 DNA。其分子量比细菌染色体小，为 2×10^6~100×10^6。每个菌体内可以有一个至多个质粒。质粒对细菌的生存并不是必需的，失去质粒的细菌仍能正常存活。然而，许多质粒携带了一些能够在特定环境中给细菌带来选择优势的基因，例如耐药因子、细菌素及性菌毛等基本均编码在质粒上。质粒利用细胞的 DNA 合成机制进行复制，但是它们的复制并不与细胞周期的任何特定阶段相关联。因此，质粒和染色体复制的调控是独立的。然而，有些质粒能够整合到染色体中。这样的质粒被称为表位体，当整合后，它们作为染色体的一部分被复制。质粒在细胞分裂过程中稳定地遗传，但是它们并不总是平均地分配到子细胞中，有时会丢失。质粒的丢失被称为消除。它可以自发地发生，也可以被一些抑制质粒复制而不影响宿主细胞繁殖的处理诱导。质粒可通过接合、转导作用等将有关性状传递给另一细菌。

6. 荚膜

许多细菌细胞壁外围绕一层较厚的、透明的、黏液状或胶冻样的物质，其厚度在 0.2 μm 以上，普通显微镜可见，与四周有明显界线，称为荚膜，如肺炎双球菌。荚膜厚度在 0.2 μm 以下的，在光学显微镜下不能直接看到，必须以电镜或免疫学方法才能证明，称为微荚膜，如大肠杆菌的 K 抗原等。荚膜的主要成分因菌种而异，大多数细菌的荚膜由多糖组成，链球菌荚膜为透明质酸，少数细菌的荚膜为多肽。

细菌一般在机体内和营养丰富的培养基中才能形成荚膜。有荚膜的细菌在固体培养基上形成光滑型（S 型）或黏液型（M 型）菌落，失去荚膜后菌落变为粗糙型（R 型）。荚膜并非细菌生存所必需，如荚膜丢失，细菌仍可存活。

荚膜除对鉴别细菌有帮助外，可作为细胞外碳源和能源性储藏物质，还能保护细菌免遭吞噬细胞的吞噬和消化作用，因而能增强某些细菌的致病能力。荚膜能潴留水分使细菌能抗干燥，并对其他因子（如溶菌酶、补体、抗体、抗菌药物等）的侵害有一定抵抗力。

产荚膜细菌在污水生物处理中活性污泥的形成和沉降等方面具有重要作用。有的细菌通过荚膜物质相互融合形成了一团胶状物，被称为菌胶团。菌胶团的形态（图 1-13）有球形、椭圆形、蘑菇状、分枝状、垂丝状及其他不规则形。活性污泥性能的好坏，可根据所含菌胶团多少、大小及结构的紧密程度来判断。形成菌胶团的细菌主要是动胶菌属（*Zoogloea*），动胶菌菌体呈杆状，宽 0.5~1.0 μm、长 13 m，革兰氏染色阴性，菌体有端生鞭毛，运动灵活，无芽孢，属好氧化能异养菌。

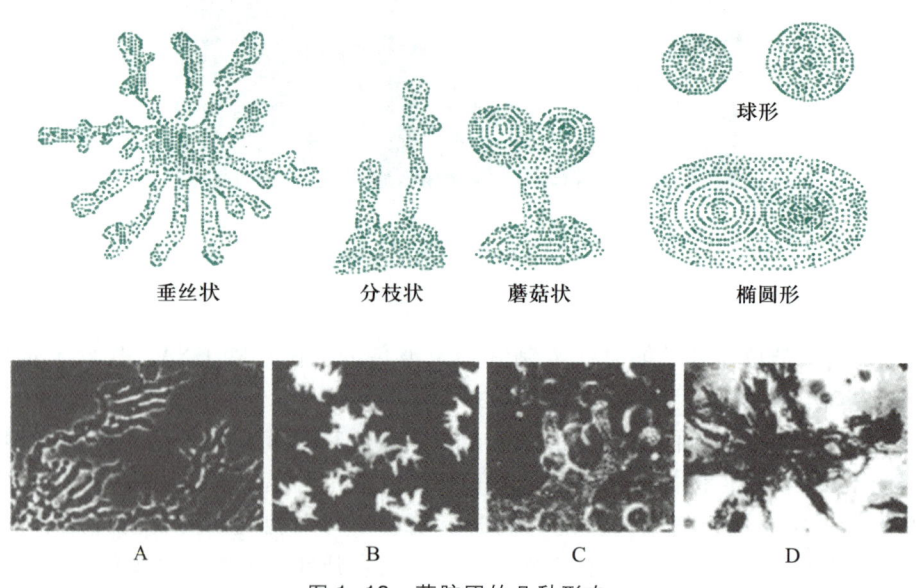

垂丝状　　　分枝状　　蘑菇状　　　椭圆形　　球形

图 1-13　菌胶团的几种形态

A—活性污泥中的指状菌胶团；B—低倍显微镜下的生枝动胶菌纯培养絮状物；C—在光学相差 x833 下的生枝动胶菌细胞；D—在印染废水活性污泥中的菌胶团

（摘自周群英，环境工程微生物学，第四版，北京，2015）

细菌会根据环境条件的适宜程度，形成不同的菌胶团形态和结构。当环境恶化时，菌胶团就会变得松散甚至解离，影响处理效果。因此，为了使废水处理达到较好的效果，不仅要求活性污泥中要有大量的菌胶团絮体，还要求菌胶团的结构紧密，并具有良好的吸附性能及沉降性能。

7. 鞭毛

某些细菌菌体上伸出细长而弯曲的丝状物，称为鞭毛。鞭毛的长度常超过菌体若干倍，最长可达 70 μm，但直径只有 10~20 nm。鞭毛的化学组分主要是蛋白质，只含有少量多糖或脂质。根据鞭毛数目、位置和排列的不同，可将鞭毛分为一端生鞭毛、两端生鞭毛、丛生鞭毛和周生鞭毛，分别对应着单毛菌（*Monotrichate*）、双毛菌（*Amphitrichate*）、丛毛菌（*Lophotrichate*）、周毛菌（*Peritrichate*）（图 1-14）。用电子显微镜研究鞭毛的超微结构，发现鞭毛的结构分为：基础小体、钩状体和丝状体。

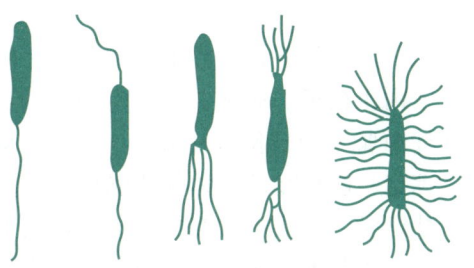

图 1-14　细菌鞭毛示意图
（摘自王国惠，环境工程微生物学，2011）

鞭毛是细菌的运动器官，细菌不会漫无目的地漂流，它们要么移向营养物质（糖和氨基酸），要么远离细菌废物等有毒物质。细菌细胞朝向或远离化学物质的运动称为趋化性。运动细菌还可以响应环境信号，例如氧气（趋气性）、渗透压（趋渗透性）、温度（趋热性）、光（趋光性）和重力。但鞭毛并不是生命活动所必需的。

鞭毛常存在于杆菌及弧菌中。鞭毛的数量、分布可用以鉴别细菌。鞭毛抗原有很强的抗原性，通常称为 H 抗原，对某些细菌的鉴定、分型及分类具有重要意义。

8. 菌毛

菌毛是许多革兰氏阴性菌菌体表面遍布的比鞭毛更为细、短、直、硬、多的丝状蛋白附属器，也叫作纤毛或伞毛（图 1-15）。菌毛直径 3~7 nm，长度 0.5~6 μm，有些菌毛可长达 20 μm。其化学组成是菌毛蛋白。菌毛与运动无关，在光镜下看不见，使用电镜才能观察到。

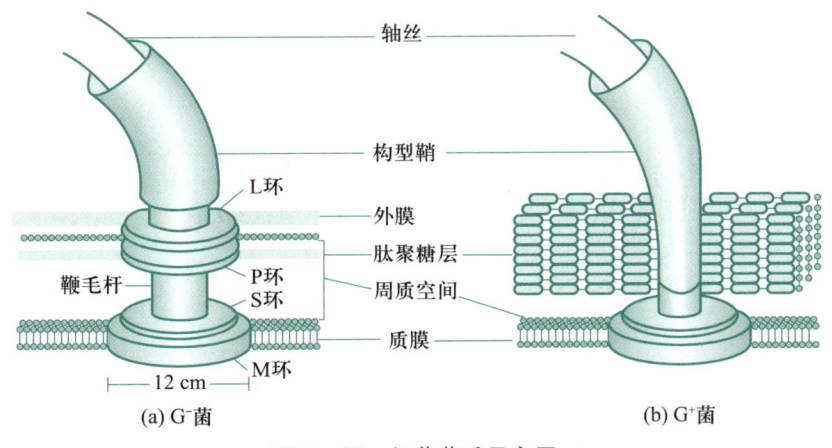

图 1-15　细菌菌毛示意图

根据菌毛功能可将其分为普通菌毛和性菌毛两种。普通菌毛长 0.3~1.0 μm，直径 7 nm。具有黏着细胞和定居各种细胞表面的能力，它与某些细菌的致病性有关。性菌毛比普通菌毛粗，中空呈管状，一个细胞仅具有 1~4 根。性菌毛由质粒携带一种致育因子的基因编码，故性菌毛又称 F 菌毛。带有性菌毛的细菌称为 F+菌或雄性菌，无菌毛的细菌称为 F-菌或雌性菌。性菌毛能在细菌之间传递 DNA，细菌的毒性及耐药性即可通过这种方式传递。

9. 芽孢

在一定条件下，某些细菌在营养细胞内形成一个折光性很强的不易着色小体，称为内芽孢，或内生孢子，简称芽孢。生芽孢的细菌多为杆菌如芽孢杆菌属（如炭疽杆菌）及梭状芽孢杆菌属（如破伤风杆菌、气性坏疽病原菌），球菌和螺旋菌仅少数种能生芽孢。

芽孢一般只在动物体外才能形成，并受环境影响，当营养缺乏，特别是碳源、氮源或磷酸盐缺乏时，容易形成芽孢。不同细菌形成芽孢还需不同的条件，如炭疽杆菌须在有氧条件下才能形成芽孢。成熟的芽孢可被许多正常代谢物如丙氨酸、腺苷、葡萄糖、乳酸等激活而发芽，先是芽孢酶活化，皮质层及外壳迅速解聚，水分进入，在合适的营养和温度条件下，芽孢的核心向外生长成繁殖体，开始发育和分裂繁殖。芽孢并非细菌的繁殖体，而是处于代谢相对静止的休眠体，是细菌抵抗不良环境的休眠体。

芽孢含水量少（38%~40%），蛋白质受热不易变性。芽孢具有多层厚而致密的胞膜，由内向外依次为核心、内膜、芽孢壁、皮质、外膜、芽孢壳和芽孢衣（图1-16）。特别是芽孢壳，无通透性，有保护作用，能阻止化学品渗入。芽孢形成时能合成一些特殊的酶，这些酶较之繁殖体中的酶具有更强的耐热性。芽孢核心和皮质层中含有大量 2，6-吡啶二羧酸（DPA），占芽孢干重的 5%~15%，是芽孢所特有的成分，在细菌繁殖体和其他生物细胞中都没有。DPA 能以一种现尚不明的方式，使芽孢的酶类具有很高的稳定性。芽孢形成过程中很快合成 DPA，同时也获得耐热性。

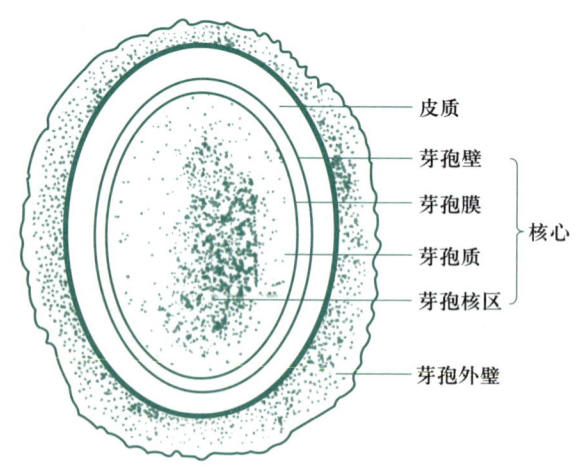

图1-16　芽孢的结构示意图

（摘自郑平，环境微生物学教程，2010）

（三）细菌的繁殖和培养特征

1. 细菌的繁殖

细菌一般进行无性繁殖，裂殖是细菌最普遍、最主要的繁殖方式。细菌在合成新的物质时伸长，复制染色体，将新形成的 DNA 分子分开，使每个细胞半部都有一个染色体。然后，在细胞中间形成一个隔膜（横壁），将亲代细胞分裂成两个子代细胞，每个细胞都有自己的染色体和其他细胞成分。

除了裂殖以外，少数种类如柄细菌分裂后产生一个有柄不运动和一个无柄有鞭毛的子细胞，两个子细胞大小不等，称为异形分裂。此外还有通过出芽方式进行繁殖的，如芽生杆菌、生丝微菌的芽殖；还有弧菌侵入宿主细菌细胞的壁与膜间隙，生长、分裂，产生多个子细胞的多次分裂，以及节杆菌的壁裂等特殊的繁殖方式。

2. 细菌的培养特征

细菌在不同的培养基上生长会呈现不同的特征，如固体培养基上的培养特征，半固体培养基中的培养特征和液体培养基中的培养特征。以上培养特征均可用以鉴定细菌，或判断细菌的呼吸类型和运动性。

（1）细菌在固体培养基上的培养特征

当单个细胞的细菌接种在固体培养基上，经过一定时间的培养，细菌经过迅速分裂繁殖后，会产生肉眼可见的细菌集团，这个细菌集团称为菌落（图1-17）。

菌落的特征包括大小、形状（圆形、假根状、不规则状等）、颜色、光泽（闪光、金属光泽、无光泽等）、边缘（整齐、波形、裂叶状、锯齿形等）、隆起（扩展、台状、低凸、凸面、乳头状等）、透明度、质地（油脂状、膜状、黏、脆等）、表面（光滑、皱褶、颗粒状、龟裂状、同心环状等）、气味等。不同的细菌菌落具有不同的特征（图1-18），如金黄色葡萄球菌的菌落呈金黄色、光滑、圆形、凸起、边缘整齐，而蕈状芽孢杆菌的菌落呈白色、假根状、边缘不整齐。菌落大小由细菌的生长速率决定。同一种细菌在

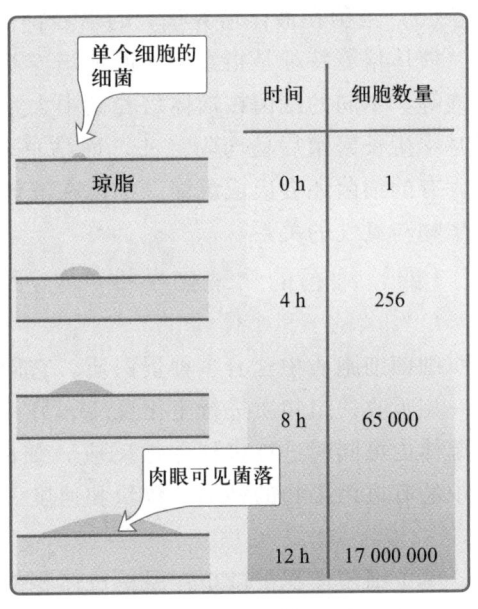

图1-17　细菌在固体培养基上形成菌落的过程
（摘自 Prescott. Microbiology, 9th ed, 2014）

同一培养基上形成的菌落一般表现为相同的形态特征，可作为识别鉴定菌种的形态依据之一。

（2）细菌在半固体培养基上的培养特征

细菌通过穿刺接种技术接种在含质量浓度 3~5 g/L 琼脂的半固体培养基中会呈现不同的生长状态。根据细菌的生长状态可判断细菌的呼吸类型、有无鞭毛和能否运动。判断细菌的呼吸类型的依据是如果细菌在培养基的表面及穿刺线的上部生长者为好氧菌，沿着穿刺线自上而下生长者为兼性厌氧菌或兼性好氧菌，如果只在穿刺线的下部生长者为厌氧菌。判断细

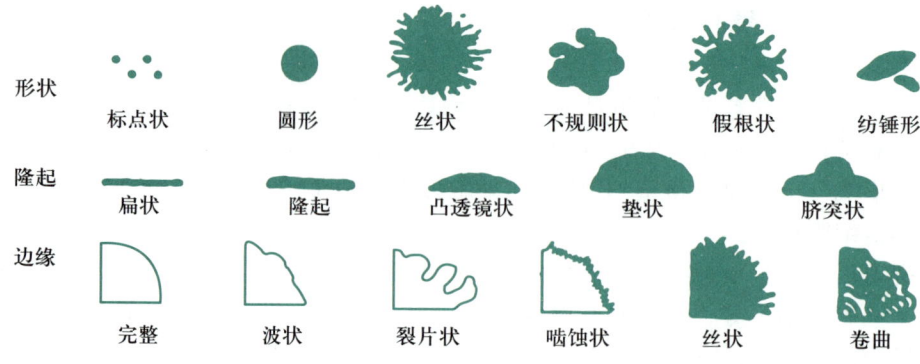

图 1-18　细菌的菌落特征

（摘自袁林江，环境工程微生物学，2011）

菌是否运动的依据是：只沿着穿刺线生长者为没有鞭毛、不能运动的细菌，如果不但沿着穿刺线生长而且穿透培养基扩散生长者为有鞭毛、能运动的细菌。

（3）细菌在液体培养基上的培养特征

液体培养特征是指细菌在液体培养基中的生长现象，包括液体的浑浊度、沉淀、菌膜、气泡等。不同的细菌在液体培养基中大量增殖会有不同的生长特征，如大多数细菌在液体培养基中生长繁殖后呈均匀混浊，而枯草芽孢杆菌等专性需氧菌一般呈表面生长，常形成菌膜，有的细菌还会形成沉淀。细菌在液体培养基中的培养特征是分类依据之一，主要反映了微生物与氧气的关系。

（四）细菌的物理化学性质与污（废）水生物处理的关系

1. 细菌的多相胶体性

细菌细胞质中含有多种蛋白质，它们的成分和功能各不相同，所以细胞质是多相胶体，某一相吸收一组物质进行生化反应，另一相又吸收另一组物质进行另一种生化反应。在一个细菌体内可同时进行多种生化反应。细菌的多相胶体性决定细菌在曝气池中吸收污（废）水中的有机污染物的种类、数量和速度。

2. 细菌的比表面积

单个细菌体积虽微小，但单位体积的细菌群体的总比表面积却巨大，这有利于细菌吸附和吸收营养物，有利于排泄代谢产物，使细菌生长繁殖快。细菌比表面积的大小决定其吸附、吸收污染物的能力及与其他微生物的竞争能力。

3. 细菌的相对密度

细菌的相对密度为 1.07~1.19，细菌的相对密度与菌体所含的物质有关。蛋白质的相对密度为 1.5，糖类的相对密度为 1.4~1.6，核酸的相对密度为 2，无机盐的相对密度为 2.5，脂质的相对密度小于 1，整个菌体的密度略大于水的密度。细菌的相对密度与其沉淀效果有关。

4. 细菌的带电性

细菌的带电性通常与其细胞壁的化学组成有关。细菌的带电性与它吸附、吸收污（废）

水有机污染物的能力有关，与填料载体的结合力有关，还与絮凝、沉淀性能有关。在污水生物处理过程中，污水的 pH 多数为偏酸性、中性和偏碱性，均在细菌的等电点之上，因此，其中的细菌都表现为带负电性。

细菌的物理化学特性是由其遗传性决定的，处理效果差时，人们通常采用絮凝剂和沉淀剂适当调整 pH，改善活性污泥的沉淀性能，增强处理效果。

5. 细菌的趋化性

细菌的趋化性是细菌对外界化学变化所作出的行为反应。细菌的趋化性可提高其在自然环境中降解污染物的效果。这主要是因为趋化性可使降解菌株与污染物紧密接触，并使降解性细菌与土著微生物在营养竞争中占据优势，同时趋化性还可促进自主转移性代谢质粒在土著微生物或其他降解菌中的转移，使细菌群落更快适应被污染的环境。

三、蓝细菌

蓝细菌是一类能够进行产氧光合作用的原核生物，也是地球上最古老的生命形式之一。它们最初被植物学家研究，被归类为绿藻纲，通常被称为蓝绿藻。后来发现这些微生物实际上是革兰氏阴性菌，细菌结构简单，没有其他真核藻类所具有的叶绿体，也无细胞核，因此把它划分为原核生物。

（一）蓝细菌的概述

蓝细菌的形态差异极大，有的为单细胞，呈杆状和球状（图 1-19）。蓝细菌的直径或宽度为 $3 \sim 10 \ \mu m$，长度 $0.5 \sim 60 \ \mu m$。也有许多蓝细菌聚集在一起，多个细胞黏集成的聚合体，呈丝状。例如，螺旋蓝细菌属的个体为螺旋状的丝状体，其菌丝直径 $1 \sim 12 \ \mu m$，长 $50 \sim 500 \ \mu m$；巨颤蓝细菌（*Oscillatoria princeps*）直径 $60 \ \mu m$，是迄今已知最大的原核生物细胞；色球蓝细菌属为单细胞个体或群体，群体种类在细胞壁外分泌果胶类物质构成胶质鞘膜，彼此融合形成大的胶团。

蓝细菌的细胞属原核细胞，有革兰氏阴性菌的细胞壁、质膜，在细胞内有拟核或核质、核糖体、羧酶体、类囊体、藻胆蛋白体、藻蓝素（或藻红素）、糖原颗粒、脂质颗粒及气泡。蓝细菌借助黏液在固体基质表面滑行，其运动表现出趋光性和趋化性。某些丝状蓝细菌具有厚壁细胞，称为异形胞，是蓝细菌进行固氮作用的场所。许多蓝细菌有气泡可使之漂浮水上，趋向有光处。

蓝细菌含叶绿素 a、类胡萝卜素及藻胆蛋白等光合色素，进行光合作用并产氧。大多数蓝细菌的光合色素位于类囊体的片层膜中。藻胆蛋白中包括藻蓝素和藻红素，藻蓝素常占优势故菌体多呈蓝绿色。但不同光照条件下，菌体所含色素比例改变，因而可呈现黄褐、红等其他颜色。

单细胞类型蓝细菌的繁殖是通过二分裂、出芽、断裂、多重分裂或从无柄的个体释放一系列顶生细胞进行繁殖。丝状蓝细菌通过无规则的丝状体断裂释放出菌体片段（称链丝段）而繁殖。有些丝状蓝细菌的营养细胞能分化形成大而厚壁的休眠细胞，称为静息孢子。这些

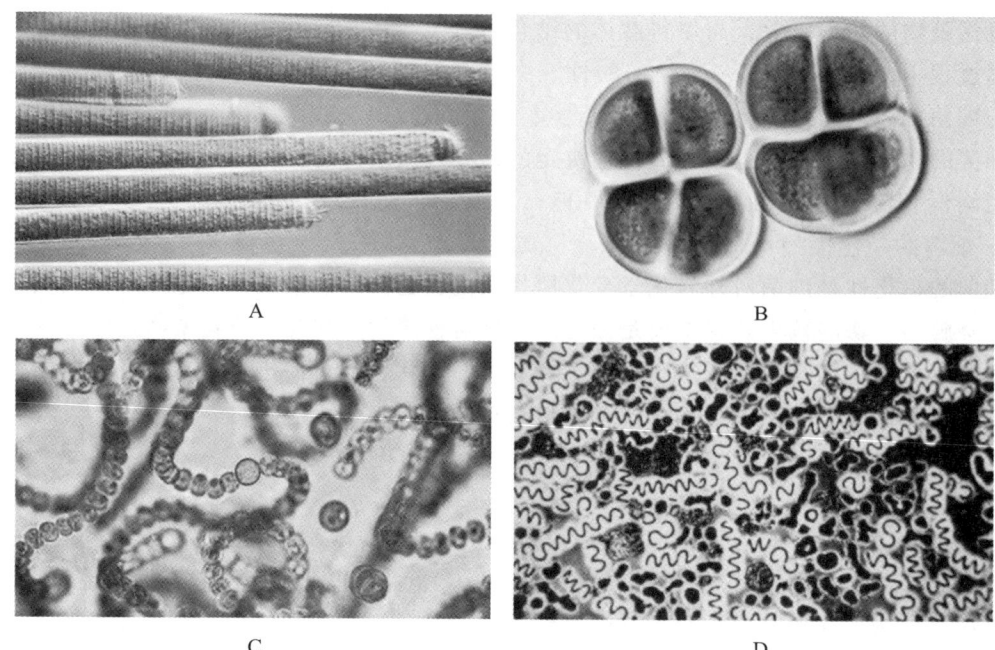

图 1-19　部分蓝细菌的形态图

A—用诺马斯基干涉对比光学观察到的震荡藻的丝体（×250）；B—肿胀球藻，每个菌落由四个细胞组成（×600）；C—含有异形细胞的鼓藻（×550）；D—蓝细菌螺旋藻和微囊藻。螺旋状的螺旋藻被一层厚厚的胶质鞘包裹着（×1 000）

（摘自 Prescott. Microbiology, 9th ed, 2014）

细胞能抗干燥和低温，可度过不良环境；在适宜条件下，又可以萌发而形成新的丝状体。

蓝细菌对极端环境有极强的耐受力。蓝细菌生活和营养要求都不高，因此环境中广泛存在，在淡水、海水、潮湿土壤、树皮、干燥的沙漠、岩石缝隙里均能生长。它们在岩石风化、土壤形成、增加土壤氮素营养、保持水体生态平衡中起着重要作用。然而，当蓝细菌生长旺盛时，可形成"水华"和"赤潮"。

蓝细菌是光能自养型生物，可以像植物一样进行光合作用。蓝细菌的光合作用依靠叶绿素 a、藻胆素和藻蓝素吸收光，通过卡尔文循环固定二氧化碳，同时吸收水和无机盐合成有机物供自身营养，并释放氧气。部分蓝细菌可以通过氧化葡萄糖和其他糖类，在黑暗条件下以化能异养方式缓慢生长。颤蓝细菌属在厌氧条件下氧化 H_2S 进行不产氧的光合作用。螺旋蓝细菌属适合在碱性湖泊中生长，它除进行光合作用释放大量 O_2 外，还可释放 H_2。蓝细菌还能利用固氮酶将大气中的氮气固定下来，蓝细菌的固氮作用是一种特殊的化能自养作用，需要消耗大量的能量，因此只在有光合作用的条件下才能进行。

（二）蓝细菌的主要类别

在《伯杰氏系统细菌学手册》中，蓝细菌分为了五个亚组。

① 亚组 I 是以二分裂或出芽繁殖的单细胞杆菌或球菌，以及非丝状聚合体。本组的代表属有管孢蓝菌属（*Chamaesiphon*）、微囊蓝细菌属（*Microcystis*）、黏球蓝细菌属（*Gloeocapsa*）、

黏杆蓝细菌属（*Gloeothece*）和原绿蓝细菌属（*Prochloron*）。

② 亚组Ⅱ是以多分裂形成小孢子繁殖的单细胞杆菌或球菌，代表属有宽球蓝细菌属（*Pleurocapsa*）、皮果蓝细菌属（*Dermocarpella*）和拟色球蓝细菌属（*Chroococcidiopsis*）。

③ 亚组Ⅲ蓝细菌通过在单个平面上进行二分裂，一般形状为丝状和不分枝的仅有营养细胞的丝状体。本组的代表属有鞘丝蓝细菌属（*Lyngbya*）、颤蓝细菌属（*Oscillatoria*）、原绿丝蓝细菌属（*Prochlorothrix*）和假鱼腥蓝细菌属（*Pseudoanabaena*）。

④ 亚组Ⅳ细胞能在单个平面上二分裂，断裂形成连锁体。通常可运动，可产生静息孢子。代表属有鱼腥蓝细菌属（*Anabaena*）、筒孢蓝细菌属（*Cylindrospermum*）、水华束丝蓝细菌属（*Aphanizomenon*）、念珠蓝细菌属（*Nostoc*）、眉蓝细菌属（*Calothrix*）、胶须蓝细菌属（*Rivularia*）和单歧蓝细菌属（*Tolypothrix*）。

⑤ 亚组Ⅴ细胞能多平面、多方向地分裂，形成连锁体。可产生静息孢子，在蓝细菌中有最大的形态复杂度和分化。代表属有飞氏蓝细菌属（*Fischerella*）、真枝蓝细菌属（*Stigonema*）和吉特勒氏蓝细菌属（*Geitleria*）。

（三）蓝细菌与环境保护之间的关系

蓝细菌忍受极端环境的能力很强，在地球上分布广泛，多喜生于含氮量较高、有机质丰富的碱性水体中。蓝细菌通过光合作用可以将大气中的二氧化碳转化为有机物，从而减少温室气体的浓度，缓解全球变暖程度。有些蓝细菌属如黏球蓝细菌属中的几种单胞藻可以在有氧条件下固氮。在稻田中培养蓝细菌作为生物肥源，可以提高土壤肥力，减少了化学氮肥的使用。

一些蓝细菌如颤蓝细菌的强抗污染能力和净化有机废水的能力，对河水处理、水体自净可起到积极作用，可有效地去除氮和磷。在氮、磷丰富的水体中蓝细菌生长旺盛，可作水体富营养化的指示生物。

然而，夏秋季节有某些属（如微囊蓝细菌属、鱼腥蓝细菌属和水华束丝蓝细菌属）在富营养化的海湾和湖泊中大量繁殖，引起海湾的赤潮和湖泊的水华；有些属能分泌毒素，严重者引起水生动物大量死亡。

微囊藻毒素是由微囊藻（微囊蓝细菌属）产生的一类天然毒素，被微囊藻毒素污染的饮用水和水产品会给人类健康带来巨大威胁。不论是常规的自来水处理工艺还是加热煮沸都难以有效去除微囊藻毒素。过去几十年，世界各地水库、河流、湖泊等水体因暴发蓝藻水华面临微囊藻毒素污染问题。从 2007 年 7 月 1 日起，我国开始实施新的生活饮用水标准，其中，微囊藻毒素被列入水质检测指标。

四、放线菌

放线菌是细菌中的一个特殊类群，介于细菌与丝状真菌之间而又接近于细菌的一类丝状原核生物，因其在固体培养基上生长时菌落菌丝呈辐射状而得名。

放线菌菌体为单细胞，大多由分枝发达的、纤细的、长短不一的分枝状菌丝组成，最简单的为杆状或原始菌丝。菌丝无隔膜，菌丝直径与杆状细菌相似，约 1 μm。细胞壁中含有 N-乙酰胞壁酸与二氨基庚二酸，而不含几丁质与纤维素。多数放线菌为革兰氏染色阳性，极少阴性。链霉菌属（*Streptomyces*）在放线菌中是进化比较高级的属，具有典型放线菌的一般形态构造。放线菌菌丝由于形态与功能不同，可分为基内菌丝（又称营养菌丝）、气生菌丝与孢子丝三种。放线菌的菌丝见图 1-20。

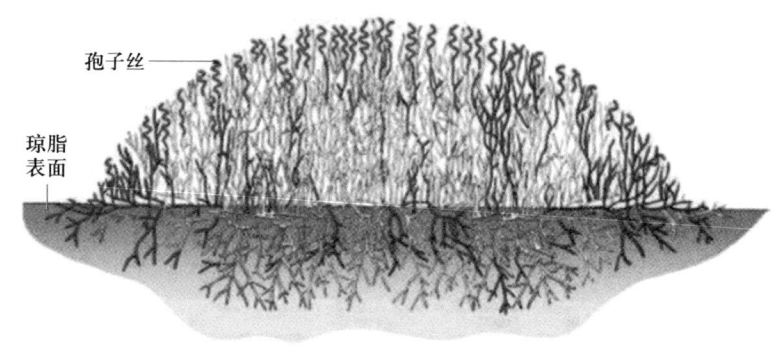

孢子丝 ———

琼脂
表面 ———

图 1-20　放线菌菌丝

（摘自 Prescott. Microbiology, 9th ed, 2014）

基内菌丝，深入培养基中摄取营养物质，菌丝直径约为 0.8 μm，长 50~600 μm，有色或无色；气生菌丝，由营养菌丝向空气中延伸生长，其功能是繁殖，通常比营养菌丝粗，直径有弯曲状、直线状或螺旋状，有的气生菌丝会产色素为 1~14 μm；孢子丝，放线菌生长发育到一定阶段，气生菌丝的上部会分化出可形成分生孢子的孢子丝，孢子丝的形状随菌种不同而不同，是放线菌进行分类鉴定的依据。放线菌孢子丝形状见图 1-21。分生孢子可产生各种色素，分生孢子颜色也是放线菌分类的依据。

放线菌广泛分布于环境中。少数寄生，多数为腐生菌，与人类关系十分密切。腐生型放线菌在自然界物质循环中起着相当重要的作用，而寄生型易引起人、动物及植物疾病。放线菌可分解许多有机物包括吡啶、甾体、芳香化合物、纤维素、木（质）素等复杂化合物。许多抗生素如链霉素、土霉素等均由放线菌产生。放线菌以土壤中最多。据测定，每克土壤可含数万乃至数百万个孢子。放线菌一般分布在含水率较低、有机营养物质丰富、呈微碱性的土壤环境中，是在土壤中存在，它可促进土壤团粒结构形成，改良土壤，降解各种难降解的有机物等，因此在自然界物质循环中具有积极作用。填埋和堆肥中大多属于高温放线菌。放线菌所产生的代谢产物往往使土壤具有特殊的泥腥味。与土壤相比，水体中放线菌数量相对较少，大多为游动放线菌、小单菌、囊链霉菌及少数链霉菌。海洋中的放线菌多半来自土壤或藻体上。海水中还存在耐盐放线菌。大气中也存在着大量的放线菌菌丝和孢子，它们是随尘埃、水滴，借助风力飞入大气所致。

放线菌主要由孢子丝通过横割分裂的方式形成分生孢子，再由分生孢子进行繁殖；也可通过菌丝断裂产生的片段形成新的菌体。后一繁殖方式常见于液体培养中。在固体培养基上，放线菌菌落常具土腥味；用光学显微镜观察，菌落周围有放射状菌丝。菌落分为两种类型：一是以链霉菌菌落为典型代表。这类放线菌产生大量气生菌丝，菌丝较细，菌丝分枝，互相

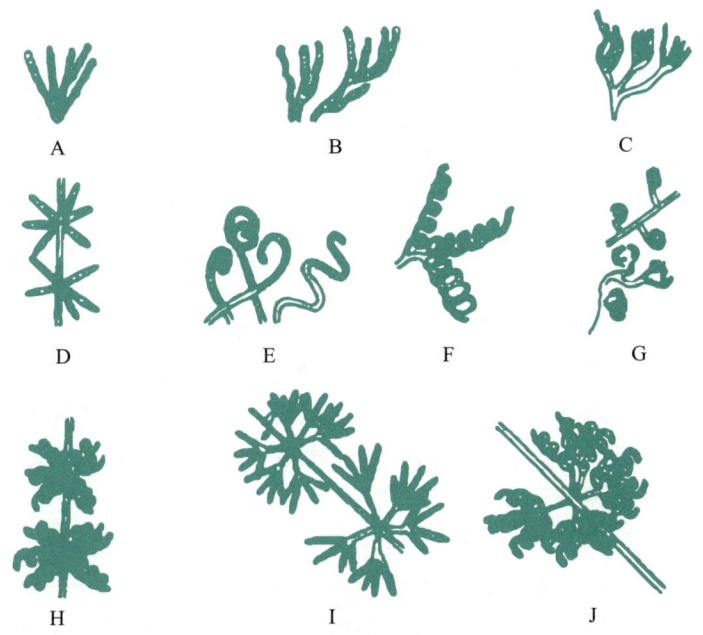

图 1-21　放线菌孢子丝类型

A—直；B—丛生，弯曲；C—成束；D—单轮生；E—开环，原始螺旋，钩形；F—松螺旋；G—紧螺
旋，团状；H—带螺旋单轮生；I—无螺旋的二级轮生；J—带螺旋的二级轮生

（摘自王家玲，环境微生物学，2004）

缠绕，菌落致密，表面坚实、干燥、多皱，菌落较小；营养菌丝长在培养基内，与培养基结合较紧，菌落不易挑起或整个挑起，所以不致破碎。幼龄时，气生菌丝尚未分化成孢子丝，菌落表面与细菌菌落相似而不易区分；成长后，气生菌丝分化为孢子丝并产生大量孢子，菌落表面呈绒状、粉末状或颗粒状。有些放线菌孢子含有色素，若其颜色不同于基内菌丝，则可使菌落表面与背面呈现不同颜色。二是以诺卡氏菌菌落为典型代表。这类放线菌不产生气生菌丝，一般只有基内菌丝，菌落结构松散，黏着力差，表面呈粉末状，用接种针挑起时易破碎。

　　绝大多数放线菌为异养型。大多放线菌为好氧菌，只有少数是微好氧菌和厌氧菌。温度对放线菌生长也有影响。多数放线菌的最适生长温度为 23~37 ℃，高温放线菌的生长温度为 50~65 ℃，也有很多放线菌在 20~23 ℃以下仍生长良好。放线菌菌丝体比细菌营养体抗干燥能力强，很多放线菌在干燥条件下能存活一年半左右。放线菌能很好地利用蛋白质、蛋白胨以及某些氨基酸。有的放线菌能分解简单化合物；有的可转化复杂的有机物包括淀粉、有机酸、纤维素及半纤维素等。某些放线菌还可分解几丁质、碳氢化合物、单宁乃至橡胶。

五、其他原核微生物

　　除了上述原核微生物之外，在自然界还存在一些更简单、更原始的原核微生物，往往与人类的生活、生产活动有密切的关系，它们的存在是不容忽视的。

（一）衣原体

衣原体是一类专性寄生在细胞内的微小生物，形态一般为球形或椭圆形，直径为 $0.2 \sim 1.5 \, \mu m$，细胞化学成分和结构与革兰阴性菌相似。含 DNA 和 RNA，繁殖为二分裂法。衣原体能在鸡胚的卵黄囊中或脊椎动物的组织中繁殖。

（二）立克次氏体

立克次氏体是一类严格在活细胞内寄生的原核微生物，隶属于 α-变形杆菌门。立克次氏体属的细胞结构与细菌相似，细胞壁含胞壁酸和二氨基庚二酸，菌体含 RNA 和 DNA，上述特点更接近细菌。其形状为短杆状，大小为 $（0.3 \sim 0.6）\, \mu m \times （0.8 \sim 2.0）\, \mu m$，也有球状和丝状，不能通过细菌过滤器，不产芽孢，不具鞭毛，不运动，革兰氏染色阴性反应；繁殖为二分裂，用敏感动物、鸡胚、卵黄囊及动物组织培养。有的立克次体能引起人类的流行性斑疹伤寒、恙虫热、Q 热等严重疾病，而且立克次体大多是人兽共患病原体。据报道，在活性污泥也有发现立克次氏体的存在。

（三）支原体

支原体隶属于厚壁菌门，它是自由生活的最小的原核微生物，介于细菌和病毒之间，缺少细胞壁，只具有细胞质膜，细胞呈现高度多形态，有球状、梨状、分枝状及丝状等；直径为 $0.1 \sim 0.3 \, \mu m$，可通过细菌过滤器，丝状体较长，由几微米至 $150 \, \mu m$。其繁殖为二分裂或出芽方式，含 RNA 和 DNA。支原体在琼脂培养基上长成极小的菌落，尺寸为 $10 \sim 600 \, \mu m$，菌落像油煎蛋模样，中央厚，周围薄而透明，嵌入培养基的深部，在无氧或好氧条件下，一般都能生长。支原体对营养要求比较高，需要加入新鲜血清或牛心浸汁、胆固醇等。支原体在液体培养基中生长，培养基不浑浊；有好氧的和厌氧的。已分离到的多为腐生性的，也有人和动物（哺乳动物和鸟类）的寄生菌和致病菌。应用活组织细胞培养病毒或体外组织细胞培养时，常被支原体污染，而且光学显微镜检查也难观察到。现常用含琼脂量少的培养基直接培养法、DAN 荧光染色法、探针杂交法和 PCR 检测法等检测。在动物细胞培养中常需事先加入新霉素或卡那霉素来抑制支原体的生长，防止支原体污染。支原体分布在土壤、污水、垃圾、昆虫、脊椎动物及人体中。

（四）螺旋体

螺旋体是一类细长、柔软、弯曲呈螺旋状、运动活泼的单细胞型微生物。菌体宽度为 $0.1 \sim 0.5 \, \mu m$，长度为 $3 \sim 20 \, \mu m$，个别的长达 $500 \, \mu m$。在生物学上的位置介于细菌与原虫之间。它与细菌的相似之处是：具有与细菌相似的细胞壁，内含脂多糖和胞壁酸，以二分裂方式繁殖，无定型核（属原核型细胞），对抗生素敏感。与原虫的相似之处有：体态柔软，胞壁与胞膜之间绕有弹性轴丝，借助它的屈曲和收缩能活泼运动，易被胆汁或胆盐溶解。在分类学上由于更接近于细菌而归属在细菌的范畴。螺旋体广泛分布在自然界和动物体内，种类很多，有的有致病性，有的无致病性。它的繁殖方式为纵裂，生活方式为腐生或寄生，腐生者多在河流、池塘、湖泊、海洋或淤泥中生存，寄生者可引发人和动物疾病。

第四节　真核微生物

真核生物的一个特征是它们的形态多样性，真核微生物尤其如此，它们分布在各种各样的生境中，并相应地进化出了形态适应性。一般来说，真核微生物细胞比细菌和古菌的细胞大。然而，也有一些原生生物比许多细菌和古菌小。本节介绍的真核微生物包括真菌、原生动物、微型后生动物和藻类。

一、真菌

真菌是一组多样化的生物体，包括酵母菌、霉菌和各种伞菌。真菌属真核微生物，它们有 80S 的核糖体，通常以单细胞或多细胞的形式存在。它们是许多生态系统中的重要分解者，分解有机物并将养分释放回环境中。

（一）真菌的细胞结构

真菌细胞通常包括细胞壁、细胞膜、细胞质、细胞核、线粒体、核糖体、内质网、高尔基体、液泡等（图 1-22）。

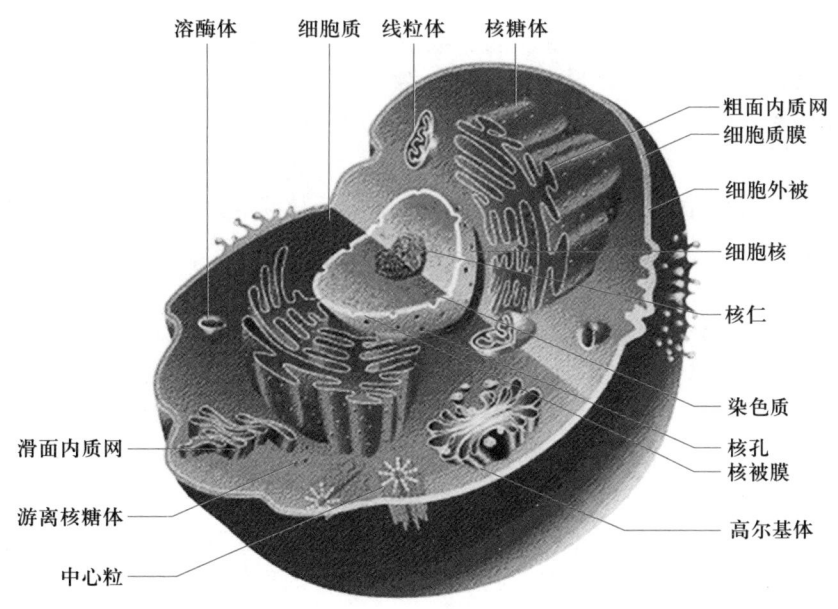

图 1-22　典型的真菌细胞结构示意图

（摘自 Linda Bruslind. General Microbiology. 1st ed，2019）

1. 细胞壁

真菌细胞壁厚 100~250 nm。它占细胞干物质的 30%，起着维持细胞形状的作用。细胞壁的主要成分为己糖或氨基己糖构成的多糖链，如几丁质（甲壳质）、脱乙酰几丁质、纤维素、葡聚糖、甘露聚糖等，此外还有蛋白质、类脂、无机盐等。几丁质是由数百个 N-乙酰葡萄糖胺分子，以 β-1，4 葡萄糖苷键连接而成的多聚糖，使真菌与具有纤维素基细胞壁的植物区分开来。菌龄和外界环境因素常强烈地影响真菌细胞壁的组成成分。在老龄菌丝和孢子表面常见有黑色素和脂肪。黑色素掺入细胞壁中，脂肪常聚集在细胞壁的内层。

2. 原生质膜

真菌细胞原生质膜与原核生物十分相似，主要由蛋白质和脂质组成。在化学组成中，真菌细胞质膜中具有一种特殊的甾醇，叫作麦角固醇，是真菌的生物标志物，而在原核生物质膜中很少或没有醇。真菌的原生质膜含有一些特异的膜蛋白，如氢泵、氢化酶体蛋白、几丁质酶体蛋白等，它们参与真菌的能量代谢、细胞壁合成和分泌等过程。

3. 膜边体

膜边体是某些真菌菌丝细胞中的一种特殊膜结构，位于细胞壁和细胞膜之间。膜边体由多糖和蛋白质组成，形状和位置与细菌中间体相似。膜边体的形态变化很大，有管状、囊状、球状、卵圆形或多层折叠膜，内含泡状物或颗粒状物，与细胞膜连接在一起。有时膜边体中含有近似壁的物质。膜边体可能具有分泌作用和水解酶，可以调节细胞壁的合成和重塑。

4. 细胞核

真菌细胞核通常为椭圆形，直径一般为 $2 \sim 3$ μm，包含多于一个的染色体，具体的数量取决于生物、细胞类型和生命周期的阶段。细胞核被一层均匀的核质包围的中心稠密区，即核仁，核仁在核糖体合成中起着重要的作用。核仁中的 DNA 指导核糖体 RNA（rRNA）的产生。细胞核被核膜包围，核膜一般由内外两层膜组成，厚 $8 \sim 20$ nm，中间有一个核周空间。膜上有小孔，总共占据了核表面的 $10\% \sim 25\%$，作为细胞核和周围细胞质之间的运输路线，核膜孔径大小差异很大，孔的数量随菌龄而增大。核膜的外膜常有核蛋白附着。真菌核膜在核分裂过程中一直存在。

5. 线粒体

线粒体是含有 DNA 的细胞器。许多线粒体是圆柱形的结构，大小为 $(0.3 \sim 1.0)$ $\mu m \times$ $(5 \sim 10)$ μm，大小与细菌细胞大小接近。它具有双层膜，内层较厚常向内延伸形成不同数量和形状的嵴（图 1-23）。线粒体的形态、数量和分布常因真菌的种类和发育阶段而异。有些细胞拥有 1 000 个或更多的线粒体；其他的（一些酵母、单细胞藻类和锥虫原生动物）只有一个巨大的、管状的线粒体，扭曲成一个贯穿细胞质的连续网络。线粒体由两层膜包围：外线粒体膜与内线粒体膜。外线粒体膜含有孔蛋白，因此与革兰氏阴性菌的外膜相似。内膜有一些内陷叫作嵴，它们大大增加了内膜的表面积。线粒体是氧化磷酸化和 ATP 形成的场所。其内膜上有细胞色素、NADH 脱氢酶、琥珀酸脱氢酶和 ATP 磷酸化酶。此外三羧酸循环的酶、核糖体、蛋白质合成酶和 DNA，以及脂肪酸氧化作用的酶也都在内膜上。外膜上也有多种酶如脂质代谢的酶类等。因此线粒体常被称为细胞的"动力工厂"。

6. 核糖体

真菌细胞中有细胞质核糖体和线粒体核糖体两种核蛋白体，是蛋白质合成场所。每个核

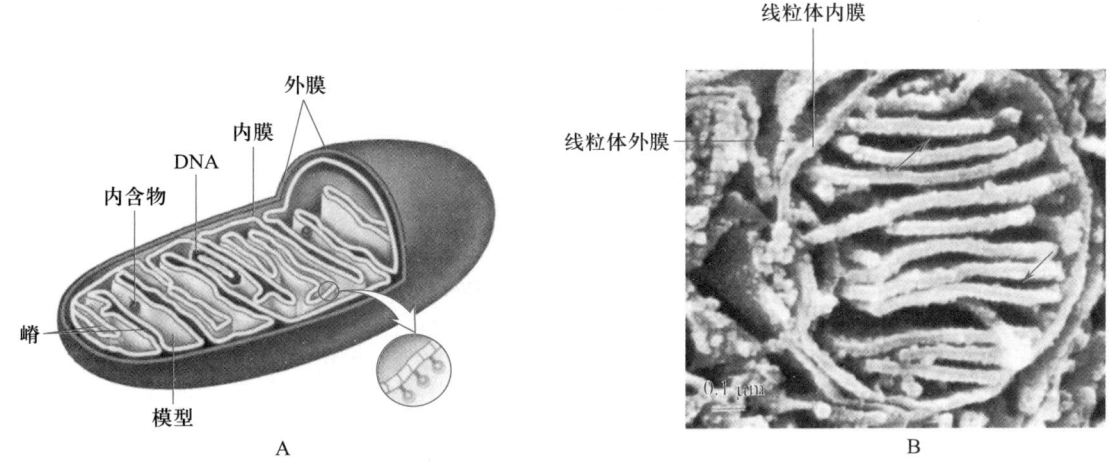

图 1-23　线粒体结构示意图

A—显示了 ATP 合成酶沿着嵴的内表面排列；B—扫描电子显微图（×70 000），显示了嵴（箭头）

（摘自 Prescott. Microbiology，9th ed，2014）

糖体的直径约为 22 nm，沉降系数为 80S。核糖体颗粒包括 RNA 和蛋白质。细胞质核糖体要么呈游离状态在细胞质中存在，要么和内质网及核膜结合。线粒体核糖体存在于线粒体内膜的嵴间。

7. 内质网

内质网是一个不规则的分支和融合的膜性管道网络，直径为 40~70 nm。内质网的性质随着细胞的功能和生理状态而变化。在要大量合成分泌蛋白质的细胞中，内质网的很大一部分外表面布满了核糖体，被称为粗面内质网（RER）。其他细胞，如产生大量脂质的细胞，有缺乏核糖体的内质网，被称为光滑内质网（SER）。内质网沟通着细胞的各个部分，它与细胞质膜、细胞核、线粒体等都有联系。内质网是细胞中各种物质运转的一种循环系统，同时内质网还供给细胞质中所含细胞器的膜，还参与它运输的许多物质的合成，如脂质和蛋白质是由与内质网相关的酶和核糖体合成的。在某些真菌中还存在均匀分布于核周围的高尔基体，大多呈网状，少数为鳞片状、颗粒状或杆状。高尔基体与细胞的分泌机能有关，可凝集某些酶原颗粒（如消化酶原），且与细胞膜的形成以及糖类的合成有关。

（二）真菌的菌体形态

真菌的结构组织非常复杂，叶状体在定义其形态和功能方面发挥着核心作用。大多数真菌是由菌丝构成的菌丝体，它们是细长的圆柱形线状实体，菌丝体本质上是真菌的主体，表现出不同的组织模式，这些模式对于这些生物体的生长、营养和繁殖至关重要。真菌菌丝的宽度 5~10 μm，是细菌和放线菌的几倍到几十倍。新的菌丝要么通过现有菌丝分枝，要么通过不断生长的菌丝尖端分叉而出现。菌丝可分为有隔膜型［具有分隔结构的内部横壁（隔膜）］或无隔膜型（缺乏这些分隔结构，本质上充当多核超级细胞）（图 1-24）。大多数卵菌和接合菌的菌丝为无横隔膜菌丝。有横隔膜菌丝是有横隔膜的多细胞菌丝，每个细胞含有一个或多个细胞核。横隔膜上具有小孔，可让细胞质和细胞核自由流通，各细胞功能相同。子囊菌和担子菌的菌丝为有横隔膜菌丝。

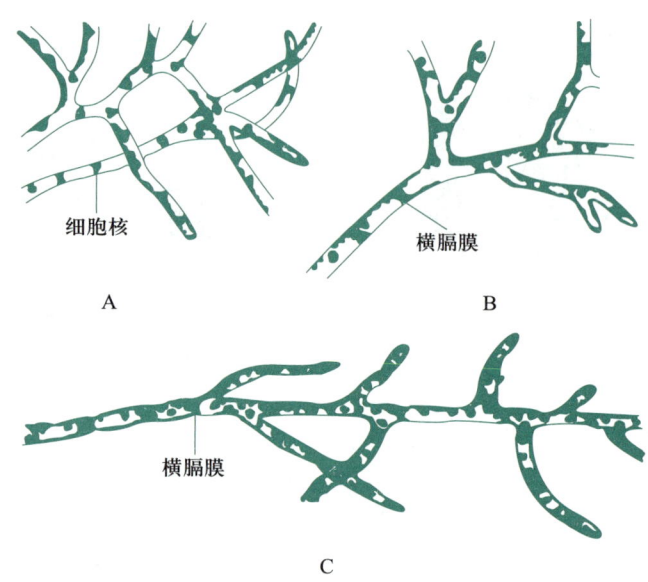

图1-24　菌丝结构示意图

A—无横隔膜多细胞核菌丝；B—有横隔膜单细胞核菌丝；C—有横隔膜多细胞核菌丝

（摘自郑平，环境微生物学教程，2010）

一些真菌还进化出专门的菌丝结构，用于从宿主获取营养，如吸器、菌环和菌网等。吸器是寄生霉菌伸入寄主细胞内或细胞间的特殊分枝菌丝，可有球状、根状、指状和丝状等不同形态。菌环是某些捕食性霉菌菌丝分枝上形成的借以捕捉线虫的环状菌丝。菌网是由菌丝形成的由许多网眼组成的菌丝网络。另外还有用于固着的附着枝和用于深入固体培养基吸取营养的假根等。

（三）真菌的繁殖方式

真菌表现出多方面的生殖系统，包括无性繁殖和有性繁殖。大部分真菌都进行无性与有性繁殖，且以无性繁殖为主。有的菌种缺少无性繁殖阶段，而另一些菌种缺少有性繁殖阶段。这种繁殖的多功能性确保了它们在不同栖息地的适应性。

1. 无性繁殖

无性繁殖是指不经过两性生殖细胞的结合便产生新个体的繁殖方式，以营养繁殖为特征。

真菌无性生殖类型有：母细胞经过有丝分裂，通过中央收缩和新细胞壁的形成分裂成两个子细胞，大多数真菌都能进行这种无性生殖；由营养细胞分裂产生新个体；芽殖，细胞出"芽"，每个"芽"成为一个新个体；产生无性孢子，每个孢子萌发为一个新个体。

无性生殖过程中产生的孢子称为无性孢子。无性孢子的形状、颜色、排列以及产生方式都是菌种特征，可作为菌种鉴定依据。

（1）节孢子

节孢子又称节分生孢子，是菌丝生长到一定阶段，分隔断裂而成的孢子。

（2）厚垣孢子

厚垣孢子又称厚壁孢子，是在菌丝顶端或中间，一部分原生质浓缩、变圆，细胞壁加厚而成的孢子。

（3）孢囊孢子

由孢子囊产生的孢子。孢子囊由气生菌丝顶端膨大，下方生隔与菌丝隔断而成。孢子囊下方的菌丝，称为孢套梗。孢囊梗深入孢子囊内的部分称为囊轴。孢囊孢子成熟后，孢子囊破裂，孢子散出或从孢子囊上的管口或孔口溢出。

（4）分生孢子

由菌丝顶端或分生孢子梗顶端细胞分隔缢缩而成的单个或成簇孢子。

2. 有性繁殖

真菌的有性繁殖涉及相容的核的融合。同型的真菌物种是自交的，能在同一菌丝体上产生有性相容的配子。异型的真菌物种需要不同但有性相容的菌丝体之间的异交。根据物种的不同，有性融合可能发生在单倍体或菌丝之间。有时，细胞质和单倍体核立即融合，产生二倍体合子，就像在高等真核生物中看到的那样。然而，通常在细胞质和核融合之间有一个延迟。这产生了一个二核期，在此期间，细胞含有两个分离的单倍体核（N+N），每个来自一个亲本（图1-25）。在二核期存在一段时间后，两个核融合并经过减数分裂产生单倍体孢子。这在子囊菌和担子

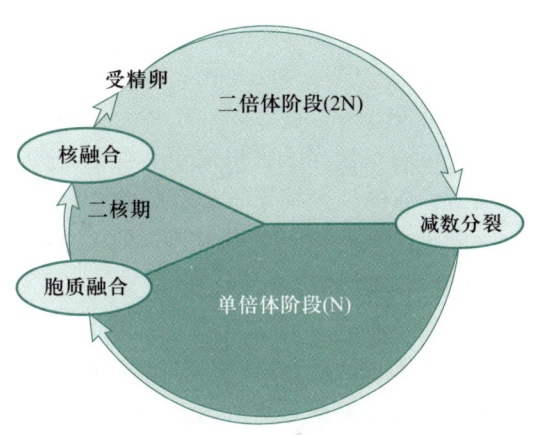

图 1-25　真菌生命周期示意图

（摘自 Prescott. Microbiology, 9th ed, 2014）

菌中都可以看到，所以它们有时被称为二核真菌。有性繁殖提供了遗传多样性，这对于适应和进化至关重要。它使真菌能够产生具有不同遗传组成的后代，从而增强它们在不断变化的环境中生存的能力。

有性繁殖过程产生的孢子称为有性孢子，常见的有性孢子如图1-26所示。

（1）卵孢子

卵菌的有性孢子为卵孢子。当繁殖时在菌丝上生出藏卵器和雄器，雄器子的核移入藏卵器并与卵球结合后形成双倍体的卵孢子。不同菌种的卵球可能一个，也可能多个。

（2）接合孢子

接合菌的有性孢子为接合孢子。来自两个不同菌株的同形配偶囊，互相接触，接触处的胞壁溶解，来自双方的细胞质和细胞核融合起来形成一个双倍体的接合孢子。

（3）子囊孢子

子囊菌的有性孢子为子囊孢子。双核菌丝产生幼小子囊，其中双核进行核配后减数分裂产生4个新核，再分裂一次形成8个核，然后以核为中心逐步形成单倍体的8个子孢子。

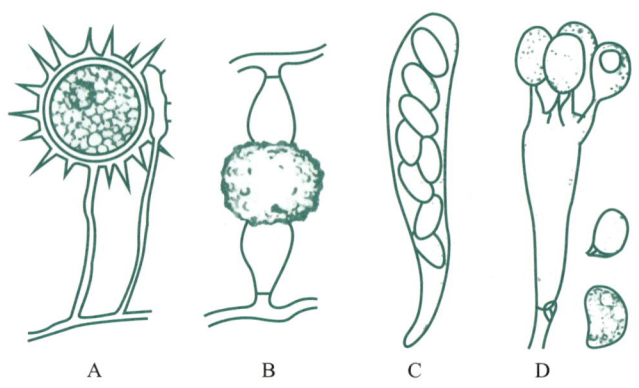

图 1-26 真菌的有性孢子

A—卵孢子；B—接合孢子；C—子囊孢子；D—担孢子

（摘自郑平，环境微生物学教程，2010）

（4）担孢子

担子菌的有性孢子为担孢子。担孢子的形成过程与子囊孢子相似，不同的是，核配后减数分裂所形成的 4 个核不再进行分裂。以核为中心所形成的担孢子最终在担子外部；有的担子生纵隔膜，有的担子生横隔膜，但多数担子不生隔膜。

（四）真菌的菌落特征

在自然基质或人工培养基上，由一段（或一丛）菌丝或一个（或一堆）孢子发育发展而成的菌丝体整体称为菌落。真菌从形态上可分为霉菌和酵母菌。霉菌的营养体多为丝状体，酵母菌的营养体多为单细胞个体。

霉菌菌落类似于放线菌，由菌丝组成。但因菌丝较粗且较长，所形成的菌落相对疏松，呈绒毛状、絮状或蜘蛛网状，一般比放线菌菌落大几倍到几十倍。有些霉菌（如根霉毛霉链孢霉）生长很快菌丝在固体培养基表面蔓延，以致菌落没有固定的大小。有的霉菌菌落生长较慢，直径只有 1~2 cm 或更小。菌落表面常有肉眼可辨的结构和颜色特征，这是霉菌孢子呈现不同形状、构造和颜色的原因。有的霉菌产生水溶性色素，溶于培养基后，可使菌落背面呈现不同颜色。处于菌落中心的菌丝，菌龄相对较大；位于边缘的菌丝，菌龄相对较小。在不同培养基上，同一种霉菌的菌落特征稍有变化；但在特定培养基上，菌落特征（如形状颜色等）相对稳定。霉菌菌落具有"霉味"。同一种霉菌，在不同组分的培养基上形成的菌落特征可能有变化。但各种霉菌，在同一培养基上形成的菌落形状、颜色等却相对稳定。故菌落特征也是鉴定霉菌的重要依据之一。

酵母菌菌落类似细菌菌落，但比细菌菌落大而厚，一般呈油脂或蜡脂状，表面光滑、湿润、呈乳白色或红色。有些种因培养时间太长使菌落表面皱缩，酵母菌菌落往往带有"酒香味"。

（五）真菌的分类及常见属

真菌根据有性阶段的特征以及无性孢子和菌体的形态，将分为不同的类群。不完全的高等真菌被归入一个特殊的类，称为半知菌类。本书采用壶菌门、接合菌门、子囊菌门、担子菌门和半知菌类的分类系统。在真菌生活史中，一般可以看到无性生殖和有性生殖。如果只能确认无性生殖，不能确认有性生殖，这类真菌被归入半知菌类。对于确认存在有性生殖的真菌根据有性孢子类型分别被归入壶菌门、接合菌门、子囊菌门和担子菌门。

1. 壶菌门代表属

壶菌是最简单的一类真菌。它们大多水生，菌丝无隔膜，多核。无性生殖产生游动孢子，有性生殖产生卵孢子。腐霉属归入壶菌门，卵菌纲，霜霉目，腐霉科。腐霉的菌丝体可在培养基或瓜果上集生，呈白绒毛状，很像棉花。在显微镜下观察，菌丝无色透明无隔多核、有分枝。孢子囊呈管状和球状，没有孢囊梗。当条件合适时，孢子囊上生出一个球形泡囊（一种膜状的充满液体的囊袋），孢子囊内含物流入泡囊，在泡囊内产生游动孢子。游动孢子常为肾形，侧面凹处生长两根鞭毛，成熟时泡囊破裂，孢子四散（图1-27）。

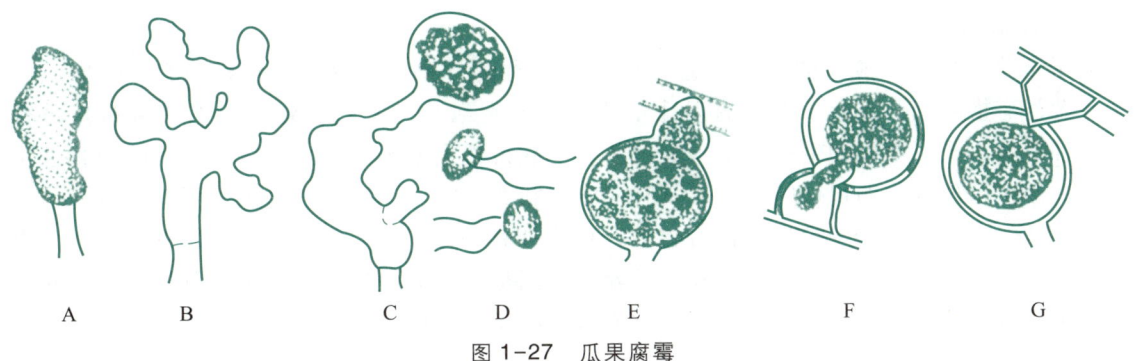

图 1-27　瓜果腐霉

A、B—孢子囊；C—孢子囊萌发形成泡囊；D—游动孢子；E—藏卵器和雄器；F—配合；G—形成卵孢子

（摘自郑平，环境微生物学教程，2010）

有性生殖产生藏卵器和雄器。藏卵器分化为卵球与卵周质。初期藏卵器多核，分化后只留一核于卵球内，其他核分解于卵周质中。初期雄器也多核，分化后只留一核，其他核逐渐解体。配合时，雄器的细胞核和细胞质通过受精管进入藏卵器，两核结合形成卵孢子。卵孢子萌发产生芽管，在芽管顶端形成孢子囊。孢子囊产生游动孢子。

2. 接合菌门代表属

接合菌的菌丝无隔多核。无性生殖产生孢囊孢子，有性生殖产生接合孢子。

（1）毛霉属

归入接合菌门，接合菌纲，毛霉目，毛霉科。菌丝体茂盛，气生菌丝也如同白色棉絮，无匍匐菌丝及假根。孢囊梗直接由菌丝生出，一般单生或分枝。孢囊梗顶端产生球形孢子囊。有性生殖为接合孢子。毛霉在自然界分布广泛，土壤、空气中都有很多毛霉孢子。有些毛霉能引起谷物、果品和蔬菜腐败。多种毛霉能产生蛋白酶，常用来做豆腐乳。总状毛霉用于制作豆豉。

（2）根霉属

在自然界分布很广，分解有机质能力极强。菌丝为无隔单细胞，生长迅速，在固体基质上可蔓延覆盖呈大量棉絮状菌落。分类上其与毛霉属同科。根霉与毛霉的主要区别在于：根霉有假根和匍匐菌丝，而毛霉没有。在培养基或自然基物上生长时，根霉由营养菌丝产生匍匐菌丝，并由匍匐菌丝生出假根与培养基接触。与假根相对处向上长出直立的孢囊梗，顶端膨大形成孢子囊，孢子囊较大，一般为黑色，底部有半球形囊轴，孢子囊内形成大量孢囊孢子。孢子成熟后，囊壁破裂，释放的孢子随气流到处散布。有性繁殖产生接合孢子。根霉用途很广，在我国用于制曲酿酒，历史悠久。例如，米根霉可产生淀粉酶，常用作糖化菌；枝根霉产生果胶酶常用来生产酶制剂。

（3）犁头霉属

其与毛霉属同科。犁头霉菌丝体似根霉，产生弓形的匍匐菌丝向四周蔓延；并且在与培养基接触的部位，生出许多带有分枝的假根。接合孢子着生在匍匐菌丝上，配子囊柄对生。犁头霉广泛分布在土壤、粪便和酒曲中，其孢子也飘浮于空气中。在培养其他微生物时，常受犁头霉孢子污染。

3. 子囊菌门代表属

子囊菌是真菌中最大的类群，它与担子菌被称为"高等真菌"。大多数子囊菌形成菌丝，菌丝有横隔膜。多数子囊菌的无性生殖产生分生孢子，少数子囊菌（如酵母菌）进行芽殖和裂殖。子囊菌有性生殖产生子囊孢子，子囊孢子生于子囊内。多数子囊菌的子囊被包裹在一个由菌丝组成的包被内，形成具有一定形状的子实体，称为子囊果。子囊果有五种类型（图1-28）：一是子囊裸生，没有包被，称为裸囊果；二是完全封闭，呈圆球形，称闭囊壳；三是不完全封闭，留有孔口，称为子囊壳；四是开口呈盘状，称为子囊盘；五是子囊单独、成束或成排地着生于子座腔内，不形成真正的子囊果壁，称为子囊腔。

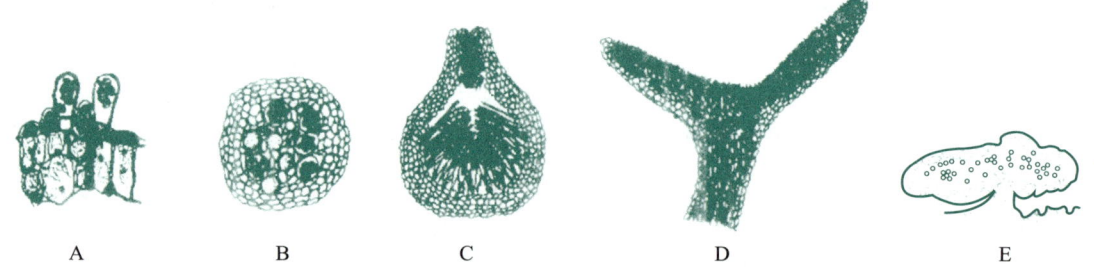

A   B   C   D   E

图 1-28　子囊果的类型

A—裸囊果；B—闭囊壳；C—子囊壳；D—子囊盘；E—子囊腔

（摘自郑平，环境微生物学教程，2010）

（1）脉孢菌属

其归入子囊菌门，核菌纲，球壳目，粪壳科。脉孢菌因子囊孢子表面有纵向花纹，犹如叶脉而得名，又称链孢霉。脉孢菌菌落最初为白色粉粒状，很快变为橘黄色绒毛状。分生孢子着生于直立、双叉分枝的分生孢子梗上，成链。分生孢子为卵圆形、粉红色或橘黄色。分生孢子成熟后飞散到环境中，遇到合适基质，萌发产生新的菌丝体。

（2）酵母属

其归入子囊菌门，半子囊菌纲，内孢霉目，酵母科。酵母菌营养体为单细胞，呈圆形、椭圆形或腊肠形（图1-29）。酵母菌可通过芽殖进行无性生殖。芽殖是指由一个母细胞产生一个小突起，细胞核一分为二，其中一个核进入小突起，经过细胞壁逐渐缢缩，最后脱离母细胞而成为独立个体的过程（图1-30）。酵母菌喜欢在含糖量高、酸度较大的环境中生长。

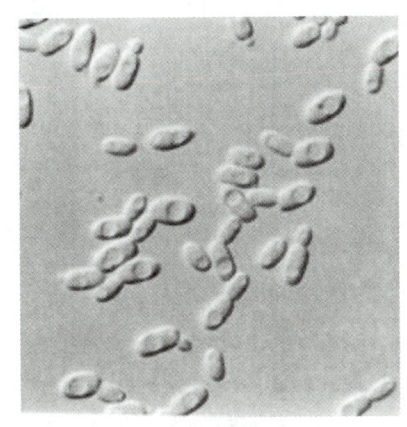

图1-29　酵母菌的形态

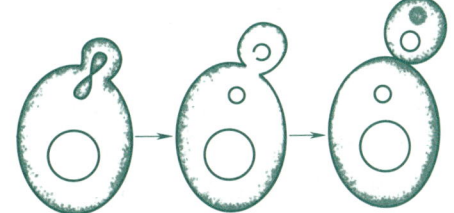

图1-30　酵母菌芽殖过程

（摘自王国辉，环境工程微生物学，2011）

本属最著名的代表种为酿酒酵母（又名啤酒酵母），分布在土壤、水果表皮、发酵果汁和酒曲中。酿酒酵母不但用于酿造啤酒及其他饮料酒，也用于发面制面包。酵母细胞中含有甘露聚糖和几丁质，这是真菌类生物所特有的特征。

4. 担子菌门代表属

担子菌菌丝分枝、有隔膜，有性过程产生担孢子，无性过程不发达或不发生。

担子菌主要特征为产生担孢子，如图1-31所示。在担子菌生活史中，可形成三种类型的菌丝：初生菌丝（单倍体 n），由担孢子萌发产生，初期无隔多核，不久产生横隔膜将细胞核分开，形成单核菌丝；次生菌丝（二倍体 $2n$），两条初生菌丝结合进行质配但不进行核配，形成双核菌丝。次生菌丝常以锁状联结（双核菌丝细胞分裂的一种特殊机制）的方式进行增殖；三生菌丝（二倍体 $2n$），由次生菌丝特化形成。特化后的三生菌丝形成各种子实体。许多担子菌还具有分解单烃和多环芳烃化合物的能力。

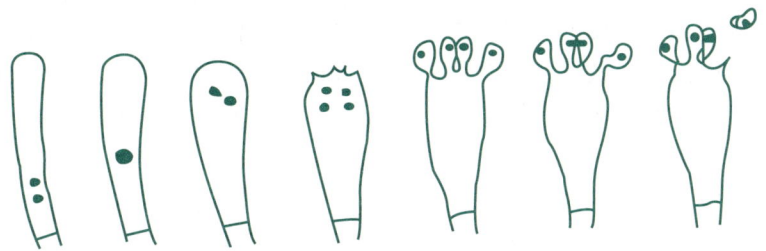

图1-31　担子菌担孢子的形成及其释放

（摘自王家玲，环境微生物学，北京，2004）

伞菌属归属于担子菌门，层菌纲，伞菌目，伞菌科，有几十种，生长于田野和森林土壤上，多数可食，少数有毒。伞菌多数为有性生殖，通过菌丝结合方式产生囊状担子和最终外生

4个担孢子。无毒的有机废水可用于培养食用菌的菌丝体，这样既处理了废水，还获得了食用菌。蘑菇富集重金属的能力强。

5. 半知菌类代表属

（1）曲霉属

归入半知菌类，丝孢目，从梗孢科。曲霉菌丝体发达，多分枝，具隔膜，多核，无色或有明亮的颜色。分生孢子梗从足细胞（一种特化的菌丝细胞）上垂直长出，无横隔膜，顶部膨大形成顶囊。顶囊呈球形、梨形、棍棒形。顶囊表面长满一层（初生小梗）或两层辐射状小梗（初生小梗和次生小梗）。次生小梗上着生分生孢子，一般为球形（图1-32）。在曲霉属中只有少数种进行有性生殖，产生子囊孢子，大多数种没有发现有性生殖。

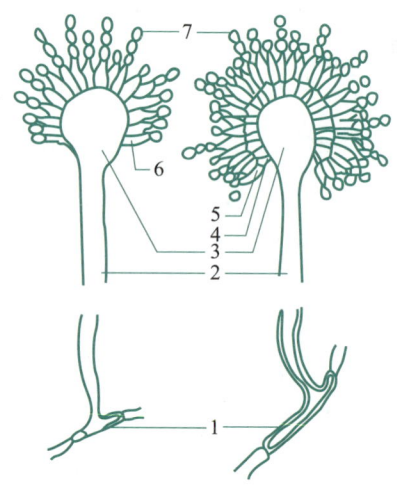

1. 足细胞；2. 分生孢子梗；3. 顶囊；4. 初生小梗；5. 次生小梗；6. 小梗；7. 分生孢子

图1-32　曲霉形态

（摘自王家玲，环境微生物学，2004）

曲霉与人类的生产和生活密切相关。它们是发酵工业及食品加工方面的重要菌种，在环境中对有机物分解起重要作用。曲霉广泛分布于土壤、空气、水体、谷物及各种有机物品中。现代工业利用曲霉生产淀粉酶、蛋白酶、果胶酶等各种酶制剂和柠檬酸、葡萄糖酸等有机酸，农业上可用作糖化饲料。在湿热季节，曲霉常引起皮革、布匹以及其他工业产品的霉变；造成食物和饲料的腐败。曲霉还能感染人类和动物而致病（称为曲霉病）。曲霉（如黄曲霉）产生毒素，可引起家禽家畜严重中毒，以致死亡；也可诱发人类和动物的肝癌。

（2）地霉属

营养菌体形成真菌丝。繁殖方法为裂殖，菌丝断裂形成圆筒形的节孢子。代表种有白地霉，亦称乳粉孢霉。菌落呈白色毛绒状或粉状，皮膜型或脂泥型。白地霉细胞含有丰富蛋白质和脂肪，可以人工培养成微生物饲料或食品。经常出现在烂菜、有机肥料、土壤及动物类便中。

（3）假丝酵母属

细胞圆形、卵形或长形。无性繁殖为多边芽殖，形成假菌丝，可生成厚垣孢子，不产生色素，有酒精发酵能力。主要种类有：产朊假丝酵母，此菌能利用多种六碳糖及五碳糖，营养要求简单。细胞内蛋白质及维生素含量较高。可利用工业废液，如造纸工业的亚硫酸废液或糖厂、淀粉厂、木材水解厂等废液生产酵母蛋白；解脂假丝酵母可用于石油脱蜡；热带假丝酵母可用于石油发酵中。

（4）青霉属

与曲霉极为相似，在自然界中分布也很广。常生长在腐烂的橘皮上，呈青绿色。青霉素、灰黄霉素均系此属中的菌种生产。此属有些种也能产生真菌毒素污染粮食及食品。青霉菌菌丝亦与曲霉的相似，但无足细胞，孢子穗结构与曲霉不同。其分生孢子梗的顶端不膨大，无顶囊，而是经过多次分枝产生几轮对称或不对称的小梗，然后在小梗顶端产生成串的分生孢子（图1-33）。青霉菌孢子穗形似扫帚状。

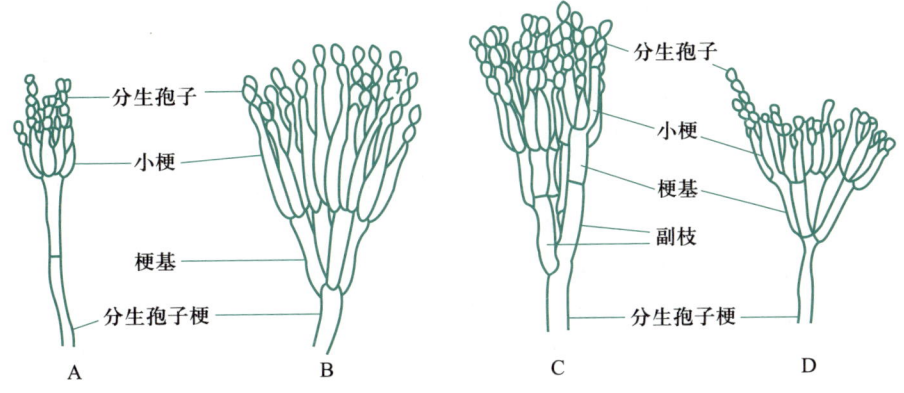

图 1-33　青霉形态及其分生孢子梗的不同着生方式
A—单轮型；B—对称二轮型；C、D—非对称型

青霉以生产青霉素而著称，还可用于生产诸如柠檬酸、延胡索酸、草酸、葡萄糖酸等有机酸和酶制剂。青霉还是霉腐剂，能引起皮革、布匹、谷物及水果等腐烂。

（5）交链孢属

交链孢霉的分生孢子梗短而有隔膜，单生或丛生，大多数不分枝。顶端长分生孢子并排列成链状，单个孢子呈纺锤形，有横和竖的隔膜将孢子分隔成砖壁状。该菌是土壤、空气、工业材料的常见腐生菌，有些种是栽培植物的寄生菌。有些菌株可用以生产蛋白酶，某些种用于甾族化合物的转化。

（6）镰孢霉属

又称镰刀霉属，由于它产生的分生孢子呈细长柱形或略弯曲形状像镰刀而得名，也是环境中常见的真菌，包括许多植物病原菌、植物激素（如赤霉素）产生菌及工业生产上有用的菌种。菌落呈絮状，白色或有色。菌丝有隔、分枝。分生孢子有两种不同形态，小型分生孢子呈卵圆形、球形、梨形或纺锤形，有 1~2 个隔膜；大型分生孢子呈镰刀形或长柱形，有较多的横隔。多数是无性繁殖，少数是有性繁殖。

（7）木霉属

其分生孢子梗从菌丝的短侧枝长出，分生孢子梗上又长对生或互生的分枝，分枝顶端有瓶状小梗，小梗生出多个分生孢子聚成球状孢子头。分生孢子黄绿色，光滑或粗糙。木霉分布很广，在腐烂木材、植物残体、种子、土壤、有机肥料及空气中均有存在也常寄生于某些真菌子实体上，是栽培蘑菇的致病菌。木霉的利用范围亦很广，能生产纤维素酶，合成核黄素，产生抗生素，有的能转化甾体化合物。绿色木霉是常见的纤维素分解菌。木霉菌落生长迅速，绒絮状。木霉进行无性繁殖。

二、原生动物

原生动物是动物界最原始、最低等一类单细胞真核生物。从细胞结构上看，原生动物本身这个单细胞相当于多细胞动物身体中的一个细胞，由细胞膜、细胞质及细胞核组成。从机能上看，原生动物细胞又是一个完整的生命体，拥有多细胞动物所具有的各种生理机能，如运动、呼吸、消化、排泄感应、生殖等。原生动物在结构与机能上分化的多样性及复杂性是多细胞动物中任何一个细胞无法比拟的。因此，从细胞水平上来讲，原生动物细胞是分化最复杂的细胞。极少数原生动物由几个或许多个细胞组成，但细胞彼此间没有形态与机能的分化，每个细胞仍保持着一定的独立性，原生动物的这种集合结构称为群体。原生动物分布广，淡水、海水及潮湿的土壤中都有存在。

（一）原生动物的形态与大小

原生动物个体大小一般在几十到几百微米之间，要借助显微镜才能观察到。不同种类的原生动物其大小相差较大。有孔虫（*Foraminifera* sp.）的体长可达 7 cm；旋口虫（*Spiroto-mum* sp.）的体长约 3 mm；草履虫的体长为 150~300 μm，最小的体长只有 2~3 μm，如利什曼原虫（*Leishmania* sp.）。

不同种类的原生动物其形态差别也很大。某些原生动物因体表只有一层薄而柔软的原生质膜，其体形随细胞原生质的流动而不断地改变，因此没有固定的形态，如变形虫（*Amoeba* sp.）。多数原生动物具有固定的外形，如眼虫（*Euglena* sp.）其体表较厚，形成了皮膜，使身体保持了一定的形状。皮膜具有一定的弹性，还可使身体能够适当地改变形状。衣滴虫（*Chlamydomonas* sp.）的细胞外表由纤维素与果胶组成，形成了与植物一样的细胞壁，因此，其形态相对固定。原生动物的形态受生活方式的影响。营漂浮生活的种类，胞体多呈球形，并伸出细长的伪足，以增加其表面积，如辐射虫（*Actinosphaerium* sp.）及某些有孔虫（*Paramoecium* sp.）。营游泳生活的种类多呈菱形，如草履虫。适合于底栖爬行的种类，胞体多呈扁形，腹面纤毛联合形成毛用以爬行，如尾虫（*Stylonychia* sp.）。营固着生活的原生动物多呈球形及锥形，有柄（柄内有肌丝纤维，可使虫体收缩运动），如钟虫（*Vorticella* sp.）及足吸管虫（*Podophrya* sp.）等。某些原生动物能分泌一些物质形成外壳或骨骼以加固其形态，如砂壳虫（*Difflugia* sp.）能在体表分泌蛋白质胶体物质，再结合环境中的砂形成质壳薄甲，能分泌有机质，如纤维素，在体表形成纤维素板。表壳虫能分泌几丁质，以形成褐色外壳，有孔虫可分泌碳酸钙，以形成壳室。而放射虫类可在细胞质内分泌几丁质形成几丁质的中心囊，并有硅质或质骨针伸出体外以支持胞体，如棘骨虫等。

（二）原生动物的细胞结构

由于许多原生生物是单细胞的，所有的生命功能都必须在一个细胞内完成。那些多细胞的原生生物缺乏高度分化的组织。因此，原生生物中观察到的结构复杂性是在特化的细胞器的水平上产生的。原生生物的细胞膜被称为质膜，与多细胞生物的细胞膜相同。在一些原生生物中，质膜下面的细胞质分为一个外部较透明且均匀的胶状区域，叫作外质，和一个内部不透明，含有多种内含物的液态区域，叫作内质。外质给细胞体提供刚性。外质还可分化出一些特殊结构，这些结构在受到刺激时，可放出长丝以麻醉或刺杀敌人。原生动物的细胞核位于内质中，大多只有一种类型的核。许多原生生物还有一种支持机制，叫作囊膜。囊膜由质膜和它下面的一个相对刚性的层组成。例如，裸藻属（*Euglena* spp.）是一种有囊膜的原生生物。

（三）原生动物的营养和繁殖

大部分原生动物进行异养生活，以吞食细菌、真菌、藻类等有机体为生；或以有机残体、腐烂物、有机颗粒为食；少数含有光合色素，能像植物一样进行自养生活。原生动物有三种营养类型：① 全动性营养：以其他生物（如细菌酵母菌、霉菌藻类等）和有机颗粒为食；② 植物性营养：绿眼虫衣滴虫等能利用光、二氧化碳和水合成有机物供自身消费；③ 腐生性营养：某些无色鞭毛虫及寄生性原生动物，借助体表的细胞膜依靠吸收环境或宿主中的可溶性有机物为生。

在营养丰富环境适宜时，原生动物大量繁殖。大多数原生生物在其生命周期中既有无性生殖阶段，也有有性生殖阶段。无性生殖的最常见方法是二分裂（纵向分或横向分裂），多分裂也很常见，或者是芽殖。有性生殖通常发生于环境条件不利的场合或种群已进行长时间无性生殖需要有性生殖来增强活力的场合。有性生殖涉及配子的形成。产生配子的原生生物细胞被称为配子母细胞，单倍体配子的融合被称为合子形成。在原生生物中，合子形成可以涉及两个形态相似的配子（同型配子）或两种形态不同的类型（异型配子）的融合。减数分裂可能发生在配子的形成和结合之前，如大多数动物，或者在受精之后，如低等植物。此外，核物质的交换可能发生在两个不同的个体之间（接合），或者通过在单个个体内发育出一个遗传上不同的核（自体接合）（图1-34）。

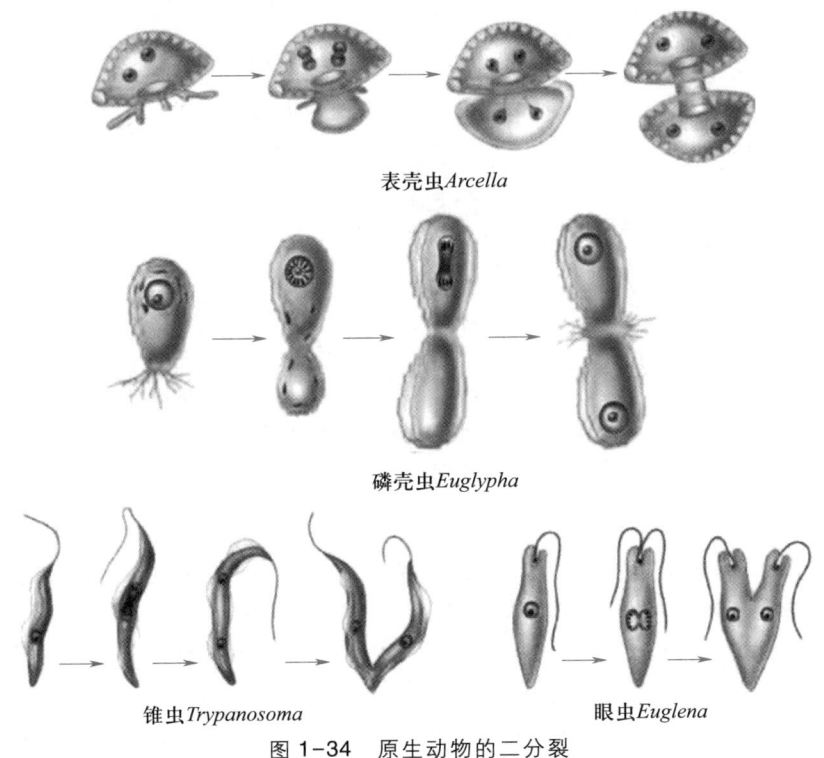

表壳虫*Arcella*

磷壳虫*Euglypha*

锥虫*Trypanosoma*　　　　　眼虫*Euglena*

图1-34　原生动物的二分裂

（摘自 Prescott. Microbiology, 9th ed, 2014）

（四）原生动物的类群

根据原生动物的细胞器和其他特点，将原生动物分为 4 个纲：鞭毛纲、肉足纲、孢子纲和纤毛纲。因吸管纲幼虫有纤毛，将原有的吸管纲并入纤毛纲。鞭毛纲、肉足纲及纤毛纲在水体和污废水生物处理中发挥积极作用。孢子纲中的孢子虫寄生在人体和动物体内致病，并可随粪便排到污水中，故需要消灭。

1. 鞭毛纲（*Mastigophora*）

鞭毛纲中的原生动物称为鞭毛虫（图 1-35）。它们具一根或多根鞭毛，如眼虫、屋滴虫、杆囊虫等具一根鞭毛，粗袋鞭虫、衣滴虫、梨波多虫和内管虫等具有两根鞭毛。多数鞭毛虫是个体自由生活，也有群体生活的，如聚屋滴虫。鞭毛纲的营养类型兼有全动性营养、植物性营养和腐生性营养 3 种营养类型。营植物性营养的鞭毛虫，如绿眼虫在有机物浓度增加和环境条件改变，或失去色素体时，改为营腐生性营养；若环境条件恢复，则为植物性营养。内管虫属（*Entosiphon*）和梨波多虫（*Bodoedax*）用鞭毛摄食，为全动性营养。部分不具色素体的鞭毛虫专营腐生性营养。

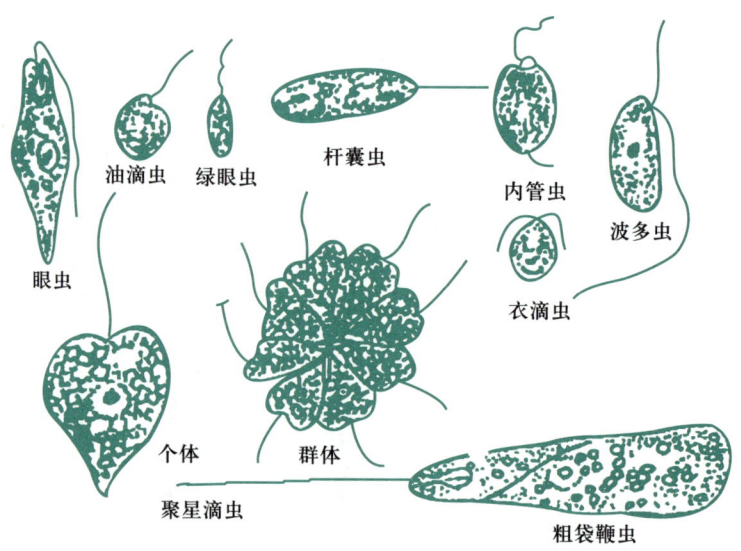

图 1-35　活性污泥中常见的鞭毛虫
（摘自王国惠，环境工程微生物学，2011）

（1）眼虫

眼虫目（*Euglenoidina*）的原生动物形体小，一般呈纺锤形，前端钝圆，后端尖（图 1-36）。虫体前端凹陷伸入体内的叫胞咽，胞咽末端膨大呈储蓄泡，鞭毛由此通过胞咽伸向体外。靠近胞咽处有一个环状的红色眼点，其中含有血红素能感受光线，是原始的感光细胞器，可调节眼虫的向光运动。在储蓄泡一侧的伸缩泡有排泄、调节渗透压的机能。绿眼虫（*Euglena viridis*）体内充满放射状排列的绿色色素体，有的眼虫体内有黄色素体和褐色素体，它们营植物性营养。不含色素的眼虫营腐生性营养。眼虫靠一根鞭毛快速摆动并颤抖式前进。

（2）粗袋鞭虫

粗袋鞭虫（*Peranema trichophonrum*）机体柔软沿纵向伸缩，后端比较宽阔呈截断状或钟圆，自后向前变细。具两根鞭毛，一根相当粗壮，长度与体长相当，运动时笔直指向前方，尖端部分呈波浪式颤动，带动虫体向前运动。另一根鞭毛细而短，向前端伸出后即向后弯转而附着在身体表面，不易看出。粗袋鞭虫营全动性营养，也有营腐生性营养类型。

2. 肉足纲（*Sarcodina*）

肉足纲的原生动物称肉足虫。其机体表面仅有细胞质形成的一层薄膜没有胞口和胞咽等结构。它们形体小、无色透明，大多数没有固定形态，由体内细胞质不定方向地流动而成千姿百态，并形成伪足作为运动和摄食的细胞器，为全动性营养。少数种类呈球形，也有伪足。肉足纲以无性生殖为主，还有多分裂和出芽生殖。活性污泥中常见的肉足虫类原生动物有大变形虫（*Amoeba proteus*）、辐射变形虫（*A. radiosa*）、无恒变形虫（*A. limax*）、蝙蝠变形虫等（图1-37）。

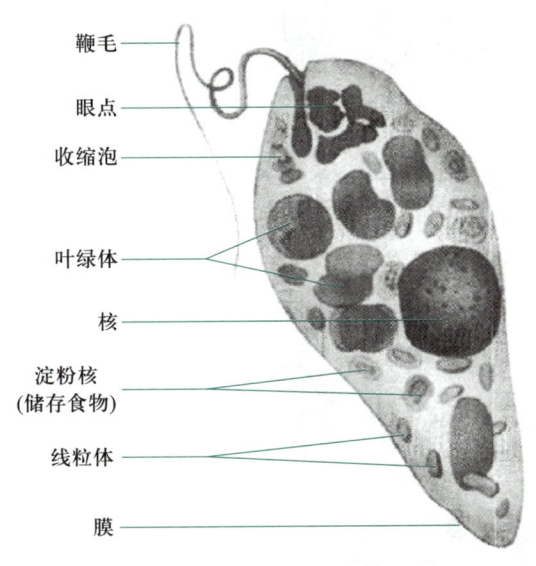

图1-36 眼虫的细胞结构
（摘自张小凡，环境微生物学，2013）

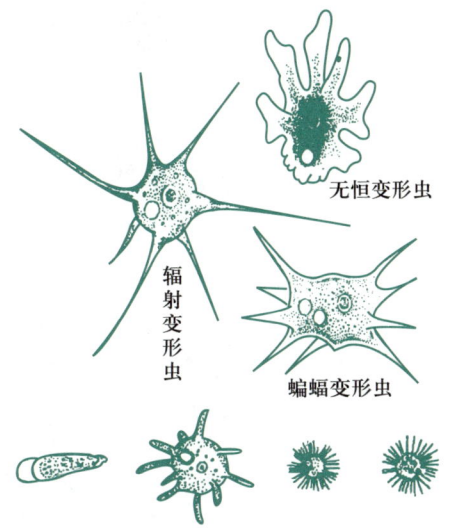

图1-37 活性污泥中常见的变形虫
（摘自王国惠，环境工程微生物学，2011）

3. 纤毛纲（*Ciliata*）

纤毛纲的原生动物叫纤毛虫，有游泳型、固着型和匍匐型三种类型。纤毛虫是以纤毛作为运动和摄食细胞器的原生动物。纤毛纲是原生动物门中结构最复杂、分化程度最高的一类。纤毛数目多，纤细而短，运动时协调而有规律。某些种类的纤毛在一定部位密集排列，形成小膜或带以帮助摄食。还有的种类的纤毛位于虫体腹面，连接成束，利于爬行。纤毛虫的细胞质分化为多种细胞器，如胞口、胞咽、胞肛及刺丝泡等。纤毛虫的无性生殖为横二分裂。有性繁殖为接合生殖。

（1）游泳型纤毛虫

游泳型纤毛虫属全毛目（*Holotriha*），有喇叭虫属（*Stentor*）、四膜虫属（*Tetrahymena*）、

斜管虫属（*Chilodonella*）、豆形虫属（*Copidium*）、肾形虫属（*Colpoda*）、草覆虫属（*Para-mecium*）、漫游虫属（*Litonotus*）、裂口虫属（*Amphileptus*）、膜袋虫属（*Cyclidium*）、纤虫属（*Aspidisea*）和棘尾虫属（*Stylonchia*）等。部分游泳型纤毛虫的形态见图1-38。

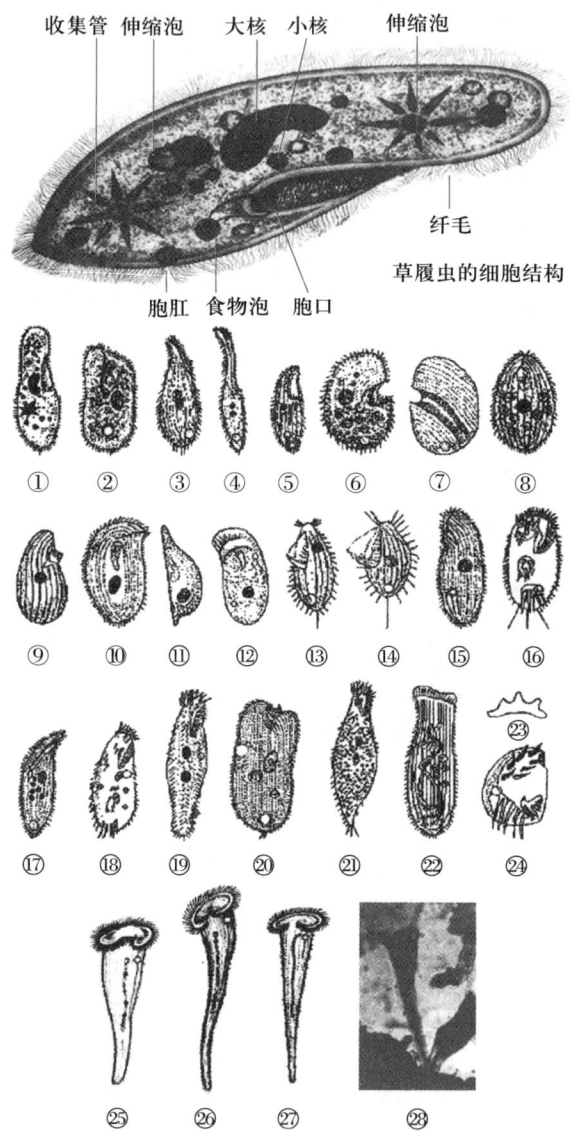

图 1-38　纤毛纲中的游泳型纤毛虫

① 尾草履虫；② 绿草履虫；③ 敏捷半眉虫；④ 漫游虫；⑤ 裂口虫；⑥，⑦ 僧帽肾形虫；⑧，⑨ 梨形四膜虫；⑩~⑫ 钩刺斜管虫；⑬ 长圆膜袋虫；⑭ 银灰膜袋虫；⑮ 弯豆形虫；⑯ 棘尾虫；⑰ 细长扭头虫；⑱ 伪尖毛虫；⑲纺锤全列虫；⑳柱前管虫；㉑粗圆纤虫；㉒刀口虫；㉓有肋楯纤虫（纵剂面）；㉔有肋楯纤虫（腹部）；㉕天蓝喇叭虫；㉖多态喇叭虫；㉗带核喇叭虫；㉘在微污染水库预处理系统中的喇叭虫

（摘自周群英，等，环境工程微生物学．4 版，2015）

（2）固着型纤毛虫

固着型纤毛虫属缘毛目（Peritricha）。其虫体的前端口缘有纤毛带（由两圈能波动的纤毛组成），虫体呈典型的钟罩形，故称钟虫类。它们多数有柄，营固着生活，在钟罩的基部和柄内有肌原纤维组成基丝，能收缩。固着型纤毛虫有多种（图1-39），其中单个个体固着生活，尾柄内有肌丝的叫钟虫（Vorticella）。群体生活的纤毛虫品种有独缩虫属（Carchesium）、聚缩虫属（Zoothamnium）、累枝虫属（Epistylis）和盖纤虫属（Opercularia）等。

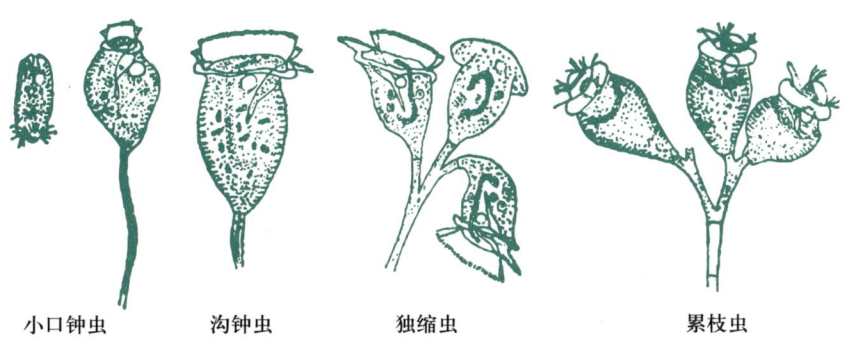

| 小口钟虫 | 沟钟虫 | 独缩虫 | 累枝虫 |

图1-39 纤毛纲中的固着型纤毛虫

（摘自王家玲，环境微生物学，2004）

钟虫前端有一个由很多纤毛构成的纤毛带，由外向内呈螺旋状。纤毛带向一个方向波动使水形成旋涡，污水中的有机小颗粒先随水流集中沉淀至"口"处，接着进入体内并形成食物泡。钟虫的这种取食方式称为沉渣取食。沉渣取食所达到的效果犹如清道的作用，使出水变得非常清澈。钟虫后端有柄，柄可帮助虫体固着在基质上。柄内有肌丝，当虫体受到刺激时肌丝似弹簧一样进行收缩。钟虫体内有较大的空泡称为伸缩泡，钟虫靠伸缩泡的收缩可将吞入体内多余的水分排出体外，以维持体内水的平衡。在正常情况下，伸缩泡有规律地进行收缩和舒张，但当废水中溶解氧降低到1 mg/L以下时，伸缩泡只处于舒张状态，停止活动。因此，可通过观察伸缩泡的状况判断水中溶解氧的浓度。钟虫能加速活性污泥的絮凝，并能通过大量捕食游离细菌而使出水变清。因此，钟虫对污水具有良好的净化作用。

（3）吸管虫

属吸管虫属（Suctoria）。在吸管虫生活史中，可分为幼体和成体。幼体有纤毛，成虫纤毛消失，长出长短不一的吸管。有的吸管虫的吸管膨大，有的修尖，靠一根柄固着生活。虫体呈球形、倒圆锥形或三角形等，没有胞口，以吸管为捕食细胞器，营全动性营养。以原生动物和轮虫为食料，这些微小动物一旦碰上吸管虫的吸管立即被粘住，并被吸管分泌的毒素麻醉，接着细胞膜被溶化，体液被吮吸于是死亡。吸管虫的繁殖方式为有性生殖和芽殖。

（五）原生动物在污水处理中的应用

在污水处理中起主要作用的是细菌，废水中约50%的有机物是由细菌分解的。但研究发现，活性污泥系统中除细菌对有机物的降解起重要作用外，原生动物也扮演着重要角色。

原生动物除了在水质净化中发挥了作用，还具有指示作用。

变形虫喜在 α-中污带或 β-中污带的自然水体中生活。在污水生物处理系统中则在活性污泥培养中期出现。在自然水体中鞭毛虫喜在多污带和 α-中污带中生活。在污水生物处理系统中活性污泥培养初期或在处理效果差时鞭毛虫大量出现，可作污水处理效果差时的指示生物。在系统正常运行时，固着型纤毛虫占优势。纤毛纲中的游泳型纤毛虫多数是在 α-中污带和 β-中污带，少数在寡污带中生活。污水生物处理中，它们生活在活性污泥培养中期或在处理效果较差时。扭头虫草履虫等在缺氧或厌氧环境中生活，它们耐污能力极强，而漫游虫则喜在较清洁水中生活。固着型的纤毛虫，尤其是钟虫，喜在寡污带中生活。钟虫类在 β-中污带中也能生活，而累枝虫耐污能力较强。它们是水体自净程度高、污水生物处理效果好的指示。

原生动物对毒物的反应很敏感。如当水处理系统有毒时，群体缘毛类纤毛虫会缩成一团。好氧活性污泥系统缺氧时，钟虫的前端吐出大泡泡、身体渐渐地收缩并从柄上脱落，甚至死亡。因此，可根据污泥中原生动物的种类判断系统运行的状况。在水质突变或污泥中毒时，可根据生物相的变化，及时发现问题，采取必要措施。

三、微型后生动物

除原生动物以外的多细胞动物统称为后生动物，与原生动物不同，它们是多细胞的，一般有细胞和组织分化。其中一些形体微小，需要借助显微镜才能观察清楚的种类称为微型后生动物。它们在生物分类上属于动物界，在水处理工作中常见的后生动物主要是多细胞的无脊椎动物，包括轮虫、线虫、寡毛类动物、甲壳类动物和昆虫幼虫等。微型后生动物在天然水体、潮湿土壤、水体底泥和污水生物处理构筑物中均有存在。

（一）轮虫

轮虫属于担轮动物门（*Trochelminthes*）的轮虫纲（*Rotifera*）。其形体微小，长度为 4～4 000 μm，多为 500 μm 左右；身体长形，有头部、躯干和尾部的区分；头部有一个由 1～2 圈纤毛组成的能转动的轮盘，因纤毛摆动时犹如轮子转动而得名。轮盘为运动和摄食的器官，水流从纤毛环之间的口部进入虫体，同时将食物（细菌、悬浮有机颗粒物等）带入；有个体生活的，也有群体生活的；自由生活或固着生活，少数为寄生种；轮虫的生殖为雌雄异体，但多为孤雌生殖。大多数轮虫以细菌、霉菌、藻类、原生动物及有机颗粒物为食，同时它自己又可作为水生动物的食料。

轮虫的地理分布十分广泛，以底栖为多，栖息在沼泽、池塘、浅水湖泊和深水湖的沿岸带，对 pH 适应范围较广，许多种喜欢在 pH 为 6.8 左右的环境下生活。在淡水中常见的轮虫有旋轮虫属（*Philodina*）、轮虫属（*Rotaria*）和间盘轮虫属（*Dissotrocha*）等，见图 1-40。轮虫要求较高的溶解氧量。轮虫是寡污带和污水生物处理效果好的指示生物。由于它们吞食游离细菌，所以可起到提高处理效果的作用。但在污水生物处理过程中，有时候会出现猪吻轮虫大量生长繁殖的现象，一旦它们大量繁殖会将活性污泥蚕食光，造成污水处理失败。为避免此类现象发生，当镜检到猪吻轮虫有大量繁殖的趋势时，为了保持正常运行，可暂时停止曝气，制造厌氧环境抑制猪吻轮虫生长。

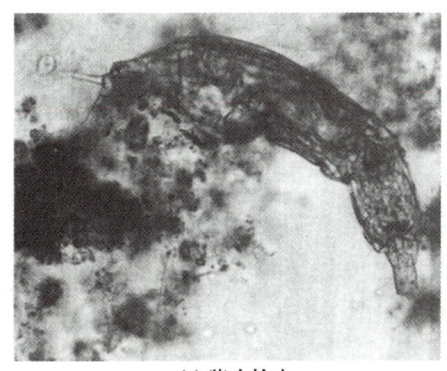

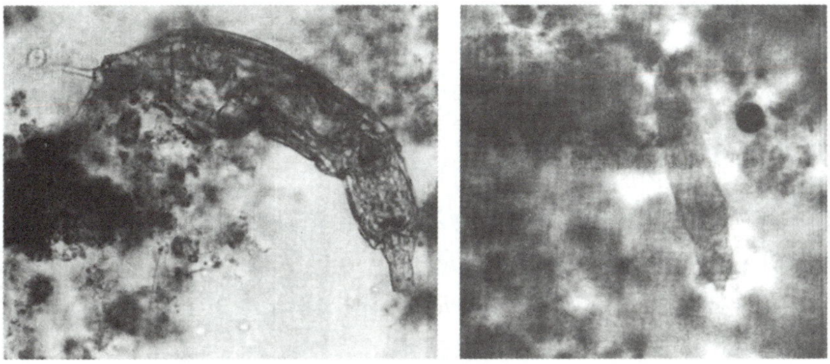

(a) 猪吻轮虫　　　　　　　　　　　(b) 旋轮虫

图 1-40　轮虫

（摘自袁林江，环境工程微生物学，北京，2011）

（二）线虫

线虫（nematode）属于线形动物门（*Nemathelminthes*）的线虫纲（*Nematoda*）。线虫为长形，形体微小，长度多在 1 mm 以下，在显微镜下清晰可见。线虫前端口上有感觉器官，体内有神经系统，消化道为直管，食道由辐射肌组成。线虫的营养类型有 3 种：腐食性（以动植物的残体及细菌等为食）、植食性（以绿菜和蓝细菌为食）和肉食性（以轮虫和其他线虫为食）。线虫有寄生的和自由生活的。污水处理中出现的线虫多是自由生活的。自由生活的线虫体两侧的纵肌交替收缩，做蛇形状的拱曲运动。线虫的生殖为雌雄异体，卵生。

线虫有好氧和兼性厌氧的，兼性厌氧者在缺氧时大量繁殖，线虫是水净化程度差的指示生物。

（三）寡毛类动物

寡毛类动物（oligochaete）如颤体虫、颤蚓及水丝蚓等，属环节动物门（*Annelida*）的寡毛纲（*Oligochaeta*），比轮虫和线虫高级。身体细长分节，每节两侧长有刚毛，靠刚毛爬行运动。

在污水生物处理中出现的多为红斑颤体虫（*Aeolosoma hemprichii*），见图 1-41。它的前叶腹面有纤毛，是捕食器官，营杂食性，主要食污泥中有机碎片和细菌。它分布广，夏、秋两季水体的环境条件适合寡毛类动物生长，其生长温度为 20 ℃，6 ℃ 以下活动力降低，并形成胞囊。在生活污水生物处理脱氮工艺中，摄氏温度 20 ℃ 左右，供氧充足的条件下，红斑颤体虫大量生长，可把活性污泥蚕食光，使处理的出水水质急剧下

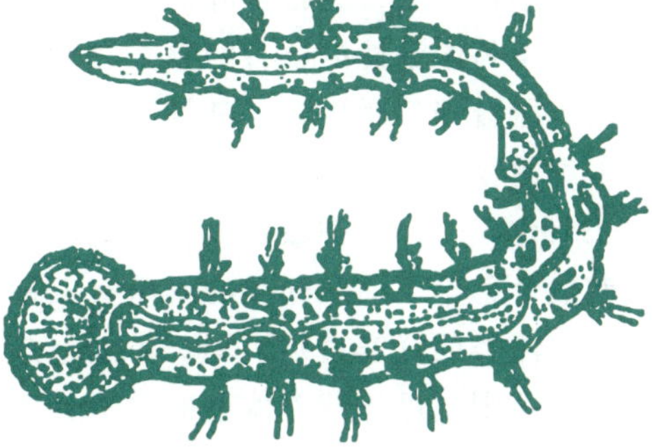

图 1-41　红斑颤体虫

（摘自王国惠，环境工程微生物学，2011）

降。为了恢复处理效果，必须停止曝气，继续连续进污水，使之处于厌氧状态，可有效抑制红斑颗体虫的生长。颤蚓和水丝蚓中有厌氧生活的种类，以土壤、底泥为食，是河流、湖泊底泥污染的指示生物。

（四）甲壳动物

甲壳动物是鱼类的基本食料，广泛分布于河流、湖泊和水塘等淡水水体及海洋中，甲壳动物的数量对鱼类影响大。这类生物的主要特点是具有坚硬的甲壳，水生浮游生活，它们可以吞食水中的其他微生物，也可吞食其他微生物不易降解的固体有机物，起到净化水质的作用。有些也可作为指示生物，常见的有剑水蚤（*Cyclops*）和水蚤（*Daphniapulex*），见图 1-42。可根据水蚤颜色判断水体的清洁程度，因为水蛋细胞中普遍含有血红素，血红素含量的高低随环境中溶解氧量的高低而变化。DO 高，水蚤的血红素含量低，颜色浅，水体清洁。DO 低，水蚤的血红素含量高，颜色深，水体污染。

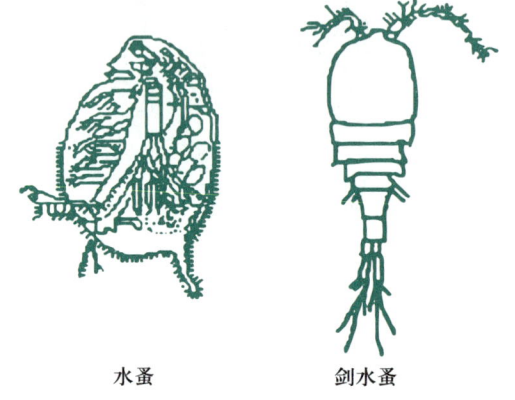

水蚤　　　　剑水蚤

图 1-42　浮游甲壳动物

（摘自周群英，等，环境工程微生物学 . 4 版，2015）

四、藻类

（一）藻类概述

藻类是一类能进行光合作用的低等真核生物。在大小和结构上差异很大，大多个体微小，只能在光学显微镜下才能看见。藻类有单细胞的个体和群体，群体是若干个体以胶质相连，其大小以微米（μm）计。其中的蓝藻因形体小，细胞结构简单，没有核膜，没有特异化的细胞器，也没有有丝分裂，属原核微生物，故把它列入细菌域，叫蓝细菌。除蓝藻以外的藻类都是真核的生物。它们的形体大小各异，形体小的列入微生物范畴。形体大的藻类有红藻（如石花菜和紫菜）和褐藻（如海带和裙带菜）等。

藻类结构简单，无根茎叶的分化。藻类的最适 pH 为 6~8，生长的 pH 范围为 4~10，绝大多数藻类是中温性的，有的藻类在 85 ℃的温泉中大量繁殖，有的在常年不化的冰上生长。藻类属光能自养型微生物，其细胞内含有叶绿素及其他辅助色素。有光照时，能利用二氧化碳合成细胞物质，同时放出氧气；夜间无阳光时，则通过呼吸作用取得能量，吸收氧气同时放出二氧化碳。在藻类数量较大的池塘中，白天水体中溶解氧往往很高，甚至过饱和，但夜间溶解氧会急剧下降。藻类的繁殖有三种方式：营养繁殖、无性生殖和有性生殖。单细胞藻类和丝状藻类的营养繁殖不同。单细胞藻类的营养繁殖是通过细胞分裂进行的，而丝状藻类的营养繁殖则是母体营养体上的一部分离出来后再长成一个新个体。无性繁殖是通过产生不同类型的孢子进行的。产生孢子的母细胞叫孢子囊。孢子为单细胞，一个孢子发育成一个新个体。有性繁殖的生殖细胞叫配子。通常情况下，配子必须两两结合成为合子，由合子直接萌发成新个体。合子还可产生孢子，再由孢子长成新个体。藻类主要生活在水中，单细胞藻类浮游于水中，故名浮游植物。当水体含过量的氮、磷时，常产生"水华"或"赤潮"。在污染生物监测中，藻类作为水体污染的指示生物与环境工程关系密切。在水污染控制工程中，藻类的典型应用是氧化塘处理系统，氧化塘利用菌藻互生原理进行废水处理。

根据藻类光合色素的种类、个体的形态、细胞结构、生殖方式和生活史等，将藻类分为蓝藻门（现已归为原核微生物中的蓝细菌）、裸藻门、绿藻门、轮藻门、金藻门、黄藻门、硅藻门、甲藻门、褐藻门及红藻门等。

（二）藻类的常见类群

1. 蓝藻门（*Cyanophyta*）

即蓝细菌门，见本章第三节。

2. 裸藻门（*Euglenophyta*）

裸藻因不具有细胞壁而得名。裸藻单细胞呈椭圆形、卵圆形、纺锤形或带状，末端一般尖细。藻体大多鲜绿色，少数红色或无色。细胞前端有胞口，胞口连胞咽、储蓄泡，周围为伸缩泡。裸藻有一个红色眼点。它们有鞭毛能运动，具有 1 根鞭毛，少数有 2 或 3 根。裸藻大量繁殖，可形成"水华"。绝大多数裸藻具有叶绿体，内含叶绿素 a、叶绿素 b 和 β-胡萝卜素以及 3 种叶黄素。上述色素使叶绿体呈现鲜绿色，易误认为绿藻。在叶绿体内有较大的蛋白质颗粒，为造粉核。其功能与裸藻淀粉的聚集有关，其储存物为裸藻淀粉，并形成淀粉颗粒。裸藻还含油类。它具有 1~3 根茸鞭型鞭毛，鞭毛基部有高度分化的鞭毛器或神经运动器。

裸藻主要生长在有机物丰富的静止水体或缓慢的流水中，对温度的适应范围广，在 25 ℃下繁殖最快，大量繁殖时形成绿色红色或褐色的水华，故裸藻是水体富营养化的指示生物。

3. 绿藻门（*Chlorophyta*）

绿藻形体极为多样（图 1-43），有单胞体、群体、丝状体或叶状体。藻体呈草绿色。单细胞或群体有鞭毛，鞭毛等长顶生，一般 2~4 根。多细胞绿藻营养体不运动，但可形成有鞭毛能运动的孢子或配子。它们含有较多叶绿素 a、叶绿素 b、叶黄素、泥黄素和 β-胡萝卜素。其储存物为淀粉和油类，叶绿体内有一至几个有鞘的造粉核。

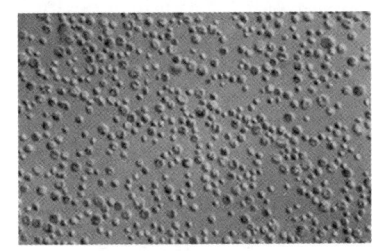
小球藻属*Chlorella*

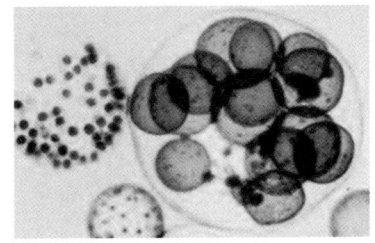
团菜属*Volvox*

水绵属*Spirogyra*

图 1-43　绿藻

（摘自 Willey J M. Prescott's Microbiology，9th ed，2014）

绿藻的繁殖方式为无性生殖和有性生殖。绿藻的代表属有：衣藻属（*Chlamydomonas*）、小球藻属（*Chlorella*）、盘藻属（*Gonium*）、实球藻属（*Pandorina*）、空球藻属（*Eudorina*）、团藻属（*Volvox*）、栅藻属（*Scenedesmus*）、盘星藻属（*Pediastrum*）、新月藻属（*Closterium*）、鼓藻属（*Cosmarium*）、转板藻属（*Mougeotia*）、丝藻属（*Ulothrix*）、双星藻属（*Zgnema*）、水绵属（*Spirogyra*）、绿球藻属（*Chlorococcus*）及绿梭藻属（*Chlorogonium*）等。

4. 硅藻门（*Bacillariophyta*）

硅藻形态多样，有单胞体、群体或由单列细胞构成的丝状体。形体像小盒，由上壳和下壳组成。上壳面（壳面）和下壳面（瓣面）上花纹的排列方式是分类的依据。硅藻呈黄绿色或黄褐色。硅藻的细胞壁由硅质（$SiO_2 \cdot xH_2O$）和果胶质组成。硅质在外层、细胞内有一个核和两个以上的色素体，含叶绿素、藻黄素和 β-胡萝卜素。硅藻储存物为淀粉粒和油。繁殖方式为纵分裂和有性生殖。

硅藻在全球分布很广，有明显的区域种类，受气候、盐度和酸碱度的制约。有的种可作土壤和水体盐度、腐殖质含量和酸碱度的指示生物。浮游和附着的种都是水中动物的食料，硅藻对水体的生产能力起重要作用。

5. 金藻门（*Chrysophyta*）

金藻藻体为单胞体、群体或丝状体。细胞壁有或无，有的具囊壳或覆盖硅质化的鳞片与刺等。藻体呈黄绿色或棕色。多数有鞭毛，2 条或 2 条以上，少数 3 条，鞭毛等长或不等长。体内叶黄素和 β-胡萝卜素占优势，藻体呈现黄绿色和金棕色，储存物有金藻糖和油。多数金藻产生内生孢子。

金藻多数为淡水产的，在寒冷季节大量繁殖，是重要的浮游藻类。金藻多生长在透明度较高的干净淡水中，浮游或固着生活。金藻对环境变化比较敏感，因此常被作为较洁净水体的指示生物。

6. 黄藻门（*Xanthophyta*）

黄藻的细胞壁大多数由两个半片套合组成，含大量的果胶质，体内含叶绿素 a，叶绿素 c、β-胡萝卜素和叶黄素，储存物为油，附着或浮游生活。游动细胞具有不等长的、略偏于腹部一侧的两根鞭毛，少数只有 1 根鞭毛。产生不动孢子和游动孢子进行无性生殖，少数属也可进行有性生殖。绝大多数黄藻为淡水产。

7. 轮藻门（*Charophyta*）

轮藻的细胞结构、光合色素和储存物与绿藻大致相同，不同的是轮藻有大型顶细胞，具有一定的分裂步骤，有节和节间，节上有轮生的分枝，为卵配生殖。在淡水和半咸水中生长。

轮藻门的轮藻属可熏烟驱蚊，有轮藻生长的水中没有孑孓生长。轮藻受精卵化石可作地层鉴定和陆地勘探的依据。

8. 甲藻门（*Pyrrophyta*）

甲藻多为单细胞的个体呈三角形、球形、针形，前后或左右略扁，前、后端常有突出的角。多数有细胞壁，少数种为裸型。其细胞核大，有核仁和染色体，细胞质中有大液泡，有的有眼点，色素体有一个或多个，含叶绿素 a、叶绿素 c、β-胡萝卜素、硅甲黄素、甲藻黄素、新甲藻黄素及环甲藻黄素，藻体呈棕黄色或黄绿色，偶尔呈红色；储存物为淀粉、淀粉状物质和脂肪。多数有两条不等长、排列不对称的鞭毛作为运动胞器，无鞭毛的做变形虫运动，或不运动；营养型为植物性营养，少数腐生或寄生。少数种为群体或具分枝的丝状体。甲藻繁殖为裂殖，也有产游动孢子或不动孢子的生殖方式。

甲藻在淡水，半咸水、海水中都能生长。多数甲藻对光照强度和水温范围要求严格，在适宜的光照和水温条件下，甲藻可在短期内大量繁殖。生活在淡水的甲藻喜在酸性水中生活，含腐殖酸的水中时常有甲藻存在；有的也在硬度大的碱性水中生活。甲藻是重要的浮游藻类之一，甲藻死后沉在海底形成生油地层中的主要化石。

9. 褐藻门（*Phaeophyta*）

褐藻比较高级，色素体含有叶绿素 a、叶绿素 c、β-胡萝卜素和叶黄素。β-胡萝卜素和叶黄素的含量高于叶绿素 a 和叶绿素 c。藻体呈橄榄色和深褐色，其储存物为水溶性的褐藻淀粉、甘露糖、油类及还原糖。含碘量高的褐藻，如海带（*Laminaria*）、裙带藻（*Undaria suringar*），可供食用。

10. 红藻门（*Rodophyta*）

红藻的色素为红藻藻红素和红藻藻蓝素；储存物为红藻淀粉和红藻糖。绝大多数红藻为海产，少数为淡水产。红藻的代表属有：紫藻属（*Porphyra*）、江篱属（*Gracilaria*）、石花藻属（*Gelidium*）及麒麟属（*Eucheuma*）。后三属的红藻均可提取琼脂，供食用、医药用，也可用来制取生化试剂。

（三）藻类与环境保护

藻类可以说是地球上各种水域的主要绿色植物。藻类在生态平衡及与人类的关系中扮演着重要角色。

藻类是水体生态系统的初级生产者，藻类进行光合作用所释放的氧气，是水中氧气的主要来源，有利于水栖动物的呼吸。同时藻类还是浮游动物或其他小型水生动物及鱼、虾、贝类的天然饵料。

在无植被的环境中，藻类起到一个关键的先行者的作用，在荒地和被剥蚀地区，藻类是最早出现的。藻类对土壤结构和控制侵蚀也起到了显著的作用。

但是藻类对人类也有间接或直接的不利影响，如藻类造成饮用水水质的下降。藻类繁殖过多会妨碍水中溶解氧，影响鱼类的生存，有些藻类会释出恶臭。因此常在储水池中造成严重污染，通常储水池中的藻类超过 500 个/mL 时就要施用杀藻剂。常用的杀藻剂是硫酸铜和漂白粉或氯气。一般来说，硫酸铜效果好，药效长，每升水投加 0.3~0.5 mg 在几天之内就能杀死大多数产生气味的藻类植物，但往往不能破坏死藻放出的致臭物质。漂白粉或氯气能去除这种放出的致臭物质，但投药量要多些，如 0.5~0.8 mg/L。应当注意，加漂白粉或氯气不应过多，否则反而又会增加水的气味。

藻类可用于处理污水，去除其中的氮和磷。氧化塘和氧化沟是特殊的水处理方法，系统内的藻类和菌类形成互惠互利的互生关系：一方面，藻类通过光合作用为菌类提供氧气，另一方面，好氧菌对有机物的分解能为藻类提供 CO_2 及氮等营养物质，加上其他生物共同构成一个生态系统，该系统对进入废水中的污染物质进行有效的降解。

藻类细胞壁是一种由纤维素纤丝形成的网状结构，含有丰富的多糖。多糖带负电荷，可通过静电作用与许多金属离子结合，从而吸附并去除重金属。如马尾藻（*Sargassum* sp.）对铜和锌去除率分别达100%和99.4%。

思考题

1. 什么是微生物？具有什么样的共同特点？
2. 微生物是怎样分类和命名的？
3. 病毒分为哪几类病毒？它们是如何进行增殖的？
4. 破坏病毒的物理和化学因素有哪些？如何利用这些因素来杀灭病毒？
5. 细菌的一般结构和特殊结构有哪些？它们各有哪些生理功能？
6. 革兰氏阳性菌和革兰氏阴性菌的细胞壁结构有什么异同？各有哪些化学组成？
7. 古菌包括哪几种？它们与细菌有什么不同？
8. 如何区分真菌、藻类和原生动物？
9. 真菌的繁殖方式有哪些？
10. 污（废）水处理系统中常见的微型后生动物有哪些特征和作用？

第二章
微生物的营养与代谢

本章导读

　　微生物和其他生物一样，需要从外界不断吸收各种营养物质进行新陈代谢，以获取生命所需要的物质与能量并排出代谢产物，维持正常的生长和繁殖。在自然界中，大量"废物"就是微生物的营养物质。新陈代谢由两个相辅相成、作用相反的过程即合成代谢和分解代谢组成，是细胞内发生各种化学反应的总称。了解微生物对营养物质的需要和微生物的代谢类型，对利用微生物进行废物处理具有重要指导意义。本章重点介绍环境工程中微生物的营养、代谢及其在环境工程中的应用。

第一节　微生物的酶

　　酶是由生物体活细胞合成的，对其特异底物起高效催化作用的生物催化剂。已发现的有两类：一类是蛋白酶，另一类是核酶，一般所说的酶指的是蛋白酶，核酶为数很少，主要作用于核酸。酶参与了生物体中几乎所有的生物化学反应过程。这些酶，在不同的场合和条件下，进行有条不紊、精确高效的生理活动。如果没有酶，就没有新陈代谢，也没有生命。

一、酶的组成及结构

（一）酶的分子组成

　　根据组成成分，酶分为两类：单纯酶和全酶。单纯酶的基本组成单位只有氨基酸，其催化活性取决于它的蛋白质结构。全酶由蛋白质部分和非蛋白质部分组成，蛋白质部分称为酶蛋白，非蛋白质部分称为辅助因子，即全酶＝酶蛋白＋辅助因子。只有全酶才有催化作用。酶蛋白在酶促反应中起着决定反应特异性的作用，而辅助因子则决定反应的类型，参与电子、原子及基团的传递。辅助因子的化学本质是金属离子或小分子有机化合物，按其与酶蛋白结合的紧密程度不同可分为辅酶与辅基。辅酶与酶蛋白结合疏松，可用透析或超滤的方法除去；辅基则与酶蛋白结合紧密，不能通过透析或超滤的方法将其除去。

（二）重要的辅酶和辅基

1. 铁卟啉

铁卟啉是典型的辅基，是细胞色素氧化酶、过氧化氢酶、过氧化物酶等的辅基，靠所含铁离子的变价（$Fe^{2+}\rightarrow Fe^{3+}+e^-$）传递电子催化氧化还原反应。

2. 辅酶 A

辅酶 A（CoA 或 CoA—SH）的分子结构由腺嘌呤核苷酸、泛酸和 β-巯基乙胺等组成。辅酶 A 最初由李普曼（Lipmon）在 1947 年发现，字母 A 代表酰化作用，与 CoA 结合的酸有很强的基团转移能力。在糖代谢和脂肪代谢中起重要作用。它通过巯基（—SH）的受酰和脱酰参与转酰基反应。

3. 辅酶 I（NAD+）和辅酶 II（NADP+）

NAD+（辅酶 I，CoI）为烟酰胺腺嘌呤二核酸，NADP+（辅酶 II，CoII）为烟酰胺腺嘌呤二核苷酸磷酸。在发酵、呼吸和其他反应中，转移氢的酶都利用二核苷酸作为辅酶。其基本组分之一是吡啶衍生物烟酰胺，这种辅酶多半与许多脱氢酶结合在一起，在生物化学反应中很常见，反应可用下式为代表：

$$NAD^++CH_3CH_2OH \Longleftrightarrow CH_3CHO+NADH+H^+ \tag{2-1}$$

这种脱氢反应常常是可逆的。辅酶的重要性在于可逆地转移电子的作用，靠辅酶的连接，物质交换就成为可能（辅酶本身并不起催化作用）。

NAD^+ 存在于一切细胞中，它的作用与 ATP 相似，ATP 是一种通用的磷酸载体，而 NAD^+ 在细胞中是一种通用的电子载体，主要功能是传递氢（$2H^++2e^-$）。

4. 黄素辅酶（FMN 和 FAD）

FMN（黄素单核苷酸）和 FAD（黄素腺嘌呤二核酸）作为黄素核酸类脱氢酶的辅酶。这类脱氢酶的酶蛋白部分各异，但辅酶只有这两种。当黄素核苷酸脱氢酶作用于代谢物时，脱下的氢即被 FMN 或 FAD 所接受，被称为氢载体。它们接受 2 个氢而还原为 $FMNH_2$ 和 $FADH_2$。

$FADH_2$ 可将氢通过呼吸链传递至氧而生成水，释放能量用于 ATP 合成。在某些情况下，也可将氢直接传递给氧生成过氧化氢，过氧化氢可被过氧化氢酶催化分解成水和氧气。

5. 辅酶 Q

辅酶 Q（CoQ）又称泛醌，属脂溶性辅酶。其活性部分是它的醌环结构（图 2-1）。辅酶 Q 是电子传递体系的组成部分，由于是与蛋白质结合不紧密的辅酶，可使它在黄素蛋白类和细胞色素类之间作为一种特殊灵活的电子载体起作用。

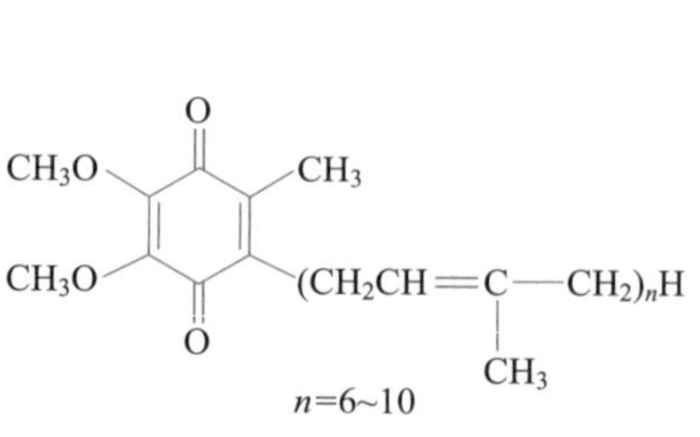

6. 磷酸吡哆醛和磷酸吡哆胺

磷酸吡哆醛和磷酸吡哆胺是氨基酸代谢中多种酶的

图 2-1 辅酶 Q 分子结构

（摘自王国惠，环境工程微生物学，2011）

辅酶，可以催化多种反应，常见的有 α-氨基酸与 α-酮酸的转氨基作用和 α-氨基酸的脱羧基作用。

7. 羧化酶辅基（生物素）

生物素（维生素 H，维生素 B_7）是各种羧化酶的辅基，属 B 族维生素，在 ATP 作用下可与 CO_2 结合形成 N-羧基生物素，N-羧基生物素可将羧基转移给有机分子而发生羧化。生物素是微生物的生长因子。

8. 硫辛酸和焦磷酸硫胺素

硫辛酸（L）和焦磷酸硫胺素（TPP）两者结合成 LTPP，为 α-酮酸脱羧酶和糖类转酮酶的辅酶。参与丙酮酸和 α-酮戊二酸的氧化脱羧反应，起传递酰基和传递氢的作用。

9. 磷酸腺苷及其他核苷酸类

磷酸腺苷包括 AMP（腺一磷酸）、ADP（腺二磷酸）和 ATP（腺苷三磷酸）；其他核苷酸类包括 GTP（鸟嘌呤核苷三磷酸）、UTP（尿嘧啶核苷三磷酸）和 CTP（胞嘧啶核苷三磷酸）等。磷酸基的生物载体是核苷磷酸 ADP 和 ATP，它们在磷酸基转移过程中起辅助因子的作用。

10. 四氢叶酸

四氢叶酸（辅酶 F，THFA）不同于其他载体，当转移基团与载体结合时，此转移基团可以发生变化，所以给予受体的基团可能与起始的基团不同。主要转移一碳基团，如羟甲基、甲烯基和亚氨甲基等。

11. 金属离子

金属离子是酶的辅基，又是激活剂。如 Fe^{2+} 是铁卟啉环的组成，Mg^{2+} 是叶绿素的辅基。许多酶含铜、锌、钴、钼和镍等离子。金属和酶有密切关系，金属可以作为酶的活性基的一部分。

以下的辅酶为专性厌氧菌（产甲烷菌）所具有。

12. 辅酶 M

辅酶 M（CoM，2-巯基乙烷磺酸）是专性厌氧的产甲烷菌特有的一种辅酶，辅酶 M 有 3 种形式，是已知辅酶中相对分子质量最小者。其酸性强，在 260 nm 处有吸收峰，但不发荧光。辅酶 M 具有渗透性和热稳性，是甲基转移酶的辅酶，是活性甲基的载体。

13. 辅酶 F_{420}

辅酶 F_{420}（CoF_{420}）也是产甲烷菌所特有的辅酶，是一种黄素衍生物，其化学结构类似于黄素辅酶 FMN，它是低分子的荧光化合物。当 F_{420} 被氧化时在 420 nm 处出现一个明显的吸收峰和荧光；被还原时，在 420 nm 处失去其吸收峰和荧光。F_{420} 是甲基转移酶的辅酶，是活性甲基的载体。F_{420} 的功能是作为最初的电子载体。在产甲烷菌中，F_{420} 可作为不同酶的辅酶如氢化酶和 NADP 还原酶等。

14. 辅酶 F_{430}

辅酶 F_{430}（CoF_{430}）是含有一个镍原子的吡咯结构，所以在培养产甲烷菌时，应加入微量元素 Ni。F_{430} 在 430 nm 处有最大吸收峰，但与 F_{420} 不同它无荧光发生。F_{430} 是甲基辅酶 M 还原酶组分 C 的弥补基，参与甲烷形成的末端反应。

15. 辅酶 MPT

辅酶 MPT（CoMPT 或 CoMP）即甲烷蝶呤，又称 F_{342} 因子，是一种含蝶呤环的产甲烷菌辅酶，在 342 nm 处呈现浅蓝色荧光，有多种衍生物，如 HMPT（四氢甲烷蝶呤）。MPT 的作用类似叶酸，参与 C_1 还原反应，可使甲酰基还原为甲基。

16. 辅酶 MFR

辅酶 MFR（CoMFR 或 CoMF）即甲烷呋喃，原名 CDR（二氧化碳还原因子），由酚、谷氨酸、二羧基脂肪酸和呋喃环 4 种分子结合而成，为产甲烷菌独有。其在甲烷和乙酸形成过程中起甲基载体作用。

17. 辅酶 HS—HTP

辅酶 HS—HTP（CoHS—HTP）即 7-巯基庚酰基丝氨酸磷酸，在甲烷形成中作为甲基还原酶的电子供体。通过 CoM 对 HS—HTP 的还原，可使甲烷形成过程中产生能量。

（三）酶蛋白的结构及活性中心

随着 DNA 重组技术及聚合酶链式反应（PCR）技术的广泛应用，使酶蛋白结构与功能的研究进入新阶段。酶蛋白同蛋白质一样，是由 20 种氨基酸组成的，这 20 种氨基酸按一定的排列顺序由肽键（—CO—NH—）连接成多肽链，两条多肽链之间或一条多肽链卷曲后相邻的基团之间以氢键、盐键、酯键、疏水键、范德华引力及金属键等相连接而成。通常可以把蛋白质的结构分为一级、二级、三级和四级。一般酶蛋白只有三级结构，只有少数酶蛋白才具有四级结构。一级结构是指多肽链本身的结构。它们以特定的多肽顺序（即氨基酸顺序）形成蛋白质的一级结构。二级结构是由多肽链形成的初级空间结构，由氢键维持其稳定性。氢键受到破坏时，其紧密的空间结构变得松散，多肽链展开，酶蛋白即变性。三级结构是在二级结构基础上，多肽链进一步弯曲盘绕形成更复杂的构型。三级结构由氢键、盐键及疏水键等维持三级结构的稳定性。少数酶具有四级结构，它是由几个或几十个亚基形成的。亚基是由一条或几条多肽链在三级结构的基础上形成的小单位。亚基之间也以氢键、盐键、疏水键及范德华引力等相连。酶蛋白的结构见图 2-2。

酶属于生物大分子，而酶的活性中心只是酶分子中的很小部分。酶的活性部位是它结合底物并将底物种化为产物的区域。组成酶蛋白的氨基酸中有许多化学基团，如 $-NH_2$、$-COOH$、$-SH$、$-OH$ 等，但这些基团并不都是与酶活性有关。其中那些与酶的活性密切相关的基团称为酶的必需基团。这些必需基团在一级结构上可能相距很远，但在空间结构上彼此靠近，形成一个能与底物特异地结合，并将底物转变为产物的特定空间区域，这一区域称为酶的活性中心。对结合酶来说，辅酶或辅基也参与酶活性中心的组成。

酶的活性中心有两个功能部位：一个是结合部位，一定的底物靠此部位结合到酶分子上；另一个是催化部位，底物分子中的化学键在此处被打断或形成新的化学键，从而发生一系列的化学反应。但这两个功能部位并不是各自独立存在的，构成这两个部位的有关基团，有的同时兼有结合底物和催化底物发生反应的功能。酶活性中心内的必需基团分两种：能直接与底物结合的必需基团称为结合基团，影响底物中某些化学键的稳定性；催化底物发生化学变化的必需基团称为催化基团。还有一些必需基团虽然不参加活性中心的组成但却为维持酶活性中心应有的空间构象所必需，这些基团是酶活性中心外的必需基团。

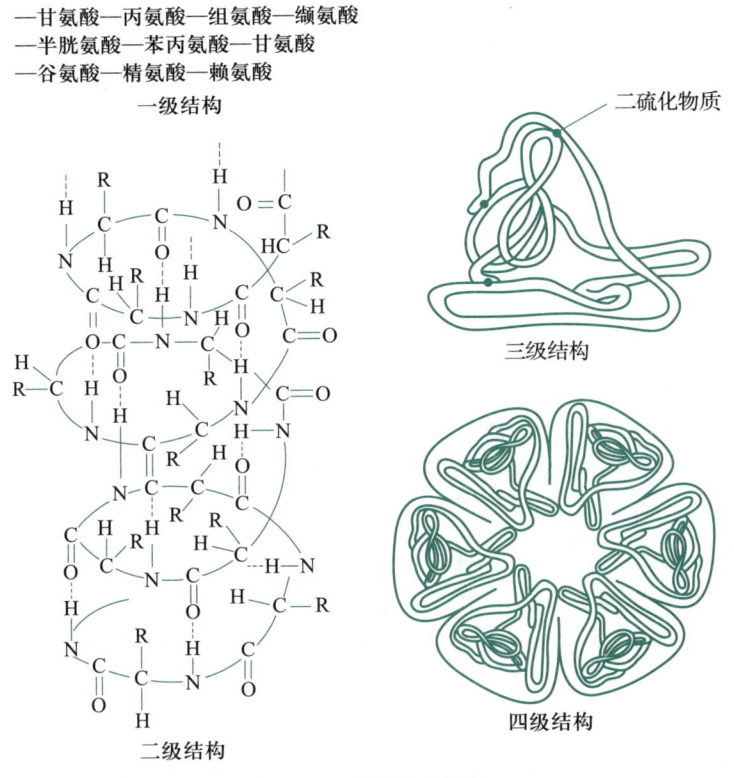

图 2-2　酶蛋白的结构

（摘自周群英，等，环境工程微生物学．4 版，2015）

二、酶的催化特性、种类和命名

（一）酶的催化特性

酶作为生物催化剂，具有一般催化剂的共性。例如，在反应前后酶的质和量不变；只催化热力学允许的化学反应；不改变反应的平衡点等。但酶是生物大分子，与一般催化剂不同的特点，主要表现在以下几个方面。

1. 催化效力高

一般而言，酶催化反应速率要比化学催化剂的催化速率高出几千倍至百亿倍。例如，1 mol 过氧化氢酶在一秒的时间内催化 10^5 mol 过氧化氢分解，而铁离子在相同的条下，只催化 10^{-5} mol 过氧化氢分解。

2. 专一性高

酶对催化的底物有高度的选择性即一种酶只作用一种或一类化合物，催化一定的化学反应，并生成一定的产物，这种特性称为酶的特异性或专一性。酶的专一性分绝对专一性、相对专一性和立体异构专一性。

3. 反应条件温和

酶的催化作用是在比较温和的条件下进行的，如常温、常压、接近中性 pH 等。高温、高压、强酸、强碱和紫外线等都容易使酶失去活性。而一般化学催化剂则需强酸、强高温等极端条件下才起到催化作用。

4. 对环境条件变化极为敏感

酶是由细胞产生的生物大分子，凡是能使生物大分子变性的因素，如高温、强酸、强碱等都能使酶变性；Cu^{2+}、Hg^{2+}、Ag^+ 等重金属离子会钝化酶，使之失活。

（二）酶的种类和命名

根据酶催化的反应类型，按照 1961 年国际酶学委员会的规定，将酶系统地分为六大类。

1. 氧化还原酶类

这些酶促进氧化和还原反应，其中电子从电子供体分子转移到电子受体。例如细胞色素氧化酶、乳酸脱氢酶。氧化还原酶的常见辅因子包括 $NADP^+$ 或 NAD^+。它们催化的一般反应是：

$$AH_2 + B \Longleftrightarrow A + BH_2 \qquad (2-2)$$

式中，AH_2 为供氢体，B 为受氢体。由于多涉及氢和电子的转移与传递，这类酶多是全酶，含有 NAD、NADP 或者 FAD、FMN 等辅酶。根据受氢体的不同，氧化还原酶分为氧化酶和脱氢酶两类氧化酶类。

2. 转移酶类

转移酶负责将特定化学基团从供体分子转移到受体分子。例如，转氨酶在分子之间转移氨基。反应通式如下：

$$A-R + B \Longleftrightarrow A + B-R \qquad (2-3)$$

谷氨酸丙酮酸转氨酶即为转移酶。在该酶催化下，谷氨酸上的氨基转移到丙酮酸上，形成 α-酮戊二酸和丙氨酸。转移酶通常转移的基团有氨基、甲基、甲酰基等。

3. 水解酶类

这些酶催化水解反应，利用水分子破坏化学键。如蛋白水解酶、淀粉酶，它可以水解蛋白质中的肽键。反应通式为：

$$A-B + H_2O \longrightarrow AOH + BH \qquad (2-4)$$

4. 裂解酶类

裂解酶促进形成或破坏双键的反应，而不涉及水解或氧化，如脱氨酶、醛缩酶、脱缩酶（作用于糖酵解）。其反应通式如下：

$$A-B \longrightarrow A + B \qquad (2-5)$$

5. 异构酶类

这类酶催化分子从一种异构体形式转化为另一种异构体形式，它们协助分子内重排。例如磷酸葡萄糖变构酶催化磷酸葡萄糖为磷酸果糖，它在糖原分解中起作用。它们催化的反应通式是：

$$A \Longleftrightarrow A' \tag{2-6}$$

6. 连接酶类

连接酶负责通过在两个大分子之间形成新的化学键来连接它们，通常新物质合成时需要能量（ATP）。例如，DNA 连接酶在 DNA 片段之间形成磷酸二酯键。反应通式为：

$$A+B+ATP \longrightarrow A-B+ADP+H_3PO_4 \tag{2-7}$$

根据发生催化作用的部位不同，酶还可以分为胞内酶、胞外酶和表面酶三类。

1961 年国际生化会议酶学委员会提出了酶的统一命名方式，即底物名称+反应性质+酶。例如催化淀粉水解的酶称为淀粉水解酶（简称淀粉酶），催化蛋白质水解的酶称为蛋白水解酶（可简称蛋白酶），又如乳酸脱氢酶、谷（氨酸）丙（酮酸）转氨酶、6-磷酸葡萄糖变构酶等。

以上三种分类和命名方法可以有机地联系和统一起来。例如，淀粉酶、蛋白酶、脂肪酶和纤维素酶均催化水解反应，属于水解酶类，而它们均属于胞外酶。

三、酶促反应动力学和影响酶活性的因素

（一）酶促反应动力学

酶促反应中，酶催化作用的物质称为酶的底物或基质。20 世纪初，科学家就提出了酶—底物复合物的形成和过态概念，即 $E+S \rightarrow ES \rightarrow E+P$。即酶的活性中心与底物定向结合生成 ES 复合物，是催化作用的第一步。式中，E、S、ES、P 分别代表酶、底物、中间产物和最终产物，正因为此，酶与底物的结合具有一定的专一性。后来，酶和底物形成中间产物学说已为实验所证实，且分离到若干种 ES 复合物的结晶。目前，已有两种模型解释酶如何结合它的底物。1894 年 E. Fischer 提出锁钥模型，认为酶和底物或底物分子的一部分结构，犹如一把匙和一把锁一样，能够专一性地结合，由于酶的活性中心与底物存在形状上的互补，这使酶只能与对应的化合物契合，从而排斥了那些形状、大小不适合的化合物，这就是所谓的"锁和钥匙学说"。1958 年 Koshland 提出诱导契合模型，认为并不是事先就以一种与底物互补的形状存在，而是在受到诱导之后才形成互补的形状，底物一旦结合上去，就能诱导酶蛋白的构象发生相应的变化，从而使酶和底物契合而形成酶-底物复合物。根据这一学说，酶的活性中心是柔软的而非刚性的。当底物与酶相遇时可诱导酶活性中心的构象发生相应的变化，有关的各个基团达到正确的排列和定向，因而使酶和底物契合而结合成中间络合物，并引起底物发生反应。反应结束当产物从酶上脱落下来后，酶的活性中心又恢复了原来的构象。该模型得到 X 射线衍射研究的支持，还解释了变构调节剂的作用和对酶的竞争性抑制。另外还有基底应变理论，该理论认为，由于酶中诱导的构象变化，底物会发生应变，该理论强调了酶与底物之间的相互作用以及酶活性中心对底物结构的微调作用。锁钥模型、诱导契合模型和基底应变理论和中间产物的形成见图 2-3。

为了表示整个反应中底物浓度和反应速率的关系，Michaelis 和 Menten 根据中间产物理论提出了表示整个反应中底物浓度与反应速率之间关系的方程式，简称为米氏方程：

$$v = \frac{v_{max}[S]}{K_m + [S]} \qquad (2-8)$$

式中，v_{max} 为最大反应速率（单位时间产物量），g/h；[S] 为底物浓度，mol/L；K_m 为米氏常数，mol/L，以 M 表示；v 为不同 [S] 时的反应速率（单位时间产物量），g/L。

当酶促反应速率为最大速率一半，即 $v = v_{max}/2$，米氏方程可以变换为：

$$\frac{v_{max}}{2} = \frac{v_{max}[S]}{K_m + [S]} \qquad (2-9)$$

进一步整理得 $K_m = [S]$。由此可见，K_m 值等于酶促反应速率为最大速率一半时的底物浓度，其单位是 mol/L。当 pH、温度和离子强度等因素不变时，K_m 是相对恒定的。K_m 是酶的特征性常数之一，K_m 值的大小，可以近似地表示酶和底物

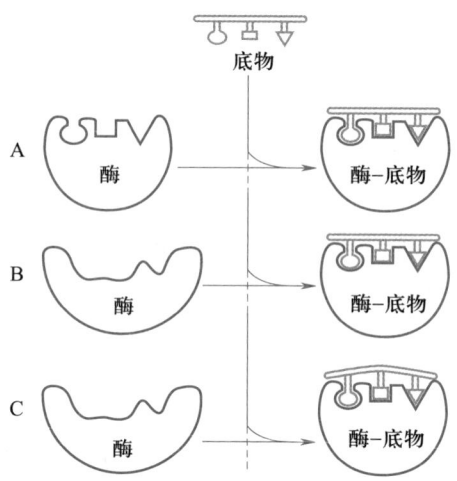

图 2-3　酶-底物（ES）复合物形成机制
A—锁钥模型；B—诱导契合模型；
C—基底应变理论

的亲和力。K_m 值大意味着酶和底物的亲和力小，反之则大。虽然 K_m 对于特定的酶-底物对来说，值相对恒定，但它们可能会因 pH、温度和离子强度等因素而表现出微小的变化。通常，许多酶的 K_m 值都在 $10^{-6} \sim 10^{-3}$ M（1 μM ~ 1 mM，M = mol·L^{-1}）。因此，米氏方程只适用于较为简单的酶促反应过程，而对于比较复杂的酶促反应过程，如多酶体系、多底物、多产物、多中间物等，还不能全面地以此加以概括和说明，必须借助复杂的计算过程。

（二）影响酶活性的因素

酶促反应是一个受到多种因素影响的高度调控的过程，这些因素在决定酶反应速率方面发挥着至关重要的作用。酶是生物催化剂，酶加速化学反应的能力称为酶的活力或活性。

1. 酶浓度

酶的浓度是影响酶活性的关键因素。在一定的温度和 pH 条件下，当底物浓度大大超过酶的浓度时，酶的浓度与反应速率成正比关系。但在一定的反应体系中，当酶的浓度很高时，酶浓度与反应速率的关系曲线会逐渐趋向平缓，这可能是高浓度的酶分子影响了分子扩散性，阻碍了酶的活性中心和底物的结合。

2. 底物浓度

根据米氏方程，在其他因素不变的情况下，底物浓度与酶促反应速率之间呈矩形双曲线关系。在有限的底物水平范围内，有多余的酶与底物结合，反应速率随底物浓度的增加而急剧上升，两者成正比关系，表现为一级反应；随着底物浓度的升高，中间络合物的浓度不断增高，反应速率不再成正比例加快，表现为混合级反应；如果继续增加底物浓度，反应速率不再增加，说明酶已经被底物所饱和，表现为零级反应。

3. 温度

随着温度升高，酶反应速率升高，在下降之前达到最大值。通常，酶促反应速率和温度

之间呈钟形曲线。一般来说，温度每升高 10 ℃，反应速率增加 1~2 倍。可用温度系数 Q_{10} 表示。对于大多数酶，Q_{10} 在 1.4~2.0 之间，较高的温度可增强分子碰撞和相互作用，从而加快反应速率。酶的最佳活性温度范围通常在 35~40 ℃ 之间。然而，一些酶如 Taq DNA 聚合酶，即使在非常高的温度（如 100 ℃）下仍保持活性。大多数酶在 70 ℃ 以上会变性并失去活性。曲线顶部，酶促反应速率最大，此时的温度称为酶的最适温度。

4. pH

氢离子浓度（pH）的变化显著影响酶活性。每种酶都有一个最佳 pH，在该 pH 下其活性达到最大。偏离此 pH 会导致酶活性降低，在极端 pH 水平下会完全失活。酶的最适 pH 不是固定的常数，受酶的纯度、底物的种类和浓度、缓冲液的种类和浓度等的影响。废水生物处理主要利用土壤和水体中的生物混合种群，一般控制 pH 在 6~9。过高或过低的 pH 会改变底物和酶分子的带电状态，影响二者之间的结合，同时也会影响酶分子的稳定性，使酶遭到不可逆的破坏。

5. 抑制剂

使酶的活性下降或丧失而不引起酶蛋白变性的物质称为酶的抑制剂。抑制剂通常对酶有一定的选择性，一种抑制剂只能引起某一类或某几类酶的抑制。抑制剂虽然可使酶失活，但它并不明显改变酶的结构。常见的酶的抑制剂有重金属离子、一氧化碳、硫化氢、氢氰酸、生物碱、染料、表面活性剂等。

抑制作用有以下两种类型：

（1）不可逆抑制作用

抑制剂通常以共价键方式与酶的必需基团进行结合，且不能用透析等方法除去抑制剂而使酶活性恢复的抑制作用称为不可逆抑制作用。抑制强度取决于抑制剂浓度和酶与抑制剂之间的接触时间。上述的重金属离子、有机汞及有机磷农药是常见的不可逆的抑制剂。例如二异丙基氟磷酸，共价结合于胆碱酯酶活性中心的丝氨酸残基的羟基，造成酶活性的抑制。

（2）可逆抑制作用

抑制剂与酶以非共价键方式结合而引起酶的活性下降或丧失，用超滤、透析等物理方法除去抑制剂后，酶的活性能恢复的抑制作用称为可逆性抑制作用。这类抑制大致可分为竞争性抑制、非竞争性抑制、反竞争性抑制等。

竞争性抑制是指抑制剂与底物竞争结合酶活性位点的现象。这种竞争的出现是因为竞争性抑制剂通常与底物具有非常相似的结构。结果，酶可能形成酶-抑制剂复合物，而不是所需的酶-底物复合物（图 2-4）。抑制程度直接受底物和抑制剂的浓度影响。因此，可以通过增加抑制剂浓度来增强抑制作用，或者通过提高底物浓度来减轻抑制作用。

非竞争性抑制是指酶活性因抑制剂与酶上除活性位点以外的位置结合而受到阻碍的情况。"非竞争性"表示底物和抑制剂之间不存在对活性位

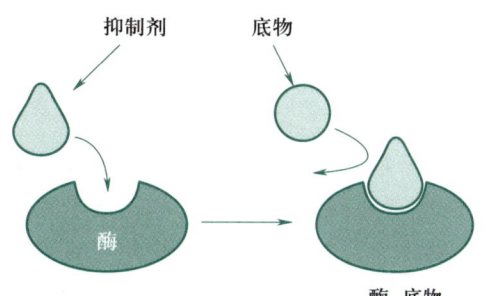

图 2-4　竞争性抑制

点的竞争。这种独特的结合机制允许同时形成酶–抑制剂复合物和酶–底物复合物（图2-5）。这种形式的抑制特别有效，因为它会导致酶的功能受损，即使底物大量存在。非竞争性抑制剂的结合通常会导致酶构象发生显著改变，使其失去活性。值得注意的是，与竞争性抑制不同，非竞争性抑制的抑制作用不能通过简单地增加底物浓度来逆转。

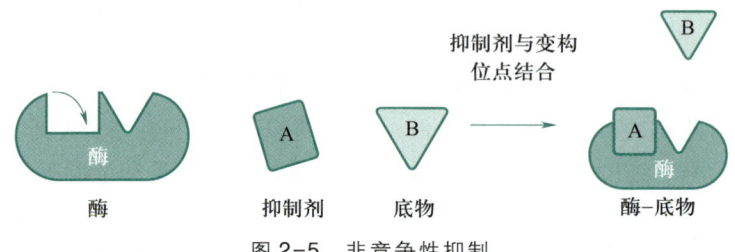

图 2-5　非竞争性抑制

反竞争性抑制是指一种特定类型的酶活性调节，其中抑制剂与酶上的变构位点结合。然而，它的与众不同之处在于，这种结合仅发生在酶–底物复合物上，而不是发生在游离酶分子上（图2-6）。这种结合的特异性确保抑制剂仅在酶已经与其底物结合时才发生相互作用。通过与该复合物结合，反竞争性抑制剂有效地降低了其可用性，导致相关化学反应的 ν_{max} 降低，这意味着即使底物浓度增加，由于抑制剂的存在，反应速率也不会达到之前的最大潜力。

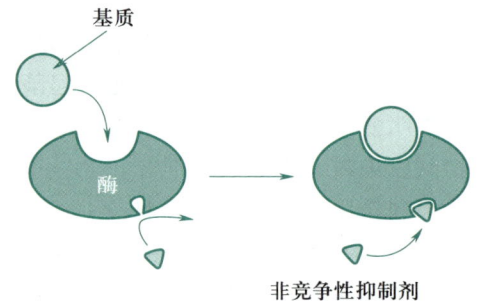

图 2-6　反竞争性抑制

6. 其他影响因素

除了上述条件可影响酶活性外，激活剂、光和辐射等也会对酶活性造成影响。凡是能激活酶的物质称为酶的激活剂，某些酶需要无机金属阳离子（如 Mg^{2+}、Mn^{2+}、Zn^{2+}）或阴离子（如氯离子）作为激活剂以获得最佳活性。这些离子通过各种机制发挥激活剂的作用，包括底物结合、ES-金属复合物形成、直接参与反应或酶的构象变化。另外暴露于紫外线、β 射线、γ 射线和 X 射线可能会因形成过氧化物而使某些酶失活。例如，紫外线会抑制淀粉酶的活性。

第二节　微生物的营养和培养基

营养是指生物体从外部环境摄取其生命活动所必需的物质和能量，以满足正常生长繁殖需要的一种最基本的生理功能。微生物从周围环境中吸收作为代谢活动所必需的有机或无机化合物称为营养物质。一种物质可否作为微生物的营养物质，决定于两个因素：① 该物质能否经一定的方式进入细胞；② 细菌是否具有相应的酶，使进入细胞的物质用于微生物的新陈代谢。要了解微生物的营养及其所需营养物质的种类和数量，首先要了解微生物的化学组成、元素组成和生理特征。

一、微生物的化学组成与营养物质

（一）微生物的化学组成

微生物细胞的化学元素分析表明，它和其他生物一样，都是由碳、氢、氧、氮、磷、硫、钾、镁、钠及铁等大量元素组成；此外，还有含量极微量的锌、铜、锰、铝、钴等微量元素。由它们组成微生物体内的各种有机物与无机物。

微生物细胞中含量最多的是水分，占菌体鲜重的 $70\% \sim 90\%$。除去水分的干物质中，碳、氢、氧、氮 4 种元素占全部干重的 $90\% \sim 97\%$，其余的 $3\% \sim 10\%$ 为矿质元素，亦称无机元素。各种微生物细胞干物质的含碳量比较稳定，占干重的 $50\% \pm 5\%$。氮素含量在各类微生物中差别较大，为 $5\% \sim 13\%$。在矿质元素中磷的含量为最高，约占全部矿物质含量的 50%，占细胞干物质总量的 $3\% \sim 5\%$。其次为钾、镁、铁及钠等。

微生物矿质元素的含量，可随着微生物生理活性的不同而有很大的变化。如硫细菌细胞中可积存大量的硫，铁细菌的鞘中可含大量的铁，硅藻外壳主要由硅组成，而海洋微生物中氯化钠的含量较高。同一种微生物在生长的不同时期及不同环境条件下，其细胞内各元素的含量也会有改变。

微生物细胞中绝大部分元素都组成细胞的各种有机物质，包括细胞的结构物质、细胞中的营养物质与贮藏物质。主要的有机物是蛋白质、核酸、糖类及脂质等。此外，还有维生素、色素、抗生素或毒素等有机物。

（二）微生物的营养物质

各类微生物对营养物质的要求差别很大。微生物的营养物质主要分为碳源、氮源、无机盐、生长因子和水等五大类，大部分以无机或有机物的形式为微生物所利用，也有一些以分子态气体方式供给。

1. 碳源

在微生物生长过程中，凡是可被微生物用作细胞物质或代谢产物中碳素来源的营养物质，统称为碳源。微生物利用的碳源物质主要有糖类、有机酸、醇、脂质、烃、二氧化碳以及碳酸盐等。微生物利用碳源物质具有选择性，糖类是一般微生物较容易利用的良好碳源和能源物质。但微生物对不同糖类物质的利用也有差别，单糖胜于双糖和多糖。

自养微生物以 CO_2、CH_4 等一碳化合物作为唯一或主要碳源合成细胞物质；异养微生物则以有机碳化合物作为碳源，主要有单糖、寡糖、多糖、有机酸、醇、脂肪或芳香烃类化合物、纤维素甚至人工合成的一些有机高分子材料及有毒有害化合物（如黄曲霉毒素）等。就整体而言，微生物能够利用的碳源范围很宽。但就个体而论，每种微生物能够利用的碳源范围相对较窄而且种间相差很大。例如假单胞菌属（*Pseudomonas*）一些菌株的碳源多达 90 余种，因此假单胞菌属的细菌在废水生物处理中发挥着重要作用；而产甲烷丝菌属（*Methanothrix*）一些菌株的碳源只有乙酸盐。

2. 氮源

凡是能被微生物用于细胞物质或代谢产物中氮素来源的营养物质，称为氮源。从分子态氮、无机态氮到复杂的含氮有机物，包括氮气、氨、铵盐、（亚）硝酸盐、氰化物、尿素、胺、酰胺、嘌呤、嘧啶、氨基酸、肽、蛋白胨以及蛋白质等，都可被不同的微生物所利用。氮源一般不作能源，只有少数自养微生物能利用铵盐、硝酸盐等作氮源，同时也作能源。根据氮素的来源不同，可将氮源分为有机氮源和无机氮源。

大多数寄生性微生物和一部分腐生性微生物利用有机氮如氨基酸、蛋白胨作为氮源。少数细菌（如固氮菌）能以空气中的游离氮或无机氮如硝酸盐、铵盐等为氮源，主要用于合成菌体细胞质及其他结构成分。与碳源相似，从整体上看，微生物能够利用的氮源范围较宽，单质氮、无机和有机氮都可被微生物利用。但具体到某种微生物能够利用的氮源范围也较窄，一些微生物是"氨基酸自养型微生物"，它们能自行合成一切氨基酸；也有一些微生物是"氨基酸异养型微生物"，它们需要从外界吸收不能自行合成的氨基酸。

3. 无机盐

无机盐也是微生物生长不可或缺的营养物质，主要包括钠、钾、钙、镁、铁化合物及磷酸盐、硫酸盐等无机盐，微生物对这些元素需求量较大，通常需求量为 $10^{-4} \sim 10^{-3}$ mol/L；此外一些微量元素（如铜、锰、锌、钴、钼等）对微生物的生长也是必要的，需求量为 $10^{-8} \sim 10^{-6}$ mol/L。

无机盐的主要作用是：构成细胞的组成成分；构成酶的组分和维持酶的活性；调节细胞渗透压、氢离子浓度、氧化还原电位等。某些无机盐（如亚铁盐、硫代硫酸盐等）还可作为一些自养微生物的能源。常见的无机盐及主要生理功能见表 2-1。

表 2-1　微生物中常见的无机盐及主要生理功能

元素	化合物形式	生理功能
硫	$(NH_4)_2SO_4$、$MgSO_4$	蛋白质组分、某些辅酶（如辅酶 A）的组分
磷	KH_2PO_4、K_2HPO_4	合成菌体结构成分（如核酸、磷脂、核蛋白、辅酶）储存成转运能量（ATP 高能磷酸键）
钾	KH_2PO_4、K_2HPO_4	细胞内重要的无机阳离子，某些酶的辅因子
镁	$MgSO_4$	多种酶反应的辅因子，稳定核蛋白体及细胞膜的作用
钠	$NaCl$	维持细胞渗透压和某些酶的稳定性，细胞运输系统组分
锰	$MnSO_4$	微量营养物质，某些酶的辅因子
钙	$CaCl_2$、$Ca(NO_3)_2$	芽孢成分之一，某些酶的辅因子
铁	$FeSO_4$	细胞色素和过氧化氢酶，维生素 B_{12} 及其辅酶组分

4. 生长因子

有些微生物在正常生活时，除必须由外界供应一定的碳、氮无机元素等营养外，还需要一些微量的特殊有机物，统称之为生长因子。生长因子必须从外界得以补充，如维生素类物质，主要是维生素 B 族化合物、肌醇、维生素 K 等。此外，生长因子中还包括某些氨基酸、嘌呤、嘧啶等。生长因子具有重要的生理作用，生长因子的作用主要是构成酶的辅酶或辅基参与新陈代谢。并非所有微生物都需要生长因子，如大肠杆菌等许多微生物具有自己合成其所需的全部生长因子的能力；另一些微生物类群则不能或只能合成部分它们所需的生长因子，这时必须在培养基中额外添加其所需生长因子。不同微生物对生长因子的要求不同。例如，克氏梭菌生长需要生物素和对氨基苯甲酸，乳酸菌需要嘌呤和嘧啶，某些光合细菌则需要烟酸、硫胺酸、对氨基苯甲酸、生物素、核黄素或维生素 B_{12} 作为生长因子。

5. 水

水是一切生物生存的基本条件，其主要生理功能包括三个方面：① 水作为溶剂，维持细胞正常的胶体状态，作为反应物，水还能参与水解作用呼吸作用和光合作用；② 水是微生物体内、体外的溶媒，营养物质的吸收与代谢产物的分泌都需要水的介导；③ 由于水的比热容较大，可以有效地吸热和散热，起到调节温度的作用。

上述这些营养物质，微生物可从其生存环境中或人工制备的培养基中获取。碳源、氮源、无机盐、生长因子及水为微生物共同需要的物质。由于不同微生物细胞的元素组成比例不同，对各营养元素的比例要求也不同，这里主要指碳氮比（或碳氮磷比）。如根瘤菌要求碳氮比为 11.5∶1，固氮菌要求碳氮比为 27.6∶1，霉菌要求碳氮比为 9∶1，土壤中微生物混合群体要求碳氮比为 25∶1，废水生物处理中好氧活性污泥要求碳（以 BOD_5 计）氮磷比为 100∶5∶1，厌氧消化污泥中的微生物群体对碳氮磷比要求为 100∶6∶1；有机固体废物、堆肥发酵要求的碳氮比为 30∶1，碳磷比为（75∶1）~（100∶1）。

正是由于废水和固体废物中含有可以作为微生物营养的物质，微生物才可以"吃掉"这些污染物，从而实现了废水的净化和固体废物的分解。但为了保证废水生物处理和有机固体废物生物处理的效果，还必须考虑废水和固体废物生物处理工程中微生物的营养问题。其一是处理对象中碳氮磷应全面。城市生活污水能满足活性污泥的营养要求，不存在营养不足的问题。但有的工业废水缺某种营养，当营养量不足时，应供给或补足，如可用粪便污水或尿素补充氮，用磷酸氢二钾补充磷。其二是要有适当的比例。氮磷过多或过少都不利于微生物的摄取和利用，但碳氮磷比也并非要绝对按上述的比例严格调配，还需要视微生物增长量和物质的循环利用情况，尤其是氮和磷的量。

二、微生物的营养类型

自然界和废水中多种多样的有机物甚至碳酸盐都可以作为不同微生物的碳源被利用，微生物能利用何种碳源物质，取决于微生物的营养类型。根据微生物对各种碳源的同化能力不同可把微生物分为无机营养微生物（又叫自养型微生物）和有机营养微生物（又叫异养型微生物），又根据微生物所需的能量来源不同可把微生物分为光能营养型微生物和化能营养型微生物。总之，根据碳源、能源及电子供体性质的不同，可将绝大部分微生物的营养类型分为光能无机营养型（又叫光能自养型）、光能有机营养型（又叫光能异养型）、化能无机营养型（又叫化能自养型）及化能有机营养型（又叫化能异养型）四种基本类型，除此之外还有混合营养型。表2-2为微生物的营养类型。

表 2-2 微生物的营养类型

类型	能源	电子供体	主要碳源	微生物举例
光能自养型	光	H_2O、H_2、H_2S	CO_2	藻类、蓝细菌、高等植物
光能异养型	光	有机物	有机物	紫色非硫细菌、少数藻类
化能自养型	氧化无机物	NH_3、H_2、H_2S	CO_2	氢细菌、硫细菌、硝化细菌
化能异养型	氧化有机物	有机物	有机物	多数细菌、放线菌、全部真菌

1. 光能自养型

这类型的微生物在生长繁殖过程中不需要有机物，能以 CO_2 作为唯一碳源或主要碳源，利用光能作为能源，以水、硫化氢、硫代硫酸钠作为供氢体同化 CO_2 为细胞物质。例如，蓝细菌、藻类、红硫细菌和绿硫细菌等都属于光能自养型微生物。

2. 光能异养型

这种类型的微生物以光为能源，以有机物为供氢体，还原 CO_2 合成有机物。这类细菌又称有机光合细菌，如红螺菌可利用简单的有机物异丙醇作为供氢体。这类微生物进行的也是循环光合磷酸化和不产氧的光合作用。有机光合细菌中的紫色非硫细菌属具有较高去除和分解有机物的能力，在处理高浓度有机废水中越来越受到重视。

3. 化能自养型

这类型的微生物不具光合色素，不进行光合作用，能利用无机营养物（NH_3、NO、H_2S、S、H_2 和 Fe 等）氧化分解释放的能量，以 CO_2 或碳酸盐作为主要碳源或唯一碳源合成有机物，以构成细胞物质，进行生长。绝大多数化能自养菌是好氧菌，常见的化能自养菌有硝化细菌、硫化细菌、氢细菌与铁细菌等。它们广泛分布在土壤与水环境中。

4. 化能异养型

这类微生物的碳源和能源都是有机物。利用有机物氧化分解释放的能量进行生命活动，目前已知大多数的细菌、放线菌、真菌、原生动物都属于这种营养类型。根据它们利用有机物性质的不同，又可分为腐生型和寄生型两类，前者可利用无生命的有机物（如动植物尸体和残体）作为碳源，后者则寄生在活的生物体内吸取营养物质。化能异养型微生物在污水处理系统（活性污泥法、生物膜法等）发挥着重要作用，它们将废水中的有机物进行氧化分解，使废水得到净化。

不同营养类型之间的界限并非绝对的。异养微生物并非绝对不能利用 CO_2，只是不能以 CO_2 为唯一或主要碳源进行生长，而且在有机物存在的情况下也可将 CO_2 同化为细胞物质。部分自养型微生物也并非不能利用有机物进行生长。另外，有些微生物在不同生长条件下生长时，其营养类型也会发生改变。例如，紫色非硫细菌在没有有机物时可以同化 CO_2，为自养型微生物，但当有有机物存在时，其又可以利用有机物进行生长，此时为异养型微生物。又如，红螺菌在光和厌氧条件下能利用光能同化 CO_2，此时是光能营养型，而在黑暗和有氧条件下则利用有机物分解所产生的能量，此时是化能营养型。

三、微生物的培养基

（一）培养基的配制

根据各种微生物对营养的需要，按一定比例配制而成的，用以培养微生物的基质，称为培养基。配制培养基的原则：① 选择适宜的营养物质。不同的微生物有不同的营养要求，应根据不同微生物的营养需要配制不同的培养基。如自养微生物有较强的合成能力，能从简单的无机物合成本身需要的复杂的细胞物质，因此，培养自养型微生物的培养基完全可以由简单的无机物组成。② 营养协调。微生物对各类营养物质的浓度和比例有一定的要求，只有各种营养物质的浓度和比例合适时，微生物才能生长良好。营养物质浓度过低不能满足微生物正常生长所需，浓度过高对微生物生长起抑制作用。碳氮比的影响在各种营养物质浓度的比例关系中最为重要。③ 控制培养条件。微生物的生长除受营养因素的影响外，还受 pH、渗透压、氧以及 CO_2 浓度的影响，因此为了保证微生物正常生长，还需控制这些环境条件。

（二）培养基的种类

1. 按培养基组成物的性质分类

（1）合成培养基

合成培养基是按微生物的营养要求，用已知的化合物配制而成的培养基，也称为化学限定培养基。如培养自养微生物的培养基通常仅含化学本质明确已知的无机盐。合成培养基的重复性较好但成本较高，一般用于微生物的代谢、鉴定、菌种选育、遗传研究等方面的工作。

（2）天然培养基

天然培养基是指以天然有机质为主要成分化学组成不能确定或成分不恒定的培养基，也称为化学非限定培养基。如很多培养异养微生物的培养基中往往添加牛肉膏、酵母膏、蛋白胨、土豆汁、麦芽汁等天然有机质。这些物质中含有丰富的生长因子，能满足很多营养缺陷型微生物的需求。天然培养基的营养丰富、配制方便、低廉，但由于成分复杂，有时不够稳定。除实验室使用外，微生物制品的工业化生产中也经常使用。

（3）复合培养基

复合培养基又称半合成培养基。它是在天然有机物的基础上适当加入已知成分的无机盐类，或者在合成培养基的基础上添加某些天然成分的培养基。如培养真菌的马铃薯蔗糖培养基和测定细菌（异养细菌）菌落总数用的牛肉膏蛋白胨培养基等。

2. 按培养基的物理状态分类

（1）固体培养基

固体培养基指在液体培养基中加入一定量的凝固剂，使之成为固体状态即为固体培养基。它为微生物生长提供了一个营养表面，广泛应用于微生物的分离、鉴定、计数和保存等方面。最常用的凝固剂为琼脂，常用量为培养基的 1.5%～2.0%，熔化温度为 96 ℃，凝固温度为 45 ℃，适于培养绝大多数的微生物。对于自养微生物而言，硅胶是较好的凝固剂。它由硅酸钠或硅酸钾溶于盐酸后中和凝聚而成，不含有机质，可以去除有机质对自养微生物生长的干扰。

（2）半固体培养基

半固体培养基中含有少量的凝固剂，如在液体培养基中加入 0.2%～0.7% 琼脂，因此硬度较固体培养基低。半固体培养基在微生物实验中有许多独特的用途，常用于菌种鉴定、观察微生物的运动特征及噬菌体效价测定等。

（3）液体培养基

液体培养基不含任何凝固剂。这种培养基的组分均匀，微生物能充分接触和利用培养基中的养料，常用于大规模工业化生产以及在实验室进行微生物代谢等基础理论或应用方面的研究。实际应用中，如果进行好氧培养，需采用搅拌或振荡等方法增加通气量，也可将污（废）水好氧处理归为此类。

3. 按培养基的用途分类

（1）基础培养基

基础培养基指含有一般微生物生长繁殖需要的基本营养成分。如牛肉膏蛋白胨培养基是最常用的细菌基础培养基，也可以在基础培养基的基础上，根据某种微生物的特殊需求添加一些营养物质。

（2）选择培养基

选择培养基指在培养基中添加或不添加特定化学物质以选择性地促进某类微生物生长，而抑制不需要微生物的生长。可在培养基中加入染料、胆汁酸盐、金属盐类、酸、碱或抗生素等其中的一种，用以抑制非目的微生物的生长，并使所要分离的目的微生物生长繁殖。

（3）加富培养基

加富培养基指培养基中加入某些特殊物质（如血清、动植物组织提取液）满足某种或某类微生物的需要，使其生长繁殖较其他微生物迅速以逐步淘汰其他微生物。如在基础培养基中添加苯酚，可使酚降解微生物逐步占有优势而达到筛选的目的。

（4）鉴别培养基

鉴别培养基指利用微生物生长代谢的特性在培养基中加入适当的指示剂，根据代谢产物与指示剂的反应结果区别不同种类的微生物。例如，利用大肠杆菌不同菌属对乳糖的分解能力不同，在鉴别培养基中使菌落呈现不同的颜色，从而鉴别区分开这些菌属。

四、营养物质的摄取

所有的质膜都具有屏障的功能，但它们也必须允许营养物质进入细胞。如果一个微生物不能从环境中获取营养，它很快就会耗尽氨基酸、核苷酸和其他生存所需的分子。此外，如果一个微生物要生长和繁殖，它必须有一个能源来源。显然，获取能量和营养来源是一个生物体最重要的任务之一。微生物细胞的全部表面都是营养物质的吸收面。微生物摄取营养物质的方式因微生物种类不同而异。总的来讲，原生动物是靠吞噬作用或胞饮作用摄取食物。细菌、藻类和真菌都是通过细胞质膜吸收。因此所摄取的营养物质必须是可溶性的才能透过细胞质膜。

考虑到营养物质的多样性和摄取过程的复杂性，微生物利用了几种不同的运输机制：被动扩散、促进扩散、主动运输、基因转位以及膜泡运输。

（一）被动扩散

被动扩散，又称简单扩散，是指分子从高浓度区域向低浓度区域移动的过程，即分子沿着浓度梯度向下移动。扩散过程不需要消耗代谢能，为了通过被动扩散进行足够的营养物质摄取，需要一个大的浓度梯度（即外部营养物质浓度必须高，而内部浓度低）。除非营养物质一进入就被立即利用，否则随着更多的营养物质在细胞内积累，扩散的速率会降低。

由于膜主要是由磷脂双分子层和蛋白质组成，并且膜上分布有含水小孔，膜内外表面为极性表面和一个中间疏水层，因此营养物质的分子大小、溶解性（脂溶性或水溶性）、极性大小、膜外 pH、离子强度和温度等因素均会影响扩散过程。分子越小，脂溶性越好，则扩散穿过细胞膜越快。二氧化碳、乙醇和尿素能快速穿过细胞膜，甘油不易穿过细胞膜，而葡萄糖则几乎不能穿过细胞膜。水比较特殊，尽管脂溶性很低，但能快速穿过细胞膜。pH 和离子强度是通过影响物质的电离强度而起作用的。

（二）促进扩散

促进扩散也是顺浓度梯度、不消耗能量的物质运输方式。在促进扩散过程中，物质在通道或载体的帮助下穿过质膜。促进扩散的速率随着浓度梯度的增加而更快地增加，并且在扩散分子的浓度较低时比被动扩散更快。在此过程中，通透酶参与运输，具有特异性，只与特定的养分结合。促进扩散具有催化性，只能加快运输速率，但不改变平衡浓度。促进扩散具有饱和性，养分过高时，出现饱和效应（图 2-7）。

多数通透酶是跨膜蛋白，部分暴露于细胞质内，部分暴露于环境中，这种结构能使养分在细胞膜外结合，并通过通透酶的变构而输送至细胞膜内（图 2-8）。形象地说，通透酶变构起着细胞膜"开门"的作用，让养分进入细胞。在厌氧菌中，促进扩散是一些养分进入细胞的重要方式。但在好氧菌中，这种运输机制似乎作用不大。以促进扩散方式运输的养分主要是糖类。促进扩散是真正的扩散。

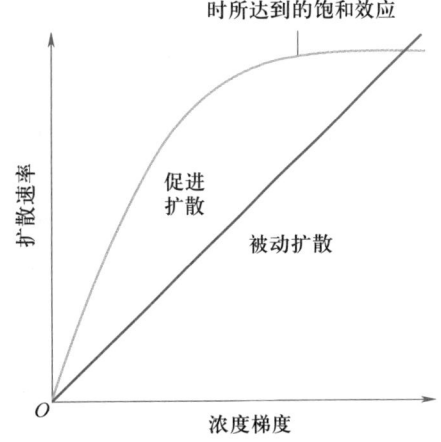

图 2-7　促进扩散和被动扩散的扩散速率和浓度梯度关系
（摘自 Willey J M. Prescott's Microbiology, 9th ed, 2014）

跨越膜的浓度梯度驱动分子的运动，不需要代谢能量的输入。如果浓度梯度消失，净向内运动停止。通过将运输的营养物质转化为另一种化合物，可以维持梯度。

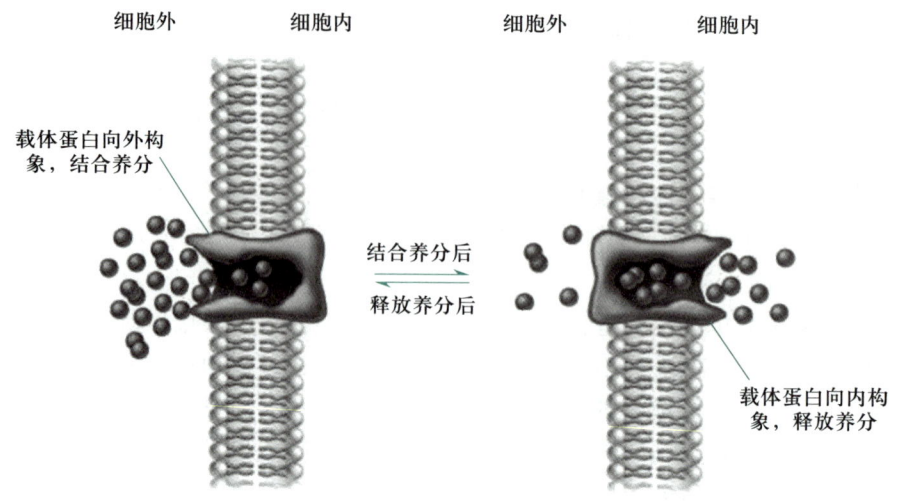

细胞外　　　细胞内　　　　　细胞外　　　　细胞内

载体蛋白向外构
象，结合养分

结合养分后
释放养分后

载体蛋白向内构
象，释放养分

图 2-8　促进扩散模型示意图

（摘自 Willey J M. Prescott's Microbiology，9thed，2014）

（三）主动运输

主动运输是指在代谢能的驱动下，通过通透酶作用营养物质逆浓度梯度进入细胞的过程。其特点是：消耗代谢能，养分被逆浓度梯度运输，平衡浓度也被改变；与促进扩散相似，通透酶参与运输，具有特异性和饱和性；跨膜前后养分不发生化学变化。主动运输是微生物吸收养分的主要机制，也是微生物能够在养分稀少的环境中正常生活的重要原因。主动运输在使用代谢能量和集中物质的能力方面与被动运输（简单扩散和促进扩散）不同（图 2-9）。

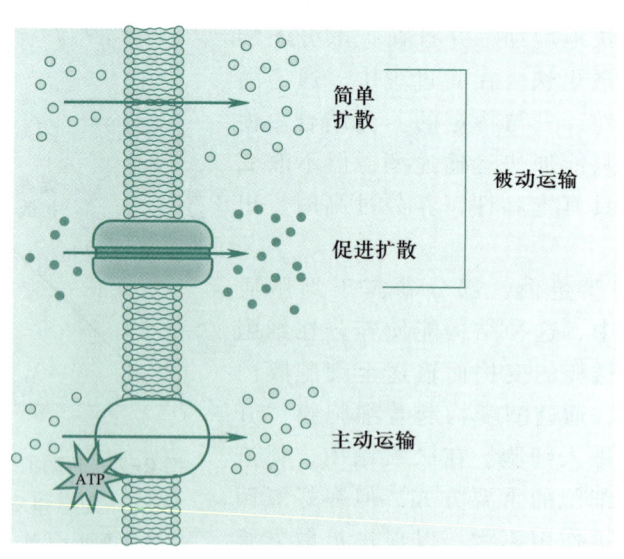

图 2-9　主动运输和被动运输

（摘自 Linda Bruslind. General Microbiology，1sted，2019）

现已证实，主动运输涉及三种通透酶（图 2-10）。单向转运蛋白能把一种物质从细胞膜的一侧转运到另一侧。反向转运蛋白能把一种物质从细胞膜的一侧转运到另一侧，同时把另一种物质以相反的方向运输。同向转运蛋白能把两种物质以相同的方向从细胞膜的一侧转运到另一侧。

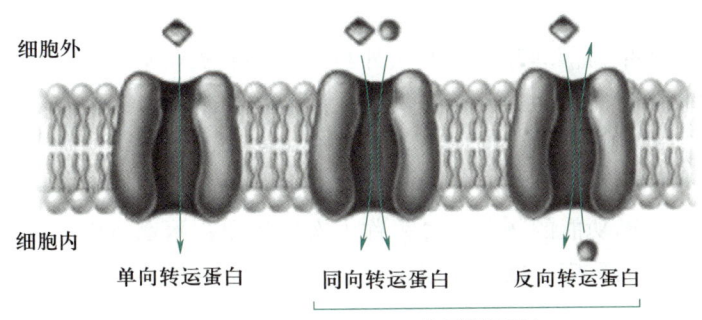

细胞外

细胞内

单向转运蛋白　　同向转运蛋白　　反向转运蛋白

协同转运蛋白

图 2-10　主动运输的三种通透酶

(摘自 Willey J M. Prescott's Microbiology, 9thed. 2014)

　　主动运输系统多种多样，即使吸收同一种养分，微生物也有多种运输系统。例如，大肠杆菌吸收半乳糖至少有五种主动运输系统，吸收钾离子也有两种主动运输系统。一些微生物的主动运输是依靠 ATP 结合盒型转运蛋白（ABC 型转运蛋白）进行的。这种运输系统由周质结合蛋白、跨膜转运蛋白和 ATP 水解蛋白组成。周质结合蛋白以较高的亲和力与养分结合，将其送入跨膜转运蛋白；跨膜转运蛋白是一个转运通道，通过 ATP 水解蛋白的作用，ATP 水解成 ADP，同时将通道内的养分运送至细胞内。

　　通过主动运输吸收的营养物质有氨基酸、糖类、无机离子（Na^+、K^+、H^+）、硫酸盐、磷酸盐和有机酸等。

（四）基因转位

　　基团转位是一种较为特殊的运输方式，至今只在原核生物中发现，是主要存在于厌氧菌和兼性厌氧菌的一种主动运输方式。该过程中细胞外的糖类在细胞膜上与胞内的磷酸烯醇丙酮酸盐结合，在胞内酶作用下被磷酸化进入胞内。经过基团移位而磷酸化的糖类，不能再透出菌体。所以，菌体内积聚的糖的浓度远远高于胞外。在大肠杆菌、巨大芽孢杆菌、枯草芽孢杆菌等细菌吸收葡萄糖的过程中都有一套磷酸烯醇式丙酮酸-己糖磷酸转移酶系统（PTS，简称磷酸转移酶系统）的参与。

（五）膜泡运输

　　除了前面所述的四种细胞吸收营养物质的方式之外，在一些真核微生物中，如原生动物，特别是变形虫，还可以通过膜泡运输的方式来吸收营养物质，包括胞吞作用和胞饮作用。原生动物（变形虫）通过趋向运动靠近某种营养物质，并将该物质吸附到膜表面，然后在该物质附着处的细胞膜开始内陷，细胞膜逐步包围该物质，最后形成包含该物质的膜囊，膜囊离开细胞膜而游离于细胞质中。如果包含的营养物质是固体（如细菌颗粒等），称为胞吞作用；如果其中包含的是液体或胶体状的营养物质，则称为胞饮作用。膜泡运输的专一性不强，膜囊在溶酶体的帮助下形成食物泡，所摄取的营养物质逐步被分解并利用。

第三节　微生物的能量代谢

微生物维持正常的生命活动除了需要从外界获得各种营养物质以外，还需要获得能量，而能量要通过微生物的产能代谢过程来提供。在微生物的新陈代谢中，一般将微生物从外界吸收各种营养物质生成维持生命活动所必需的物质和能量的过程，称为初级代谢。初级代谢普遍存在于各类生物中。将微生物在一定的生长阶段，以初级代谢产物为前体，合成一些对微生物的生命活动无明确功能的物质的过程称为次级代谢。本章节内容以初级代谢为主。由于一切生命活动都是耗能反应，能量代谢就成了新陈代谢的核心问题。

一、微生物的生物氧化和产能

生物氧化是微生物获得能量的基本方式。无论是哪一种类型的生物氧化，其本质都是氧化还原反应，即在化学反应中一种物质失去电子而被氧化，另一种物质得到电子而被还原，微生物从中获得生命活动需要的能量。这过程中有能量的产生和转移；有还原力〔H〕的产生和小分子中间代谢物的产生，这是微生物进行新陈代谢的物质基础。

生物氧化与一般的化学氧化还原相比，在化学本质上是一样的，但二者进行的方式有很大不同：生物氧化是在酶的作用下，在常温常压的温和条件下进行的；生物氧化产生的能量逐步释放，一般储存在一些特殊的化合物中（如三磷酸腺苷，ATP），供给生物进行各种生命活动或以热能形式被释放；生物氧化过程产生许多中间产物；生物氧化的同时微生物吸收和同化各种营养物质。另外，由于生物氧化是酶促反应，受到细胞的精确调节控制，有很强的适应性，可随环境和生理条件变化而改变。

在微生物体内有一套完善的能量转移系统，ATP 在放能反应和吸能反应之间充当耦联者的角色，它也是最常见的能量转移的"中转站"。

（一）生物能量的转移中心——ATP

对微生物而言，它们可利用的最初能源主要包括有机物、无机物和日光（辐射能），实际上，能量代谢的主要内容就是研究微生物如何将这 3 类最初能源逐步转化并释放出 ATP 的。在微生物的生物氧化过程中，底物的氧化分解产生能量；同时，微生物将能量用于细胞组分的合成。在这两者之间存在能量转移的中心，即 ATP。无论微生物的能量是来自有机物、阳光或还原态无机物，均是经过转化释放后产生 ATP 的。占微生物绝大多数的化能微生物是利用有机物降解或无机物氧化过程中释放的能量，例如氧化能营养菌可通过发酵、好氧呼吸及无氧呼吸生成 ATP，光能营养菌将光能转化为 ATP。

（二）ATP 的生成方式

1. 基质（底物）水平磷酸化

微生物在基质氧化过程中，可形成多种含高自由能的中间产物，通常被称为高能化合物。高能化合物以高能磷酸化合物最为常见，如发酵中产生的 1，3-二磷酸甘油酸和磷酸烯醇式丙酮酸等，这些中间产物将能量转移给 ADP，使 ADP 磷酸化而生成 ATP。此过程中底物的氧化与磷酸化反应相耦联并生成 ATP，称为底物水平磷酸化。糖酵解途径和三羧酸循环中都存在底物水平磷酸化。

2. 氧化磷酸化

又称为电子传递链磷酸化。微生物在好氧呼吸和无氧呼吸时，通过电子传递体系产生 ATP 的过程叫氧化磷酸化。其递氢（电子）和受（电子）过程与磷酸化反应相耦联并产生 ATP。

3. 光合磷酸化

在光照条件下，叶绿素、菌绿素或菌紫素释放出电子，通过电子传递产生 ATP 的过程称为光合磷酸化。产氧光合生物有藻类和蓝细菌，它们依靠叶绿素通过非环式的光合磷酸化合成 ATP。不产氧的光合细菌则通过环式光合磷酸化合成 ATP。这种产能方式同线粒体的氧化磷酸化的主要区别在于：氧化磷酸化是由高能化合物分子氧化驱动的，而光合磷酸化则是由光子驱动的。

$$ADP+Pi \overset{能量}{\rightleftharpoons} ATP \qquad (2-10)$$

$$AMP+2Pi \overset{能量}{\rightleftharpoons} ATP \qquad (2-11)$$

由反应式（2-10）及式（2-11）和图 2-11 可知，ATP 含高能磷酸键，它水解释放出高能键，每摩尔高能键含 31.4 kJ 的能量。ATP 通过与 ADP（或 AMP）的转化，达到转运和储存能量的目的。比起其他高能化合物，ATP 水解释放的能量处于中间，正是其所处的独特的位置，可使细胞内的放能反应与需能反应耦联，成了能量传递体，ATP 也是磷酸基团的载体。

ATP 只是一种短期的储能物质。若要长期储能，还需转换形式。如果有过剩的 ATP，大多数微生物会将其能量转化到储能物中去，如 PHB（聚 β-烃基丁酸）、异染粒、淀粉、糖原及硫粒等以备缺乏营养和能源时用。

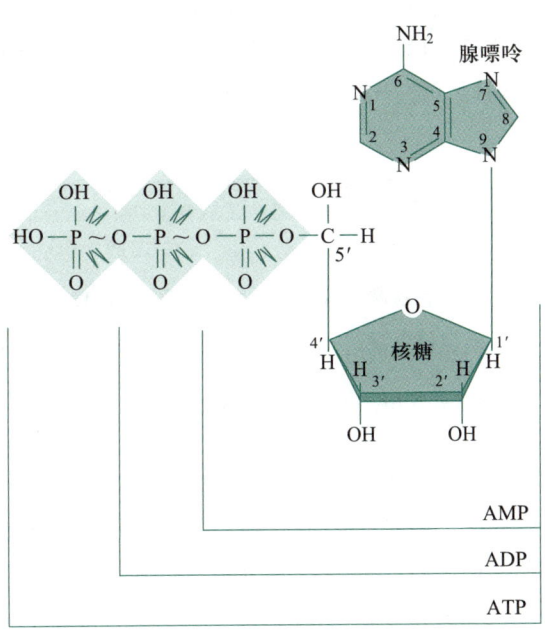

图 2-11　ATP、ADP 和 AMP 的化学结构

（摘自 Willey J M. Prescott's Microbiology, 9th ed. 2014）

二、生物氧化类型与产能代谢

根据最终电子受体（或最终受氢体）的不同，可将微生物的生物氧化分为 3 类：发酵、好氧呼吸和无氧呼吸。微生物的产能代谢主要是通过这 3 种形式实现的。底物失去电子被氧化（供氢体），接受电子的物质被还原（受氢体），这就是生物氧化的统一过程。因为含有

氢的物质在失去电子的同时伴随着脱氢或加氧，在得到电子的同时伴随着加氢或脱氧，则可分别称为供氢体或受氢体。例如：

$$AH_2+B \longrightarrow A+BH_2 \tag{2-12}$$
（供氢体——受氢体）

$$AH_2 \longrightarrow A+2H^++2e^- \tag{2-13}$$
（失去电子伴随脱氢）

$$B+2H^++2e^- \longrightarrow BH_2 \tag{2-14}$$
（得到电子伴随加氢）

（一）发酵

1. 发酵类型

微生物将有机物氧化释放的电子直接交给底物未完全氧化的某种中间产物，同时释放能量，并产生各种不同的代谢产物的呼吸类型称为发酵。此过程中有机物仅发生部分氧化，以它的中间代谢产物（即分子内的低分子有机物）为最终电子受体，释放少量能量，其余的能量保留在最终产物中。

对于厌氧微生物和兼性厌氧微生物（包括无氧条件下的好氧微生物）来说，由于没有外来的受氢体，只能从葡萄糖的分解产物中寻找受氢体，于是有形形色色的发酵类型，发酵类型均以其终产物来命名（表2-3）。

表 2-3　不同的发酵类型及其有关微生物

发酵类型	产物	微生物
乙醇发酵	乙醇，CO_2	酵母菌（Saccharomyces）
乳酸同型发酵	乳酸	乳酸细菌（Lactobacillus）
乳酸异型发酵	乳酸，乙醇，乙酸，CO_2	明串球菌属（Leuconostoc）
混合酸发酵	乳酸，乙醇，乙酸，甲酸，CO_2	大肠埃希氏菌（Escherichia coli）

值得注意的是，由于发酵中作为电子和质子受体的有机物是原始基质的代谢中间产物，所形成的发酵产物是混合物，其中一部分产物的氧化程度高于原始基质，另一部分产物的氧化程度低于原始基质；又由于有机物的每次氧化都必须由相应的还原来平衡，因此原始基质既不能处于高度氧化状态，也不能处于高度还原状态，这就限制了发酵所能处理的有机物种类。微生物的各种发酵类型如果均以葡萄糖作为原始基质，那么，所有发酵的第一步都是先进行糖酵解，其产物是丙酮酸，然后在不同类型的微生物参与下，才按各种发酵类型继续发酵。丙酮酸是糖酵解途径的关键产物。从丙酮酸开始，在各种微生物的发酵作用下，生成各种最终产物。下面以葡萄糖为原始基质，说明乙醇发酵过程。

2. 乙醇发酵

乙醇发酵分两大阶段，3小阶段。其中阶段1和阶段2为糖酵解。阶段1包括一系列的不涉及氧化还原反应的预备性反应，其结果生成一种重要的中间产物——3-磷酸甘油醛。阶段2发生氧化还原反应，底物脱氢后产生高能磷酸化合物——1，3-二磷酸甘油酸，进而形成磷酸烯醇式丙酮酸，并通过底物水平磷酸化形成 ATP。阶段 3 由丙酮酸开始，发生氧化还原反应；将乙醛还原为乙醇，产生 CO_2。

（1）糖酵解作用

糖酵解途径又称 EMP 或 E–M 途径（Embden–Meyerhof–Parnas pathway）（图 2–12），即在无氧条件下，1 mol 葡萄糖逐步分解而产生 2 mol 丙酮酸、2 mol（$NADH+H^+$）和 2 mol ATP 的过程。这是绝大多数微生物共有的一条基本代谢途径，也是人们最早阐明的酶促反应系统。

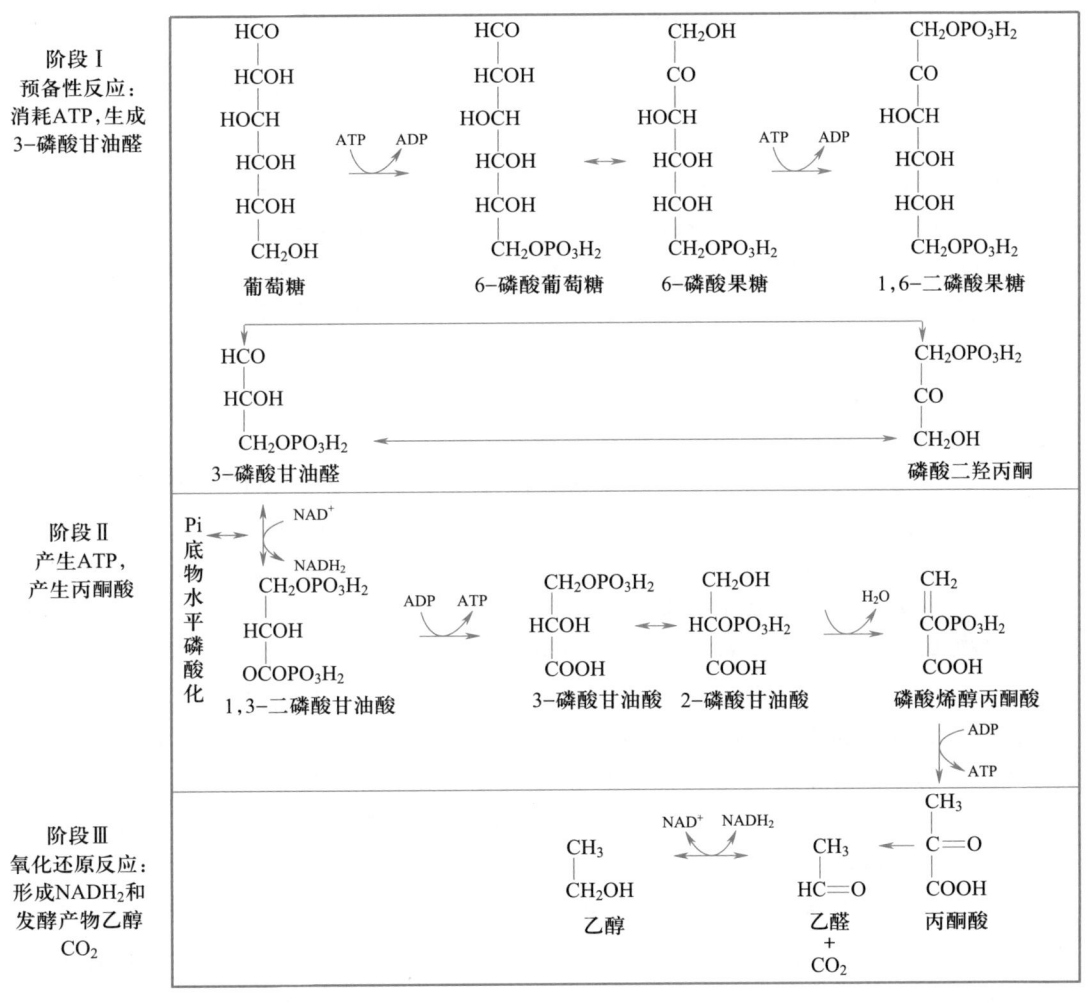

图 2–12　糖酵解（EMP）途径

（摘自乐毅全，等．环境微生物学．2018）

糖酵解的详细步骤为：反应一开始消耗 1 mol 的 ATP 用于葡萄糖磷酸化生成 6–磷酸葡萄糖，6–磷酸葡萄糖经同分异构化和再一次磷酸化生成 1，6–二磷酸果糖（为又一重要中间产物）。经醛缩酶催化，1，6–二磷酸果糖裂解成为两种 3 碳化合物，即 3–磷酸甘油醛和磷酸二羟丙酮，磷酸二羟丙酮转变为 3-磷酸甘油醛，至此 1 mol 的葡萄糖转化为 2 mol 的 3-磷酸甘油醛。以上的反应均未涉及真正的氧化。由 3-磷酸甘油醛转变成 1，3-二磷酸甘油酸时发生第一次氧化（脱氢，醛基氧化为羧基），失去两个电子，由氧化态的 NAD^+ 接受，形成还原态的 $NADH+H^+$。1，3-二磷酸甘油酸是高能化合物，在磷酸甘油酸激酶的催化下，将能量转移到 ADP 分子上，形成 ATP 分子（无机磷酸根变成有机态）。这种与有机物的氧化耦联合成 ATP 的方式，称为底物水平磷酸化。反应至磷酸烯醇式丙酮酸时，发生第二次底物水平磷酸化，磷酸烯醇式丙酮酸将能量转移给 ADP 生成 ATP。两次底物水平磷酸化合成 4 mol ATP，由于第一阶段的葡萄糖磷酸化消耗 2 mol ATP 故净得 2 mol ATP。糖酵解的总反应式为：

$$C_6H_{12}O_6+2NAD^++2Pi+2ADP \longrightarrow 2CH_3COCOOH+2NADH+H^++2ATP \qquad (2-15)$$

糖酵解最终产物的 2 mol（$NADH+H^+$）还可在无氧条件下使丙酮酸还原为乳酸；或使丙酮酸脱羧后，还原乙醛为乙醇，或在有氧条件下可经呼吸链（电子传递体系）的氧化磷酸化反应产生 6 mol ATP。而在无氧条件下，EMP 途径产能效率虽低，但生理功能极其重要；提供 ATP 和还原力（$NADH+H^+$）；为生物合成提供多种中间代谢物，也可通过逆向反应合成多糖；是好氧呼吸的前奏，并与磷酸戊糖途径（HMP）等关系密切。

（2）生成乙醇

糖酵解终产物中的 2 mol（$NADH+H^+$）把丙酮酸的脱产物乙醛还原为乙醇。

乙醇发酵中的总反应式：

$$C_6H_{12}O_6+2Pi+2ADP \longrightarrow 2CH_3CH_2OH+2NADH+H^++2CO_2+2ATP+238.3\ kJ \qquad (2-16)$$

1 mol 葡萄糖发酵产生 2 mol 乙醇，2 mol CO_2 和 2 mol ATP，释放的自由能 ΔG 为 238.3 kJ。计算其能量利用率为 26%。可见，只有 26% 的能量保存在 ATP 的高能键中，其余的则变成热量散失了，与好氧呼吸相比其能量利用率是很低的。

混合酸发酵是大多数肠杆菌（Enterobacteriaceae）的特征。例如大肠埃希氏菌的发酵产物有甲酸、乙酸、乳酸、琥珀酸、CO_2 及 H_2 等。产气肠杆菌（Enterobacter aerogenes）也进行混合酸发酵，其丙酮酸经缩合脱羧而转变成乙酰甲基甲醇，在碱性环境中易被氧化成二乙酰。二乙酰可与蛋白胨水解出的精氨酸所含胍基起作用，生成红色化合物，这称为 VP 实验，产气肠杆菌 VP 实验阳性，大肠埃希氏菌的 VP 实验阴性。

（二）好氧呼吸

好氧呼吸是一种能够完全分解还原有机底物为 CO_2 的过程，它利用糖酵解途径和三羧酸循环，以 O_2 作为电子传递链的末端电子受体。它是一种最普遍和最重要的生物氧化方式，其特点是底物按常规方式脱氢，经完整呼吸链（电子传递体系）递氢，同时底物氧化释放出的电子也经过呼吸链传递给 O_2，O_2 得到电子被还原，与脱下的 H 结合成 H_2O，并释放能量。

好氧呼吸能否进行，取决于 O_2 的体积分数能否达到 0.2%（大气中 O_2 的体积分数 21%）。O_2 的体积分数低于 0.2%，好氧呼吸不能发生。

以葡萄糖为例，葡萄糖的氧化分解分为两个阶段：一个是经 EMP 途径酵解，形成中间产物——丙酮酸，这一过程不需要消耗氧；另一个是丙酮酸的有氧分解，经过三羧酸循环得到分解。第一阶段的葡萄糖酵解参见乙醇发酵部分，下面介绍三羧酸循环及电子传递体系等。

1. 三羧酸循环 (tricarboxylic acid cycle，TCA)

也称为柠檬酸循环或 Krebs 循环，指丙酮酸氧化脱羧生成的乙酰辅酶 A 彻底进行氧化，产生大量 ATP、CO_2、$NADH+H^+$ 和 $FADH_2$ 的过程。由丙酮酸开始，先经氧化脱羧作用，并乙酰化形成乙酰辅酶 A 和 1 mol 的 NADH。乙酰辅酶 A ($CH_3COSCoA$) 含有高能键，它进入三羧酸循环，它的乙酰基与草酰乙酸缩合生成六碳的柠檬酸，接着再经过一系列的脱水、脱羧和氧化（脱氢）反应，脱出 2 mol 的 CO_2，六碳化合物经过五碳化合物阶段又重新回到四碳化合物——草酰乙酸。草酰乙酸重新起乙酰基受体的作用，接受来自下一个循环的 $CH_3COSCoA$，从而完成三羧酸循环（图 2-13）。

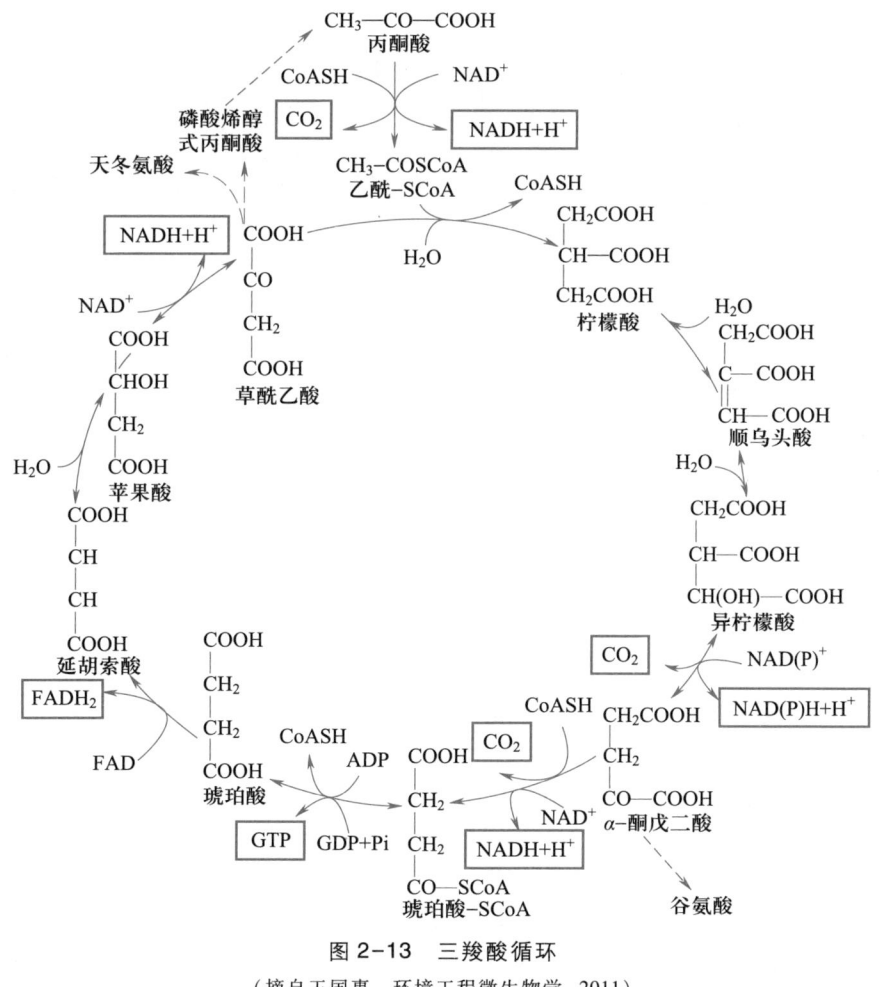

图 2-13　三羧酸循环

（摘自王国惠．环境工程微生物学．2011）

三羧酸循环的重要功能不仅在于产能，而且还是物质代谢的枢纽。它既起着联系糖类、蛋白质与脂质有氧分解代谢的桥梁作用，又为许多重要物质的生物合成代谢提供各种碳架的原料。

2. 电子传递体系

电子传递体系是由一系列能够进行氧化还原反应、氧化还原势呈梯度差的氢（或电子）传递体组成的序列，包括 NAD^+、NADH、FAD 或 FMN、铁硫蛋白、辅酶 Q、各种细胞色素等（图 2-14）。当电子通过电子传递体系传递时，能量被逐步释放出来，通过化学渗透作用产生 ATP，最后电子被传递给最终电子受体 O_2。

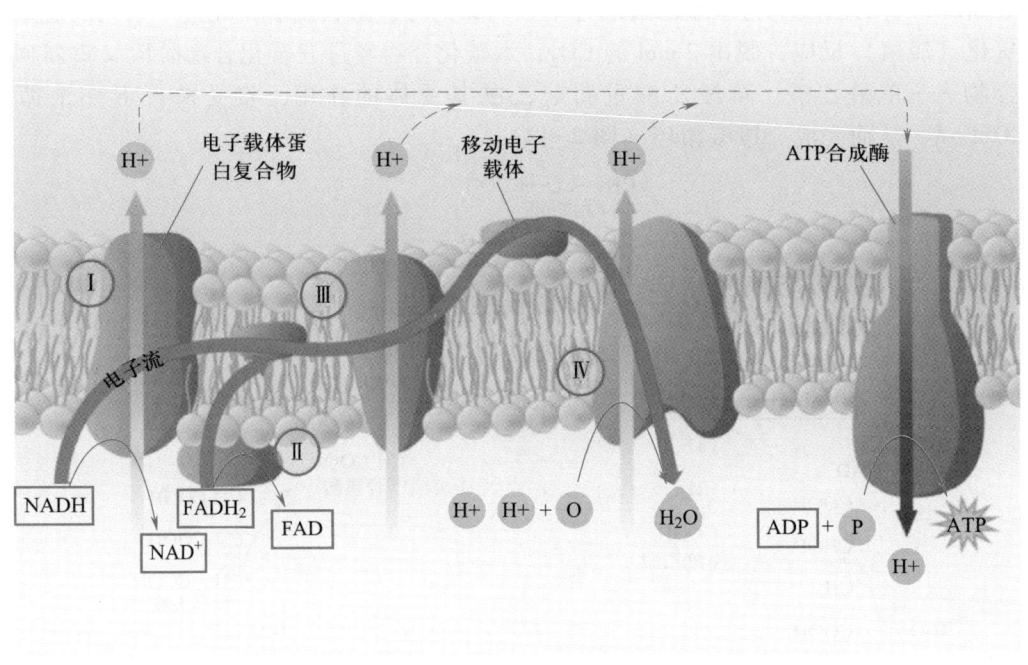

图 2-14 电子传递体系

（摘自 Linda Bruslind. General Microbiology. 1st ed. 2019）

在真核细胞中，电子传递体系存在于线粒体的内膜，而在原核细胞中，是存在于细胞质膜上。

好氧呼吸的产能效率涉及 TCA 循环和 EMP 途径。

（1）EMP 途径的产能效率

3-磷酸甘油醛脱氢 2 mol（NADH+H^+），好氧呼吸可借电子传递体系被氧化生成 6 mol ATP，加上底物水平磷酸化生成的 2 mol ATP，共计 8 mol ATP。

（2）TCA 循环的产能效率

1 mol 丙酮酸经过三羧酸循环被彻底氧化分解产生 3 mol CO_2、4 mol NADH 和 1 mol $FADH_2$。每氧化 1 mol NADH 可生成 3 mol ATP，每氧化 1 mol $FADH_2$ 可生成 2 mol ATP。另外，在琥珀酰辅酶 A 氧化成延胡索酸时，包含着底物水平磷酸化，由此产生 1 mol GTP，随后这 1 mol GTP 转变为 1 mol ATP。因此，1 mol 丙酮酸每经一次三羧酸循环可生成 15 mol ATP。

故好氧呼吸产能综合概括如下：葡萄糖裂解为丙酮酸经 EMP 途径产生 2 mol（NADH+H$^+$），生成 2 mol×3=6 mol ATP，底物水平磷酸化产生 2 mol ATP，共生成 8 mol ATP。

好氧呼吸总反应方程式：

$$C_6H_{12}O_6+6O_2+38ADP+38Pi \longrightarrow 6H_2O+6CO_2+38ATP \tag{2-17}$$

三羧酸循环反应方程式：

$$CH_3COCOOH+4NAD^++FAD+GDP+Pi+3H_2O \longrightarrow 3CO_2+4NADH+H^++FADH_2+GTP \tag{2-18}$$

综上所述，好氧微生物氧化分解 1 mol 葡萄糖共生成的 38 mol ATP 储存在细胞内。而 1 mol 葡萄糖完全氧化产生的总能量大约为 2 876 kJ，储存在 ATP 中的能量为 31.4 kJ×38=1 193 kJ。这样好氧呼吸的能量利用率约 42%［1 193 kJ/（2 876 kJ）×100%］，其余的能量以热的形式散发掉。这个效率是比较高的，所以好氧呼吸氧化彻底，能量利用率比较高。真核生物有氧呼吸产生的 ATP 为 36 mol，这是因为真核生物中电子需要穿越线粒体膜到达电子传递体系，损耗了部分能量。

（三）无氧呼吸

无氧呼吸又称厌氧呼吸，是一类电子传递体系末端的受氢体为外源无机氧化物的生物氧化。这是一类在无氧下进行的产能效率较低的（对好氧呼吸而言）特殊呼吸。其特点是底物按常规脱氢后，经部分电子传递体系递氢，最终由氧化态的无机物（个别为有机物）受氢。根据呼吸链末端的最终受氢体的不同，可将无氧呼吸分成硝酸盐呼吸（$NO_3^- \longrightarrow NO_2^-$，NO，$N_2O$）、硫酸盐呼吸（$SO_4^{2-} \longrightarrow SO_3^{2-}$，$H_2S$）、碳酸盐呼吸（$CO_2$，$HCO_3^- \longrightarrow CH_3COOH$，$CH_4$）和延胡索酸呼吸（延胡索酸 $\longrightarrow$ 琥珀酸）等多种类型。

在电子传递体系中，氧化（NADH+H$^+$）时的最终电子受体是 O_2 以外的无机化合物，如 NO_2^-，NO_3^-，SO_4^{2-}，CO_3^- 及 CO_2 等。无氧呼吸的氧化底物一般为有机物，如葡萄糖、乙酸和乳酸等。它们被氧化为 CO_2，有 ATP 生成。

1. 以 NO_3^- 作为最终电子受体（硝酸盐呼吸）

硝酸被还原为 NO_2^-，NO，N_2O。其供氢体可以是葡萄糖、乙酸、甲醇等有机物，也可以是 H_2 和 NH_3。它们的反应式如下：

$$0.5C_6H_{12}O_6+2HNO_3 \Longleftrightarrow N_2+3CO_2+3H_2O+2［H］+1 756 kJ$$

$$CH_3COOH+HNO_3 \Longleftrightarrow 2CO_2+H_2O+0.5N_2+3［H］$$

$$CH_3OH+HNO_3 \Longleftrightarrow 0.5N_2+2H_2O+CO_2+［H］ \tag{2-19}$$

$$2.5H_2+HNO_3 \Longleftrightarrow 0.5N_2+3H_2O$$

$$2NH_3+HNO_3 \Longleftrightarrow 1.5N_2+3H_2O+［H］$$

NO_3^- 在接受电子后变成 NO_2^-、N_2 的过程叫脱氮作用，也叫反硝化作用或硝酸盐还原作用。脱氮分两步进行，第一步是硝酸还原酶催化 NO_3^- 还原为 NO_2^-，硝酸还原酶被细胞色素 b 还原。第二步是 NO_2^- 被还原为 N_2。无氧呼吸的电子传递体系比好氧呼吸的短，氧化磷酸化仅生成 2 mol ATP。上述两反应有脱氢酶、脱羧酶、硝酸还原酶及细胞色素 b 等参加。脱氮副球菌（*Paracoccus denitrificans*）的电子传递体系又有些不同，还含有细胞色素

c_1、细胞色素 c、细胞色素 a 和细胞色素 a 在电子传递的过程中，氧化还原电位是不断提高的（图 2-15）。

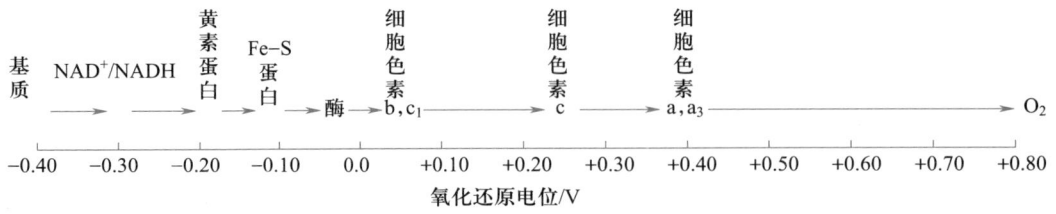

图 2-15 脱氮副球菌的电子传递体系

（摘自周群英，等．环境工程微生物学．4 版．2015）

2. 以 SO_4^{2-} 作为最终电子受体（硫酸盐呼吸）

硫酸盐还原菌在硫酸还原酶催化下，将 SO_4^{2-} 还原为 H_2S，其电子传递体系只有细胞色素 c，在 $SO_4^{2-} \longrightarrow S^{2-}$ 中传递电子，生成 ATP。氧化有机物不彻底，如氧化乳酸时产物为乙酸：

$$2CH_3CHOHCOOH+H_2SO_4 \Longleftrightarrow 2CH_3COOH+2CO_2+H_2S+2H_2O+1\ 125\ kJ \qquad (2-20)$$

3. 以 CO_2 和 CO 作为最终电子受体（碳酸盐呼吸）

产甲烷菌、产乙酸菌利用甲醇、乙醇、甲酸乙酸、H_2 等作供氢体，其电子传递体系末端的受氢体是 CO_2，根据其还原产物不同，可分为两类：一是产甲烷菌产生甲烷的碳酸盐呼吸；二是产乙酸细菌产生乙酸的碳酸盐呼吸。例如：

$$2CH_3CH_2OH+CO_2 \Longleftrightarrow CH_4+2CH_3COOH$$
$$4H_2+CO_2 \Longleftrightarrow CH_4+2H_2O \qquad (2-21)$$
$$3H_2+CO \Longleftrightarrow CH_4+H_2O$$

（1）参与产甲烷菌产能代谢的酶和辅酶

① 氢化酶（氢酶）。氢化酶有两种，一种是不需 NAD 的颗粒状氢化酶，其仅含 6 个铁原子和不稳定硫的铁硫蛋白，结合在细胞质膜上或位于壁膜的间隙中；另一种是需 NAD 的可溶性氢化酶，通常为一种寡聚铁硫黄素蛋白，它存在于细胞质中。氢化酶是产甲烷末端步骤的电子供给系统。② F_{420} 氧化还原酶及其他氧化还原酶。③ 辅酶，包括 NAD、NADP、FAD、FMN、CoM、F_{420}、F_{430}、H_4MPT 及其衍生物。④ 其他。铁氧还蛋白及细胞色素 b 和细胞色素 c 等。

（2）甲烷形成中的主要反应

产甲烷菌的电子传递系统目前尚未有公认的模式，产甲烷菌利用乙酸作最终电子受体的生化代谢模式。

（3）产甲烷过程中能量的产生

产甲烷菌因只能利用含碳个数较少的化合物，如 CO_2、CO、甲酸、甲醇、甲基胺、乙酸和异丙醇等简单物质，所以，氧化 1 mol 上述物质转化为 CH_4 时释放的能量均小于 131 kJ，远低于好氧呼吸。

（4）以延胡索酸为最终电子受体（延胡索酸呼吸）

在延胡索酸呼吸中，琥珀酸是末端受氢体延胡索酸的还原产物。以延胡索酸为最终电子受体的微生物一般都是一些兼性厌氧菌，如埃希氏菌属（*Escherichia*）、变形杆菌属（*Proteus*）等。

（四）自养微生物的产能代谢

有些微生物可以从氧化无机物中获得能量，同时合成细胞物质，这类细菌称为自养微生物。自养微生物包括化能自养型和光能自养型两种。前者的能量来自呼吸作用。例如，硝化细菌氧化氨（铵）为亚硝酸或硝酸，硫细菌氧化低价态的硫（S^{2-}、S^0、S^{2+}、S^{4+}），铁细菌氧化 Fe^{2+} 为 Fe^{3+}。

光能型自养型微生物能量主要来自光合作用，包括释放氧气的植物光合作用和非释放氧气的细菌光合作用两类。该类微生物借助各类光合色素将光能转化为 ATP。如果在无光照的环境下，个别微生物进行好氧呼吸（如藻类）或厌氧呼吸（如光能异养菌）来产能。但不能长期通过呼吸作用作为唯一获得能量的途径。

三、微生物发光现象及其在环境工程中应用

细菌、真菌、藻类等的某些种能发光。发光细菌含有特殊成分：虫萤光素酶和长链脂肪族醛（如月桂醛）萤光素酶，使之激活，被激活的虫萤光素酶在长链脂肪族醛存在下，通入氧气就会引起一阵明亮的闪光并返回基态。

发光细菌有明亮发光杆菌（*Photobacterium phosphoreum*）、费氏无色杆菌（*Achromobacterfsheri*）、磷光弧菌（*Vibrio phosphorescens*）和发光杆菌（*Bacillus photogenus*）等100多种。大多数是海洋细菌。少数淡水细菌。其中明亮发光杆菌被应用于水质急性毒性的测定（GB/T 15441—1995）；费氏弧菌被欧盟标准所使用；青海弧菌（*Vibrio ginhaiensis*）被制成冻干粉用于某地震灾区应急环境监测。它具有快速、便捷、综合评价等优点。

发光细菌是兼性厌氧菌，但它对氧却是很敏感的，只有在有氧存在时才会发光。因此，可将它用于测定溶液中的微量氧。另外，发光细菌对有毒物质也异常敏感，当环境中存在很微量的有毒物质时，就会对其发光性能产生影响（一般是发光受到抑制，且抑制的程度与毒物浓度和毒性大小相关）。现在，发光细菌已经被制成生物探测器，应用于环境监测和其他应用。

第四节　微生物的物质代谢

微生物的物质代谢分为分解代谢和合成代谢。分解代谢在将复杂的营养物质分解为小分子物质的过程中产生能量；而合成代谢则是利用分解代谢过程中产生的低分子化合物和能量来合成大分子的细胞结构物质，本身是一个耗能反应。环境工程中的微生物的分解代谢主要

体现在对有机污染物的降解上，环境中存在的有机污染物可分为天然有机物和人工有机物，绝大多数有机污染物的最终来源是天然有机物，即便是人工有机物，其生物降解也纳入天然有机物的代谢途径。

另外，在废物生物处理中，许多污染物是先通过合成代谢转化成细胞物质，再通过排放菌体而去除的。不仅如此，微生物是废物生物处理的主体，微生物要维持生命，本身也离不开合成代谢。

本节主要介绍几种常见天然有机物的生物降解过程。

一、蛋白质分解

（一）蛋白质水解

蛋白质是由 20 余种氨基酸相互连接而成的大分子，构造复杂。蛋白质不能直接进入细胞，必须先分解成氨基酸，才能被细胞吸收。蛋白质水解过程为：蛋白质→蛋白胨→多肽→氨基酸。蛋白质水解由蛋白酶和肽酶联合催化。蛋白酶又称内肽酶，能够水解蛋白质分子内部的肽键，形成蛋白胨及各种短肽。肽酶又称外肽酶，只能从肽链一端水解，每次释放一个氨基酸。有的外酶要求在肽链的一端存在自由氨基称为氨肽酶；有的外肽酶则要求存在自由羧基，称为羧肽酶。

（二）氨基酸分解

氨基酸分解主要有脱氨基和脱羧基两种方式，分别由脱氨酶和脱羧酶催化，这两类酶的合成受环境条件的影响，特别是环境呈酸性时合成脱羧酶，环境呈碱性时合成脱氨酶。

1. 脱氨基作用

（1）氧化脱氨

氧化脱氨存在于好氧微生物中，由氨基酸氧化酶和氨基酸脱氢酶催化，产物为酮酸和氨。例如：

$$CH_3CHNH_2COOH+\frac{1}{2}O_2 \longrightarrow CH_3COCOOH+NH_3 \tag{2-22}$$

（2）还原脱氨

还原脱氨存在于厌氧微生物中，由氢化酶催化，产物为饱和脂肪酸。例如：

$$HOOCCH_2CHNH_2COOH+2[H] \longrightarrow HOOCCH_2CH_2COOH+NH_3 \tag{2-23}$$

（3）水解脱氨

水解脱氨主要发生在含羟基的氨基酸中，由水解酶催化，产物为酮酸。例如：

$$CH_2OHCHNH_2COOH \longrightarrow CH_3COCOOH+NH_3 \tag{2-24}$$

（4）氧化还原脱氨

氧化还原脱氨存在于某些厌氧菌中，它们能使一对氨基酸发生氧化与还原的偶联反应，即一个氨基酸氧化脱氨，另一个氨基酸还原脱氨。这种反应又称 Stickland 反应。例如：

$$CH_3CHNH_2COOH+CH_2NH_2COOH+H_2O \longrightarrow CH_3COCOOH+CH_3COOH+2NH_3 \tag{2-25}$$

2. 脱羧基作用

脱羧基作用由脱羧酶催化，其反应式为：

$$RCHNH_2COOH \longrightarrow RCH_2NH_2+CO_2 \qquad (2-26)$$

作为诱导酶，脱羧酶只有在相应的氨基酸存在时才能合成，专一性较高。氨基酸的脱羧产物（胺）有难闻的臭味，废物生物处理中释放的腐臭气味常与胺有关。

3. 中间产物分解

在有氧条件下，氨基酸的脱氨基产物为丙酮酸可经各种途径进入 TCA 循环（图 2-16），最终氧化成二氧化碳和水。氨基酸脱羧基产物为胺，可在胺氧化酶的作用下，氧化成醛，进一步氧化成酸再经 β-氧化生成乙酰 CoA，然后进入 TCA 循环彻底氧化成二氧化碳和水。

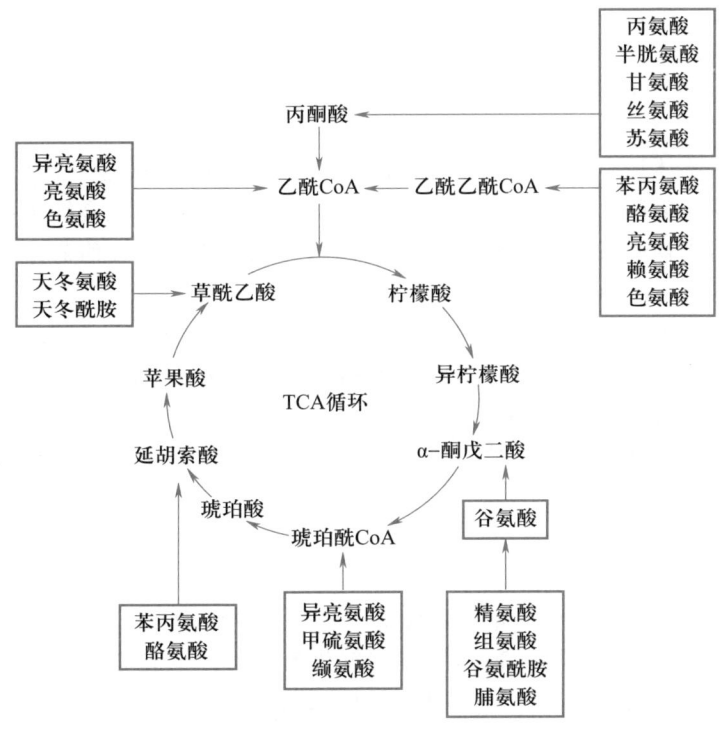

图 2-16　氨基酸碳架进入 TCA 循环的途径

（摘自郑平．环境微生物学教程．2010）

在无氧条件下，氨基酸脱氨基或脱羧基，产生醇、有机酸、胺等。在多种微生物协同作用下，可转化为乙酸，最终由产甲烷菌转化为甲烷和二氧化碳。

二、脂肪分解

脂肪是由高级脂肪酸和甘油组成的酯。毛纺厂废水、油脂厂废水、制革废水中均含有大量的脂肪。这些脂肪是比较稳定的有机物，但能被许多微生物分解。微生物依靠脂肪酶分解脂肪。脂肪的分解过程包括脂肪水解、甘油和脂肪酸氧化。

（一）脂肪水解

在脂肪酶的催化下，脂肪水解成甘油和脂肪酸，反应如图 2-17 所示。

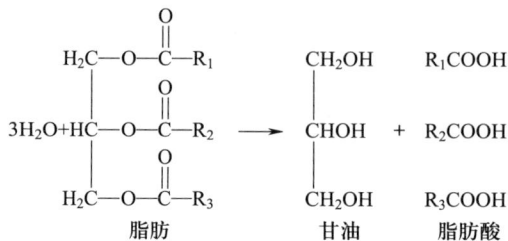

图 2-17　脂肪水解成甘油和脂肪酸示意图

（二）甘油和脂肪酸氧化

1. 甘油氧化

甘油进入微生物体后，在磷酸甘油激酶催化下，先形成 α-磷酸甘油，继而在磷酸甘油脱氢酶作用下，生成磷酸二羟丙酮，然后进入糖酵解和 TCA 循环，最终生成二氧化碳和水。磷酸二羟丙酮也可沿糖酵解途径逆行生成 1-磷酸葡萄糖，进而生成葡萄糖和淀粉。

2. 脂肪酸分解

微生物分解脂肪酸主要是通过 β-氧化途径。β-氧化是由于脂肪酸氧化断裂发生在 β 碳原子上而得名的。脂肪酸先经活化形成脂酰 CoA，然后经 β-氧化作用形成乙酰 CoA，后者进入 TCA 循环被完全氧化为 CO_2 和水。

在无氧环境中，甘油和脂肪酸被转化为乙酸，最后形成甲烷和二氧化碳。

三、糖类分解

淀粉纤维素、半纤维素、木质素、果胶质、淀粉在不同的微生物酶的作用下，由多糖水解成双糖或单糖，氧化成葡萄糖，葡萄糖在有氧化条件下，生成 CO_2、水、ATP，在厌氧条件下，产生有机酸、醇类、甲烷、CO_2、H_2（芽孢杆菌、霉菌、放线菌等）。

（一）纤维素的转化

纤维素是 D-葡萄糖以 β-1，4 糖苷键联结而成的线形大分子多糖，大约 30 个糖链合成一个小纤维（纤丝，原纤丝）单元，然后再聚集成微纤维，最后聚集成纤维。纤维素由结晶区和非结晶区相交错形成，其致密的晶体结构严重阻碍了化学试剂或者生物酶与纤维素表面的有效接触和作用，这也正是天然纤维素难于被水解的重要结构屏障。自然界中的许多微生物具有纤维素降解能力，如某些好氧真菌和厌氧细菌。棉纺印染废水、造纸废水、人造纤维废水等以树木、农作物秸为原料的加工工业产生的废水中均含有大量的纤维素。

纤维素在一系列微生物酶的催化下沿下列途径分解（图 2-18）。

（二）半纤维素的转化

半纤维素是组成植物细胞壁的结构性多糖，常与纤维素和木质素紧密交联形成木质纤维

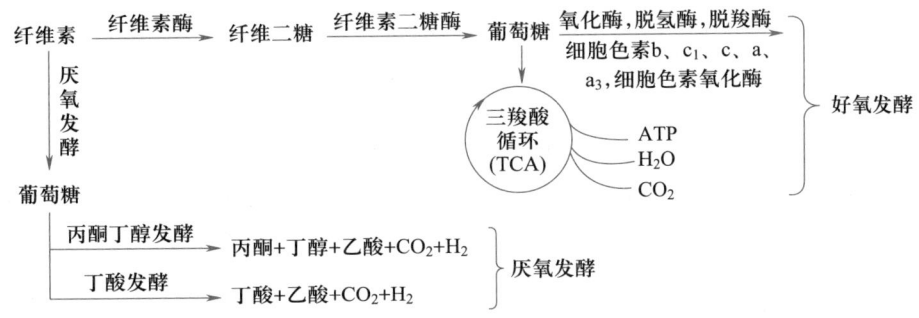

图 2-18　纤维素的分解路径

素。半纤维素作为自然界中第二大丰富的多糖，分子链较短且多带支链，主要包括由聚戊糖（木糖和阿拉伯糖）、聚己糖（半乳糖、甘露糖）及聚糖醛酸（葡糖醛酸和半乳糖醛酸）。半纤维素通常通过共价键和氢键相互连接，也可能通过芳香酯键与木质素紧密结合，并通过氢键与纤维素结合，从而形成纤维素与木质素之间的键合。造纸废水和人造纤维废水含半纤维素。土壤微生物分解半纤维素的速率比分解纤维素快。

分解纤维素的微生物大多数能分解半纤维素。许多芽孢杆菌、假单胞菌、节杆菌及放线菌以及一些霉菌，包括根霉、曲霉、小可银汉霉、青霉及镰刀霉等能分解半纤维素。

半纤维素在微生物酶的催化下沿下列途径分解（图 2-19）。

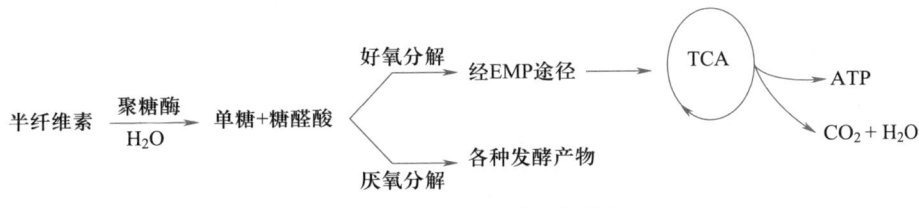

图 2-19　半纤维素的分解路径

（三）果胶质的转化

果胶是一类广泛存在于植物细胞壁中胶层和初生壁中的酸性杂多糖，与纤维素、半纤维素共同构成细胞壁，对于维持细胞结构起着重要作用。其主要成分是 D-半乳糖醛酸，由 α-1，4 糖苷键连接形成聚合物主链。其他糖单位，包括核糖、半乳糖、阿拉伯糖和蔗糖，插入到聚合物中。造纸、制麻废水含有果胶质。天然的果胶质不溶于水，称原果胶。

分解果胶质的好氧菌有枯杆菌、多黏芽孢杆菌、浸软芽孢杆菌及不生芽孢的软腐欧氏杆菌。厌氧菌有蚀果胶梭菌和费新尼亚浸麻梭菌。分解果胶质的真菌有青霉、曲霉、木霉、小克银汉霉、根霉、毛霉。放线菌也可以分解果胶质。

果胶质的水解过程。果胶质的水解过程如下式所示：

$$原果胶 + H_2O \xrightarrow{\text{原果胶酶}} 可溶性果胶 + 聚戊糖 \tag{2-27}$$

$$可溶性果胶 + H_2O \xrightarrow{\text{果胶甲脂酶}} 果胶酸 + 甲醇 \tag{2-28}$$

$$果胶酸 + H_2O \xrightarrow{\text{聚半乳糖酶}} 半乳糖醛酸 \tag{2-29}$$

果胶酸、聚糖、半乳糖醛酸、甲醇等在好氧条件下被分解为二氧化碳和水。在厌氧条件下进行丁酸发酵，产物有丁酸、乙酸、醇类、二氧化碳和氢气。

（四）淀粉的转化

淀粉广泛存在于植物（稻、麦、玉米）种子和果实之中。凡是以上述物质作原料的工业废水，例如，淀粉厂废水、酒厂废水、印染废水、抗生素发酵废水及生活污水等均含有淀粉。

淀粉是葡萄糖通过糖苷键连接而成的一种大分子物质。淀粉有两类，一类是由 α-1，4-糖苷键将葡萄糖连接而成的直链淀粉；另一类是在直链淀粉基础上，又产生由 α-1，6-糖苷键连接起来产生了分支的支链淀粉。一般在自然淀粉中，直链淀粉占 10% ~ 20%，支链淀粉占 80% ~ 90%。在以淀粉作为生长碳源与能源的微生物中，它们能利用本身合成并分泌到胞外的淀粉酶，将淀粉水解生成双糖与单糖后，被微生物吸收，然后再被分解与利用。在微生物的作用下分解过程如下（图 2-20）。好氧条件下，淀粉沿着①的途径水解成葡萄糖，进行酵解成丙酮酸，经三羧酸循环完全氧化为二氧化碳和水。在厌氧条件下，淀粉沿着②的途径转化，产生乙醇和二氧化碳。在专性厌氧菌作用下，沿③和④的途径进行。

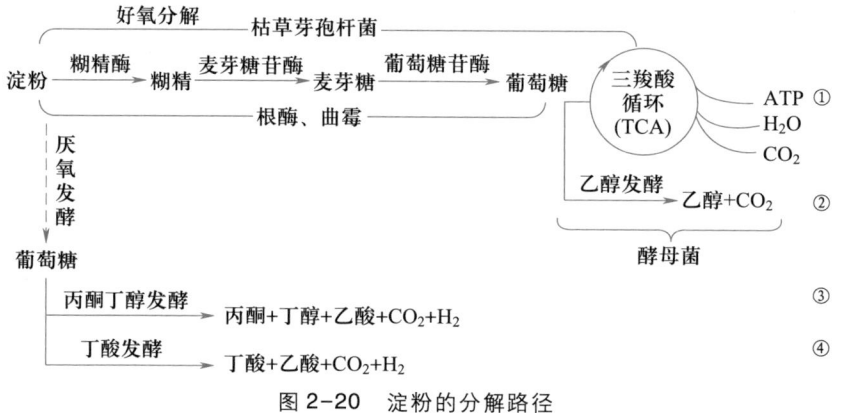

图 2-20　淀粉的分解路径

参与催化淀粉降解的酶：途径①中有淀粉-1，4-糊精酶（β-淀粉酶、液化型淀粉酶）；途径②中有淀粉-1，6-糊精酶（脱脂酶）；途径③中有淀粉-4，4-麦芽糖苷酶（β-淀粉酶）；途径④中有淀粉-1，4-葡酶（葡萄糖淀粉酶，即 γ-淀粉酶）。淀粉还可以在磷酸化酶催化下分解，使淀粉中的葡萄糖分子一个一个分解下来。

途径①中，好氧菌有枯草芽孢杆菌、根霉和曲霉。枯草芽孢杆菌可将淀粉一直分解为二氧化碳和水。途径②中，根霉和曲霉是糖化菌，它们将淀粉先转化为葡萄糖，接着由酵母菌将葡萄糖发酵为乙醇和二氧化碳。途径③中，由丙酮丁醇梭状芽孢杆菌（*Clostridium aceto-butylicum*）和丁酸梭状芽孢杆菌（*Clostridium butylicum*）参与发酵。途径④中由丁酸梭状芽孢杆菌参与发酵。

四、自养微生物的 CO_2 的固定

除了上述的分解代谢，微生物还进行着合成代谢。对于化能自养微生物和光能自养微生

物而言，能量代谢并没有解决碳源的问题，这种类型的微生物还必须从外界吸收能量作为碳源的物质。各种自养型微生物在其生物氧化磷酸化、发酵和光合磷酸化中获取的能量主要用于 CO_2 的固定。具体来说，化能自养型微生物还原 CO_2 所需要的 ATP 和［H］是通过氧化无机底物，如 NH_4^+、NO_2^-、H_2S、S^0、H_2 和 Fe^{2+} 等而获得的，其产能的途径主要也是借助经过电子传递体系的氧化磷酸化反应；光能自养型微生物通过光合作用将光能转化为化学能。

在自养型微生物体内，CO_2 主要通过卡尔文循环（图 2-21）固定。卡尔文循环又称 Calvin-Benson 循环、Calvin-Bassham 循环、核酮糖二磷酸途径或还原性戊糖磷酸循环。利用卡尔文循环进行 CO_2 固定的生物包括蓝细菌、多数光合细菌、硫细菌、铁细菌、硝化细菌等。卡尔文循环需要能量 ATP、还原为［$NAD(P)H+H^+$］以及一系列酶。其中，核酮糖二磷酸羧化酶和核酮糖磷酸激酶是两个关键酶，它们是区分自养型微生物与异养型微生物的重要标志。在卡尔文循环中，消耗 18 mol ATP 和 12 mol［$NAD(P)H+H^+$］，固定 6 mol CO_2，产生 1 mol 葡萄糖。CO_2 固定后的产物［如 3-磷酸甘油酸（3-PGA）］借产生的 ATP 和［$NAD(P)H+H^+$］的推动形成 3-磷酸甘油磷醛（TP），加上卡尔文循环的其他中间产物，可进入别的代谢途径，合成其他有机物和细胞物质。

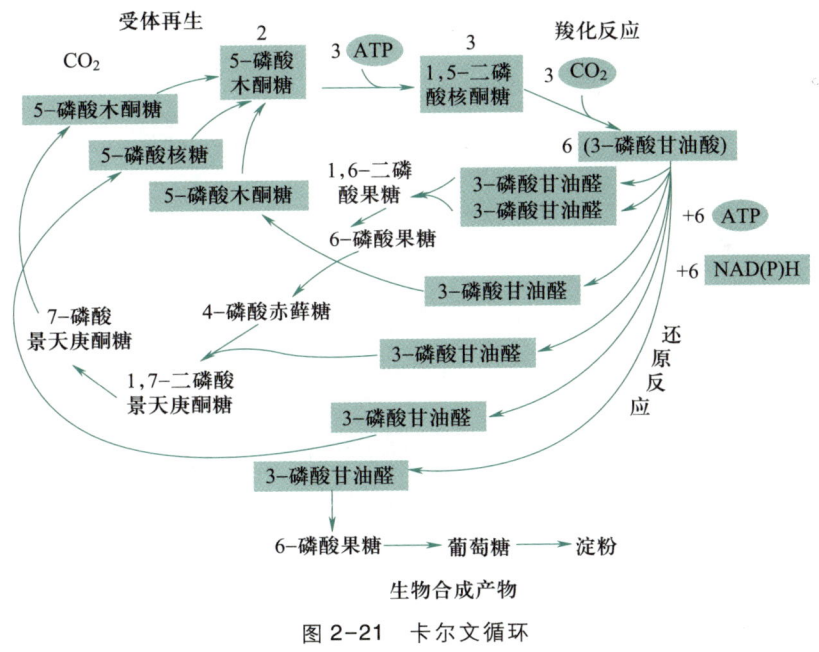

图 2-21　卡尔文循环

（摘自周群英，等 . 环境工程微生物学 . 4 版 . 2015）

思考题

1. 酶的特点和影响其活性的因素是什么？
2. 什么是米氏常数？它的作用和意义是什么？

3. 微生物需要哪些营养物质？它们各自的生理功能是什么？

4. 简述微生物摄取营养物质的基本方式并比较它们之间的异同点。

5. 简述配制培养基的原则和培养基的种类。

6. 什么是新陈代谢？

7. 微生物的能量来自哪里？什么叫微生物的好氧呼吸？

8. 生物氧化有哪几种类别？各自有什么特点？

9. 三羧酸循环的过程和生理意义是什么？

第三章

微生物的生长和控制

本章导读

　　废水生物处理系统的本质即为微生物群体的生长繁殖，它们的生长、繁殖和适应性直接影响着水处理系统的性能和环境修复的效果，研究微生物的群体生长规律和特点有助于工艺的设计与运行过程的控制。本章重点介绍了微生物群体的生长规律和特点以及它们在不同环境因素下的生存策略，并就微生物在废水处理过程中的应用进行了较详细的讨论。

第一节　微生物的生长繁殖

一、微生物生长繁殖的概念

　　微生物在适宜的环境条件下，不断吸收营养物质，按照自己的代谢方式进行新陈代谢活动。当同化作用大于异化作用时，微生物的细胞质量增加或者细胞体积扩大，称为微生物的生长。对单细胞微生物而言，个体的生长表现为细胞基本成分的协调合成和细胞体积的增加；对多细胞微生物而言，个体的生长则表现为个体的细胞数目和单个细胞内物质含量的增加。当单细胞个体生长到一定程度时，由一个亲代细胞分裂为两个大小、形状与亲代细胞相似的子代细胞，使得个体数目增加，这就是单细胞微生物的繁殖。

　　从生长到繁殖这个由量变到质变的过程称为发育。对于单细胞微生物而言，其生长与繁殖两个过程是交替进行、紧密相连的，因此对微生物生长的研究更多是对微生物群体生长的研究。一方面，微生物个体普遍微小，难以观察个体质量和体积的变化，所以常以群体细胞数量或者质量的增加作为其生长的指标；另一方面，在废水处理系统中，微生物只有以群体生长的形式才能发挥出它们巨大的分解和转化能力。

　　正是因为微生物个体生长和繁殖持续交替进行导致了微生物的群体生长。微生物两次繁殖之间的间隔时间，称为该微生物的代时（世代时间）。单细胞微生物的代时是细胞两次分裂之间的间隔时间，代时反映了其生长繁殖的速度，代时越短，表明该微生物生长繁殖的速度越快。微生物的代时由它的遗传性所决定（表3-1）。一般情况下，原核微生物的代时比真核微生物短，好氧微生物的代时比厌氧微生物短。在一定的培养条件（如营养组成、pH、温度等）下，微生物的代时是一定的；当环境条件发生变化，其代时也会相应改变。一种微生物在实验室的培养条件下与在自然环境中或在污水处理构筑物中的代时不同。即使在相同培养条件下，营养成分不同，代时也会发生变化。

表 3-1　不同微生物的代时

微生物	代时/h
普通变形杆菌（*Proteus vulgaris*）	0.35
大肠埃希氏菌（*Escherichia coli*）	0.28
产气肠杆菌（*Aerobacter aerogenes*）	0.29
伤寒沙门氏菌（*Salmonella typhi*）	0.39
丁酸梭菌（*Clostridium butyricum*）	0.85
枯草芽孢杆菌（*Bacillus subtilis*）	0.43
铜绿假单胞菌（*Pseudomonas aeruginosa*）	0.58
深红红螺菌（*Rhodospirillum rubrum*）	5
三叶草根瘤菌（*Rhizobium trifolii*）	1.68～2.9
大豆根瘤菌（*Rhizobium japonicum*）	5.7～7.7
啤酒酵母（*Saccharomyces cerevisiae*）	2
大草履虫（*Paramecium caudalum*）	10.3
天蓝喇叭虫（*Stentor coeruleus*）	32
四膜虫（*Tetrahymena geleil*）	2.2～4.2
筒孢蓝细菌属（*Cylindrospermum*）	10.6

二、微生物的培养方法与生长曲线

在自然环境中，微生物的存在是多样且混杂的。通常在实验过程中，我们需要将单一微生物分离出来进行研究，这种在实验室条件下从单一细胞繁殖后代的操作称为纯培养。为了实现纯培养，可以直接在显微镜下挑取单个细胞（或单孢子）进行培养。在固体培养基上时，通常采用稀释涂布法、稀释倒平板法或平板划线法来分离微生物；在液体培养基上时，则采用稀释法。对于一些具有特定性质的微生物，也可以采用选择性培养基对微生物进行纯化分离。特别地，进行纯培养时要防止其他微生物进入造成污染。微生物的培养方法根据培养过程中对氧气的需要与否可分为好氧培养和厌氧培养，也可根据培养液浓度分为分批培养和连续培养。

（一）好氧培养

在实验室中，好氧培养法是将菌种接种在培养基的表面，使之暴露在空气中进行生长。对于固体培养基，好氧培养法可分为试管斜面培养法、培养皿平板培养法等；对于液体培养基则可分为液体震荡培养法、浅层液体培养法和通气培养法等。在污水生物处理过程中，多采用外力强制供氧，主要供氧方式有鼓风曝气和机械曝气等，其中鼓风曝气是指采用曝气器（扩散板或扩散管）将空气引入培养液形式进行曝气，机械曝气是指利用叶轮等器械将空气引入培养液的曝气方式。

（二）厌氧培养

厌氧培养不需要提供氧气，适用于对氧敏感的微生物。对于厌氧微生物来说，氧气有毒害作用，因此这些微生物需要置于低氧化还原电位条件下或在去氧环境中进行培养。常见的去氧方式有物理法（煮沸法、抽真空法等）、化学除氧法（焦性没食子酸法、还原剂法等）、生物法（植物消耗法等）。在厌氧条件下，微生物可以利用硝酸盐、硫酸盐、高价铁盐和高价盐等作为电子受体进行厌氧呼吸，也可以利用发酵中间产物进行发酵。由于在厌氧条件下电子受体的氧化能力弱于氧气，因此释放能量相对较少，细胞得率也相对较低。

厌氧培养通常需要特殊的培养装置，并在培养基中加入还原剂和氧化还原指示剂。早期的厌氧培养主要采用厌氧培养皿，现在已逐渐采用厌氧手套箱、Hungate 厌氧试管和厌氧罐等。目前常用厌氧手套箱（见图 3-1）进行厌氧培养，它由附有手套的密闭透明薄膜箱、附有两个可开启的可抽真空的金属空气隔离箱、真空泵以及高纯氮和氢的供应系统四部分组成。在环境工程中，常用升流式厌氧污泥床（upflow anaerobic sludge blanket，UASB）反应器和厌氧流化床（anaerobic fluidized bed，AFB）等进行厌氧处理。

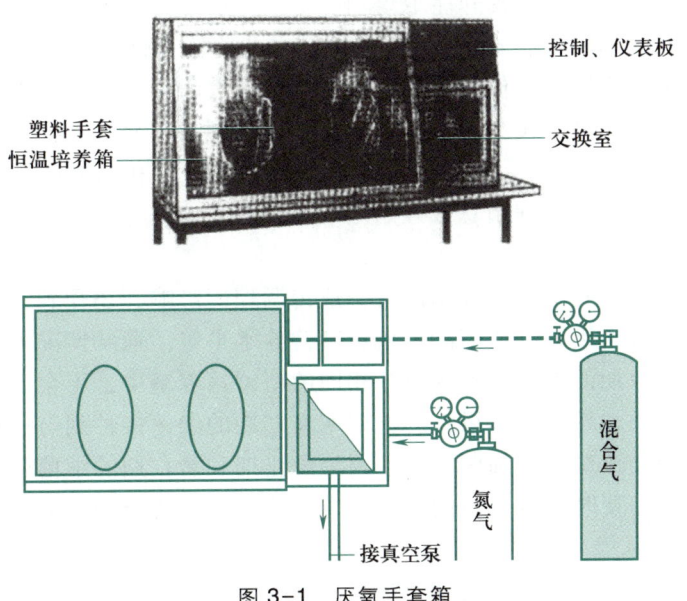

图 3-1　厌氧手套箱

（三）分批培养

分批培养是将一定量的微生物接种在一个封闭的、盛有一定量新鲜液体培养基的容器内，使其在适宜条件下进行生长繁殖的培养方法。在分批培养中，营养液一次性加入，不进行更换或补充，其浓度随微生物的生长而逐渐下降。因此，微生物数量会从少变多，达到高峰后又逐渐减少至死亡。理论上细菌质量的变化比个数的变化更能在本质上反映生长的过程，因为细菌个数的变化只反映了细菌分裂的数目，质量则包括细菌个数的增加和每个菌体细胞物质的增长，然而测定上较微生物个数的变化更为烦琐。

以细菌纯培养为例，将少量细菌接种到新鲜的、定量的液体培养基中进行分批培养，定时取样（如每2 h取样1次）计数，以细菌个数或细菌数的对数或细菌的干重为纵坐标，以培养时间为横坐标，连接各点即可得到细菌的生长曲线（图3-2）。不同微生物的生长速率不同，每种细菌都有各自的生长曲线，但曲线的形状基本相同。同样，污水生物处理中混合生长的活性污泥微生物也有类似的生长曲线。根据生长曲线的变化特点，可将其分为停滞期（也称延迟期）、对数期（也称指数期）、稳定期、衰亡期四个阶段。

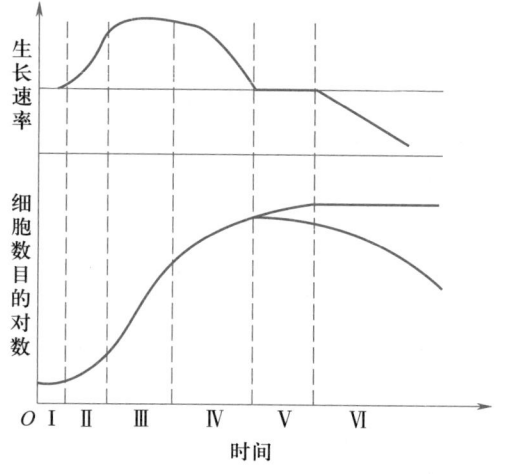

图3-2　细菌的生长曲线

1. 停滞期

停滞期通常分为两个阶段。在接种少量细菌到培养基中后，并不会立即展开生长繁殖，而是首先经历停滞期初期的适应阶段（Ⅰ阶段）。在此阶段，部分细菌开始适应新环境并产生适应酶，导致细胞物质增加，但整体细菌数量并未显著增加；同时，部分细菌不适应新环境而死亡，故细菌数可能略有减少。适应环境的细菌达到一定水平后便开始细胞分裂，进入停滞期末期加速阶段（Ⅱ阶段）。在此阶段，细菌的细胞物质和菌体体积增加，代谢活力增强，生长繁殖速率逐渐加快，细菌总数开始增加，但对不良环境条件（如温度、抗生素等）仍然较为敏感。

细菌停滞期的持续时间不仅受到细菌自身遗传调控的影响，还受到一些接种条件和环境因素的影响，如接种量、接种群体菌龄、培养基营养水平等。通常情况下，接种量越大，停滞期越短。将处于对数期的细菌接种到成分相同的新鲜培养基中，不会出现停滞期，而是以相同速率继续指数生长；然而，如果将静止期或衰亡期的细菌接种到与原培养基成分相同的培养基中，其停滞期会比对数期细菌更长，因为静止期和衰亡期的细菌通常已耗尽各种必要的辅酶或细胞成分，需要时间合成新的细胞物质，或者因代谢产物过多而中毒，需要时间修复损伤。

另外，从丰富培养基转移到贫乏培养基也会导致停滞期的出现。在丰富培养基中，细菌可以直接利用各种成分，但在贫乏培养基中，则需要产生新的酶类来合成缺少的营养成分。

由于停滞期的长短直接影响微生物的生长周期，在实际的废水处理系统中，总是设法缩短微生物的停滞期，以加快反应器的快速启动，一般采取的措施有：加大污泥接种量，尽量选择水质和工况相同或相近的污水处理厂的接种污泥等。

2. 对数期

停滞期结束，细菌细胞的生理修复或调整完成后，细胞开始进行快速分裂，这个阶段称为对数期（Ⅲ阶段）。细菌的生长速率达到最大，对数期内的细菌细胞数目按几何级数增加：$1 \rightarrow 2 \rightarrow 4 \rightarrow 8 \rightarrow 16 \rightarrow 32 \rightarrow \cdots\cdots$ 即 $2^0 \rightarrow 2^1 \rightarrow 2^2 \rightarrow 2^3 \rightarrow 2^4 \rightarrow 2^5 \rightarrow \cdots\cdots \rightarrow 2^n$，其中，$n$ 为细菌分裂的次数或增殖的代数。一个细菌繁殖 n 代后产生 2^n 个细菌，如果知道 t_0 时细菌数为 N_0，经过一段时间到 t_x 时，繁殖 n 代后的细菌数 $N_x = N_0 \times 2^n$，可通过下式求出细菌的代时（G）：

因为：
$$G = \frac{t_x - t_0}{n} \tag{3-1}$$

$$N_t = N_0 \times 2^n$$

等式两边取对数：
$$\lg N_x = \lg N_0 + n \lg 2$$

即
$$n = \frac{\lg N_x - \lg N_0}{\lg 2} = \frac{\lg N_x - \lg N_0}{0.301} \tag{3-2}$$

换算得到 G：
$$G = \frac{t_x - t_0}{n} = \frac{t_x - t_0}{\dfrac{\lg N_x - \lg N_0}{0.301}} = \frac{0.301\ (t_x - t_0)}{\lg N_x - \lg N_0} \tag{3-3}$$

式中：n 为繁殖的代数；N_0 为对数期开始时（t_0）细菌数，CFU/mL；N_x 为对数期后期（t_x）时的细菌数，CFU/mL。

也可以通过平均生长速率常数（k）计算代时（G）。k 表示在单位时间内的代数（单位：代/h）：
$$k = \frac{n}{t} = \frac{\lg N_x - \lg N_0}{\log 2 \times t} \tag{3-4}$$

细菌总数增加 1 倍（即 $n = 1$）所需要的时间为平均倍增时间（G），此时 $t = G$，$N_x = 2N_0$，将它们代入式（3-4）：
$$k = \frac{n}{G} = \frac{\lg\ (2N_0)\ - \lg N_0}{\lg 2 \times t} = \frac{\lg 2}{\lg 2 \times G}$$

则：
$$k = \frac{1}{G}, \quad G = \frac{1}{k}$$

由此可知，平均代时（G）是平均生长速率常数（k）的倒数。所以，计算平均代时数可根据式（3-4）先计算生长速率常数（k），再求得平均代时（G）。

处于对数期的细菌生长旺盛，细胞代谢活力最强，合成新细胞物质的速率最快。由于营养物质足以供给合成细胞物质使用，且有毒代谢产物积累不多，对生长繁殖影响极小，所以细菌很少死亡或不死亡。在对数期，细菌的细胞质合成速率与活菌数的增加速率保持一致，细菌总数呈几何级数增长。为了维持这种快速增长，需要及时、适量地提供营养物质并排出代谢产物，或者采用连续培养的方法，这样可以在最短的时间内获得最大量的细菌。

由于对数期细菌的代谢活力强、生长速率快，并且细胞群体的化学组成和形态、生理特性相对一致，因此通常被用作教学实验的实验材料。然而，有时对数期细菌的生长速率与时间之间的关系呈现线性函数关系。这可能是由于培养基中溶解氧供应不足所致，或者是由于存在抑制剂阻碍了必要酶的形成，从而影响了细菌的生长速率。对数期的微生物生长特性对于了解微生物在不同环境条件下的生长规律以及微生物学研究具有重要意义，因此在实验研究和应用中备受关注。

3. 静止期

由于处于对数期的细菌生长繁殖迅速，消耗大量营养物质并积累大量有毒代谢产物，pH、氧化还原电位改变以及溶解氧供应不足等因素危害了细菌的生长，导致细菌的生长速率逐渐下降甚至到零，而死亡速率逐渐增加，进入静止期（Ⅴ阶段）。静止期中新生的细菌数和死亡的细菌数相当，其生长速率可用数学式表达为：

$$\frac{\mathrm{d}X}{\mathrm{d}t} = 0 \tag{3-5}$$

静止期中细菌总数达到最大，新生数与死亡数维持动态平衡。在生产菌种时，通常在静止期初期就应及时收获菌体。此时，细菌细胞从生理上的年轻状态转变为老化状态，开始积累储存物质，如异染粒、聚β-羟基丁酸（PHB）、糖原、淀粉粒、脂肪粒等。部分代谢产物（如抗生素和某些酶）主要在静止期及对数期与静止期转换阶段产生，可在这一时期提取获得。处于静止期的部分细菌能够向细胞外分泌一些胶黏性物质，并附着在细胞表面，形成荚膜。环境工程中进行水处理时，荚膜能吸附废水中的有机物、无机固体物及胶体物，便于对其吸收降解。当多个菌体外面的荚膜物质互相融合，组成共同的荚膜，菌体包埋其中，即形成菌胶团，有利于污泥的絮凝和沉淀。常规的活性污泥法主要利用静止期阶段的微生物来处理废水。

4. 衰亡期

静止期细菌对营养物的进一步消耗，外界营养几乎被耗尽，细菌开始利用胞内贮备物质进行内源呼吸。随着代谢物和有毒物质的进一步积累，细菌细胞的生长繁殖被抑制。细菌死亡率上升，活菌数以几何级数下降，菌体死亡数超过新生数，细菌群体进入衰亡期（Ⅵ阶段）。在这一阶段，细菌细胞呈现出衰老现象。细胞原生质中出现液泡与空泡；细胞繁殖明显减少，甚至停止或出现自溶现象；细胞形态不规则，部分细胞可能呈现畸形或多形态性；革兰氏染色后部分原本为阳性的细菌变成了阴性。对于有机物含量低、生化性差的废水，可利用衰亡期阶段的微生物进行处理。

活性污泥中的微生物生长规律与纯菌种基本相同，它们的生长曲线也相似。通常将活性污泥中的微生物划分为3个阶段：生长上升阶段、生长下降阶段和内源呼吸阶段。活性污泥法中的序批式间歇曝气器是将分批培养的原理应用于污水生物处理的实例，其中活性污泥的生长规律与纯菌种类似。不同水质的废水处理方法利用的活性污泥微生物的生长阶段各不相同。例如，生物吸附法利用生长下降阶段（静止期）的微生物；而用于处理有机物含量低、B/C 比（BOD 和 COD 的比值）小于 0.3 或生化性较差的废水的延时曝气法则利用内源呼吸阶段（衰亡期）的微生物。

（四）连续培养

分批培养时，由于营养物质的不断消耗和有害代谢产物的不断累积，环境条件不断恶化，使微生物不能长久保持对数生长速率。如果改变培养方法，在微生物处于对数生长状态时，不断添加新鲜培养基，同时排出等量培养液，使得消耗的养分得到及时补充，有害产物得到及时排除，微生物的对数生长状态就能持续下去。这种连续补料和出料的培养方法称为连续培养。连续培养分为恒浊连续培养和恒化连续培养两种。

1. 恒浊连续培养

恒浊连续培养是一种以浊度为控制指标，保持细菌培养液浓度恒定的培养方式。实验开始时，首先确定细菌培养液的浊度要维持在特定的恒定值。通过调节进水流速（含有一定浓度的培养基），使浊度达到所设定的恒定值（通过自动控制的浊度计测定）。当浊度偏高时，增加进水流速以降低浊度；浊度偏低时，则降低进水流速以提高浊度。在发酵工业中，这种方法可获得大量的菌体和具有经济价值的代谢产物。

2. 恒化连续培养

恒化连续培养是一种以恒定的流速输入新鲜培养基，同时以相同的流速排出代谢产物，以维持细菌培养液的浓度恒定的培养方式。使用恒化连续培养时，通常采用恒化器作为生物反应器（见图 3-3）。在恒化连续培养中，新鲜培养基以固定的流速输入到恒化器中，并立即与其中的培养液充分混合。混合后的培养液以相同的流速从恒化器中排出。培养液的更换速率与新鲜培养基输入速率以及培养液的总体积相关。当培养液的总体积保持不变时，培养液的更换速率与新鲜培养基输入速率成正比。更换速率常用稀释率来表示：

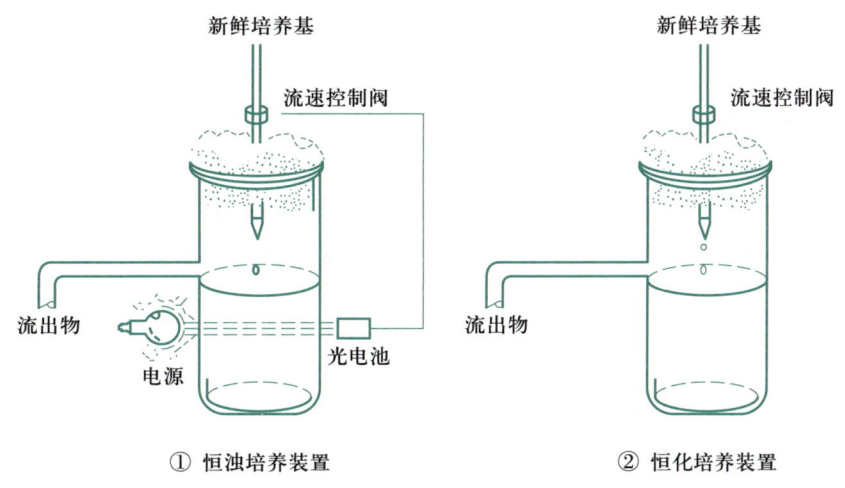

图 3-3　恒浊培养装置和恒化培养装置

（摘自乐毅全．环境微生物学）

$$D = \frac{F}{V} \qquad\qquad\qquad (3-6)$$

式中 D 指稀释率（稀释率的倒数是培养液在化的平均停留时间）；F 指新鲜培养基输入速率；V 指恒化器内培养液总体积。

稀释率是连续培养中的一个主要操作参数，在稳定状态下，恒化器中的稀释率与细菌浓度、基质浓度、细菌输出量以及倍增时间之间存在一定关系，见图 3-4。恒化连续培养尤其适用于污水生物处理。除了序批式间歇曝气器法外，其他污水生物处理方法通常都采用恒化连续培养。例如，大多数厌氧工艺（如厌氧接触消化池、升流式厌氧污泥床反应器、厌氧生物滤池、厌氧流化床等）以及完全混合式活性污泥法都是根据连续培养的原理设计的。

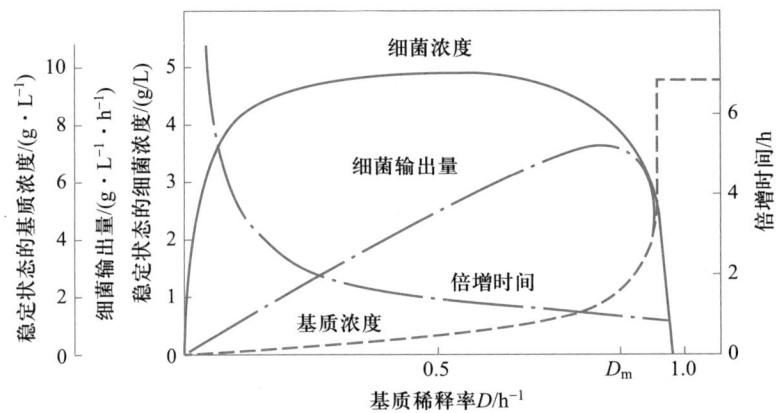

图 3-4　恒化培养中稀释率与细菌浓度、基质浓度之间的关系
（摘自周群英，等．环境工程微生物学．4 版．2015）

三、微生物的测定

（一）总菌数测定

1. 显微计数法

显微计数法是采用特制的细菌计数器或血细胞计数板测定细胞数目的方法。将一定稀释度的细胞悬液加到固定体积的计数器小室内，在显微镜下观察细胞数，计算每毫升或每克样品中的细菌数目。显微计数法的优点是简便、快速。多用于计数个体较大的单细胞微生物，不能计数多细胞微生物。

2. 比浊法

在一定浓度范围内，菌体悬液中的细胞浓度与浊度成正比。在特定波长光下测定菌体悬液的吸光度，通过标准曲线即可计算得到细菌浓度。由于测定结果受培养基成分和代谢产物的干扰，该法不适用于颜色较深的样品和含有固体颗粒的样品，也不适用于多细胞微生物的计数。

（二）活菌数测定

1. 稀释液体培养法

对未知菌样做连续的 10 倍系列稀释，根据预估数，从最适宜的三个连续的 10 倍稀释液中各取 5 mL 试样，接种到 3 组共 15 支装有培养液的试管中（每管加 1 mL），培养后，记录每个稀释度出现生长的试管数。通过查最大可能数（most probable number，MPN）表，再根据稀释倍数就可求出原样中的活菌数。

2. 平板菌落（CFU）计数法

平板菌落计数法是最常用的活菌计数法。将稀释到一定倍数的菌液与合适的固体培养基在凝固前均匀混合，或在已凝固的平板上涂布，计数培养后在平板上出现的菌落数，就可以求得原液中的微生物活菌数。

3. 滤膜培养法

滤膜法适用于含菌量较少的液体样品。取孔径为 0.45 μm 或 0.22 μm 的膜过液体样品，使菌体截留在膜上再将滤膜贴放在平板上培养，由长出的菌落数和过滤样品的体积（mL）计算样品的含菌量。

（三）生物量测定

1. 干重测定

用清水洗净培养液中的菌体，然后在 100 ℃左右将菌体烘干或减压干燥，由菌体干重计算生物量。菌体鲜重可由干重换算，一般细菌干重为鲜重的 20%~25%，酵母菌干重为鲜重的 15%~30%，霉菌干重为鲜重的 10%~15%。在环境工程中应用较多，如测曝气池中混合液悬浮固体浓度（MLSS）或混合液挥发性悬浮固体浓度（MLVSS）。

2. 含氮量测定

从培养基中分离菌体并洗净（排除培养基带入的含氮物质），再用凯氏定氮法测定含氮量，通过菌体含氮量推算生物量。细菌含氮约为其干重的 12.5%，酵母菌为 7.5%，霉菌为 6.0%。

3. DNA 含量测定

菌体内 DNA 含量相对稳定，每个菌体中平均 DNA 含量为 8.4×10^{-5} ng。通过 DNA 与 3,6-二氨基甲酸-盐酸溶液的特殊荧光反应可以测定菌体悬液的 DNA 含量，根据每个菌体的平均 DNA 含量算出菌体数目。

第二节　微生物的生存因子

微生物维持生命活动除需要营养外，还受到其所处环境理化因素的影响。影响微生物生长的因素很多，主要的有温度、pH、氧化还原电位、氧、渗透压、光照、有毒物质等，这些影响微生物的环境因素称为微生物的生存因子。如果生存因子不正常，会造成微生物生命活动不正常，甚至变异或死亡。生物多样性不仅表现在营养要求和代谢途径的多样性，也表现对生存因子需求的多样性。通过控制生存因子，人们能对微生物的生长和生理代谢过程进行调控。

一、温度

温度是微生物重要的生存因子。微生物的生长过程取决于生物化学反应，而这些反应速率都受温度的影响。在适宜的温度范围内，微生物能进行正常的生长繁殖，随着温度的升高，微生物的代谢速率和生长速率可相应提高，而过高或过低的温度都会对微生物生长产生影响（图3-5）。每种微生物的生长都要求一定的温度范围，当温度低于微生物的最低生长温度时，微生物代谢速率下降，微生物的生长不能正常进行；而当温度超过微生物的最高生长温度时，微生物的核酸、蛋白质等细胞组分会发生不可逆的变性作用，导致细胞死亡或者永久性失活。最低生长温度和最高生长温度之间是微生物生长的最适温度。在最适温度范围内，温度每提高10 ℃，酶促反应速率将提高1~2倍，微生物的代谢速率和生长速率均可相应提高。不同微生物对温度的要求不同，同一微生物在生长的不同时期对温度的要求也会不同。

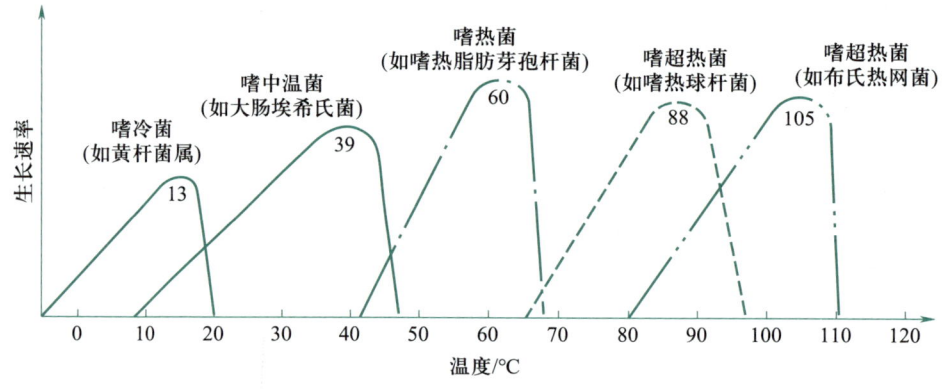

图3-5　不同微生物对温度的要求

微生物可以生长的最适温度范围很广，在-5~85 ℃范围内均有微生物生长，少数嗜热微生物的生长温度甚至可达100 ℃以上。根据对最适生长温度的需求，可将细菌分为4大类：嗜冷菌、嗜中温菌、嗜热菌及嗜超热菌，其中嗜中温菌较为常见，嗜冷菌和嗜热菌为少数，四种细菌的生长温度范围见表3-2。

表3-2　低温、中温和高温细菌的生长温度范围

细菌	最低温度/℃	最适温度/℃	最高温度/℃
嗜冷菌	-5~0	5~10	20~30
嗜中温菌	5~10	25~40	45~50
嗜热菌	30	50~60	70~80
嗜超热菌	55	70~105	110~113

（一） 嗜热菌或嗜超热菌

嗜热菌或嗜超热菌属于一类特殊的微生物，包括芽孢杆菌和嗜热古菌等，它们在高温下仍能稳定发挥正常的生理功能。嗜热菌能在 $50 \sim 75\,^{\circ}\mathrm{C}$ 条件下正常生长，根据它们在中温条件下的生长状态可以分为兼性嗜热菌和专性嗜热菌两类，其中兼性嗜热菌能在 $37\,^{\circ}\mathrm{C}$ 以下生长，而专性嗜热菌不能在 $37\,^{\circ}\mathrm{C}$ 以下生长。

嗜热菌在高温下能生长繁殖，主要是因为：嗜热菌的酶比一般蛋白质具有更强的抗热性；核酸有保持热稳定的结构，嗜热菌的 tRNA 在特定碱基对区域内含有较多的 G-C 对，可以提供更多的氢键以增加热稳定性；嗜热菌的细胞膜中含有较多的饱和脂肪酸和直链脂肪酸，使膜具有热稳定性。此外，嗜热菌生长速率快，能迅速合成生物大分子以弥补由于高温所造成的对大分子的破坏。虽然自然界中存在的嗜热菌和嗜超热菌数量较少，但嗜热菌和嗜超热菌是环境工程领域中很好的资源，常应用于高温废水处理和高温堆肥。

（二） 嗜冷菌

嗜冷菌能够在温度较低的环境下生长，它们的最适温度是 $5 \sim 15\,^{\circ}\mathrm{C}$。其中专性嗜冷菌能够在 $0\,^{\circ}\mathrm{C}$ 以下生长，所以在低温下冷藏的食物仍有可能被嗜冷性的细菌和霉菌作用引起食物变质，甚至腐烂。某些嗜冷菌能在南、北极几乎全年冰冻的环境中生长，如大多数雪藻（*Chlamydomonas nivalis*）。嗜冷菌能在低温环境下生长，主要是因为：嗜冷菌具备能更有效地进行催化反应的酶；嗜冷菌主动输送物质的功能运转良好，使之能有效地集中必需的营养物质；嗜冷菌的细胞质膜含有大量的不饱和脂肪酸，在低温下能保持半流动性。

（三） 嗜中温菌

嗜中温菌分布广泛，自然环境中、人体、动物体及工业发酵等生长的微生物，均是中温微生物。在常见的微生物种类中，原生动物的最适温度一般为 $16 \sim 25\,^{\circ}\mathrm{C}$；大多数放线菌的最适温度 $23 \sim 37\,^{\circ}\mathrm{C}$；霉菌的温度范围和放线菌相当；多数藻类的最适温度在 $28 \sim 30\,^{\circ}\mathrm{C}$。低温对嗜中温和嗜高温菌生长不利，在低温条件下，微生物的代谢微弱，处于休眠状态但不致死。嗜中温微生物在低于 $10\,^{\circ}\mathrm{C}$ 的温度下不生长，因为蛋白质合成的启动受阻，不能合成蛋白质。又由于许多酶对反馈抑制异常敏感，容易和反馈抑制剂紧密结合，从而影响微生物的生长。处于低温下的微生物一旦获得适宜温度，即可恢复活性，以原来的生长速率生长繁殖。

废水好氧生物处理一般在 $15 \sim 35\,^{\circ}\mathrm{C}$ 内运行，其中微生物主要以嗜中温微生物为主，包括动胶菌属、假单胞菌属、亚硝化球菌属和硝化球菌属等，它们在适宜的温度条件下可分解有机物，去除氮、磷等污染物。当进水水温控制在 $20 \sim 35\,^{\circ}\mathrm{C}$，可获得较好的处理效果；温度低于 $10\,^{\circ}\mathrm{C}$ 或高于 $40\,^{\circ}\mathrm{C}$ 时，去除可溶性有机物的效率大大降低。厌氧生物处理系统可以进行中温消化（$33 \sim 38\,^{\circ}\mathrm{C}$），除嗜高温微生物外也存在部分嗜中温微生物，如嗜中温性产甲烷菌最适温度范围为 $25 \sim 40\,^{\circ}\mathrm{C}$。

二、pH

微生物的生命活动和物质代谢与环境的 pH 密切相关。它们对 pH 有着不同的要求，通常存在着最适 pH、最高 pH 和最低 pH（见表 3-3）。各种微生物对 pH 的需求各不相同。常见的大多数细菌、藻类和原生动物的最适 pH 介于 6.5~7.5 之间，但某些微生物有特殊的生存偏好。例如，氧化硫硫杆菌和极端嗜酸菌需要在酸性环境中生存，它们的最适 pH 为 3，甚至在 pH 为 1.5 时仍能生存；放线菌则喜欢中性至偏碱性的环境，其最适 pH 范围在 7.5~8.0 之间；酵母菌和霉菌则偏爱酸性或偏酸性环境，最适 pH 范围在 3~6 之间，生存的 pH 极限可达 1.5~10.0。不同微生物对环境 pH 的变化感知敏感程度有所不同（表 3-3）。

表 3-3　不同微生物的 pH 要求

微生物种类	最低 pH	最适 pH	最高 pH
褐球固氮菌（*Azotobacter chroococcum*）	4.5	7.4~7.6	9
大肠埃希氏菌（*Escherichia coli*）	4.5	7.2	9
放线菌（*Actinomyces* sp.）	5	7~8	10
霉菌（mold fungus）	2.5	3.8~6	8
酵母菌（yeast）	1.5	3~6	10
小眼虫（*Euglena gracilis*）	3	6.6~6.7	9.9
草履虫（*Paramaccum* sp.）	5.3	6.7~6.8	8

过高或过低的 pH 会对微生物造成危害，具体表现在以下几个方面：① 影响蛋白质的解离，从而影响细胞表面的电荷和对营养物质的吸收，如 pH 低于 1.5，微生物表面的电荷就会由带负电变为带正电。② 影响营养物质的离子化，抑制其进入细胞，因为细菌表面带负电，非离子状态的化合物比离子状态的化合物更容易渗入细胞。③ 影响酶的活性，极端的 pH 会使酶的活性降低，进而影响微生物的生理活动，甚至直接破坏微生物细胞。④ 降低抗热性，不适宜的 pH 会降低微生物对高温的抵抗能力。

各种工业废水的 pH 不同，通常为 6~9，个别的偏低或偏高，可用本厂废酸或废碱液加以调整，使曝气池 pH 维持在 7 左右。实际上，废水微生物处理中的 pH 一般在 6.5~8.5，这是因为：一方面，低于 6.5 的酸性环境不利于细菌和原生动物的生长，尤其是对菌胶团细菌不利，而对霉菌和酵母菌有利，霉菌的大量繁殖，会造成污泥膨胀的问题；另一方面，过高的 pH 会使原生动物呆滞，菌胶团解体也会影响去除效果。大多数细菌藻类、放线菌和原生动物等在这种 pH 范围均能生长繁殖，尤其是形成菌胶团的细菌能互相凝聚形成良好的絮状物，取得良好的净化效果。通常有机固体废物的 pH 为 5~8，堆肥初期 pH 降至 5 以下，之后上升至 8.5，成熟堆肥的 pH 为 7~8。

在废水和污泥厌氧消化过程中，为了控制产酸阶段和产甲烷阶段的产量，需要对反应 pH 进行调控。通常应控制 pH 为 6.6~7.6，最好控制 pH 为 6.8~7.2。城市生活污水、污泥中含有蛋白质，在处理时可不加缓冲性物质；如果不含蛋白质、氨等物质时，处理之前就要投加缓冲物质。对于连续运行，在运行之前和运行期间都要注意投加缓冲物质。常用的缓冲物质有碳酸氢钠、碳酸钠、氢氧化钠及氨等，以碳酸氢钠为佳。霉菌和酵母菌对有机物具有较强的分解能力，pH 较低的工业废水可用霉菌和酵母菌处理，可代替碱调节 pH 以节约费用。由霉菌和酵母菌引起的活性污泥丝状膨胀可以通过改变工艺来解决如可采用生物膜法（如生物滤池和生物转盘）、接触氧化法或将二沉池改为气浮池等。

三、氧化还原电位

氧化还原电位（或 E_h）是单位为 V 或 mV。氧化环境具有正电位，还原环境具有负电位。在自然界中，氧化还原电位的上限是 +820 mV，此时，环境中存在高浓度氧（O_2），而且没有利用 O_2 的系统存在。氧化还原电位的下限是 -400 mV，是充满氢气（H_2）的环境。氧化还原电位通常是用一个铂丝电极与一个标准参考电极同时插入体系中而测得的，通过电极测得的电位差在一个敏感的伏特计上显示出来。

各种微生物要求的氧化还原电位不同，一般好氧微生物要求 E_h 为 +300 ~ +400 mV，好氧微生物在 E_h 达到 +100 mV 以上才能生长。兼性厌氧微生物在 E_h 为 +100 mV 以上时进行好氧呼吸，在 E_h 为 +100 mV 以下时进行无氧呼吸。专性厌氧细菌要求 E_h 为 -200 ~ -250 mV，专性厌氧的产甲烷菌要求 E_h 更低为 -300 ~ -400 mV，最适 E_h 为 -330 mV。好氧活性污泥法系统中 E_h 在 +200 ~ +600 mV 是正常的。

氧化还原电位受氧分压的影响：氧分压高，氧化还原电位高；氧分压低，氧化还原电位低。在微生物培养过程中，微生物的生长和繁殖会消耗大量氧气，同时分解有机物会产生氢气，导致氧化还原电位下降。为了维持微生物体系中的适宜氧化还原电位，可以使用一些还原剂进行调控。这些还原剂包括抗坏血酸（维生素 C）、硫二乙醇钠、二硫苏糖醇、谷胱甘肽、硫化氨和金属铁等。

四、溶解氧

根据微生物与分子氧的关系，微生物被分为好氧微生物（包括专性好氧微生物和微量好氧微生物）、耐氧厌氧微生物、兼性厌氧微生物（也称兼性好氧微生物）及专性厌氧微生物。专性好氧微生物是指在氧分压 0.21 atm 的条件下生长繁殖良好的微生物；微量好氧微生物是指在氧分压 0.003 ~ 0.2 atm 的条件下生长繁殖良好的微生物；厌氧微生物包括专性厌氧微生物和耐氧厌氧微生物。专性厌氧微生物是指只能在氧分压小于 0.005 atm 的琼脂表面生长的微生物；而兼性厌氧微生物是既可在有氧条件下，又可在无氧条件下生长的微生物。这五种类型微生物对氧的反应不同（见图 3-6）。

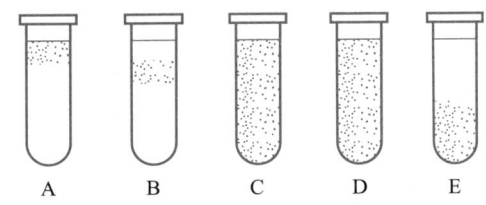

图 3-6 不同微生物对氧环境的反应
A—专性好氧微生物；B—微量好氧微生物；C—兼性厌氧微生物；D—耐氧厌氧微生物；E—专性厌氧微生物
（摘自周群英，等．环境工程微生物学．4 版．2015）

（一）好氧微生物与氧的关系

在有氧存在的条件下才能生长的微生物叫好

氧微生物。大多数细菌（如芽孢杆菌属、假单胞菌属、动胶菌属、黄杆菌属、微球菌属、无色杆菌属、球衣菌属、根瘤菌、固氮菌、硝化细菌、硫化细菌和无色硫黄细菌）、大多数放线菌、霉菌、原生动物和微型后生动物等都属于好氧微生物。蓝细菌和藻类等白天从阳光中获得能量，合成有机物，放出氧；夜间和阴天则利用氧进行好氧呼吸，分解自身物质获得能量。氧对好氧微生物有两个作用：① 作为微生物好氧呼吸的最终电子受体；② 参与甾醇类和不饱和脂肪酸的生物合成。

空气中的氧气的体积分数为21%，在1 atm的大气压力下，氧分压为0.21 atm。通常认为，大于0.21 atm的氧分压对微生物有毒，但这种情况在自然界中不会出现，只有在实验室中通过加压才能实现低于0.21 atm的氧分压则在某些通气系统中可能出现。微量好氧微生物在低于0.21 atm的氧分压环境中能够良好地生长。

好氧微生物和微量好氧微生物在有氧条件下均能正常生长繁殖，因为它们需要氧作为呼吸链中的最终电子受体，并参与部分物质的合成。同时，它们还能够抵御利用氧产生的有毒物质，如过氧化氢（H_2O_2）、过氧化物和羟基自由基（$OH \cdot$）。好氧微生物和微量好氧微生物体内有相应的过氧化氢酶（CAT）、过氧化物酶（POD）、和超氧化物歧化酶（SOD）用于分解上述有毒物质，以防止自身中毒。

好氧微生物依赖的是溶解氧（水中溶解的氧气）。氧气在水中的溶解度受到水温、大气压等因素的影响（表3-4）。通常情况下，低温时氧气的溶解度较高，而高温时则较低。此外，水中溶解氧还受海拔高度等因素的影响。

表3-4 标准大气压下，不同温度（℃）时纯水中的溶解氧量 单位：mg/L

温度	溶解氧	温度	溶解氧	温度	溶解氧	温度	溶解氧	温度	溶解氧
0	14.6	9	11.6	18	9.5	27	8.1	36	7.0
1	14.2	10	11.3	19	9.3	28	7.9	37	6.8
2	13.9	11	11.1	20	9.2	29	7.8	38	6.7
3	13.5	12	10.8	21	9.0	30	7.7	39	6.6
4	13.2	13	10.6	22	8.8	31	7.5	40	6.5
5	12.8	14	10.4	23	8.7	32	7.4	41	6.4
6	12.5	15	10.2	24	8.5	33	7.3	42	6.3
7	12.2	16	9.9	25	8.4	34	7.2	43	6.2
8	11.9	17	9.7	26	8.2	35	7.1	44	6.1

在处理含有机物的废水时，溶解氧浓度常呈低水平。冬季水温下降，有利于维持污水处理过程中所需的氧气供应。然而，夏季水温升高会导致溶解氧量下降，常常引发供氧不足的问题。这种夏季缺氧的情况常导致适应低溶解氧环境的丝状细菌（如微量好氧的发硫菌和贝日阿托氏菌等）的优势生长，从而导致活性污泥的丝状膨胀。

充足的溶解氧是好氧微生物正常生长的关键条件，在污水处理中需要通过充氧设备来确保供氧。例如，可以利用表面叶轮机械搅拌、鼓风曝气、压缩空气曝气、溶气释放器曝气以及射流曝气器等方式进行充氧。在实验室中，振荡器（摇床）也可用于充氧。充氧量与好氧微生物的生长量、有机物浓度等密切相关。因此，在污水处理过程中，需要综合考虑好氧微生物的数量、生理特性、废水基质性质以及浓度等因素，合理确定溶解氧的供给量。例如，污（废）水好氧生物处理的进水 BOD 为 200~300 mg/L，曝气池混合液悬浮固体浓度（MLSS）为 2~3 g/L 时溶解氧的质量浓度要维持在 2 mg/L 以上。经伍赫尔曼（Wuhrman）研究曝气池中溶解氧的质量浓度在 2 mg/L 时，直径为 500 μm 的絮凝体中心点处溶解氧的质量浓度只有 0.1 mg/L，仅位于絮凝体表面的微生物得到较多的溶解氧，絮凝体内的多数微生物处于缺氧状态。因此，溶解氧的质量浓度维持在 3~4 mg/L 为宜。若供氧不足，活性污泥性能差，导致污（废）水处理效果下降。

好氧微生物中有一些是微量好氧的，它们在溶解氧的质量浓度为 0.5 mg/L 左右时生长最好。微量好氧微生物有贝日阿托氏菌、发硫菌、浮游球衣菌（在充足氧和缺氧条件均可生长良好）、游泳型纤毛虫（如扭头虫、棘尾虫、草履虫）及某些微型后生动物（如线虫）等。

（二）兼性厌氧微生物与氧的关系

兼性厌氧微生物具备脱氢酶和氧化酶，使它们能在无氧和有氧条件下都存活。然而，它们在两种环境下的生理状态有着显著差异。在有氧环境中，氧化酶活性高，细胞色素和电子传递体系的其他组分正常存在。而在无氧条件下，这些组分减少或完全丧失，氧化酶失去活性。当再次接触氧气时，这些组分的合成会迅速恢复。例如，酵母菌在有氧条件下迅速繁殖生长，进行好氧呼吸将有机物完全氧化成 CO_2 和 H_2O，并复制大量菌体；而在无氧环境下，它们会通过发酵葡萄糖产生乙醇和 CO_2。如果在正在进行葡萄糖发酵的酵母菌悬液中通入氧气，发酵速率和葡萄糖消耗速率会显著下降，表明氧对葡萄糖利用有抑制作用。这种氧对葡萄糖利用的抑制现象称为巴斯德效应。氧的抑制作用是通过调节 $NADH^+$、H^+ 和 NAD^+ 的相对含量以及 ADP 和 ATP 的相对含量来实现的。当氧气存在时，$NADH^+$、H^+ 通过电子传递体系被氧化，导致无法将乙醛还原为乙醇，进而停止乙醇生成，这有利于酵母菌体的生长。

除了酵母菌外，兼性厌氧微生物还包括肠道细菌、硝酸盐还原菌、某些致病菌、原生动物、微型后生动物和个别真菌等。兼性厌氧微生物在许多方面发挥着积极作用。在污水处理中，当供氧充足时，好氧微生物和兼性厌氧微生物都发挥着积极作用；而当供氧不足时，好氧微生物失去作用，但兼性厌氧微生物仍然起作用，尽管分解有机物的效率没有在有氧条件下高。在污泥厌氧消化中，兼性厌氧微生物也起到了积极作用，它们主要是起水解和发酵作用的细菌，能将大分子的蛋白质、脂肪和糖类等分解为小分子的有机酸和醇等。

反硝化细菌（如某些假单胞菌、伊氏螺菌、脱氮小球菌及脱氮硫杆菌等）在通气的土壤和有溶解氧的水中进行好氧呼吸，在缺氧环境又有 NO_3^- 存在时利用 NO_3^- 作为最终电子受体进行反硝化作用，使 NO_3^- 还原为 NO_2^-，进而产生 N_2，导致土壤中氮素损失，降低土壤肥力，对农业不利。在污（废）水生物处理过程中会产生硝酸盐（NO_3^-）和亚硝酸盐（NO_2^-）。如果将这种出水排放到缺氧的水体，则 NO_3^- 在缺氧水体中会被反硝化转为 NO_2^- 并积累，NO_2^- 遇氨转化为致癌物亚硝酸胺，会危害水生生物和污染饮用水水源，危害人体健康。因此，污（废）水不但要去除有机物，还需要脱氮，利用反硝化作用将硝酸盐（NO_3^-）和亚硝酸盐（NO_2^-）转化为 N_2 释放到大气中。处理水的含氮量只有处在低水平，才可避免上述危害，保证饮用水水源的安全。A/O（缺氧-好氧）系统、A/A/O（厌氧-缺氧-好氧）系统、SBR（序批式间歇曝气器）等工艺都可以去除有机物又达到脱氮除磷的效果。

（三）厌氧微生物与氧的关系

在无氧条件下才能生存的微生物叫厌氧微生物。许多厌氧微生物是绝对专性厌氧微生物如梭菌属（*Clostridium*）、拟杆菌属（*acteroides*）、梭杆菌属（*Fuso-bacterium*）、脱硫弧菌属（*Desulfovibrio*）及所有产甲烷菌。产甲烷菌必须在氧浓度低于 $1.48×10^{-56}$ mol/L 时才能生存。厌氧微生物主要存在于湖泊和海洋沉积处、泥炭、沼泽，积水的土壤、灭菌不彻底的罐头食品、油矿凹处及污（废）水以及污泥厌氧处理系统中。

专性厌氧微生物在绝对没有氧气的环境下才能生存，因为有氧存在时，代谢产生的 $NADH+H^+$ 和 O_2 反应生成 H_2O_2 和 NAD^+，而专性厌氧微生物不具有过氧化氢酶，它将被生成的 H_2O_2 杀死。O_2 还可产生游离 O_2^-（超氧阴离子），由于专性厌氧微生物不具破坏 O_2^- 的超氧化物歧化酶（SOD）而被其杀死。

培养厌氧微生物需要在无氧条件下进行。在接种和传代过程中，通常会用氨气、氢气或氮气驱赶氧气，其中氮气是常用的。通过通入氮气驱赶培养基中的氧气，然后用不透氧的橡皮塞密封，并添加氧化还原性染料如甲基蓝或刃天青来指示氧化还原电位。这些染料在还原态为无色，在氧化态时则橙色。因此，培养基变色表明有氧气存在。为确保厌氧微生物的生长，可以将培养管、培养瓶或平板放置在无氧培养罐内。为了创造无氧环境，可以将专性厌氧菌和兼性厌氧菌混合培养，一旦氧气渗入，兼性厌氧菌可以利用氧气，从而维持无氧环境，有利于专性厌氧菌的生长。

综合考虑微生物与氧的关系，不论是采用好氧方法还是厌氧方法处理污水或固体废物，都需要好氧微生物、兼性厌氧微生物和厌氧微生物以一定的比例共存。它们之间既相互竞争又相互制约，同时也存在互惠互利、协调和谐的关系。例如，在污水的厌氧处理中，人工制造无氧环境为产甲烷菌提供生存条件时，有时可能会发生氧气渗入的情况，但由于存在兼性厌氧的水解菌，它们不仅为产甲烷菌提供底物，还消耗掉渗入的氧气，从而确保了产甲烷菌所需的无氧环境。再如，污水好氧处理系统在供氧充足时，好氧菌能够有效净化污水。但在供氧不足时，由于兼性厌氧菌的存在，它们继续分解有机物质，虽然净化效率比好氧菌略低，但仍能维持一定水平的净化效果。

五、辐射

可见光波长为 380~760 nm。除少数含有光合色素的微生物（如蓝细菌和藻类）能利用光能进行光合作用外，其他微生物都不需要光线。强烈的可见光直接照射可以杀死微生物，主要是由于光氧化作用所致。光线被细胞内色素吸收后，在有氧时引起某些酶或敏感成分失去活性。紫外辐射、电离辐射以及微波等都是对微生物有害的辐射。

六、活度与渗透压

（一）水的活度

生物生存必须有水，但在不同环境中水的含量是有变化的。水的可用性受水含量、吸附程度以及生物将水移入体内的效率影响，溶质水合度也会影响水的可用性。水的活度（a_w）是衡量水受吸附和溶液因素影响下的可用性的指标。在特定温度（如 25 ℃）下，某溶液或物质与空气相平衡时的含水量与空气中饱和水量的比值，即该溶液的蒸气压（p_s）与纯水蒸气压（p_w）的比值，用小数表示。它与相对湿度相对应，某一种溶液的水活度是该溶液相对湿度的 1/100。通过测定蒸汽中的相对湿度可以得到溶液或其他物质的 a_w。例如，若空气的相对湿度为 75%，则溶液或其他物质的 a_w 为 0.75。在相同浓度下，不同物质的 a_w 也不同。水活度与渗透压呈负相关，溶液的渗透压越高，其 a_w 值就越低。

水的活度分基质的水活度（受吸附的影响）和渗透压的水活度（受溶质相互作用的影响）。在食品、土壤、固体培养基上生长的微生物及空气中的微生物，基质的水活度比渗透压的水活度重要，它们普遍受到基质水活度的影响。例如，土壤微生物的活性明显受土壤水状态的影响。

大多数微生物在 a_w 为 0.95～0.99 时生长最好，嗜盐杆菌属（*Halobacterium*）很特殊，它们在 a_w 低于 0.8 的含 NaCl 的培养基中生长最好；少数霉菌和酵母菌在 a_w 为 0.6～0.7 时仍生长；在 a_w 为 0.60～0.65 时大多数微生物停止活动，如表 3-5 所示。

表 3-5　不同水的活度环境中生长的微生物

物质	水的活度 a_w	生长的微生物
纯水	1.000	柄杆菌、螺菌
水血液	0.995	链球菌、埃希菌
海水	0.985	假单胞菌、弧菌
面包	0.950	多数革兰阳性细菌
火腿	0.900	革兰阴性球菌
果冻、果酱	0.800	拜耳酵母、青霉菌
盐湖水、海鱼	0.750	盐杆菌、盐球菌
谷类、糖果、干果	0.700	嗜旱真菌

（二）渗透压

当两种不同浓度的溶液被半透膜隔开时，会产生渗透压。例如，将浓度为 10 g/L 的盐溶液与浓度为 20 g/L 的盐溶液用半透膜隔开，低浓度盐溶液中的水分子将透过膜进入高浓度盐溶液中，导致高浓度溶液一侧液面上升。当液面高度差产生的压力阻止水继续流动时，渗透停止，此时液面高度差产生的压力即为渗透压。

溶液的渗透压取决于其浓度，溶质离子或分子的数量越多，渗透压就越大。在相同浓度下，含有小分子溶质的溶液比含有大分子溶质的溶液具有更高的渗透压。例如，50 g/L 葡萄糖溶液的渗透压大于 50 g/L 蔗糖溶液的渗透压，离子溶液的渗透压也大于分子溶液的渗透压。

通过测量溶液的渗透压，可以推算出其中溶质的相对分子质量。典型培养基中的无机盐渗透压为 0.5~1 atm，加入糖和其他成分后的总渗透压为 3.5~7 atm。细菌体内存在高浓度的磷酸盐、磷酸酯和嘌呤，革兰氏阳性菌甚至能够在细胞内浓缩某些氨基酸，导致细菌体内的渗透压为 20~25 atm；而革兰氏阴性菌的渗透压稍低，为 5~6 atm。培养基的渗透压通常不会超过细菌体内的渗透压，即使略高也无妨，因为细菌的细胞壁和细胞质膜具有一定的坚韧性和弹性，能够保护细菌免受影响（表 3-6）。

表 3-6　各种溶液的渗透压

溶液	渗透压/atm
G⁺菌体内	20~25
G⁻菌体内	5~6
人血浆	7.13~7.89
60 g/L 蔗糖溶液	6.5
600~800 g/L 蔗糖溶液	45~90
咸水湖	>200
海水	28

微生物在不同渗透压的溶液中呈不同的反应见图 3-7：① 在等渗溶液中微生物生长得很好。微生物在质量浓度为 5~8.5 g/L 的 NaCl 溶液中，红细胞在质量浓度为 9 g/L 的 NaCl 溶液中形态和大小不变，并生长良好，上述溶液（即生理盐水）称等渗溶液。② 在低渗溶液（$\rho_{NaCl}=0.1$ g/L）中，溶液中水分子大量渗入微生物体内，使微生物细胞发生膨胀，严重者破裂。③ 在高渗溶液（$\rho_{NaCl}=200$ g/L）中，微生物体内水分子大量渗到体外，使细胞发生质壁分离。

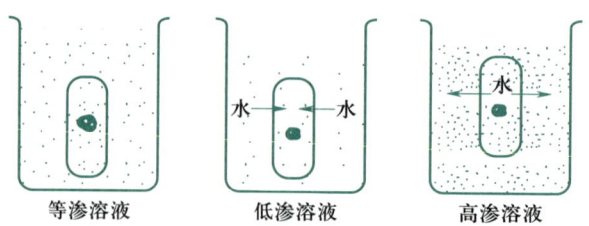

等渗溶液　　　低渗溶液　　　高渗溶液

图 3-7　细菌在不同渗透压水平下的反应

（摘自周群英，等．环境工程微生物学．4 版．2015）

鉴于低渗溶液和高渗溶液对微生物生长均不利，在实验室用 $\rho_{NaCl}=8.5$ g/L 的生理盐水稀释菌液。对于稀释后马上就用的，可不用 $\rho_{NaCl}=8.5$ g/L 的生理盐水稀释，而用无菌自来水或无菌蒸馏水即可。高渗溶液一般用来保存食物防止腐败，例如，用 $\rho_{NaCl}=50\sim300$ g/L 的溶液腌渍鱼肉，用质量浓度为 $300\sim800$ g/L 的糖溶液做蜜饯。也有些微生物在高渗溶液中生长，例如，某些霉菌在质量浓度 $600\sim800$ g/L 的糖溶液中生长，这类微生物称嗜高渗微生物。海洋微生物、盐湖中生长的微生物及水果汁中生长的微生物都是嗜高渗透压的，它们在淡水中不能生长。嗜盐微生物可在质量浓度为 20 g/L 的盐溶液中生长；极端嗜盐的微生物（如古菌）在质量浓度为 $150\sim300$ g/L 的盐溶液中生长。嗜盐菌可以被应用于含盐量高的污（废）水生物处理中。

七、表面张力

表面张力是作用在物体表面单位长度上的收缩力。不同物质的表面张力不同，水的表面张力为 7.3×10^{-4} N/m，一般培养基的表面张力为 $4.5\times10^{-4}\sim6.5\times10^{-4}\times10^{-4}$ N/m 适合微生物生长。微生物的形态、生长及繁殖受表面张力影响。例如，肺炎球菌、胸膜炎球菌悬液的表面张力低于 5×10^{-4} N/m 时不能生长，甚至崩解死亡。胆汁或吐温 80（tween80）可降低表面张力。肺炎球菌等的革兰氏阳性菌对胆汁和胆酸盐很敏感，故可用胆汁溶解实验鉴别肺炎球菌和链球菌。胆酸盐抑制肠道中的革兰氏阳性菌，不抑制革兰氏阴性的大肠菌群中的细菌，故胆酸盐广泛用于大肠菌群的分离。在表面张力降低的液体培养基中，一些细菌的生长状态会发生改变。例如，某些原本生成菌膜或菌块的细菌会转变为均匀生长，其代谢速率和通气程度也会增强。在含有表面活性剂的液体培养基中，结核杆菌不会生成菌膜，而是呈现均匀生长，并且生长速率加快。在肉汁中加入肥皂液可以将表面张力降低至 4×10^{-4} N/m 以下，枯草杆菌在这种培养基表面呈扩散生长，不产生菌膜。若添加无机盐增加培养基的表面张力，可使枯草杆菌产生菌膜。

细菌的生长方式也受到润湿状况的影响。如果细菌不被液体培养基润湿，它们将在表面形成一层薄菌膜；但若被润湿，则会在培养基中均匀生长，导致培养基变得浑浊。若要使那些在液体培养基中均匀生长的细菌呈现膜状生长，则可以增加类脂质含量，以保护菌体不受润湿影响。

第三节　微生物的胁迫因子

一、紫外辐射和电离辐射

（一）紫外辐射对微生物的影响

紫外辐射（UV）是阳光中的一部分，强烈的阳光能杀菌是由于紫外辐射对微生物有致死作用。紫外辐射的波长范围是 200~390 nm，以波长 260 nm 左右的紫外辐射杀菌力最强。这种极端致死性短波长 UV 无法穿透地球大气层，因此只有在高空或太空中的微生物才会受到快速杀灭的影响。大气层内到达地表的 UV 波长在 287~390 nm 之间，因此，散射的阳光具有较弱的杀菌能力。

微生物的核酸、嘌呤、嘧啶和蛋白质对 UV 具有强烈的吸收能力，特别是 DNA 和 RNA 在 260 nm 处有吸收峰，蛋白质在 280 nm 处有吸收峰。UV 辐射会导致 DNA 链上相邻的胸腺嘧啶形成二聚体（T-T），阻止 DNA 复制，从而导致微生物死亡。因此，人工制造的 UV 杀菌灯（发射 253.7 nm 的 UV 辐射）具有强大而稳定的杀菌能力。然而，UV 辐射的穿透能力较差，无法穿透不透明物体或玻璃，因此主要用于空气和物体表面的消毒。UV 辐射的杀菌效果随着辐射剂量的增加而增强，辐射剂量由辐射强度与时间的乘积决定。UV 辐射后的微生物悬浮液，若暴露于可见光下，部分受损的细胞可通过光复活现象恢复活力。这种复活程度取决于可见光的暴露时间、强度和温度，其中 510 nm 的可见光波长最有效。UV 辐射破坏的 DNA 可在暗条件下修复，但修复程度受到辐射损伤力和修复酶的相对能力影响。光使被紫外辐射破坏的 DNA 中 T-T 恢复成正常的 DNA，先由 DNA 链上的酶在损伤区域的两端将磷酸二酯键水解，从而切掉受损伤的一段 DNA 成分。然后，在另一些酶催化下，将相同成分的新核苷酸插入，由连接酶连接好，形成正常的 DNA。DNA 链的修复还可在黑暗条件下进行暗复活。由于微生物的 DNA 被紫外辐射破坏后还能修复，所以，微生物没有被灭活。只有当某一剂量的紫外辐射对 DNA 的损伤力比修复酶对损伤 DNA 的修复力大得多时，才导致微生物死亡。

不同种的微生物或微生物的不同生长阶段对紫外辐射的抵抗力不同。革兰氏阴性菌对紫外辐射最敏感，革兰氏阳性菌次之。芽孢对紫外辐射的抵抗力比它的营养细胞高几倍，随着芽孢出芽后，抵抗力逐渐减弱。酵母菌在对数生长期抵抗力最强，在缺氮的情况下抵抗力最弱，此时可供给酵母浸出液，增强它对紫外辐射的抵抗力。由于紫外辐射有着如上所述的特殊性质，因此，它被广泛地应用于科研、医疗和卫生等许多方面。

1. 空气消毒

无菌室、无菌箱或医院手术室均装有紫外辐射杀菌灯进行消毒，无菌室内紫外辐射杀菌灯的功率为 30 W（无菌箱用 15 W），在距离 1 m 处照射 20~30 min 即可杀死空气中的微生物。

2. 表面消毒

对某些不能用热和化学药品消毒的器具（如胶质离心管、药瓶、安瓿、牛奶瓶等），可用紫外辐射消毒。

3. 诱变育种

微生物在低于致死剂量的紫外辐射照射下，引起微生物某些特性或性状的改变可根据此诱变产生优良变种。直射的紫外辐射对眼睛和皮肤有刺激或灼伤作用，所以，当实验人员操作时不可开紫外辐射灯。空气在紫外辐射照射下产生臭氧（O_3），臭氧有一定的杀菌作用。高浓度臭氧会引起头痛、头昏、眩晕等症状。所以，臭氧在空气中的极限体积分数不得超过 $0.1 \times 10^{-6} \sim 1 \times 10^{-6}$。

4. 用于饮用水（纯净水、矿泉水等）和污（废）水的消毒

紫外辐射用于纯净水和矿泉水的消毒效果较好。由于紫外辐射的穿透力较差，对污（废）水的消毒能力欠佳，如医院污水用紫外辐射消毒不能达到排放标准，加用微电解消毒器配合可达标。

（二）电离辐射对微生物的影响

1. X 射线和 γ 射线

X 射线和 γ 射线均能使被照射的物质发生电离作用，故称为电离辐射。它们都是高能电磁波，X 射线波长为 $0.1 \sim 0.1$ nm，γ 射线波长为 $0.01 \sim 0.001$ nm，它们的穿透力都很强。生物学上所用的 X 射线由 X 射线机产生，γ 射线由钴、镅等放射性元素产生。X 射线和 γ 射线对微生物生命活动的影响表现为：低剂量（$0.93 \sim 4.65$ Gy）照射有促进微生物生长的作用，或引起微生物发生诱变；高剂量（9.3×10^{2} Gy 以上）照射对微生物有致死作用。这是由于辐射先引起水分解出游离 H^{+}，生成 $O_{2}^{-} \cdot$（超氧阴离子）、HO_{2}（超氧化氢）和 $H_{2}O_{2}$（过氧化氢）等强氧化性的基团和物质，使酶蛋白的—SH 基氧化，从而引起细胞各种病理变化。培养基中氧浓度高，微生物易被辐射破坏，若用惰性气体代替氧气，或在培养基中加入含—SH 基的化合物，可增强微生物对辐射的稳定性，减轻辐射对细胞的损伤作用。蛋白质、醇和葡萄糖也对微生物有保护作用。导致有害微生物死亡的 γ 射线剂量除因微生物种类不同而不同，还与它们的基质有关。当微生物的数量为 10^{6} 时，杀死肉汤和碎瘦肉中的大肠杆菌的 γ 射线剂量为 1.8 kJ/kg；同样条件下，杀死类链球菌的剂量需 0.38 kJ/kg，杀死牛痘病毒（在缓冲液中）需 $15 \sim 30$ kJ/kg。

2. α 射线

一般的微生物对 α 射线很敏感，而嗜极菌对 α 射线的抗性很强，它能够暴露于数千倍强度的辐射下仍能存活（而人被一个剂量强度照射就会死亡），该细菌的染色体在接受 1×10^{4} Gy 以上的 α 射线后被破碎为数百个片段却能在一天内自我修复成原样。

（三）微生物对辐射的抗性反应

辐射对生物的不良影响早已为人所知，甚至可致其死亡。在这方面的研究中，1956 年，美国科学家 Anderson 等人发现了一种对辐射具有极强抗性的微生物。他们从经过 4 kGy 电离辐射处理后仍然变质的肉类罐头中分离出了耐辐射异常球菌（*Deinococcus radiodurans*），也被称为耐辐射奇球菌。这种微生物对电离辐射、紫外辐射、过氧化氢和干燥等 DNA 损伤剂具有极强的抗性。研究表明，在指数生长期，耐辐射异常球菌对 γ 射线具有极强的抗性，其最高存活剂量达到 15 kGy；而在稳定期，其存活剂量高达 17 kGy，是人体细胞的抗辐射能力的 $2\,000 \sim 3\,000$ 倍。相比之下，大肠杆菌（*E. coli*）在 γ 射线剂量为 0.15 kGy 时存活率仅为 10%，当剂量超过 0.93 kGy 时，大多数微生物都会被杀死。

耐辐射异常球菌不仅对 γ 射线具有抗性，在紫外辐射（UV）方面也表现出惊人的耐受力。它可以在 500 J/m 的 UV 剂量下存活正常生长，甚至在 $1\,000$ J/m 的 UV 处理后仍然存活；而大肠杆菌的存活率则急剧下降。在对数生长期，耐辐射奇球菌的 UV 抗性大约是大肠杆菌的 33 倍。

耐辐射异常球菌的特征：耐辐射异常球菌（*Deinococcus radiodurans*）为球菌其细胞直径为 1~2 μm，在对数生长期，约 90% 的菌体呈二联体存在；在稳定期，绝大多数呈四叠体。为革兰氏染色阳性菌（G^+菌），不产孢子。菌落呈圆形，能产生粉红色色素，单克隆的菌苔呈凸状，表面光滑。它是好氧菌，其最适生长温度是 30 ℃，而在 37 ℃时生长速率最快当温度低于 4 ℃或高于 45 ℃时细胞停止生长。目前已知 *Deinococcus* 属下有 41 个种是耐辐射的，其他属也有耐辐射类型。

研究表明，耐辐射异常球菌能异常抵抗极端环境因素的关键为：① 它具有特殊细胞壁和类（拟）核结构。其细胞壁含有 14~20 nm 厚的聚糖层和一个未知的分层结构，在电镜下，可以看到 6 层：最里层是细胞膜；紧挨着细胞膜的是含有肽聚糖的细胞壁，细胞壁上有很多孔（称为多孔层），壁上的这些孔对细胞有重要的生理学意义；第三层是无数细小区域的分区层；第四层是外膜；第五层是电子致密区；第六层为 S 层（由排列规整，呈六角形的蛋白亚单位组成），或六角排列的中间体层。有的耐辐射异常球菌外面还有一层厚的多糖外膜。以上结构，将耐辐射异常球菌机体严严实实地包裹在里面，使其受到很好的保护。耐辐射异常球菌的类（拟）核也起了很好的作用，在类（拟）核中有一个高度浓缩的环状结构。类核结构的作用是使耐辐射异常球菌在被辐射损伤产生 DNA 双链断裂（double-strand breakage，DSB）后能维持 DNA 线状连续性。② 耐辐射异常球菌有冗余的遗传信息。即有多基因组结构，在其稳定生长期，细胞中至少有 4 个拷贝的基因组，在细胞分裂旺盛的对数生长期可多达 10 个以上拷贝。冗余的基因组拷贝数给细胞提供了一个遗传信息储蓄库，使其能通过同源重组修复 DNA 双链断裂。③ 它具有完善的抗活性氧自由基的酶系统基因组内编码多种清除活性氧自由基的蛋白，包括 3 种过氧化氢酶（CAT），3 种超氧化物歧化酶（SOD）和过氧化物酶（POD），它们能有效清除因电离辐射产生有毒害的活性氧自由基。④ 它具有强大的 DNA 修复机制和功能。据实验证明，耐辐射异常球菌具有高效而准确的 DNA 修复系统，有 3 种 DNA 修复方式：碱基切除修复、核酸切除修复和重组修复，是否具有 SOS 易错修复尚有争议。另外，染色体 DNA 的降解和将其排除到细胞外，均有利于正确修复 DNA，保证修复顺利进行。

耐辐射异常球菌经大剂量 γ 射线照射（15 kGy）后，染色体基因组产生 150~200 个双链断裂（DSB）的 DNA 片段，约 3 000 个单链片段和至少 1 000 个损伤的碱基位点。由于它细胞内有多个基因组拷贝（4~10 条染色体），有冗余的遗传信息，因此，可迅速动用储备的遗传信息替代受损伤 DNA 片段上的遗传信息，因而避免或减少遗传信息的丢失，有利于 DNA 修复，使受损伤的耐辐射异常球菌的基因组能在几十小时之内完全修复。研究耐辐射异常球菌的各种酶及其 DNA 修复机制，将其应用于辐射污染区的环境生物治理和环境医学是非常有意义的。

二、超声波

频率超过人类听觉范围（超过 20 000 Hz）的声波，被称为超声波。它具有强大的生物学作用，几乎所有的细菌体都能被超声波所破坏，尽管它们的敏感程度各不相同。超声波的杀菌效果与频率、处理时间、细菌的大小、形状以及细菌数量等因素有关。频率较高的超声波具有更好的杀菌效果；杆菌相比球菌更易被超声波杀死；大型杆菌比小型杆菌更容易被杀死，因为小细菌可能会藏在超声波的波节处而免受损伤，所以在超声波处理过程中，仍会有一小部分细菌存活。

超声波的杀菌机制主要包括以下几个方面：首先，超声波会使细胞内的物质受到强烈振荡，导致胶体形成絮状沉淀、凝胶液化或乳化，从而使其失去生物活性。其次，超声波作用下，溶液中会产生空腔，引起巨大的压力变化，进而导致细菌死亡。同时，溶液中的气体溶解会形成无数微小气泡，迅速且强烈地冲击细菌，使其破裂。

超声波的应用：① 超声波破坏菌体，制成细菌裂解液，用于研究细菌的结构化学组成酶活性等。② 利用超声波从组织中提取病毒。③ 利用频率为 800~1 000 kHz 的超声波治疗疾病，能引起致病生物体发生破坏性改变。④ 用超声波对汽车车厢内的空气进行消毒。⑤ 用超声波杀灭饮用水、食品、饮料中的细菌。⑥ 用超声波破碎高浓度污水和剩余活性污泥中的细菌，将它们的细胞壁和细胞物质破碎，增加其生化降解性。

三、重金属

重金属汞、银、铜、铅及其化合物可有效地杀菌和防腐，其杀菌机理是与酶的—SH 基结合使酶失去活性，或与菌体蛋白结合使其变性或沉淀。

二氯化汞（$HgCl_2$）的质量浓度为 5~20 mg/L 时，对大多数细菌有致死作用。自然界中有些细菌能耐汞，甚至转化汞。例如，腐臭假单胞菌能耐小于 2 mg/L 的汞，带 MER 质粒的腐臭假单胞菌的耐汞能力更强，能在质量浓度为 50~70 mg/L 的 $HgCl_2$ 环境中生长。可用耐汞菌处理含汞废水，耐汞菌可将无机汞转化为有机汞并成为菌体的一部分，然后再从菌体中回收汞。

$$2[酶—SH] + Hg^{2+} \longrightarrow 酶—S—Hg—S—酶 + 2H^+$$
$$\quad\;(有活性) \qquad\qquad\qquad (无活性)$$

硫酸铜对真菌和藻类的杀伤力较强。硫酸铜与石灰配制成波尔多液，在农业上可用以防治某些植物病毒。在污（废）水生物处理过程中用化学法测定曝气池混合液的溶解氧时，可在 1 L 混合液中加 10 mL 质量浓度 1 g/L 的硫酸铜抑制微生物呼吸。在富营养化湖泊和冷却塔内投加硫酸铜可杀藻和抑制藻类的生长。铅对微生物有毒害，将微生物浸在质量浓度为 1~5 g/L 的铅盐溶液中，几分钟内就会死亡。

四、极端温度

极端温度是指超高温和超低温。超高温是指在微生物最高生长温度以上的温度对微生物有致死作用。极端温度对微生物的不利影响主要表现在破坏微生物机体的基本组成物质——蛋白质、酶蛋白和脂肪。蛋白质被高温严重破坏而发生凝固，呈不可逆变性。因此，微生物经超高温处理必然死亡。超高温致死微生物的原因除蛋白质凝固变性外，还可能是由于细胞质膜含有受热易溶解的脂质，当用超高温处理时，细胞质膜中的脂肪受热溶解，导致细胞膜产生小孔，引起细胞内含物泄漏而致死。

在微生物学研究和生产实际中，高温是最常用的进行灭菌和消毒的方法（表3-7）。高温可以杀死微生物，这是因为菌体内含有的蛋白质遇热凝固变性造成的。菌体内含水分越高，所需致死温度越低。芽孢本身含水量少，在100℃沸水中需煮1~2 h才能死亡，而无芽孢菌体70℃加热十几分钟即死亡。在烤箱中干热的情况下，一般菌体在100℃时需1~2 h，而芽孢需加热至160℃经1~2 h才灭活。利用高温导致微生物死亡的原理，在实际工作中，可以达到杀灭微生物的目的。消毒和灭菌是两个不同的概念，其中高温灭菌方法有灼烧、干热灭菌和湿热灭菌等，高温消毒方法有水煮沸法、巴斯德消毒法等。

表 3-7　几种芽孢杆菌的致死温度及时间

	湿热杀菌温度/℃	杀菌时间/min
炭疽杆菌	105	5~10
蜡状芽孢杆菌	100	6
枯草芽孢杆菌	100	6~17
嗜热脂肪芽孢杆菌	120~121	12

1. 灼烧

实验室中常用酒精灯或煤气灯火焰对接种环、接种针或试管口等不会被高温破坏的物品进行灭菌。

2. 干热灭菌

通常是将灭菌物品置于鼓风干燥箱内，在160℃下加热2 h或171℃下加热1 h或121℃下加热12 h以上，利用热空气进行灭菌，该方法适用于金属和玻璃器皿等耐高温物件的灭菌等。

3. 湿热灭菌

适用于大多数物品，它是利用高压蒸汽和高温的联合作用，达到灭菌的效果（一般用0.103 MPa、121℃、20 min）。在相同温度下，湿热的灭菌效力比干热好，这是因为热蒸汽对细胞成分的破坏作用更强，水分子的存在有助于破坏维持蛋白质结构的氢键和其他作用力，更易使蛋白质变性；热蒸汽比热空气穿透力强且存在潜热，能有效地杀灭微生物。

4. 水煮沸法

将物品置于100℃沸水中下维持15 min以上，可杀死细菌和真菌以及一些病毒，但不能全部杀死芽孢和真菌孢子。延长煮沸时间或向水中加入2%的碳酸钠可提高消毒的效果。该法适用于注射器、解剖用具及家庭餐具的消毒。

5. 巴斯德消毒法

常用于消灭牛奶、酒等饮料等对热敏感的食品中微生物的方法，将食品在70℃下保持15 min或在63~66℃下加热30 min，饮料经巴斯德消毒法消毒后其营养价值不受损害。

五、极端 pH

过高或过低的 pH 对微生物生长繁殖不利,表现在以下几方面:

① pH 过低(pH≤1.5)引起微生物体表面由带负电荷改变为带正电荷进而影响微生物对营养物的吸收。

② 过高或过低的 pH 还可影响培养基中有机化合物的离子化作用,从而间接影响微生物。因为细菌表面带负电荷,非离子状态化合物比离子状态化合物更容易渗入细胞。

③ 酶只有在最适宜的 pH 下才能发挥其最大活性,极端的 pH 使酶的活性降低,进而影响微生物细胞内的生物化学过程,甚至直接破坏微生物细胞。

④ 过高或过低的 pH 均降低微生物对高温的抵抗能力。

六、干燥

干燥会导致微生物体内的蛋白质变性,进而使得代谢活动停止,影响其活性和生命力。不同类型的微生物在不同的干燥条件下会有不同的反应,这取决于它们的种类、环境以及干燥的程度。相比于营养细胞,细菌的芽孢、藻类和真菌的孢子以及原生动物的胞囊更具抗干燥能力。干燥细胞的代谢会停滞,而在没有热量和其他外部干扰的情况下,干燥细胞可以处于休眠状态并长期存活,一旦提供了足够的潮气,它们会迅速复苏。此外,地衣(真菌和藻类的共生体)能够在极低水活度的干燥环境下存活。考虑到在极度干燥的环境中微生物无法生长,干燥成为保存物品和食物的一种有效方法。可以使用灭菌的沙土管来保存菌种和孢子,也可以通过真空冷冻干燥的方式来保存菌种。

七、有机物

醇、醛、酚等有机化合物能使蛋白质变性,是常用的杀菌剂。

1. 醇

醇是脱水剂和脂溶剂,可使蛋白质脱水、变性,溶解细胞质膜的脂质,进而杀死微生物机体。一般化学杀菌剂的杀菌力与其浓度成正比,但乙醇例外,体积分数为 70%的乙醇杀菌力最强。乙醇浓度过低无杀菌力,纯乙醇因不含水很难渗入细胞,又因它可使细胞表面迅速失水,表面蛋白质沉淀变性形成一层薄膜,阻止乙醇分子进入菌体内,故不起杀菌作用。

甲醇杀菌力差,对人有毒,不宜作杀菌剂。一定浓度的醇(甲醇、乙醇、丙醇、丁醇)可作为微生物的碳源和能源。在废水生物脱氮处理工艺中,当缺少碳源时常用甲醇作碳源。丙醇、丁醇及其他高级醇杀菌力均比乙醇强,但由于不溶于水,不能作杀菌剂。

2. 甲醛

甲醛与蛋白质的氨基(—NH_2)结合而干扰细菌的代谢机能,所以甲醛是很有效的杀菌剂，对细菌、真菌及其孢子和病毒均有效。质量浓度为 370～400 g/L 的甲醛溶液称为福尔马林，其蒸气有强烈刺激性，有杀菌和抑菌作用。过去没有超净室，曾用甲醛溶液蒸熏的方法消毒厂房及无菌室，用量为 10 mL/m³。质量浓度为 50 g/L 的甲醛溶液，1～2 h 可杀死炭疽杆菌的芽孢。甲醛溶液（福尔马林）是保藏动物组织和原生动物标本的固定剂。

3. 表面活性剂

苯酚是一种表面活性剂，酚与其衍生物能引起蛋白质变性，并破坏细胞质膜。苯酚又名石炭酸，其质量浓度为 1 g/L 时，能抑制微生物生长（指未经驯化的微生物）；甲酚的杀菌力比其他酚强几倍，但它难溶于水，易与皂液或碱液形成乳浊液，称为来苏尔。质量浓度为 10～20 g/L 的来苏尔常用于皮肤消毒，质量浓度为 30～50 g/L 用于消毒桌面和用具。

新洁尔灭是季铵盐的一种，是表面活性强的杀菌剂。它对许多非芽孢型的致病菌、革兰氏阳性及阴性菌等有着极强的致死作用。例如，葡萄球菌、伤寒杆菌、大肠杆菌、痢疾杆菌、霍乱弧菌及霉菌等，与新洁尔灭接触几分钟后即被杀死。新洁尔灭稀释度小时，有杀菌作用及去污垢作用，对人无毒；但在高度稀释下只有抑菌作用，将质量浓度为 50 g/L 的原液稀释为 1 g/L 的水溶液可用于皮肤消毒，浸泡 5 min 可达到消毒效果。1 g/L 的新洁尔灭水溶液还可用于冷却循环水的杀菌除垢。

合成洗涤剂去污力强，在硬水中不形成沉淀，它除洗涤污物外，还有杀菌作用。阳离子型的洗涤剂比阴离子型洗涤剂的杀菌力强。为了防止洗涤剂对水体的污染，要求生产的洗涤剂必须能生物降解。非离子型的洗涤剂没有杀菌力。目前使用的主要为阴离子型的 LAS（直链烷基苯硫酸钠）合成洗涤剂，它可被微生物降解。随着合成洗涤剂的使用日益广泛，生活污水中合成洗涤剂含量在增加，在污（废）水生物处理过程中若有较多的合成洗涤剂，曝气池充满泡沫，会严重影响充氧能力。例如，被服洗涤厂排出的废水中主要含合成洗涤剂，其 COD 在 400 mg/L 左右，可用长期驯化和筛选的优势菌种加以处理。

4. 染料

孔雀绿、亮绿、结晶紫等三苯甲烷染料及吖啶黄（acrifavine）都有抑菌作用。革兰氏阳性菌对上述染料的反应比革兰氏阴性菌敏感。例如，结晶紫质量浓度为 $3.3 \times 10^{-4} \sim 5.0 \times 10^{-4}$ g/L 时抑制革兰氏阳性菌，需浓缩 10 倍才能抑制革兰氏阴性菌。在培养基中加入适合某种微生物生长，又能抑制另一种微生物生长的某一浓度的染料，制成选择性培养基，就可将需要的微生物培养出来。孔雀绿的质量浓度为 10^{-5} g/L 时，可抑制金黄色葡萄球菌；质量浓度为 3.3×10^{-3} g/L 时抑制大肠杆菌。结晶紫的质量浓度为 10^{-4} g/L 时，可杀死念珠霉和圆酵母菌；质量浓度为 10^{-6} g/L 时，则起抑制作用。将 10^{-6} g/L 的亮绿加入培养基可抑制革兰氏阳性菌，将大肠杆菌鉴别出来。质量浓度小于 1 g/L 的染料可作微生物的营养。废水生物处理中活性污泥微生物经长期驯化，具有很强的脱色作用，能分解染料，净化废水。

八、抗生素

自 1940 年青霉素首次应用于临床以来，已陆续发现了数千种抗生素。这些抗生素主要由微生物在代谢过程中产生，然后从培养液中提取、纯化，或者通过合成或半合成的方法制得。目前，临床上使用的抗生素超过 150 种。抗生素可分为广谱和狭谱两类。氯霉素、金霉素、土霉素和四环素属于广谱抗生素，可以抑制多种不同类型的微生物。而青霉素只能杀死或抑制革兰氏阳性菌，多黏菌素则只对革兰氏阴性菌有效，因此被称为狭谱抗生素。除了作为医药品使用外，抗生素还可用于微生物的分离。在培养基中添加适量的抗生素可以抑制杂菌的生长，使所需的微生物得以正常生长。一般来说，杀死或抑制细菌生长的抗生素对人体无毒性或毒性极小。由于不同的抗生素作用于微生物的部位各不相同，因此某种抗生素可能对某些微生物有效，但对另一些微生物无效。根据抑菌功能，抗生素可分为细胞壁合成抑制剂、细胞膜功能抑制剂、蛋白质合成抑制剂和核酸合成抑制剂四大类。抗生素对微生物的影响有如下四方面：

1. 抑制微生物细胞壁合成

青霉素先抑制革兰氏阳性菌中肽聚糖的合成，进而抑制细胞壁合成，菌体失去细胞壁的保护作用，又因革兰氏阳性菌体内渗透压高于环境中的渗透压，水分子大量渗入菌体使细菌膨胀或崩解而死亡。革兰氏阴性菌细胞壁的肽聚糖含量很低。因此，只受到部分损伤，菌体内的渗透压与环境中的渗透压相近，不会受低渗透压影响。人和动物的细胞不具细胞壁，不含肽聚糖，所以不受青霉素的损害。多氧霉素（多抗霉素）阻碍真菌细胞壁中几丁质的合成，故抑制真菌生长，对藻（细胞壁含纤维素）没有损害作用。

2. 破坏微生物的细胞质膜

多黏菌素中的游离氨基与革兰氏阴性菌细胞质膜中的磷酸根（PO_4^{3-}）结合，损伤其细胞质膜，破坏了细胞质膜的正常渗透屏障功能，使菌体内核酸等重要成分泄出，导致细菌死亡。磷脂、肥皂可降低多黏菌素的杀菌力。制霉菌素和两性霉素 B 是抗真菌剂，它们与真菌细胞质膜中麦角固醇结合，破坏细胞质膜透性。细菌细胞质膜不含麦角固醇，故制霉菌素和两性霉素 B 对细菌不起作用。

3. 抑制蛋白质合成

氯霉素、金霉素、土霉素、四环素、链霉素、卡那霉素、新霉素、庆大霉素、嘌呤霉素及春日霉素等都能与核糖核蛋白结合，抑制微生物蛋白质合成；同时，上述广谱抗生素能与酶组成中的金属离子结合，抑制了酶的活性。因受上述两方面影响，许多微生物的生长受到抑制。

4. 干扰核酸的合成

博来霉素（即争光霉素）与 DNA 结合，干扰 DNA 复制。丝裂霉素（自力霉素）与 DNA 分子双链之间互补的碱基形成交联，影响 DNA 双链的分开，从而破坏 DNA 的复制。放线菌素 D（更生霉素）只与双链 DNA 结合，阻碍遗传信息的转录与 RNA 的合成但不阻止单链 DNA 的合成。因此，放线菌素 D 不抑制单链 DNA 和单链 RNA 的病毒。

各种抗生素发酵厂的废水分别含有一定浓度的相应的抗生素，在废水生物处理初期，由于活性污泥不适应此废水，导致处理效果不好，经过相当长时间的驯化期后，活性污泥中的微生物逐渐适应各种抗生素并降解抗生素，使得废水得到净化。

第四节　有害微生物的控制

在我们周围的环境中，存在着各种微生物，其中一部分对人类构成危害。它们通过气流、接触或人为传播到基质或生物对象上，造成各种问题。例如，食品和农产品容易受到霉菌污染而变质；实验室中的微生物或动植物组织、细胞培养物可能被污染；培养基或生化试剂也可能受到细菌污染；微生物工业中的发酵过程可能被杂菌污染；同时，人体和动植物也容易感染各种传染病病原微生物。

在环境工程和市政工程中，通常需要防止污水中的病原微生物污染水体、土壤和空气，以及消灭饮用水中可能存在的病原微生物。有时候，也需要控制特殊场合（如病房、无菌室、超净间甚至居室）内环境空气中的有害微生物。在活性污泥处理系统中，引起污泥膨胀并导致处理效果下降的微生物也算是"有害微生物"，需要适当控制。在利用有益微生物的同时，也需要采取有效措施来抑制或消灭一些有害微生物。

下面是几个涉及有害微生物控制的术语，代表了控制的不同对象和程度。

① 防腐：它是一种抑菌作用。利用某些理化因子，使物体内外的微生物暂时处于不生长、不繁殖但又未死亡的状态。这是一种防止食品腐败和其他物质霉变的技术措施，如低温、干燥、盐液、糖渍等。

② 消毒：是指杀死或消除所有病原微生物的措施，可达到防止传染病传播的目的。例如将物体煮沸（100 ℃）10 min 或 60~70 ℃ 加热处理 30 min，就可杀死病原菌的营养体，但绝非杀死所有的芽孢，常用于牛奶、食品以及某些物体表面的消毒。也可利用具有消毒作用的化学药剂又叫消毒剂进行。

③ 灭菌：是指用物理或化学因子，使存在于物体中的所有生活微生物永久性地丧失其生活力，包括最耐热的细菌芽孢。这是一种彻底的杀菌措施，通过灭菌的物品不再存在任何有生命的有机体。

④ 化疗：是指利用某些具有选择毒性的化学药物（如磺胺）或抗生素对生物体的深部感染进行治疗，可以有效地消除宿主体内的病原体，但对宿主却没有或基本上没有损害。

⑤ 抑制：抑制是在亚致死计量因子作用下导致微生物生长停止，但在移去这种因子后生长仍可恢复的生物学现象。

⑥ 死亡：对微生物来说，就是不可逆地丧失了生长繁殖的能力，即使再放到合适的环境中也不再繁殖。要直接判断非活细胞和死亡细胞是较困难的，因它们在形态、染色特性以及酶活力等方面可能有所不同，也可能差别不大，因此，在检查理化因素对微生物的致死作用时，通常是将处理后的微生物接种到适宜的固体或液体培养基中，看其能否再生长繁殖为标志。

需要明确的是，不同的微生物对各种理化因子的敏感性不同。同一因素在不同剂量下对微生物的效应也不同，可能起到灭菌、消毒或防腐作用。有些化学因子在低浓度下是微生物的营养物质或具有刺激生长的作用。在了解和应用任何一种理化因素对微生物的抑制或杀死作用时，还应考虑多种因素的综合效应。例如，在增加温度的同时加入另一种化学药剂，则可加速对微生物的破坏作用。大肠杆菌在存在酚的环境下，温度从 30 ℃ 增至 42 ℃ 时死亡速率明显加快。微生物的生理状态也影响理化因子的作用。营养细胞一般较孢子抗逆性差，幼龄的、代谢活跃的细胞易受到破坏。微生物生长的培养基以及它们所处的环境对微生物遭受破坏的效应也有明显的影响。例如，在酸或碱性环境中，热对微生物的破坏作用加大；培养基的黏度影响抗菌因子的穿透能力；有机质的存在干扰微生物化学因子的效应，或者由于有机物与化学药剂结合而使之失效，或者有机质覆盖于细胞表面，阻碍了化学药剂的渗入。

理化因子对微生物生长的抑制或杀灭作用并不是严格分开的，因为理化因子的强度或浓度不同，其作用效果也不同。例如，有些化学物质在低浓度下有抑菌作用，而在高浓度下则起杀菌作用。不同微生物对理化因子的敏感性也不同，同一种微生物在不同生长时期对理化因子的敏感性也不同。

一、物理控制方法

控制微生物的物理因素主要有温度、辐射作用、过滤、渗透压、干燥和超声波等，它们对微生物生长能起抑制作用或杀灭作用。

1. 高温

当温度超过微生物生长的最高温度或低于生长的最低温度都会对微生物产生杀灭作用或抑制作用，因此高温是最常用的物理控制手段。当然，高温需要消耗能量来加热，对于污水的消毒等不太适合，少量饮用水可以采用煮沸加热的办法来消毒。

2. 辐射作用

辐射灭菌是利用电磁辐射产生的电磁波杀死大多数物质上的微生物的一种有效方法。用于灭菌的电磁波有微波、紫外线（UV）、X 射线和 γ 射线等，它们都能通过特定的方式控制微生物生长或杀死它们。例如微波可以通过热产生杀死微生物的作用；紫外线（UV）使 DNA 分子中相邻的碱基形成二聚体，抑制 DNA 复制与转录等功能，杀死微生物；X 射线和 γ 能使其他物质氧化或产生自由基再作用于生物分子，或者直接作用于生物分子，通过打断氢键、使双键氧化、破坏环状结构或使其某些分子聚合等方式破坏和改变生物大分子的结构，以抑制或杀死微生物。即使可见光在长时间照射后，也能损害微生物或杀死它们，因为所有光合生物含有叶绿素（或细菌叶绿素）、细胞色素、黄素蛋白等光敏感色素，它吸收光能变成激发态或被活化，并将吸收的能量转移到氧，产生自由基作用于细胞，导致机体突变或死亡。辐射灭菌的效果受其他因子制约，例如光照可使嘧啶二聚体解体，降低紫外线作用效果，氧可提高 X 射线和 γ 射线作用的效果等。

3. 过滤作用

高压蒸汽灭菌可以除去液体培养基中的微生物，但对于空气和不耐热的液体培养基的灭菌是不适宜的，为此设计了一种过滤除菌的方法。过滤除菌有三种类型：一种最早使用的是在一个容器的两层滤板中填充棉花、玻璃纤维或石棉，灭菌后空气通过它就可以达到除菌的目的；为了缩小这种容器的体积，后来改进为在两层滤板之间放入多层滤纸，灭菌后使用也可以达到除菌的目的，这种除菌方式主要用于发酵工业；第二种是膜滤器，它是由醋酸纤维素或硝酸纤维素制成的比较坚韧的具有微孔（$0.22 \sim 0.45 \, \mu m$）的膜灭菌后使用，液体培养基通过它就可将细菌去除，用这种滤器处理比较少，主要用于科研；第三种是核孔器，它是用核辐射处理得很薄的聚碳酸胶片（厚 10 pm）再经化学蚀刻制成，溶液通过这种滤器就可以将微生物除去，这种滤器也主要用于科学研究。

4. 高渗作用

细胞质膜是一种半渗透膜，它将细胞内的原生质与环境中的溶液（培养基等）分开，如果溶液中的浓度高于细胞原生质中水的浓度，那么水就会从溶液中通过细胞质膜进入原生质，使原生质和溶液中的浓度达到平衡，这种现象为渗透作用，即水或其他溶剂经过半渗透性膜而进行扩散的现象称为渗透。在渗透时溶剂通过半透膜时受到的阻力称为渗透压。渗透压的大小与溶液浓度成正比，如纯水的 a_w 值是 1，溶液中溶质趋向于降低 a_w 值，即溶液中含的溶质愈多，溶液中的 a_w 值愈低，而溶液的渗透压愈高。细菌接种到培养基里以后，细菌通过渗透作用使细胞质与培养基的渗透压力达到平衡。如果培养基的渗透压力高（即 a_w 值低），原生质中的水向培养基中扩散，这样会导致细胞发生质壁分离，使生长受到抑制，因此提高环境的渗透压，即降低 a_w 值，就可以达到控制微生物生长的目的。例如用盐（浓度通常为 $10\% \sim 15\%$）腌制的鱼、肉等食品就是通过加盐使新鲜鱼、肉脱水，降低它们的水活性，使微生物不能在它们上面生长；新鲜水果通过加糖（浓度一般为 $50\% \sim 70\%$）制成果、蜜饯也是降低水果的 a_w 值，抑制微生物生长与繁殖，起到防止腐败、变质的效果。

微生物的生长对环境的渗透压有一定的要求，以保持细胞质膜所承受的压力在可接受范围内。当微生物在渗透压较低的培养基中生长时，细胞会吸水膨胀，细胞质膜受到向外的膨胀压力。正常条件下，G^+ 细菌的膨胀压力为 $1.52 \times 10^6 \sim 2.03 \times 10^6$ Pa（$15 \sim 20$ atm），G^- 细菌的膨胀压力为 $8.11 \times 10^4 \sim 5.07 \times 10^5$ Pa（$0.8 \sim 5$ atm），由于细胞壁的保护作用，这种膨胀压力不会影响细菌的正常生理活动。当培养基的渗透压力高时，细胞质失水，发生质壁分离，导致生长停止。大多数微生物通过积累某些能够调节细胞内渗透压的相容溶质来适应培养基的渗透压变化。这些相容溶质可以是阳离子（如 K^+）、氨基酸（如谷氨酸）、氨基酸衍生物（如甘氨酸的衍生物甜菜碱）或糖（如海藻糖）。这些物质被称为渗透保护剂、渗透调节剂或渗透稳定剂，它们有助于维持细胞内的稳定状态，防止细胞因环境渗透压的变化而受损。

5. 干燥

水是微生物细胞的重要成分，占其质量的 90% 以上，它参与细胞内的各种生理活动，因此说没有水就没有生命。降低物质的含水量直至干燥，就可以抑制微生物生长，防止食物、衣物等物质的腐败与霉变。因此干燥是保存各种物质的重要手段之一。

6. 超声波

超声波处理微生物悬液可以达到消灭它们的目的。超声波处理微生物悬液时由于超声波探头的高振动，引起探头周围水溶液的高频振动；当探头和水溶液两者的高频率振动不同步时能在溶液内产生空穴，空穴内处于真空状态，只要悬液中的细菌接近或进入空穴区，由于细菌内、外压力差，导致细胞裂解，达到灭菌的目的，超声波的这种作用称为空穴作用；另一方面，由于超声波振动，机械能转变成热能，导致溶液温度升高，使细胞产生热变性以抑制或杀死微生物。目前超声波处理技术广泛用于实验室研究中的破碎细胞和灭菌。

二、化学控制方法

1. 抗微生物剂

抗微生物剂是一类能够杀死微生物或抑制微生物生长的化学物质，这类物质可以是人工合成的，也可以是生物合成的天然产物。根据它们抗微生物的特性可分为以下几类。

① 抑菌剂：它们能抑制微生物生长，但不能杀死它们，作用机理是这类物质结合到核糖体上抑制蛋白质合成，导致生长停止，由于它们同核糖体结合不紧，它们在浓度降低时又会游离出来，核糖体合成蛋白质的能力恢复，使生长恢复。

② 杀菌剂：它们能杀死细胞，但不能使细胞裂解，由于它们是紧紧地结合到细胞的作用靶上，即使在浓度降低时也不能游离出来，因此生长不能恢复。

③ 溶菌剂：它们能通过诱导细胞裂解的方式杀死细胞，将这类物质加到生长的细胞悬浮液里以后会导致细胞数量或细胞悬浮液的浑浊度降低，能抑制细胞壁合成或损伤细胞质膜的抗生素就属于溶菌剂。

抗微生物剂又称杀菌剂，通常又将它们分为消毒剂和防腐剂，前者通常用来杀死非生物材料上的微生物，后者具有杀死微生物或抑制微生物生长的能力，但对于动物或人体的组织无毒害作用。杀菌剂广泛用于热敏感的其他物质或用具，如温度计、带有透镜的仪器设备、聚乙烯管或导管等的灭菌；在食品、发酵工业自来水厂等部门常用杀菌剂，杀死墙壁、楼板与仪器设备等表面和自来水中的微生物；对于空气中的微生物则用甲醛、石炭酸（酚）、高锰酸钾等化学药剂进行熏、蒸、喷雾等方式杀死它们。

2. 抗代谢物

在微生物生长过程中常常需要一些生长因子才能正常生长，可以利用生长因子的结构类似物干扰机体的正常代谢，以达到抑制微生物生长的目的。例如磺胺类药物是叶酸组成部分对氨基苯甲酸的结构类似物，被微生物吸收后取代对氨基苯甲酸，干扰叶酸的合成，抑制转甲基反应，导致代谢紊乱，从而抑制生长。同样，对氟苯丙氨酸、5-溴氟尿嘧啶和5-溴胸腺嘧啶，分别是苯丙氨酸、尿嘧啶和胸腺嘧啶的结构类似物。因此生长因子等的结构类似物又称为抗代谢物，它在治疗由病毒和微生物引起的疾病上起着重要作用。

3. 抗生素

抗生素是由某些生物合成或半合成的一类次级代谢产物或衍生物，它们是能抑制其他微生物生长或杀死它们的化合物。抗生素主要是通过抑制细菌细胞壁的合成、破坏细胞质膜、作用于呼吸链以干扰氧化磷酸化、抑制蛋白质和核酸合成等方式来抑制微生物的生长或杀死它们。在这些抗生素中，每种都可以起到抑制细菌的生长或杀死它们的作用。

抗生素与其他一些代谢药物如磺胺类药物通常是临床上广泛使用的化学治疗剂，但多次重复使用，会使一些微生物变得对它们不敏感，作用效果也越来越差。根据对某些抗生素不敏感的抗性菌株的研究表明，抗性菌株具有以下特点：① 细胞质膜透性改变，如抗四环素的委内瑞拉链霉菌的细胞质膜透性改变，阻止四环素进入细胞。② 药物作用靶改变，二氢叶酸合成酶是磺胺类药物作用的靶，抗磺胺药物的菌株改变了二氢叶酸合成酶基因的性质，合成一种对磺胺药物不敏感的二氢叶酸合成酶；链霉素是通过结合到核糖体 30S 亚基的一种蛋白质上，干扰蛋白质合成，以达到抑制生长的目的；抗链霉素的抗性菌株合成了一种蛋白质不能结合链霉素，由这种蛋白质组建的 30S 亚基就不能结合链霉素，因此对链霉素产生抗性又如通过 23S tRNA 上甲基化，即在核糖体上的甲基化，或在嘌呤第 6 位上的甲基化，或在 16S rRNA 的 3'-末端发生的甲基化作用等都可以使抗生素失去应有的效果。③ 合成了修饰抗生素的酶，这些酶有转乙酸酶、转磷酸酶或腺苷酸转移酶等，在这些酶的作用下，分别使氯霉素乙酰化，链霉素与卡那霉素磷酸化或链霉素腺苷酸化，这些被修饰的抗生素也失去了抗菌活性。④ 抗性菌株发生遗传变异，发生变异的菌株导致合成新的多聚体，以取代或部分取代原来的多聚体，如有些抗青霉素的菌株细胞壁中肽聚糖含量降低，但合成了另外的细胞多聚体等。抗性菌株所具特征表明了它耐药性的机理。

抗生素在临床上用来治疗由细菌引起的疾病时，为了避免出现细菌的耐药性，使用时一定要注意：① 第一次使用的药物剂量要足；② 避免在一个时期或长期多次使用同种抗生素；③ 不同的抗生素（或与其他药物）混合使用；④ 对现有抗素进行改造；⑤ 选新的更有效的抗生素。这样既可以提高治疗效果，又不会使细菌产生抗药性。

思考题

1. 温度是如何影响微生物的生存的？温度对微生物的影响与什么因素有关？
2. 如何确定某一菌液中的总菌数？简述如何推测此时微生物处于生长曲线的哪一时期。
3. 灭菌和消毒的定义是什么？都有哪几种方法？两者有什么优缺点？
4. 不同微生物对 pH 的要求与什么因素有关？试列举细菌、霉菌、藻类和原生动物等的 pH 适应范围。
5. 过高或过低的 pH 对微生物有何不良影响？活性污泥法处理污水时为何要控制 pH 在 6.5 以上？
6. 培养微生物过程中，培养基的 pH 会发生什么样的变化？如何在生产中控制 pH？
7. 根据氧化还原电位如何对微生物进行分类？在培养微生物的过程中应该如何调控氧化还原电位？
8. 氧气对好氧微生物的用途是什么？充氧效率与微生物生长有什么关系？
9. 兼性厌氧微生物和专性厌氧微生物生存的环境条件有何不同？简述两种微生物的能量产生机制。
10. 紫外辐射杀菌的作用机制是什么？
11. 试举例有哪些化合物对微生物具有杀菌作用？它们的杀菌机制是什么？
12. 渗透压的定义是什么？简述渗透压如何影响微生物的生存。
13. 试举例培养基中添加的常见抗生素是如何杀菌和抑菌的？
14. 生物处理中有哪些有害微生物？它们成为优势菌后会导致什么？
15. 环境工程实际废水处理过程中如何防治有害微生物？

第四章
微生物的遗传和育种

本章导读

　　遗传和变异是一切生物最本质的属性。微生物的遗传是将其生长发育所需要的营养类型和环境条件等传给后代，并相对稳定地进行代际传递。遗传可改变的一面是变异，当微生物迁移到不适应的环境后，其改变自己对营养和环境条件的要求，从而适应新环境并生长良好。微生物通过遗传将对环境条件的适应性传递给后代，并通过变异适应新的生态环境。在环境工程领域，通过驯化和育种能够提高微生物对环境条件的适应能力和对污染物的处理能力。本章将深入探讨微生物的遗传特性及其变异机制，并探讨这些特性在环境工程实践中的应用。

第一节　遗传变异的物质基础

一、遗传物质的确定

　　从分子遗传学的角度来看，亲代通过脱氧核糖核酸（DNA）将决定各种遗传性状的信息传递给子代。子代拥有一定结构的 DNA，从而产生一定形态结构的蛋白质。而这些蛋白质的特定结构则决定了子代具有特定的形态结构和生理生化性质等遗传性状。因此，DNA 被认为是遗传的物质基础。这一观点得到了格里菲斯（F. Griffith）经典的转化实验和大肠杆菌 T2 噬菌体感染大肠杆菌的实验证明。尤其是 1928 年的格里菲斯的转化实验，以及 1944 年埃弗里（O. T. Avery）等人的转化补充实验，确切地证明了 DNA 是遗传的物质基础（图 4-1）。

　　在经典的转化实验中，格里菲斯注入了无毒、活的 RⅡ型（无荚膜，菌落粗糙型）肺炎链球菌到小白鼠体内，结果小白鼠健康地存活。而将有毒的活的 SⅢ型（有荚膜，菌落光滑型）肺炎链球菌注入小白鼠体内，则导致小白鼠死亡。当少量无毒、活的 RⅡ型肺炎链球菌与大量经加热杀死的有毒的 SⅢ型肺炎链球菌混合注射到小白鼠体内时，结果小白鼠也会

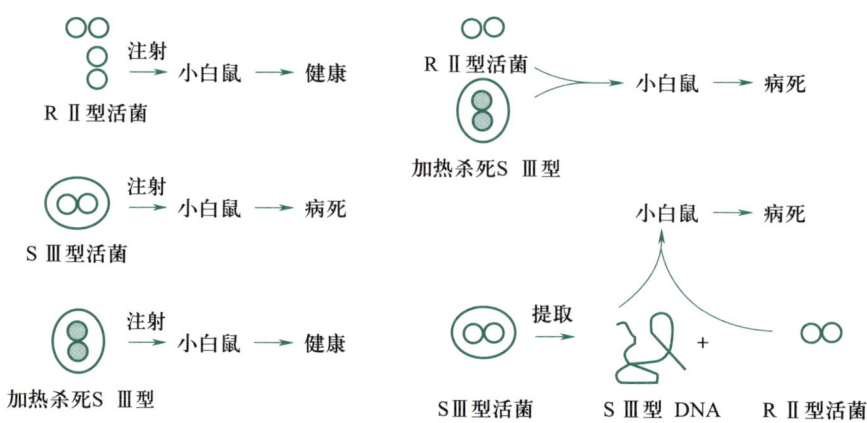

图 4-1　肺炎链球菌的转化现象

（摘自周群英，等. 环境工程微生物学. 4 版. 2015）

死亡，并且在死鼠体内发现有活的 S Ⅲ 型肺炎链球菌存在。然而，单独将加热杀死的 S Ⅲ 型肺炎链球菌注入小白鼠体内时，小白鼠则不会死亡。这表明，S Ⅲ 型死菌体内含有一种物质能够引起 R Ⅱ 型活菌的转化，从而产生 S Ⅲ 型菌。S Ⅲ 型死菌体内能够引起转化的物质是什么呢？

1944 年，埃弗里（O. T. Avery）、麦克劳德（C. M. Macleod）和麦卡蒂（M. MacCarty）等对转化的本质进行了深入研究。他们从 S Ⅲ 型活菌体内提取了荚膜多糖、蛋白质 RNA 和 DNA，然后将这些物质与 R Ⅱ 型活菌分别混合均匀后注射到小白鼠体内。结果显示，荚膜多糖、蛋白质和 RNA 均未引起转化，而唯有 DNA 能够引起转化。只有注射了 S Ⅲ 型菌的 DNA 和 R Ⅱ 型活菌混合液的小白鼠才会死亡，这是因为部分 R Ⅱ 型菌经转化产生了有荚膜、菌落光滑、有毒的 S Ⅱ 型菌，而这些后代也具有相同的性质。当 DNA 酶处理 DNA 时，转化作用会丧失。通过元素分析、血清学分析，以及超离心、电泳、紫外线吸收等方法的测定，证明了此转化因子就是 DNA。进一步的实验证明，转化实验中 S Ⅲ 型肺炎链球菌死菌体内起转化作用的物质确实是 DNA。DNA 的转化效率很高，它的最低作用质量浓度为 1×10^{-5} g/mL，它的转化率随着 DNA 的纯度提高而提高，随其中蛋白质含量的降低而有所提高。

1952 年，赫西（A. D. Hershey）和蔡斯（M. Chase）通过用 $^{32}PO_4^{3-}$ 和 $^{35}SO_4^{2-}$ 标记大肠杆菌 T_2 噬菌体进行实验，进一步证明了 DNA 是遗传物质。由于 DNA 只含磷而不含硫，而蛋白质分子中只含硫不含磷，因此，他们将大肠杆菌 T_2 噬菌体的头部 DNA 标记为 ^{32}P，而将蛋白质衣壳标记为 ^{35}S。接着，他们将标记了 ^{32}P 和 ^{35}S 的 T_2 噬菌体感染大肠杆菌，经过 10 min，T_2 噬菌体完成了吸附和侵入过程。随后，他们将被感染的大肠杆菌洗净并置于组织捣碎器内搅拌，使得吸附在菌体外的 T_2 噬菌体蛋白质外壳均匀分布在培养液中，然后进行离心沉淀。通过测定沉淀物和上清液中的同位素标记，发现所有的 ^{32}P 都在沉淀物中，而 ^{35}S 留在上清液中，证明只有 DNA 进入了大肠杆菌体内，而蛋白质外壳则留在了菌体外。随后，进入大肠杆菌体内的 T_2 噬菌体 DNA 利用大肠杆菌体内的 DNA、酶和核糖体进行复制，再次证实了 DNA 是遗传物质。

二、DNA 的结构

DNA 是高分子化合物，相对分子质量最小的为 $2.3×10^4$，最大的达 10^{10}，比蛋白质相对分子质量（$5×10^3 \sim 5×10^6$）大。沃森（Watson）和克里克（Crick）在 1953 年提出了 DNA 双螺旋结构理论和模型，认为 DNA 是两条多核酸链彼此互补并排列方向相反的，以右手旋转的方式围绕同一根主轴而互相盘绕形成的，具有一定空间距离的双螺旋结构。其中的每条链均由脱氧核糖—磷酸—脱氧核糖—磷酸……交替排列构成。每条多核苷酸链上均有 4 种碱基，腺嘌呤（adenine，A）、胸腺嘧啶（thymine，T）、鸟嘌呤（guanine，G）及胞嘧啶（cytosine，C）有序地排列，其结构式如图 4-2。

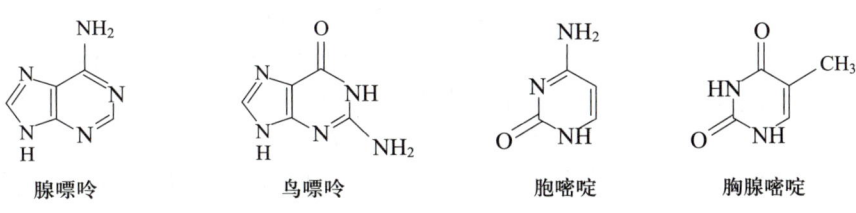

腺嘌呤　　　　　鸟嘌呤　　　　　胞嘧啶　　　　　胸腺嘧啶

图 4-2　不同碱基的结构式

这 4 种碱基以氢键与另一条核苷酸链的 4 种碱基 T，A，C，G 彼此互补配对。由氢键连接的碱基组合，称碱基配对。具体是 A 通过 2 对非共价氢键和 T 连接成 A══T 碱基对，G 通过 3 对非共价氢键和 C 连接成 G══C 碱基对（图 4-3）。

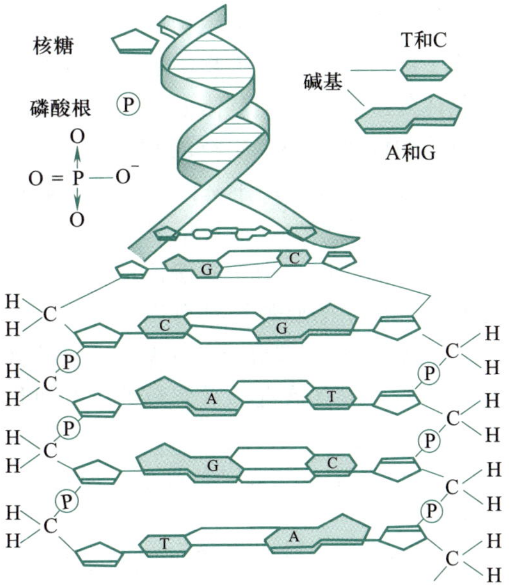

DNA 分子通常含有几十万甚至几百万个碱基对，每个碱基对之间的距离约为 0.34 nm。整个螺旋的长度大约是 3.4 nm，包括约十对碱基。每个双螺旋的直径大约为 2.0 nm。某一特定物种或菌株的 DNA 分子具有固定的碱基序列，这确保了遗传信息的稳定性。若 DNA 的特定区域发生碱基序列变化，如缺失或添加碱基，会导致 DNA 链长度和碱基顺序改变，进而导致细菌死亡或遗传特征的变化。现代细菌分类鉴定常通过测定 G+C 含量确定其属、种或菌株。

自 20 世纪 50 年代发现 DNA 的右旋双螺旋结构以来，科学家们在实验室设计并合成了由 15 至 25 个核苷酸组成的短链反义核酸。这些反义核酸可与 DNA 结合形成三股螺旋的 DNA 结构。1992 年，中国科学家首次发现了自然存在的三股螺旋 DNA，目前该结构已被国际学术界广泛认可。

图 4-3　四种碱基的配对现象

（摘自周群英，等．环境工程微生物学．4 版．2015）

（一）DNA 的存在形式

真核生物（人、高等动植物、真菌、藻类及原生动物）的 DNA 和组蛋白等组成染色体，少的几个，多的几十或更多，染色体呈丝状结构，细胞内所有染色体由核膜包裹成个细胞核。原核微生物的 DNA 只与很少量的蛋白质结合，没有核膜包围，单纯由一条 DNA 细丝构成环状的染色体，拉直时比细胞长许多倍，它在细胞的中央，高度折叠形成具有空间结构的一个核区（图 4-4）。由于含有磷酸根，它带有很高的负电荷。原核微生物 DNA 的负电荷被 Mg^{2+} 离子和有机碱（精胺、亚精胺和腐胺等）

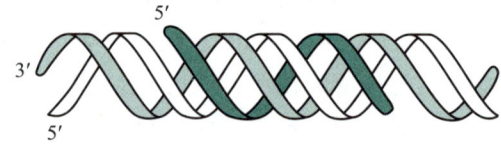

图 4-4　三股螺旋结构的 DNA
（摘自周群英，等．环境工程微生物学．4 版．2015）

中和。真核生物 DNA 的负电荷被碱性蛋白质（组蛋白和鱼精蛋白）中和。

在微生物中，遗传物质存在于两种主要形式：染色体和质粒。染色体是所有生物（包括真核微生物和原核微生物）的主要遗传物质形式，由 DNA 组成。然而，不同生物的 DNA 具有不同的相对分子质量、碱基对数和长度。总体趋势是，低等生物的 DNA 相对分子质量、碱基对数和长度较小，而高等生物则相反，其染色体 DNA 含量更大。例如，真核生物的染色体比原核生物更长，并且由 DNA 和蛋白质（组蛋白）构成。另外，真核生物通常有多条线性染色体，而原核微生物则往往只有一个环形染色体。此外，真核生物的染色体形成核仁并被核膜包围，而原核微生物的染色体则没有膜包围。

除了染色体外，微生物中还存在质粒。质粒是携带特定遗传信息的 DNA 分子片段，位于染色体外或附加于染色体上。质粒主要存在于原核微生物和真核微生物的酵母菌中。质粒与染色体的区别在于，质粒的相对分子质量较低，如大肠杆菌染色体的 DNA 分子为 4.6×10^3 kb 左右，而通常用于基因工程中的载体一般均小于 10 kb，M 为 $1 \times 10^6 \sim 100 \times 10^6$，耐碱性较高，并携带较少的遗传信息。与染色体所携带的关乎生死存亡的级代谢及某些次级代谢遗传信息不同，质粒携带的遗传信息通常只涉及宿主细胞的一些次要特性。

某些细菌中的质粒还具有以下特性：

① 可转移性：部分质粒可以通过细胞间的接合作用或其他途径从供体细胞转移到受体细胞。例如，带有抗青霉素质粒的细胞可以将其水平转移至其他种类细胞中，使其也具备抗青霉素的特性。

② 可整合性：在特定条件下，质粒 DNA 能可逆性地整合到宿主细胞染色体上，并可以重新脱离。

③ 可重组性：不同来源的质粒之间，质粒与宿主染色体之间的基因可以发生重组，形成新的重组质粒，从而赋予宿主细胞新的性状。

④ 可消除性：经某些理化因素处理如加热加入吖啶橙或丝裂霉素 C、溴化乙锭等，质粒可以被消除，这并不影响宿主细胞的生存与生命活动，只是宿主细胞失去由质粒携带的遗传信息所控制的某些性状。质粒也可能自行消失，尚未完全了解其原因。

（二）基因——遗传因子

基因是生物体内储存遗传信息的基本单位，具有自我复制能力。它是 DNA 分子上特定碱基顺序的片段，精确地说，是具有固定起点和终点的核苷酸或密码的线性序列。基因编码多肽、tRNA 或 rRNA 的多核苷酸序列，根据功能可分为三种类型：① 结构基因，编码蛋白质或酶的结构，控制某种蛋白质或酶的合成。例如，大肠杆菌的利用乳糖的酶由三个结构基因决定；② 操纵区，具有类似于"开关"的功能，操纵三个结构基因的表达；③ 调节基因，控制结构基因的表达。它决定一种阻抑蛋白的作用，封闭操纵区，从而阻止结构基因的表达。例如，当培养基中存在乳糖时，阻抑蛋白失活，无法封闭操纵区，从而使得结构基因得以表达，合成能够利用乳糖的酶。

一个基因的相对分子质量大约为 6×10^5，含有大约 1 000 个碱基对。每个细菌具有 5 000 ~ 10 000 个基因，基因通过控制遗传性状的表达，使得个体的发育结果在基因控制下完成。从基因型到表现型的转变必须通过酶催化的代谢活动实现，因为基因直接控制酶的合成，进而控制生化步骤，影响新陈代谢，从而决定了遗传性状的表现。

（三）遗传信息的传递

遗传信息储存在 DNA 中，但要在生理和形态上表达出相应的遗传性状，需要经历一系列物质变化过程。这涉及 DNA 中特定的遗传信息如何转化为不同细胞，并且如何引导特定酶的蛋白质合成。这个问题涉及遗传信息的传递。DNA 的复制和遗传信息传递遵循分子遗传学的中心法则。无论是细胞生物还是非细胞生物，DNA 中储存的遗传信息都会通过转录为 RNA 的过程来传递给后代。然后，通过 RNA 的中间作用，指导蛋白质的合成。另外，只含 RNA 的病毒的遗传信息储存在 RNA 上，通过反向转录酶的作用将 RNA 转录为 DNA，这被称为反向转录，从而将遗传信息传递给后代（图4-5）。

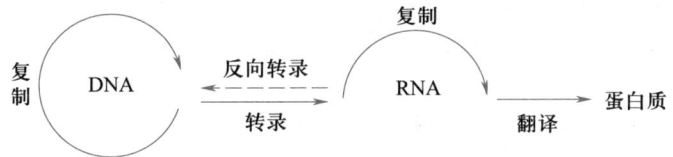

图 4-5　遗传信息的传递方向

（摘自周群英，等 . 环境工程微生物学 . 4 版 . 2015）

三、DNA 的复制

为了确保微生物体内的 DNA 碱基顺序精确无误，从而保证微生物所有特性的遗传稳定性，在细胞分裂之前，DNA 会通过其独特的半保留式自我复制机制，精确地进行复制。DNA 的自我复制过程为：首先，DNA 分子中的两条多核苷酸链之间的氢键断裂，使它们分开成两条单链。随后，每条单链以原有的多核苷酸链作为模板，在细胞中游离的核苷酸的作用下，根据碱基配对的原则吸收核苷酸，并按照原有链上的碱基排列顺序，各自合成一条新的互补多核苷酸链。最后，新合成的一条多核苷酸链与原有的多核苷酸链通过氢键连接，形成新的双螺旋结构。

DNA 的复制（合成）是从环上的复制点开始的，然后以恒定速率沿着 DNA 环移动，

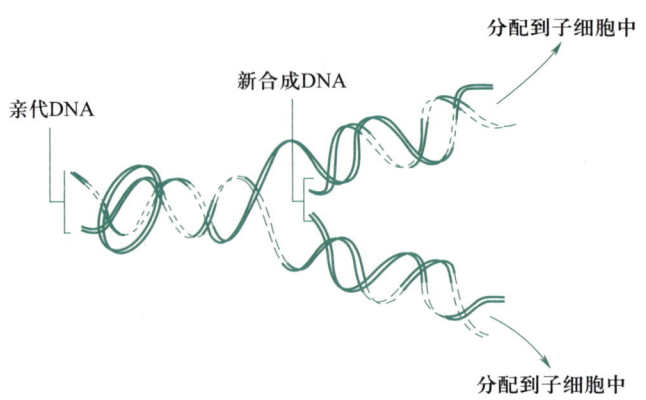

图 4-6　DNA 的半保留式复制方式
（摘自周群英，等．环境工程微生物学．4 版．2015）

DNA 多聚酶参与其中（图 4-6）。在正常速率和慢速率生长的细胞中，合成 DNA 所需的时间大约为该微生物代时的 2/3。以大肠杆菌为例，它的一个代时生长需要 60 min，而 DNA 的复制则需要 40 min。大肠杆菌的 DNA 长度为 1 100～1 300 μm，因此 DNA 的复制速率为 27.5～32.5 μm/min。对于生长速率较快的微生物，其 DNA 的复制过程更为复杂。由于生长速率快，DNA 的第一轮复制还未完成时，就开始了第二轮复制。这样，在同一时间段内，细胞中就会出现许多复制点。相比于以正常速率生长的细胞，快速生长的细胞会具有更多的 DNA 副本。在每个生长周期结束时，DNA 的副本总数是生长周期开始时的 2 倍。当 DNA 副本被分配到子细胞时，它们已经部分复制完成，而新一轮复制也已经开始。真核微生物的 DNA 复制在各染色体中同时进行。每个染色体上都有许多分立的位点，各位点上的 DNA 复制同时进行。

DNA 聚合反应的相关酶涉及 DNA 聚合酶、DNA 连接酶、拓扑异构酶和解螺旋酶四种，具体作用如下：

① DNA 聚合酶的主要功能是将脱氧核苷酸连接成 DNA 链。它们使用四种脱氧核苷三磷酸（dNTP）作为底物，按照模板的序列将配对的脱氧核苷酸逐个接合，并且需要一个具有 3'—OH 的 RNA 引物或 DNA 的 3'—OH 端。DNA 聚合酶 Ⅰ、Ⅱ、Ⅲ、Ⅳ 和 Ⅴ 在大肠杆菌中发挥作用，其中 DNA 聚合酶 Ⅰ 具有多功能性，包括 5'→3' 聚合酶、5'→3' 外切酶及 3'→5' 外切酶，主要参与 DNA 损伤的修复和复制过程。

② DNA 连接酶催化双链 DNA 中切口处的相邻 5'-磷酸基与 3'-羟基之间形成磷酸键，但不能连接两条游离的 DNA 单链。这些酶在 DNA 复制修复和重组中发挥重要作用。

③ 生物体内的 DNA 分子通常处于超螺旋状态，但许多生物功能需要解开双链才能进行。拓扑异构酶分为拓扑异构酶 Ⅰ 和拓扑异构酶 Ⅱ，它们催化 DNA 的拓扑结构发生变化。拓扑异构酶 Ⅰ 可减少负超螺旋，拓扑异构酶 Ⅱ 可引入负超螺旋，两者协同作用控制着 DNA 的拓扑结构，在重组、修复和其他 DNA 转变方面起着关键作用。

④ 解螺旋酶类通过水解 ATP 来打开 DNA 的两条链。例如，大肠杆菌中的 *rep* 蛋白是这样一种酶，每解开一对碱基需要 2 个 ATP 分子。

四、DNA 的变性和复性

（一）DNA 的变性

当天然双链 DNA 受热或在其他因素的作用下，两条链之间的结合力（氢键）被破坏而分开成单链 DNA，即称为 DNA 变性。这时分子呈现无规则线团的构象。对 DNA 溶液缓慢加热可使之变性，性质的变化与温度之间的关系称为解链曲线（图 4-7）。图中表示 T_m 和不同程度解链可能出现的分子构象。用 A_{260} 表示 DNA 变性的程度。A 是透射光与入射光比值的对数值。A_{260} 的含义是在波长 260 nm 处 DNA 溶液对紫外辐射的吸收率。解链变化特征的参数用 T_m 表示。T_m 叫解链温度，它是 A_{260} 升高达到最大值的一半时的温度。双链 DNA 的 A_{260} 要小于单链 DNA 的 A_{260}。当双链 DNA 的质量浓度为 50 μg/mL，$A_{260} = 1.00$ 时，相同浓度单链 DNA 的 $A_{260} = 1.37$。在图中可看到 80 ℃ 以前双链 DNA 保持稳定，达 80 ℃ 以后，双链 DNA 第一个碱基对开始断裂，此时 A_{260} 为 82 ℃。当温度升到 92.6 ℃ 左右，双链 DNA 彻底分开成单链 DNA。

除温度使 DNA 变性外，提高 pH 也可使双链 DNA 变性。当 pH 达 11.3 时，所有氢键消失 DNA 完全变性。尿素和甲硫胺也可使 DNA 变性。

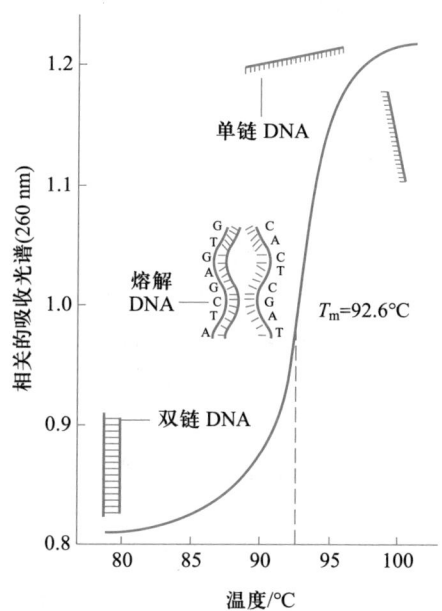

图 4-7　DNA 的解链曲线
（摘自周群英，等．环境工程微生物学．4 版．2015）

（二）DNA 的复性

变性 DNA 溶液经适当处理后重新形成天然 DNA 的过程叫复性，或叫退火。用高温致使 DNA 变性后，再降低至自然温度，变性的 DNA 会复性成天然双链 DNA（图 4-8）。

复性后的双链 DNA 是随机结合的，因此，复性后的 DNA 不可能全部是原始的 DNA。通过同时变性和复性用非放射性同位素 ^{15}N 标记的 DNA 和用放射性同位素 ^{14}N 标记的 DNA，结果得到三种类型的双链：① 25% 含有 ^{14}N 的双链 DNA；② 25% 含有 ^{15}N 的双链 DNA；③ 剩余的 50% 的双链 DNA 是杂交 DNA，其中一条链含有 ^{14}N，另一条链含有 ^{15}N。

由于硝酸纤维素制成的极薄滤膜与单链 DNA 结合牢固，而不与双链 DNA 和 RNA 结合，因此

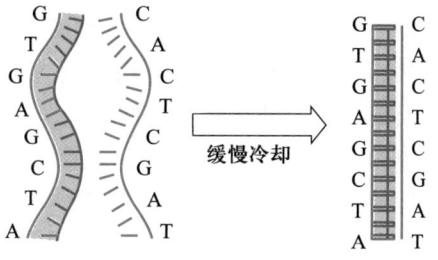

经加热成单链 DNA　　双链 DNA 重新形成

图 4-8　变性 DNA 重新生成双链 DNA 的过程
（摘自周群英，等．环境工程微生物学．4 版．2015）

可以通过人工方法获得复性 DNA。其复性方法如下：将变性 DNA 样品倒入装有硝酸纤维素滤膜的滤器中过滤，单链 DNA 会牢固结合在滤膜上的糖-磷酸骨架上，其碱基则自由游离。另外，在一个小管中加入含有放射性同位素标记的 DNA 溶液，并加入降解单链 DNA 的酶，以防止单链 DNA 再次与滤膜结合。将滤膜置于小管内，在一定时间后进行复性，然后洗涤滤膜。如果检测到膜上有放射性，则可以确定已经获得了复性 DNA。DNA-RNA 杂交可用于检测单链 DNA 和 RNA 分子间的顺序同源性。

五、RNA

RNA（核糖核酸）与 DNA 十分相似，但其区别在于以核糖替代 DNA 中的脱氧核糖，并以尿嘧啶（uracil，U）代替胸腺嘧啶（thymine，T）。因此，RNA 链中的碱基配对为：A—U、U—A、G—C、C—G 四种。

RNA 可分为四种类型：tRNA，rRNA，mRNA 和反义 RNA，它们均由 DNA 进行转录合成。在 DNA 转录 mRNA 的同时，也会合成反义 RNA。其中，mRNA 被称为信使 RNA，它作为多聚核苷酸的一级结构，携带着编码氨基酸的信息密码（三联密码）。mRNA 的主要功能是翻译氨基酸，实现遗传信息的传递。tRNA 则称为转移 RNA，其上带有与 mRNA 互补的反密码，可以识别氨基酸并识别 mRNA 上的密码。在 tRNA-氨基酸合成酶的作用下，tRNA 能够传递氨基酸。反义 RNA 的作用是调节基因表达水平，它能够影响 mRNA 的翻译合成速率。rRNA 与蛋白质结合形成核糖体，核糖体是蛋白质合成的场所。在这个过程中，mRNA、tRNA、反义 RNA 和 rRNA 协同作用，合成蛋白质。反义 RNA 与 DNA 的碱基互补，并且能够阻止 DNA 的复制、转录和翻译，它们是一类短小的 RNA 分子。

在 1981 年，美国科学家在研究 Col E1 质粒的复制过程中意外发现了反义 RNA。这种 RNA 在 DNA 复制、RNA 转录、翻译以及传递氨基酸的过程中均具有调节作用，通常是抑制的。现在，实验室里可以通过设计和制造双链 DNA 来生成能够复制反义 RNA 的表达载体。一旦将这个载体引入细胞中，细胞就能不断地产生人类所需的反义 RNA。具体操作步骤如下（图 4-9）：首先，分离和提纯 mRNA，然后利用反转录酶将 mRNA 反转录成互补的单链 DNA，即 eDNA。反过来，cDNA 也可以作为模板，用于复制 DNA 的有义链以及其配对物——反义链 DNA 的双链片段。接着，选择某个质粒，并在其启动区附近使用内切酶进行切割。然后，使用相同的内切酶切割含有义 DNA 和反义 DNA 的双链 DNA，并将它们插入质粒切口处。最后，使用连接酶将它们连接起来，形成一个重组质粒，成为新的表达载体。当表达载体的启动子启动转录时，就能复制出原始 mRNA 的拷贝。如果在重组质粒中使用限制性内切酶将原先插入的含有义 DNA 和反义 DNA 的双链 DNA 切除，那么它们会自行"转向"，以相反的方向重新插入质粒的环内，形成另一个新的反义表达载体。将这样的反义表达载体引入细胞内，就可以源源不断地产生大量的反义 RNA。人们可以根据不同的目的复制各种反义 RNA，用于抑制 DNA 复制、抑制 RNA 转录或者抑制蛋白质的翻译。

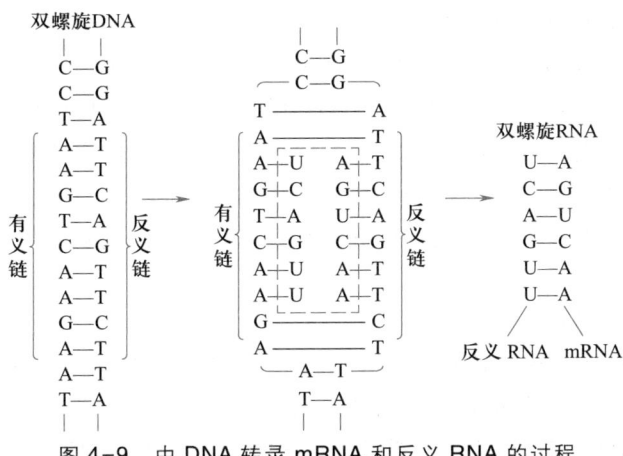

图 4-9 由 DNA 转录 mRNA 和反义 RNA 的过程

（摘自周群英，等 . 环境工程微生物学 . 4 版 . 2015）

六、遗传密码

遗传密码是存储在 mRNA 链上的，由相邻的 3 个核酸组成，代表一个氨基酸的核苷酸序列，即三联密码。共有 64 组密码，其中 61 组分别编码蛋白质中的 20 种氨基酸，称为有意义密码；AUG 是起始密码。另外 3 组（UAA、UAG、UGA）称为终止密码，它们终止蛋白质合成的作用。

遗传密码客观存在于生物体中，但对其破译却经历了 50 多年的历史。1954 年，物理学家 G. George 根据 DNA 中存在的 4 种核酸与组成蛋白质的 20 种氨基酸的对应关系，进行数学推理。他发现，若每一个核苷酸为一个氨基酸编码，则只能决定 4 种氨基酸（$4^1 = 4$）；若每 2 个核酸为一个氨基酸编码，可决定 16 种氨基酸（$4^2 = 16$）。上述两种推理所编码的氨基酸数均少于 20 种，数目太少。但是，每 3 个核酸为一个氨基酸编码就可编码 64 种氨基酸（$4^3 = 64$），这是最理想的关系，因为 64 能满足于 20 种氨基酸编码的最小数，这符合生物体在亿万年进化过程中形成的和遵循的经济原则。1961 年，Brenner 和 Crick 根据 DNA 链与蛋白质链的共线性，首次肯定了 3 个核苷酸的推理。在随后的 5 年间，许多实验研究证明了上述推理的正确性，完成了所有遗传密码的破译工作，三联密码的编制表从此问世。

密码子的专一性主要由头两位碱基决定，第三位碱基有较大的灵活性，称为"摆动性"。这样，当第三位碱基发生突变时，仍能翻译出正确的氨基酸，使得合成的多肽仍具有生物学活性。较早时，曾认为密码是完全通用的，不论病毒还是真核生物都共同使用同一套密码字典，但后来发现其通用性是相对的。

七、微生物生长与蛋白质合成

微生物的主要活动之一是蛋白质的合成，这与同化碳源以及消耗能量直接或间接相关。蛋白质的合成通过核糖体进行，与 RNA 和 DNA 的合成有密切关系。以细菌为例，当细菌最初接种到新的培养基中时（停滞期），细胞内的各种成分出现不平衡的生长状态。当生长进入对数生长期时，细胞内的生化成分以相同的速率合成，这被称为平衡生长。当平衡生长的培养物转移到营养丰富的培养基中时，生长速率加快，出现了上升趋势。此时，RNA的合成速率首先增加，然后是DNA和蛋白质的合成速率增加。经过一段较长的时间后，细胞分裂速率也会上升，最终，所有生化成分的合成速率再次达到平衡。如果进行下降实验，RNA的合成速率首先减小，然后DNA和蛋白质的合成速率也减小。这说明RNA的合成速率是控制生长速率的关键因素。

蛋白质合成的步骤是：

① DNA复制：对于编码特定蛋白质结构的DNA片段（称为有义链或结构基因），进行自我复制。这个复制过程与之前DNA复制的过程相同；

② DNA转录：DNA转录实际上是RNA的合成，包括mRNA、tRNA、rRNA和反义RNA。转录由DNA指导，在RNA聚合酶的催化下进行。在这个过程中，需要ATP、GTP、CTP和UTP参与。DNA中的碱基排列顺序（A—T、T—A、G—C、C—G）决定了RNA核酸碱基的排列顺序。这样就会产生一条含有A—U、U—A、G—C、C—G四种碱基和核糖的单链多核苷酸链。首先转录的是mRNA。此外，DNA的某些部分核苷酸碱基序列也会转录成tRNA（用于翻译和传递遗传信息的RNA）、rRNA（核糖体的组成部分）和反义RNA。

原核微生物DNA的转录和真核微生物不一样，具体表现为：

① 原核微生物的DNA转录：首先，双链DNA解旋解链，两条链分开。在此过程中，σ因子起辅助作用，帮助RNA聚合酶核心酶识别基因的转录起始位点，并与DNA结合形成启动子。然后，以其中一条单链（反义链）为模板，根据碱基配对的原则转录出一条mRNA。一旦mRNA合成开始，σ因子就会从核心酶解离。新合成的mRNA链的核苷酸碱基序列与模板DNA链的互补。在转录过程中，不断地吸收ATP、GTP、CTP和UTP等，逐渐形成完整的mRNA链（图4-10）。

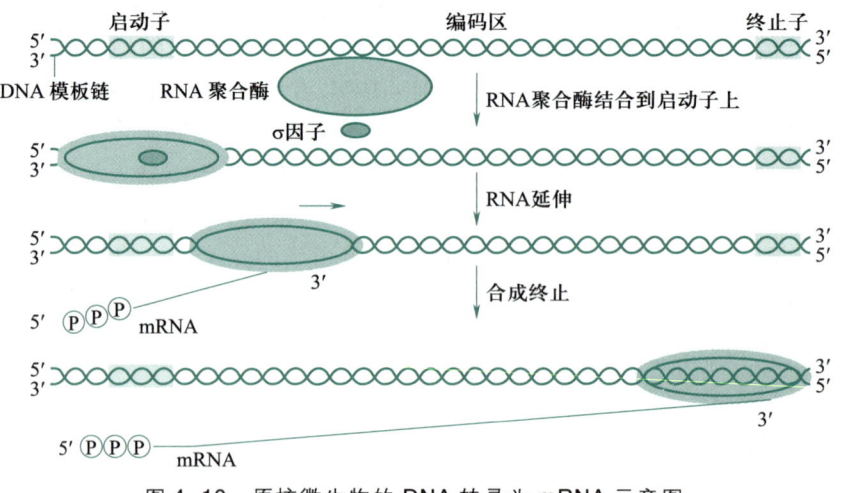

图4-10　原核微生物的DNA转录为mRNA示意图

（摘自周群英，等. 环境工程微生物学. 4版. 2015）

核微生物的 mRNA 是一类不同长度的单链 RNA。它们携带编码一种或多个多肽链氨基酸序列的信息。即所谓的多基因细菌的 mRNA。在此链上除有编码多肽的核苷酸序列外，还有不编码蛋白质的核苷酸序列，它位于起始密码的上游，其长度为 25～150 个碱基长。它是不被翻译的前导序列。在两个相邻编码区之间有间隔区，在 3'末端的终止密码之后，还有不被翻译的尾区。

② 真核微生物的 DNA 转录：真核微生物的 DNA 转录与原核微生物不同的是有 3 种 RNA 聚合酶参与合成。在核基质中的 RNA 聚合酶Ⅱ与染色质结合催化 mRNA 的合成；RNA 聚合酶Ⅰ和 RNAⅢ聚合酶分别催化 rRNA 和 tRNA 的合成（表 4-1）。转录过程及其机制也有所不同，其中 mRNA 的合成过程见图 4-11。

表 4-1　真核生物的聚合酶

酶	在细胞核中的位置	产物
RNA 聚合酶Ⅰ	核仁	rRNA (5.8S, 18S, 28S)
RNA 聚合酶Ⅱ	染色质，核基质	mRNA
RNA 聚合酶Ⅲ	染色质，核基质	tRNA, 5S, rRNA

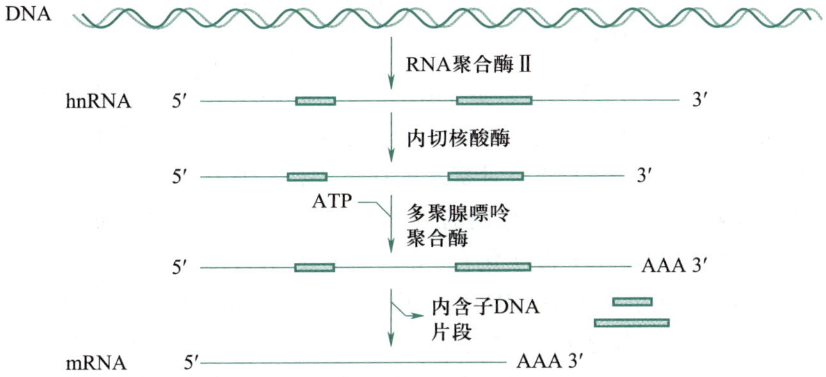

图 4-11　真核微生物的 DNA 转录（mRNA 合成）

（摘自周群英，等．环境工程微生物学．4 版．2015）

真核微生物的 DNA 转录是：RNA 聚合酶Ⅱ结合在起始位点附近，先由额外转录因子协助识别启动子，然后催化转录合成前体 RNA（核内不均一 RNA，hnRNA），再由内切核酸酶切割产生 3'基，在多聚腺嘌呤聚合酶的催化下，有 300 个腺嘌呤核苷酸被添加到 hnRNA 的 3'端上，产生多聚 A 的 RNA 它被进一步切割加工成具有功能的 mRNA。mRNA 的 5'端为帽子状结构（由 7-甲基鸟苷三磷酸组成，原核微生物不具有）。它的作用有保护 mRNA 免遭核酸酶的降解和促进与核糖体结合。mRNA 的 3 端为多聚 A 尾巴（尾区），有保护 mRNA 不被核酸酶降解的作用，当多聚 A 尾巴的核苷酸减少到 10 个以下，mRNA 可迅速被降解。此外，多聚 A 尾巴还有协助翻译的作用。

真核微生物的基因内有外显子（编码蛋白质的 DNA 片段）被一些内含子（不编码蛋白质的 DNA 片段）间隔开形成了不连续的短链。由此产生的 mRNA 编码区也是不连续的。因此，mRNA 的合成是拼接成的。由于在外显子和内含子之间有特征序列如 5'端的 GU 序列和 3'端的 AG 序列，它们决定拼接的部位。然后由细胞核内的核内小 RNA（small nuclear RNA，sRNA）识别特征序列。核内小 RNA 与蛋白质结合形成核小核糖核蛋白颗粒（small nucleolar ribonucleoprotein particle，snRNP），它识别内含子和外显子的交接位点。因而，在转录过程中能很精确地将内含子切割下来，而且准确地将各外显子拼接好，成为完好的具有功能的 mRNA（图 4-12）。

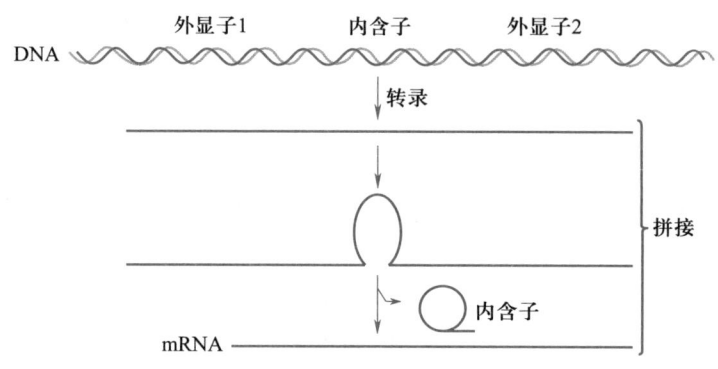

图 4-12　断裂基因拼接成 mRNA

（摘自周群英，等．环境工程微生物学．4 版．2015）

③ tRNA 翻译与转运：当 DNA 转录成 mRNA 后，mRNA 链上的核苷酸碱基序列需要翻译成相应的氨基酸序列，并被转运到核糖体上，方能合成具有不同生理特性的功能蛋白。这是因为在 tRNA 链上存在与 mRNA 链上对氨基酸序列编码的核酸碱基序列（三联密码）互补的反密码。此外，RNA 具有特定识别作用的两端：tRNA 的一端识别特定的已活化的氨基酸（在 ATP 和氨基酸合成酶的作用下被活化），并与之暂时结合形成氨基酸-tRNA 的结合分子（如甲酰甲硫氨酸-tRNA 或甲硫氨酸-tRNA）。tRNA 上另一端有由 3 个核苷酸碱基序列组成的反密码，它识别 mRNA 上与之互补的三联密码，与之暂时结合，并将其翻译成相应的编码氨基酸序列，然后将编码的氨基酸序列转运到核糖体上。因此，tRNA 扮演着翻译和转运的关键角色。

④ 蛋白质合成：在蛋白质合成过程中，通过 tRNA 两端的识别作用，将特定氨基酸转送到核糖体上，使不同的氨基酸按照 mRNA 上的碱基序列连接起来。在多肽合成酶的作用下，合成多肽链（mRNA 的碱基序列决定了多肽链上氨基酸的序列），多肽链通过高度折叠成特定的蛋白质结构，从而合成具有不同生理特性的功能蛋白（图 4-13 和图 4-14）。

八、分子生物学技术

目前，用于环境工程的分子生物学技术的基因序列主要有以下 3 种：

① 编码蛋白的基因序列：主要包括污染物的降解基因以及和微生物分离有关的基因。

② rRNA 基因序列：细菌 rRNA 的编码基因是由 23S rDNA、16S rDNA 和 5S rDNA 三部分组成的 rRNA 操纵子（*rrn* 操纵子），大小分别为 3 000 bp、1 500 bp 和 120 bp 左右。由于

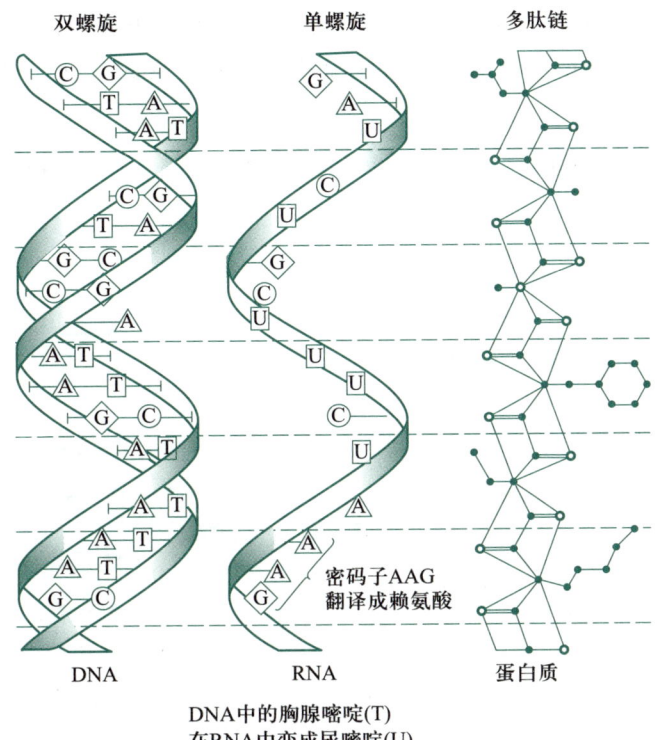

图 4-13　从 DNA 序列到氨基酸序列的信息传递
（摘自周群英，等．环境工程微生物学．4版．2015）

双螺旋 单螺旋 多肽链

DNA RNA 蛋白质

密码子AAG
翻译成赖氨酸

DNA中的胸腺嘧啶(T)
在RNA中变成尿嘧啶(U)

5S rRNA 所含信息量较少，而 23S rRNA 序列较长，不利于全序列测定，因此原核微生物的分类中对 16S rRNA 研究最多。

③ 16S-23S rRNA 基因转录间隔区（internal transcribed spacer，ITS）序列：由于 ITS 在自然进化过程中变异更快，足以满足种及种以下水平的分类，因此对 16S-23S rDNA 转录间隔区的研究也较多。

（一）常用的分子生物学技术

1. 聚合酶链式反应技术

聚合酶链式反应（polymerase chain reaction，PCR）是美国 Cetus 公司人类遗传研究室的科学家 K. B. Mullis 于 1983 年发明的一种新的分子生物学技术。PCR 技术是一种体外快速扩增特定基因或 DNA 序列的方法，因此也被称为基因的体外扩增法。在实验室的试管内，PCR 技术能够将极微量的目的基因或某

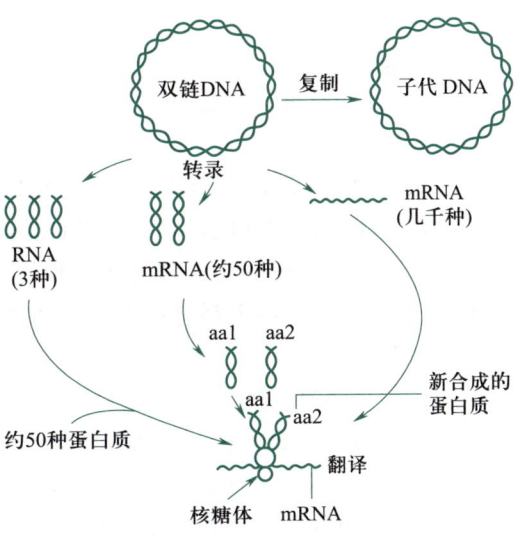

图 4-14　核酸和蛋白质的合成模式
（摘自周群英，等．环境工程微生物学．4版．2015）

一 DNA 片段在数小时内扩增成百万甚至千万倍，从而获得足够数量的精确 DNA 拷贝。PCR 技术的原理与细胞内发生的 DNA 复制过程十分相似，是由变性、退火和延伸三个步骤组成的循环反应（图 4-15）。

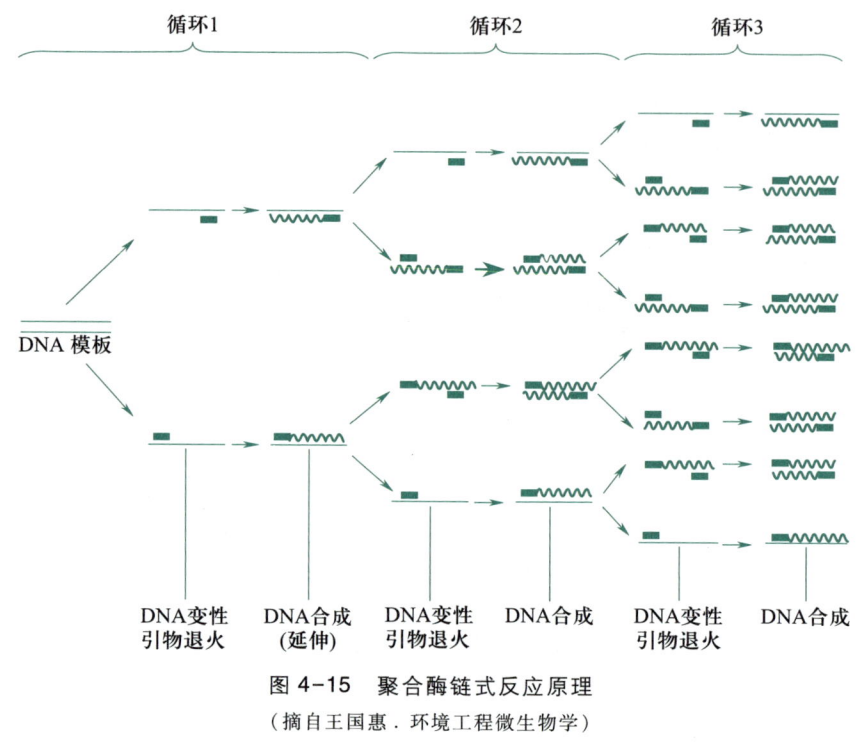

图 4-15　聚合酶链式反应原理
（摘自王国惠．环境工程微生物学）

（1）变性

将目的 DNA 加热，双链 DNA 分子在高温下分离成两条单链 DNA 分子。

（2）退火

以一对与两侧 DNA 碱基序列互补的寡核酸作为引物（一般为 20~30 核酸），当温度下降时，引物与所要扩增基因两侧的 DNA 结合。两条单链 DNA 都可作为模板合成新生互补链。并且每一条新生链的合成都是从引物的退火结合位点开始，并沿着相反链延伸，这样在每一条新合成的 DNA 链上都具有新的引物结合位点。

（3）延伸

在合适的缓冲液、Mg^{2+} 及 4 种 dNTP 存在下，72 ℃时在热性 TaqDNA 聚合酶作用下，按模板碱基序列迅速合成互补链。即从引物 3'—OH 进行延伸，合成方向为 5'→3'。这样就合成了 2 分子与原来结构相同的基因片段。

多次重复进行高温变性、低温退火及适温延伸等 3 个步骤（约需 2 min），DNA 分子数即按指数（2^n）倍增。PCR 产物进行凝胶电泳后经溴化乙锭染色，在紫外灯下观察结果。

PCR 技术具有指导特定的微量 DNA 序列大量迅速扩增的特点，使得分子生物学分析可以应用于只含痕量 DNA 的样品。无论是一根毛发、一个精子，还是一滴血的 DNA，甚至是经甲醛固定、石蜡包埋，或者被冷冻数万年的组织，都可用于基因结构的分析。PCR 技术操作简单，容易掌握，结果也较为可靠，因此为基因的分析与研究提供了一种强有力的手段。目前，PCR 技术的改进形式多种多样，主要有反转录 PCR、竞争性 PCR、半嵌套式 PCR、多重 PCR、原位 PCR、免疫 PCR 等。此外，还有基于 PCR 的多态性分析技术，例如 PCR-RAPD、PCR-RFLP、PCR-AFLP、PCR-SSCP 等。PCR 技术及其改进形式在分子生物学领域发挥着重要作用，为研究人员提供了丰富的选择，以便更准确、更有效地进行基因分析和研究。

2. 核酸分子杂交技术

核酸分子杂交技术是一种用于检测目的基因的技术，其原理基于 DNA 分子碱基互补配对。在这项技术中，特异性的探针与待测样品进行杂交，根据一定条件（如适宜的温度和离子强度），两条具有一定同源性的核酸单链可以形成双链。这种杂交是高度特异性的，参与杂交的是已知核酸片段的探针和待测核酸序列。根据探针和靶核酸的不同，该技术可分为 DNA-DNA、DNA-RNA 和 RNA-RNA 杂交三类。为了方便检测，探针必须标记。常用的标志物包括放射性核素和近年来出现的一些非放射性标志物。核酸分子杂交技术可以快速检测环境中特定的核酸序列，也可用于研究微生物的存在、分布模式和丰度等情况。由于其高度特异性和灵敏性，这项技术被广泛应用。接下来将介绍几种常用的杂交技术。

① 斑点印迹 通过在酸纤维素滤膜上点置等量的核酸，并使用探针杂交，可指示特定序列的存在与否。此技术不仅可用于序列的检测，还可用于定量分析。在定量分析中，通过比较杂交信号的强度或量与已知标准品，可以估计样品中目标序列的含量。信号强度通常通过光密度仪进行测定。

② southern 杂交（southern hybridization）和 northern 杂交（northern hybridization）Southern 杂交（亦称 DNA 印迹法）用于鉴定 DNA 序列，例如确定基因位于质粒或染色体上。该方法将菌株内的质粒抽提出来，经凝胶电泳分离后，转移到硝酸纤维膜上。随后使用标记的探针进行杂交，只有含有目标 DNA 序列的质粒或基因组才会与探针结合，从而确定基因位置。

northern 杂交（亦称 RNA 印迹法）原理类似，但目标序列为 RNA。从环境样品中提取总 RNA，经电泳分离后转移到膜上，利用特定探针检测特定 RNA 分子。DNA 序列的检测提供基因存在信息，而 RNA 的检测则提供特定基因的表达信息。

③ 原位杂交技术（in situ hybridization，ISH）原位杂交技术利用已知序列的标记核酸作为探针，与细胞或组织切片中的核酸杂交，并进行检测。最初使用放射性标记的核酸作为探针，后来发展为荧光原位杂交（FISH）。荧光原位杂交使用带有荧光标记的探针，无须分离核酸，直接与细胞膜和染色体杂交，从而检测同源核酸序列。与放射性探针相比，荧光探针具有安全和高灵敏性。主要操作步骤包括：样品固定、制备、预处理、预杂交、探针和样品变性、杂交、漂洗、荧光检测。原位杂交可用于单细胞研究，适用于分散在其他组织中的少量细胞 DNA 或 RNA 的研究。用于环境样品的原位杂交可提供微生物多样性信息，如形态特征、种群丰度、空间分布和动态等，还可进行有效定量。

3. 以 rRNA 基因为基础的细菌同源性分析

rRNA 基因同源性分析方法是一种综合应用多项分子生物学技术对细菌中 rRNA 基因进行分析的技术。这种方法可用于微生物的鉴定和多样性分析。rRNA 基因是细胞内最保守的基因之一。目前，16S rDNA 序列已成为细种属鉴定和分类的标准方法之一，已报道了数千种 16S rDNA 全序列。根据这些序列的同源性，已经构建了各种属的系统发育树。然而，16S rDNA 序列的高度保守性使得其对于相近种或同一种内的不同菌株之间的区分能力较差。相比之下，23S rDNA 分子较大，且目前只有少数种的序列被报道，因此尚未得到广泛应用。近期的研究表明，16S-23S rDNA ISR（internal transcribed spacer region，内转录间隔区）在细菌鉴定和分类中备受关注。这个区域没有特定功能，但其进化速率比 16S rDNA 快十几倍。研究表明，一些真细菌和古菌的 16S-23S rDNA ISR 序列在数量和长度上存在差异，这为其在细菌分类和鉴定中的作用提供了依据。通过对核苷酸序列库中 13 个种的 33 个 16S-23S rDNA ISR 序列的比较，发现它们没有高度保守的区域。这些基因既不是所有菌株都具有的，也不是同一菌株所有拷贝的 *rrn* 中都存在的。因此，可以通过多拷贝 *rrn* 的 16S-23S rDNA ISR 的数量和长度的差异来区分不同属、种的细菌。然而，对于只有一个或两个 *rrn* 拷贝的细菌，仅凭数量和长度可能不够，可能需要进行扩增产物的酶切或测序来进行鉴定。

4. 电泳技术

变性梯度凝胶电泳（denaturing gradient gel electrophoresis，DGGE）技术是 Fischer 和 Lerman 于 1919 年最先提出用于检测 DNA 突变的一种电泳技术。1993 年 Muzyers 等首次将它应用于分子微生物学研究领域，并证实了该技术在揭示自然界微生物区系的遗传多样性和种群差异方面具有独特的优越性。该技术可分离长度相同而序列不同的 DNA 片段混合物，分辨精度比琼脂糖电泳和聚丙烯酰胺凝胶电泳更高，甚至可以检测到一个核苷酸水平的差异。DGGE 技术直接利用 DNA 和 RNA 对微生物遗传特性进行表征，不但避免了传统上耗时费力的菌种分离，而且可以鉴定出无法用传统方法分离出的菌种。该技术不仅能够快速、准确地鉴定自然或人工环境中的微生物个体，而且可以进行复杂微生物群落结构演替规律、微生物种群动态性以及重要基因定位、表达调控的评价分析。目前该技术已经成为微生物群落遗传多样性和动态性分析的强有力工具。

其原理为：对 DNA 分子不断加热或用化学变性剂处理，两条链就会解链。先解链的区域由解链温度较低的碱基组成，同时影响解链温度的还有相邻碱基间的"堆积"力。解链温度低的区域通常位于端部，称作低温解链区。若端部分开，那么双链就由未解链部分束在一起，这一区域称作高温解链区。如果温度或变性剂浓度继续升高，两条链就完全分开。DGGE 技术是在聚丙烯胺凝胶中添加了线性梯度的变性剂，可以形成从低到高的线性梯度。通过不同序列的 DNA 片段在各自相应的变性剂浓度下变性，发生空间构型的变化，继而导致电泳速度急剧下降，最后在其相应的变性剂梯度位置停滞，经过染色后可以在凝胶上呈现为分散的条带。

DGGE 技术的主要依据为：首先 DNA 双链末端一旦解链，其在凝胶中的电泳速度会急剧下降。其次如果某一区域首先解链，而与其仅有一个碱基之差的另一条链则有不同的解链温度。将样品中加入含有变性剂梯度的凝胶进行电泳就可将二者分开（图4-16的1道、2道）最终，如果一条双链在其低温解链区形成异源双链（PCR扩增时产生的），而与另一等同的双链相比差别仅在于此，那么，异源双链将在低得多的变性剂浓度下解链。事实上，样品通常含有突变、正常的同源双链以及错配的异源双链，而异源双链（图4-16的3道、4道）通常可以与两个同源双链（图4-16中的1道、2道）远远分开。

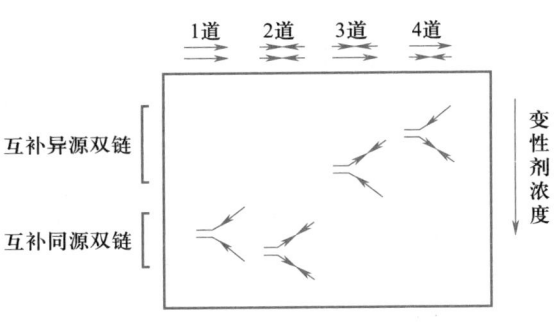

图4-16　变性梯度凝胶电泳技术原理
（摘自王国惠．环境工程微生物学）

（二）常用分子生物学技术在环境工程中的应用

1. PCR技术在环境工程中的应用

① 使用PCR技术检测环境中的致病菌及指标菌对于控制传染病至关重要。传统的分离培养方法需要几天到数周的时间，且无法检测一些难以人工培养的病原菌，效率低下。相比之下，PCR技术克服了这些缺点，一般只需2~4 h即可完成检测。

以单核细胞增生利斯特菌为例，传统培养方法需要至少5天才能确定无利斯特氏菌污染，至少需要10天才能鉴定单核细胞增生利斯特菌的存在。而采用PCR技术则只需几小时即可完成检测。此外，PCR技术还可成功检测出环境中的致病性大肠杆菌、炭疽芽孢杆菌、沙门氏菌、霍乱弧菌等致病微生物，从而有效预防疾病的发生和蔓延。

② 应用PCR技术检测环境中的基因工程菌。随着环境生物技术的发展，越来越多的基因工程菌被应用于现场处理。出于研究工作和安全因素的考虑，检测环境中这些基因工程菌的动态变得非常必要。应用PCR技术可以方便地对已知基因组结构和功能的基因工程菌进行检测。

Selvaratnam等人使用PCR扩增来检测废水处理中的间歇式反应器中降解酚的假单胞菌，以确定该菌的特殊降解活性。Erb等人则使用PCR扩增来分析多氯联苯污染生态系统中微生物的总DNA，以比较污染系统中降解多氯联苯的微生物群落的基因多样性。

③ PCR技术在环境微生物基因克隆中的应用。自然环境中蕴藏着丰富的微生物资源，从中克隆出特定可利用的基因对于研究具有重要意义。Zehr等人采用PCR技术，成功地从海水DNA样本中特异性地扩增出了一种 *Trichodesmium thiebautii* 菌株的固氮基因 *nif*，这是常规方法难以实现的。

厌氧氨氧化细菌对氧极度敏感，生长缓慢，而且只在较高细菌浓度条件下表现出厌氧氨氧化活性。因此，利用传统的微生物分离、纯化培养方法研究厌氧氨氧化菌十分困难。宋亚娜等人则利用厌氧氨氧化细菌16S rDNA基因的特异引物对红壤稻田土壤DNA进行扩增。琼脂糖电泳结果显示，各个样品中均成功获得了目的片段，其大小约为500 bp，并且所有样品仅扩增到单一的目的片段条带。

2. 核酸分子杂交技术在环境工程中的应用

① 利用 DNA 探针检测病原微生物。在环境工程中，利用 DNA 探针检测病原微生物已成为一项重要的技术。目前，已经建立了多种检测食源性病原菌的 DNA 探针分析方法，并且随着各种技术的不断改进和更灵敏的非放射性探测方法的引入，基于探针的检测方法得到了广泛应用。现在，市面上已经有许多商品试剂盒可用于检测病原菌。

② 利用核酸杂交检测环境中的特微生物。利用核酸杂交技术检测环境中的特殊微生物也具有重要意义。通过使用不同序列的探针与相应的靶核糖体特异性地结合，可以将微生物鉴定到科、属甚至种的水平。例如，Gulnur Coskuner 等人利用 FISH 技术对活性污泥中的硝化细菌进行鉴定和计数，从而避免了传统培养计数带来的偏差。他们认为，FISH 技术能够更全面地揭示硝化细菌的微生物学信息，有助于改进生物脱氮工艺的运行。此外，应用 FISH 技术检测和鉴定未被培养的物种也取得了一定成果。比如，Schulz 等在纳米比亚海岸发现了一株硫氧化细菌，但未能成功培养。1999 年，*Science* 杂志报道了经过 16S rDNA 测序分析和 FISH 技术分析的硫酸盐细菌（*Thiomargarita namibiensis*），揭示其是变型菌纲 γ 亚纲，直径为 0.5 mm，含有硫粒。在分析被石油污染的土壤时，核酸杂交法的应用使得某种烃降解基因的检出率显著高于未被污染的土壤。定量分析结果表明，污染程度越严重，这种降解基因的含量也越高。因此，这种方法可作为土壤石油污染程度评价的一种手段。

③ 应用 FISH 技术测环境微生物群落结构、功能和动态。FISH 技术不仅能够提供某一时刻微生物的景象信息，还能监测微生物群落和种群的动态变化，例如原生动物摄食增加对浮游生物组成的影响、季节变化对环境微生物群落的影响等。朱琳等人利用 FISH 技术测得玄武湖与太湖的硝酸菌和亚硝化细菌数量相当，但亚硝化细菌数量比硝酸菌低一个数量级。这表明，亚硝化细菌含量普遍低于硝酸菌含量，是富营养化水体的一个共同特征。废水生物处理系统的主体是微生物，然而传统技术往往难以快速、准确地反映系统中微生物种群的变化，从而制约了对工艺过程的有效控制。而 FISH 技术的应用能够提供处理过程中微生物数量变化和空间分布等信息，为提高废水处理能力和处理水平提供了新的思路。Daims 等人利用不同的寡核酸探针通过 FISH 技术研究发现，在所有的水处理污泥和生物膜样品中都可以发现大量的硝化螺菌（*Nitrospira*），而硝化杆菌（*Nitrobacter*）只存在于 SBR 的生物膜中。相对于其他处理系统，SBR 反应器中的亚硝酸盐含量要高许多，这表明硝化杆菌更适应于高浓度的亚硝酸盐环境。

此外，孙寓姣等人利用 FISH 技术考察了好氧上流式污泥床（AUSB）反应器中好氧颗粒污泥中硝化菌群的生态分布。在接种的厌氧颗粒污泥中，两类细菌几乎未见；而在好氧污泥中，同时发现了氧化细菌（AOB）和硝化细菌（NOB）。AOB 的数量要多于 NOB，而且 AOB 更集中地生长在颗粒表层，而 NOB 则生长在内层。

3. 以 rRNA 基因为基础的分析鉴定在环境工程中的应用

通过对 16S rDNA 碱基序列的测定，可以进行菌种的系统发育分析和分类地位的确定。《原核生物》和《伯杰氏系统细菌学手册》均确认了将 16S rDNA 碱基序列测定作为分类的依据。这一技术已成为菌种属鉴定和分类的标准方法。此外，16S rDNA 序列分析还可用于微生物多样性和系统发育关系的研究，通过序列同源性，已构建了各种属的系统发育树。对氧化细菌的 16S rRNA 基因序列分析结果显示，自养氨氧化细菌可分为两个系统发育群：一个含有 *Nitroocossusoceanus*，属 γ 亚纲；另一个含有 *Nitrosococcusmobilis*，属 β 亚纲，即亚硝化细菌。

由于 16S rDNA 序列在原核生物中高度保守，因此在相似种或菌株间的鉴定分辨能力较差。然而，16S-23S rDNA 的 ISR 序列作为 16S rDNA 序列分类的一个强有力补充，得到了广泛应用。它不仅可根据 ISR 的大小进行分类，还能根据所含 tRNA 种类和数量的不同进行分类。Jensen 等人建立了一套用于扩增 16S-23S rRNA 基因间区的 PCR 扩增体系，并对包括李斯特菌、葡萄球菌等在内的 8 个属 28 个种、亚种的 300 多株细菌进行了扩增，结果表明，16S-23S rDNA ISR 的电泳图谱能区分所有实验的种或亚种。Aakra 等人对 12 株细菌的 16S-23S rDNA 的 ISR 序列进行了测定，发现每个 AOB 细菌的基因组都含有一个 *rrm*，而大多数细菌的基因组中都含有 5~10 个 rRNA 基因的拷贝。这表明 AOB 细菌单拷贝的 rRNA 可能与其生长缓慢有关。

4. DGGE 技术在环境工程中的应用

由于 DGGE 技术可以再现未被培养的微生物信息，克服了传统方法的片面性，在分析环境微生物群落多样性和动态性方面得到了广泛应用。目前，DGGE 技术已经被用于土壤、底泥、活性污泥、生物膜等环境样品中微生物多样性检测、微生物鉴定、微生物变异及种群演替等方面的研究。Teske 利用 DGGE 法分析了硫酸盐还原菌时空分布的变化，通过利用寡核苷酸探针与 DGGE 产物的杂交表明，硫酸盐还原菌可在缺氧和微好氧条件下生存。Donner 等对浮游化变层中的群落结构演替过程进行了追踪实验，表明纤维素酶和脂酶的活性变化与不同取样点水样中细菌的 16S rDNA 片段 PCR 扩增产物的 DGGE 谱图具有高度的一致性。Sante Goeds 等利用微生物传感器和 PCR-DGGE 技术相结合，对生物膜形成过程中微生物种群的变化情况进行了分析。DGGE 谱图中逐渐增加的条带表明，经过定向的生物演替，生物膜中的微生物种类渐渐丰富起来。此外，DGGE 技术还在监测功能基因的表达、rDNA 编码基因微小异源性差异检测、克隆文库筛选等方面有着较好的应用。

第二节　基因突变和诱变育种

在微生物纯种群体或混合群体中，都可能偶尔出现个别微生物在形态或生理生化或其他方面的性状发生改变。改变了的性状可以遗传，这时微生物发生变异成了变种或变株。

一、基因突变

由于某种因素引起微生物 DNA 链上的 A—T 碱基对发生错误，结果接上 G 后成为 G—T 对，它的性状没有在当代表现。当 DNA 再一次复制时本应 A—T 配对，却成 G—C 配对，就成了与正常体不同的突变体。基因突变即微生物的 DNA 被某种因素引起碱基的缺失置换或插入，改变了基因内部原有的碱基排列顺序，从而引起其后代表现型的改变。当后代突然表现和亲代显然不同的、能遗传的性状（称表现型）时，就称为突变。例如，原来有荚膜，菌落为光滑型的细菌，因某种原因突然失去荚膜，光滑型（S 型）的菌落变为粗糙型（R 型）的菌落，且后代一直表现为无荚膜菌落为 R 型的，这就是突变株。

按突变的条件和原因划分，突变可分为两种类型，即自发突变和诱发突变。自发突变是指某种微生物在自然条件下，没有人工参与而发生的基因突变。自发突变的原因有：

① 多因素低剂量的诱变效应：不少自发突变是由于一些原因不详的低剂量诱变因素长期作用的综合效应。例如，充满宇宙空间的各种短波辐射，自然界中存在的一些低浓度诱变物质及微生物自身代谢活动所产生的一些诱变物质（如 H_2O_2）的作用。

② 互变异构效应：通常 DNA 双链结构中总是以 A—T 和 G—C 碱基配对的形式出现。偶尔 T 不以酮基形式出现，而以烯醇式出现，C 以亚氨基形式出现，在 DNA 复制时出现与之前不同的碱基对：G—T，A—C。

由于个别核苷酸向外突出（DNA 的瞬间变化），会造成核苷酸配对的错误，而导致突变，这种现象称为环出效应（环状突出效应）。在微生物生长繁殖过程中，基因自发突变的概率（称突变型频率）极低。如细菌突变型频率为 $1 \times 10^{-4} \sim 1 \times 10^{-10}$，即 1 万到 100 亿次裂殖中才出现一个基因的突变体。

为了更快地获得微生物的突变体，可以使用诱发突变的方法来促进。诱发突变是通过物理或化学因素处理微生物群体，导致少数细胞的 DNA 分子结构发生改变，从而引发遗传性状的变异。根据培育目标，可以从突变株中筛选出具有优良性状的变异株用于科研和生产。提高突变率的因素被称为诱发因素或诱变剂。诱发突变一般包括物理诱变、化学诱变和定向培育等。

1. 物理诱变

利用物理因素引起基因突变的，称物理诱变。物理诱变因素有紫外辐射、X 射线、γ 射线、快中子、β 射线和激光等。例如，在紫外辐射诱变中，紫外辐射的生物学效应主要是引起 DNA 的变化。DNA 链上的碱基（嘌呤碱和嘧啶碱）对紫外辐射很敏感。因为碱基（嘌呤碱和嘧啶碱）吸收的光波波长和紫外辐射发射波长非常接近。DNA 强烈吸收紫外辐射，引起 DNA 结构变化。其变化的形式有多方面：如 DNA 链的断裂，DNA 分子内和分子间的交联，核酸与蛋白质的交联，胞嘧啶和鸟嘌呤的水合作用及胸腺嘧啶二聚体的形成等。

DNA 的损伤后可进行修复，通常有五种形式：

① 光复活和暗复活：一部分受损伤的 DNA 在蓝色区域可见光处，尤其是 510 nm 波长的光照条件下，DNA 修复酶将损伤区域两端的磷酸酯键水解，切割受损伤的 DNA，将新核苷酸插入，由连接酶连接好形成正常的 DNA，这叫光复活。受损伤的 DNA 也可能在黑暗时被修复成正常 DNA，这叫暗复活。不被复活的 DNA 或是变异或是死亡。

② 切除修复：在有 Mg^{2+} 和 ATP 存在的条件下，Uvr ABC 核酸酶在同一条单链上的胸腺嘧啶二聚体两侧位置，将包括胸腺嘧啶二聚体在内的 12~13 个核酸的单链切下。通过 DNA 多聚酶 I 的作用，释放出被切制的 12~13 个核酸的单链。DNA 连接酶缝合新合成的 DNA 片段和原有的 DNA 链之间的切刻，完成切除修复。

③ 重组修复：受损伤的 DNA 先经复制染色体交换使子链上的空隙部分面对正常的单

链，DNA 多聚酶修复空隙部分成正常链。留在亲链上的胸腺嘧啶二聚体依靠切除修复过程去除掉。

④ SOS 修复：在 DNA 受到大范围重大损伤时，诱导产生一种应急反应，使细胞内所有的修复酶增加合成量，提高酶活性，或诱导产生新的修复酶（即 DNA 多聚酶）修复 DNA 受损伤的部分形成正常的 DNA。

⑤ 适应性修复：细菌由于长期接触低剂量的诱变剂会产生修复蛋白（酶），修复 DNA 上因甲基化而遭受的损伤，如硝基胍（MNNG 或 NG）等。将这种在适应期间产生的修复蛋白的修复作用称为适应性修复。

2. 化学诱变

利用化学物质对微生物进行诱变，引起基因突变或真核生物染色体畸变的，称为化学诱变。化学诱变物质很多，但只有少数几种效果比较明显。化学诱变因素对 DNA 的作用形式有 3 类：

① 亚硝酸、硫酸二乙酸、甲基磺酸乙酯、硝基胍、亚硝基甲基脲等的其中一种可与一个或多个核苷酸碱基起化学变化，引起 DNA 复制时碱基配对的转换而引起变异。

② 5-尿嘧啶、5-氨基尿嘧啶、8-氮鸟嘌呤和 2-氨基嘌呤等的结构与天然碱基十分接近，是类似物。它们中一种可掺入到 DNA 分子中引起变异。

③ 在 DNA 分子上缺失或插入一两个碱基，引起碱基突变点以下全部遗传密码转录和翻译的错误。这类由于遗传密码的移动而引起的突变体，称为码组移动突变体，这种突变称为移码突变。

3. 定向培育

定向培育是人为用某一特定环境条件长期处理某一微生物群体，同时不断将它们进行移种传代，以达到累积和选择合适的自发突变体的一种古老的育种方法。由于自发突变的变异频率较低，变异程度较轻，故变异过程均比诱变育种和杂交育种慢得多。

如今，环境工程仍主要采用定向培育的方法培育菌种。例如，处理石油炼厂废水印染废水、煤气含酚、氰废水等活性污泥（菌种）的来源，有来自处理含酚废水的活性污泥，但多半来自生活污水处理厂的活性污泥。生活污水无毒，具有微生物生长繁殖所必需的营养物，如碳、氮、磷、硫、钾、钠及生长因素等，有机物则有蛋白质、脂肪、糖类等。水温为常温，随季节变化；pH 为中性或偏碱性，这些条件都很适合微生物生长。处理生活污水的微生物有它固有的遗传性，当将它移至各种废水中生活时，营养、水温、pH 等均改变，例如，印染废水中有染料、淀粉、尿素、棉纤维及一些无机盐，冬季水温 $10 \sim 20 \, ^{\circ}\mathrm{C}$，夏季水温达 $40 \, ^{\circ}\mathrm{C}$ 以上，pH 为 $7 \sim 10$，经过长时间的定向培育（环境工程中称驯化）后，微生物改变了原来对营养、温度、pH 等的要求，产生了适应酶，利用印染废水中各种染料成分为营养，改变了代谢途径。这些微生物不仅能在印染废水中生存，而且它们能将染料脱色，使处理印染废水的能力不断提高。这时的微生物发生了变异，成为变种或变株。在废水生物处理过程中，微生物的变异现象很多：有营养要求的变异，对温度、pH 要求的变异，对毒物的耐毒能力的变异，个体形态和菌落形态的变异及代谢途径的变异等。

二、基因重组

凡把两个不同性状个体内的基因转移在一起重新组合，形成新的遗传个体，称之为基因重组。这种基因重组在自然界的微生物细胞之间、微生物与其他高等动植物细胞之间都有发生，也就是说微生物除了前述的由亲代向子代进行垂直方向的基因传递外，还具有多种途径进行水平方向的基因转移（也称水平漂移）。微生物细胞或作为基因供体向其他微生物细胞提供基因，或作为基因受体接受其他微生物细胞提供的基因。进而整合到受体细胞的染色体或质粒上并表达，使受体细胞具有新的性状。这种基因的转移、交换、重组是生物得以进化的动力。

基因重组可分为自然发生和人为操作两类。在原核微生物中，自然发生的基因重组方式主要有接合、转导、转化等方式；在真核微生物中有有性杂交、准性生殖、酵母菌 2 μm 质粒转移等。人为操作的方式有原生质体融合、基因工程等杂交育种手段，主要用于构建新菌株。

1. 原核微生物的基因重组

（1）细菌接合

通过供体菌和受体菌完整细胞间性菌毛的直接接触而传递大段 DNA 的过程称为接合。在细菌中，接合现象研究得最清楚的是大肠杆菌。发现大肠杆菌有性别分化，决定它们性别的因子称为 F 因子（致育因子），具有自主地与染色体进行同步复制和转移到其他细胞中的能力，此外还带有一些对其生命活动关系较小的基因。每一个细胞含有 1~4 个 F 因子。

（2）转导

通过缺陷型噬菌体的媒介，把供体细胞的 DNA 片段携带到受体细胞中，从而使后者获得前者部分遗传性状的现象，称为转导。转导又分为普遍性转导和局限性转导两类。噬菌体可"误包"供体菌中的任何基因，并使受体菌实现各种性状的转导称为普遍性转导。而局限性转导指通过某些部分缺陷的温和噬菌体从宿主 DNA 上脱离下来时发生"误切"，从而把少数特定基因转移到受体菌中的现象。

转导的实验大致如下（图 4-17），U 形管的两端与真空泵连接管的中间由烧结玻璃滤板隔开，它只允许液体中比细菌小的颗粒通过，管的右臂放溶原性菌株 LA-22（受体），左臂放敏感菌株 LA-2（供体），然后用泵交替吸引，使两端的液体来回流动，结果在 LA-22 端出现了原养型个体（his+、try+）。这是由于溶原性菌株 LA-22 中有少数细胞在培养过程中自发释放温和噬菌体 P$_{22}$，它通过滤板感染另一端的敏感菌株 LA-2。当 LA-2 裂解后，产生大量的"滤过因子"，其中有极少数在成熟过程中包裹了 LA-2 的 DNA 片段（含 try+ 基因），通过滤板再度去感染 LA-22 细胞群体，从而使极少

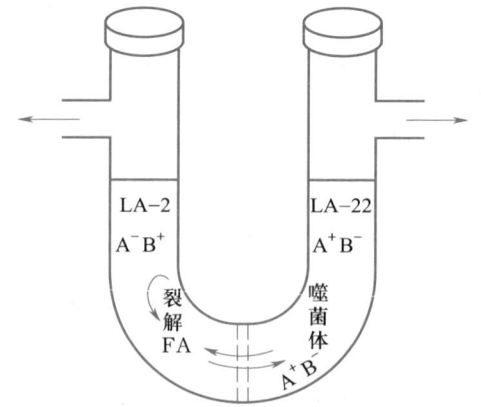

图 4-17 转导实验中的 U 形管实验
（摘自周群英，等. 环境工程微生物学 . 4 版 . 2015）

数的 LA-22 获得新的基因，经重组后，导致原养型转导子的形成。

（3）转化

受体菌接受供体菌的 DNA 片段，经过交换将它组合到自己的基因组中，从而获得了供体菌部分遗传性状的现象，称为转化。转化后的受体菌，称为转化子。

两个菌种和菌株间能否发生转化，与它们在进化过程中的亲缘关系有密切联系。但即使在转化率极高的那些种中，其不同菌株间也不一定都可发生转化。受体菌最易接受外源 DNA 片段并进行转化的生理状态，称为感受态。处于感受态的细胞，其吸收 DNA 的能力，有时可比非感受态细胞大 100 倍。感受态的出现受该菌的遗传性、菌龄、生理状态和培养条件等的影响。如肺炎双球菌的感受态在对数期后期出现，而芽孢杆菌则出现在对数期末及稳定期。感受态可以诱导产生。

每一个转化因子（即为 DNA 片段）的相对分子质量都小于 1×10^7，平均约含 15 个基因。每个感受态细胞约可掺入 10 个转化因子。转化的频率很低，只有 0.1% ~ 1%。据研究，呈质粒形式的转化因子的转化率最高。转化因子般都是线状双链 DNA，少数为线状单链 DNA。

2. 真核微生物的基因重组

在真核微生物中，基因重组主要有有性杂交、准性生殖等形式。

（1）有性杂交

杂交是在细胞水平上发生的一种遗传重组方式。有性杂交，一般指性细胞间的接合和随之发生的染色体重组，并产生新遗传型后代的一种育种技术。凡能产生有性孢子的酵母菌或霉菌，原则上都可应用与高等动植物杂交育种相似的有性杂交方法进行育种。

（2）准性生殖

准性生殖是一种类似于有性生殖但比有性生殖更为原始的一种生殖方式，它可使同种生物两个不同菌株的体细胞发生融合，且不经过减数分裂而导致低频率基因重组并产生重组子。准性生殖常见于某些丝状真菌。

三、基因工程

基因工程，也称遗传工程或 DNA 重组技术，是基因水平、分子水平上的生物工程，实质上是一种 DNA 的人工体外重组技术。根据人们的目标需要，用人工方法取得供体菌 DNA 上的目标基因，并加以改造。在体外重组于载体 DNA 上再导入宿主细胞内，并使其转录、翻译表达和复制，获得供体基因的性状，从而获得大量的基因产物或使受体生物表现出新的表型。这种使 DNA 分子进行重组，再在受体细胞内无性繁殖的技术也可称为分子无性繁殖或分子克隆。通过基因工程改造后的微生物菌株称为 "基因工程菌"（genetically engineered microorganism，GEM）。

基因工程的基本操作一般可分为获取目的基因、选择适宜载体、体外重组目的基因和载体 DNA 以及将重组载体引入受体细胞等步骤（图 4-18）。

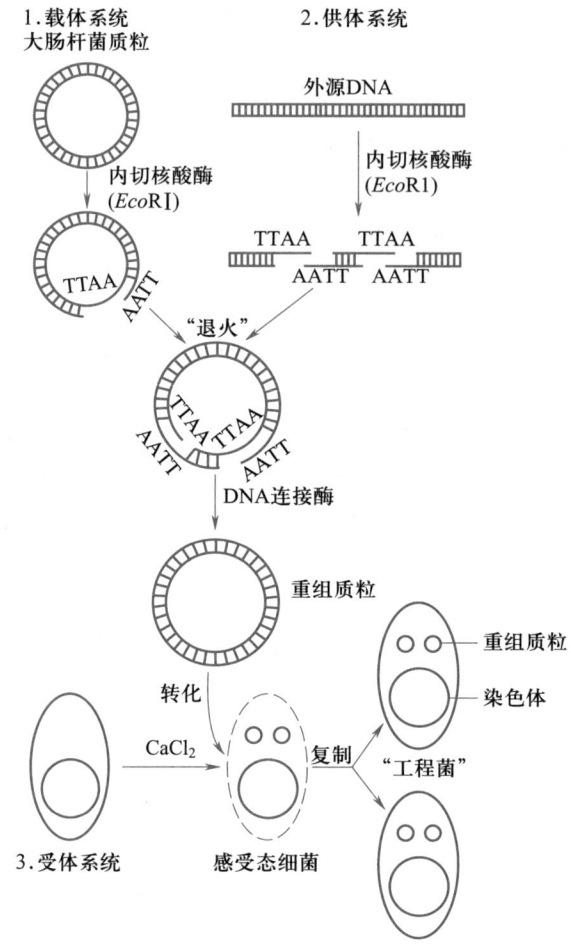

图 4-18　基因工程的主要操作步骤示意图

（摘自王家玲. 环境微生物学. 2004）

1. 基因工程操作步骤

（1）目的基因的取得

基因工程操作首先必须取得目的基因，一般有 3 条途径：从适当的供体细胞（各种动植物及微生物均可选用）的 DNA 中分离；通过反转录酶的作用由 mRNA 合成 CDNA（complementary DNA，即互补 DNA）；由化学方法合成特定功能的基因。

（2）载体的选择

有了目的基因后，还必须有符合要求的运送目的基因的载体，以便把它运载到受体细胞中进行增殖和表达。载体必须具有下列几个条件：是一个有自我复制能力的复制子；能在受体细胞内大量增殖即有较高的复制率；载体上最好只有一个限制性核酸内切酶的切口，使目的基因能固定地整合到载体 DNA 的一定位置上；载体上必须有一种选择性标记以便及时把极少数的"工程菌"或"工程细胞"选择出来。目前有条件作为载体的，对原核受体细胞来说，主要有细菌质粒（松弛型）和 λ 噬菌体两类。对真核微生物来说，主要有 SV40 病毒。在正常情况下，SV40 是在猴体内繁殖的小型 DNA 病毒，有一相对分子质量为 3×10^6 的环状双链 DNA，也能感染人和许多动物细胞。对植物细胞来说，主要是 Ti 质粒。

（3）目的基因与载体 DNA 的体外重组

采用限制性核酸内切酶处理或人为地把 DNA 的 3' 末端加上 poly（A）或 poly（T），就可使参加重组的两个 DNA 分子产生互补黏性末端。然后把两者放在较低的温度（5~6 ℃）下混合"退火"。由于每一种限制性核酸内切酶所切断的双链 DNA 片段的黏性末端有相同的核苷酸组分，所以当两者相混合时，凡黏性末端上碱基互补的片段，就会因氢键的作用而彼此吸引重新形成双链。这时在外界连接酶的作用下，供体的目的基因就与载体的 DNA 片段接合并被"缝补"（形成共价结合），形成一个完整的有复制能力的环状嵌合体——重组载体（chimaera）。

（4）重组载体引入受体细胞

上述体外反应生成的重组载体，只有将其引入受体细胞后，才能使其基因扩增和表达。受体细胞可以是微生物细胞，也可以是动物或植物细胞。在所有受体细胞中，目前使用最广泛的还是大肠杆菌。另外枯草杆菌和酿酒酵母也越来越多地用作基因工程中的受体细胞。

把重组载体 DNA 分子引入受体细胞的方法很多。若以重组质粒作载体时，可以用转化的手段；若以病毒 DNA 作重组载体时，则用感染的方法。

在一般情况下，大肠杆菌是不发生转化的。后来发现，$CaCl_2$ 能促进大肠杆菌对质粒 DNA 或 λDNA 的吸收，从而发展出目前常用的 $CaCl_2$ 转化法。采用这种方法，广泛使用的 pBR332 质粒（松弛型，具有四环素和氨青霉素抗性基因，并具有许多便于应用的限制位点）的转化率可达到 $10^5 \sim 10^7$ 转化子/μgDNA。转化以后，质粒 DNA 可在受体细胞内复制和表达抗药性标记，使转化细胞能在抗生素培养基上生存，从而可以检出重组子。

重组载体进入受体细胞后，在理想情况下能通过自主复制而得到大量扩增从而使受体细胞表达出供体基因所提供的部分遗传性状，于是这一受体细胞就成了"基因工程菌"。

2. 基因工程安全防护

基因工程技术虽然在构建新菌株方面有着巨大的潜力和广阔的应用前景但人们也极为关注基因工程是否会给人类带来基因污染的危险性。其风险有如下几方面：

① 致癌病毒 DNA 的扩散：动物基因组内潜在的肿瘤病毒的 DNA 片段在基因分离和转移过程中，致癌病毒可能被扩散；

② 耐药质粒的传播：其过程能使自然界产生耐抗生素的新菌种给治疗疾病带来严重困难；

③ 干扰和破坏正常细胞的功能：在基因转移过程中若处理不当，则导致正常细胞的控制失调和功能破坏；

④ 破坏生态平衡：基因工程构建的新菌株，一旦扩散至自然界可能破坏自然界生态系统的平衡；

⑤ 制造巨大杀伤力的生物武器：利用基因工程手段，制造对人类有危害的生物武器。

此外，尚有其他种种忧虑，如担心消除石油污染的高效降解菌，用于污染场所扩散后，导致油井和贮油罐甚至沥青路面和屋顶的毁坏等。目前国际上通行惯例要求任何转基因生物在进入环境之前，必须确保其环境安全性。同时要受到世界法律法规的约束。联合国环境署制定了《基因工程安全性法规》。此外各国也有自己的生物安全法规，其核心内容之一即是必须进行风险评价。相应的风险管理包括释放计划、控制系统和应急处理。国际上建议以下主要的处理方法有：

①物理防护措施：采用隔离实验室、隔离实验区；对污染物和废物严加管理和处理。

②生物防护措施：主要从基因分离、载体和受体菌的选择上严加要求。使用专一性强、不易传递的安全载体，选择非致病菌作为受菌体。

③基因控制措施：在基因工程菌细胞内，装上自杀基因。脱离实验室与发酵培养的人工环境，基因工程菌自行死亡。

目前人们仍然较多地选择或驯化土著优势菌作为受体菌，因为这在安全性方面较为适宜，而且更接近于自然条件。

3. 基因工程在环境污染生物处理中的应用

基因工程技术在环境保护中的应用起始于20世纪80年代。应用基因工程菌处理污染物的主要优势有以下几点：集中与创造目的基因，提供综合性代谢新污染物的通路和杂种细胞；提高代谢通路结构基因的表达，针对新的污染物，改变表达的调节方式；控制降解途径的限制性步骤，提高分解代谢酶的合成或其他生化反应过程的效率；防止有毒终污染物的产生，防止非需要产品的出现，用确定的基因实现最初的目的。

目前，科学家已经成功地应用基因工程技术制造出许多对污染物具有降解功能的微生物，并在一些领域中得到成功的运用。例如，生存于污染环境中的某些细菌细胞内存在着抗重金属的基因，这些基因上的遗传密码能够使细胞分泌出相关的生化物质，增强细胞生物膜的通透性能，将摄取的重金属元素沉积在细胞内或细胞外。已发现抗汞、抗铜、抗铅等多种菌株。但是，这类菌株多数生长繁殖并不迅速。把这种抗金属的基因转移到生长繁殖迅速的受体菌中，构成繁殖率高、富集金属速率快的新菌株，可用于净化重金属污染的废水。我国中山大学生物系将假单胞杆菌R4染色体中的抗镉基因转移到大肠杆菌HB101中，使得大肠杆菌HB101能在100 mg/L的含镉液体中生长，富有抗镉的遗传特征。

第三节　菌种的衰退、复壮和保藏

一、菌种的退化和复壮

在微生物系统的发育过程中，遗传性使得各种微生物能够延续优良的遗传特征，同时微生物也通过变异来进化。然而，变异有正向变化（即自然突变）和负向变化（即微生物种群的退化）两种形式。为了确保微生物的优良特性能够持续传承下去，必须进行复壮工作。这意味着在微生物的特性出现退化之前，需要定期进行纯种分离和性能测定。

在污水处理中筛选出的微生物尤其需要注意复壮工作，因为保存微生物的培养基成分和污水的成分并不完全相同，这容易导致微生物的退化。因此，需要定期使用原始污水培养微生物，以恢复其分解污水的活性，并加以保存。频繁的移植和传代也可能导致微生物的退化，因为变异主要是通过繁殖而产生的。因此，为了防止优良微生物品种的变异和退化，需要选择适当的培养基和合适的移植传代间隔时间，并严格控制微生物的移植代数。微生物的退化是指微生物种群中退化细胞数量达到一定程度后，微生物性能下降的现象。可以采取相应的措施来使退化微生物株恢复活力。这些方法包括：

① 纯种分离：用稀释平板法、平板划线分离法或涂布法均可。把仍保持原有典型的优良性状的单细胞分离出来，经扩大培养可恢复原菌株的典型优良性状，若经性能测定更好。还可应用显微镜操纵器将生长良好的单细胞或单孢子分离出来，经培养可恢复原菌株性状。

② 通过宿主进行复壮：对于寄生性微生物的退化菌株，可以接种到相应的宿主体内，以提高其对宿主的感染力。

③ 原始复壮：在环境工程中，从各种极端逆境中筛选和培养出的优良、高效微生物，由于长期保存而发生退化，减弱或失去分解原有污染物的能力，或对高温、低温、酸碱等条件极为敏感。为了确保这些微生物始终保持降解原污染物的活力，可以定期配制含有原始污染物成分的培养基，或在原始生长条件下培养和复壮这些微生物，然后继续保存。

二、菌种的保藏

菌种的保藏是一项至关重要且需要细致处理的基础工作，对于生产、科研和教学都至关重要。优良性状的菌株经过选育后需要被妥善保存，以防止其受到污染、退化或死亡。保藏的原理是根据微生物的生理生化特性，创造人工条件，例如低温、干燥、缺氧、贫乏培养基以及添加保护剂等，使微生物的代谢处于极微弱且缓慢生长的状态，从而抑制其繁殖，使其进入休眠状态。

① 定期移植法：这种方法简便易行，不需要特殊设备，能随时检查所保存的菌种是否死亡、变异、退化或受到杂菌污染。可以采用斜面培养、液体培养及穿刺培养等方法。不同菌种保存的温度和时间不同。例如，细菌保存在 4~6 ℃下，芽孢杆菌每 3~6 个月移植一次，其他细菌每月移植一次。若储存温度较高，则移植间隔时间应该缩短。放线菌保存在 4~6 ℃下，每 3 个月移植一次；酵母菌保存在 4~6 ℃下，每 4~6 个月移植一次；霉菌保存在 4~6 ℃下，每 6 个月移植一次，若保存在 20 ℃下，则每 2 周移植一次。

② 干燥法：这种方法是将菌种接种到适当的载体上，如经过灭菌的沙土、土壤、硅胶、滤纸及皮等。沙土保藏法是比较普遍的方法。通常将其放置在干燥器中，在常温或低温下保存。芽孢杆菌、梭状芽孢杆菌、放线菌及霉菌均可使用此法。

③ 隔绝空气法：作为定期移植法的辅助手段，能够抑制微生物的代谢，推迟细胞老化，防止培养基水分蒸发，从而延长微生物的寿命。例如，可以用液状石蜡封住半固体培养物来保藏菌种。也可以用橡胶塞代替原有的棉塞将待保存的菌种斜面封紧，以延长菌种的保藏时间。

④ 蒸馏水悬浮法：操作简单，只需将菌种悬浮于无菌蒸馏水中，然后将容器封好，适用于浮游球衣菌的保存。

⑤ 综合法：利用低温、干燥和隔绝空气等几种保藏菌种的重要方法的综合作用，使微生物的代谢处于相对静止的状态，从而延长菌种的保存时间。这是目前最为优秀的菌种保藏方法。首先，将保护剂制成细胞悬液，然后将悬液分装到安瓿内，冻结成冰，温度为$-25 \sim -40 ℃$，大量制备时应在$-35 ℃$下预冻 1 h。若每次只制备几管，则可以使用干冰或液氨预冻 $1 \sim 5$ min，然后进行真空干燥，控制真空泵的真空度在 $13.3 \sim 26.7$ Pa 之间，使样品水分大量升华，待样品水分升华 95% 以上时，即可封口保存。

思考题

1. 遗传的物质基础是什么？简述 DNA 和 RNA 的复制过程。
2. 简述基因突变和基因重组的定义，两者在方法上有什么区别？
3. 有哪些环境因素会导致 DNA 的变性？简述 DNA 损伤的修复机理。
4. 原核微生物与真核微生物发生基因重组的机理是什么？
5. 环境工程中，有哪些方法用来筛选或构建污染物处理的新菌株？

第二篇 微生物生态

第五章

微生物的生态

本章导读

微生物是地球环境演化的关键参与者，其与周围环境以及微生物与微生物之间相互作用、相互制约，形成了一个具有一定结构和功能的相对稳定的系统，即微生物生态系统。本章介绍生态系统、土壤微生物生态、空气微生物生态、水体微生物生态以及微生物与生物环境间的关系，使读者更好地了解微生物在生态系统中的地位和作用，最终利用微生物改善环境。

第一节　生　态　系　统

一、生态系统概述

（一）生态系统组成

生态系统（ecosystem）是生物圈的组成部分与基本单元。它是由生物群落及其生存环境组成的一个整体系统。生物群落包括动物、植物和微生物；生存环境包括物理因素及化学因素，诸如水、热、声、光、空气、土壤、有机物、无机物等。生物群落与生存环境之间不断进行着物质循环、能量流动和信息传递，这种长期适应形成的相互关系，将生物与它周围的环境有机联系成为一个整体结构，这个结构便是生态系统，小至一滴湖水、一截朽木、一个堆肥，大至湖泊、海洋、草原、森林、农田、工矿、城市，甚至整个生物圈，均可视为大小不等的生态系统。

生态系统有一定的组成、结构和功能，其主要组成如下所示。

（二）生态系统分类

根据生存环境分类，如水体生态系统和陆地生态系统等。水体生态系统可分为淡水生态系统和海水生态系统；根据动态和静态还可将淡水生态系统分为河流生态系统和湖泊生态系统。根据生物群落分类，有动物生态系统、植物生态系统及微生物生态系统等。

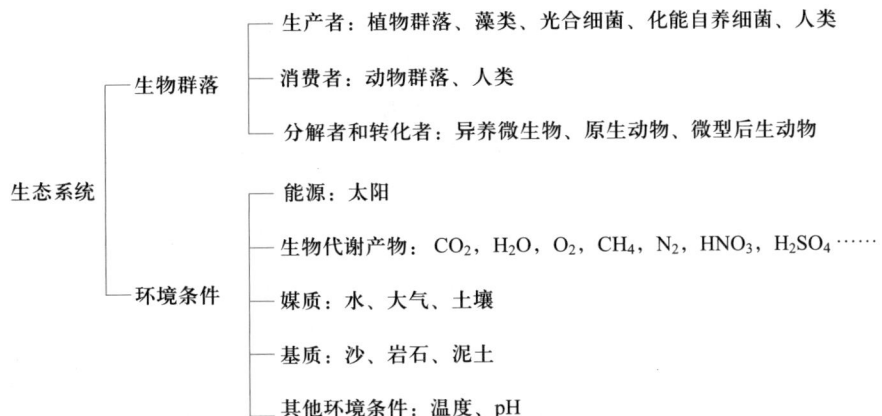

生态系统
├─ 生物群落
│   ├─ 生产者：植物群落、藻类、光合细菌、化能自养细菌、人类
│   ├─ 消费者：动物群落、人类
│   └─ 分解者和转化者：异养微生物、原生动物、微型后生动物
└─ 环境条件
    ├─ 能源：太阳
    ├─ 生物代谢产物：CO_2，H_2O，O_2，CH_4，N_2，HNO_3，H_2SO_4……
    ├─ 媒质：水、大气、土壤
    ├─ 基质：沙、岩石、泥土
    └─ 其他环境条件：温度、pH

　　微生物生态系统是各种环境因子（如物理、化学及生物因子）对微生物区系（即自然群体）的作用，以及微生物区系对外界环境的反作用。在作用和反作用的过程中，有物质循环和能量流动。不同类型的微生物与不同环境组成各种生态系统，如土壤微生物生态系统、空气微生物生态系统及水体微生物生态系统等。在同一生态系统中的微生物之间，微生物和动物、植物之间，微生物与环境因子之间均处于相互联系、相互依存、相互制约的对立统一之中。

　　小生态系统构成大生态系统，简单的生态系统构成复杂的生态系统，形形色色、丰富多彩的生态系统组成生物圈。因此，生存在地球陆地以上至海面以下各约 10 km 之间的范围，包括岩石圈、土壤圈、水圈和大气圈内所有生物群落和人及它们生存环境的总体，叫生物圈。它本身是一个巨大、精密的生态系统，是地球上所有生态系统的总和。

（三）生态系统的结构和功能

1. 生态系统的结构

　　生态系统具有明显的三维空间结构，由于环境条件在空间上的差异性，造成生物的分布也呈现明显的水平分布和垂直分布特征。

　　另外，在不同的时间（包括季节变化和昼夜变化）内，环境因子（如温度、光照等）的变化也会造成生态系统的变化，如我们熟悉的一年四季的物候变化，导致自然界景观发生很大的变化。

2. 生态系统的功能

　　生态系统是自然界的基本功能单元，其功能主要表现为生物生产、能量流动、物质循环和信息传递。其中能量流动和物质循环是最根本的过程，紧密联系，相辅相成，共同进行。

（1）生物生产

　　生物生产是生态系统的基本功能之一，当有太阳辐射存在时，植物、藻类以及光合细菌等自养生物能通过光合作用将水和二氧化碳合成有机物，包括糖类、蛋白质和脂肪等，构成生物体的物质来源，这是生态系统的初级生产（由生产者进行）。另外，生态系统中的其他生物也在进行生产，表现为动物和微生物等的生长、繁殖和营养物的储藏，这种生产直接或间接依赖于初级生产，称为次级生产。

（2）能量流动

生态系统中的能量都直接或间接来自太阳辐射。植物、藻类和光合细菌等通过光合作用将光能转化为化合物中的化学能，储存在生物体内；再经过食物链（如植物→草食动物→肉食动物），能量从一种生物转移到另一种生物体内，动物和植物死亡后留下的尸体（有机物）被微生物所分解。

能量流动是遵循热力学定律的，即总能量不变，同时随着能量传递过程，熵在增加；一部分能量被生物所利用或储存，一部分能量以热能形式散发到自然界中。由于能量在流动过程中不断被消耗，系统就需要从外界（太阳）不断补充能量来源。

（3）物质循环

在生态系统中，生物所需要的各种营养物质在各个组成成分间传递，形成不断循环的物质流。环境中的物质如二氧化碳、水及无机盐等通过植物吸收进入食物链，并转移给食草动物，再转给食肉动物，最后被微生物分解与转化，回到环境中，并且可以再一次被植物吸收利用，重新进入食物链。按照物质不灭的原理，生态系统中的物质不断地参加系统内的物质循环。

（4）信息传递

生态系统中的生物不是孤立的，生物与生物之间、生物与环境之间存在各种信息传递。信息有营养信息、物理信息、化学信息及行为信息等，构成一个整体的信息网。如物理信息的声、光、颜色等，化学信息的酶、抗生素、生长素（激素等，在有的生物中，行为也是一种重要的信息，如蜜蜂的飞行姿态可以告诉同伴采蜜点的位置）等。通过各种各样的信息传递，系统进行调节，并且把各组成联为一个整体。

（四）种群和群落

1. 种群

（1）种群的概念

种群（population）可以定义为占据特定空间的同一生物种的所有个体的集合体。种群是生物群落的组成单位。

（2）种群的特征

种群的基本成分是具有潜在互配能力的个体，但不等于是个体的简单相加，这是因为有机体之间存在着非独立性的交互作用，从而在整体上呈现出一种有组织有结构的特性，这就如同人是由细胞组成，但细胞的简单相加不会形成人是一样的道理。因此，从个体到种群，除了出现统计学上的特征如出生率、死亡率、年龄结构、性别比等外，还出现了如空间布局、种群行为、遗传变异和生态对策等新的特征。

一般来说，自然种群具有以下三个特征：

① 空间特征：即种群具有一定的分布区域和分布形式。

② 数量特征：每单位面积（或空间）上的个体数量（即密度）将随时间而发生变动。

③ 遗传特征：种群具有一定的基因组成，即系一个基因库，以区别于其他物种，但基因组成同样是处于变动之中的。

2. 群落

（1）群落的概念

生物群落（biocoenosis），简称群落（community），指一定时间内居住在一定空间范围内的生物种群的集合。群落中包括植物、动物和微生物等各个物种的种群，它们共同组成生态系统中有生命的部分。

群落的分类主要是根据群落内的优势种来进行的，如在植物群落中，分为红松林群落、云杉林群落等；也可以根据群落所在的自然生境分类，如山泉急流群落、砂质海滩群落、岩岸潮间带群落等。

（2）群落的特征

群落是生态学中比种群更高一级的单元，具有种群水平所不具备的很多特征。

在群落的数量特征方面，常用的指标有物种丰富度（多度、盛度）和密度、频率、覆盖度、优势度等。为了描述群落内的生物组成结构，物种多样性是很常用的指标。有两个参数与物种多样性密切相关，即物种丰富度和物种均匀度。一方面，群落内组成物种越丰富，则多样性越大；另一方面，群落内有机体在物种间的分配越均匀，即物种均匀度越大，则群落多样性越大。目前经常使用的描述多样性的指数有辛普森指数（Simpson's index）、香农-威纳指数（Shannon-Wiener index）等。

生存于一定环境中的群落，同样具有一定的外貌结构。陆地群落类型主要取决于植被特性，而水生群落的差异主要取决于水的深度和水流快慢。群落外貌通常针对陆地群落而言，它是群落之间、群落与环境之间相互关系的可见标志。人们很容易依据外貌来区分陆地群落，如森林、灌丛、草地等。至于水生群落，由于浮游生物个体小而分散，一般不形成大的结构。只有海底生物群落，外貌才有较明显的区分，如珊瑚礁，星状、羽状、扇状的腔肠动物，棘皮动物等。生物群落如同生物个体一样，有其发生、发展、成熟直至衰老消亡的生命过程，在每一个群落消亡的过程中，即孕育着一个更适合当时当地环境条件的新群落的诞生，这就是群落演替。群落演替的研究无论在理论上还是实践上，在生态学研究中都具有极其重要的意义。

二、微生物生态

（一）微生物生态系统

微生物生态系统（microbial ecosystem）是指微生物及其生存环境组成的具有一定结构和功能的开放系统。微生物生态学就是研究微生物与其生存环境间相互关系与相互作用规律的学科。由于环境限制因子的多样性，微生物生态系统表现出很大的差异。根据主要环境因子的差异和研究范围的不同，微生物生态系统大致有如下几种类型：陆生微生物生态系统、水生微生物生态系统、大气微生物生态系统、根圈微生物生态系统、活性污泥微生物生态系统、生物膜微生物生态系统、极端环境微生物生态系统等。

（二）微生物在生态系统中的作用

① 微生物是生态系统中的生产者：蓝细菌、微型藻类、光合细菌及化能自养菌都是自

养微生物，它们可将无机物转变为有机物，为高等生物提供食物。

② 微生物是有机物的主要分解者：绝大多数微生物都能利用自然环境中的复杂有机物质，并将其氧化、还原、转化或分解为简单的无机物，使生产者固定下来的无机物又重新归还到自然环境中。由于微生物对环境具有极强的适应性，所以长期生存在某一含人工污染物环境中的微生物便能够将其分解转化。如果没有分解者，动植物尸体将会堆积成灾，物质不能循环，生态系统也就毁灭了。因此，微生物又被称为"清道夫"，其作为分解者的功能被广泛应用于环境污染治理各领域。

③ 微生物是生物地球化学循环中的重要成员：微生物在使元素从一种形式转化为另一种形式的生物地球化学循环过程中起着重要作用，如碳、氮、硫等元素的循环，离开了微生物的作用，这些循环将无法进行。

第二节　土壤微生物生态

自然界中，土壤是微生物生长的天然培养基，它具有微生物生长繁殖和生命活动所需的各种营养物质和环境条件。

一、土壤的生态条件

土壤的生态条件与土壤类型及其所处的自然地理环境有关。一般来说，土壤具有良好的生态条件，适合于微生物的生存，可以从以下六个方面来看。

1. 营养

土壤中具有丰富的营养物质。土壤内有大量的有机和无机物质，包括大量动物和植物残体，植物根系的分泌物，还有人和动物的排泄物；微生物生长所需要的各种营养物质在土壤中都可以找到：磷、硫、钾、铁、镁、钙等，且含量相当高，在 1.1~2.5 g/L；微量元素有：硼、钼、锌、锰、铜等，能满足微生物生长发育的需要。在实验室配制培养基时，有时可以加入土壤浸出液，它能提供微生物所需的多种营养元素。

2. pH

土壤 pH 范围为 3.5~8.5，多数为 5.5~8.5，甚至不少土壤的 pH 接近中性，适合大多数微生物的生长需要。

3. 渗透压

土壤的渗透压通常为 0.3~0.6 MPa，革兰氏阴性杆菌体内的渗透压为 0.5~0.6 MPa，革兰氏阳性球菌体内渗透压为 2.0~2.5 MPa。所以土壤中的渗透压对微生物是等渗或低渗环境，有利于微生物摄取营养。

4. 氧气和水

土壤具有团粒结构，有无数小孔隙为土壤创造通气条件，土壤中氧的含量比大气少，平均为土壤空气容积的 7%~8%。通气良好的土壤，氧的含量高些，有利于好氧微生物生长。

土壤的团粒结构中的小孔隙还起毛细管的作用，具有持水性，为微生物提供了水分。例如，在孔隙为 30%～50%、排水通畅的土壤中，各组分的体积分数分别是土粒 50%，空气 10%，水 40%。

5. 温度

土壤具有良好的保温性，土壤的温度与大气温度有紧密关系，但与空气温度的较为激烈的变化相比，由于土壤具有较强的保温性，其变化幅度要小于空气，结果就使得土壤内部一年四季的温度变化不大，即使在冬季地面被冻结的情况下，一定深度的土壤中仍能保持一定的温度，不对微生物产生伤害。

6. 保护层

土壤最上面的一般为几毫米厚的表土层为保护层，表土层中的微生物数量极少，但它的存在可以使下面的微生物免受阳光中紫外线的直接照射。

综合以上各方面，土壤具备了微生物所需要的营养和各种环境条件，是微生物良好的天然培养基。当然，土壤的生态条件对不同微生物的影响是不同的，土壤所处的自然地理环境、本身的性质及其中物质的情况，包括人类在土壤上所从事的活动，都会使不同微生物在其中的生长状态不一样。

二、土壤微生物的种类、数量和分布

（一）土壤微生物的种类及数量

栖息在土壤中的微小生物统称为土壤微生物，主要种类包括细菌、放线菌、真菌和原生动物等。土壤中的微生物的数量和种类与土壤的性质有关，其中土壤中有机物的含量是一个重要的影响因素。土壤中的有机物越多，土壤肥力越高，其中的微生物也就越多。据统计，在每克肥土中，微生物数为几亿到几十亿个；在每克贫瘠土中，微生物数为几百万到几千万个。土壤中以细菌数量最多，达 70%～90%，其次为放线菌、真菌，藻类、原生动物和微型后生动物等。土壤微生物通过其代谢活动可改变土壤的理化性质，进行物质转化，因此，土壤微生物是构成土壤肥力的重要因素。

在微生物不同类群中，土壤中以细菌最多，放线菌和真菌次之，藻类及原生动物较少。典型花园土壤的不同深度处几类微生物数量情况见表 5-1。

表 5-1 典型花园土壤不同深度每克土壤的微生物菌落数

深度/cm	细菌/CFU	放线菌/CFU	真菌/CFU	藻类/CFU
3～8	9 750 000	2 080 000	119 000	25 000
20～25	2 179 000	245 000	50 000	5 000
35～40	570 000	49 000	14 000	500
65～75	110 000	500	6 000	100
135～145	1 400		3 000	

土壤中的微生物多以中温好氧和兼性厌氧菌为主。按生化功能来分，土壤中的微生物有氨化细菌、硝化细菌、反硝化细菌、固氮细菌、纤维素分解菌、硫细菌、磷细菌及铁细菌等，其中以芽孢杆菌最多，腐生性球状菌群也较多；此外，放线菌中有诺卡菌属、链霉菌属和小单胞菌属等；霉菌有分解纤维素、木质素、果胶及蛋白质的属和种；酵母菌以糖类为碳源，多在果园、养蜂场、葡萄园等的土壤中生存；土壤藻类有硅藻、绿藻和固氮的蓝藻（蓝细菌）。1 g 土壤中不同生化功能的细菌数量见表 5-2。

表 5-2　1 g 土壤中各种生化功能的细菌数量 单位：10^4 个/g 土

细菌种类	Hiltner 的测定结果	Lohnis 的测定结果
分解蛋白质的异养细菌（氨化细菌）	375	437.5
尿素分解细菌	5	5
硝化细菌	0.7	0.5
脱氮细菌	5	5
固氮细菌	0.002 5	0.038 8

（二）微生物在土壤中的分布

土壤微生物具有明显的水平分布和垂直分布的特征。

1. 水平分布

不同类型的土壤中所含的微生物不同，土壤的营养状况、温度和 pH 等对微生物的分布有很大影响，这些因素在不同类型的土壤中是不一样的，特别是微生物生长所需要的碳源。例如在油田地区，土壤中有着较多的碳氢化合物，以它们为碳源的微生物就较多；含动植物残体较多的土壤中氨化细菌、硝化细菌较多。表 5-3 列出了我国不同土壤的微生物数量。

2. 垂直分布

同一土壤的不同深度，微生物的分布不同，在土壤的不同深度，水分、养料、通气、温度等环境因子的差异以及微生物本身的特性，会造成微生物的垂直分布差异。

表 5-3　我国不同土壤的微生物数量 单位：10^4 个/g 干土

土壤类别	细菌	放线菌	真菌
黑龙江黑土	2 121	1 020	20
浙江红壤	1 107	127	4
宁夏棕钙土	144	10	4
江苏滨海盐土	463	42	0.4
黑龙江暗棕壤	2 331	631	15
沈阳棕壤	1 297	35	33
广东砖红壤	527	37	11

土壤类别	细菌	放线菌	真菌
黑龙江草甸土	7 861	29	23
西沙磷质石灰土	2 229	1 150	16

表层土因受紫外线照射和缺水，微生物容易死亡而数量减少；在 5~20 cm 深处，微生物的数量最多，每克土可含 $6.5×10^5$ 个微生物，如果有植物根系，其周围的微生物数量更多；自 20 cm 以下，微生物数量随深度增加而减少；到 1 m 深处，微生物的数量减少到每克土含 $3.5×10^4$ 个微生物；到 2 m 深处，由于缺少营养和氧气，微生物的数量极少，每克土仅有几个。

三、土壤病原微生物来源与传染

（一）土壤病原微生物来源

土壤是微生物的良好生境，也是微生物的最大贮库。在土壤中存在一定种类和数量的病原微生物，对人类和生态系统具有潜在危害。若不经处理而直接将人畜粪便、生活垃圾、城市生活污水、饲养场和屠宰场污染物施入土壤，就会把有害微生物种群带入土壤，造成土壤微生物污染。传染性病原微生物污染土壤，不仅会危害人类，影响人类健康，而且还会危害植物，造成农业减产。未经消毒处理的传染病医院污水和污染物进入土壤，甚至会产生灾难性后果。

多种因素影响土壤病原微生物的存活。外来病原微生物在土壤中的存活时间受病原微生物种类、土壤性质（如有机质和黏土含量），以及环境条件（如 pH、温度、日照等）的影响。一般而言，无芽孢细菌的存活时间为几小时至数月。例如，在潮湿的冬季，污（废）水灌溉土壤中的沙门氏菌能存活 70 天；在干燥的夏季，只能存活 35 天。芽孢细菌的存活时间显著长于无芽孢细菌。例如，炭疽芽孢杆菌可存活 15~60 年。病毒易被吸附于土壤颗粒内而延长存活时间。据报道，在污灌土壤中，冬季脊髓灰质炎病毒可存活 96 天，夏季可存活 11 天；停止灌溉 23 天后，仍可在种植于该土壤的蔬菜叶面上检出病毒。土壤黏土含量越高，对病毒的吸附能力越大，砂壤土对污（废）水病毒的滤除率高达 99.9%。此外，pH 低有利于病毒吸附，pH 升高会导致病毒从土壤中释放。

（二）土壤病原微生物的传染

土壤病原微生物危害人类的传染途径主要有：

①"人-土壤-人"途径：人体排出的病原微生物直接污染土壤，或经施肥、污灌间接污染土壤，人体与污染土壤接触或生食从这些土壤中收获的蔬菜瓜果等，均可被感染致病。

②"动物-土壤-人"途径：患病动物排出病原微生物污染土壤，使人体感染致病。例如，炭疽病是人畜共患病，炭疽芽孢杆菌的芽孢可在土壤中存活 60 年以上，若处理不当，将患病家畜的尸体丢至土壤，可能会使人体被炭疽芽孢杆菌感染。

③"土壤-人"途径：自然土壤中存在致病微生物，人体与土壤接触，会感染患病。例如，土壤中存在破伤风梭菌，其芽孢可在土壤中长期存活，当人体表皮受损并接触带菌土壤时，该菌会通过伤口侵入人体而导致破伤风。

四、土壤污染与自净

（一）土壤污染及不良后果

1. 土壤的污染

土壤污染主要来自含有机毒物和重金属的污（废）水农田灌溉和土地处理，固体废物的堆放和填埋等的渗滤液，地下储油罐泄漏及喷洒农药等。

污染物质主要有：农药、石油烃类（苯、二甲苯、甲苯、酚类）、NH_3 和重金属等。

各种污染物有易降解和不易降解之分。污染物被土壤吸附、截留后，易降解物被土壤中各种微生物吸收和氧化分解；难降解物和毒物包括重金属及某些有毒中间代谢产物，在土壤中滞留或渗漏至地下水中。堆肥和填埋物中也有难降解物、重金属及某些有毒中间代谢产物，在土壤中滞留或渗漏至地下水中。

2. 土壤污染的不良后果

（1）破坏土壤生态平衡

有机、无机毒物过多滞留、积累在土壤中，改变了土壤理化性质，使土壤盐碱化、板结，毒害植物和土壤微生物，破坏土壤生态平衡。

（2）造成水体污染

土壤中的毒物被植物吸收、富集、浓缩，随食物链迁移，最终转移到人体；或被雨水冲刷流入河流、湖泊或渗入地下水，进而造成水体污染。

（3）危害人体健康

污水和固体废物中含有各种病原微生物，如病毒、立克次氏体、病原细菌及寄生虫卵等。虽然有的病原微生物在土壤中因不适应而死亡，但有些可在土壤中长时间存活，它们可以通过各种途径转移到水体，进而进入人体中致病。

3. 土壤微生物污染的防治

要防治土壤微生物污染，必须控制污染源，对排入土壤的人畜粪便、污（废）水、污泥、城市生活垃圾等进行无害化处理。

常用的无害化处理方法有：药物灭菌法、高温堆肥法、沼气发酵法等。高温堆肥可使堆料的温度高于 55 ℃并持续 5 天以上，使蛔虫卵死亡率达 95% 以上，并能有效控制苍蝇滋生。沼气发酵使物料保持密封 30 天以上，可使寄生虫卵沉降率高于 95%，也能有效控制苍蝇滋生。各单位可结合当地的施肥习惯及卫生要求，因地制宜。

（二）污染土壤的微生物生态

土地是天然的生物处理场所，生活污水和易被微生物降解的工业废水经土地处理后得到净化。污染物进入土壤，造成土壤的各种理化性质发生变化，这种变化也会对生活在土壤中的微生物产生影响。污（废）水长期灌溉会引起土壤"土著"微生物区系和数量的改变，并诱导产生分解各种污染物的微生物新品种。例如，节细菌和诺卡氏菌原是"土著"菌，由于长期接触，它们也具有分解聚氯联苯的能力，这是诱导变异的结果。如果污（废）水灌溉量适中，不超过土壤自净能力，是不会造成土壤污染的。汞、砷、镉、硒和铬等毒物能被微生物吸收和转化。例如，铜绿假单胞菌（*Pseudomonas aeruginosa*）、恶臭假单胞菌（*Pseudomonas putida*）可将无机汞转化为毒性更强的有机汞积累在微生物体内。大肠埃希氏菌（*E.coli*）和荧光假单胞菌（*Pseudomonas fluo-rescens*）可使汞甲基化形成甲基汞，使二价汞还原为单质汞。如果汞被植物吸收、富集、浓缩，进入食物链，则最后可进入人体，危害人体健康。砷能被黄单胞菌、节杆菌、假单胞菌及产碱杆菌等氧化，毒性降低，或被甲基化。土壤中的细菌、放线菌和真菌还能还原硒氧化物为单质硒，使毒性降低。重金属虽能被微生物氧化或还原，但不能彻底清除毒性。所以农田灌溉要适当合理实施，要根据不同物质积累在植株的不同部位（如根、茎、叶、种子等）的特点。有毒废水不可进行农田灌溉和土地处理。为了避免毒物进入食物链，工业废水以灌溉非食用的经济作物为宜或不进行施用。

（三）土壤自净

土壤对一定负荷的有机物或有机污染物具有吸附和生物降解的能力，土壤的自净系指土壤被污染后，通过土壤的物理、化学和生物化学等作用，使各种病原微生物、寄生虫卵与有毒有害物等逐渐达到无害化程度的过程。

1. 土壤自净过程

土壤的自净过程极为复杂，主要包括以下几个方面。

（1）物理作用

物理作用主要涉及日光、土壤温度、风力等因素的作用。日光可使壤表层温度升高，再加上风的作用，使某些污染物挥发，减少其在土壤中的含量。例如，六六六在旱田施用后，主要靠挥发散失，氯苯灵等除草剂在高温条件下极易挥发，可迅速失去其活性。

（2）土壤的过滤作用和吸附作用

污染物通过土壤时，比孔隙大的固体颗粒被阻留。土壤颗粒表面还具有很强的吸附能力，可吸附溶于水中的气体、胶体微粒及其他物质，并将这些物质聚积或浓缩在土壤颗粒表面，逐渐形成一层胶质薄膜（生物膜），以增强土壤的吸附活性。

（3）化学作用

土壤中某些金属离子可与进入土壤的污染物发生氧化、还原、酸碱中和、水解等反应，改变污染物的化学性质以降低其毒性。例如，酸、碱可被中和，铜在碱性土壤中可生成难溶性的氢氧化铜，使铜的生物活性下降。

（4）生化作用

有机污染物在各种土壤微生物（包括细菌、放线菌和真菌）的作用下，将复杂有机物逐步无机化或腐殖质化，使之达到自净。

有机物的矿化是指与水体一样，含氮、硫、磷的有机物在有氧条件下经微生物作用，分别转化为相应的盐类。在厌氧条件下，有机物被微生物分解产生许多还原性产物。

有机物的腐殖质化是有机物在微生物的作用下产生腐殖质的过程。腐殖质含有多种有机物，其中主要是腐殖酸，即胡敏酸（腐土酸）、乌敏酸（腐木质酸）、克连酸（矿泉酸）等，其次是蛋白质、脂肪酸、木质素、纤维素等多种物质。腐殖质的性质较稳定，不再继续腐败并产生臭气。随着有机物的腐殖化，病原菌及寄生卵逐渐死亡，因此在卫生上也是安全的。土壤中的有机物达到腐殖质阶段便达到了无害化要求。

（5）病原体在土壤中消亡

有机物的无机化和腐殖质化是促使病原微生物和蠕虫卵死亡的重要条件。另外，日光的照射、土温的改变、微生物的拮抗作用等都影响病原微生物和蠕虫卵的生存。例如，日光中的紫外线能杀灭土壤中的蛔虫卵。通过上述自净作用，可降低各种污染物对土壤产生的影响。但土壤的自净能力是有限的，超过了限度就会造成危害。因此，可利用自净原理，借助人工强化手段来提高土壤的净化能力，以修复污染的土壤环境。

土壤自净能力的大小取决于土壤中微生物的种类、数量和活性，也取决于土壤结构、通气状况等理化性质。土壤有团粒结构，并栖息着极为丰富、种类繁多的微生物群落，这使土壤具有强烈的吸附、过滤和生物降解作用。当污（废）水、有机固体废物施入土壤后，各种物质（有毒和无毒）先被土壤吸附，随后被微生物和小动物部分或全部降解，使土壤恢复到原来状态。

2. 污水灌溉

由于土地具有自净能力，它可以成为一个天然的生物处理厂，可用土地法处理废水和固体废物。生活污水和易被微生物降解的工业废水经土地处理后得到净化；固体废物通过填埋，经长时间的生物作用，也可以被逐渐稳定化。由此发展出的污水灌溉是个很有实践意义的技术。利用土地进行污染物处理或进行土壤灌溉时，应十分谨慎，需要在实施前做充分的研究，以免造成新的污染。

① 不能用含有有毒或难以降解物质的污水。这是因为这些物质会在生物体内积累、富集或者转化，最终影响人类自己。例如，汞元素虽然能被微生物吸收，但微生物会将无机汞转化为毒性更强的有机汞，各种重金属虽能被微生物氧化或还原，但不能彻底消除毒性。有些农药等难降解物质，在自然界条件下的分解速率很慢，需要几十年甚至上百年才能被降解，这些物质在土壤中积累，会通过食物链富集、浓缩，最后进入人体，危害人类健康。

② 不能超过自净容量。如果进入土壤的污染物数量适中，不超过自净容量，就不会造成土壤污染。

③ 要根据土地上生长的植物的特点，合理灌溉。根据不同物质积累在植物不同部位如根、茎、叶、种子等的特点，选择合理的灌溉方式和灌溉时间。一般不宜用污水灌溉直接食用的经济作物，特别是在这些作物收获前。

五、土壤生物修复

（一）土壤生物修复方法

土壤生物修复是利用土壤中天然的微生物资源或人为投加目的菌株，或者用构建的特异降解功能菌投加到各污染土壤中，将滞留的污染物快速降解和转化，恢复土壤的天然功能。与其他方法比较，用生物修复技术修复土壤耗资少、处理效果好，引起了许多国家的重视。

土壤生物修复的工作步骤是：① 调查污染地的本底资料，包括土壤的理化性质，土壤结构（如孔隙率和渗透率）、含氧量和温度等，"土著"微生物种群和数量等；② 制定治理方案，进行适当的可行性实验；③ 进行技术实施。

（二）土壤生物修复关键参数

1. 微生物种类

① "土著"微生物：目前用得较多，具有经济性，但效果较差。

② 选育优势菌种：从污染土壤选育优势菌种若干种，经扩大培养接种到污染土壤中，较易实施，收效快且效果好。

③ 微生物基因工程：用质粒育种或基因工程构建工程菌并接种到污染土壤中。这种方法有不相容性，工程菌受到"土著"微生物的排他作用。

2. 微生物营养

与污水生物处理一样，土壤微生物也需要一定的营养元素比例，即 C：N：P。由于污染物过量积累，可能品种单一，营养元素比例严重失衡，需要通过可行性实验确定适宜的营养元素比例。目前资料提供的数据各异，可参照一般土壤微生物的 C：N = 25：1，也可参照污水好氧生物处理的 BOD_5：N：P = 100：5：1 等作为基本参数，在实验过程中加以调整。

3. 溶解氧

土壤结构、土质不同，污染物数量不同等，其中的溶解氧量亦随之不同。通气良好的土壤溶解氧为 5 mg/L 左右，黏土和积水土溶解氧极低，由于土壤中存在污染物使溶解氧进一步降低。为保证好氧微生物和兼性厌氧微生物生长旺盛，实现对污染物的有效分解，用鼓风机向地下鼓风，保证充足氧量。鼓风可使土壤溶解氧达 8～12 mg/L，通纯氧可达 50 mg/L。若其中苯和低碳烷基苯的含量较高，则需更多溶解氧（20～200 mg/L），才能满足微生物的需要，苯等污染物才能被吸附、降解或彻底转化。

多数污染物为非水溶性，不易与微生物混合、接触，影响生物修复效果。因此，有时需加适量的表面活性剂，帮助微生物吸收污染物。起初，污染物会抑制"土著"微生物，可能通过相当一段适应期，"土著"微生物才能发挥降解作用。这时需先投加高效降解菌分解污染物，为"土著"微生物解除毒性，或加入刺激微生物生长的药物，如适量有增氧作用的 H_2O_2（100～200 mg/L），释放 O_2，为好氧微生物和兼性厌氧微生物提供更多的最终电子受体，促进微生物快速生长，加速污染物分解。

（三）土壤生物修复技术

目前石油烃类污染的土壤，其生物修复技术主要有两类：一类是微生物修复技术，另一类是植物修复法。

1. 微生物修复法

按修复的地点又可分为原位生物修复和异位生物修复。

（1）原位生物修复

将受污染土壤在原地处理，土壤基本不被搅动，向土壤的水饱和区加入营养盐、氧源（多为 H_2O_2），注入分解该污染物的微生物，以提高生物降解的能力。在污染区原地钻一组注水井，注入微生物、水和营养物，并通入空气。另外用抽水泵抽取地下水，使地下水呈流动状态，促使微生物和营养物均匀分布。经过 4~6 月处理后，地下水恢复到原来水平，此后加入土壤改良剂，地下水就可实现循环利用。

原位生物修复工艺简单，经济实惠，但处理速度慢，其也可用于污染河流底泥的生物修复。

（2）异位生物修复

包括现场处理法、预制床法、堆制处理法、生物反应器和厌氧生物修复法。

① 现场处理法：以土壤耕作方式处理污染土壤，通过施肥、灌溉和加石灰等措施，进行耕作翻土，以改善土壤的通气状况，保持最合适氧量、水分和 pH，依赖"土著"微生物的作用，降解施在土层中的污染物。

② 预制床（挖掘堆置）法：事先挖掘一定形状和规模的预制床（类似固体废物的填埋），铺设滤液收集管道、水循环管道系统和排水系统。在预制床的底部铺上渗透性低的物质，再将污染土壤转移到预制床上，通过施肥、灌溉、调节 pH、适当添加表面活性剂，再加入微生物降解其中的污染物。

③ 堆制处理法：污染土壤堆制处理，类似于有机固体废物的堆肥。选适当地点建造堆制处理场，为了防止污染物向地下水或更大的地域扩散，需铺设防渗漏底层；并铺设通风管道，然后将受污染的土壤从污染地区挖掘起来，运送到处理场堆放，可堆制成条堆形，两边铺成上升的斜坡，以自然通风方式进行生物处理。堆制法是生物修复中的新型技术，与其他处理法相比，堆制处理节省能源，较简单易行，适用范围广泛。

④ 生物反应器法：将污染土壤置于一专门的反应器（为卧鼓形和升降机形）中处理，有间歇式和连续式两种。生物反应器可建在现场或特定的处理区。其内有搅拌装置，可使土壤、微生物等充分混合，因而处理速度较快，效果较好。

⑤ 厌氧生物修复法：例如，在土壤泥浆反应器中，投加厌氧颗粒污泥修复芳香烃污染的土壤，发挥"土著"厌氧微生物对五氯酚（PCP）的厌氧还原脱氯作用，实现微生物修复。

2. 植物修复技术

植物对污染物的去除起着直接和间接的作用。土壤污染植物修复技术的原理是利用植物体对某些污染物较强的吸附、积累及植物代谢、转化和矿化作用，通过植物根吸收、根分泌物与根际、根系微生物对污染物代谢、转化与矿化，增强微生物降解污染物的活性，加速土壤污染物降解。可分为植物提取、植物降解和植物稳定化 3 种。植物提取是利用植物吸收积累污染物，待收获后再进行处理。其处理方法有：热处理、微生物处理和化学处理。植物降解是利用植物根系吸收，根际和根系微生物将污染物转化为无毒物质。植物稳定化是在植物的根系和土壤的共同作用下，固定污染物，以减少其对生物与环境的危害。

生物修复所用植物应具有对恶劣环境抗性强、根系发达、富集毒物能力强的特性。目前应用的植物有：苜蓿草（根系含有"土著"真菌、细菌）、蒲公英、龙葵和小白酒花等，对镉及镉-铅-铜-锌复合污染耐性均较强，对镉有较高的积累能力。

植物修复是以太阳能为动力，处理费用低、对场地破坏较小。据美国的研究实践表明，植物修复处理费为 $0.02 \sim 1.00$ 美元$/(a \cdot m^3)$，比物理、化学处理的费用低许多。

第三节　空气微生物生态

一、概述

空气具有紫外辐射较强、缺乏微生物生长繁殖所需的营养物质和水分、温度变化幅大等特点。因此，空气不是微生物生长繁殖的场所。虽然空气中微生物数量较多，但只是暂时停留，其停留时间的长短由风力、气流和雨、雪等条件所决定，但其最终要沉降到土壤、水体、建筑物和植物的表面或进入内部。

二、空气微生物的种类、数量、来源与分布

（一）空气微生物的种类和数量

空气中微生物种类因不同场所而有不同。有些是普遍存在的，如霉菌和酵母菌，在一些地区其数量甚至可超过细菌。曲霉、青霉、木霉、根霉、毛霉、白地霉、圆球酵母以及红色圆球酵母等都是常见的种类。

空气中微生物的数量取决于空气中的尘埃总量。室内空气中的微生物数量与人员密度和活动情况、空气流通程度及卫生状况有密切关系；室外空气微生物数量与环境卫生状况、环境绿化程度等有关。一般室内空气中的微生物数量比室外多；城市空气中的微生物数量比农村多；畜舍、公共场所、医院、宿舍、街道空气中微生物也相对较多；海洋、森林、终年积雪的山脉、高纬度地带的空气中微生物数量少；雨、雪过后空气干净，微生物极少。不同地区上空的微生物数量见表5-4。

表 5-4　不同地区空气中的微生物数量 单位：个/m³ 空气

地点	畜舍	宿舍	城市街道	市区公园	海洋上空	北纬80°
数量	$1 \times 10^6 \sim 2 \times 10^6$	2×10^4	5×10^3	200	$1 \sim 2$	0

（二）空气微生物的来源

空气中的微生物来源多种多样，主要包括带有微生物或微生物孢子的土壤尘埃、水面吹起的扬沫（小水滴）、人和动物体表干燥脱落物、呼吸道的排泄物等，这些细菌都可飘散到空气中。由于空气的相对湿度、紫外辐射的强弱、尘埃颗粒的大小和数量，微生物的适应性

及对恶劣环境的抵抗能力不同，微生物在空气中的存活时间长短不一，有的很快死亡，有的存活几天、几个星期、几个月或更久。在敞开的废水生物处理系统中，由于机械搅拌、鼓风曝气等，也会使微生物以气溶胶的形式飞溅到空气中。

（三）空气微生物的分布

空气中的微生物只是短暂停留，是可变的，没有固定类群。空气由于营养物缺乏和水分不足，不是微生物生活的良好场所，但空气中仍然有从病毒到真菌，甚至藻类和原生动物等各种微生物。

微生物通过各种方式进入空气，主要来源于带有微生物菌体及孢子的灰尘。其中大部分是腐生微生物，也有人及动植物病原微生物。静止的空气中微生物随灰尘下落，纵然极缓慢的气流也可使微生物长期悬浮于空中做布朗运动而不下沉。

潮湿的空气中含微生物较少，因为微生物常与水滴结合而下沉。肺中缓慢吐出的气中不含细菌，因湿润的呼吸道可将细菌由气体中清除，但喷嚏和唾液的微小水滴中则含有大量细菌。微生物随着气流可达到很高的高度，如在 25 km 高空仍有微生物存在。微生物随着气流横向传播的距离几乎是无限的，因而许多微生物的分布是世界性的。

三、空气微生物污染

（一）空气微生物的主要影响因素

1. 湿度

空气相对湿度对空气微生物的存活影响很大。大多数革兰氏阴性菌在相对湿度较低的条件下更易存活；革兰氏阳性菌则相反，在相对湿度较高的条件下更易存活。病毒存活也受相对湿度的影响。相对湿度低于 50% 时，有包膜的病毒（如流感病毒）存活时间较长；而相对湿度高于 50% 时，裸露的病毒（如肠道病毒）较为稳定。

2. 温度

空气温度也是影响微生物存活的重要因素。高温会加速微生物失活，低温则能延缓微生物失活。但温度接近于水的凝固点时，一些细菌会因表面形成冰晶而失活。

3. 射线

日照中的紫外线（UV）和电离辐射（如 X 射线）对病毒、细菌、真菌和原生动物可产生损害。UV 可诱发 DNA 形成胸腺嘧啶二聚体。电离辐射则可导致 DNA 单链断裂、双链断裂，以及碱基结构改变。耐放射异常球菌（*Deinococcus radiodurans*）是至今所知的抗辐射能力最强的微生物，该菌对辐射损伤的染色体 DNA 具有很高的酶促修复活性。

4. 其他

氧气、室外空气因子（outdoor air factor，OAF）和多种离子是空气组成成分。在闪电和 UV 作用下，氧气可从惰性形态转变成氢氧自由基、过氧化氢、过氧化物、超氧化物等活泼形态，造成细胞损伤。OAF 用于描述实验室条件下不能复制的环境因素，它们影响微生物存活的机理有待深入研究。实验证明空气中的阳离子可引起微生物活性物理衰减（如细胞表面蛋白质失活）；而阴离子则可同时产生物理和生物影响（如 DNA 内部损伤）。

（二）空气微生物传播过程

空气微生物的传播过程包括发射、传播和沉降等环节。

1. 发射（launch）

是指使含微生物微粒悬浮于空气中的过程。含微生物微粒被发射到空气中，是导致空气微生物污染的重要原因。常见的发射机制有：① 土壤微生物附着在尘埃上，飘浮至空气中；② 吹过污（废）水表面的自然风力将含微生物泡沫送入空气；③ 寄生于人体和动物体内的病原微生物，可从呼吸道直接进入空气，也可随排泄物（如痰液脓汁或粪便等）排至地面，随灰尘飞扬进入空气；④ 成熟的病原真菌将孢子直接释放至空气。

2. 传播（transport）

是指流动空气将动能传给含微生物微粒，使其从一个地方迁移到另一个地方的过程。传播能力决定了空气微生物的污染范围。根据持续时间和迁移距离，传播可分为亚小范围传播（持续时间短于 10 min，迁移距离小于 1 000 m），小范围传播（持续时间 10~60 min，迁移距离 100~1 000 m），中等范围传播（持续时间数天，迁移距离 100 km），大范围传播（持续时间更长，迁移距离更远）。由于大多数悬浮于空气中的微生物存活能力有限，常见的传播是亚小范围和小范围传播。一些病毒、孢子和芽孢细菌能进行中等范围甚至大范围传播。流行性感冒曾从地球东部传播到地球西部，遍及全球。

3. 沉降（settlement）

是指含微生物微粒通过一种或多种机制沉积于物质表面的过程。沉降地点决定了空气微生物的污染对象。导致沉降的机制有重力作用、分子扩散、表面碰撞、降水冲洗和静电凝聚等。

（三）空气微生物污染的危害与防治

1. 空气微生物污染的危害

许多空气微生物是动植物的病原微生物，它们通过空气传播，可对人类生产和生活造成巨大危害：① 感染农作物，导致种植业减产；② 感染家畜，导致养殖业损失；③ 感染敏感人群，导致人类患病；④ 污染食品，导致食物腐败变质等。

小麦是重要的粮食作物，关系到人类的粮食安全。小麦锈病真菌（wheatrust fungi）是小麦的主要病原菌。1993 年，这种病原菌在美国造成了 4 000 多万蒲式耳（bushel）小麦的损失。一株患病小麦能产生成千上万个真菌孢子，在小麦收获过程中，由于受空气或机械扰动，这些真菌孢子进入空气，可传播至几百甚至数千千米以外。例如，在美国得克萨斯州收割冬小麦时，风向从南到北，致使小麦锈病传播给远在堪萨斯州的成熟作物。仅在美国，每年小麦锈病真菌给农业造成的损失就达数十亿美元。

2. 空气微生物污染的防治

由于室内空气中的微生物含量远远高于室外空气，防治室内微生物污染通常是人们关注的重点，主要措施如下。

（1）室内通风

利用室外空气微生物含量低于室内空气的特点，通过空气对流来稀释室内空气，减少室内空气中的微生物数量。影剧院、礼堂、会议室等人员拥挤的场所应该采用这一措施。

（2）空气过滤

对空气清洁程度要求较高的场所（如手术室、无菌实验室），可采用空气过滤器，以除去含有微生物的尘埃，减少室内空气中的微生物数量。

（3）空气消毒

采用物理法或化学法消毒，可以杀灭空气中的病原微生物，减少室内空气中的微生物数量。物理消毒法主要是紫外线照射，利用紫外线杀灭空气中的病原微生物。化学消毒法主要是采用各种化学药品喷洒或熏蒸，常用的药品有甲醛、漂白粉等。

四、空气微生物的检测与标准

（一）空气微生物的检测

我国检测空气微生物所用的培养皿规格有 φ90 mm 和 φ100 mm。

评价空气的清洁程度，需要测定空气中的微生物数量和空气污染微生物。测定的细菌指标有细菌总数和绿色链球菌，必要时则测病原微生物。

1. 空气微生物的测定方法

（1）固体法

固体法有平皿落菌法（沉降-平板法）、撞击法（有缝隙采样器、筛板采样器、针孔采样器）和过滤法。

① 平皿落菌法：将营养琼脂培养基融化后倒入 φ90 mm 无菌平皿中制成平板。将它放在待测点（通常设 5 个测点），打开皿盖暴露于空气 5～10 min，以待空气微生物降落在平板表面上，盖好皿盖，置于培养箱中培养 48 h 后取出，对菌落计数。

可通过奥梅梁斯基（奥氏）公式换算出浮游细菌数，认为 5 min 内落在面积 100 cm^2 营养琼脂平板上的细菌数，与 10 L 空气中所含的细菌数相同。奥氏公式如下：

$$C = \frac{5\,000}{A \times t} \tag{5-1}$$

式中：C 为空气细菌数；A 为捕集面积，cm^2；t 为暴露时间，min。

经测定发现，用奥氏公式计算的浮游细菌浓度比实测少，因为该公式未考虑尘埃粒子大小、数量、气流情况、人员密度和活动情况。

② 撞击法：以缝隙采样器（图 5-1）为例，用吸风机或真空泵将含菌空气以一定流速穿过狭缝（狭缝宽有 0.15 mm，0.33 mm 和 1 mm 3 种）而被抽吸到营养琼脂培养基平板上。狭缝长度为平皿的半径，平板与缝的间隙有 2 mm，平板以一定的转速（1 r/min、5～60 r/min、60 r/min）旋转。通常平板

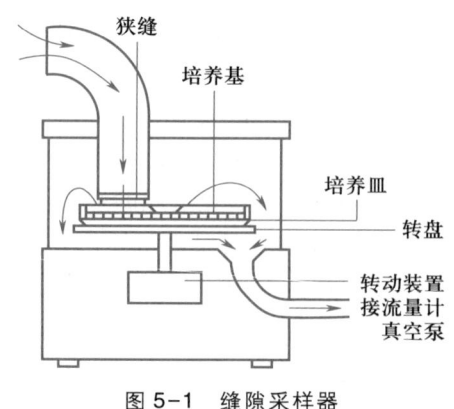

图 5-1　缝隙采样器

转动 1 周，取出置于 37 ℃恒温箱中培养 48 h，根据空气中微生物的密度可调节平板转动的速度。采集含菌高的空气样品时，平板转动的速度要比含菌量低的空气样品的转速快。根据取样时间和空气流量算出单位空气中的含菌量。

③ 过滤法：利用无菌水过滤空气，将空气中的微生物截留在水中，空气得到净化。

（2）液体法

液体法可用于测定空气中的浮游微生物，主要是浮游细菌。该法将一定体积的含菌空气通入无菌蒸馏水或无菌液体培养基中，依靠气流的洗涤和冲击使微生物均匀分布在介质中，然后取一定的菌液涂布于营养琼脂平板上，或取一定量的菌液于无菌培养皿中，倒入 10 mL 融化（约 50 ℃）的营养琼脂培养基，混匀，待冷凝制成平板，置于 37 ℃恒温箱中培养 48 h，取出计菌落数。再以菌液体积和通入的空气量计算出单位体积空气中的细菌数。例如，10 m^3 含菌空气通入 100 mL 的无菌水中，使 10 m^3 空气中的微生物全部截留在 100 mL 水中。然后取 1 mL 菌液涂布于平板上，若长出 100 个菌落，100 mL 水中的菌落数则为 10 000 个，即 10 m^3 空气中的细菌菌落数为 10 000 个，则 1 m^3 空气的细菌菌落数为 1 000 个。

2. 空气微生物检测的相关参数

（1）空气微生物检测点数

空气微生物的测点数越多越准确，表 5-5 为按 209E 方法计算的必要测点数，目前，各国测浮游菌时所选用的测点数与其相近。

表 5-5　按 209E 方法计算的必要测点数

进风面积（单向流）或室面积（乱流）/m^2	洁净度			
	100 级	1 000 级	10 000 级	100 000 级
<10	2~3	2	2	2
10	4	3	2	2
20	8	6	2	2
40	16	13	4	2
80	32	25	8	2
100	40	32	10	3
200	80	63	20	6
400	160	126	40	13

（2）空气微生物的培养温度和时间

长期以来，培养空气细菌的温度和时间是 37 ℃和 48 h，根据实验认为培养一般细菌和细菌总数以 31~32 ℃，24 h 或 48 h 为宜；培养真菌以 25 ℃，96 h 为宜。

（3）浮游菌最小采样量和最小沉降面积

测浮游菌时，为了确保测定结果的可靠性，避免出现"0"粒的情况，要考虑最小采样量。同样，在测降落菌时，要考虑最小沉降面积，可参考表 5-6 和表 5-7。

表 5-6　浮游菌最小采样量	
浮游菌上限浓度/(个·m^{-2}·min^{-1})	计算最小采样量/m^3
10	0.3
5	0.6
1	3
0.5	6
0.1	30
0.05	60

表 5-7　落菌法测细菌所需要的最少培养皿数（沉降 0.5 h）	
含尘浓度最大值/粒	需要直径为 90 mm 的培养皿数
0.35	40
3.5	13
35	4
350	2
3 500~35 000	1

（二）空气微生物的卫生标准

空气是人类与动植物赖以生存的重要自然资源，但它同时也是传播疾病的媒介。为了防止疾病传播，提高人类的健康水平，要控制空气中微生物的数量。另外，在工业生产、科学研究、医疗单位等，也需要对空气中的微生物数量进行控制。空气污染的指示菌以咽喉正常菌丛中的绿色链球菌最为合适，绿色链球菌在上呼吸道和空气中比溶血性链球菌易发现，且有规律性。通常用空气中的细菌总数作为指标。我国《室内空气质量标准》（GB/T 18883—2022）规定，室内空气细菌的卫生标准：撞击法的细菌总数≤1 500 CFU/[m^3（空气）]（表 5-8）。

表 5-8　我国室内空气质量标准中细菌总数限值及测定方法		
项目	测定方法和标准	备注
	撞击法/（CFU·m^{-3}）（空气）	
一般的	≤4 000	
10 万级空气净化车间的空气	≤4 000	GB/T 18883—2022
室内空气	≤1 500	

要获得清洁空气，净化空气极为重要。最好的措施是绿化环境和搞好室内外环境卫生。

有些工业部门及医疗部门需要采用生物洁净技术净化空气。需采用生物洁净技术的部门有制药工业、食品工业、医院、生物制品、医学科学研究及生物科学研究、遗传工程、生物工程、电子工业、钟表工业及宇航工业等。生物洁净技术多用备有高效过滤器的空气调节除菌设备，它既能达到恒温控制又可提供无菌空气。但高效过滤器仅仅是除菌不是灭菌，人的进出活动会将微生物带到室内，所以还要对室内器物进行消毒及无菌操作，才能保证室内无菌环境。这种以防止微生物污染为主要目的的洁净室，称为生物洁净室。

国际上，生物洁净室没有统一标准，大多数国家参照美国颁发的国家航空和航天局（NASA）标准，制定各国的标准，且各个行业都定了标准，如食品医药行业。表5-9是各国食品医药行业对洁净室中浮游菌的技术要求。

表 5-9　各国食品医药行业对洁净室中浮游菌的技术要求

清洁度级别	澳大利亚 TGA cGMP（2002 年）		欧盟 EU cGMP（2008 年）		美国 FDA cGMP（2014 年）	中国药品生产质量管理规范（2010 年）
	CFU·m^{-3}		CFU·m^{-3}		CFU·m^{-3}	CFU·m^{-3}
100	A	<1	A	<1	<1	<1
1 000	B	≤10	B	≤10	≤7（1 000）	≤10
10 000	C	≤100	C	≤100	≤100	≤100
100 000	D	≤200	D	≤200	≤200	≤200

空气微生物卫生标准可以浮游细菌数为指标，或以降落细菌数为指标。飘浮在空气中的细菌称浮游细菌。浮游细菌附着在尘粒上，故浮游细菌的数量与尘粒的数量和粒径有关。浮游细菌在一定条件下缓慢地降落下来成为降落菌。它的数量取决于浮游细菌的数量，浮游细菌和降落菌有一定关系。

许钟麟提出用生物微粒作为制定"3"系列和"3.5"系列洁净度级别的参考值，见表5-10。通过细菌和尘粒的相关性来确定浮游细菌和降落菌的浓度标准。

表 5-10　微生物粒子的参考值

含尘浓度最大值	浮游菌最大浓度	允许最大沉降菌落数	φ90 mm 培养皿 0.5 h
粒·L^{-1}	个·L^{-1}	个·周$^{-1}$·m^{-2}	最大沉降量/个
0.3	0.001	3 629	0.068
0.35	0.001 1	3 992	0.075
3	0.003 3	11 976	0.225
3.5	0.003 5	12 700	0.239
30	0.01	36 290	0.682
35	0.011	39 920	0.75

含尘浓度最大值	浮游菌最大浓度	允许最大沉降菌落数	φ90 mm 培养皿 0.5 h
粒·L^{-1}	个·L^{-1}	个·周$^{-1}$·m^{-2}	最大沉降量/个
300	0.033	119 760	2.25
350	0.035	127 000	2.39
3.000	0.1	362 900	6.82
3.500	0.11	399 200	7.5

注：本表摘自许钟麟. 空气洁净技术原理. 1998：316。

第四节　水体微生物生态

一、概述

水体有天然水体和人工水体两种。天然水体包括海洋、江河、湖泊、溪流等，人工水体有水库、运河、下水道、各种污（废）水处理系统。无论是天然水体，还是人工水体，水中多溶解或悬浮着多种无机或有机物质，供给微生物营养而使其生长繁殖。雨水冲刷将土壤中各种有机物及无机物、动物和植物残体带至水体，工业废水和生活污水源源不断排入，水生动物和植物死亡等为水体中的微生物提供了丰富的有机营养。因此水体是微生物生存的第二天然培养基。

二、水体微生物的种类、数量、来源和分布

（一）水体微生物的种类及数量

1. 淡水微生物

淡水水域主要靠近陆地，因此土壤中大部分细菌、放线菌和真菌在水体中几乎都能找到，但多数进入水域的土壤微生物由于不适应水体环境而逐渐死亡，仅有部分能在水体中居留下来，成为水体微生物。水体中的微生物数量和种类一般比土壤中的少得多。在江、河、湖和水库等淡水中，若按其中有机物含量的多寡及其微生物的关系，可分为以下两类。

① 清水型水生微生物：在洁净的湖泊和水库蓄水中，有机物含量低，微生物数量很少。典型的清水微生物以化能自养微生物和光能自养微生物为主，如硫细菌和铁细菌等少量异养微生物也可生长，但都属于只在低浓度（1~15 mg/L）的有机质培养基上就可正常生长的贫营养细菌。

② 腐败型水生微生物：流经城市的河水、滞留的池水以及下水道的沟水中，由于流入

了大量的人畜排泄物、生活污物和工业废水等，有机物的含量大增，同时也带入了大量外来的腐生细菌，使腐败型水生微生物尤其是细菌和原生动物大量繁殖，每毫升污水的微生物含量达到 $10^7 \sim 10^8$ 个。其中数量最多的是无芽孢革兰阴性细菌，如产气肠杆菌和产碱杆菌属等，还有各种芽孢杆菌属、弧菌属和螺菌属的部分种。原生动物有纤毛虫类、鞭毛虫类和肉足类。

2. 海洋微生物

海洋占地球总水体的 97%，其中微生物的种类和数量很大。但是由于海水具有含盐高（一般在 3.2% ~ 4.0%）、温度低、有机质含量少、深海处静水压高等特点，形成了独特的生态环境，生长在其中的微生物有别于淡水环境。

海洋中微生物以藻类最多，细菌种类与土壤和淡水中的差别不大，95% 以上为革兰阳性好氧或兼性厌氧菌，球菌和放线菌较少。海洋细菌有喜盐特性，最适盐浓度为 3.3% ~ 3.5%。大多数细菌在 12 ~ 25 ℃ 之间生长最好，温度高过 30 ℃ 时很少能够生长。90% 的海水静压力在 100 ~ 1 160 atm（大气压），许多深海细菌具有耐压性，如水活微球菌（*Micrococcus aquivirus*）和浮游植物弧菌（*Vibrio phytoplanktis*）等可以在 600 atm 下生长，而浅海细菌的耐压性则与陆上细菌差别不大。大部分海洋微生物最适 pH 为 7.2 ~ 7.6，海水的 pH 为 7.5 ~ 7.8，比淡水高，适合海洋微生物的生长。

（二）水体微生物的来源

1. 水体微生物的来源

① 水体中固有的微生物：这部分微生物是水体中原来就有的，包括荧光杆菌、产红色和产紫色的灵杆菌、不产色的好氧芽孢杆菌、产色和不产色的球菌、丝状硫球菌、球衣菌及铁细菌等。

② 来自土壤的微生物：通过雨水径流，可把土壤中的微生物带入水体中，这些微生物包括枯草芽孢杆菌、巨大芽孢杆菌、氨化细菌、硝化细菌、硫酸还原菌、蕈状芽孢杆菌和霉菌等。

③ 来自生产和生活的微生物：人类在生产和生活过程中所产生的各种工业废水、生活污水、固体废物以及牲畜的排泄物夹带着各种微生物进入水体，包括大肠菌群、肠球菌、产气荚膜杆菌、各种腐生性细菌、厌氧梭状芽孢杆菌，致病的微生物如霍乱弧菌、伤寒杆菌、痢疾杆菌、立克次体、病毒和赤痢阿米巴等。

④ 来自空气中的微生物：雨水降落时，将空气中的微生物夹带进入水体。初雨尘埃多，微生物也多；雨后空气中的微生物少。雪的表面积大，与尘埃接触面大，故所含微生物比雨水多。

由于不同水域的光照度、酸碱度、渗透压、温度、溶解氧和其中的有机物、无机物及有毒物质种类、含量等均有较大差异，因而使各种水域中的微生物种类和数量呈明显差异。

2. 水体病原微生物的传染

水体病原微生物的传染途径主要有：

①"接触-皮肤感染"途径：当皮肤、黏膜接触带有病原微生物的污（废）水时，病原

微生物感染人体接触部位。例如，接触带有葡萄球菌（*Staphylococceus*）的水体，造成损伤皮肤化脓；沙眼衣原体（*Chlamydia trachomatis*）感染游泳者眼睛，使其患上沙眼。

② "饮水-肠道感染"途径：通过饮水，水中病原微生物经口进入肠道，致使肠道感染。这类病原微生物有：霍乱弧菌，沙门氏菌、大肠杆菌、甲型肝炎病毒等。1991 年 1 月秘鲁发生霍乱暴发流行，并传播蔓延至中美洲和南美洲各国，共出现 104 万个病例，致死 9 642 人。事后流行病学调查发现，这次霍乱暴发流行的病因是饮用水消毒不彻底，其中含有霍乱弧菌。

③ "水产品-肠道感染"途径：进入水体的病原微生物可感染水产品，如鱼、虾、毛蜡、菱角等，当人们食用这些带有病原微生物的食品时，便会被病原微生物所感染。1988 年上海甲型肝炎暴发流行，临床患者累计 31 万人。事后流行病学调查发现，导致甲型肝炎流行的原因是上海市民生食了被甲型肝炎病毒污染的毛蜡。

（三）水体微生物的分布

1. 淡水中微生物分布

微生物在淡水中的分布常受到许多环境因子的影响，其中营养物质是决定微生物分布的主导因素，其次是溶解氧和温度。水体内有机物含量高，则微生物数量大；中温水体内微生物数量比低温水体内多；深层水中的厌氧微生物较多，而表层水内好氧微生物较多。因此水体中微生物常成层分布。在较深的湖泊或水库等淡水生境中，因光线、溶解氧和温度等差异，微生物呈明显的垂直分布带。

① 上层水体：阳光充足，溶解氧量大，溶解性有机物质浓度可达 $2\sim9$ g/L，是水体中微生物的一个重要活动场所。该层每毫升水中可含 10^8 个细菌个体，主要有好氧性的假单胞菌属、柄杆菌属、噬纤维菌属中的某些种类和浮游球衣菌（*Sphaerotilus*）等。在水体表面则有多种进行光合作用的藻类。

② 深水区：因光线微弱、溶解氧量少、硫化氢含量较高和营养物质贫乏等原因，只有一些厌氧光合细菌和若干兼性厌氧菌可以生长，如着色菌属（*Chromatium*）、绿硫菌属（*Chlorobium*）以及其他一些浮游性细菌。

③ 湖底区：底泥严重缺氧，但有机质较丰富，生活着如脱硫弧菌属（*Desulfovibrio*）、甲烷杆菌属（*Methanobacterium*）和甲烷球菌属（*Methanococcus*）等。

微生物具有表面附着特性，在水体各种相界面处大多是营养物质富集之处，这些界面也成为微生物很好的生长繁殖生境。

2. 海水中微生物分布

海洋中的微生物也具有水平和垂直分布特性。

① 水平分布：近海和海湾水域含有大量的有机物，海面阳光充足，温度适宜，微生物数量大，港口海水每毫升含菌 1×10^5 个。远海由于有机质含量低，细菌总数亦较低，主要为一些贫营养菌。日本多贺等观测了东京湾细菌和外洋细菌分布情况，发现湾口处活细菌数是外洋活细菌数的 1 000 倍左右。

海洋微生物的水平分布除受内陆气候、降雨量等影响外，还受潮汐的影响。当涨潮时，因海水受到稀释，含菌量明显减少，退潮时含菌量增加。

② 垂直分布：海洋细菌的垂直分布特性亦很明显，从海面到海底依次为：透光区，此处光线充足，水温高，适合多种海洋微生物生长，分布着大量浮游藻类和细菌，微生物数量随海水深度增加而增加；无光区，有一些微生物在海平面以下 25~200 m 之间活动着，一般50 m 以下微生物的数量随海水深度增加而减少；深海区，位于 200~6 000 m 深处，特点是黑暗、寒冷和高压，只有少量微生物存在；超深海区，只有少数耐压菌才能生长。

因此就某一区域微生物群落的垂直分布而言，海面有阳光照射，藻类生长，溶解氧量高，有好氧的异养菌，再往下为兼性厌氧微生物，海底有兼性厌氧菌、厌氧异养菌及硫酸还原菌等。

三、水体污染与自净

（一）污染水体的微生物生态

1. 污化系统

当有机污染物排入河流后，在排污点的下游进行着正常的自净过程。沿着河流方向形成一系列连续的污化带，如多污带、α-中污带、β-中污带和寡污带，这是根据指示生物的种群、数量及水质划分的。污化指示生物包括细菌、真菌、藻类、原生动物、轮虫、浮游甲壳动物、底栖动物（有寡毛类的颤蚯蚓）、软体动物和水生昆虫。

① 多污带：多污带位于排污口之后的区段，水呈暗灰色，浑浊，含大量有机物，BOD高，溶解氧极低（或无），为厌氧状态。在有机物分解过程中，产生 H_2S、CO_2 和 CH_4 等气体。由于环境恶劣，水生生物的种类很少，以厌氧菌和兼性厌氧菌为主，种类多，数量大，每毫升水含有几亿个细菌。它们中间有分解复杂有机物的菌种，有硫酸盐还原菌、产甲烷菌等。水底沉积许多由有机和无机物形成的淤泥，有大量寡毛类（颤蚯蚓）动物。水面上有气泡，无显花植物，鱼类绝迹。

② α-中污带：α-中污带在多污带的下游，水为灰色，溶解氧少，为半厌氧状态，有机物量减少，BOD 下降，水面上有泡沫和浮泥，有氨、氨基酸及 H_2S，生物种类比多污带稍多。细菌数量较多，每毫升水约有几千万个。有蓝细菌、裸藻、绿藻，原生动物有天蓝喇叭虫、美观独缩虫、椎尾水轮虫、臂尾水轮虫及节虾等。底泥已部分无机化，滋生了很多颤蚯蚓。

③ β-中污带：β-中污带在 α-中污带之后，有机物较少，BOD 和悬浮物含量低，溶解氧浓度升高，NH_3 和 H_2S 分别氧化为 NO_3^- 和 SO_4^{2-}，两者含量均减少。细菌数量减少，每毫升水只有几万个。藻类大量繁殖，水生植物出现。原生动物有固着型纤毛虫（如独缩虫、聚缩虫等活跃）、轮虫、浮游甲壳动物及昆虫出现。

④ 寡污带：寡污带在 β-中污带之后，它标志着河流自净作用已完成，有机物全部无机化，BOD 和悬浮物含量极低，H_2S 消失，细菌极少，水的浑浊度低，溶解氧恢复到正常含量。指示生物有：鱼腥蓝细菌、硅藻、黄藻、钟虫、变形虫、旋轮虫、浮游甲壳动物、水生植物及鱼。

2. 水体有机污染指标

① BIP 指数：BIP 指数的含义是无叶绿素的微生物占所有微生物（有叶绿素和无叶绿素微生物）的百分比。指数由下式计算：

$$BIP = \frac{B}{A+B} \times 100 \qquad (5-2)$$

式中：A 为有叶绿素的微生物数；B 为无叶绿素的微生物数。利用 BIP 可以判断水体的污染程度，见表 5-11。

表 5-11　利用 BIP 值判断水体的污染程度 单位：%

污染程度	清洁水	轻度污染水	中等污染水	严重污染水
BIP	0~8	8~20	20~60	60~100

BIP 指数可用于定性地衡量、评价水体污化系统的有机污染程度。

② 细菌菌落总数：细菌菌落总数是用平皿计数法，在营养琼脂培养基中，有氧条件下 37 ℃ 培养 24 h（或 48 h）后，1 mL 水样所含细菌菌落的总数。它用于指示被检测的水源水受有机物污染的程度，也为生活饮用水进行卫生学评价提供依据。我国规定 1 mL 生活饮用水中的细菌菌落总数在 100 CFU/mL 以下（表 5-12）。

表 5-12　几种水质的细菌卫生标准

水样来源	细菌（菌落）总数/(CFU·mL^{-1})	总大肠菌群/[个·(100 mL)$^{-1}$]	耐热（粪）大肠菌群/[CFU·(100 mL)$^{-1}$]	大肠埃希氏菌/[CFU·(100 mL)$^{-1}$]	标准来源
生活饮用水	≤100	不得检出	不得检出	不得检出	GB 5749—2022
人工游泳池水	≤1 000	≤18（个/L）	—	—	GB 37488.3—2019
农田灌溉蔬菜用水 a. 加工、烹饪及去皮蔬菜 b. 生食类蔬菜、瓜果及草本水果	—	—	≤2 000，≤1 000（个/100 mL）	蛔虫卵 2，1（个/L）	GB 5084—2021
城市杂用水	—	≤3（个/L）	—	—	GB 18920—2020

注：1. 因各行业用的微生物名称及单位不统一，本表尽量尊重原文。

2. 耐热大肠菌群即粪大肠菌群。

3. 农田灌溉蔬菜用水、城市杂用水、饮用天然矿泉水及包装饮用水（桶装/瓶装）的标准均不测细菌总数。

天然水体由于粪便污水的排入引起致病菌污染，它们是痢疾志贺氏菌（*Shigella dysenteriae*），副痢疾志贺氏菌（*Shigella paradysenteriae*），伤寒沙门氏菌（*Salmonella typhi*），甲型、乙型和丙型的副伤寒沙门氏菌（*Salmonella paratyphi*）及霍乱弧菌（*Vibrio cholerae*）。通常由于致病菌数量少，检测不便，选用和它相近的非致病菌作间接指标。目前选用总大肠菌群作致病菌的指示菌。大肠菌群被选作致病菌的间接指示菌的原因是：大肠菌群是人体中正常的肠道菌，数量最大，对人体较安全，在环境中的存活时间与致病菌相近，而且检验技术相对简便，故一直沿用至今。但事实上，其中的大肠埃希氏菌可引起幼儿腹泻，有些菌株是极毒菌株，在日本、美国曾多次引起爆发性传染病。此外，有时测总大肠菌群呈阴性，却不能确切证明无致病菌。因此，以总大肠菌群作为指标有一定的缺陷。

3. 水体微生物污染的防治

防治水体微生物污染的主要措施有：

① 加强污（废）水处理：主要是加强医院、畜禽场、屠宰场、禽蛋厂、制革厂污（废）水的处理，必须达标排放。

② 加强饮用水处理：保证生活饮用水符合水质标准，对农村分散式给水，应通过煮沸或加漂白粉等方式杀灭水中可能存在的病原微生物。

（二）水体自净

1. 水体自净的概念

水体自净（self-purification of water body）是指水体在接纳了一定量的污染物后，通过物理、化学和水生生物（微生物、动植物）等因素的综合作用后得到净化，水质恢复到受污染前的水平和状态的现象。但水体自净能力是有限度的，当进入水体的污染物总量超过了其自净容量时，就会导致水体污染。水体的自净容量是指水体在正常生物循环中能够同化有机污染物的最大数量，又称同化容量。影响水体自净过程的因素很多，包括受纳水体的地形和水文条件、水中微生物的种类和数量、水温和复氧状况、污染物的性质和浓度等。

水体自净是一个物理、化学和生物作用的综合过程，具体作用如下：

物理净化作用是指由于稀释、扩散、混合和沉淀等过程使污染物质浓度降低的过程。污水进入水体后，可沉性固体在水流较弱的地方逐渐沉入水底。悬浮体、胶体和溶解性污染物因混合、稀释浓度逐渐降低。污水稀释的程度通常用稀释比表示。对河流来讲，用参与混合的河水流量与污水流量之比表示。污水排入河流经相当长的距离才能达到完全混合，因此这一比值是变化的。达到完全混合的距离受很多因素的影响，主要有稀释比、河流水文情况、河道弯曲程度、污水排放口的位置和形式等。在湖泊、水库和海洋中影响污水稀释的因素还有水流方向、水温、潮汐、风向和风力等。

化学净化作用是指污染物由于酸碱反应、氧化还原、分解、化合、吸附与凝聚等化学或物理化学作用使浓度降低的过程。某些元素在一定酸性环境中，形成易溶解的化合物，这种化合物随水漂移得到稀释，在中性或碱性条件下，某些元素形成难溶化合物而沉降。流动的水体从水面上大气中溶入氧气，使污染物中铁、锰等重金属离子氧化，生成难溶物质析出沉降。天然水中的胶体和悬浮微粒，能够吸附和凝聚水中的污染物，随水流移动或逐渐沉降。

水体中的生物，主要是微生物能直接或间接地把污染物作为营养源，既满足了微生物自身生长的需要，又使污染物得到降解。生活污水和工业有机废水排入水体后，水中有机物在微生物（主要是细菌）的作用下矿化。含氮、硫、磷有机物在有氧条件下被微生物分别转化为硝酸盐、硫酸盐及磷酸盐，脂肪分解为水和二氧化碳。在需氧条件下的自净过程迅速，氧化完全，矿化彻底。有机物的矿化也可在厌氧条件下进行。但在厌氧条件下的发酵时间长，并产生许多还原性产物，如各种有机酸、氨、硫化氢、沼气等。微生物在矿化过程中获得能量和营养，使有机物转化为生命有机体，水体得到净化。

2. 水体自净过程

水体自净一般可分为如下几步（图5-2）。

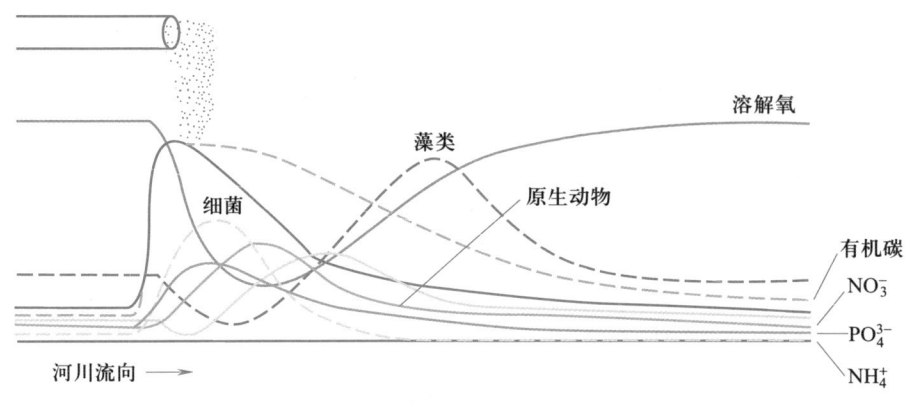

图5-2　河流污染和自净过程

① 污染物的稀释/沉淀过程：污染物排入水体后被水体稀释，有机和无机固体物沉降至河底。稀释实际上并未减少污染物的总量，但它可以降低污染物浓度，有利于后面的生物降解。稀释作用与废水量与污水体的水文参数等因素有关。

② 微生物作用：水体中好氧细菌利用溶解氧把复杂有机物分解为简单有机物和无机物，并用以组成自身有机体，此时水中溶解氧急速下降甚至为零，鱼类绝迹，原生动物、轮虫、浮游甲壳动物死亡（见图5-3），厌氧细菌大量繁殖，对有机物进行厌氧分解。有机物经细菌完全无机化后，产物为 CO_2、H_2O、PO_4^{3-}、NH_3 和 H_2S。NH_3 和 H_2S 继续在硝化细菌和硫化细菌作用下生成 NO_3^- 和 SO_4^{2-}。

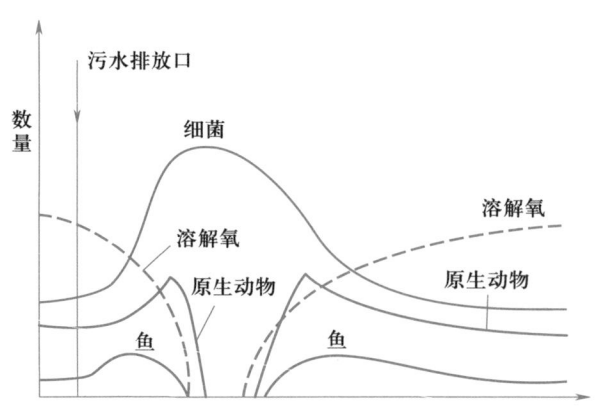

图5-3　河流污染对水生生物的影响

③ 溶解氧变化：水体中溶解氧在异养菌分解有机物时被消耗，大气中的氧刚溶于水就被迅速消耗，尽管水中藻类在白天进行光合作用放出氧气，但复氧速率仍小于耗氧速率，氧垂曲线下降。在最缺氧点，有机物的耗氧速率等于河流的复氧速率。再往下游的有机物渐少，复氧速率大于耗氧速率，氧垂曲线上升。如果河流不再被有机物污染，河水中溶解氧恢复到原来水平，甚至达到饱和。

④ 完成水体自净：随着水体自净的进行，由于有机物缺乏或其他因素（如阳光照射、温度、pH 变化、毒物及生物的拮抗作用等）使细菌死亡。据测定，细菌死亡率为 80%~90%。水体中水生植物、原生动物、微型后生动物甚至鱼类等相继出现，表明水体自净过程完成。

3. 衡量水体自净的指标

① P/H 指数：P 代表光能自养型微生物，H 代表异养型微生物，两者的比值即 P/H 指数。P/H 指数反映水体污染和自净程度。水体刚被污染，水中有机物浓度高，异养型微生物大量繁殖，P/H 指数低，自净的速率高。在自净过程中，有机物减少，异养型微生物数量减少，光能自养型微生物数量增多，故 P/H 指数升高，自净速率逐渐降低。在河流自净完成后，P/H 指数恢复到原有水平。

② 氧浓度昼夜变化幅度和氧垂曲线：水体中的溶解氧是由空气中的氧溶于水而得到补充，同时也靠光能自养型微生物光合作用放出氧得到补充。阳光的照射是关键因素，白天和夜晚水中溶解氧浓度差异较大。白天时晴天和阴天时的溶解氧浓度差异也较大。昼夜的差异取决于微生物的种群、数量或水体断面及水的深度。若光能自养型微生物数量较多，P/H 指数高，溶解氧昼夜差异大。河流刚被污染时，P/H 指数下降，光合作用强度小，溶解氧浓度昼夜差异小，如图 5-4 的 A~B 点。在 C 点 P/H 指数上升，光合作用强度增大，溶解氧浓度昼夜差异增大，当增大到最大值后又回到被污染前的原有状态，即完成自净过程。从溶解氧浓度大小看，B 点高于 C 点，但 C 点溶解氧的昼夜变化幅度大于 B 点，C 点的自净程度高于 B 点。可见溶解氧昼夜变化幅度能较好地反映水体中微生物群落的组成和生态平衡状况。

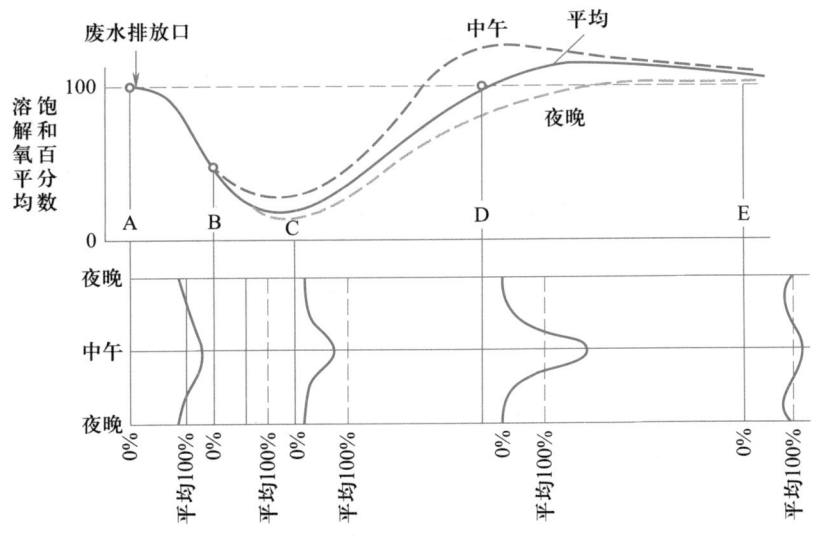

图 5-4　污染河流中氧浓度昼夜变化

4. 研究水体自净的意义及利用

水体自净是水体生态系统的基本特性，是生态系统对外界干扰的一种自我调节并保持自我平衡的特性的体现，也是水环境与水生生物（微生物与动植物）共同作用的结果。

另外，水体自净也是合理排污、确定污水排放标准的基础。只要在河流自净容量范围内，河流接纳的污染物都可以被自行净化，而不会造成污染。因此废水处理后无须达到纯水的标准，只要符合水体自净容量许可的污染物含量即可。这也正是我国制定地表水体污染物排放标准的主要依据之一。

四、水体富营养化

（一）水体富营养化概念及进程

1. 水体富营养化概念

水体富营养化是指大量溶解性盐类（主要是 NH_4^+、NO_3^-、NO_2、PO_4^{3-}）使水体中的氮、磷营养过剩，促使水体中藻类等浮游生物大量繁殖，引起异养微生物旺盛代谢活动，水体中溶解氧迅速耗尽，水质变差，导致其他水生生物死亡，破坏水体生态平衡的现象。

水域营养状态分类如表 5-13 所示。

表 5-13　水域营养状态的分类

营养状态	总磷/（mg·L^{-1}）	无机氮/（mg·L^{-1}）
极贫营养	<0.005	<0.2
贫-中营养	0.005~0.01	0.20~0.40
中营养	0.01~0.03	0.3~0.65
中-富营养	0.03~0.1	0.5~1.5
富营养	>0.1	>1.5

目前，表示水体富营养化的指标是：水体中无机氮含量超过 0.2~0.3 mg/L，生化需氧量大于 10 mg/L，总磷含量大于 0.01~0.02 mg/L，pH 为 7~9 的淡水中细菌总数超过 10×10^4 个/mL，表征藻类数量的叶绿素 a 含量大于 10 μg/L。因为当无机氮 ≥0.3 mg/L 和总磷 ≥0.02 mg/L 时，最适合藻类生长繁殖。所以一般认为：水体中无机氮 ≥300 mg/m^3、总磷 ≥20 mg/m^3 时，水体会发生富营养化。可见，氮和磷是影响藻类生长的因素。

海洋富营养化促使裸甲藻、膝沟藻属等大量繁殖，从而发生赤潮。赤潮已成为一种世界性的公害，在美国、日本、中国、加拿大、法国、瑞典、挪威、菲律宾、印度、印度尼西亚、马来西亚及韩国等 30 多个国家和地区，都会频繁发生赤潮。其可能是由于甲藻细胞内含红色色素使海洋水面呈现一片血红色而得名。甲藻可分泌双鞭甲藻毒素（一种神经性贝毒素），使鱼类中毒死亡，也会由贝类富集，通过食物链进入人体，从而危害人体健康。

我国南海、渤海及湖泊发生的赤潮和水华均与微囊蓝细菌有关。绿藻、硅藻和黄褐藻也能引起水华。在强烈富营养化的湖泊中，蓝细菌和藻类都能引发大规模水华现象。

2. 水体富营养化进程

水体富营养化是水体生态演变的一个阶段。这种演变既可以是"天然的"，也可以是"人为的"。天然水体富营养化是自然环境因素改变所致的生态演变，其过程极为缓慢，常需几千年甚至上万年。它与湖泊的发生、发展和消亡密切相关，并受地质地理环境演变的制约。控制这种水体富营养化的因子主要是内源性的。水体中的藻类及其他浮游生物能够源源不断地得到养分而繁殖；死亡后，通过腐烂分解，又可把氮、磷等养分释放至水体中，供下一代利用。死亡的藻类残体沉入水底，一代又一代地堆积，使湖泊逐渐变浅，直至成为沼泽。一些高山、极地湖泊的富营养化大多属于天然富营养化。

人为水体富营养化是在人类活动的影响下发生的水体生态演变。这种演变很快，可在短期内出现。其控制因子主要是外源性的。例如，人为破坏湖泊流域的植被，促使大量地表物质流向湖泊；过量施肥，造成地表径流富含养分；向湖泊洼地直接排放含有养分的工业废水和生活污水等，均可加速湖泊富营养化。

（二）水体富营养化生物学特征

在未被污染前，水体中微生物群落的特点是种类丰富，但每个种群的个体数目较少，即种类多、个数少。水体被污染后，微生物群落的种类减少，每个种群的个体数目增加，即种类少、个数多。污染严重时，微生物群落的种类更少，甚至只能看到几个种群，而各种群的个体数目则很大。

水体富营养化时出现的生物种群主要是微型藻类。在海洋中，导致赤潮形成的藻类很多，现已检出 60 多种，常见的有：腰鞭毛虫（*Dinofla gellate*）、裸甲藻（*Gymnodinium aeruginosum*）、短棵甲藻（*Gymnodinium breve*）、梭角藻（*Ceratium fusus*）、原甲藻（*Prorocentrum micans*）、中肋骨条藻（*Skeletonema costatum*）、角毛藻（*Chaetoceros*）、卵形隐藻（*Cryptomonas ovata*）、无纹多沟藻（*Polykrikos schwartzi*）、夜光藻（*Noctiluca milialis*）等。其中，腰鞭毛虫又称为甲藻，常见于北纬或南纬 30° 的海水中，单细胞，具有两根鞭毛，含有光合色素，细胞呈深褐、橙红、黄绿等颜色。赤潮发生时，甲藻浓度可达 50 000 个/mL，使局部海水呈现甲藻颜色。此外，甲藻可发荧光，即使在黑夜中也清晰可见。

在湖泊中，导致水华的藻类以蓝藻（蓝细菌）为主，常见的有：微囊蓝细菌（*Microeystis*）、鱼腥蓝细菌（*Anabaena*）、束丝蓝细菌（*Aphanizomenon*）和颤蓝细菌（*Oscillatoria*）。蓝细菌的光合作用方式类似于植物。水体富营养化时大量繁殖的蓝细菌约有 20 种。每种蓝细菌旺盛繁殖的持续时间各不相同，蓝细菌过度繁殖后，会造成水体缺氧而降低自身的繁殖速率。一种蓝细菌衰退可促使其他蓝细菌增殖，从而发生蓝细菌演替。存在固氮蓝细菌时，磷是诱发水华的限制因素。有的固氮蓝细菌含有气泡，可为蓝细菌提供浮力。光照较弱时，气泡膨胀，使蓝细菌上浮至水面；光照过强时，气泡萎缩，使蓝细菌下沉至弱光区。

（三）水体富营养化影响因素及危害

1. 水体富营养化影响因素

藻类的生长和繁殖与水体中的氮、磷含量成正相关，并受温度、光照、有机物、pH、毒物、捕食性生物等的制约。这些因素相互作用，共同影响水体富营养化进程。

（1）营养物质

水体生物生长所需的营养元素有 20～30 种。从藻类组成来看，除碳、氢、氧外，需要量最大的营养元素是氮和磷。氮和磷是制约藻类生长的限制因子。一般认为，这两种营养元素引发水体富营养化的质量浓度为：氮素大于 0.2 mg/L，磷素大于 0.01 mg/L。若两种营养元素质量浓度低于上述临界值，则不会导致藻类过度增殖。

在自然水体中，氮、磷以多种形态存在。氮的主要形态有氮气、氨、亚硝酸盐、硝酸盐，以及含氮有机物等。其中，以溶解态的氨和硝酸盐最易被藻类利用。磷的主要形态有正磷酸盐、聚磷酸盐和含磷有机物等。其中，以溶解态的正磷酸盐最易被吸收。在大多数内陆湖泊中，因有固氮蓝细菌，磷素常常成为藻类过度增殖的限制因子；在海洋中，风与磷对藻类过度增殖的影响相当。

生活污水、工业废水、农田径流含有氮、磷，二级处理出水也含氮、磷。将这些污（废）水排入水体，可为藻类提供养分。一旦其他条件适宜，藻类便会快速繁殖。

（2）季节与水温

藻类是中温微生物，在气温较高的夏季易发生藻类徒长。夏季水体产生分层（stratification），上层水暖，相对密度较小；下层水冷，相对密度较大。若无风，上下水层不会互混。水层之间的藻类活动、营养状况及供氧特点均不相同。

（3）光照

充足的光照是藻类快速繁殖的必要条件。在水体中，上层光照较好而成为富光区，藻类光合作用也相应较强，释放的氧气可使溶解氧量过饱和。上层藻类密度较大时，光线不易透过，下层即成为弱光至无光区，此时藻类和其他异养菌主要进行呼吸作用，消耗大量溶解氧，致使下层水缺氧。

（4）pH

藻类生长的 pH 范围为 7.0～9.0，我国大多数湖泊的 pH 均在 7.5～9.0，因而容易发生藻类过度增殖。

（5）其他生物

水体中没有拮抗性生物（如捕食性生物和藻体病原菌）时，易导致藻类过度增殖。

2. 水体富营养化危害

水体富营养化可破坏水体生态平衡，导致一系列严重后果：

① 引发藻类猛长，影响水体景观和其他生物生活。某些藻类产生红色色素，繁殖后数天内使海水变成红色。藻体阻塞鱼鳃和贝类的进出水孔，影响其正常呼吸。

② 耗尽溶解氧，造成水生生物死亡。在藻类呼吸及藻体分解中，可消耗大量溶解氧，造成水体严重缺氧，使鱼贝窒息而死，导致水产渔业严重损失。

③ 产生毒素，引发中毒事件。某些藻类产生生物毒素，可引起鱼贝中毒、病变或死亡，并通过食物链影响人类。例如，链状膝沟藻（*Conyaulax catenella*）可产生石房蛤毒素，它是一种剧烈的神经毒素，对人类危害很大。

④ 产生气味化合物，使水体散发不良气味。藻类及厌氧菌的代谢活动可产生多种气味

化合物，例如，产生土臭味素（geosmins）、硫醇、胺类等，可使水体散发土腥味、霉腐味、鱼腥味等。

⑤ 妨碍给水处理，影响供水质量。若自来水厂以富营养化水体为水源，水中所含的藻体会堵塞滤池而影响生产，水中所含的毒素和气味化合物则会影响给水质量。

（四）水体富营养化评价方法与控制措施

1. 水体富营养化的评价

评价水体富营养化的方法有：观察蓝藻等指示生物；测定生物量；测定原初生产力；测定透明度；测定 N、P 等营养物质含量。一般综合以上五个方面的指标，对水体的富营养化状态做出全面、充分的评价。

AGP 即藻类潜在生产力，是把特定藻类接种在所测的水样中，在一定光照和温度条件下培养，使藻类增长到稳定期，通过藻类细胞干质量或细胞数来测定增长量。AGP 可以确定水体主要限制或刺激藻类增长的营养物质，通过 AGP 实验，可以了解水体中与藻类增长有关的营养物质，以便采取适当的措施来防止水体富营养化的发生和危害。其测定方法如下：

① 选择实验藻种：羊角月牙藻、小毛枝藻、小球藻属、衣藻属、谷皮菱形藻、裸藻属、栅列藻属、纤维藻属、球藻属、微囊藻属及鱼腥藻属等。

② 实验方法：将培养液用滤膜（孔径为 1.2 μm）或高压蒸汽灭菌（121 ℃，15 min）除去 SS 和杂菌。取 500 mL 水样置于 L 型培养管（1 000 mL）中，接入测试藻种，将培养管放在往复式振荡器上（30~40 r/min），在 20 ℃、光照度为 4 000~6 000 lx 的条件下培养 7~20 d（每天明培养 14 h，暗培养 10 h），然后取适量培养液用滤膜过滤，经 105 ℃ 烘干至恒重，称干质量，计算 1 L 藻类液中藻类的干质量，即为 AGP。

2. 水体富营养化的控制措施与方法

为了防止天然水体富营养化，需要用三级处理方法处理污（废）水，脱氮除磷。使各种污（废）水中氮和磷的排放量控制在低水平。目前，我国规定生活污水处理厂一级的 A 级标准排放的总氮（以 N 计）控制在 15 mg/L 以下。总磷（TP，以 P 计）控制在 0.5 mg/L 以下。因此，要严格控制污染物质的排放量，并根据 GB 18918—2002《城镇污水处理厂污染物排放标准》进行排放（表 5-14）。

表 5-14　基本控制项目最高允许排放浓度（日均值）单位：mg/L

基本控制项目	一级标准		二级标准	三级标准
	A 标准	B 标准		
化学需氧量（COD）	50	60	100	120
生化需氧量（BOD₅）	10	20	30	60
总氮（以 N 计）	15	20		
氨氮（以 N 计）	5（8）	8（15）	25（30）	

基本控制项目		一级标准		二级标准	三级标准
		A 标准	B 标准		
总磷 （以 P 计）	2005 年 12 月 31 日前	1	1.5	3	5
	2006 年 1 月 1 日后	0.5	1	3	5
粪大肠菌群数/（个·L^{-1}）		10^2	10^4	10^2	

若水体已经发生了富营养化，应采取以下方法进行治理。

① 化学药剂控制：投加化学药剂来控制藻类的生长，对于面积较小的水域、蓄水池、池塘是很适用的。应用较为广泛的是用硫酸铜来防止藻类的过度生长。硫酸铜对蓝藻尤为有效，使用硫酸铜须在春天藻类生长繁殖之前加入，抑制藻类的生长，否则大量的藻类死亡细胞悬浮在水体中，被异养性微生物分解。水体缺氧，同时藻类释放出毒素，使鱼类大量死亡。

杀死藻类所需要的硫酸铜浓度应对人体和鱼类都是无毒的。喷洒硫酸铜后，水体中的硫酸铜浓度通常为 0.1~0.5 mg/L，可根据总水体体积计算出硫酸铜的用量。

② 生物学控制：可利用藻类病原菌抑制藻类生长。现已发现藻类的病原菌主要属于黏细菌，其专一性小，寄生范围较广，能使藻类的营养细胞裂解，但对异形胞无效。利用蓝细菌的天然病原真菌也可能可以抑制水体富营养化，主要是壶菌（*Chyevidius*），但该菌寄主范围很窄，有时甚至只局限于寄生在寄主的某一特定结构。也可利用病毒来控制藻类的生长。据报道，侵噬蓝细菌的病毒已分离出来，从形态上看，这种病毒类似于细菌的噬菌体，称为蓝细菌噬菌体（*Cyanophages*）。实验表明，蓝细菌接种病毒后能明显降低藻类个体的数量，但此法目前尚未在天然水体范围内实验。

③ 搅动水层：在天然湖泊中水体有分层现象，夏季由于阳光照射，表层水为暖水区，水温可达 25 ℃以上。底层水为冷水区，水温一般不超过 9 ℃。表层水为藻类生长区，可以通过人工搅动或鼓风破坏水体的分层现象，以控制藻类生长。经过人工搅动，也可改变藻类在湖泊中的优势种群。

④ 对出水进行脱氮除磷：经二级生化处理后的排放水中所存在的氮与磷是藻类生长的重要因素，其中氮素更是藻类生长的关键。具体脱氮除磷方法见后续章节。

第五节　微生物与生物环境间的关系

一、极端环境中的微生物

地球上存在着一些极端的环境，如高温、低温、高盐、高酸、高碱、高压、强辐射、寡营养等。这种极端环境是高等生物和大多数微生物所无法忍受的，但仍有一些微生物生长其中，这就是"极端微生物"（extreme microorganisms）。极端环境中的微生物为了适应生存，逐步形成了独特的结构、机能和遗传因子，在极端生态环境条件下成为优势种群。

极端环境下微生物的生态、结构、分类、代谢、遗传等均与一般微生物有别，极端环境微生物的基因是构建遗传工程菌的资源宝库。它们可应用于冶金、采矿、石油开采和特殊酶制剂生产之中，亦是研究生命起源与进化的重要资源，在理论上具有重要的学术价值。

（一）高温环境中的微生物

嗜热微生物是一类能在较高温度下生长的微生物，主要分布在火山口、海底火山、热泉（温度高达 100 ℃），高强度太阳辐射的土壤，岩石表面（温度高达 70 ℃），各种堆肥、煤渣堆，家用热水器及工业冷却水之中。

热泉（酸性热泉和碱性热泉）是嗜热微生物的最重要生境，大部分嗜热微生物都是从热泉中分离得到的。在冰岛有一种嗜热菌可在 98 ℃ 的热泉中生长；在美国黄石国家公园的含硫热泉中，曾经分离到一株嗜热的兼性自养细菌——酸热硫化叶菌（*Sulfolobus*），可以在高于 90 ℃ 的温度下生长。在一些污泥、温泉和深海地热海水中，生活着能产甲烷的嗜热细菌，其生存环境高温、高压、高盐，在实验室很难分离和培养。嗜热真菌通常存在于堆肥干草堆和碎木堆等高温环境中，有助于部分有机物的降解。

按耐热程度的不同可将嗜热微生物分为以下五个不同类群。

① 耐热菌：最适生长温度在 45~55 ℃ 之间，低于 30 ℃ 也能生长。

② 兼性嗜热菌：最适生长温度在 50~65 ℃ 之间，也能在低于 30 ℃ 条件下生长。

③ 专性嗜热菌：最适生长温度在 65~70 ℃，不能在低于 40 ℃ 条件下生长。

④ 极端嗜热菌：最高生长温度高于 70 ℃，最适温度高于 65 ℃，最低生长温度为 40 ℃。

⑤ 超嗜热菌：最适生长温度在 80~110 ℃，最低生长温度在 55 ℃。

嗜热微生物的对数生长期持续时间短，代谢快，代时短，发育速度很快；细胞膜富含饱和脂肪酸，使膜能在高温下保持稳定；酶和蛋白质具有较高的热稳定性，核糖体抗热性高。因此，研究嗜热微生物具有广阔的应用前景，由其产生的酶制剂具有热稳定性好、催化反应速率高、易于保存、不易污染等特点，嗜热微生物还可用于污水处理。

（二）低温环境中的微生物

嗜冷微生物能在较低温度下生长，可以分为专性和兼性两类，前者的最高生长温度不超过 20 ℃，可以在 0 ℃ 或低于 20 ℃ 条件下生长；后者要在低温下生长，但也可以在 20 ℃ 以上生长。嗜冷微生物适应环境的生化机理是因为细胞膜脂组成中有大量的不饱和、低熔点脂肪酸。嗜冷微生物低温条件下生长的特性可以使低温保藏的食品腐败，甚至产生细菌毒素。已开发的嗜冷微生物最适低温酶在工业和日常生活中显示出重要应用价值。如从嗜冷微生物中获得低温蛋白酶用于洗涤剂，不仅能节约能源，而且能明显地改善洗涤效果。

（三）酸性环境中的微生物

在酸性矿水、酸性热泉、火山湖、地热泉等极端酸性环境（pH 在 4 以下）中生长着一些在中性环境条件下不能生长的微生物，称之为嗜酸微生物（acidophilic microorganisms）。而与之相对比，将那些能在高酸条件下生长但最适 pH 接近中性的微生物称为耐酸微生物

（acidotolerant microorganisms）。

嗜酸微生物中以细菌最多，也有部分霉菌和酵母。如氧化硫硫杆菌（*Thiobacillus thio-oxidans*）、氧化亚铁硫杆菌（*Thiobacillus ferrooxidans*）、氧化亚铁钩端螺旋菌（*Leptospirillum ferrooxidans*）等是典型的嗜酸性细菌，都属化能自养型。在酸性环境中，还生活着许多嗜酸的真核微生物，如椭圆酵母、红酵母等。有一种头孢霉（*Cephalosporium*），能在 1.25 mol/L 的硫酸中生长，并要求培养基中含有 4% 的硫酸铜，它是迄今发现的抗酸能力最强的微生物。

多年来，一些嗜酸细菌被广泛用于铜、锌、铀、黄铁矿等金属的细菌浸出和煤的脱硫。此外，人们也在尝试利用硫杆菌分解磷矿粉，通过提高其溶解度来增加磷矿粉的肥效。利用硫杆菌属嗜酸菌脱除城市污泥中重金属的研究也越来越深入。

（四）碱性环境中的微生物

地球上有许多碱性环境，如自然的碳酸盐湖及碳酸盐荒漠、极端碱性湖（如埃及的 Wady Natrun 湖等 pH 达 10.5~11.0），人为的碱性环境如石灰水和众多的碱性污水，中国的青海湖也是典型的碱性环境。一般把最适生长 pH 在 9 以上的微生物称为嗜碱微生物（alkaliphilic microorganisms）；可在 pH 为 11~12 的条件下生长，但在中性 pH 条件下不能生长的微生物称为专性嗜碱微生物；最适生长 pH≥10，而在中性 pH 条件下也能生长的称为兼性嗜碱微生物；最适生长 pH≥9，而在中性条件甚至酸性条件下都能生长的称为耐碱微生物（alkalitolerant microorganisms）或碱营养微生物（alka-litrophic microorganisms）。

嗜碱微生物生长最适 pH 在 9 以上，但胞内 pH 都接近中性。细胞外被是细胞内中性环境和细胞外碱性环境的分隔，是嗜碱微生物嗜碱性的重要基础。其控制机制是具有排出 OH⁻的功能，同时还可产生大量的碱性酶。利用嗜碱菌处理碱性废液不仅经济、简便，且可变废为宝。日本已有利用嗜碱细菌将碱性纸浆废液转化成单细胞蛋白的报道。

（五）高盐环境中的微生物

嗜盐微生物通常分布在晒盐场、盐湖、腌制品中。根据对盐的不同需要，嗜盐微生物（halophilic microorganisms）可以分为弱嗜盐微生物、中度嗜盐微生物和极端嗜盐微生物。弱嗜盐微生物的最适生长盐浓度（NaCl）为 0.2~0.5 mol/L，大多数海洋微生物都属于这个类群；中度嗜盐微生物的最适生长盐浓度 0.5~2.5 mol/L；极端嗜盐微生物的最适生长盐浓度为 2.5~5.2 mol/L；可以在高盐浓度下生长，但最适生长盐浓度较低的称为耐盐微生物（耐受 NaCl 浓度为 0.2~2.5 mol/L）。嗜盐微生物能够在盐浓度为 15%~20% 的环境中生长，有的甚至能在 33% 的盐水中生长。已分离出的极端嗜盐菌有盐杆菌（*Halobacterium*）和盐球菌（*Halococcus*），盐杆菌细胞含有红色素，所以在盐湖和死海中大量生长时，会使这些环境出现红色；已经分离出来的藻类主要有盐生杜氏藻、绿色杜氏藻。

（六）高压环境中的微生物

在海洋深处以及深油井中，还分布着一些微生物，它们生存的环境压力>1 000 atm，在常压下却不能生存，因此将需要高压才能生长良好的微生物称为嗜压微生物（bar-ophilic microorganisms）。将最适生长压力为正常压力，但也能耐受高压的微生物称为耐压微生物

（barotolerant microorganisms）。有人曾经从太平洋靠近菲律宾的 10 897 m 深的海底分离到嗜冷嗜压细菌（*Psudomonas bathycetes*），将其在 3 ℃下培养，经潜伏期四个月后开始繁殖，33 d 后菌量倍增，一年后达到静止期。从深 3 500 m，压强约 $4.05×10^7$ Pa，温度为 60～105 ℃的油井中分离到一种嗜压并嗜热的硫酸盐还原菌。已知嗜压的细菌还有微球菌属、芽饱杆菌属、弧菌属、螺菌属等的种类，还发现了嗜压的酵母菌。耐高温和厌氧生长的嗜压菌有望用于油井下产气增压和降低原油黏度，借以提高采收率。

二、微生物之间及其与其他生物的关系

微生物存在于生态系统中，除了与其环境中的理化因素发生相互作用外，还与系统中的其他生物（包括微生物）发生着极为复杂的相互作用，以此构成生态系统的完整结构及发挥生态系统的正常功能。其实对于一个（或一种）生物而言，其他生物个体（或种）也就是它的环境因素。

生物之间的相互关系可以归纳为三种情况：一种生物的生长和代谢对另一种生物产生有利的影响，或相互有利；一种生物对另一种生物产生不利的作用，或相互有害；两种生物生活在一起，无重要的或有意义的相互影响。

微生物之间和微生物与其他生物之间的相互关系也不例外，可以归入上述三种情况。

（一）微生物之间的相互关系

生态系统中微生物之间的相互作用，不仅发生在不同种的微生物之间，也可以发生在同种微生物的不同个体之间，由此形成多种类型的相互关系。

1. 中性关系

两种微生物之间缺乏相互作用，或者说不表现出明显的有利或有害关系。例如乳酸杆菌和链球菌在混合培养时的种群密度与它们各自培养时的种群密度几乎相同，这表明两者在混合培养时，是相互之间无影响地生活在一起的。

2. 互生关系

两种可以单独生活的微生物共存，一方有利或互为有利。这是微生物之间比较松散的联合，是一种可分可合、合比分好的相互关系。例如在土壤中，当分解纤维素的细菌与好氧的自生固氮菌生活在一起时，后者可将固定的有机氮化合物供给前者需要，而纤维素分解菌也可将产生的有机酸作为后者的碳源和能源物质，从而促进各自的增殖和扩展。氨化细菌、亚硝化细菌和硝化细菌之间也是互生关系，氨化细菌分解含氮有机物产生的氨是亚硝化细菌的营养，亚硝化细菌将氨转化成亚硝酸为硝化细菌提供营养，而硝化细菌将亚硝酸转化成硝酸，既为其他生物解了毒，生成的硝酸盐又能被其他微生物和植物利用。

在氧化塘中的藻类和细菌，也是表现为互生关系，细菌将有机物分解为藻类提供碳源、氮源等。藻类得到上述营养，进行光合作用，放出的氧气供细菌用于分解有机物。

3. 共生关系

两种微生物紧密结合在一起共同生活，一方或双方有利，但这种协作不是专性的，两种

微生物彼此分离就不能很好地生活。若两者都能得到利益的称为互惠共生（mutualism），一方得到利益的称为偏利共生（commensalism）。

地衣就是微生物之间共生的典型例子，它是真菌和蓝细菌（或藻类）的共生体。在地衣中，藻类利用光能进行光合作用合成有机物，作为真菌生长繁殖所需的碳源，而真菌则起保护光合微生物的作用，在某些情况下，真菌还能向光合微生物提供生长因子和运输无机营养。这种共生关系使得地衣能够抵抗多种恶劣环境，成为群落演替中的先锋生物。

在厌氧生物处理（甲烷发酵）中，也有不同种的微生物共生。共生的 S 菌株将乙醇转化为乙酸和氢气，布氏甲烷杆菌（*Methanobacterium bryantii*）利用氢气和二氧化碳合成甲烷，而正是布氏甲烷杆菌将乙酸和氢气转化为甲烷，乙醇才得以在种间转移。

4. 竞争关系

两个生活在一起的微生物由于使用相同的资源（空间或有限营养）而使双方的存活和生长都受到不利的影响。竞争关系可以在限制任何一种生长资源的情况下发生，如碳源、氮源、磷源、氧气、水等。如在活性污泥中，菌胶团细菌和丝状菌会发生对溶解氧或营养的竞争。种内微生物与种间微生物都存在竞争关系。

5. 偏害关系

偏害关系亦称拮抗关系（antagonism），一种微生物在其生命活动中，产生某种代谢产物或改变环境条件，从而对其他微生物产生抑制或毒害作用，在这种关系中，甲方对乙方有害，而乙方对甲方无任何影响。能起拮抗作用的物质很多，如低分子量的有机酸或无机酸、氧气、醇类、抗生素、细菌素等。

拮抗关系可分为特异性偏害和非特异性偏害。

① 非特异性偏害，如在制造泡菜、青储饲料时，乳酸杆菌产生大量乳酸，导致环境变酸，即 pH 的下降，抑制了其他腐败微生物的生长，这属于非特异性的拮抗作用。

② 特异性偏害，可产生抗生素的微生物，能够抑制甚至杀死其他微生物。例如，青霉菌产生的青霉素能抑制革兰阳性细菌，链霉菌产生的制霉菌素能够抑制酵母菌和霉菌等，这些属于特异性的拮抗关系。抗生素产生菌是拮抗作用的典型代表。

6. 捕食关系

一种微生物吞食并消化另一种微生物，称为捕食关系。一般来说，捕食者大于被捕食者。例如，原生动物吞食细菌、藻类、真菌等，大原生动物捕食小原生动物，微型后生动物捕食原生动物。

7. 寄生关系

寄生指的是小型生物生活在较大型的生物体内或体表，从后者获得营养，进行生长繁殖，并使后者蒙受损害甚至被杀死的现象。前者为寄生菌，后者为寄主或宿主。

微生物之间的相互作用，不仅可以在种群之间发生，而且也可在一个种群内部发生。种群内部的相互作用主要是两种：协作关系和竞争关系。特别是病原性微生物种群都存在着一个"最低感染剂量"，只有这种微生物达到一定的数量，才能感染其他生物并使其致病，说明了微生物种群内部协作关系的存在。在自然界中或纯培养条件下，种群生长到一定阶段后，由于营养资源的消耗等，在种群内部也发生了竞争。

（二）微生物与高等植物之间的关系

由于土壤中的微生物种类最多、含量也最高，因此微生物与植物的相互作用主要表现在植物根系的相互作用。微生物与植物之间的关系归纳起来有以下三类。

1. 互生关系

植物根系为微生物提供了良好的栖息场所，在其周围可以发现大量的各种微生物种群。植物根系为微生物营造了良好的生长环境。如吸收水分、释放有机物、调节微生物种群比例与密度等，植物的代谢活动会向土壤中释放无机和有机物质，为微生物所利用，死亡的根系和根的脱落物也是微生物的营养源。根际在土壤中穿插伸展，使根际的通气和水分状况良好。而根系微生物也可以为植物提供各种利益，如根系微生物转变有机物为无机物，并产生维生素、氨基酸、生长因子等，促进植物生长，根系微生物产生拮抗物质以防止植物病害的发生等。植物与其根系微生物相互作用、相互促进，使根际微生物的数量比根际外微生物多几倍到几十倍。

2. 共生关系

① 根瘤菌与高等植物的共生：根瘤菌与豆科植物共生形成根瘤共生体，由于彼此双赢，是一种典型的互惠共生。根瘤菌固定大气中的气态氮，为植物提供氮素养料；豆科植物根的分泌物则刺激根瘤菌的生长，并为它提供稳定的生长条件。根瘤形成过程是根瘤菌与植物根系一系列复杂的相互作用的结果。

根瘤菌（*Rhizobium*）是革兰阴性、运动性的杆菌。从各种豆科植物分离出来的根瘤菌，在形态、培养上十分相似，但根瘤菌与豆科植物之间的关系是非常特异性的。

② 菌根菌与高等植物的共生：许多真菌能在一些植物根上发育，菌丝体包围在根面或侵入根内，形成了两者的共生体，称为菌根（mycorrhizae）。一些植物，例如兰科植物的种子若无菌根菌的共生就无法发育，杜鹃科植物的幼苗若无菌根菌的共生就不能存活。在这种情况下，共生菌根成为根系结构的一部分。真菌从植物根系获得营养，还可以为植物提供营养，但不对植物造成伤害及疾病。此外，菌根中的真菌还可为植物带来其他的好处，如延长根系寿命，提高从土壤中吸取营养的速率，抵御疾病，提高对毒物的耐受水平，提高抗逆水平等。

3. 寄生关系

微生物与高等植物的寄生关系，主要是指由真菌、细菌、病毒等植物病原微生物侵染、危害其宿主植物，使其受到伤害甚至死亡的相互关系。植物疾病的发生和发展多与微生物有关，微生物以某种形式进入植物体内，并在其中生长繁殖，进而使植物出现疾病症状。很多病毒可引起植物病害，如烟草花叶病毒等。受害植株可能表现为花叶型、黄化型或各种畸形，甚至使植物细胞和组织死亡，或形成细胞内的包含体。

植物病原细菌主要分布于支原体属、螺原体属、假单胞菌属、黄单胞菌属、土壤杆菌属、棒状杆菌属和欧文属等。它们可导致很多植物的病害，包括徒长、枯萎、腐烂、疫病和菌瘿。植物的真菌病害是最常见，也是最严重、造成经济损失最大的。很多真菌引起植物病害，如锈菌和黑粉菌，已报道的有20 000多种锈菌和1 000多种黑粉菌。植物病原真菌可感染植物的各个部位，导致各种各样的植物病害，如锈变、黑粉病、枯萎、腐烂、疫病（稻瘟病）、瘤、卷曲、花斑、菌瘿等。

在植物的茎、叶和果实也存在着大量的附生微生物，植物为微生物提供了良好的栖息场所、水分、营养、保护等，微生物可以为植物提供养料、生长因子、固氮、保护作用等。当然也有不利的作用，即微生物的存在对植物产生负面影响。

（三）微生物与人类和动物之间的关系

1. 互生关系

人体在正常生理状态下，其皮肤、口腔、呼吸道、肠道和生殖泌尿道等体表体腔中，存在着一定种类和数量的微生物，称为人体正常微生物。它们与人体之间的关系一般是互生关系。如在人体肠道中，正常微生物菌群可以完成多种代谢反应，可以合成人体不可缺少的营养物，如维生素 A、维生素 B、维生素 C、烟酸、生物素、维生素 K 及各种氨基酸等，对人体生长发育有重要意义，而且这些正常微生物的存在可在一定程度上抑制或排斥外来微生物，有利于人体抵御病原微生物的侵扰。反之，人体为微生物提供了良好的生态环境，使它们可以很好地生长繁殖。

2. 共生关系

微生物与动物的共生关系包括营养交换、帮助动物消化食物中的难消化化合物（特别是纤维素）、产生维生素和氨基酸、抵御病原体感染、维持合适的栖息条件等。

① 微生物与反刍动物的互生关系，牛、羊、骆驼等反刍动物其本身是不能分解纤维素的，但其瘤胃内存在大量复杂的共生微生物，它们除了为动物提供维生素、氨基酸外，还可以帮助动物消化降解食物中的纤维素（难消化成分）、起固氮作用等，瘤胃中的纤维分解菌可将纤维水解，生成纤维二糖和葡萄糖，再经发酵生成有机酸和 CH_4。有机酸经氧化，最后成为动物的主要能量来源。而动物为微生物提供了合适的厌氧条件和稳定的营养供应，这是一种互惠共生关系。

② 微生物与昆虫的互生关系，在昆虫中，也存在类似的共生关系。如在白蚁和木蝉螂中，其肠内微生物与它们形成共生关系，大多数动物不能利用纤维素和木质素，但当这些昆虫与能消化纤维素和木质素的微生物共生时，就能以木材为主要食物了。能吃木材的白蚁和木蜂螂，在它们的消化道内栖息着大量的鞭毛虫类原生动物，它们能把纤维素厌氧发酵，生成 CO_2、H_2 和乙酸，昆虫则能好氧地代谢这些乙酸。

3. 寄生关系

很多微生物，包括病毒、细菌、真菌和藻类，都可以引起动物疾病。例如，我们人类的绝大多数疾病就与微生物有关，从流感、某些癌症到艾滋病等都是微生物引起的。微生物引起动物致病的过程可以分为两类：一种是微生物在动物体表或体内生长，引起感染而致病；另一种是微生物在动物体外生长，产生有毒物质，引起动物疾病或改变了动物的栖息条件，使得动物不能在健康的环境中生存。寄生关系是导致动物疾病的主要形式。微生物由动物体上的天然开口（如呼吸道、消化道等）、伤口或其他动物叮咬等进入动物体内，并在动物体内掠夺营养、生长繁殖，可导致宿主动物致病或死亡。

微生物寄生于人和有益动物或者经济作物体表或体内，危害宿主（动物或植物的生长及繁殖，固然是有害的，必须加以防止，但如果寄生于有害生物体内，对人类有利则可加以利用，例如利用昆虫病原微生物防治农业害虫等。

三、环境中的微生物群落

生物群落（biotic community）是指在一定时间内生活在一定区域或生境内的各种生物种群相互联系、相互影响的一种有规律的结构单元。由于微生物的微观性，微生物群落（microbial community）的研究相对植物群落（plant community）和动物群落（animal community）的研究较滞后。生态学中有关群落发展和演替的理论大部分来自植物群落和动物群落。

（一）群落形成与演替

在没有生物定居史的生境中，先锋种群的侵入可建立初级群落。例如，新生儿降生时，肠道内是无菌的，出生 1~2 h 后便有微生物侵入，开始数量很少，以后逐渐增多，并形成初级群落。在建立初级群落的过程中，先锋种群会改变生境条件，使之有利于自身发展，逐渐扩大自身优势。但随着时间推移，生境条件发生变化，当有更合适的种群侵入时，一些先锋种群逐渐遭到淘汰。所谓群落的演替（community succession）是指群落经过一定的发展时期及生境内生态因子的改变，而从一个群落类型转变成另一类型的顺序过程，或是一个群落被另一个群落所取代的过程。若这个过程发生在没有生物定居史的生境中，称为初级演替（primary succession）。若这个过程发生于有生物定居史或有生物群落的生境中，称为次级演替（secondary succession）。经典生态学认为，在群落演替中，可出现顶极群落（climaxcommunity），它代表着群落内部各个种群之间及群落与环境之间的动态平衡。现代生态学则认为，顶极群落极少出现，外来干扰可随时打破演替平衡。但不可否认，在许多生物反应器中确实存在相对稳定的微生物群落，它是生物反应器稳定运行的重要保证。

群落在物种组成上动态变化是必然的，而在结构上的稳定则是相对的。研究演替不仅可判明群落动态的机理及推理群落的未来状况，而且可利用各种群落中常存在的某些特定生物（即指示性生物）来了解自然环境条件。这是因为生态演替具有一定的方向性，随着生态环境中各生物因子的变化，群落也必然随之按照一定的序列演变，某些种群的出现代替了原有种群构成，如自然水体（包括污水生物处理系统）净化过程中微生物的演替现象（图 5-5）。在水体净化初期，BOD_5 浓度较高，常出现大量游泳型纤毛虫；在水体净化中期，BOD_5 浓度有所降低，常见固着型纤毛虫；而在水体净化后期，BOD_5 浓度较低，常出现轮虫。值得注意的是，往往在某一特定群落中常会发现不同类群的原生动物共存。

（二）污水处理系统中的群落演替现象

1. 活性污泥中原生动物的群落演替规律

在污水生物处理法的活性污泥系统中，可以观察到如下的微生物群落变化过程。

① 原生废水进入曝气池后，在废水处理的初期阶段，由于营养充足，细菌、肉足虫类

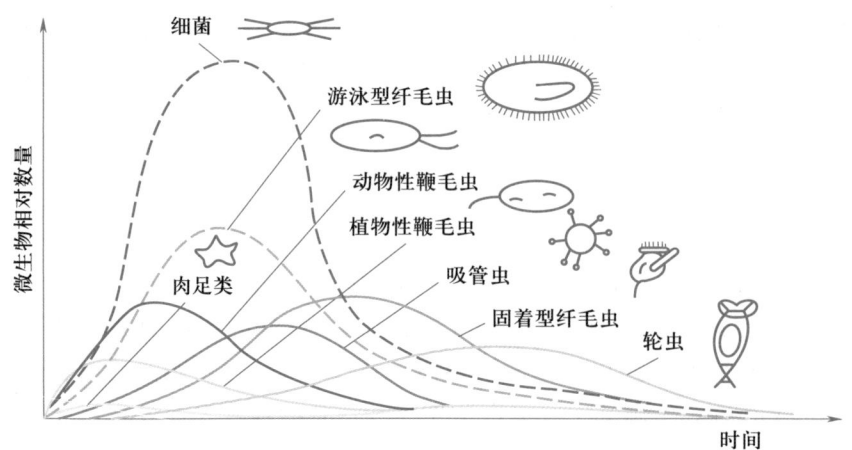

图5-5　水体自净及有机废水净化过程微生物的演替

和部分鞭毛虫大量繁殖,在微生物群落中占据优势地位。其中,鞭毛类能通过细胞表膜的渗透作用,将溶于水中的有机质吸收到体内作为营养物质;异养菌分泌胞外酶使大分子有机物降解为小分子并加以利用;而肉足虫靠吞食有机颗粒、细菌为生,也得以大量生长繁殖。

　　② 由于溶解性有机质的消耗、菌胶团的形成、游离菌的减少,加之微型动物群的增殖扩大,曝气池内营养体系发生了巨大变化。在这种情况下,各类微生物(细菌、植鞭毛虫、动鞭毛虫和肉足虫)为了生存,就以食物为中心进行竞争。细菌和植鞭毛虫争夺溶解性有机营养,植鞭毛虫竞争不过细菌而被淘汰,而肉足虫在与动鞭毛虫竞争过程中因竞争力差也很快被淘汰。

　　③ 由于异养细菌的大量繁殖,为纤毛虫提供了食料来源,纤毛虫掠食细菌的能力大于动鞭毛虫,因此,动鞭毛虫继纤毛虫之后成为优势类群,随之以诱捕纤毛虫为生的吸管虫也大量出现。

　　④ 由于有机质被氧化,营养缺乏,游离菌减少,游泳型纤毛虫和吸管虫数量相应减少,优势地位为固着型纤毛虫取代,因为它可以生长在细菌少、有机质含量很低的环境中。

　　⑤ 水中的细菌和有机质越来越少,固着型纤毛虫得不到足够的食物和能量,便出现了以有机残渣、死细菌及老化污泥为食料的轮虫,它的适量出现指示着一个比较稳定的生态系统的形成。

　　在以上群落演替过程中,各类微生物出现的顺序主要受食物因子约束,反映了一个有机物—细菌—原生动物—后生动物的演替规律。

　　2. 生物膜中原生动物的演替规律

　　在污水生物处理的生物系统中,微生物群落的演替现象在如下两方面得到了体现。

　　① 沿污水流向的群落演替:沿污水流向的演替主要受营养因子的限制。以生物滤池为例,在生物滤池的上层,有机物浓度高,生物膜厚,主要由菌胶团细菌组成;在中层,有机物浓度开始降低,丝状菌逐渐发展壮大,并伴有少量的原生动物出现,如鞭毛虫、游泳型纤毛虫等;在滤池的下层,有机物浓度更低,生物膜变薄,微生物种类多,但数量少,其中固

着型纤毛虫和轮虫占优势。可见，沿水流方向生物膜上的微生物呈现种类依次增多、数量依次减少的变化。微型动物基本上按照鞭毛虫—游泳型纤毛虫—固着型纤毛虫—轮虫、线虫的顺序大量出现。当有毒物或有机物发生变化时，会引起生物膜上种群特征的上下（或前后）移动，由此可判断废水浓度或污泥负荷的变化。

② 生物膜上的群落演替：生物膜是由各种微生物类群先后附着在填料表面而形成的膜状结构，典型的生物膜由 3 层组成：

表层（或外层）：可直接接触水体中大量的溶解氧和各种营养物质，微生物以好氧性的为主，包括各种细菌、真菌、藻类、原生动物和微型后生动物。

微生物群落
组装过程

中层：营养物质来自表层微生物的代谢产物，不能直接接触水中的溶解氧，群落结构以兼性微生物（兼性好氧或兼性厌氧）为主体。

底层（或内层）：由于表层和中层微生物的作用，溶解氧几乎无法渗入该层，营养物质也受到一定限制，栖息的微生物以各种厌氧细菌为主。所以生物膜上的微生物基本上是按好氧—兼性—厌氧的顺序变化。此外，生物膜的微生物群落组成会因水质和水量的改变而发生相应的变化。

思考题

1. 为什么说土壤是微生物生长的天然培养基？土壤中的微生物有什么特点？
2. 什么是土壤自净？简述土壤自净的原理。
3. 空气微生物有哪些来源？空气中有哪些微生物？
4. 水体中微生物有几方面来源？微生物在水体中的分布有什么规律？
5. 水体污染指标有哪几种？污化系统分为哪几"带"？各"带"有什么特征？
6. 什么是水体自净？请描述水体自净的过程。
7. 什么是水体富营养化？简要论述防止水体富营养化的措施和方法。
8. AGP 是何意？如何测定 AGP？
9. 描述水体有机污染有哪些指标？
10. 什么是群落演替？解释污水处理系统中群落演替的现象。

第六章
微生物在环境物质循环中的作用

本章导读

　　微生物因其类型多样、分布广泛、物质代谢方式丰富，在元素生物地球化学循环中发挥着关键的驱动作用。本章介绍氧、碳、氮、硫、磷及其他元素（铁、锰、汞）循环中的微生物作用，为环境污染的生物治理与修复提供理论基础。

第一节　氧　循　环

　　大气中氧含量丰富，约占空气体积分数的 21%。人和动物呼吸、微生物分解有机物都需要氧。所消耗的氧由陆地和水体中的植物及藻类进行光合作用释放，源源不断地补充到大气和水体中。氧在水体的垂直方向分布不均匀，表层水有溶解氧，深层和底层缺氧。当涨潮或湍流发生时，表层水和深层水充分混合，氧可能被传送到深水层。在夏季温暖地区的水体发生分层，温暖而密度小的表层水和寒冷而密度大的底层水分开，底层缺氧。秋末初冬时，表层水变冷，比底层水重，水发生"翻底"（图 6-1）。因此，温暖地区湖泊的氧一年四季有周期性变化。

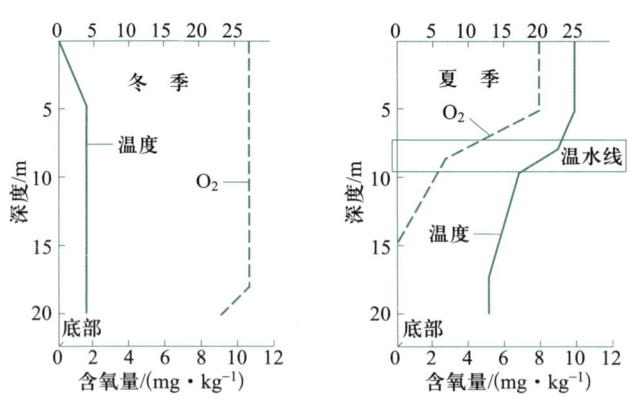

图 6-1　冬季和夏季湖泊水含氧量及温度分布情况

第二节 碳 循 环

含碳物质有二氧化碳、一氧化碳、甲烷、糖类、脂肪和蛋白质等。碳循环以 CO_2 为中心，CO_2 被植物、藻类利用进行光合作用，合成植物性碳；动物摄食植物就将植物性碳转化为动物性碳；动物和人呼吸放出 CO_2，有机碳化合物被厌氧微生物和好氧微生物分解所产生的 CO_2 均返回大气。而后，CO_2 再一次被植物利用进入循环（图 6-2）。

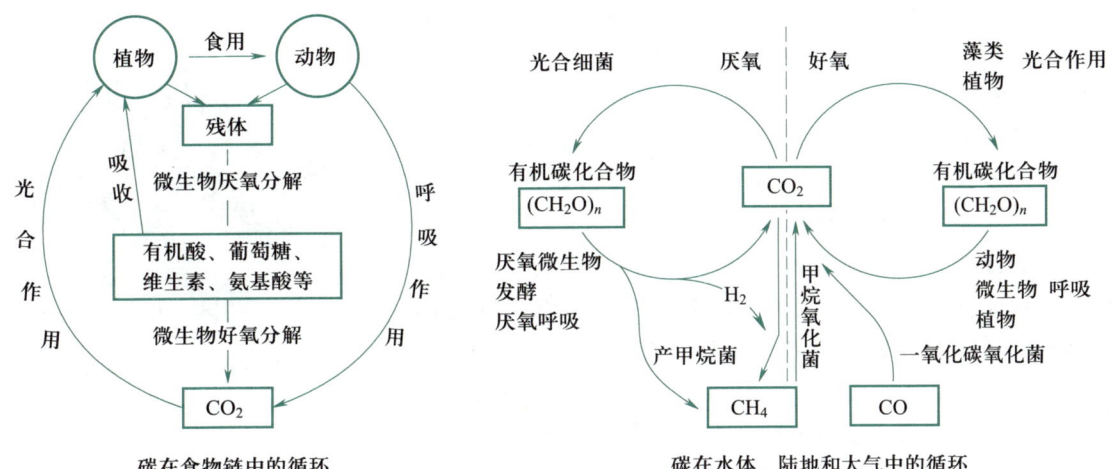

图 6-2 碳循环

微生物在碳循环中，既参与固定 CO_2 的光合作用又参与再生 CO_2 的分解作用。

参与光合作用的微生物主要是藻类、蓝细菌和光合细菌，它们通过光合作用，将大气中和水体中的 CO_2 合成为有机碳化物。特别是在大多数水生环境中，主要的光合生物是微生物，在有氧区域以蓝细菌和藻类占优势，而在无氧区域则以光合细菌占优势。

自然界有机碳化物的分解，主要是微生物的作用。有机碳化物在陆地和水域的有氧条件中通过好氧或兼氧微生物分解，被彻底氧化为 CO_2；在无氧条件中通过厌氧微生物发酵被不完全氧化成有机酸、CH_4、H_2 和 CO_2。能分解有机碳化物的微生物很多，包括细菌真菌和放线菌。

分解有机碳化物的典型好氧性细菌要有枯草芽孢杆菌（*Bacillus subtilis*）、假单胞属细菌（*Pseudomonas* spp.）、噬纤维菌属菌（*Ctophaga* spp.）、黏球生纤维菌（*Sporocytophaga myxococcoides*）、椭圆生噬纤维菌（*S. ellipsospora*）、纤维多囊菌（*Polyangium cellulosum*）和高温单胞菌属细菌（*Thermomonospora* spp.）等。厌氧细菌主要是梭菌属（*Clostridium*）中的一些种类，常见的有热纤梭菌（*C. thermocellum*）、淀粉梭菌（*C. amylobacter*）、蚀果胶梭菌（*C. pectinovorum*）和多黏梭菌（*C. polymyza*）等。真菌主要有曲霉属（*Aspergillus*）、青霉属（*Penicillium*）、毛霉属（*Mucor*）、根霉属（*Rhizopus*）、木霉属（*Trichoderma*）、毛壳属（*Chaetomium*）等中的一些种类，还有某些嗜热真菌等。放线菌主要有链霉菌属（*Neurospora*）、小单胞菌属（*Micromonspora*）、诺卡菌属（*Nocardia*）等。

几种天然含碳化合物的转化如下。

一、纤维素的转化

纤维素是葡萄糖的高分子聚合物，每个纤维素分子含 $1\,400 \sim 10\,000$ 个葡萄糖基，分子式为 $(C_6H_{10}O_5)$。树木、农作物秸秆和以这些为原料的工业产生的废水（如棉纺印染废水、造纸废水、人造纤维废水及有机垃圾等），均含有大量纤维素。

（一）分解纤维素的微生物

这类微生物有细菌、放线菌和真菌。其中细菌研究得较多。好氧的纤维素分解菌中，黏细菌为多，占重要地位，有生孢食纤维菌、食纤维菌及堆囊黏菌。它们都是革兰氏阴性菌，生孢食纤维菌中的球形生孢食纤维菌和椭圆形生孢食纤维菌两个种较常见，前者产生黄色素，后者产生橙色素。黏细菌没有鞭毛，能进行"蠕动"，生活史复杂，能形成子实体（如图 6-3）。

图 6-3　橙色标桩菌属（*Stigmatella aurantiaca*）的子实体

好氧纤维分解菌还有镰状纤维菌和纤维弧菌。黏细菌和弧菌均能同化无机氮（主要是 $NO_3^- - N$），而对氨基酸、蛋白质及其他无机氮利用能力较低，有的能还原硝酸盐为亚硝酸盐。其最适温度为 $22 \sim 30\ ℃$，在 $10 \sim 15\ ℃$ 便能分解纤维素，其最高温度为 $40\ ℃$ 左右。其最适 pH 为 $7 \sim 7.5$，pH 为 $4.5 \sim 5$ 时不能生长，其 pH 最高可达 8.5。厌氧纤维分解菌有产纤维二糖梭菌（*Clostridium cellobioparum*）、无芽孢厌氧分解菌及热解纤维梭菌（*Clostridium thermocellum*）。好热性厌氧分解菌最适温度为 $55 \sim 65\ ℃$，最高温度为 $80\ ℃$。其最适 pH 为 $7.4 \sim 7.6$，中温性菌最适 pH 为 $7 \sim 7.4$，在 pH 为 $8.4 \sim 9.7$ 时还能生长。它们是专性厌氧菌。

分解纤维素的还有青霉菌、曲霉、镰刀霉、木霉及毛霉，还有好热真菌（*Thermomycess*）和放线菌中的链霉菌属（*Streptomyces*）。它们在 $23 \sim 65\ ℃$ 生长，最适温度为 $50\ ℃$。

（二）纤维素的分解途径

纤维素在微生物酶的催化下沿图 6-4 途径分解：

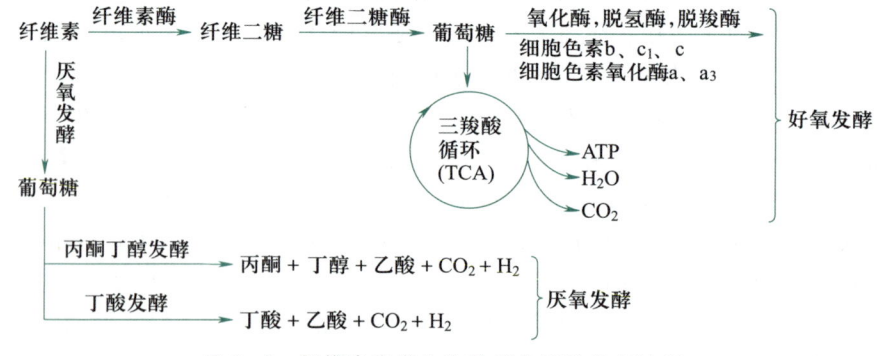

图 6-4　纤维素在微生物酶催化下的分解途径

二、半纤维素的转化

半纤维素存在于植物细胞壁中。半纤维素的组成中含聚戊糖（木糖和阿拉伯糖）、聚己糖（半乳糖、甘露糖）及聚糖醛酸（葡萄糖醛酸和半乳糖醛酸）。造纸废水和人造纤维废水均含半纤维素。土壤微生物分解半纤维素的速率比分解纤维素快。

1. 分解半纤维素的微生物

分解纤维素的微生物大多数能分解半纤维素。许多芽孢杆菌、假单胞菌、节细菌和放线菌，以及一些霉菌，包括根霉、曲霉、小克银汉霉、青霉及镰刀霉等，都能分解半纤维素。

2. 半纤维素的分解过程

半纤维素在微生物酶的催化下沿图 6-5 所示途径分解：

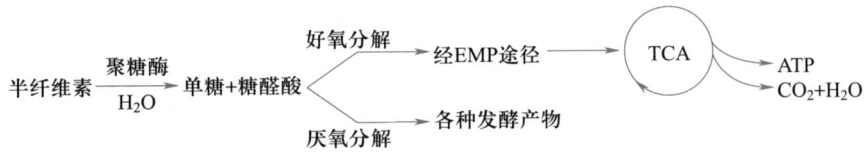

图 6-5 半纤维素在微生物酶催化下的分解途径

三、果胶质的转化

果胶质是由 D-半乳糖醛酸以 $\alpha-1$，4 糖苷键构成的直链高分子化合物，其羧基与甲基酯化形成甲基酯。果胶质存在于植物的细胞壁和细胞间质中，造纸、制麻废水含有果胶质。天然的果胶质不溶于水，称原果胶。

1. 分解果胶质的微生物

分解果胶质的好氧菌包括枯草芽孢杆菌、多黏芽孢杆菌、浸软芽孢杆菌及不生芽孢的软腐欧氏杆菌。厌氧菌有蚀果胶梭菌和费新尼亚浸麻梭菌。分解果胶质的真菌有青霉、曲霉、木霉、小克银汉霉、芽枝孢霉、根霉和毛霉。放线菌也可分解果胶质。

2. 果胶质的水解过程

果胶质的水解过程如下式所示：

$$原果胶 + H_2O \xrightarrow{\text{原果胶酶}} 可溶性果胶 + 聚戊糖 \tag{6-1}$$

$$可溶性果胶 + H_2O \xrightarrow{\text{果胶甲酯酶}} 果胶酸 + 甲醇 \tag{6-2}$$

$$果胶酸 + H_2O \xrightarrow{\text{聚半乳糖酶}} 半乳糖醛酸 \tag{6-3}$$

3. 水解产物的分解

果胶酸、聚戊糖、半乳糖醛酸和甲醇等在好氧条件下被分解为二氧化碳和水，在厌氧条件下进行丁酸发酵，产物有丁酸、乙酸、醇类、二氧化碳和氢气。

四、淀粉的转化

淀粉广泛存在于植物（稻、麦、玉米）的种子和果实等中。凡是以上述物质作原料的工业废水（如淀粉厂废水、酒厂废水、印染废水、抗生素发酵废水及生活污水等），均含有淀粉。

1. 淀粉的降解途径

淀粉是多糖，分子式为 $(C_6H_{10}O_5)_n$。在微生物作用下的分解过程如图 6-6：

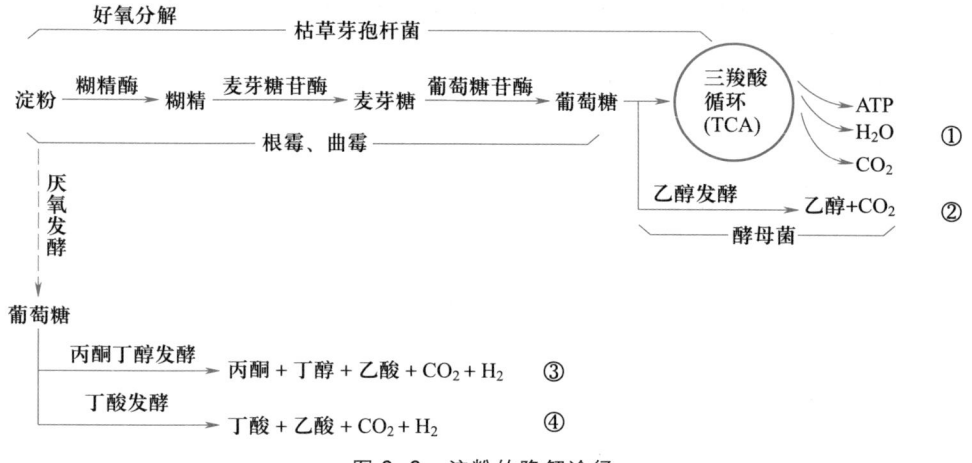

图 6-6　淀粉的降解途径

淀粉在好氧条件下，沿着途径①水解成葡萄糖，进而酵解成丙酮酸，经三羧酸循环完全氧化为 CO_2 和 H_2O；在兼性厌氧条件下，在酵母菌作用下沿着途径②转化，产生乙醇和 CO_2；在专性厌氧菌作用下，沿途径③和途径④进行。

2. 降解淀粉的微生物

在途径①中，好氧菌有枯草芽孢杆菌和根霉、曲霉。枯草芽孢杆菌可将淀粉一直分解为 CO_2 和 H_2O。在途径②中，根霉和曲霉是糖化菌，它们将淀粉先转化为葡萄糖，接着由酵母菌将葡萄糖发酵为乙醇和 CO_2。在途径③中，由丙酮丁醇梭状芽孢杆菌（*Clostridium acetobutylicum*）和丁酸梭状芽孢杆菌（*Clostridium butyricum*）参与发酵。在途径④中，由丁酸梭状芽孢杆菌（*Clostridium butyricum*）参与发酵。

参与催化淀粉降解的酶：在途径①中，有淀粉-1, 4-糊精酶（即 α-淀粉酶、液化型淀粉酶）；在途径②中，有淀粉-1, 6-糊精酶（脱支酶）；在途径③中，有淀粉-1, 4-麦芽糖苷酶（β-淀粉酶）；在途径④中，有淀粉-1, 4-葡萄糖苷酶（葡萄糖淀粉酶，即 γ-淀粉酶）。

淀粉还可在磷酸化酶催化下分解，使淀粉中的葡萄糖分子一个一个分解下来。

五、脂肪的转化

脂肪是由甘油和高级脂肪酸所形成的酯，不溶于水，可溶于有机溶剂。由饱和脂肪酸和甘油组成的，在常温下呈固态的称为脂。由不饱和脂肪酸和甘油组成的，在常温下呈液态的称为油。

脂肪主要有三棕榈精 $C_3H_5(C_{15}H_{31}COO)_3$、三硬脂精 $C_3H_5(C_{17}H_{35}COO)_3$、三乙酸甘油酯 $C_3H_5(CH_3COO)_3$。饱和脂肪酸有硬脂酸 $C_{17}H_{35}COOH$、棕榈酸 $C_{15}H_{31}COOH$、丁酸 C_3H_7COOH、丙酸 C_2H_5COOH 和乙酸 CH_3COOH。不饱和脂肪酸有油酸 $C_{17}H_{33}COOH$、亚油酸 $C_{17}H_{31}COOH$、亚麻酸 $C_{17}H_{29}COOH$。它们的混合物存在于动物和植物体中，是人和动物的能量来源，也是微生物的碳源和能源。毛纺厂废水、油脂厂废水、制革废水中均含有大量油脂。

脂肪被微生物分解的反应式如下：

$$脂肪 \xrightarrow[3H_2O]{脂肪酶} 甘油 + 高级脂肪酸 \tag{6-4}$$

1. 甘油的转化

磷酸二羟丙酮可酵解成丙酮酸，再氧化脱羧成乙酰辅酶 A，进入三羧酸循环完全氧化为 CO_2 和 H_2O。磷酸二羟丙酮也可沿酵解途径逆行生成 1-磷酸葡萄糖，进而生成葡萄糖和淀粉。

$$甘油 \xrightarrow[甘油激酶]{ATP \quad ADP} \alpha-磷酸甘油 \xrightarrow[磷酸甘油脱氢酶]{NAD^+ \quad NADH+H^+} 磷酸二羟丙酮 \tag{6-5}$$

2. 脂肪酸的 β-氧化

脂肪酸通常通过 β-氧化途径氧化。脂肪酸先是被脂酰硫激酶激活，然后在 α，β 碳原子上脱氢、加水、再脱氢、再加水，最后在 α，β 碳位之间的碳链断裂，生成 1 mol 乙酰辅酶 A 和碳链较原来少两个碳原子的脂肪酸。乙酰辅酶 A 进入三羧酸循环完全氧化成 CO_2 和 H_2O。剩下的碳链较原来少两个碳原子的脂肪酸可重复一次 β-氧化，以完全形成乙酰辅酶 A 而告终。

以硬脂酸为例，1 mol 硬脂酸含 18 个碳原子，需要经过 8 次 β-氧化作用，全部降解为 9 mol 乙酰辅酶 A，其总反应式如下：

$$\begin{array}{l} CH_3(CH_2)_{16}CO\sim SCoA + 8\,CoA-SH + 8\,FAD + 8\,NAD^+ + 8\,H_2O \\ \text{硬脂酰辅酶A} \\ \longrightarrow 8FADH_2 + 8NADH + 8H^+ + 9CH_3CO\sim SCoA \longrightarrow \text{TCA} \begin{array}{l} \rightarrow ATP \\ \rightarrow CO_2 + H_2O \end{array} \\ \qquad\qquad\qquad\qquad\quad \text{乙酰辅酶A} \end{array} \tag{6-6}$$

C_{18} 硬脂酸完全氧化可产生大量能量。1 mol 硬脂酰辅酶 A 每经一次 β-氧化作用，产生 1 mol 乙酰辅酶 A、1 mol $FADH_2$ 及 1 mol $NADH+H^+$。

1 mol 乙酰辅酶 A 经三羧酸循环氧化产生	12 mol ATP
1 mol $FADH_2$ 经呼吸链氧化产生	2 mol ATP

1 mol NADH+H$^+$ 经呼吸链氧化产生	3 mol ATP
共产生	17 mol ATP
开始激活硬脂酸时消耗	−1 mol ATP
净得	16 mol ATP

C_{18}硬脂酸在开始被激活时消耗了 1 mol ATP，故第一次 β-氧化时获得 16 mol ATP，以后 7 次重复 β-氧化时不再消耗 ATP，每次可净得 17 mol ATP，故 1 mol 硬脂酸（$C_{17}H_{35}COOH$）被彻底氧化可得很高的能量水平，即

$$（16+17×7+12）mol = 147 mol ATP。$$

奇数碳原子脂肪酸 β-氧化，产物除乙酰辅酶 A 外，还有丙酰辅酶 A。

六、木质素的转化

木质素是植物木质化组织的重要成分，稻草秆、麦秆、芦苇和木材是造纸工业的原料，木材也是人造纤维的原料。所以，造纸和人造纤维废水均含大量木质素。一般认为，木质素是以苯环为核心的带有丙烷支链的一种或多种芳香族化合物（如苯丙烷、松伯醇等）经氧化缩合而成。

分解木质素的微生物主要是担子菌纲中的干朽菌（*Merulius*）、多孔菌（*Polyporus*）、伞菌（*Agaricus*）等的一些种，有厚孢毛霉（*Mucor chlamydosporus*）和松栓菌（*Trametes pini*）。假单胞菌的个别种也能分解木质素。

木质素被微生物分解的速率缓慢，在好氧条件下分解木质素比在厌氧条件下快，真菌分解木质素比细菌快。

七、烃类物质的转化

烃类是碳氢化合物的统称，主要包括烷烃、环烷烃、芳香烃、烯烃、炔烃，如石油中含有烷烃（30%）、环烷烃（46%）及芳香烃（28%）。

1. 烷烃的转化

烷烃通式 C_nH_{2n+2}，可被微生物氧化。甲烷的氧化如下式所示：

$$CH_4+2O_2 \longrightarrow CO_2+2H_2O+887\ kJ \tag{6-7}$$

按理论计算，氧化 1 mol CH_4 需要 2 mol O_2，形成 1 mol CO_2。但由于有一部分 CH_4 要参与组成细胞物质，所以，实际数据与理论计算不一致。

氧化烷烃的微生物有甲烷假单胞菌（*Pseudomonas methanica*），分枝杆菌属（*Mycobacterium*）、头孢霉、青霉（能氧化甲烷、乙烷和丙烷）。

2. 芳香烃化合物的转化

芳香烃有酚、间甲酚、邻苯二酚、苯、二甲苯、异丙苯、异丙甲苯、萘、菲、蒽及 3,4-苯并芘等，炼油厂、煤气厂、焦化厂和化肥厂等的废水均含有芳香烃。

酚和苯的分解菌有荧光假单胞菌、铜绿假单胞菌及苯杆菌。甲苯杆菌能分解苯甲苯、二甲苯和乙苯。分枝杆菌、芽孢杆菌及诺卡氏菌分解酚和间二酚。分解萘的细菌有铜绿假单胞菌、溶条假单胞菌、诺卡氏菌、球形小球菌、无色杆菌及分枝杆菌等。可以利用铜绿假单胞菌以萘为基质发酵谷氨酸。分解菲的细菌有菲杆菌、菲芽孢杆菌巴库变种、菲芽孢杆菌古里变种。

第三节　氮　循　环

自然界氮素蕴藏量丰富，以 3 种形态存在：分子氮（N_2），占大气体积分数的 78%；有机氮化合物和无机氮化合物（氨氮、亚硝酸盐氮和硝酸盐氮）。尽管分子氮和有机氮数量多，但植物不能直接利用，只能利用无机氮化合物。在微生物、植物和动物的协同作用下将 3 种形态的氮互相转化，构成氮循环，其中微生物起着重要作用。大气中分子氮被根瘤菌固定后可供给豆科植物利用，还可被固氮菌和固氮蓝细菌固定成氨，氨溶于水生成 NH_4^+，在硝化细菌作用下氧化成硝酸盐，被植物吸收，无机氮就转化成植物蛋白。植物被动物食用后转化为动物蛋白。动物和植物的尸体及人和动物的排泄物又被氨化细菌转化成氨，氨被硝化细菌氧化成硝酸盐，被植物吸收，无机氮和有机氮就是这样循环往复。氮循环包括氨化作用、硝化作用、反硝化作用及固氮作用，见图 6-7。

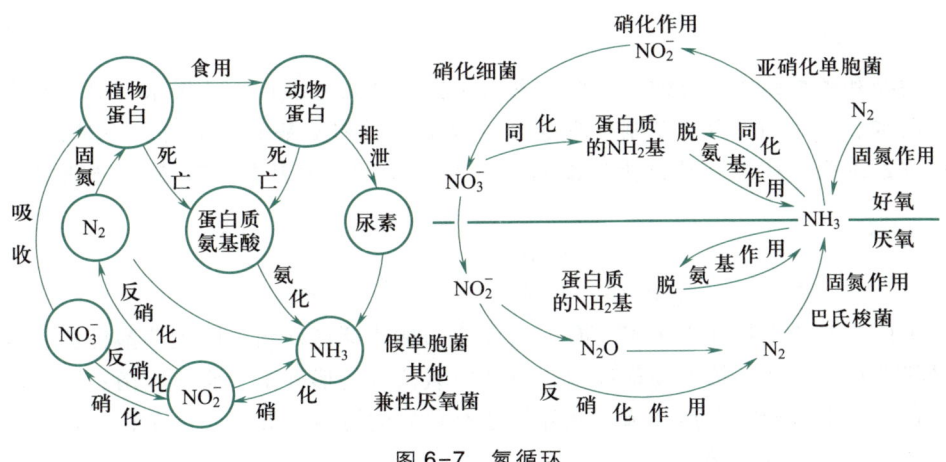

图 6-7　氮循环

随着科学研究的不断深入与发展，人们对微生物在氮循环中的作用有了新的认识和了解。在污水和垃圾渗滤液等生物处理的研究课题中发现，氮的总量损失为 10%~20%、NH_4^+ 和 HNO_2 同时消失的现象。进一步实验研究表明，此现象的发生是由于系统中有一类被称为厌氧氨氧化菌的微生物的存在所致，它们是以 CO_2 为唯一碳源的化能自养菌（因为其培养物往往呈红色，俗称"红菌"）。厌氧氨氧化菌能在海底沉积物中的厌氧条件下，直接将 NH_4^+ 转化为 N_2（$NH_4^+ + NO_2^- \longrightarrow N_2 + 2H_2O + 能量$）。所产生的 N_2 产量占海洋 N_2 产量的 30%~

50%，现已得知，厌氧氨氧化菌广泛存在于海洋、河流和湖泊的底泥，以及土壤等环境中，它们对全球氮循环，对海洋、河流和湖泊的底泥，以及土壤等环境的修复都具有重要意义，也是污水处理中重要的细菌。厌氧氨氧化菌因其以亚硝酸为电子受体、以氨为电子供体的生物化学反应，在高浓度氨氮废水处理方面具有巨大的潜力而备受关注，它们与固氮菌、硝化细菌和传统的反硝化细菌构成了水体氮循环的主体菌，见图6-8。

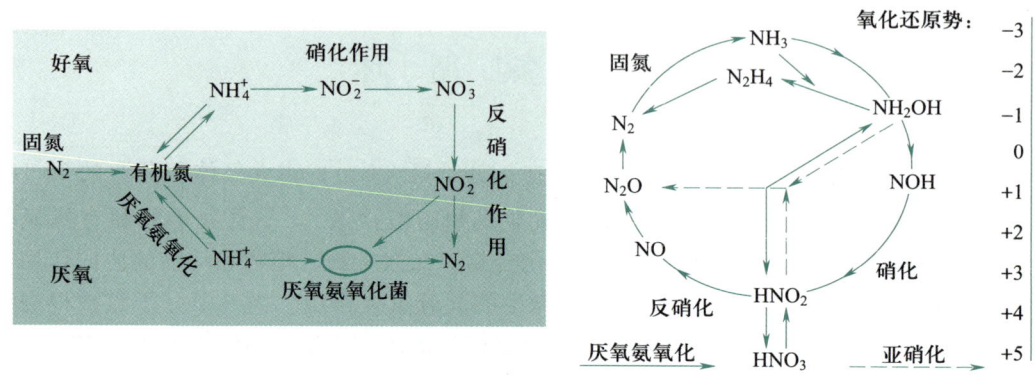

图6-8 厌氧氨氧化菌参与的水体氮循环

一、蛋白质水解与氨基酸转化

（一）蛋白质水解

由于动物和植物残体的腐败，土壤中含有蛋白质和氨基酸；生活污水、屠宰废水、罐头食品加工废水、乳品加工废水及制革废水等也含蛋白质和氨基酸。蛋白质相对分子质量大，不能直接进入细胞，在细胞外被蛋白酶水解成小分子肽、氨基酸后才能透过细胞被微生物利用。

$$\underset{\text{蛋白质}}{\overset{\text{蛋白酶}}{\longrightarrow}}\ \text{胨} \longrightarrow \text{肽} \overset{\text{肽酶}}{\longrightarrow} \text{氨基酸} \tag{6-8}$$

分解蛋白质的微生物种类很多，有好氧细菌如枯草芽孢杆菌、巨大芽孢杆菌、蕈状芽孢杆菌、蜡状芽孢杆菌及马铃薯芽孢杆菌；兼性厌氧菌有变形杆菌、假单胞菌；厌氧菌有腐败梭状芽孢杆菌、生孢梭状芽孢杆菌。此外，还有致病的链球菌和葡萄球菌，曲霉、毛霉和木霉等真菌及链霉菌（放线菌）。

（二）氨基酸转化

1. 脱氨作用

有机氮化合物在氨化微生物的脱氨基作用下产生氨，称为脱氨作用。脱氨作用亦称氨化作用。脱氨的方式有氧化脱氨、还原脱氨、水解脱氨及减饱和脱氨。

① 氧化脱氨：在好氧微生物作用下进行，如图6-9。
② 还原脱氨：由专性厌氧菌和兼性厌氧菌在厌氧条件下进行，如图6-10。

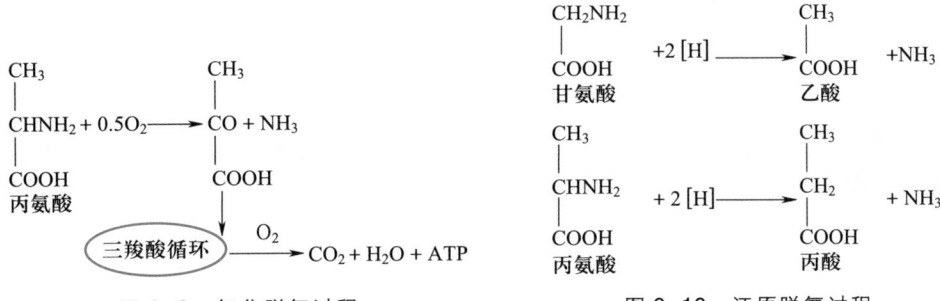

图 6-9 氧化脱氨过程

图 6-10 还原脱氨过程

生孢芽孢杆菌对糖的代谢能力差，只能以一种氨基酸作为供氢体，以另一种氨基酸作为受氢体进行氧化还原反应，从而得到能量，这称为斯提克兰（Stikland）反应。丙氨酸、缬氨酸、亮氨酸常作供氢体，甘氨酸、脯氨酸、羟脯氨酸作受氢体，如图 6-11。

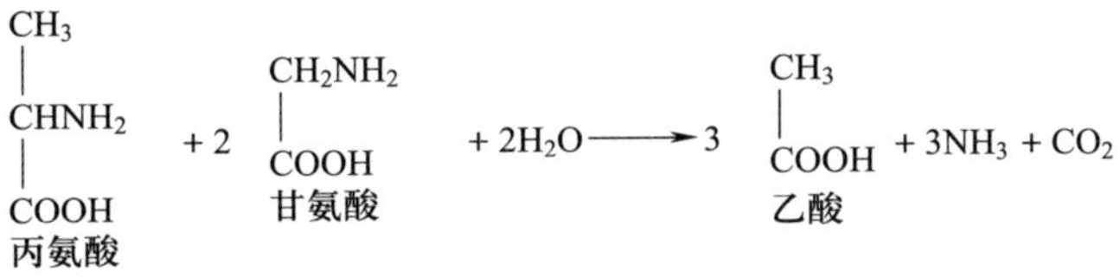

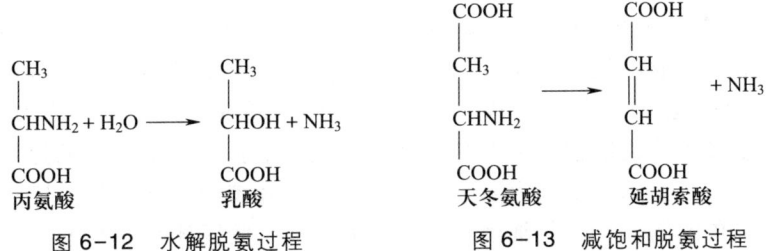

图 6-11 斯提克兰反应

③ 水解脱氨：氨基酸水解脱氨后生成羟酸，如图 6-12。

④ 减饱和脱氨：氨基酸在脱氨基时，在 α、β 位减饱和成为不饱和酸，如图 6-13。

图 6-12 水解脱氨过程

图 6-13 减饱和脱氨过程

以上经脱氨基后形成的有机酸和脂肪酸，可在好氧或厌氧条件下，在不同的微生物作用下继续分解。

2. 脱羧作用

氨基酸脱羧作用多数由腐败细菌和霉菌引起，经脱羧后生成胺。二元胺对人有毒，所以肉类蛋白质腐败后不可食用，以免中毒。

$$CH_3CHNH_2COOH \longrightarrow CH_3CH_2NH_2 + CO_2 \tag{6-9}$$
丙氨酸　　　　　　　乙羧

$$H_2N(CH_2)_4CH\,NH_2COOH \longrightarrow H_2N(CH_2)_4CH_2NH_2 + CO_2 \tag{6-10}$$
赖氨酸　　　　　　　　尸胺

二、尿素的氨化

人、畜尿中含有尿素，印染工业的印花浆用尿素作膨化剂和溶剂，故印染废水也含尿素。在废水生物处理过程中，当缺氮时可加尿素补充氮源。尿素含氮 47%，能被许多细菌水解产生氨：

$$O=C\begin{matrix} NH_2 \\ NH_2 \end{matrix} + 2H_2O \xrightarrow{\text{脲酶}} (NH_4)_2CO_3 \longrightarrow 2NH_3 + CO_2 + 2H_2O \qquad (6-11)$$

用酚红可检验此反应，酚红变色范围在 pH 6.4~8.0，酸性时为黄色，碱性时为红色。当酚红呈红色时说明有氨产生。分解尿素的细菌有尿素八叠球菌，它是球菌中唯一能形成芽孢的菌种。尿素小球菌及尿素芽孢杆菌是好氧菌，在强碱性培养基中生长良好，在 pH<7 时不生长。尿素分解时不放出能量，因而不能作碳源，只能作氮源。尿素细菌利用单糖、双糖、淀粉及有机酸等作碳源。

三、硝化作用

氨基酸脱下的氨，在有氧的条件下，经亚硝化细菌和硝化细菌的作用转化为硝酸，这称为硝化作用。由氨转化为硝酸分两步进行：

$$2NH_3 + 3O_2 \longrightarrow 2HNO_2 + 2H_2O + 619\ kJ \qquad (6-12)$$
$$2HNO_2 + O_2 \longrightarrow 2HNO_3 + 201\ kJ \qquad (6-13)$$

式（6-12）由亚硝化单胞菌属（*Nitrasomonas*）、亚硝化球菌属（*Nitrosococcus*）、亚硝化螺菌属（*Nirosospira*）、亚硝化叶菌属（*Nitrosolobus*）及亚硝化弧菌属（*Nirosovibrio*）等起作用。式（6-13）由硝化杆菌属（*Nirobacter*）、硝化球菌属（*Nirococcus*）起作用。亚硝化细菌和硝化细菌都是好氧菌，适宜在中性和偏碱性环境中生长，不需要有机营养，但它们也能利用乙酸盐缓慢生长。亚硝化细菌为革兰氏阴性菌，在硅胶固体培养基上长成细小、稠密的褐色、黑色或淡褐色的菌落。硝化细菌在琼脂培养基和硅胶固体培养基上长成小的、由淡褐色变成黑色的菌落，且能在亚硝酸盐、硫酸镁和其他无机盐培养基中生长，其世代时间约 31 h。

有些工业废水（如味精废水和赖氨酸废水等）含有相当高浓度的 NH_3-N，而有些废水如印染废水和合成制药废水 NH_3-N 不高，有机氮（总氮）高，经过微生物降解作用 NH_3-N 的浓度提高。因此，在去除有机物的同时要去除 NH_3-N。先通过硝化作用将 NH_3-N 氧化为 NO_2^--N 和 NO_3^--N，再通过反硝化作用或厌氧氨氧化作用将 NO_2^--N 和 NO_3^--N 还原为 N_2 溢出水面得以去除。

四、反硝化作用

在正常情况下，植物、藻类及其他微生物会利用土壤、水体、污水及工业废水中所含的硝酸盐，以硝酸盐作为氮源。在它们体内通过硝酸还原酶将硝酸还原成氨，再由氨合成为氨基酸、蛋白质及其他含氮物质构成它们的机体。

在沼泽、湖泊和渍水土壤、农田及污水生物处理运行中，当发生缺氧或厌氧环境时，兼性厌氧的硝酸盐还原菌将硝酸盐还原为氮气（N_2），发生反硝化作用。反硝化作用的强度主要取决于氧浓度和 pH。例如土壤中当氧浓度减至 5% 以下，污水生物处理溶解氧（DO）$\leqslant$ 0.2 mg/L 时，反硝化作用明显增强，尤其是过湿的环境中或土壤的局部缺氧区（如根际）更是如此。反硝化作用的最适 pH 为 7.0~8.2。当 pH 低至 5.2~5.8 或高达 8.2~9.0 时，反硝化作用的强度都会显著减弱。

反硝化作用对农业是不利的。在土壤发生反硝化作用时，大量硝酸盐转化成 N_2 逸出土壤散发到大气，导致土壤氮或施入土壤中的氮肥大量损失，降低了土壤肥力，影响作物生长，不利于农业生产。因此，常需采取措施改善土壤通气状况（松土、翻土）和调节土壤酸碱度，防止和减缓反硝化作用的发生。例如，在污（废）水生物处理系统的二沉池发生反硝化作用，虽然出水氮含量是降低了，但产生的 N_2 由池底上升逸到水面时却把池底的沉淀污泥同时带上浮起，使出水含有大量的泥花随出水流入水体，降低出水质，污染了环境。

反硝化作用对污（废）水生物脱氮有积极意义。在生物处理过程中，常出现出水 NH_3-N 高，为使 NH_3-N 达到排放标准，采用硝化作用将 NH_3-N 氧化为硝酸盐，以使 NH_3-N 达标。可是硝酸盐含量高，在排入水体后，若水体缺氧发生反硝化作用，产生致癌物质亚硝酸胺，造成二次污染，危害人体健康。为此，应采用脱氮工艺将污（废）水中的硝酸盐转化成 N_2 逸出后再排入水体。

反硝化作用有两种：缺氧反硝化和好氧反硝化，也包括特殊形式的反硝化（厌氧氨氧化）。

（一）缺氧反硝化

缺氧反硝化是经过加 [H] 和脱 H_2O 的过程，最终将 HNO_3 还原为 N_2。

缺氧反硝化细菌体内的硝酸还原酶、亚硝酸还原酶、一氧化氮还原酶和一氧化二氮还原酶，只有在缺氧或厌氧的条件下才有活性，才能进行反硝化作用，将硝酸盐还原为 N_2，其产物以 N_2 为主，伴有少量 N_2O 和 NO。

传统缺氧反硝化作用通常有 3 种结果：

① 大多数细菌、放线菌及真菌利用硝酸盐为氮素营养，通过硝酸还原酶类的作用将硝酸盐还原成 NH_3，进而合成氨基酸、蛋白质和其他含氮物质。此称为同化性反硝化作用。

$$HNO_3 \xrightarrow[H_2O]{+2[H]} HNO_2 \xrightarrow[H_2O]{+2[H]} HNO \xrightarrow{+H_2O} NH(OH)_2 \xrightarrow[H_2O]{+2[H]} NH_2(OH) \xrightarrow[H_2O]{+2[H]} NH_3 \qquad (6-14)$$

② 反硝化细菌（兼性厌氧菌）在缺氧条件下，以有机物为电子供体，将硝酸还原为 N_2O 和 N_2。

$$2HNO_3 \xrightarrow[2H_2O]{+4[H]} 2HNO_2 \xrightarrow[2H_2O]{+4[H]} 2HNO \xrightarrow{H_2O} N_2O \xrightarrow[H_2O]{+2[H]} N_2 \qquad (6-15)$$

大部分异养型、兼性厌氧的反硝化细菌，包括脱氮副球菌（*Paracoccus denitrifications*）、施氏假单胞菌（*Pseudomonas stutzeri*）、脱氮假单胞菌（*Ps. denitrificans*）、荧光假单胞菌（*Ps. fuorescens*）、色杆菌属中的紫色色杆菌（*Chromobacterium violaceum*）、脱氮色杆菌（*Chrom. denitrificans*）等，以有机物为碳源和能源，进行无氧呼吸，其生化过程可用下式表示：

$$C_6H_{12}O_6 + 12NO_3^- \longrightarrow 6H_2O + 6CO_2 + 12NO_2^- + ATP \tag{6-16}$$

$$5CH_3COOH + 8NO_3^- \longrightarrow 6H_2O + 10CO_2 + 4N_2 + 8OH^- + ATP \tag{6-17}$$

③ 专性化能自养的兼性厌氧菌，如脱氮硫杆菌（*Thiobacillus denitrificans*）利用无机碳源（如 CO_2，CO_3^{2-}，HCO_3^-）生长、代谢，进行反硝化作用。它们以硝酸盐为呼吸作用的最终电子受体，氧化硫或氢获得能量，其反应如下：

$$5S + 6KNO_3 + 2H_2O \longrightarrow K_2SO_4 + 4KHSO_4 + 3N_2 \tag{6-18}$$

脱氮硫杆菌依靠细胞内两种关键酶：1，5-二磷酸核酮糖羧化酶和 5-磷酸核酮糖激酶，通过卡尔文循环途径固定 CO_2。

脱氮硫杆菌可利用的氮源范围广，可以是铵盐、硝酸盐、亚硝酸盐及氨基酸等。在厌氧条件下，脱氮硫杆菌以反硝化反应的方式同时参与硫、氮循环，以硝酸盐中的氧来氧化硫化合物。它本身被作为电子受体而被还原。而在硫循环体系中，好氧条件下，脱氮硫杆菌以氧为电子受体氧化还原硫化合物而获得能量。

（二）厌氧氨氧化脱氮

进行厌氧氨氧化脱氮的细菌称为厌氧氨氧化菌（anaerobic ammonium oxidation bacteria，AAOB）。厌氧氨氧化菌在厌氧条件下，以 NH_4^+ 为电子供体，以 NO_2^- 为电子受体，利用 NO_2^- 将 NH_4^+ 氧化为 N_2。它以 CO_2 为碳源。通过乙酰辅酶 A 途径固定 CO_2 合成细胞物质。

厌氧氨氧化菌是属于浮霉菌门（*Planctomyeeles*）的一类水生细菌。据报道，截至目前，用测 16S rRNA 基因序列分析方法从运行活性污泥中鉴定出 5 属 10 个种：① *Anammoxida propionicus*；② *Brocadia* 的 *B. anammoxidans*（厌氧氨氧化布罗卡德氏菌），*B. fulgida* 和 *B. sinica*；③ *ettenia asiatica*；④ *Kuenenia stutgartiensis*；⑤ *Scanlindua* 的 "*S. sorokini*"，*S. arabica*，*S. brodae* 和 *S. wagneri*。其中 *Brocadia* 和 *Kuenenia* 是污水处理中的优势菌。至今因只获得厌氧氨氧化菌的"红色培养物"（图 6-14），未能成功分离到纯菌株。所以，它们尚未正式命名和分类，而是以发现者姓氏或地名暂定属名和种名，同列入 Candidatus（待定）。

这 5 属 10 个种仅仅是厌氧氨氧化菌中很少的一部分，仍有很多厌氧氨氧化菌未被认识而被忽视。据报道：16S rRNA 基因序列其同缘性和相似性达 87%～99% 的就有 2 000 多个，现被保存在 NCBI（美国国家生物技术信息中心的基因库），可见厌氧氨氧化菌的资源非常丰富。

"红色培养物"是若干种厌氧氨氧化菌的混合体，它们与其他异养菌同处在一个微生态系里，相互依存，互相制约。厌氧氨氧化菌是专性化能自养菌，它的碳源是 CO_2，要依赖异养的反硝化菌和其他异养菌分解有机物释放 CO_2，才能获得碳源和能源；而大量的 NH_4^+ 和 NO_2 对异养菌有抑制作用，厌氧氨氧化菌利用 NO_2 氧化 NH_4^+ 为 N_2，解除了对异养菌的抑制

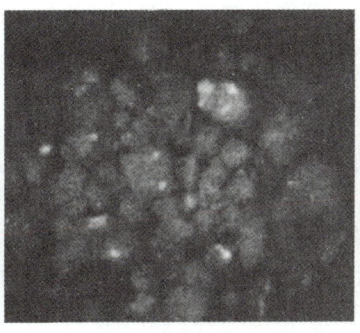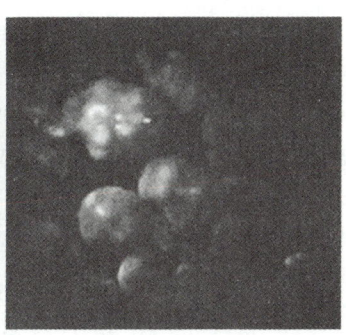

A   B   C

图 6-14　厌氧氨氧化菌

A—厌氧氨氧化反应器中的红色培养物；B—培养 30 天的厌氧氨氧化菌颗粒；C—培养 180 天的厌氧氨氧化菌颗粒

作用。长期以来，由于没有获得纯菌种，无法深入研究，对每种菌的特征习性缺乏了解，导致尚未掌握富集培养厌氧氨氧化菌的技术，包括合适的培养基配方、培养温度、pH 及氧化还原电位等。此外，厌氧氨氧化菌专性厌氧，对光极敏感，生长缓慢，其世代时间为 11 d，甚至有报道 22 d 的。因此，要获得大量厌氧氨氧化菌菌体，富集培养时间需要 200～300 d。研究者实验的富集培养基组分各异，在此介绍较完全的富集培养基，见表 6-1。

表 6-1　富集培养厌氧氨氧化菌的合成废水组分

组成	浓度/($g \cdot L^{-1}$)	组成	浓度/($g \cdot L^{-1}$)
NH_4HCO_3	0.22	$NaHCO_3$	1.05
$NaNO_3$	0.24	$MgSO_4 \cdot 7H_2O$	0.2
$NaH_2PO_4 \cdot H_2O$	0.06	微量元素 1	1 mL
$CaCl_2 \cdot 2H_2O$	0.1	微量元素 2	1 mL

注：1. 本表摘自 Qais Banihani 等，2012。

2. 微量元素 1 组分如下：$FeSO_4$ 5.00 g/L，EDTA（乙二胺四乙酸）5.00 g/L。

3. 微量元素 2 组分如下：EDTA 15 g/L，$ZnSO_4 \cdot 7H_2O$ 0.43 g/L，$CoCl \cdot 6H_2O$ 0.24 g/L，$MnCl_2$ 0.63 g/L，$CuSO_4 \cdot 5H_2O$ 0.25 g/L，$Na_2MoO_4 \cdot 2H_2O$ 0.22 g/L，$NiCl_2 \cdot 6H_2O$ 0.19 g/L，$Na_2SeO_4 \cdot 10H_2O$ 0.21 g/L，H_3BO_3 0.01 g/L，$Na_2WO_4 \cdot 2H_2O$ 0.05 /L。

（三）好氧反硝化

好氧反硝化是 20 世纪 80 年代以后提出的一个新概念。Robertson 等人报道了好氧反硝化细菌和好氧反硝化酶系的存在，首先分离得到革兰氏阴性的脱氮副球菌（*Paracoccus denirifications*），它是兼性好氧菌，在厌氧时可以将 HNO_3 还原为 N_2，在好氧时也可以将 HNO_3 还原为 N_2。在其生长过程中，有 O_2 和 NO_3^- 共同存在时，其生长速率比两者单独存在时都高，有较高的反硝化率。有实验证明，好氧反硝化菌在溶解氧（DO）为 5～6 mg/L 都能进行反硝化作用。

脱氮副球菌的酶系有：① 硝酸盐还原酶（Nar）位于细胞膜中，称为膜结合硝酸盐还原酶（membrane-bound nitrate reductase，M-Nar），对氧敏感，受氧抑制，它在厌氧环境优先表达，而且只在厌氧条件下才有活性。另有位于周质的硝酸盐还原酶（P-Nar），在有氧时优先表达，并且在好氧和厌氧条件下均有活性，都能发挥作用。有的好氧反硝化菌同时存在M-Nar 和 P-Nar，当 M-Nar 受氧抑制时，P-Nar 继续发挥作用，仍具有硝酸还原作用。亚硝酸盐还原酶（Nir）位于周质中，称周质亚硝酸盐还原酶（periplasmic nitrate reductase，P-Nir），对氧有较强的耐受力。② 一氧化氮还原酶（硝基氧化还原酶 Nor）位于细胞膜中，是一种膜结合的细胞色素 bc 型酶（M-Nor，其大亚基呈疏水性，具有跨膜结构能与 b 型血红素结合，小亚基与 c 型血红素结合）。一氧化二氮还原酶（亚硝酸氧化还原酶 Nos）是含铜蛋白，位于膜外周质中，称为周质一氧化二氮还原酶（P-Nos）。在氧气存在条件下脱氮副球菌的一氧化二氮还原酶具有活性，能将 NO，N_2O 两种气体同时还原为 N_2。当 DO $<$ 0.2 mg/L 时一氧化二氮还原酶受抑制，当 DO $>$ 4 mg/L 时，硝酸盐还原酶受抑制。Moir 等报道，脱氮副球菌在好氧和厌氧时都含有一个细胞色素 cd_1 型的亚硝酸盐还原酶，它是双功能酶，既能催化 NO_2^- 得到一个电子转化为 NO，又能使 O_2 得到 4 个电子产生 H_2O。

好氧反硝化作用的代谢途径虽然尚未完全清楚，但由于众人对脱氮副球菌的关注，研究较多，较为深入，它在有氧条件时的电子传递链和厌氧电子传递链如图 6-15 和图 6-16 所示。

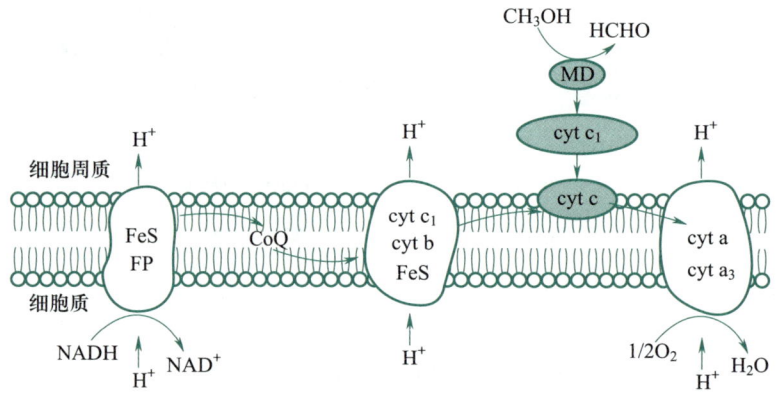

图 6-15　脱氮副球菌在有氧条件时的电子传递
FP—黄蛋白；MD—甲醇脱氢酶

由图 6-15 看出，脱氮副球菌在有氧条件时的电子传递链在细胞色素 c 水平上甲醇作为电子供体，氧为电子受体，最终产物为 H_2O。由图 6-16 可见，脱氮副球菌在厌氧条件下，由 4 种不同还原酶共同作用，将硝酸盐还原为 N_2。图 6-17 显示了好氧反硝化菌的反硝化作用过程，细胞色素 c 受到 O_2 的抑制，出现"瓶颈"，没有将有机物提供的电子传递给 O_2，而传递给 NO_3 进行反硝化，NO_3^- 被还原 N_2。由于它含有双功能的细胞色素 cd_1，使好氧反硝化菌的生长繁殖不受氧的影响，并能继续发挥作用。

好氧反硝化菌的反硝化作用过程及代谢途径，见图 6-17。

已分离到的好氧反硝化菌有假单胞菌属（*Pseudomonas*）、产碱杆菌属（*Alcaligenes*）、副球菌属（*Paracoccus*）和芽孢杆菌属（*Bacillus*）等，是一类好氧或兼性好氧，以有机碳作为

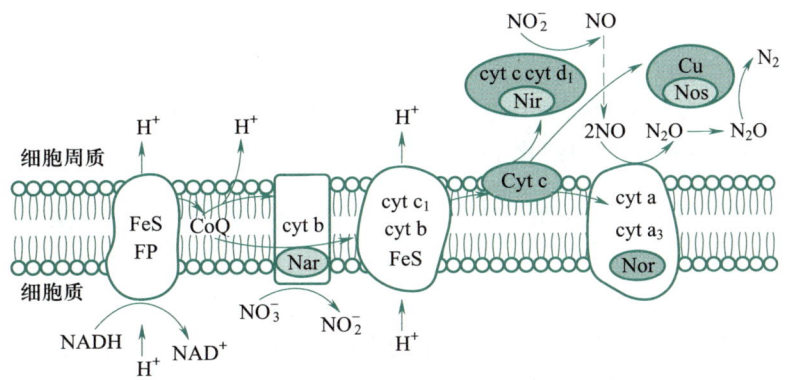

图 6-16　脱氮副球菌高度分支的厌氧电子传递

FP—黄蛋白；Nar—硝酸盐还原酶；Nir—亚硝酸盐还原酶；

Nor—硝基氧化还原酶；Nos—亚硝酸氧化还原酶

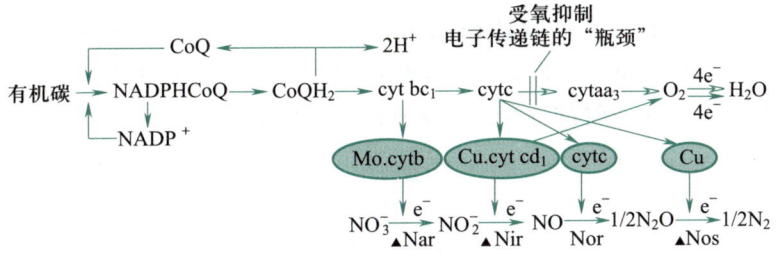

图 6-17　氧反硝化菌的反硝化作用过程及代谢的综合示意图

能源的异养反硝化菌。而异型枸橼酸杆菌（*Cirobacterdiversus*）则是以硝酸盐为电子受体，以各种类型的含硫化合物（如硫化物、聚硫化物、元素硫、硫代硫酸盐和亚硫酸盐）为电子供体的自养型反硝化菌。

其他的好氧反硝化菌有：① 严格化能自养型菌包括脱氮硫杆菌（*Thiobacillusdeni-trifi-cans*）、排硫硫杆菌（*Thiobacillusthioparus*）和脱氮硫微螺菌（*Thiomicrospiradenirijfi-cans*）；② 兼性自养型菌如 *Thiobacillusdelicatus*，*Thiobacillusthyasiris*。这类微生物除了还原硫之外，还能利用有机酸；③ 据报道，贝日阿托氏菌属（*Beggiatoa*）和辫硫菌属（*Thioplaca*）中的某些种存在于沉积物中时，可储存大量的硝酸盐，用于硫化物的自养氧化。

大量的研究证明，在土壤、水稻田、水产养殖、污（废）水处理系统中确实存在好氧反硝化菌，并进行好氧反硝化作用。

五、固氮作用

大气中的 N_2 蕴藏量大，约占空气体积分数的 78%。植物和大多数微生物不能直接利用，只有少数微生物能利用 N_2。

通过固氮微生物的固氮酶催化作用，把分子 N_2 转化为 NH_3，进而合成有机氮化合物，称为固氮作用。

各类固氮微生物进行固氮的基本反应式相同：

$$N_2+6e^-+6H^++nATP \longrightarrow 2NH_3+nADP+nPi \tag{6-19}$$

由氮气转化为氨是在固氮酶催化下进行的：

$$酶—N\equiv N \xrightarrow{2e^-} 酶—N=N \xrightarrow{2e^-} 酶—N—N \xrightarrow{2e^-} 2NH_3+酶 \tag{6-20}$$

分子 N_2 具有高能量三键（$N\equiv N$），需要很大的能量才能打开它，固氮酶催化固氮反应所需要的能量和电子，以多种固氮微生物的平均值计：还原 1 mol N_2 为 2 mol NH_3 需要 24 mol ATP，其中 9 mol ATP 提供 6 个电子用于还原作用，15 mol ATP 用于催化反应。ATP 只有与 Mg^{2+} 结合成 Mg^{2+}-ATP 复合物时才起作用。

固氮微生物有根瘤菌属、褐球固氮菌、黄色固氮菌、雀稗固氮菌、拜叶林克氏菌和万氏固氮菌（图 6-18）。它们都是好氧菌，可利用各种糖、醇、有机酸为碳源，分子 N_2 为氮源。当供给 NH_3、尿素和硝酸盐时固氮作用停止；在含糖培养基中形成荚膜和黏液层，菌落光滑、黏液状，细胞大，杆状或卵圆形，有鞭毛，革兰氏染色阴性反应；适于在中性和偏碱性环境中生长，pH<6 不生长；在较低氧分压下固氮效果好（如在氧分压为 0.04 时固定的氮为氧分压为 0.2 时的 3 倍）；每消耗 1 g 糖可固定 $10\sim20$ mgN_2。厌氧的巴氏梭菌（*Clostridium pasteurianum*）为 G^+ 菌，它每消耗 1 g 糖固定 $2\sim3$ mgN_2。硫酸盐还原菌也有固氮作用。

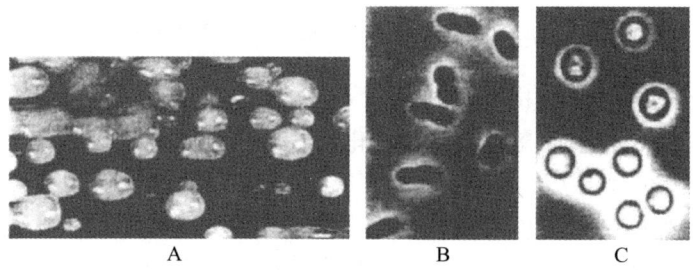

图 6-18　两种固氮菌

A—拜叶林克氏菌（*Bejerinckia*）；B、C—万氏固氮菌（*Azotobacter vinelandii*）

光合细菌［如红螺菌（*Rhodospirillum*）、小着色菌（*Chromatium minus*）及绿菌属（*Chlorobium*）等］在光照下厌氧生活时也能固氮。固氮蓝细菌多见于有异形胞的固氮丝状蓝细菌。例如，鱼腥蓝细菌属（*Anabuena*）、念珠蓝细菌属（*Nostoc*）、柱孢蓝细菌属（*Cylindrospernum*）、单歧蓝细菌属（*Tolypothrix*）、颤蓝细菌属（*Oscillatoria*）、拟鱼腥蓝细菌属（*Anabaenopsis*）和眉蓝细菌属（*Calothrix*），以及织线藻属（*Plectonema*）和席藻属（*Phormidium*）等。它们在异形胞中进行固氮。

厌氧固氮菌是通过发酵糖类生成丙酮酸，由丙酮酸磷酸化过程中合成 ATP 提供固氮所需。好氧固氮菌则是通过好氧呼吸由三羧酸循环产生 $FADH_2$、$NADH+H^+$ 等经电子传递链产生 ATP。

N_2 转化成 NH_3 需要供给 6 个电子，在电子传递链中，每一步只传递 2 个电子，要 3 次连续电子传递才能满足需要（图 6-19）。

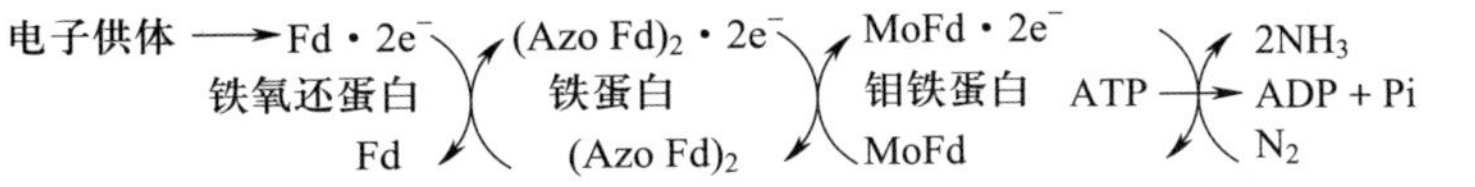

图 6-19　固氮作用

固氮酶对 O_2 敏感，从好氧固氮菌体内分离的固氮酶，一遇 O_2 就发生不可逆性失活。好氧固氮菌生长需要氧，固氮却不需氧。好氧固氮菌为了在生长过程中同时固氮，它们在长期的进化中形成了保护固氮酶的防氧机制，使固氮作用正常进行。

六、其他含氮物质的转化

其他含氮物质有氢氰酸、乙腈、丙腈、正丁腈、丙烯腈及硝基化合物等。它们来自化工腈纶废水、国防工业废水和电镀废水等。土壤和水体受到上述物质不同程度的污染，对人、畜都有毒害。然而，氢氰酸可被某些微生物（某些担子菌和紫色色杆菌）合成和利用。例如，紫色色杆菌以葡萄糖为碳源、氨水为氮源时，可生成氢氰酸。用紫色色杆菌休止细胞以甘氨酸、甲硫氨酸和琥珀酸一起保温生成 β-氰基丙氨酸，进一步生成天冬氨酸。由甘氨酸的氧化和脱水反应生成氰基甲酸，进而聚合成对三嗪三羧酸。氰基甲酸也可分解成氢氰酸和二氧化碳。氰基甲酸和氨反应生成草酰胺腈，进而分解为氰尿酸和氢氰酸。紫色色杆菌属将甘氨酸转化生成氢氰酸的途径见图 6-20。

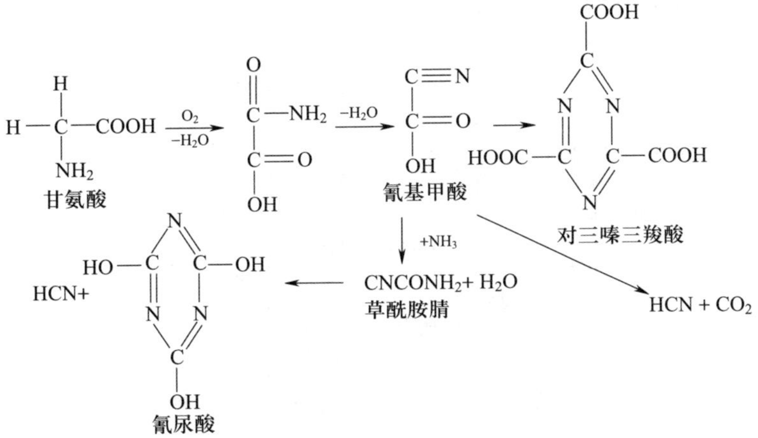

图 6-20　甘氨酸转化为氢氰酸的途径

担子菌能利用乙醛、氨水和氢氰酸在腈合成酶的作用下缩合成为 α-氨基丙腈，进而合成为丙氨酸。

$$CH_3CHO + HCN + NH_4^+ + OH^- \longrightarrow CH_3CHNH_2CN + 2H_2O \qquad (6\text{-}21)$$

$$2CH_3CHNH_2CN + 4H_2O \longrightarrow 2CH_3CHNH_2COOH + 2NH_3 \qquad (6\text{-}22)$$

在有氧条件下，氰化物氧化分解如下：

$$HCN+0.5O_2+2H_2O \longrightarrow CO_2+NH_4OH \tag{6-23}$$

诺卡氏菌属、赤霉菌（茄科病镰刀霉）、木霉等能分解氰化物和腈，诺卡氏菌对丙烯腈的分解能力最强。

假单胞菌分解氰化物的过程如下：

$$HCN \xrightarrow[\text{H}_2\text{O}]{\text{氰水解酶}} HCONH_2 \xrightarrow[\text{甲酸脱氢酶}]{\text{甲酰胺酶}} HCOOH \longrightarrow NH_3 \\ \longrightarrow CO_2+H_2 \tag{6-24}$$

HCN 在假单胞菌的氰水解酶、甲酰胺酶、甲酸脱氢酶催化作用下，被分解为 CO_2、H_2 和 NH_3。

第四节　硫　循　环

在自然界中硫有三态：单质硫、无机硫化物及含硫有机化合物。这三者在化学和生物作用下相互转化，构成硫的循环（图 6-21）。在水生环境中，硫酸盐或通过化学作用产生，或来自污（废）水，或是硫细菌氧化硫或硫化氢产生。硫酸盐被植物、藻类吸收后转化为含硫有机化合物（如含—SH 基的蛋白质），在厌氧条件下进行腐败作用产生硫化氢，硫化氢被无色硫细菌氧化为硫，并进一步氧化为硫酸盐，硫酸盐在厌氧条件下，被硫酸盐还原菌（如脱硫弧菌）还原为硫化氢，硫化氢又能被光合细菌用作供氢体，氧化为硫或硫酸盐。自然界的硫就是这样往复循环着。

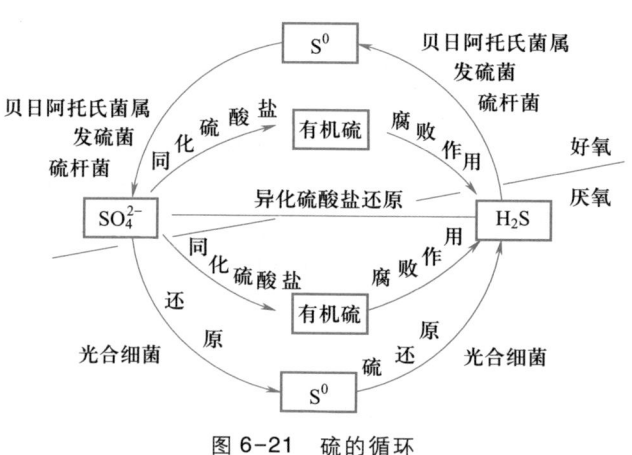

图 6-21　硫的循环

参与硫循环的好氧微生物有贝日阿托氏菌属、发硫菌和硫杆菌，厌氧微生物有绿菌属、脱硫弧菌属、脱硫单胞菌属、着色菌属、不产氧光合细菌，以及嗜热古菌和蓝细菌。

一、含硫有机物的转化

含硫有机物存在于动物、植物和微生物机体的蛋白质中，它们以—SH 形式组成含硫氨基酸，如蛋氨酸、半胱氨酸和胱氨酸，它们和其他氨基酸组成蛋白质。通过氨化脱硫微生物分解有机硫产生硫化氢和氨。例如，变形杆菌将半胱氨酸水解为氨和硫化氢（图 6-22）。

$$COOH$$
$$|$$
$$CHNH_2 + 2H_2O \xrightarrow{\text{变形杆菌}} CH_3COOH + HCOOH + NH_3 + H_2S$$
$$|$$
$$CH_2SH$$
半胱氨酸

图 6-22　半胱氨酸水解过程

上述反应产生的甲酸、乙酸、NH_3 和 H_2S 可在好氧条件下进一步分解转化为 CO_2、H_2O、NO_2^-、NO_3^- 和 SO_4^{2-}。含硫有机物如果分解不彻底，会有硫醇［如甲硫醇（CH_3SH）］暂时积累，再转化为硫化氢。

二、无机硫的转化

（一）硫化作用

在有氧条件下，通过硫细菌的作用将硫化氢氧化为单质硫，进而氧化为硫酸，这个过程称为硫化作用。参与硫化作用的微生物有硫化细菌和硫黄细菌。

1. 硫化细菌

硫化细菌归属于硫杆菌属（*Thiobacillus*），为革兰氏阴性杆菌。它从氧化硫化氢单质硫、硫代硫酸盐、亚硫酸盐及四连硫酸盐等获得能量，产生硫酸，同化二氧化碳合成有机物。硫化细菌多半在细胞外积累硫，有些菌株在细胞内积累。硫被氧化为硫酸，使环境 pH<2，同时产生能量。硫杆菌广泛分布于土壤、淡水、海水和矿山排水沟中，有氧化硫硫杆菌（*Thiobacillus thiooxidans*）、排硫硫杆菌（*Thiobacillus thioparus*）、氧化亚铁硫杆菌（*Thiobacilus ferrooxidans*）、新型硫杆菌（*Thiobacillus novellus*）等，它们均为好氧菌；还有兼性厌氧的脱氮硫杆菌（*Thiobacillus denirijficans*）。硫化细菌生长的最适温度为 28~30 ℃；有些种能在强酸条件下生长。例如，氧化硫硫杆菌最适 pH 为 2.0~3.5，在 pH 为 1~1.5 时仍可生长，但在 pH≥6 不生长；氧化亚铁硫杆菌的最适 pH 为 2.5~5.8；排硫硫杆菌适宜在中性和偏碱性条件下生长。各种硫化细菌氧化硫化物的化学反应式如下。

（1）氧化硫硫杆菌

它氧化单质硫能力强、迅速，为专性自养菌。

$$2S+3O_2+2H_2O \longrightarrow 2H_2SO_4 + 能量 \tag{6-25}$$

$$Na_2S_2O_3+2O_2+H_2O \longrightarrow Na_2SO_4 + H_2SO_4 + 能量 \tag{6-26}$$

$$2H_2S+O_2 \longrightarrow 2H_2O + 2S + 能量 \tag{6-27}$$

（2）氧化亚铁硫杆菌

它从氧化硫酸亚铁、硫代硫酸盐中获得能量，还能将硫酸亚铁氧化成硫酸铁：

$$4FeSO_4+O_2+2H_2SO_4 \longrightarrow 2Fe_2(SO_4)_3+2H_2O \qquad (6-28)$$

硫酸及硫酸铁溶液是有效的浸溶剂，可将铜、铁等金属矿物转化为硫酸铜和硫酸亚铁从矿物中流出：

$$FeS_2+7Fe_2(SO_4)_3+8H_2O \longrightarrow 15FeSO_4+8H_2SO_4 \qquad (6-29)$$

也可与辉铜矿（Cu_2S）作用生成 $CuSO_4$ 与 $FeSO_4$：

$$Cu_2S+2Fe_2(SO_4)_3 \longrightarrow 2CuSO_4+4FeSO_4+S \qquad (6-30)$$

这种通过硫化细菌的生命活动产生硫酸高铁将矿物浸出的方法叫湿法冶金。生成的 $CuSO_4$ 与 $FeSO_4$ 溶液通过置换、萃取、电解或离子交换等方法回收金属。

2. 硫黄细菌

将硫化氢氧化为硫，并将硫粒积累在细胞内的细菌，统称为硫黄细菌。它们包括丝状硫细菌和光能自养硫细菌。

（1）丝状硫细菌

氧化硫化氢为单质硫的丝状细菌有贝日阿托氏菌属（*Beggiatoa*）、辫硫菌属（*Thioploca*）、发硫菌属（*Thiothrix*）、亮发菌属（*Leucothrix*）和透明颤菌属（*Vireoscilla*）。除亮发菌属（*Leucothrix*）和透明颤菌属（*Vitreoscilla*）外，其他菌属均能将硫粒累积在细胞内。当环境中缺乏硫化氢时，它们就将积累的硫粒氧化为硫酸，从中取得能量。亮发菌为好氧菌，贝日阿托氏菌、发硫菌、辫硫菌、透明颤菌为微量好氧菌，为混合营养型。它们均为 G 菌。

① 贝日阿托氏菌属为无色不附着的丝状体 [（1~30）μm×（4~20）μm]，无鞘，滑行运动，体内有聚 β-羟基丁酸（PHB）或异染颗粒，DNA 的 G+C 含量为 37%，其典型种为白色贝日阿托氏菌（*Beggiatoa alba*）。有些菌株已获得纯培养，为混合营养型，可营自养生活，在低浓度乙酸盐培养基中，加一定量过氧化氢酶生长良好，以杆状体进行繁殖。

② 发硫菌属能氧化硫化氢积累硫粒于细胞内，丝状体外有鞘，一端附着在固体物上，不运动；而在游离端能一节一节断裂出杆状体（或称微生子），能滑行，经一段游泳生活呈放射状地附着在固体物上。发硫菌属在污水处理构筑物、淡水和海水中均可找到，其微量好氧，是混合营养型，污水处理中低溶解氧时大量繁殖。它对有机营养物的需求量比贝日阿托氏菌属要大。

③ 辫硫菌属是一束平行的或发辫样组成的柔软丝状体，由一个公共鞘包裹而成。氧化硫化氢积累硫粒于体内，鞘常破碎成片，单独的丝状体独立滑行运动，其尾部末端呈锥形，尚未得到纯培养。

④ 亮发菌属的特征基本与发硫菌属相同，不同的是氧化硫化氢后，硫粒不积累在体内。其为严格好氧，化能异养型。海洋菌种需要 NaCl，最适温度为 25 ℃，最高为 30~35 ℃，其 DNA 的 G+C 含量为 46%~51%。

⑤ 透明颤菌属为无色丝状体 [（1.2~2）μm×（3~70）μm]，由界限分明的圆柱状或筒状细胞组成，滑行运动，为混合营养型，不水解蛋白质，在质量浓度为 0.5~1 g/L 的蛋白胨培养基中很易分离培养。有的菌株在质量浓度为 5 g/L 的蛋白胨中生长，氧化硫化氢后，体内不积累

硫粒，其 DNA 的 G+C 含量为 43.6%。典型种为类贝氏菌透明颤菌（*Vitreoscilla beggiatoides*）。

以上丝状硫细菌氧化硫化氢为硫酸的过程如下：

$$2H_2S+O_2 \longrightarrow 2S+2H_2O+能量 \tag{6-31}$$

$$2S+2H_2O+3O_2 \longrightarrow 2SO_4^{2-}+4H^++能量 \tag{6-32}$$

$$2FeS_2+7O_2+2H_2O \longrightarrow 2FeSO_4+2H_2SO_4+能量 \tag{6-33}$$

丝状硫细菌在生活污水和含硫工业废水的生物处理过程中大量生长，与溶解氧水平和硫化物含量有关，当曝气池溶解氧≤1 mg/L时，有机物氧化不彻底，积累大量 H_2S 和有机酸，促使贝日阿托氏菌和发硫菌旺盛生长，引起活性污泥丝状膨胀。当溶解氧过高，亮发菌也会大量生长引起活性污泥丝状膨胀。

（2）光能自养硫细菌

这类细菌含细菌叶绿素，在光照下，将硫化氢氧化为单质硫，在体内积累硫粒或体外积累硫粒。其详细内容在第一篇第四章的光合作用部分中已详述。

（二）反硫化作用

土壤淹水、河流、湖泊等水体处于缺氧状态时，硫酸盐、亚硫酸盐、硫代硫酸盐和次硫酸盐在微生物的还原作用下形成硫化氢，这种作用就叫反硫化作用，亦叫硫酸盐还原作用。例如，脱硫弧菌（*Desulfovibrio desulfuricans*）利用葡萄糖和乳酸还原硫酸盐的过程：

$$C_6H_{12}O_6+3H_2SO_4 \longrightarrow 6CO_2+6H_2O+3H_2S+能量 \tag{6-34}$$

$$2CH_3CHOHCOOH+H_2SO_4 \longrightarrow 2CH_3COOH+2CO_2+H_2S+2H_2O \tag{6-35}$$

以上两反应式均产生硫化氢，脱硫弧菌氧化乳酸不彻底，有乙酸积累。脱硫弧菌为略弯曲的杆菌[（0.5~1）μm×（1~5）μm]，一般呈单个，有时呈对或呈短链，外观呈螺旋状，为革兰氏阴性菌。用石炭酸复红（品红）极易着色，具有一根极端鞭毛而活泼运动，严格厌氧，最适温度 25~30 ℃，最高为 35~40 ℃，pH 适应范围为 5~9，最适 pH 为 6~7.5，老细胞因沉积硫化铁而呈黑色。除利用葡萄糖、乳酸为供氢体外，还能利用蛋白质、天门冬素、甘氨酸、丙氨酸、天门冬氨酸、乙醇、甘油、苹果酸及琥珀酸作供氢体。

在混凝土排水管和铸铁排水管中，如果有硫酸盐存在，管的底部则常因缺氧而被还原为硫化氢。硫化氢上升到污水表层（或逸出到空气层），与污水表面溶解氧相遇，被硫化细菌或硫黄细菌氧化为硫酸，再与管顶部的凝结水结合，使混凝土管和铸铁管受到腐蚀（图 6-23）。为了减少对管道的腐蚀，除要求管道有适当的坡度，使污水流动畅通外，还要加强管道的维护工作。

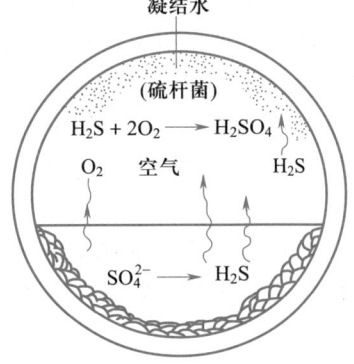

图 6-23 H₂S 对管道的腐蚀

河流、海岸港口码头钢桩的腐蚀是硫酸盐和硫化氢腐蚀的结果。在建造码头前，要测表面水、中部水和底部泥层中每毫升水或每克土含硫酸盐还原菌的数量，判定硫酸盐污染的严重程度，从而制定防腐蚀措施。一般采用通电提高氧化还原电位，达到防腐蚀的效果。

第五节 磷循环

磷在土壤和水体中以含磷有机物（如核酸、植素及卵磷脂）、无机磷化合物（如磷酸钙、磷酸钠、磷酸镁及磷灰石矿石）及还原态 PH_3 三种状态存在。磷是一切生物的重要营养元素。

然而，植物和微生物不能直接利用含磷有机物和不溶性的磷酸钙，必须经过微生物分解转化为溶解性的磷酸盐，才能被植物和微生物吸收利用。当溶解性磷酸盐被植物吸收后变为植物体内含磷有机物，动物食用后变成动物体内含磷有机物；动物和植物尸体在微生物作用下，分解转化为溶解性的偏磷酸盐（HPO_4^{2-}），HPO_4^{2-} 在厌氧条件下被还原为 PH_3，以此构成磷的循环，见图 6-24。

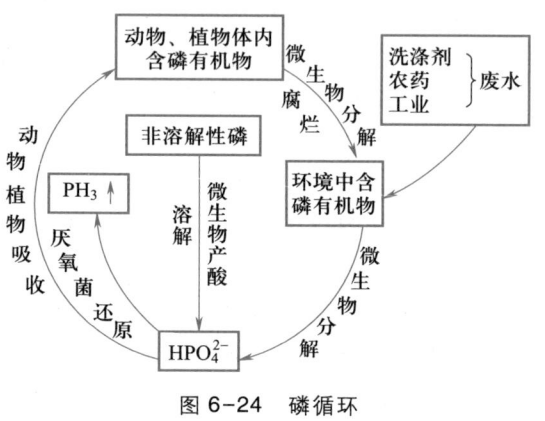

图 6-24　磷循环

一、含磷有机物的转化

动物、植物及微生物体内的含磷有机物，如核酸、磷脂、植素均可被微生物分解。

1. 核酸

各种生物的细胞含有大量的核酸，它是核苷酸的多聚物。核苷酸由嘌呤碱或嘧啶碱、核糖和磷酸分子组成。核酸在微生物核酸酶的作用下，被水解成核苷酸，又在核苷酸酶作用下分解成核苷和磷酸，核苷再经核苷酶水解成嘧啶（或嘌呤）和核糖。生成的嘌呤继续分解，经脱氨基生成氨。例如，腺嘌呤经脱氨酶作用，产生氨和次黄嘌呤，次黄嘌呤再转化为尿酸，尿酸先氧化成尿囊素，再水解成尿素，尿素分解为氨和二氧化碳。

2. 磷脂

卵磷脂是含胆碱的磷酸酯，它可被微生物卵磷脂酶水解为甘油、脂肪酸、磷酸和胆碱。胆碱再分解为氨、二氧化碳、有机酸和醇。能分解有机磷化物的微生物有蜡状芽孢杆菌（*Bacillus cereus*）、蜡状芽孢杆菌蕈状变种（*B. cereus var. mycoides*）、多黏芽孢杆菌（*B. polymyxa*）、解磷巨大芽孢杆菌（*B. megaterium var. phosphaticum*）和假单胞菌（*Pseudomonas* sp.）。

3. 植素

植素是由植酸（肌醇六磷酸酯）和钙、镁结合而成的盐类。植素在土壤中分解很慢，经微生物的植酸酶分解为磷酸和二氧化碳。

二、无机磷化合物的转化

在土壤中存在的难溶性磷酸钙，可以与异养微生物生命活动产生的有机酸和碳酸、硝化细菌和硫细菌产生的硝酸和硫酸等作用，生成溶解性磷酸盐，例如：

$$Ca_3(PO_4)_2+2CH_3CHOHCOOH \longrightarrow 2CaHPO_4+Ca(CH_3CHOHCOO)_2 \tag{6-36}$$

$$Ca_3(PO_4)_2+2H_2SO_4 \longrightarrow Ca(H_2PO_4)_2+2CaSO_4 \tag{6-37}$$

可溶性磷酸盐被植物、藻类及其他微生物吸收利用，生成卵磷脂、核酸及 ATP 等。无色杆菌属（*Achromobacter*）中有的种能溶解磷酸钙和磷矿粉。

磷酸盐在厌氧条件下，被梭状芽孢杆菌、大肠杆菌等通过还原作用形成 PH_3：

$$H_3PO_4 \xrightarrow[-H_2O]{2H^+} H_3PO_3 \xrightarrow[-H_2O]{2H^+} H_3PO_2 \xrightarrow[-H_2O]{2H^+} H_3PO \xrightarrow[-H_2O]{2H^+} PH_3 \tag{6-38}$$

磷灰石、正长石、玻璃等能被硅酸盐细菌分解，产生水溶性的磷盐和钾盐。硅酸盐细菌又叫钾细菌，如胶质芽孢杆菌（*Bacillus mucilaginosus*）。

第六节　其他元素循环

一、铁循环

自然界中铁以无机铁化合物和含铁有机物两种状态存在。无机铁化合物多为二价亚铁和三价铁。二价亚铁盐易被植物、微生物吸收利用，转变为含铁有机物，二价铁、三价铁和含铁有机物三者可互相转化，见图 6-25。

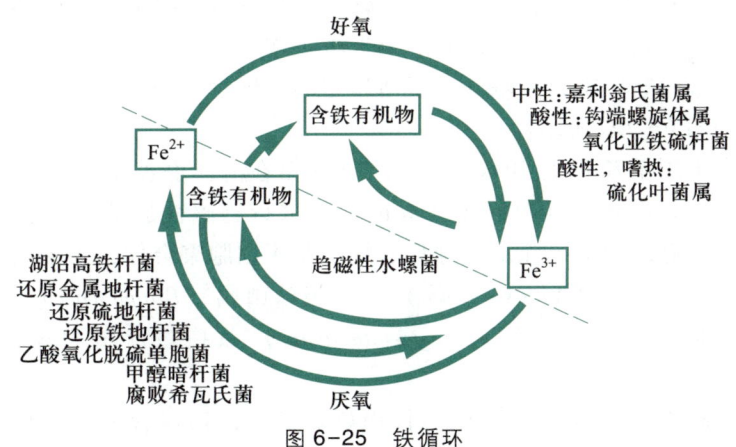

图 6-25　铁循环

所有的生物都需要铁，而且要求其为溶解性的二价亚铁盐。二价和三价铁的化学转化受 pH 和氧化还原电位影响。pH 为中性和有氧存在时，二价铁氧化为三价铁的氢氧化物。无氧时，存在大量二价铁。二价铁还能被铁细菌氧化为三价铁。例如，锈色嘉利翁氏菌（*Gallionella ferruginea*）、氧化亚铁硫杆菌（*Thiobacillus ferrooxidans*）、多孢铁细菌即多孢泉发菌（*Crenothrix polyspora*）、纤发菌属（*Leptothrix*）和球衣菌属（*Sphaerotilus*）等。

锈色嘉利翁氏菌是一种重要的铁细菌（图 6-26 A，B）。其为严格好氧和微好氧，仅以

Fe^{2+}作电子供体,化能自养;通过卡尔文循环同化 CO_2;每氧化 150 g 亚铁可产 1 g 干细胞,不氧化锰。在寡营养的含铁水中,最适合的 E_h 为 +200~+300 mV,需要 O_2 的质量分数约为 1%,温度为 17 ℃或更低,在 pH 为 6 时 Fe^{2+} 稳定。最适合的 Fe^{2+} 含量为 5~25 mg/L,CO_2 大于 150 mg/L。锈色嘉利翁氏菌在水体和给水系统中形成大块氢氧化铁,其化学反应式如下:

$$2FeSO_4+3H_2O+2CaCO_3+0.5O_2 \longrightarrow 2Fe(OH)_3+2CaSO_4+2CO_2 \qquad (6-39)$$

$$4FeCO_3+6H_2O+O_2 \longrightarrow 4Fe(OH)_3+4CO_2+能量 \qquad (6-40)$$

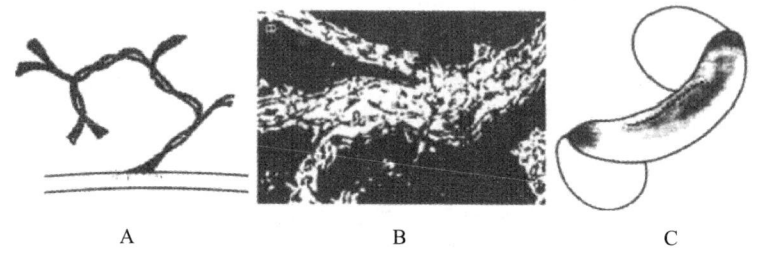

图 6-26　几种重要的铁细菌

A、B—锈色嘉利翁氏菌(*Gallionella ferruginea*);C—趋磁性水螺菌(*Aquaspirillum magnetotacticum*)

铁细菌生活在铸铁水管中时,水管内常因有酸性水被腐蚀,转化为溶解性的二价铁,铁细菌就利用二价铁转化为三价铁(锈铁),因此产生能量合成细胞物质。三价铁沉积于水管壁上,越积越多,以致阻塞水管,故经常要更换水管。在含有机物和铁盐的阴沟和水管中一般都有铁细菌存在,纤发菌和球衣菌更易发现。它们的典型菌种分别为赭色纤发菌(*Leptothrix ochracea*)和浮游球衣菌(*Sphaerotilus natans*),两者形态和生理特性都很相似,只是鞭毛着生部分和对锰的氧化不同,纤发菌有一束极端生鞭毛,能氧化锰。球衣菌有一束亚极端生鞭毛,不能氧化锰。它们常将一端固着于河岸边的固体物上旺盛生长成丛簇而悬垂于河水中。趋磁性细菌如图 6-26C 所示。

趋磁性细菌由美国学者 R. P. Blakemore 于 1975 年在海洋底泥中发现。趋磁性细菌的游泳方向受磁场的影响,由鞭毛(单极生、双极生)进行趋磁性运动。它们是形态多种多样的原核生物。其形态有螺旋形、弧形、球形、杆状及多细胞聚合体,为革兰氏阴性。趋磁性细菌分类为两属:水螺菌属(*Aquaspirillum*)和嗜胆球菌属(*Bilophococcus*)。它们的代表菌分别为趋磁性水螺菌(*Aquaspirillum magnetotacticum*)和趋磁性嗜胆球菌(*Bilophococcus magnetotacticus*)。

趋磁性细菌的呼吸类型多样性:① 专性微好氧类型,形成含 Fe_3O_4 的磁体,如趋磁性水螺菌,简称 MS-1,它是所有趋磁性细菌中研究较清楚的;② 兼性微好氧类型,在微好氧和厌氧条件均能形成 Fe_3O_4 的磁体,如 MV-1;③ 严格厌氧类型,菌体细胞内形成含硫化铁的磁体,如 RS-1;④ 好氧类型,在好氧条件下形成含 Fe_3O_4 的磁体。趋磁性细菌的代谢类型也具有多样性。

趋磁性细菌永久性的磁性特征是由体内大小为 40~100 nm 的铁氧化物单晶体包裹的磁体(magnetosome)引起的。磁体是由 5~40 个形状均一的 Fe_3O_4 磁性颗粒,沿其轴线整齐排列而构成的磁链。磁性颗粒的数目随培养条件、铁和 O_2 的供给量的改变而改变。磁链类似于指南针。磁链的一半为北极杆，另一半为南极杆。指导趋磁性细菌的磁性行为，即北半球的趋磁性细菌往北向下运动，而南半球的趋磁性细菌往南向下运动。在赤道附近的趋磁性细菌两者兼而有之。趋磁性细菌的生态学作用尚未研究清楚。

趋磁性细菌的分布：趋磁性细菌最初是在海洋底泥中发现的，之后各国学者分别从南美洲、北美洲、大洋洲、欧洲和亚洲的海洋、湖泊淡水池塘底部的表层淤泥中分离到趋磁性细菌，可见分布之广。1994年我国研究人员从武汉东湖、黄石磁湖，1996年从吉林镜泊湖底淤泥中分别分离出趋磁性细菌。趋磁性细菌不仅存在于水体中，还存在于土壤中。

趋磁性细菌磁体的研究和应用：① 用于信息储存，因趋磁性细菌的磁体具有超微性、均匀性和无毒，可用于生产性能均匀、品位高的磁性材料；② 用于新型生物传感器上，日本将提纯的磁体作载体，固定葡萄糖氧化酶和尿酸氧化酶，经比较发现：其酶量和酶活力比人工磁粒和 Zn-Fe 颗粒固定的酶量和酶活力分别高 100 倍和 40 倍，连续使用酶活力不变；③ 在医疗卫生方面，用作磁性生物导弹，直接攻击病灶，治疗疾病，不伤害人体。

在美国，不仅海底淤泥和淡水底部淤泥中有趋磁性细菌，而且在水处理厂（如达勒姆、新罕布什尔）的沉淀物中也分离到趋磁性细菌。它们在水处理厂的趋磁性行为和作用，对水处理设备有何影响，对水处理效果有何实际意义等问题均有待研究。

二、锰循环

锰循环如图6-27。氧化锰的细菌中能氧化铁的有共生生金菌（*Metallogenium symbioticum*）和覆盖生金菌（*Metallogenium personatum*）（见图6-28和图6-29），还有土微菌属（*Pedomicrobium*）。它们能将氧化的锰铁产物积累、包裹在细胞表面或积累于细胞内。它们广泛分布于湖泥、淡水湖浮游生物体内和南半球土壤中。它们一般属于化能有机营养类型或寄生在真菌菌丝体上，为好氧菌。它们氧化来自各种含 Mn^{2+} 的锰矿沥滤的锰化合物，在不加氮或磷源、含乙酸锰 100 mg/L 或 $MnCO_3$ 100 mg/L 及琼脂 15 g/L 的固体培养基上，与真菌共生培养很容易生长。在液体中呈笔直的丝状体，在黏液培养基中呈不规则的弯曲。能氧化锰的细菌还有鞘铁菌属（*Siderocapsa*）和瑙曼氏菌属（*Naumanniella*）。

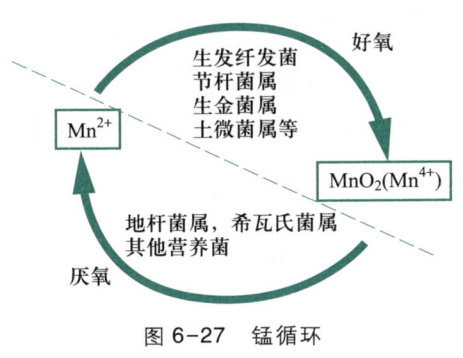

图 6-27　锰循环

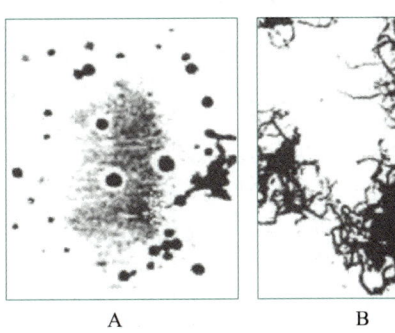

图 6-28　与真菌混合培养中的共生生金菌
（*Metallogenium symbioticum*）

A—早期锰壳中的球形细胞；B—丝状生长的阶段

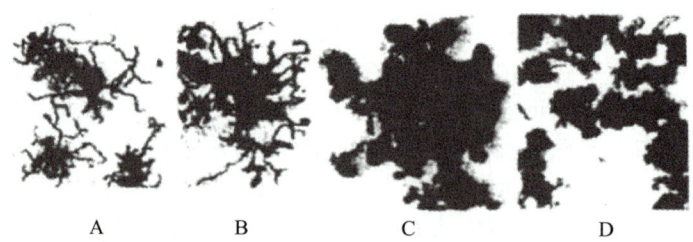

图 6-29　不同锰壳阶段中覆盖生金菌（*Metallogenium personatum*）的微菌落

三、汞循环

汞是地壳中相当稀少的一种元素，在自然界中以纯金属的状态存在的汞占极少数。多数以 HgS、氯硫汞矿、硫锑汞矿的矿物形式存在，这也是汞最常见的矿藏。

汞是一种银白色的液态金属（俗称水银），主要用于电池、氯碱、温度计和压力计生产等。由于特殊的物理化学性质，易升华，汞的释放是以气体交换方式，因此，它是通过大气扩散，进行跨国界传输的全球性污染物。人为活动释汞的主要形态有在大气中滞留时间长的气态单质汞和相当数量的在大气中滞留时间很短的活性气态汞（RGM）和颗粒态汞。另外，还有自然释汞，包括地壳物质自然释放、土壤表面释放、自然水体散发、植物表面的蒸腾作用、地热活动等。自然释汞主要以气态单质汞为主。汞对人体极为有害，人吸入一定量汞后可使人体四肢变形及失明，丧失劳动力，甚至死亡。

自然界中的汞循环，如图 6-30 所示。由图可见，含汞工业废物随废水排放到水体中；大气中的汞由于雨水冲刷带到土壤和水体中，再由土壤细菌和水体底泥中的脱硫弧菌及其他细菌

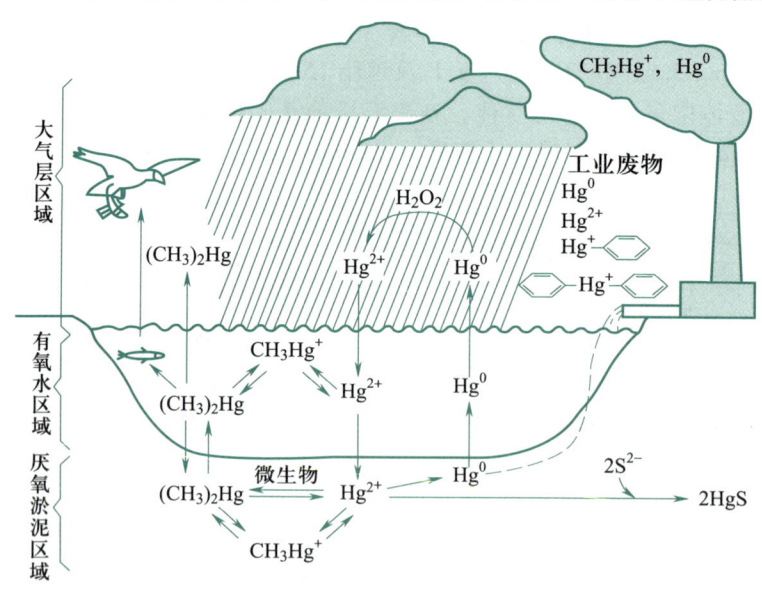

图 6-30　汞循环

转化为甲基汞；甲基汞由于化学作用转化为单质汞，它由水体释放到大气后，被大气中的 H_2O_2 氧化为 Hg^{2+}；Hg^{2+}再随雨水到水体，在化学作用条件下转化为 CH_3Hg^+；CH_3Hg^+通过微生物转化为 $(CH_3)_2Hg$；$(CH_3)_2Hg$ 被鱼食用，再转移到水鸟的体内，甚至转移到人体内。

思考题

1. 自然界中碳素如何循环？
2. 详述纤维素的好氧和厌氧分解过程。有哪些微生物和酶参与其中？
3. 详述淀粉的好氧分解和厌氧分解过程。有哪些微生物和酶参与其中？
4. 脂肪酸是如何进行 β-氧化的？其能量如何平衡？
5. 自然界中氮素如何循环？
6. 何谓氨化作用、硝化作用、反硝化作用和固氮作用？各有哪些微生物在起作用？
7. 何谓反硝化，有几种形式？
8. 何谓厌氧氨氧化脱氨？厌氧氨氧化菌是一类什么样的细菌？它有哪些细胞结构？有哪些酶？
9. 什么叫好氧反硝化？脱氮副球菌是什么样的细菌？它为什么能在好氧条件下进行反硝化？
10. 氨基酸脱氨有几种方式？各写出一个化学反应式。
11. 叙述硫的循环。
12. 何谓硫化作用？有哪些硫化细菌？
13. 什么叫硫酸盐还原作用？它对环境有什么危害？
14. 叙述磷的循环。有机磷如何分解？
15. 下水道的混凝土管和铸铁管为什么会被腐蚀？
16. 铁的三态是如何转化的？有哪些微生物引起管道腐蚀？
17. 趋磁性细菌是一类什么样的微生物？
18. 氧化铁和锰的细菌有哪些？
19. 叙述汞的循环。

第七章
环境污染治理中的微生物

本章导读

　　微生物是环境治理和修复的主力军。本章介绍废水好氧生物处理中的微生物、厌氧生物处理中的微生物、废水脱氮和除磷中的微生物、有机固体废物处理中的微生物、废气生物处理中的微生物、生态修复中的微生物。通过本章的学习，读者将深入了解微生物在环境污染治理和生态修复中的重要应用。

第一节　废水好氧生物处理中的微生物

一、好氧活性污泥法

（一）好氧活性污泥中的微生物群落

1. 好氧活性污泥的组成

① 好氧活性污泥的组成：好氧活性污泥是由多种多样的好氧微生物和兼性厌氧微生物（兼有少量的厌氧微生物）与污（废）水中有机和无机固体物质混凝交织在一起，形成的絮状体或称绒粒（floc）。

② 好氧活性污泥的性质：各种活性污泥有各自的颜色，含水率在 99% 左右；其相对密度为 1.002~1.006，混合液和回流污泥略有差异，前者为 1.002~1.003，后者为 1.004~1.006；具有沉降性能；有生物活性，有吸附、氧化有机物的能力；胞外酶在水溶液中，将污（废）水中的大分子物质水解为小分子，进而吸收到体内而被氧化分解；有自我繁殖的能力；绒粒大小为 0.02~0.2 mm，比表面积为 20~100 cm^2/mL；呈弱酸性（pH 约 6.7），当进水改变时，对进水 pH 的变化有一定的缓冲、承受能力。

2. 好氧活性污泥的存在状态

好氧活性污泥在完全混合式的曝气池内，因曝气搅动始终与污（废）水完全混合，总以悬浮状态存在，均匀分布在曝气池内并处于激烈运动之中。从曝气池的任何一点取出的活性污泥其微生物群落基本相同。在推流式的曝气池内，各区段之间的微生物种群和数量有差异，随推流方向微生物种类依次增多；而在每一区段中的任何一点，其活性污泥微生物群落基本相同。

3. 好氧活性污泥中的微生物群落

好氧活性污泥（绒粒）的结构和功能的中心是能起絮凝作用的细菌形成的细菌团块，称菌胶团。在其上生长着其他微生物，如酵母菌、霉菌、放线菌、藻类、原生动物和某些微型后生动物（轮虫及线虫等）。因此，曝气池内的活性污泥是在不同的营养、供氧、温度及pH等条件下，形成由最适宜增殖的絮凝细菌为中心，与多种多样的其他微生物集居所组成的一个小生态系统。

活性污泥（绒粒）的主体细菌（优势菌）来源于土壤、河水、下水道污水和空气中的微生物。它们多数是革兰氏阴性菌，如动胶菌属（*Zoogloea*）和丛毛单胞菌属（*Comamonas*），可占70%，还有其他的革兰氏阴性菌和革兰氏阳性菌。好氧活性污泥的细菌能迅速稳定污（废）水中的有机污染物，有良好的自我凝聚能力和沉降性能。巴特菲尔德（Butterfield）从活性污泥中分离出形成绒粒的动胶菌属的细菌。麦金尼（Mckinney）除分离到动胶菌属外，还分离到大肠杆菌和假单胞菌属等数种能形成绒粒的细菌，并发现许多细菌都具有凝聚、绒粒化的性能。迪亚斯（Dias）等确认活性污泥的主要微生物种群如表7-1所示。

表7-1　构成正常活性污泥的主要微生物

名称	备注	名称	备注
动胶菌属（*Zoogloea*）	优势菌	短杆菌属（*Brevibacterium*）	
丛毛单胞菌（*Comamonas*）	优势菌	固氮菌属（*Azotobacter*）	
产碱杆菌属（*Alcaligenes*）	较多	浮游球衣菌（*Sphaerotilus natans*）	少量
微球菌属（*Micrococcus*）	较多	微丝菌属（*Microthrix*）	少量
棒状杆菌（*Corynebacterium*）		大肠埃希氏杆菌（*Escherichia coli*）	
黄杆菌属（*Flavobacterium*）		产气肠杆菌（*Enterobacter aerogenes*）	
无色杆菌（*Achromobacter*）		诺卡氏菌属（*Nocardia*）	
芽孢杆菌属（*Bacillus*）		节杆菌属（*Arthrobacter*）	
假单胞菌属（*Pseudomonas*）	较多	螺菌属（*Spirillum*）	
亚硝化单胞菌属（*Nitrosomonas*）		酵母菌（*yeast*）	

活性污泥的微生物种群相对稳定，但当营养条件〔污（废）水种类、化学组成、浓度〕、温度、供氧、pH等环境条件改变，会导致主要细菌种群（优势菌）改变。处理生活污水和医院污水的活性污泥中还会有致病细菌、致病真菌、致病性阿米巴（变形虫）、病

毒、立克次氏体、支原体、衣原体、螺旋体等病原微生物。

4. 好氧活性污泥中微生物的浓度和数量

好氧活性污泥中微生物的浓度常用 1 L 活性污泥混合液中含有多少毫克恒重的干固体即 MLSS（混合液悬浮固体，包括无机的和有机的固体）表示，或用 1 L 活性污泥混合液中含有多少毫克恒重、干的挥发性固体即 MLVSS（混合液挥发性悬浮固体，代表有机固体——微生物）表示。在一般的城市污水处理中，MLVSS 与 MLSS 的比值以 0.7~0.8 为宜，MLSS 保持在 2 000~3 000 mg/L。工业废水生物处理中，MLSS 保持在 3 000 mg/L 左右。高浓度工业废水生物处理的 MLSS 保持在 3 000~5 000 mg/L。1 mL 好氧活性污泥中的细菌有 10^7~10^8 个。

5. 菌胶团的作用

在微生物学领域里，习惯将动胶菌属形成的细菌团块称为菌胶团。在水处理工程领域内，则将所有具有荚膜或黏液或明胶质的絮凝性细菌互相絮凝聚集成的细菌团块也称为菌胶团，这是广义的菌胶团。如上所述，菌胶团是活性污泥（绒粒）的结构和功能的中心，表现在数量上占绝对优势（丝状膨胀的活性污泥除外），是活性污泥的基本组分。它的作用表现在：

① 有很强的生物絮凝、吸附能力和氧化分解有机物的能力。一旦菌胶团受到各种因素的影响和破坏，则对有机物的去除率明显下降，甚至无去除能力。

② 菌胶团对有机物的吸附和分解，为原生动物和微型后生动物提供了良好的生存环境。例如，去除毒物，减少了氧的消耗量，使水中溶解氧含量升高，还提供食料。

③ 为原生动物、微型后生动物提供附着栖息场所。

④ 具有指示作用。通过菌胶团的颜色、透明度、数量、颗粒大小及结构的松紧程度可衡量好氧活性污泥的性能。例如，新生菌胶团颜色浅、无色透明、结构紧密，菌胶团生命力旺盛，吸附和氧化能力强，即再生能力强；老化的菌胶团，颜色深，结构松散，活性不强，吸附和氧化能力差。

6. 原生动物及微型后生动物的作用

原生动物和微型后生动物在污（废）水生物处理和水体污染及自净中起到 3 个积极作用。

（1）指示作用

生物是由低等向高等演化的，低等生物对环境适应性强，对环境因素的改变不甚敏感。较高等的生物则相反，如钟虫和轮虫对溶解氧和毒物特别敏感。所以，水体中的排污口、污（废）水生物处理的初期或推流系统的进水处，生长大量的细菌，其他微生物很少或不出现。随着污（废）水净化和水体自净程度的增高，相应出现许多较高级的微生物（图 7-1）。原生动物及微型后生动物出现的先后次序是：细菌→植物性鞭毛虫→肉足类（变形虫）→动物性鞭毛虫→游泳型纤毛虫、吸管虫→固着型纤毛虫→轮虫。

原生动物及微型后生动物的指示作用表现为以下 3 方面。

① 根据上述原生动物和微型后生动物的演替和活动规律判断水质和污（废）水处理程度，还可判断活性污泥培养的成熟程度。原生动物和微型后生动物在活性污泥培养过程中的

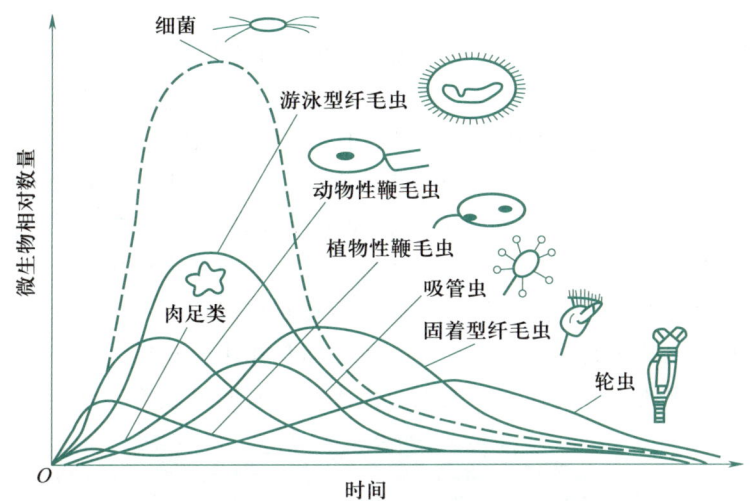

图 7-1　水体自净和有机污（废）水净化过程中微生物演变的过程

指示关系，如表 7-2 所示。

表 7-2　原生动物和微型后生动物在活性污泥培养过程中的指示关系

活性污泥培养初期	活性污泥培养中期	活性污泥培养成熟期
鞭毛虫、变形虫	游泳型纤毛虫、鞭毛虫	钟虫等固着型纤毛虫、楯纤虫、轮虫

② 根据原生动物种类判断活性污泥和处理水质的好与坏。例如，固着型纤毛虫中的钟虫属、累枝虫属、盖纤虫属、聚缩虫属、独缩虫属、楯纤虫属、吸管虫属、漫游虫属、内管虫属及轮虫等出现，说明活性污泥正常，出水水质好；当豆形虫属、草履虫属、四膜虫属、屋滴虫属和眼虫属等出现，说明活性污泥结构松散，出水水质差；线虫出现说明缺氧。

③ 根据原生动物遇恶劣环境改变个体形态及其变化过程判断进水水质变化和运行中出现的问题。以钟虫为例，当溶解氧不足或其他环境条件恶劣时，则出现钟虫由正常虫体向胞囊演变的一系列形态变化。钟虫的尾柄先脱落，随后虫体后端长出次生纤毛环呈游泳生活状态（通常叫游泳钟虫），或虫体变形，甚至呈长圆柱形，前端闭锁，纤毛环缩到体内，依靠次生纤毛环向着相反方向游动。如果污（废）水水质不加以改善，虫体将会越变越长，最后缩成圆形胞囊，如果污（废）水水质改善，虫体可恢复原状，恢复活性。

在污（废）水生物处理运行过程中，常常由于进水流量、有机物浓度、溶解氧、温度、pH 和毒物等的突然变化影响了正常的处理效果，使出水水质达不到排放标准。但有机物浓度和有毒物质等的测定时间较长，故不易做到经常性测定。此时，可镜检，根据原生动物消长的规律性初步判断污（废）水净化程度，或根据原生动物的个体形态、生长状况的变化预报进水水质和运行条件正常与否。一旦发现原生动物形态、生长状况异常，要分析是哪方面的问题，及时予以解决。

（2）净化作用

1 mL 正常好氧活性污泥的混合液中有 5 000~20 000 个原生动物，70%~80% 是纤毛虫，尤其是小口钟虫、沟钟虫、有肋楯纤虫、漫游虫出现频率高，起重要作用，轮虫则有 100~200 个。有的污（废）水中轮虫优势生长繁殖，1 mL 混合液中达到 500~1 000 个。轮虫有旋轮虫属、轮虫属、椎轮虫属等。原生动物的营养类型多样，腐生性营养的鞭毛虫通过渗透作用吸收污（废）水中的溶解性有机物。大多数原生动物是动物性营养，它们吞食有机颗粒和游离细菌及其他微小的生物。原生动物的数量、代谢能力和净化作用次于菌胶团。原生动物和微型后生动物吞食食物是无选择的，它们除吞食有机颗粒外，也吞食菌胶团，由于它们的吞食量不影响整体的净化效果，所以，没有危及净化作用。相反，由于原生动物的吞食和黏附作用，提高了净化效果，尤其是纤毛虫对出水水质有明显改善，见表 7-3。

表 7-3　纤毛虫在污（废）水生物处理中的净化作用

项目	未加纤毛虫	加入纤毛虫
出水平均 BOD_5/(mg · L^{-1})	54~70	7~24
过滤后 BOD_5/(mg · L^{-1})	30~35	3~9
平均有机氮/(mg · L^{-1})	31~50	14~25
悬浮物/(mg · L^{-1})	50~73	17~58
沉降 30 min 后的悬浮物/(mg · L^{-1})	37~56	10~36
100 μm 时的光密度	0.340~0.517	0.051~0.219
活细菌数/(10^6 个 · L^{-1})	292~422	91~121

（3）促进絮凝作用和沉淀作用

污（废）水生物处理中主要靠细菌起净化作用和絮凝作用。然而有的细菌需要一定量的原生动物存在，由原生动物分泌一定的黏液物质协同和促使细菌发生絮凝作用。例如，在弯豆形虫的量较低时，细菌不起絮凝作用；当弯豆形虫的量增加到 4 mg/L（含 $2.5×10^3$ 个/L）时，细菌产生絮凝作用；弯豆形虫的量增加到 10 mg/L（含 $6×10^3$ 个/L）时，就形成很大的细菌絮体（500 μm 左右）。另外，钟虫等固着型原生动物的尾柄周围也分泌有黏性物质，许多尾柄交织黏集在一起和细菌凝聚成大的絮体。由此看出，原生动物能促使细菌发生絮凝作用。

固着型纤毛虫本身有沉降性能，加上其与细菌形成絮体，更有利于二沉池的泥水分离。

（二）好氧活性污泥净化污水的作用机理

好氧活性污泥的净化作用类似于水处理工程中混凝剂的作用，它能絮凝有机和无机固体污染物，有"生物絮凝剂"之称。它能同时吸收和分解水中溶解性污染物。因为它是由有生命的微生物组成，能自我繁殖，有生物"活性"，可以连续反复使用，而化学混凝剂只能一次使用，故活性污泥比化学混凝剂优越。

好氧活性污泥的净化作用机理，见图7-2。好氧活性污泥吸附和生物降解有机物的过程，见图7-3。

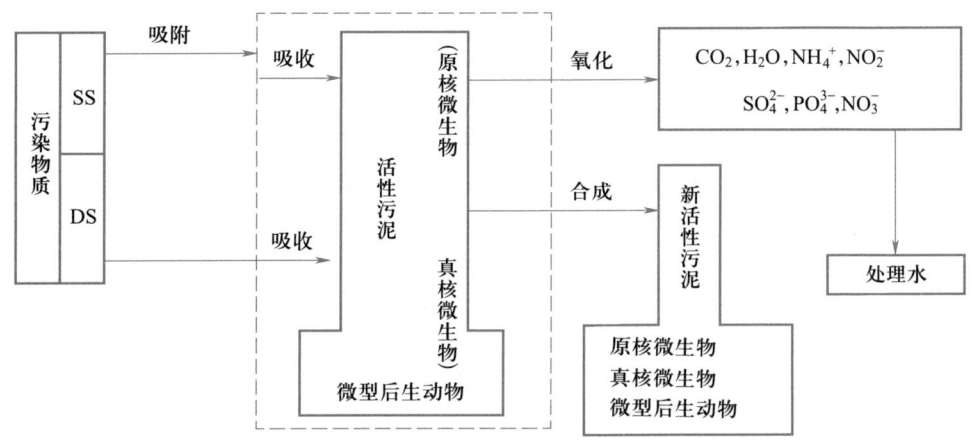

图 7-2　好氧活性污泥的净化作用机理示意图

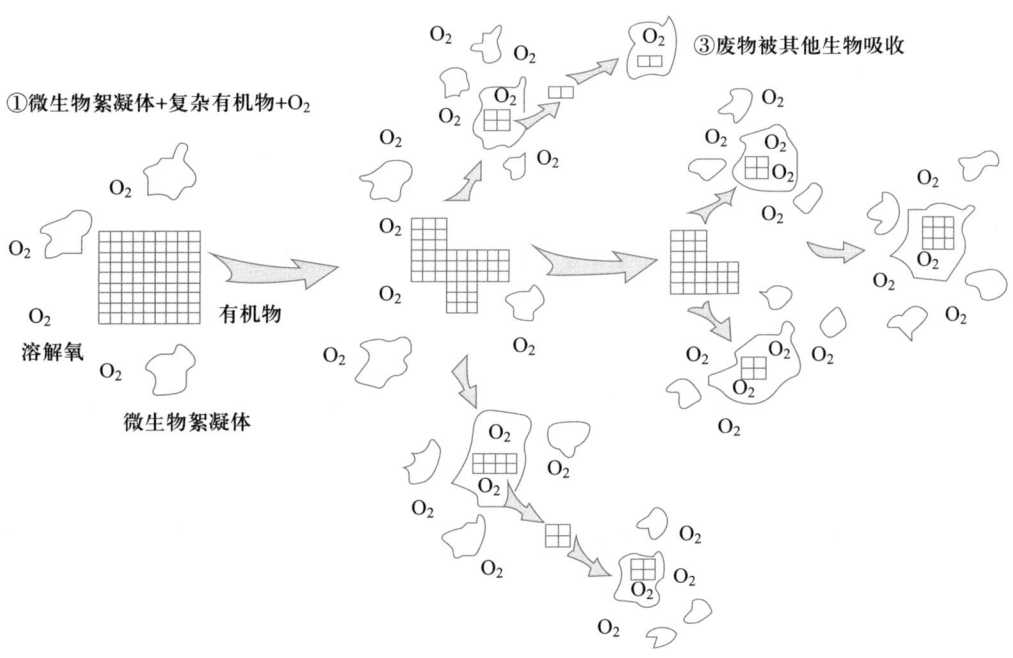

图 7-3　好氧活性污泥吸附和生物降解有机物的过程

由图7-2和图7-3可知，活性污泥绒粒中微生物之间的关系是食物链的关系。好氧活性污泥绒粒吸附和生物降解有机物的过程像"接力赛"，其过程分3步。第一步是在有氧的条件下，活性污泥绒粒中的絮凝性微生物吸附污（废）水中的有机物。第二步是活性污泥绒粒中的水解性细菌水解大分子有机物为小分子有机物,同时,微生物合成自身细胞。污(废)水中的溶解性有机物直接被细菌吸收,在细菌体内氧化分解,其中间代谢产物被另一群细菌吸收,进而无机化。第三步是原生动物和微型后生动物吸收或吞食未分解彻底的有机物及游离细菌。

(三) 好氧活性污泥法的几种处理工艺流程

好氧活性污泥法的处理工艺很多,常见的有推流式活性污泥法、完全混合式活性污泥法、接触氧化稳定法、分段布水推流式活性污泥法、氧化沟式活性污泥法等,详见图 7-4(A,B,C,D,E)。

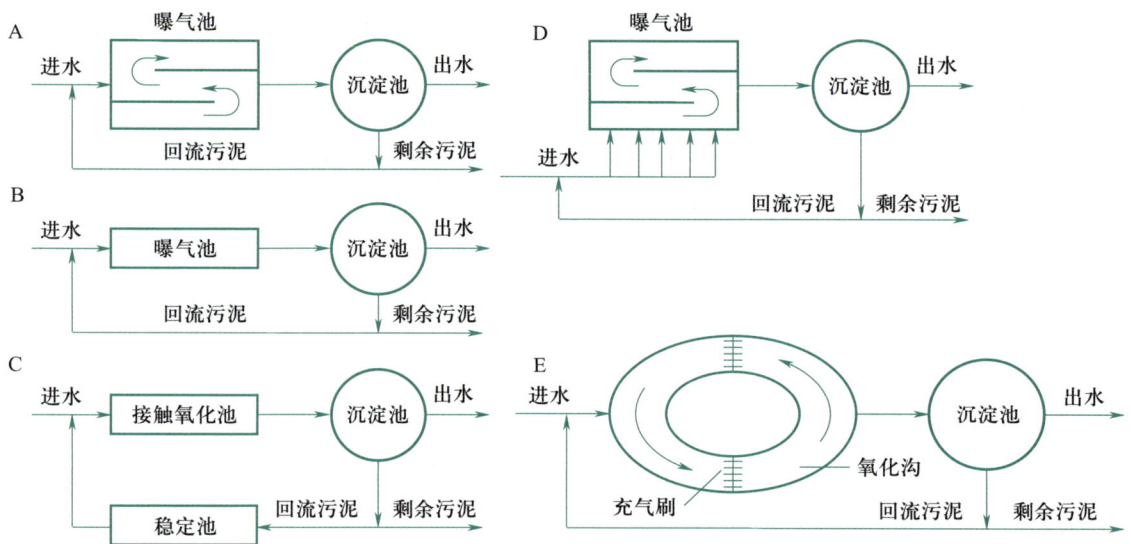

图 7-4 好氧活性污泥法的几种处理工艺流程

A—推流式活性污泥法;B—完全混合式活性污泥法;C—接触氧化稳定法;

D—分段布水推流式活性污泥法;E—氧化沟式活性污泥法

(四) 氧化塘 (氧化沟) 中的微生物群落及其处理污 (废) 水机制

1. 氧化塘 (氧化沟) 的微生物群落

氧化塘(氧化沟)的工艺是特殊的活性污泥法。氧化塘是人工的、接近自然的生态系统。在氧化塘(氧化沟)内,藻类和细菌共存于同一环境中,保持互生关系,见图 7-5。其中还有霉菌、放线菌、原生动物、轮虫、线虫、浮游甲壳动物、寡毛类、软体动物及水生植物等组成的一个生态系统,其食物链与自然水体基本相同。

2. 氧化塘 (氧化沟) 处理污 (废) 水的机理

氧化塘(氧化沟)一般用于三级深度处理,用于处理生活污水和富含氮、磷的工业废水。

有机污(废)水流入氧化塘,其中的细菌吸收水中的溶解氧,将有机物氧化分解为 H_2O,CO_2,NH_4^+,NO_3^-,PO_4^{3-},SO_4^{2-}。细菌利用自身分解含氮有机物产生的 NH_3,与环境中

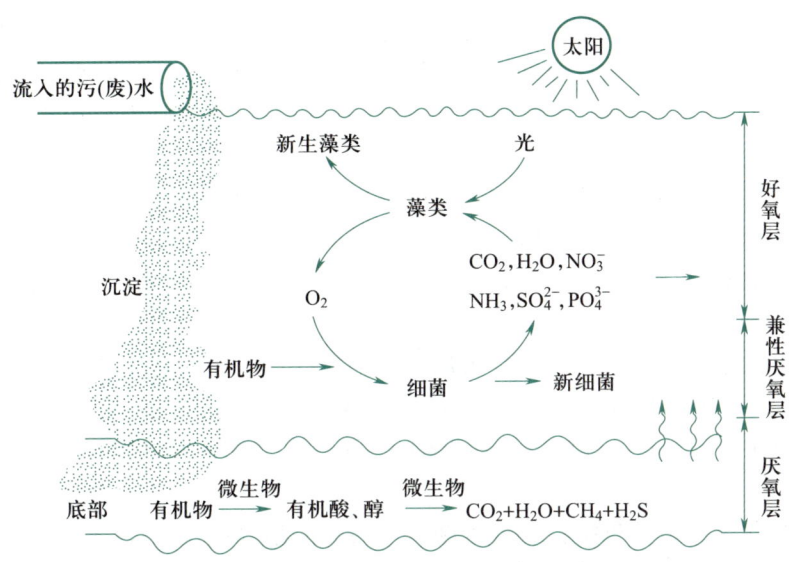

图 7-5　氧化塘（氧化沟）处理污（废）水的作用机理及其中藻类和细菌的互生关系

的营养物合成细胞物质。在光照条件下，藻类利用 H_2O 和 CO_2 进行光合作用合成糖类，再吸收 NH_3 和 SO_4^{2-} 合成蛋白质，吸收 PO_4^{3-} 合成核酸，并繁殖新藻体。

（五）好氧活性污泥的培养

好氧活性污泥的培养方式有间歇式曝气培养和连续曝气培养。

1. 间歇式曝气培养

（1）菌种来源：取自污水处理厂的活性污泥；取自不同水质污水处理厂的活性污泥；取自相同水质污水处理厂的活性污泥；取本厂集水池或沉淀池的下沉污泥；或本厂污水长期流经的河流淤泥，经扩大培养后备用。

（2）驯化：凡是采用与本厂不同水质污水处理厂的活性污泥作菌种都要先经驯化后才能使用，用间歇式曝气培养法驯化。先进低浓度污水培养，曝气 23 h，沉淀 1 h，倾去上清液，再进同浓度的新鲜污水，继续曝气培养。每一浓度运行 3~7 d，通过镜检观察到活性污泥生长量增加。可调高一个浓度，同前一个浓度的操作方法运行。以后逐级提高污水浓度，一直提高到原污水浓度为止。驯化初期，活性污泥结构松散，游离细菌较多，出现鞭毛虫和游泳型纤毛虫，此时的活性污泥有一定的沉降效果。在驯化过程中，通过镜检可看到原生动物由低级向高级演替。驯化后期以游泳型纤毛虫为主，出现少量、有一定耐污能力的纤毛虫（如累枝虫），活性污泥沉降性能较好，上清液与沉降污泥可看出界限，且较清，驯化结束。

（3）培养：将驯化好的活性污泥改用连续曝气培养法继续培养。此时，可通过镜检和化学测定的指标分析、衡量活性污泥培养的进度和成熟程度。当看到活性污泥全面形成大颗粒絮团，其沉降性能良好，曝气池混合液在 1 L 量筒中 30 min 的体积沉降比（SV_{30}）达 50%以上，污泥体积指数（sludge volume index，SVI，是衡量活性污泥沉降性能的指标）在 100 mL/g 左右；镜检看到菌胶团结构紧密，游离细菌少；原生动物大量出现，以钟虫等固着型纤毛虫为主，相继出现楯纤虫、漫游虫、轮虫等；曝气池内活性污泥的 MLSS 达到

2 000 mg/L 左右，进水达到了设计流量时，经化学指标测定，出水 COD_{cr} 和 BOD_5 有明显地减少，此时活性污泥培养进入成熟期，可以转入正式运行阶段。若是处理工业废水，其进水 BOD_5 在 200~300 mg/L 时，MLSS 维持在 3 000 mg/L 左右，溶解氧维持在 2~3 mg/L 为宜。

2. 连续曝气培养

除间歇式培养外，还可用连续培养。在处理生活污水和工业废水时，凡取现成的与本厂相同水质处理厂的活性污泥作菌种时，都可直接用连续曝气培养法培养活性污泥。活性污泥的接种量按曝气池有效体积的 5%~10%，启动的最初几天可先闷曝，溶解氧维持在 1 mg/L 左右，然后以小流量进水，每调整一个流量梯度要维持约一周的运行时间。随着进水流量逐渐增大，溶解氧的浓度逐渐提高。当进水流量达到设计流量时，若工业废水的进水 BODs 在 200~300 mg/L，MLSS 维持在 3 000 mg/L 左右，溶解氧要维持在 2~3 mg/L；若生活污水的进水 BOD_5 在 150~250 mg/L，曝气池内的 MLSS 维持在 2 000 mg/L 左右，溶解氧可维持在 1~2 mg/L。

通过镜检和化学测定分析指标，可判断活性污泥的培养成熟程度。镜检是看培养初期和向成熟阶段过渡的进程中，活性污泥的生长状况，菌胶团的结构是否由松散向紧密演变，原生动物是否由低级向高级演替。当进水流量达到设计值时，若菌胶团结构紧密，形成大的絮状颗粒，并且原生动物中钟虫等固着型纤毛虫大量出现，相继出现楯纤虫、漫游虫、轮虫等，即进入成熟期。

二、好氧生物膜法

好氧生物膜法构筑物有普通滤池、高负荷生物滤池、塔式生物滤池，还有生物转盘、流化床等生物接触氧化法，见图 7-6。

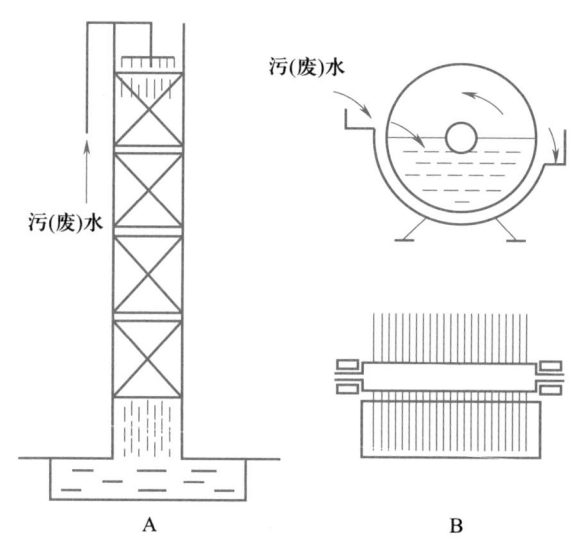

图 7-6　生物滤池和生物转盘

A—塔式生物滤池；B—生物转盘

（一）好氧生物膜中的微生物群落

1. 好氧生物膜介绍

好氧生物膜是由多种多样的好氧微生物和兼性厌氧微生物黏附在生物滤池滤料上或黏附在生物转盘盘片上的一层黏性、薄膜状的微生物混合群体。它是生物膜法净化污（废）水的工作主体。普通滤池的生物膜厚度2~3 mm，在BOD负荷大、水力负荷小时生物膜增厚。此时，生物膜的里层供氧不足，呈厌氧状态。当进水流速增大时，一部分生物膜脱落，在春、秋两季发生生物相的变化。微生物量通常以每平方米滤料上的生物膜干重表示，或每立方米滤料上的生物膜干重表示。

2. 好氧生物膜中的微生物种群及其功能

普通滤池内生物膜的微生物群落有：生物膜生物、生物膜面生物及滤池扫除生物。生物膜生物是以菌胶团为主要组分，辅以浮游球衣菌、藻类等。它们起净化和稳定污（废）水水质的功能。生物膜面生物是固着型纤毛虫（如钟虫、累枝虫、独缩虫等），游泳型纤毛虫（如栖纤虫、斜管虫、尖毛虫、豆形虫等）及微型后生动物，它们起促进滤池净化速度、提高滤池整体处理效率的作用。滤池扫除生物有轮虫、线虫、寡毛类的沙蚕和颗体虫等，它们起去除滤池内的污泥、防止污泥积聚和堵塞的作用。

3. 好氧生物膜的结构

好氧生物膜（图7-7）在滤池内的分布不同于活性污泥，生物膜附着在滤料上不动，污（废）水自上而下淋洒在生物膜上。就一滴水为例，水滴从上到下与生物膜接触，几分钟内污（废）水中的有机和无机杂质逐级被生物膜吸附和吸收。滤池内不同高度（不同层次）的生物膜所得到的营养（有机物的组分和浓度）不同，致使不同高度的微生物种群和数量不同，微生物相是分层的。若把生物滤池分上、中、下3层，则上层营养物浓度高，生长的多为细菌，有少数鞭毛虫。中层微生物得到的除污（废）水中的营养物外，还有上层微生物的代谢产物，微生物的种类比上层稍多，有菌胶团、浮游球衣菌、鞭毛虫、变形

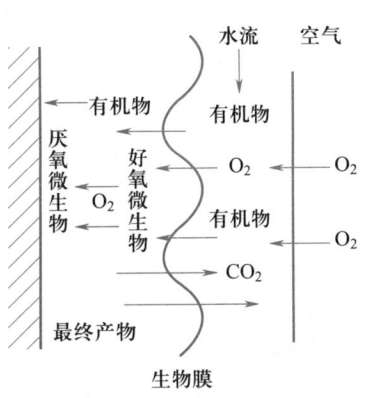

图7-7 好氧生物膜的结构图

虫、豆形虫、肾形虫等。下层有机物浓度低，低分子有机物占多数，微生物种类更多，除菌胶团、浮游球衣菌等丝状细菌外，还有以钟虫为主的固着型纤毛虫和少数游泳型纤毛虫，如栖纤虫和漫游虫，还有轮虫等。

若处理含低浓度有机物、高氨氮的微污染源水时，生物膜薄，上层除生长菌胶团外，还生长较多的藻类（因上层阳光充足），有较多的钟虫、盖纤虫、独缩虫和聚缩虫等；中、下层菌胶团长势逐级下降。

4. 好氧生物膜的净化作用机理

好氧生物膜的净化作用，见图7-8。生物膜在滤池中是分层的，上层生物膜中的生物膜生物（絮凝性细菌及其他微生物）和生物膜面生物（固着型纤毛虫、游泳型纤毛虫）及微

型后生动物吸附污（废）水中的大分子有机物，将其水解为小分子有机物。同时生物膜生物吸收溶解性有机物和经水解的小分子有机物进入体内，并进行氧化分解，利用吸收的营养构建自身细胞。上一层生物膜的代谢产物流向下层，被下一层生物膜生物吸收，进一步被氧化分解为 CO_2 和 H_2O。老化的生物膜和游离细菌被滤池扫除生物（轮虫、线虫、颗体虫等）吞食。通过以上微生物化学和吞食作用，污（废）水得到净化。

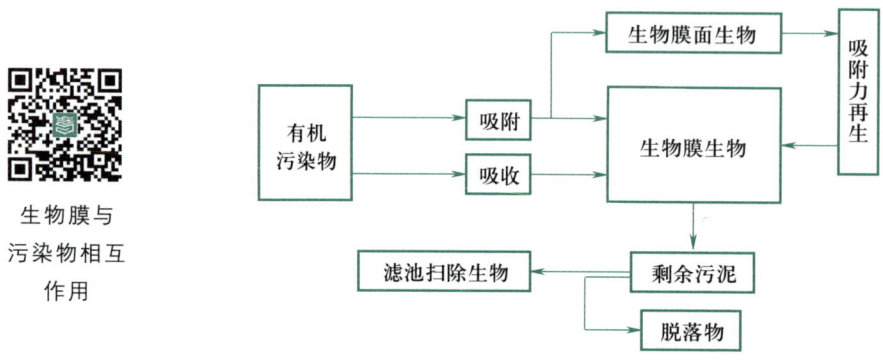

图 7-8 好氧生物膜的净化作用模式图

生物转盘的生物膜与生物滤池的基本相同，不同之处是生物转盘是推流式，污（废）水从始端流向末端，生物膜随盘片转动，盘片上的生物膜有 40%~50% 浸没在污（废）水中，其余部分与空气接触而获得氧，两半盘片上的生物膜与污（废）水、空气交替接触。微生物的分布从始端向末端依次分级，微生物的种类随污（废）水水流方向逐级增多。

（二）好氧生物膜的培养

好氧生物膜的培养有自然挂膜法、活性污泥挂膜法和优势菌种挂膜法。

1. 自然挂膜法

用泵将含有自然菌种的污（废）水慢速通入空的塔式生物滤池（或其他生物滤池）内，不断循环，周期为 3~7 d，之后改为慢速连续进水。在此过程中，污（废）水中的自然菌种和空气微生物附着在滤料上，以污（废）水中的有机物为营养，生长繁殖。滤料上的微生物量由少变多，逐渐形成一层带黏性的微生物薄膜，即生物膜。当进水流量或水力表面负荷达到设计值时，滤池自上而下形成正常的分层微生物相。当滤池出水的化学指标接近排放标准，即完成生物膜的培养工作，进入正式运行阶段。

2. 活性污泥挂膜法

取处理生活污水或处理工业废水的活性污泥作菌种，与污（废）水混合，用泵将混合液慢速打入滤池内，循环周期为 3~7 d，之后改为慢速连续进水。在此过程中活性污泥微生物附着在滤料上，以污（废）水中的有机物为营养，生长繁殖。滤料上的微生物量由少变多，逐渐形成一层带黏性的微生物薄膜，即生物膜。当进水流量或水力表面负荷达到设计值 [标准为 1~4 $m^3/(m^2 \cdot d)$，高负荷生物滤池的表面负荷为 20 $m^3/(m^2 \cdot d)$]，BOD_5 负荷为 0.1~0.4 $kg/(m^3 \cdot d)$，高负荷生物滤池的 BOD_5 负荷为 0.5~2.5 $kg/(m^3 \cdot d)$ 时，滤池自上

而下形成正常的分层微生物相。滤池出水的化学指标接近排放标准，即完成生物膜的培养工作，进入正式运行阶段。

3. 优势菌种挂膜法

优势菌种是从自然环境或废水处理中筛选和分离而获得的，对某种工业废水有强降解能力的菌株。优势菌种也可通过遗传育种获得优良菌种，甚至通过基因工程构建超级菌作菌种。

因优势菌对所要处理的废水有强的降解能力，所以，用废水和优势菌充分混合，用泵慢速将菌液打进生物滤池内，循环周期为 3~7 d，使优势菌黏附于滤料上，然后以慢流速连续进水。优势菌种挂膜法的运行指标和运行方法与活性污泥挂膜法基本相同。当滤池内自上而下形成正常的分层微生物相，使进水流量达到设计值，滤池出水的化学指标接近排放标准时，即完成生物膜的培养工作，进入正式运行阶段。

处理某些特种工业废水的生物滤池挂膜最适合用优势菌种挂膜法。

三、活性污泥丝状膨胀的成因及控制对策

用活性污泥法的各种工艺处理污（废）水，在运行正常的条件下，曝气池中的活性污泥是由许多占优势的、具有絮凝作用的絮凝性细菌（菌胶团细菌），辅以少量丝状细菌作为骨架而组成结构紧密的大絮体，其上长有大量原生动物（如钟虫、累枝虫、盖纤虫、旋轮虫）及其他微生物等。这种活性污泥的絮凝性好，沉降性能强。曝气池中的混合液悬浮固体（MLSS）的 SV_{30} 为 70%~80%，SVI 一般在 50~150 mL/g，以 100 mL/g 左右为最好。SVI>200 mL/g 标志着活性污泥发生膨胀。在运行不正常的情况下，则会形成由丝状细菌引起的丝状膨胀污泥和由非丝状细菌引起的菌胶团膨胀污泥。这两种原因引起的膨胀污泥的 SV_{30} 均在 95% 以上，甚至达到 100%，完全沉不下来；其 SVI 均在 200 mL/g 以上。在实际运行中，一旦发生活性污泥的丝状膨胀，二沉池中泥水分离困难，池面出水漂泥严重，其厚度可达 20 cm，并溢出池外，见图 7-9。此时出水水质极差，严重污染环境。

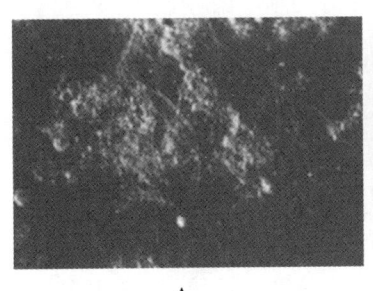 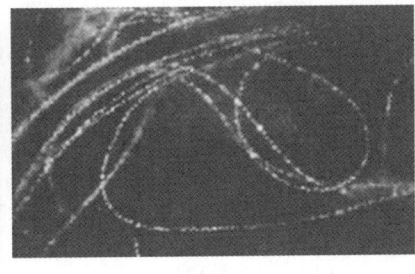 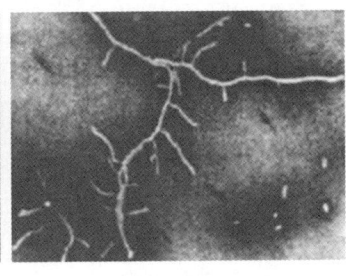

A   B   C

图 7-9　丝状膨胀污泥中的丝状细菌
A—浮游球衣菌；B—贝日阿托氏菌；C—诺卡氏菌

活性污泥丝状膨胀是较普遍的现象，广泛受到人们关注。因此，各国将研究的重点放在

活性污泥丝状膨胀上，研究其膨胀的原因和控制活性污泥丝状膨胀的对策。

活性污泥法自发明以来，就伴随着活性污泥丝状膨胀的现象。20 世纪 20 年代，国外一些国家开始研究活性污泥丝状膨胀；70 年代初，投入较多的力量研究；我国对活性污泥丝状膨胀的研究起步于 20 世纪 70 年代末期。

（一）活性污泥丝状膨胀的原因

1. 活性污泥丝状膨胀的致因微生物

由于丝状细菌极度生长引起的活性污泥，膨胀称活性污泥丝状膨胀。活性污泥丝状膨胀的致因微生物种类很多。Eikelboom，Richard，Wagner 和 Blackbeard 等分别从各国不同地域污水处理厂中收集了几千个样品，分离培养出 30 多种微生物纯培养物。其中经常出现的有诺卡氏菌属（*Nocardia* spp.）、浮游球衣菌（*Sphaerotilus natans*）、微丝菌属（*Microthrix*）、发硫菌属（*Thiothrix*）和贝日阿托氏菌属（*Beggiatoa*）等（图 7-9），表 7-4 和表 7-5 为不同地域丝状膨胀活性污泥中致因微生物的比较及特征。表 7-6 为菌胶团和几种丝状细菌的特征。

表 7-4　不同地域丝状膨胀活性污泥中致因微生物的比较

优势种	以优势种划分次序				
丝状微生物	美国[1]	荷兰[2,4]	德国[3,4]	南非[5]	科罗拉多，美国[6]
诺卡氏菌属（*Nocardia* spp.）	1	—	—	7	2
type 1701	2	5	8		1
type 021N	3	2	1	—	10
type 0041	4	6	3	6	7
发硫菌属（*Thiothrix* spp.）	5	19	—		5
浮游球衣菌（*Sphaerotilus natans*）	6	7	4	—	8
微丝菌（*Microthrix parvicella*）	7	1	2	3	2
type 0092	8	4		1	8
Haliscomenobacter hydrossis	9	3	6	—	—
type 0675	10	—	—	5	5
type 0803	11	9	10	8	—
Nostocoida limicola	12	11	7		
type 1851	13	12		4	4
type 0961	14	10	9		
type 0581	15	8	—	—	
贝日阿托氏菌属（*Beggiatoa* spp.）	16	18	—	—	—

优势种	以优势种划分次序				
真菌（fungi）	17	15	—	—	—
type 0914	18	—	—	2	—

注：表中数字代表优势种划分次序。

① Richard, et al., 1982；Strom, Jenkins, 1984 年从 270 个污水处理厂 525 个样品中分离的结果。

② Eikelboom, 1977 年从 200 个污水处理厂 1100 个样品中分离的结果。

③ Wagner, 1982 年从 315 个污水处理厂 3500 个样品中分离的结果。

④ 对于 Noeardin spp.，调查中不包括过去划分的起泡沫微生物。这些调查只限于膨胀微生物。

⑤ Blackbeard, Ekama, 1984；Blackbeard, et al., 1986 年从 3 个处理厂的膨胀污泥和非膨胀污泥中分离的结果。

⑥ Richard, 1989 年取自 24 个主要污水处理厂至少一年一季度检查的结果。

表 7-5 丝状膨胀活性污泥中部分致因微生物的特征

丝状微生物	革兰氏染色[1]	硫粒[2]	其他颗粒[2]	毛发体[3]直径/μm	毛发体长度/μm	备注
浮游球衣菌（*Sphaerotilus natans*）	−	−	PHB	PHB	>500	假分枝
type 1701	−	−	PHB	0.6~0.8	20~80	细胞隔膜硬而可见
type 0041	+，变化	−	−	1.4~1.6	100~500	发生奈瑟氏阳性反应
type 0675	+，变化	−	−	0.8~1.0	50~150	发生奈瑟氏阳性反应
type 021N	−	−	PHB	1.0~2.0	500~1000	玫瑰花形物，微生子
发硫菌属（*Thiothrix* spp.）	−	+，−	PHB	0.8~1.4	50~200	玫瑰花形物，微生子
type 0914	−，+	+，+	PHB	1.0	50~200	硫粒，正方形
贝日阿托氏菌属（*Beggiatoa* spp.）	−，+	+，−	PHB	1.2~1.3	100~500	能动的，弯曲滑行的
type 1851	+，微弱	−		0.8	100~300	毛发体包裹
type 0961	−	−	−	0.8~1.2	40~80	透明的
Microthrix parvicella	+	−	PHB	0.8	20~50	大的碎片
诺卡氏菌属（*Nocardia* spp.）	+	−	PHB	1.0	5~30	真分枝
N. limicola I	+	−		0.8	100	
N. limicola II	−，+	−	PHB	1.2~1.4	100~200	偶然有分枝
N. limicola III	+	−	PHB	2.0	200~300	
Haliscomenobacter hydrossis	−	−		0.5	10~100	坚硬挺直

丝状微生物	革兰氏染色[1]	硫粒[2]	其他颗粒[2]	毛发体[3]直径/μm	毛发体长度/μm	备注
type 1863	−	−	−	0.8	20~50	细胞链
type 0411	−	−	−	0.8	50~150	细胞链

注：① 革兰氏染色项的"+"表示革兰氏染色阳性反应；"−"表示革兰氏染色阴性反应。

② 硫粒和其他颗粒中的"+"表示"有"；"−"表示"无"。

③ 毛发体即丝状体。

表 7-6　菌胶团和几种丝状细菌的特征

微生物	呼吸类型	营养类型	运动	PHB	异染粒	硫粒	革兰氏染色
动胶菌属（Zoogloea）	好氧	有机	幼龄细胞+	+	−	−	−
浮游球衣菌（S. natans）	好氧，微氧生长好	有机	游离细胞+	+	+	−	−
贝日阿托氏菌属（Beggiatoa）	好氧，微好氧	混合	丝状体滑动	+	+	+	−
发硫菌属（Thiothrix）	微好氧	自养或混合有机	微生子滑动	−	−	−	−
亮发菌属（Leucothrix）	好氧	有机	微生子滑动	−	−	−	−
透明颤菌属（Vitreos cilla）	好氧	有机	滑动	−	−	−	−

2. 活性污泥丝状膨胀的影响因素

活性污泥丝状膨胀的成因有环境因素和微生物因素。主导因素是丝状微生物过度生长。促进丝状微生物过度生长的环境因素有以下几种。

（1）温度

构成活性污泥的各种细菌最适生长温度在 30 ℃左右。菌胶团细菌如动胶菌属的最适生长温度为 28~30 ℃，10 ℃下生长缓慢，45 ℃不生长。浮游球衣菌最适生长温度为 25~30 ℃，生长温度为 15~37 ℃。在上海，活性污泥丝状膨胀通常发生在春、夏之交和秋季，水的温度为 25~28 ℃。从菌胶团和丝状细菌的最适温度看，虽然差别不大，但菌胶团细菌为严格好氧菌，浮游球衣菌是好氧和微量好氧菌，由于温度影响氧的溶解度，因此，在低溶解氧的条件下，浮游球衣菌竞争氧的能力远强于菌胶团细菌而获得优势生长。

（2）溶解氧（DO）

菌胶团细菌和浮游球衣菌等丝状细菌对溶解氧的需要量差别大。浮游球衣菌是好氧和微量好氧菌，对环境的适应性强，在微量好氧条件下，仍正常生长。例如，贝日阿托氏菌、发硫菌微量好氧，DO 为 0.5 mg/L 时，生长最好。在温度 25～30 ℃的条件下，有机废水中溶解氧匮乏，丝状细菌呈优势生长，故很容易引起活性污泥丝状膨胀。

（3）可溶性有机物及其种类

几乎所有的丝状细菌都能吸收可溶性有机物，尤其是低分子的糖类和有机酸。在运行过程中，有机物因缺氧不能被彻底降解，积累了大量的有机酸，这为丝状细菌提供充分的营养条件，使丝状细菌呈优势生长。甚至自养的发硫菌也能利用低浓度的乙酸盐。

（4）有机物浓度（或有机负荷）

浮游球衣菌在含葡萄糖和蛋白胨各 5 g/L 的培养基中不长衣鞘，不形成丝状体而呈大的单个细胞存在，菌落接近圆形，边缘光滑。在含葡萄糖和蛋白胨各 1 g/L 的低浓度培养基中，浮游球衣菌形成小细胞而呈丝状体，外披衣鞘，甚至呈假分枝茂盛生长，菌落为粗糙型，细胞向菌落外伸展呈现毛发状生长。在生活污水和食品工业等有机废水中，BOD_5 为 100～200 mg/L，往往会使浮游球衣菌和菌胶团细菌的数量比例增大，浮游球衣菌的数量超过 60%，占优势而导致活性污泥丝状膨胀。动胶菌属在实验培养基中，当碳氮比大于 10 时，呈絮状生长；若碳氮比小于 10 时，不凝聚；碳氮比低至 5 时，呈分散生长。有时生活污水和工业废水的碳氮比很低，活性污泥中呈絮状的动胶菌属不多见，而是分散性的动胶菌属和其他菌胶团细菌一起形成大颗粒的絮凝体。工业废水生物处理过程中也会发生活性污泥丝状膨胀，如含硫化染料的印染废水和屠宰废水等。此外，pH 变化也会引起活性污泥丝状膨胀。

3. 活性污泥丝状膨胀的机理

目前，人们普遍接受的是用表面积与体积比假说解释活性污泥丝状膨胀的机理。在单位体积中，呈丝状扩展生长的丝状细菌的表面积与体积比（比表面积）大于絮凝性菌胶团细菌，因而，对有限制性的营养和环境条件的争夺占优势；絮凝性菌胶团细菌则处于劣势，结果丝状细菌大量生长繁殖成优势菌，从而引起活性污泥丝状膨胀。丝状细菌和絮凝性菌胶团细菌的优势竞争表现在如下几个方面：

（1）对溶解氧的竞争

充氧效率与好氧微生物的生长量成正相关性。溶解氧的供给量要根据好氧微生物的数量、生理特性、基质性质及浓度综合考虑。例如，污水好氧生物处理的进水 BOD_5 为 200～300 mg/L，曝气池 MLSS 为 2 000～3 000 mg/L 时，溶解氧要维持在 2 mg/L 以上，菌胶团细菌获得充足溶解氧而优势生长，生物吸附、好氧代谢水中的有机物，絮凝性能良好，其沉降性能好。如果曝气池溶解氧长期维持在较低的水平，则有利于丝状细菌呈优势生长，活性污泥丝状膨胀就极易发生。

（2）对可溶性有机物的竞争

运行经验和实验室实验证明：低分子糖类和有机酸有利于丝状细菌生长，容易发生活性污泥丝状膨胀。

（3）对氮、磷的竞争

索耶（Sawyer）根据活性污泥的分子式求出 BOD_5、N 和 P 之间的理想比例为 BOD_5：N：P＝100：5：1。在处理生活污水和废水时，一般按此值设计和运行。如果氮、磷比例小于索耶的计算值，在低氮和低磷的情况下，丝状细菌具有大的比表面积，有利于它与菌胶团细菌争夺氮和磷而优势生长。

（4）有机物冲击负荷影响

有机物冲击负荷影响是指流入生产装置的污（废）水中有机物浓度、组成及流量发生急剧变化。以有机物浓度为例，曝气池中有机物浓度突然增加，供氧量不变，由于微生物的呼吸迅速消耗溶解氧。溶解氧量降低，甚至处于缺氧状态，则有利于丝状细菌优势生长，而引起活性污泥丝状膨胀。

（二）控制活性污泥丝状膨胀的对策

早期，控制丝状细菌性的污泥膨胀，主要手段是利用丝状细菌具有较大的比表面积，采用药剂杀死丝状细菌。但这种方法不能彻底解决污泥丝状膨胀问题，相反，会导致出水水质恶化的不良后果。其原因是杀菌剂不具有专一性，杀死丝状细菌的同时，也杀死菌胶团细菌及其他的微生物。在实践中人们发现，正常的环境条件下，丝状细菌在活性污泥中与菌胶团细菌共同形成一个互生和谐的微生物生态体系。在这种互生关系中，菌胶团细菌偏重降解大分子有机物，丝状细菌吸收低分子有机物，它们相互协同，高效稳定净化污（废）水。所以，丝状细菌是有益的。因此，只有效地调整丝状细菌和菌胶团细菌的比例，使菌胶团细菌的数量大于丝状细菌，才能取得好的处理效果。投加无机或有机混凝剂或助凝剂，以增加污泥絮体的密度，增强其沉淀性能，可以改善或克服污泥丝状膨胀。

解决活性污泥丝状膨胀问题的根本，是要控制引起丝状细菌过度生长的具体环境因子。如温度、溶解氧、可溶性有机物及其种类、有机物浓度或有机负荷等。但实际运行过程中，进水的温度和进水中可溶性有机物一般是不可控制的；而溶解氧和有机负荷可控，故改革工艺、改进曝气器的性能是控制污泥丝状膨胀的有效办法。

1. 控制溶解氧

曝气池内的溶解氧浓度由供氧和耗氧之间的平衡所决定，相关系数为氧的总转移系数 K_{La}。如前所述，溶解氧浓度必须控制在 2 mg/L 以上。根据水温的变化改变 MLSS 浓度和曝气池的 K_{La}，可以求出在保持溶解氧浓度为 2 mg/L 的条件下，不同温度时曝气池的供氧量和活性污泥的耗氧速率。再由以上两者求出溶解氧 2 mg/L 条件下，曝气池的 MLSS。将求得的 MLSS 作为生产装置的管理目标。

2. 控制有机负荷

活性污泥要保持正常状态，BOD_5 污泥负荷在 0.2～0.3 kg/(kgMLSS·d) 为宜。有资料报道，BOD_5 污泥负荷大于 0.38 kg/(kgMLSS·d) 时，就容易发生活性污泥丝状膨胀。

3. 改革工艺

浮游球衣菌（*Sphaerotilus natans*）等丝状细菌去除有机物的能力比较强，对去除有机物是有积极意义的。只是在二沉池中使泥水分离有困难，影响出水水质。因此，只要丝状细菌的量不占优势就不会影响处理效果。为解决丝状膨胀问题，将活性污泥法改为生物膜法，如在曝气池中加填料将其改为生物接触氧化法。还可将二沉池的沉淀法改为气浮法。其他的工艺，如 AB 法、A/O（缺氧/好氧）系统、A^2/O（厌氧/缺氧/好氧）系统、A^2/O^2（缺氧/好氧/缺氧/好氧）系统及 SBR（即序批式间歇反应器）法及生物滤池等工艺，不但可以提高有机物的处理效果，脱氮除磷，还能有效地克服活性污泥丝状膨胀。

目前，活性污泥丝状膨胀仍会不时地发生。从现在的研究成果来看，控制活性污泥丝状膨胀的最佳办法仍然是根据活性污泥丝状膨胀致因微生物的生理特性，用合理的优化工艺遏制活性污泥丝状膨胀致因微生物的极度生长，达到有效控制活性污泥丝状膨胀的目的。这是一种基本不产生副作用的好方法。

第二节　厌氧生物处理中的微生物

高浓度有机废水或剩余活性污泥多用厌氧消化法处理。高浓度有机废水还可用有机光合细菌处理。

一、厌氧消化——甲烷发酵

将粪便污水用厌氧消化法处理，既净化污水，又能获得能源，还能杀死致病菌和致病虫卵。例如，蛔虫在 12 ℃消化池内停留 3 个月死亡。产甲烷菌有很强的抗菌作用，能使痢疾杆菌、伤寒杆菌、霍乱弧菌等致病菌无法生存。厌氧消化期间，几乎所有病原菌和蛔虫卵被杀死。因此，经消化的污泥是符合卫生标准的。

厌氧消化过程中，胶体物质、碎纸、破布等均能被分解，经彻底消化的污泥是很好的肥料，既不会引起土壤板结，也不会散发臭气。

人工沼气发酵研究有近 200 年的历史，从 19 世纪末到 20 世纪初，微生物学者发现，在厌氧条件下，纤维素和其他有机物发酵产生沼气（主要成分是甲烷），是微生物在其中起作用的结果。苏联微生物学者奥梅梁斯基发现奥氏甲烷杆菌，提出沼气发酵理论，并为开辟沼气应用的途径奠定了基础。人们将城市的垃圾、粪便、污水、工业废水及生物处理的剩余污泥等，放在发酵罐（消化池）内进行厌氧发酵，从中取得可燃性气体甲烷（CH_4），应用于发电或直接用于居民生活，既清洁了城市，又获得能源。

高浓度有机废水厌氧甲烷发酵的消化池有多种：有单级低效消化池、单级高效消化池、两级（相）消化池。按反应器的工艺不同又分为 UASB（升流式厌氧污泥床）、UBF（升流式污泥床过滤器）和 ABR（厌氧折流板反应器）等。

甲烷发酵也有活性污泥法和生物膜法。但微生物群落与有氧环境中的不同，它们由水解蛋白质、脂肪、淀粉、纤维素等的专性厌氧菌和兼性厌氧菌及专性厌氧的产甲烷菌等组成。在出流处附近，有少数厌氧或兼性厌氧的游泳型纤毛虫，如扭头虫、草履虫等。

一般厌氧的活性污泥不处在激烈运动中，所以，它的微生物群落分布与生物膜相似，有分层现象，但没有好氧生物膜明显。

（一）甲烷发酵理论与机制

对于甲烷发酵理论，先后有二阶段、三阶段和四阶段发酵理论，布赖恩特（Bryant）于1979年提出三阶段发酵理论，后来又发展成四阶段发酵理论。这些理论一个比一个完善。在实际生产中通常应用二阶段理论。现将四阶段发酵理论介绍如下：

第一阶段：水解和发酵性细菌群将复杂有机物（如纤维素、淀粉等）水解为单糖后，再酵解为丙酮酸；将蛋白质水解为氨基酸，脱氨基成有机酸和氨；脂质水解为各种低级脂肪酸和醇，如乙酸、丙酸、丁酸、长链脂肪酸、乙醇、二氧化碳、氢气、氨和硫化氢等。

第一阶段的微生物群落是水解、发酵性细菌群，有专性厌氧的梭菌属（Clostridium）、拟杆菌属（Bacteroides）、丁酸弧菌属（Butyrivibrio）、真细菌属（Eubacterium）、双歧杆菌属（Bifdobacterium）、革兰氏阴性杆菌；兼性厌氧的有链球菌和肠道菌。据研究，每毫升下水道污泥中含有水解、发酵性细菌 $10^8 \sim 10^9$ 个，每克挥发性固体含细菌 $10^{10} \sim 10^{11}$ 个，其中蛋白质水解菌有 10^7 个，纤维素水解菌有 10^5 个。

第二阶段：产氢和产乙酸细菌群把第一阶段的产物进一步分解为乙酸和氢气。

第二阶段的微生物群落为产氢、产乙酸细菌，这群细菌只有少数被分离出来，1967年布赖恩特从奥氏甲烷杆菌中分离出 S 菌株和 M.O.H 菌株（Methanogenic organism utilizes H_2）。将 M.O.H 菌株命名为布氏甲烷杆菌（Methano bacterium bryantii）。S 菌株是厌氧的革兰氏阴性杆菌，它发酵乙醇产生乙酸和氢气，为产甲烷的布氏甲烷杆菌提供乙酸和氢气，促进产甲烷菌生长。布氏甲烷杆菌将乙酸裂解为 CH_4 和 CO_2；将 H_2 和 CO_2 合成 CH_4。可见，奥氏甲烷杆菌实际是 S 菌株和布氏甲烷杆菌的共生体。

此外，此阶段还有将第一阶段发酵的三碳以上的有机酸、长链脂肪酸、芳香族酸及醇等分解为乙酸和氢气的细菌和硫酸盐还原菌。硫酸盐还原菌（如脱硫脱硫弧菌）在缺乏硫酸盐，并有产甲烷菌存在时，能将乙醇和乳酸转化为乙酸、氢气和二氧化碳，与产甲烷菌之间存在协同联合作用。

第三阶段：第三阶段的微生物是两组生理性质不同的专性厌氧产甲烷菌群。一组是将氢气和二氧化碳合成甲烷，或一氧化碳和氢气合成甲烷；另一组是将乙酸脱羧生成甲烷和二氧化碳，或利用甲酸、甲醇及甲基胺裂解为甲烷。从图 7-10 可看出，有 28% 的甲烷来自氢气的氧化和二氧化碳的还原，72% 的甲烷来自乙酸盐的裂解。由于大部分甲烷和二氧化碳逸

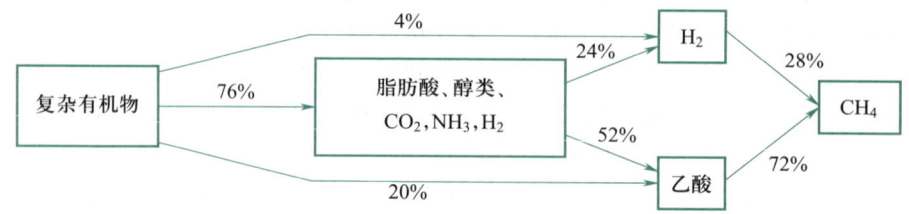

第一阶段：水解与发酵；第二阶段：生成乙酸和氢；第三阶段：生成甲烷

图 7-10　甲烷发酵的 3 个阶段

注：图中数字为利用化学需氧量（COD）表示通过各阶段转换成甲烷的有机物含量。

出，氨（NH₃）转化为亚硝酸铵（NH₄NO₂）、碳酸氢铵（NH₄HCO₃）而留在液相中，它们可中和第一阶段产生的酸，为产甲烷菌创造生存所需的弱碱性环境。氨还可被产甲烷菌用作氮源。

第四阶段：为同型产乙酸阶段，是同型产乙酸细菌将 H_2 和 CO_2 转化为乙酸的过程。

1979 年贝尔奇提出，将产甲烷菌分为 3 目、4 科、7 属、13 种。代表菌有布氏甲烷杆菌（*Methanobacterium bryantii*）、嗜树甲烷短杆菌（*Methanobrevibacter arboriphilicus*）、万氏甲烷球菌（*Methanococcus vannielii*）、运动甲烷微菌（*Methanomicrobium mobile*）、亨氏甲烷螺菌（*Methanospirillum hungatii*）、卡里亚萨产甲烷菌（*Methanogenium cariaci*）（为海洋细菌）、巴氏甲烷八叠球菌（*Methanosarcina barkeri*）、索氏甲烷杆菌（*Methanobacterium söehngenii*）及嗜热自养甲烷杆菌（*Methanobacterium thermoautotrophicum*）等。其中亨氏甲烷螺菌、索氏甲烷杆菌及嗜热自养甲烷杆菌通常长成很长的丝状体，它们是在甲烷发酵中形成团粒化颗粒污泥的优势菌。

产甲烷菌只能利用氢气、二氧化碳、一氧化碳、甲酸、乙酸、甲醇及甲基胺等简单物质产生甲烷和组成自身细胞物质。

产甲烷菌产生甲烷的机制如下：

① 由酸和醇的甲基形成甲烷：

$$^{14}CH_3COOH \longrightarrow {}^{14}CH_4 + CO_2 \tag{7-1}$$

$$4^{14}CH_3COOH \longrightarrow 3^{14}CH_4 + CO_2 \tag{7-2}$$

斯塔德特曼（Stadtman）和巴克尔（Barker）及庇涅（Pine）和维施尼（Vishhnise）分别于 1951 年和 1957 年用 ^{14}C 示踪原子标记乙酸和甲醇的甲基碳原子，结果甲烷的碳原子都标上了同位素 ^{14}C，证明甲烷是由甲基直接形成的。

② 由醇的氧化使二氧化碳还原形成甲烷及有机酸：

$$2CH_3CH_2OH + {}^{14}CO_2 \longrightarrow {}^{14}CH_4 + 2CH_3COOH \tag{7-3}$$

$$2C_3H_7CH_2OH + {}^{14}CO_2 \longrightarrow {}^{14}CH_4 + 2C_3H_7COOH \tag{7-4}$$

Stadtman 和 Barker 于 1949 年用同位素 $^{14}CO_2$ 使乙醇和丁醇氧化，产生带同位素 ^{14}C 的甲烷，证明甲烷可由 CO_2 还原形成。

③ 脂肪酸有时用水作还原剂或供氢体产生甲烷：

$$2C_3H_7COOH + CO_2 + 2H_2O \longrightarrow CH_4 + 4CH_3COOH \tag{7-5}$$

④ 利用氢使二氧化碳还原形成甲烷：

$$4H_2 + CO_2 \longrightarrow CH_4 + 2H_2O \tag{7-6}$$

此反应是由索根（Söehnge，1906）及费舍尔（Fischer）发现的。

⑤ 在氢和水存在时，巴氏甲烷八叠球菌与甲酸甲烷杆菌能将一氧化碳还原形成甲烷：

$$3H_2 + CO \longrightarrow CH_4 + H_2O \tag{7-7}$$

$$2H_2O + 4CO \longrightarrow CH_4 + 3CO_2 \tag{7-8}$$

沼气发酵后的产气量如表 7-7 所示。

从糖类、脂肪、蛋白质的产沼气量及气体中甲烷的含量看，脂肪的产沼气量最大，甲烷

表 7-7　几种物质经沼气发酵后的产气量

气体	乙醇	纤维素（代表糖类）	脂肪	蛋白质
沼气/$(mL \cdot g^{-1})$	974	830	1 250	704
CH_4/%	75	50	68	71
CO_2/%	25	50	32	29

含量也较高。蛋白质的产沼气量低于糖类，但甲烷含量高于糖类。糖类的产沼气量虽居于第三位，但甲烷含量最低。从分解效率和分解速率看，糖类的分解效率和分解速率最高，脂肪次之，蛋白质最低。

以上的产气量均为理论值，由于产甲烷菌需用少量的有机物合成细胞物质，所以，实际测定的数值要比理论值低。

（二）厌氧活性污泥的培养

因专性厌氧的产甲烷菌生长速率慢，世代时间长。所以，厌氧活性污泥的驯化、培养时间较长。

1. 厌氧活性污泥的菌种来源

① 牛、羊、猪、鸡等禽畜粪便含有丰富的水解性细菌和产甲烷菌。

② 城市生活污水处理厂的浓缩污泥。

③ 同类水质处理厂的厌氧活性污泥。

2. 厌氧活性污泥驯化与培养

来自不同水质的厌氧活性污泥要先经驯化后培养，尤其是处理工业废水更是如此。进水量由小到大，每提高一个浓度梯度，要稳定一段时间后才换下一个浓度。当处理效果接近期望效果，并形成颗粒化的活性污泥时，即为成熟厌氧活性污泥。此时，可按设计流量进水，进入正式运行阶段。

来自同类污（废）水的厌氧活性污泥要复壮和培养。培养的方法和顺序除去驯化阶段外，与上述方法相同。

3. 厌氧活性污泥的组成和性质

厌氧活性污泥是由兼性厌氧菌和专性厌氧菌与污（废）水中的有机杂质交织在一起，形成的颗粒污泥（图 7-11）。

厌氧活性污泥中的微生物组成有 5 类：① 将大分子水解为小分子的水解细菌；② 将小分子的单糖、氨基酸等发酵为氢和乙酸的发酵细菌；③ 氢营养型和乙酸营养型的古菌；④ 利用 H_2 和 CO_2 合成 CH_4 的古菌；⑤ 厌氧的原生动物。

厌氧活性污泥呈灰色至黑色，有生物吸附作用、生物降解作用和絮凝作用，有一定的沉降性能。颗粒厌氧活性污泥的直径>0.5 mm，最良好的颗粒厌氧活性污泥是以丝状厌氧菌为骨架和具有絮凝能力的厌氧菌团粒化形成圆形或椭圆形的颗粒污泥，直径为 2~4 mm（荷兰生产），大小一致、均匀，结构松紧适度。颗粒表面为灰黑色，其内部呈深黑色。

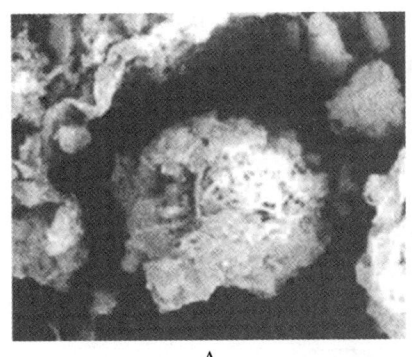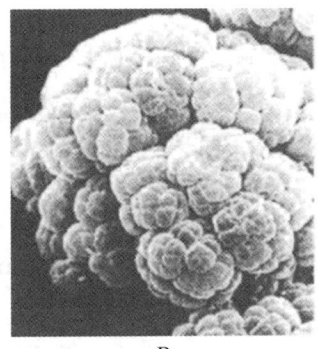

图 7-11 电镜下的厌氧活性颗粒污泥和甲烷八叠球菌

A—厌氧活性颗粒污泥；B—甲烷八叠球菌

污（废）水厌氧消化处理的效果好坏，取决于厌氧活性污泥中微生物的种类、组成、结构及污泥的颗粒大小；还要有能保证微生物生长条件的、结构良好的厌氧消化池；而最根本、最重要的是微生物的种类和组成。

4. 团粒化的颗粒厌氧活性污泥与其形成机制探讨

（1）单相厌氧消化法的厌氧活性污泥：良好的颗粒厌氧活性污泥是以丝状的产甲烷丝菌为骨架，与其他微生物一起团粒化而形成圆形或椭圆形的颗粒污泥。颗粒的结构和微生物的分布与处理的污（废）水水质、消化罐的构型、进水方式、罐内的水力条件与状况等有关。水质不同，分布在颗粒污泥内、外层的微生物不同。

以 UASB 为例，处理禽畜粪便水的颗粒污泥所处的水力条件很好，产气量大。消化罐内的水像"烧开锅"似的翻腾，极易形成团粒化的颗粒污泥。表层的微生物主要是水解、发酵型的细菌，产氢、产乙酸细菌和氢营养型的古菌，如甲烷短杆菌属（*Methanobrevibacter*）、甲烷杆菌属（*Methanobacterium*）、甲烷球菌属（*Methanococcus*）和甲烷螺菌属（*Methanospirillum*）等，它们之间呈区位化分布。颗粒污泥内部存在大量乙酸营养型、呈丝状的甲烷丝菌属（*Methanothrix*）和甲烷八叠球菌属（*Methanosareina*），它们在内部还与产氢、产乙酸细菌紧密结合互营共生。而用 UBF 处理高浓味精废水的情况有所不同。因罐内有填料，味精废水又是较难处理的废水，产气量没有禽、畜粪便水的产气量大，罐内水不翻腾，其颗粒污泥团粒化不典型，大小不均一，甚至有些松散。然而，颗粒污泥的骨架仍然是丝状的产甲烷菌，其表层有相当多的甲烷八叠球菌。

（2）两相厌氧消化法的厌氧活性污泥：情况与（1）不同。在第一相中的厌氧活性污泥可处在缺氧或厌氧条件下，其组成基本是兼性厌氧和专性厌氧的水解发酵性细菌和少量的专性厌氧的产甲烷菌。在第二相中则是：在绝对厌氧条件下，有少量产氢产乙酸的细菌，绝大多数是专性厌氧的产甲烷菌。

二、光合细菌处理高浓度有机废水

BOD_5 在 10 000 mg/L 以上的高浓度有机废水（浓粪便水、豆制品废水、食品加工废水、屠宰废水等），可用有机光合细菌（photosynthetic bacteria，PSB）处理。因有机光合细菌只能利用脂肪酸等低分子化合物，所以，在有机光合细菌处理废水之前，要用水解性细菌将糖类、脂肪和蛋白质水解为脂肪酸、氨基酸、氨等物质。这样可得到较好的处理效果，BOD_5去除率可达 95%，甚至达 98%。其处理工艺，见图 7-12。

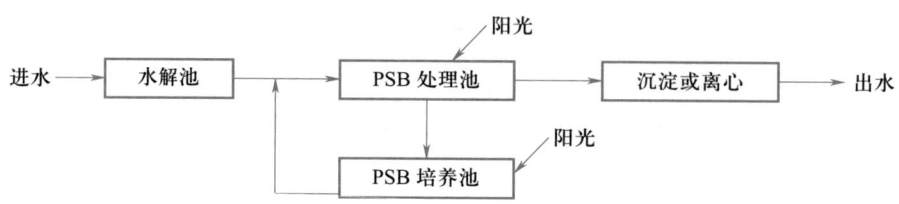

图 7-12   PSB 处理高浓度有机废水的一般流程

营光能异养的光合细菌有红螺菌科（*Rhodospirillaceae*）中的红螺菌属、红假单胞菌属和红微菌属。它们含有细菌叶绿素 a 或 b 和类胡萝卜素而呈红色，在无氧条件下利用简单有机物进行光合作用；在黑暗中微量好氧或好氧的条件下进行氧化代谢。可利用 H_2 作为电子供体。可利用的有机物有乙酸盐、丙酸盐、丁酸盐、丙酮酸及三羧酸循环中的中间代谢产物、乙醇等。它们呈橙棕到棕红或淡红到紫红色。有的光合细菌在厌氧条件下呈现暗黄绿色，在好氧时呈现棕红到紫红色。体内的贮藏物质有：多糖类、聚 β-羟基丁酸盐和异染粒（多聚磷酸盐）。生长温度为 25~30 ℃，pH 在 7 左右（嗜酸红假单胞菌例外，最适 pH 为 5.8）。纯化的光合细菌菌体可加工制成保健品及制成禽、畜饲料添加剂等。

利用光合细菌处理高浓度有机废水必须依赖水解性细菌的协同作用，更重要的是需要足够的光照强度照射，光合细菌获得光能才能起到应有的作用。因此，在实际运行中，如何保证光线均匀分布并透射入 PSB 处理池中，保证光合细菌获取足够光能，是尚需解决的技术问题。当出水水质没有达到排放标准时，需要增加后续处理工艺进一步处理。

三、含硫酸盐废水的厌氧微生物处理

在发酵工业的废水［如味精（主要成分为谷氨酸钠）废水和赖氨酸废水］中，含有 200~30 000 mg/L 的硫酸根（SO_4^{2-}），高浓度味精废水的水质，如表 7-8 所示。低浓度的 SO_4^{2-} 可作好氧微生物的无机营养，但高浓度的 SO_4^{2-} 对微生物有毒害作用。一般情况下，高浓度有机废水进行厌氧消化处理的目的是产甲烷。然而，在有 SO_4^{2-} 存在，又有硫酸盐还原菌和产甲烷菌同时存在的条件下，两者会同时争夺氢作供氢体，此时往往硫酸盐还原菌优先获得 H_2。产甲烷菌得不到 H_2，就无法还原 CO_2 为 CH_4。故在进行甲烷发酵之前，应设法去除 SO_4^{2-} 或降低 SO_4^{2-} 浓度至产甲烷菌能忍受的浓度后，再进行甲烷发酵处理。可用化学法降低 SO_4^{2-}，如添加 CaO 和 Ca（OH）$_2$ 生成 $CaSO_4$ 沉淀可去除 SO_4^{2-}，若同时加少量的 $FeCl_3$，效果更佳。

表 7-8　高浓度味精废水的水质 单位：mg/L

pH	COD_{Cr}	NH_4^+	$Cl^{-①}$	VFA	$SO_4^{2-②}$	SS
2.8~3.2	60 000~80 000	5 000~7 000	17 000~25 000	481~870	30 000	20 000~32 000

注：① 用盐酸调节等电点的废水中含有。

　　② 用硫酸调节等电点的废水中含有。

含高浓度 SO_4^{2-} 的废水可以用 SRB 法处理。该法是在氧化还原电位极低（-250 mV 以下）的厌氧条件下，用硫酸盐还原菌（sulfur reducing bacteria，SRB）进行硫酸盐还原作用（反硫化作用），以 SO_4^{2-} 为最终电子受体，利用有机物作供氢体，将 SO_4^{2-} 还原为 H_2S，从水中溢出。用盛有 NaOH 的吸收塔吸收 H_2S 为 Na_2S，可作工业原料用。废水中的有机物经过 SRB 法处理可部分无机化。随后，再用缺氧和好氧的方法进一步处理，以使出水水质达到排放标准。

在《伯杰细菌鉴定手册》（第九版）中，将硫酸盐还原菌归在第 7 类群中，有 4 组 15 属。硫酸盐还原菌各属如下：脱硫肠状菌属（*Desulfotomaculum*）、脱硫叶菌属（*Desulfobulbus*）、脱硫微杆菌属（*Desulfomicrobium*）、脱硫假单胞菌属（*Desulfopseudomonas*）、脱硫弧菌属（*Desulfovibrio*）、热脱硫杆菌属（*Thermodesulfobacterium*）、脱硫菌属（*Desulfobacter*）、脱硫杆菌属（*Desulfobacterium*）、脱硫球菌属（*Desulfococcus*）、硫还原球菌属（*Desulfurococcus*）、脱硫念珠菌属（*Desulfomonile*）、脱硫线菌属（*Desulfonema*）、脱硫八叠球菌属（*Desulfosarcina*）、硫还原菌属（*Desulfurella*）及脱硫单胞菌属（*Desulfuromonas*）。其中脱硫弧菌属（*Desulfovibrio*）的脱硫脱硫弧菌（*Desulfovibrio desulfuricans*）用碱性品红染色较易辨别，呈弯月状。它们的一般特征是细胞卵形、杆状、螺旋形或弧形，直径 0.3~4.0 mm，大多数属革兰氏阴性菌；丝状或形成芽孢类型的为革兰氏阳性菌；少数菌种含气泡；有依靠鞭毛运动的和非运动的，丝状体型的靠滑行运动；严格厌氧，能还原 SO_4^{2-} 为 H_2S，少数能还原 S 为 H_2S；许多种利用 H_2、乳酸盐、脂肪酸、乙醇、二羧酸作电子供体。有机化合物氧化不完全，最终产物为乙酸和 CO_2；自养型的种在 H_2，CO_2 和硫酸盐的环境中生长；通常利用 NH_3 作氮源；所有的种能固氮（N_2）；它们栖息在厌氧的淡水和海洋底部的沉淀物和水中；嗜热的种在温泉中生活，还有嗜热的硫酸盐还原古菌。

第三节　废水脱氮和除磷中的微生物

污（废）水一级处理只是除去水中的沙砾及大的悬浮固体。去除 COD 约 30%。二级生物处理则是去除水中的可溶性有机物。在好氧生物处理中，生活污水经生物降解，大部分的可溶性含碳有机物被去除。COD 去除 70%~90%，BOD_5 去除 90% 以上。同时产生 NH_4^+，NO_3^--N 和 PO_4^{3-}，SO_4^{2-}。其中有 25% 的氮和 19% 左右的磷被微生物吸收合成细胞，通过排泥得到去除。但出水中的氮和磷含量仍有未达到排放标准的。有的工业废水如味精（主要成分谷氨酸钠）废水和赖氨酸废水含氨氮非常高，高浓度味精废水含氨氮 6 000 mg/L 左右。COD 达 60 000~80 000 mg/L，BOD_5 约为 COD 的 50%。

氮和磷是生物的重要营养源。但水体中氮、磷量过多，危害极大。最大的危害是引起水体富营养化。在富营养化水体中，蓝细菌、绿藻等大量繁殖，有的蓝细菌产生毒素，毒死鱼、虾等水生生物和危害人体健康。由于它们的死亡、腐败，引起水体缺氧，使水源水质进一步恶化。不但影响人类生活，还严重影响工、农业生产。鉴于以上原因，脱氮除磷非常重要。若水体中磷含量低于 0.02 mg/L，可限制藻类过度生长。为了防止水体富营养化的发生，《地表水环境质量标准》（GB 3838—2002），规定：Ⅰ类地表水中氨氮≤0.15 mg/L，总氮≤0.2 mg/L，湖泊总磷≤0.02 mg/L，水库总磷≤0.01 mg/L；Ⅱ类地表水中氨氮≤0.5 mg/L，总氮≤0.5 mg/L，湖泊总磷≤0.1 mg/L，水库总磷≤0.025 mg/L；Ⅲ类地表水中氨氮≤0.1 mg/L，总氮≤1.0 mg/L，湖泊总磷≤0.2 mg/L，水库总磷≤0.05 mg/L。

一、微生物脱氮原理、脱氮微生物及脱氮工艺

（一）脱氮原理

脱氮是先利用好氧段经硝化作用，由亚硝化细菌和硝化细菌的协同作用，将 NH_3 转化为 NO_2^- 和 NO_3^-。再利用缺氧段经反硝化细菌将 NO_2^-（经反亚硝化）和 NO_3^-（经反硝化）还原为氮气（N_2），逸出水面释放到大气，参与自然界氮的循环。水中含氮物质大量减少，降低出水的潜在危险性。

1. 硝化

（1）短程硝化：

$$NH_3+1.5O_2 \longrightarrow HNO_2+H_2O \tag{7-9}$$

（2）全程硝化（亚硝化+硝化）：

$$NH_3+1.5O_2 \longrightarrow HNO_2+H_2O \tag{7-10}$$

$$0.5O_2+HNO_2 \longrightarrow HNO_3 \tag{7-11}$$

2. 反硝化

（1）厌氧（缺氧）反硝化脱氮（电子供体有机物）：

$$2HNO_3+CH_3CH_2OH \longrightarrow N_2+2CO_2+2[H]+3H_2O \tag{7-12}$$

（2）厌氧氨氧化脱氮（电子受体为 NO_2）：

$$NH_3+NNO_2 \longrightarrow N_2+2H_2O \tag{7-13}$$

（3）厌氧氨氧化脱氮（电子受体为 NO_3）：

$$2NH_3+NNO_3 \longrightarrow 1.5N_2+3H_2O+[H] \tag{7-14}$$

（4）厌氧氨反硫化脱氮（电子受体为 SO_4^{2-}）：

$$2NH_3+H_2SO_4 \longrightarrow N_2+S+4H_2O \tag{7-15}$$

（二）硝化、脱氮微生物

1. 硝化作用段及微生物

亚硝化细菌和硝化细菌的资源丰富，广泛分布在土壤、淡水、海水、味道不好的水和污水处理系统中。在自然界中，硝化细菌是好氧菌，但在氧分压极低的情况下，污水处理系统和海洋沉淀物中也可分离出硝化细菌。在 pH 为 4 的土壤、5 ℃的深海、温度达到 60 ℃或更高的温泉及沙漠中都可分离到硝化细菌。

亚硝化细菌和硝化细菌是 G^- 菌，绝大多数营无机化能营养（自养），有的可在含有酵母浸膏、蛋白胨、丙酮酸或乙酸的混合培养基中生长，通常不营异养；个别的可营化能有机营养；其生长速率均受基质浓度（NH_3 和 HNO_2）、温度、pH 和氧浓度控制。在污水处理系统和自然环境中，硝化细菌有附着在物体表面和在细胞束内生长的倾向，形成胞囊结构和菌胶团。

（1）氧化氨的细菌：可分为好氧和厌氧两种。

① 好氧氨氧化细菌。好氧氨氧化细菌即好氧的亚硝化细菌，以 NH_3 为供氢体，O_2 作为最终电子受体，产生 HNO_2。其中，亚硝化叶菌属在低氧压下能生长，化能无机营养，氧化 NH_3 为 HNO_2，从中获得能量供合成细胞和固定 CO_2。好氧氨氧化细菌生长温度范围为 2 ~ 30 ℃，最适温度为 25 ~ 30 ℃；pH 范围为 5.8 ~ 8.5，最适 pH 为 7.5 ~ 8.0；有的菌株能在混合培养基中生长，不营化能有机营养。其中，亚硝化单胞菌和亚硝化螺菌能利用尿素作基质；高的光强度和高氧浓度都会抑制生长；在最适条件下，亚硝化球菌属的代时为 8 ~ 12 h，亚硝化螺菌属的代时为 24 h；菌体内含淡黄至淡红的细胞色素。

② 厌氧氨氧化细菌。厌氧氨氧化细菌是厌氧菌，以 NH_3 为供氢体、以 NO_2^- 或 NO_3^- 为最终电子受体，它氧化氨为 N_2。

③ 厌氧氨反硫化细菌。厌氧氨反硫化细菌是以 NH_3 为供氢体，以 SO_4^{2-} 作最终电子受体的一类将氨氧化为 N_2 的细菌。

（2）氧化亚硝酸的细菌：即硝化细菌，多数硝化细菌在 pH 为 7.5 ~ 8.0，最适温度为 25 ~ 30 ℃，亚硝酸浓度为 2 ~ 30 mmol/L 时化能无机营养生长最好。其代时随环境可变，由 8 h 到几天。硝化杆菌属（*Nitrobacter*）既进行化能无机营养又可进行化能有机营养，以酵母浸膏和蛋白胨为氮源，以丙酮酸或乙酸为碳源。硝化杆菌属在营化能无机营养生长中，氧化 NO_2^- 产生的能量仅有 2% ~ 11% 用于细胞生长，氧化 85 ~ 100 mol NO_2^- 用于固定 1 mol CO_2；在分批培养中，最大产量是 4×10^7 个（细胞）/mL；在进行化能无机营养时的生长速率比进行化能有机营养时快。硝化螺菌属（*Nirospira*）则相反，在营化能无机营养时的生长速率比混合营养时的慢，前者的代时为 90 h，后者的代时为 23 h。硝化杆菌属细胞内的储存物有羧酶体或叫羧化体（carboxysome）、糖原、聚 β-羟基丁酸（PHB）、多聚磷酸盐，含淡黄至淡红的细胞色素。其他硝化细菌也含有类似储存物，详见表 7-9。

（3）硝化过程的运行操作：硝化细菌的代时普遍比异养菌的代时长，为了使硝化作用彻底，保证有足够数量活性强的硝化细菌 [10^7 个（细胞）/mL 以上]，在运行操作上要掌握好以下几个关键指标。

表 7-9　亚硝化细菌和硝化细菌的一些特征

氧化氨和亚硝酸的细菌	菌体大小 /μm	G+C/%	世代时间/h	Ch. A[1]/ H[2]	储存物	细胞色素	pH 范围	温度范围/℃
亚硝化单胞菌属 (*Nitrosomonas*)	(0.7~1.5)× (1.0~2.4)	47.4~ 51.0	—	Ch. A	多聚磷酸盐	+，淡黄至淡红	5.8~8.5	5~30 (最适 25~30)
亚硝化球菌属 (*Nitrosococcus*)	(1.5~1.8)× (1.7~2.5)	50.5~51	8~12	Ch. A	糖原，多聚磷酸盐	+，淡黄至淡红	6.0~8.0	2~30
亚硝化螺菌属 (*Nitrosospira*)	(0.3~0.8)× (1.0~8.0)	54.1	24	Ch. A	—	+，淡黄至淡红	6.5~8.5	15~30 (最适 20~35)
亚硝化叶菌属 (*Nitrosolobus*)	(1.0~1.5)× (1.0~2.5)	53.6~ 55.1		Ch. A	糖原，多聚磷酸盐	+，淡黄至淡红	6.0~ 8.2	15~30
亚硝化弧菌属 (*Nitrosovibrio*)	(0.3~0.4)× (1.1~3.0)	54	—	Ch. A	—	—	7.5~7.8	25~30 (最低 -5)
硝化杆菌属 (*Nitrobacter*)	(0.6~0.8)× (1.0~2.0)	60.1~ 61.7	8h 至几天	Ch. A/H	羧酶体，糖原，多聚磷酸盐和 PHB	+，淡黄	6.5~8.5	5~10
硝化刺菌属 (*Nitrospina*)	(0.3~0.4)× (2.7~6.5)	57.5	—	Ch. A	糖原	+，-	7.5~8.0	25~30
硝化球菌属 (*Nitrococcus*)	1.5~1.8	61.2	—	Ch. A	糖原和 PHB	+，浅黄至浅红	6.8~8.0	15~30
硝化螺菌属 (*Nitrospira*)	0.3~0.4	50	—	Ch. A			7.5~8.0	25~30

注：① Ch. A 代表化能无机营养。

② H 代表化能有机营养。

① 泥龄（即悬浮固体停留时间 SRT，用 θ 表示）

泥龄是重要的控制指标，可通过排泥控制泥龄，一般控制在 5 d 以上。泥龄要大于硝化细菌的比生长速率，否则，硝化细菌会流失，硝化速率低。用生物接触氧化法有利于硝化作用。根据下式，得到 SRT 的设计值：

$$\theta = \frac{1}{\mu_N} + K_{Nd} \tag{7-16}$$

式中：θ 为悬浮固体停留时间，即泥龄，d；μ_N 为硝化细菌的比生长速率，1/d；K_{Nd} 为硝化细菌的衰减速率，g NVSS/(g NVSS·d)。

根据硝化细菌异化、同化合成细胞的反应式：

$$NH_4^+ + 1.86O_2 + 0.99CaCO_3 \longrightarrow 0.98NO_3^- + 0.02C_5H_7NO_2 + 0.89CO_2 + 1.93H_2O + 0.99Ca^{2+}$$

$$(7-17)$$

可计算出：每氧化 1 g NH_4^+-N 为 NO_3^--N，要消耗 4.25 g O_2，7.07 g 碱度（以 $CaCO_3$ 计）和 0.85 g 无机碳，合成 0.16 g 新细胞。

② 要供给足够氧

处理生活污水时，溶解氧（DO）一般控制在 1.2～2.0 mg/L 为宜。工业废水则要看废水的有机物浓度（COD_{Cr} 和 BOD_5）和 NH_4^+ 的高、低，适当提高溶解氧。如味精废水 COD_{Cr} 和 NH_4^+ 都高，则溶解氧（DO）需维持在 4.5 mg/L 左右，才能满足去除 COD_{Cr} 和氧化 NH_4^+ 的需要。溶解氧（DO）小于 0.5 mg/L 时硝化作用停止。氧需要量可按下式计算：

$$\rho_{O_2} = 4.25 \times \rho_{N,被氧化}$$

$$(7-18)$$

式中：ρ_{O_2} 为 O_2 的质量浓度，mg/L；$\rho_{N,被氧化}$ 被氧化为被氧化的 N 的质量浓度，mg/L。

③ 控制适度的曝气时间（水力停留时间）

普通活性污泥法的曝气时间为 4～6 h，甚至 8 h（如 SBR 法）。对于味精废水 8 h 尚不够，因为味精废水经厌氧或缺氧处理后，COD_{Cr} 和 NH_4^+ 仍很高，COD_{Cr} 为 2 950 mg/L 左右，NH_4^+-N 为 1 500 mg/L 左右。例如，对于进水 NH_4^+-N 为 1 650 mg/L，出水 NH_4^+-N 达到 621 mg/L，NH_4^+-N 去除率达 62.4% 的味精废水，一次硝化需要 30 h。

④ 碱度

在硝化过程中，消耗了碱性物质 NH_4^+ 生成 HNO_3，水中 pH 下降成酸性，对硝化细菌生长不利。如水中碱度不够，需适当投加 $NaHCO_3$ 维持碱度，中和 HNO_3，缓冲酸碱度，使 pH 维持在偏碱性（pH 为 7.5～8.0）条件下，满足硝化细菌对 pH 的需求。氧化 1 mg/L NH_4^+-N 所产生的酸度，需要 10 mg/L 碱度中和。投加 $NaHCO_3$ 还可供给硝化细菌以碳源。碱度需要量可按下式计算：

$$碱度 = 7.07 \times \rho_{N,被氧化}$$

$$(7-19)$$

⑤ 温度

大多数硝化细菌生长的最适温度为 25～30 ℃，但由于硝化细菌种类多，适合各种温度生长的硝化细菌都有，低至 -5 ℃，高至 60 ℃，故可以将它们应用于各种污水和废水的生物处理中。

2. 反硝化作用段及其细菌

（1）反硝化细菌：反硝化细菌是所有能以 NO_3^- 为最终电子受体，利用低分子有机物作供氢体，将 NO_3^- 还原为 N_2 的细菌总称。反硝化细菌种类很多，有好氧类型和兼性厌氧类型。见表 7-10。其中的假单胞菌属内能进行反硝化的种最多，如铜绿假单胞菌（*Pseudomonas aeruginosa*）、荧光假单胞菌（*Pseudomonas fluorescens*）、施氏假单胞菌（*Pseudomonas stutzeri*）、门多萨假单胞菌（*Pseudomonas mendocina*）、绿针假单胞菌（*Pseudomonas chlororaphis*）和致金色假单胞菌（*Pseudomonas aureofaciens*）。

表 7-10　反硝化细菌的种类和若干特性

反硝化细菌	温度/℃	pH	革兰氏染色[1]	与 O_2 关系	备注
假单胞菌属 （*Pseudomonas*）的 6 个种	30	7.0~8.5	–	好氧	兼性营养
海洋假单胞菌 （*Pseudomonas nautical*）	30	7.0~8.0			兼性营养
脱氮副球菌[2] （*Paracoccus denitrificans*） 泛养硫球菌[3] （*Thiosphaera pantotropha*）	30		–	好氧或兼性	化能异养或兼性 化能自养
胶德克斯氏菌 （*Derxia gummosa*）	25~35	5.5~9.0	–	兼性	能固氮
粪产碱杆菌 （*Alicaligenes faecalis*）	30	7.0	–	兼性	兼性营养
色杆菌属 （*Chromobacterium*）	25	7.0~8.0	–	好氧或兼性	兼性营养
脱氮硫杆菌 （*Thiobacillus denitrificans*）	28~30	7.0	–	兼性	自养
脱氮芽孢杆菌属 （*Denitrobacillus*）	55~65	5.5~8.5	+	兼性	兼性营养
生丝微菌 *Hyphomicrobium* X	15~30	中性、偏碱	无记载	好氧或兼性	有机化能营养，以 NH_4^+，NO_2^-，NO_3^- 为 N 源

注：① 革兰氏染色项中"+"表示革兰氏染色阳性反应，"–"表示革兰氏染色阴性反应。

② 为现用名；

③ 为②的旧名。

　　以往，一直认为反硝化作用必须在厌氧条件下进行。自发现好氧反硝化细菌以后就打破了这种概念。据报道，已分离获得的好氧反硝化细菌大约有 15 属，32 种。现将部分好氧反硝化细菌的来源及其生存环境列入表 7-11。

表 7-11　部分好氧反硝化细菌的来源及其生存环境

属	种	来源	氧的浓度	C/N
副球菌属 *Paracoccus*	脱氮副球菌 *Paracoccus denitrificans*	脱硫反硝化系统	30%~80%①	—

属	种	来源	氧的浓度	C/N
假单胞菌属 *Pseudomonas*	施氏假单胞菌 *Pseudomonasstutzeri* SU2	猪场废水处理系统	92%	—
	恶臭假单胞菌 *Pseudomonas putida*	活性污泥	2.2~6.1[②]	9~18
	产碱假单胞菌 *Pseudomonas alcaligenes* AS-1	猪场废水处理系统	92%	—
产碱杆菌属 *Alcaligenes*	反硝化产碱菌 *Alcaligenesdenitrificans* T25	稻田沉积物	2~4	—
	粪产碱杆菌 *Alcaligenesfaecalis* No.4,	活性污泥		8~10
芽孢杆菌属 *Bacillus*	枯草芽孢杆菌 *Bacillussubtil is*	粪便处理系统	30%	8
Micronirgula	*Micronirgula aerodenitrificans*	活性污泥	0~7.5	—
柠檬酸菌属 *Citrobacter*	异型枸橼酸杆菌 *Citrobacterdiversus*	猪场废水处理系统	2~6	4~5
硫杆菌属 *Thiobacillus*	硫杆菌 *Thiobacillus* sp.	环境样品	0~7.5	—
苍白杆菌属 *Ochr obactrum*	人苍白杆菌 *Ochrobactrum anthropi* T23	稻田沉积物	2~4	—
单胞菌属 *Sphingomonas*	*Sphingomonas* sp.	环境样品	0~7.5	—
Diaphorobacter	*Diaphorobacter* sp.	染料废水处理系统	—	8
代尔夫特菌属 *Delftia*	*Delftia tsuruhatensis*	活性污泥	2.2~6.1	9~18

注：① 氧气饱和程度；

② 溶解氧浓度；

—．不详。

（2）反硝化段运行操作：反硝化段运行操作关键指标有碳源（即电子供体或叫供氢体），pH（由碱度控制），最终电子受体 NO_3^- 和 NO_2^-、温度和溶解氧等。

葡萄糖、乳酸、丙酮酸、甲醇和乙醇等可作为反硝化细菌的电子供体（供氢体）和碳源。H_2S 和 H_2 也可作反硝化细菌的电子供体，其碳源为 CO_2，能源从氧化有机物获得；它们的最终电子受体是 NO_3^- 和 NO_2^-，最适 pH 为 7~8，温度为 10~35 ℃，水体、淤泥反硝化速率随温度增高而提高，其 Q_{10}（温度系数）为 1.5~3.0，在 60~75 ℃ 的反硝化速率达到最大值。在海洋和淡水中溶解氧<0.2 mg/L 有利于反硝化。一般情况下，一个有极低溶解氧（好氧反硝化例外）、有 NO_3^- 和有机物存在的环境，只要 pH 和温度合适就能产生反硝化。

反硝化类型：

① 传统的厌氧反硝化生物化学反应过程如下：

$$NO_3^- \xrightarrow[\text{I}]{+2e^-} NO_2^- \xrightarrow[\text{II}]{+e^-} NO \xrightarrow[\text{III}]{+e^-} N_2O \xrightarrow[\text{IV}]{+e^-} N_2 \tag{7-20}$$

式中：Ⅰ 为硝酸盐还原酶；Ⅱ 为亚硝酸盐还原酶；Ⅲ 为一氧化氮还原酶；Ⅳ 为一氧化二氮还原酶。

这 4 种还原酶存在细胞质膜内，为膜结合还原酶。

传统的厌氧反硝化生物反应包括外源反硝化和内源反硝化。

外源反硝化：利用外来碳源，以 NO_3^- 为最终电子受体，氧化有机物合成细胞物质：

$$2CH_3OH + HNO_3 + Ca(OH)_2 \longrightarrow \underset{(\text{细胞})}{0.2\ C_5H_7NO_2} + 0.4N_2 + 6[H] + CaCO_3 + 3.6[OH]$$

$$\tag{7-21}$$

在外源反硝化过程中，每利用 1 g NO_3^- 进行反硝化，消耗 1.03 g 甲醇，产生 0.37 g 新细胞和 1.61 g 碱度。

内源反硝化（即硝化细菌内源呼吸）：以机体内的有机物为碳源，以 NO_2^- 或 NO_3^- 为最终电子受体。

$$\underset{(\text{细胞})}{C_5H_7NO_2} + 4.6NO_3^- \longrightarrow 2.8N_2 + 1.2H_2O + 5CO_2 + 4.6OH^- \tag{7-22}$$

从以上化学反应式看出，反硝化的结果消耗 NO_3^-，产生碱性物质 OH^-，使出水 pH 上升，呈碱性。

② 厌氧氨氧化脱氮由厌氧氨氧化菌完成。

$$NH_3 + HNO_2 \longrightarrow N_2 + 2H_2O \tag{7-23}$$

Strous 等根据化学计量和物料平衡推算出厌氧氨氧化反应可能的总反应方程式：

$$NH_4^+ + 1.32NO_2^- + 0.066HCO_3^- + 0.13H^+ \longrightarrow 1.02N_2 + 0.26NO_3^- +$$
$$0.066CH_2O_{0.5}N_{0.15} + 2.03H_2O \tag{7-24}$$

有很多细菌只将 HNO_3 还原到 HNO_2 而积累，不生成 N_2。污水处理中最担心发生的情况之一是含高浓度 NH_3 和 HNO_2 的水排放到水体，毒死水生动物。厌氧氨氧化菌能够将 NH_3 和 HNO_2 直接转化为 N_2 是非常理想的。如能有效发挥厌氧氨氧化菌的作用，就可解决这个问题。

③ 好氧反硝化。有一类细菌在好氧条件下，可以将硝酸盐、亚硝酸盐还原为 N_2。这叫好氧反硝化，这类菌叫好氧反硝化细菌。脱氮副球菌为其典型代表。好氧反硝化参与化学反应的酶与厌氧反硝化不同，其化学反应式为

$$NO_3^- \longrightarrow NO_2^- \longrightarrow NO \longrightarrow N_2O \longrightarrow N_2 \tag{7-25}$$

（三）微生物脱氮工艺的选择

微生物脱氮工艺基于有厌氧反硝化细菌和好氧反硝化细菌，因此，运行要根据污水的水

质和处理目的，合理选用反硝化细菌和脱氮工艺。采用 A/O，A^2/O，A^2/O^2，SBR（序批式间歇反应器）和 MSBR（改良序批式间歇反应器）等工艺脱氮，均可得到较好的脱氮效果。经厌氧-好氧或缺氧-好氧等的合理组合处理，既可去除 COD_{Cr} 和 BOD_5，又可去除 NH_4^+，NO_2^--N 和 NO_3^--N；甚至还可达到除磷的目的。

反硝化有单级反硝化和多级反硝化。根据不同水质，通常有以下 3 种组合工艺，即碳氧化、硝化和反硝化的不同组合方式，见图 7-13，具体工艺流程见图 7-14。其中，A 工艺称倒置反硝化，碳源由进水提供，不需外加碳源，处理效果好。此外，还有滤池反硝化系统、氧化沟反硝化系统等。SBR 工艺见图 7-15。

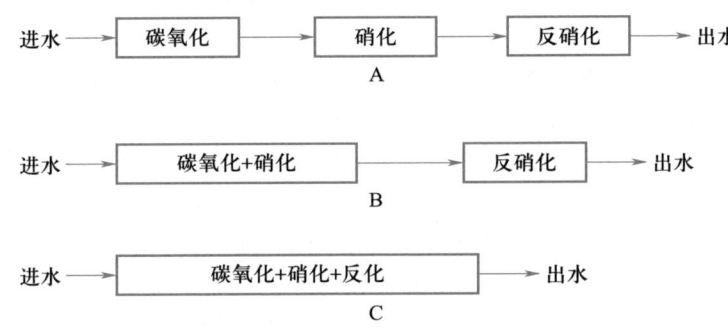

图 7-13　3 种基本脱氮组合工艺

A—碳氧化、硝化、反硝化分级；B—碳氧化和硝化结合、反硝化分级；
C—碳氧化、硝化、反硝化结合

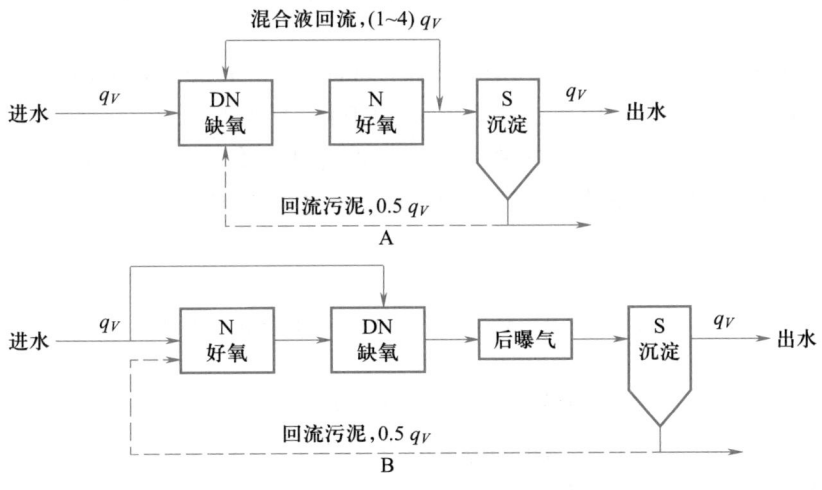

图 7-14　两种排列方式的 A/O 系统示意图

A—主流反硝化；B—分点进水反硝化

处理含氨氮污（废）水时，除了掌握好运行操作的几个关键指标外，硝化和反硝化的合理组合方式和顺序对提高氨氮的去除率也有很大关系。如何选择工艺，一级硝化-反硝化好还是多级硝化-反硝化好，要依据水质而定，主要看 COD_{Cr} 负荷和氨氮负荷（或说 COD_{Cr}

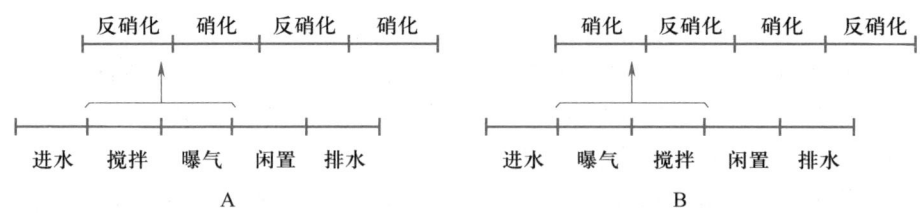

图 7-15　SBR 脱氮系统及 A 和 B 两种空间时段分配

和氨氮浓度）高低。负荷高，级数多效果好；负荷低，级数少效果好，而且运行费用经济。原因是硝化过程产生的酸，需要加碱中和。在硝化过程中，当 pH 下降至 6.5 左右，及时转入反硝化过程，依靠反硝化提高碱度，满足其自身 pH 要求。同理，反硝化过程也要及时转入硝化过程。合理调整硝化和反硝化，可以节省碱的用量，甚至不加碱，也可以得到好的处理效果，大大节省运行开支。污（废）水中的 BOD_5：TN（即 C：N）大于 2.86 时反硝化正常；低于此比值，反硝化出现碳源不足，要投加外碳源，有的工程要投加甲醇补足碳源。这不仅增加开支，甲醇对人还不安全，可改用乙醇作碳源。还可考虑用内碳源（细胞死亡溶解析出的有机物）进行反硝化，不足之处是它的反硝化速率较低。

传统的污（废）水生物脱氮工艺存在流程长，碳源和能源消耗大的缺点。为此，科研人员一直在探索，开发新型低成本的生物脱氮工艺。典型的新工艺有：① SHARON（短程硝化-反硝化）工艺；② ANAMMOX（厌氧氨氧化）工艺；③ OLAND（限氧自养硝化-厌氧反硝化）工艺；④ SHARON-ANAMMOX（短程硝化-厌氧氨氧化）工艺；⑤ 单相 CANON（SHARON-ANAMMOX）工艺；⑥ SND（同步硝化-反硝化）工艺等。6 种新工艺简介如下：

（1）SHARON（single reactor for high activity ammonia removal over nitrite）工艺

1975 年 Voets 等提出 SHARON 工艺，即短程硝化-反硝化工艺，亦称"捷径反硝化"，通过控制温度在 $30 \sim 35 \, ℃$，限制充氧量（$0.5 \sim 1.0 \, mg/L$）和缩短曝气时间等条件，抑制硝化细菌生长，促使亚硝化细菌优势生长，迅速将氨氧化为 HNO_2 后，随即利用有机物将 HNO_2 还原为 N_2 的过程。其反应式为

硝化：

$$0.5NH_4^+ + 0.75O_2 \longrightarrow 0.5NO_2^- + H^+ + 0.5H_2O \tag{7-26}$$

反硝化：

$$CH_3CH_2OH + 3NO_2^- \longrightarrow 1.5N_2 + 2CO_2 + 3H_2O \tag{7-27}$$

由于缩短曝气时间，只有 50% 的 NH_4^+ 被氧化至 NO_2^-，不仅减少能耗，还节省了从 NO_3^- 还原到 NO_2^- 所需要的碳源。从总体上节省运行费用。

（2）ANAMMOX（anaerobic ammonium oxidation）工艺

厌氧氨氧化菌在厌氧环境下，由 NO_2^- 将 NH_4^+ 氧化为 N_2：

$$NH_4^+ + NO_2^- \longrightarrow N_2 + 2H_2O \quad \Delta G^\ominus = -357 \, kJ/mol \tag{7-28}$$

虽然厌氧氨氧化（ANAMMOX）反应对环境条件（pH、温度、溶解氧等）要求比较苛刻，但因其不需要氧气和有机物的参与，故该工艺的开发具有可持续发展的意义。目前，在

处理高氨氮焦化废水、垃圾渗滤液和消化污泥脱水液等废水方面已有成功的实例。

（3）OLAND（oxygen limited autotrophic nitrification denitrification）工艺

OLAND 工艺是限氧自养硝化-厌氧反硝化的结合，是用限制性的短程硝化与厌氧氨氧化相耦联的生物脱氮工艺。该工艺用 SBR 反应器运行，先在硝化阶段严格控制 DO 在 $0.1 \sim 0.3$ mg/L，使部分（约 50%）NH_4^+ 被氧化为 NO_2^-，然后，转入厌氧条件下，由厌氧氨氧化菌利用 NO_2^- 将余下的 NH_4^+（作为电子供体）进行反硝化，将 NH_4^+ 转化为 N_2。该工艺因实施了短程硝化，具有耗时短、能耗低、脱氮效率高、系统占地面积小等优点，适合处理低 COD、高 NH_4^+-N 的废水。

（4）SHARON-ANAMMOX 工艺

1995 年荷兰代尔夫特大学将短程硝化和厌氧氨氧化相结合，研发成功 SHARON-ANAMMOX 工艺（即短程硝化-厌氧氨氧化工艺），并于 2002 年首次应用于荷兰鹿特丹的 Dokhaven 污水处理厂。该工艺与传统硝化反硝化相比，优点极其明显，见表 7-12。

表 7-12　SHARON-ANAMMOX 工艺和传统硝化反硝化工艺的比较

参数	SHARON-ANAMMOX 工艺	传统硝化反硝化工艺
耗氧量/{kg(O$_2$)·[kg(NH$_3$-N)]$^{-1}$}	1.9	3.4~5
反硝化 BOD 消耗量/{kg(BOD)·[kg(NH$_3$-N)]$^{-1}$}	0	>1.7 } *
污泥产量/{kg(VSS)·[kg(NH$_3$-N)]$^{-1}$}	0.08	1
CO$_2$ 产量减少/%	90	
动力消耗减少/%	60	
构筑物空间减少/%	50	
碱用量减少/%	50	

注：*3 项参数摘自 L. Klemedtsson，1999。

由表 7-12 看出，L. Klemedtsson 提供 SHARON-ANAMMOX 工艺不消耗 BOD，而传统硝化反硝化工艺需消耗 BOD，其消耗量大于 1.7 kg（BOD）/[kg(NH$_3$-N)]，因此，必须投加碳源。氧的消耗量也减少，只需 1.9 kg（O$_2$）/kg(NH$_3$-N)，而传统硝化反硝化工艺需消耗氧 3.4~5 kg（O$_2$）/kg(NH$_3$-N)。另有报道，处理含高浓度 NH$_3$ 的废水时，SHARON-ANAMMOX 工艺可有效去除氨氮，与传统硝化-反硝化工艺相比可节省 62.5% 的供氧量，节省 25% 的能耗，节省 40% 的碳源和 50% 的碱量，缩短反应历程，加速反硝化速率，提高 NH$_3$-N 的去除效果。表 7-13 为厌氧氨氧化工艺运行参考条件。

表 7-13　厌氧氨氧化工艺运行参考条件

电子供体	电子受体	温度		pH		O$_2$	避光	研究者
		范围	最适	范围	最适			
NH$_4^+$	NO$_2^-$	20~43	40	6.7~8.3	8.0	受抑制	对光敏感	Jetten

在这些条件中，控制 pH 较为关键，因为 pH=8 是亚硝化细菌最适合生长的条件，有利于抑制硝化细菌（其最适 pH=7）生长，促进亚硝化细菌生长，积累 NO_2^- 使反应有足够的电子受体，NH_4^+ 才能顺利被氧化为 N_2。

（5）单相 CANON（completely autotrophic ammonium removal over nitrite）工艺

CANON 工艺由荷兰代尔夫特工业大学于 2002 年研发的。CANON 工艺在单一反应器中进行短程硝化-厌氧氨氧化，完成废水脱氮的全过程。该工艺适合处理高氨氮、低 C/N 的废水如垃圾渗滤液、污泥消化液等。可用序批式间歇反应器（SBR）、生物转盘（BRC）、膜生物反应器（MBR）等运行。

（6）同步硝化反硝化（SND）工艺

同步硝化反硝化（simultaneous nitrification and denitrification，简称 SND）工艺是在成功分离培养好氧反硝化细菌以后提出的新工艺。目前得知：生态系统中有好氧的自养硝化细菌和异养硝化细菌；有好氧反硝化细菌、厌氧的自养反硝化细菌和缺氧异养反硝化细菌。由于有类型多样的菌种，为 SND 提供了可能性和奠定了基础。SND 是在有一定溶解氧条件下，将硝化和反硝化两个过程置于同一个构筑物内的微生态系统中同步进行。该过程存在错综复杂的关系，包括各种类型微生物的生长和繁殖，活性污泥颗粒或生物膜的形成，其中的溶解氧（DO）由表及里的扩散梯度所形成的好氧区、缺氧区和厌氧区。根据伍赫尔曼（Wuhrman）的研究，曝气池中 DO 的质量浓度为 2 mg/L 时，500 μm 粒径絮凝体中心处的 DO 只有 0.1 mg/L（如图 7-16）。这就造成了活性污泥或生物膜表面形成好氧区，然后 DO 浓度由外向里逐渐递减形成缺氧区和厌氧区。这 3 个区为上述的硝化细菌和反硝化细菌提供了生存条件，好氧的硝化细菌和好氧的反硝化细菌生长在好氧区，兼性菌生长在缺氧区，厌氧的反硝化细菌生长在厌氧区。它们同时各自吸附和吸收各区的有机物和无机物；发生有机物和无机物的传递、转移及进行一系列的生物化学反应。

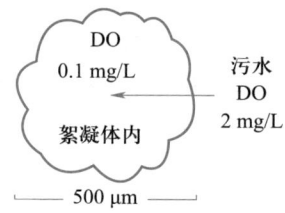

图 7-16　活性污泥颗粒内氧传递的梯度变化

实现 SND 的关键是控制好活性污泥浓度和活性污泥颗粒粒径的大小，或生物膜的浓度和厚度，与有机负荷和溶解氧三者的关系，适当控制 pH、氧化还原电位和温度等，同时调控好氧硝化细菌、好氧反硝化细菌和厌氧反硝化细菌三者协同作用。例如，在活性污泥颗粒的好氧区，NH_3 由硝化细菌转化为 NO_2^-、NO_3^- 后，随即由好氧反硝化细菌利用有机物还原 NO_2^-、NO_3^- 为 N_2；此时尽量控制好曝气量和曝气时间，以使亚硝化细菌优势生长，防止 NO_3^- 产生。与此同时厌氧反硝化细菌在厌氧区利用有机物还原 NO_2^-、NO_3^- 为 N_2。溶解氧（DO）是实现 SND 更关键的因素，因硝化反应速率与 DO 质量浓度成正相关性，随 DO 质量浓度升、降而升、降；反硝化反应速率则相反，随着 DO 质量浓度的降低而上升。经硝化及反硝化的动力学分析得知，当 DO 质量浓度为 0.14 mg/L 左右时，会出现硝化速率和反硝化速率相等的同步硝化、反硝化现象。此时，它们的反应速率为 4.7 mg/（L·h），硝化反应速率常数 $K_N=0.37$ mg/L；反硝化反应速率常数 $K_D=0.48$ mg/L。在实际中，要靠合理的构筑物设计，严密的运行管理，才能取得理想的处理效果。

有机碳源是提供微生物生长和繁殖所需能量的主要来源，也是实现 SND 的关键因素之一。有机碳源浓度要适宜，若过高，异养菌活动旺盛，会抑制硝化反应，硝化不完全，进而会影响反硝化；由于 SND 体系中，硝化与反硝化同时发生，相互制约，因此，要求 COD/NH_4^+-N（C/N）调整到最适范围，使得既有利于硝化细菌的同化作用又有利于氨氮的去除。用不同的反应器实施 SND，其 COD 与 NH_4^+-N 之比不相同。例如 Shinya Matsumoto 等用膜生物反应器研究了 C/N 对 SND 的影响，在温度为 23 ℃时，将 C/N 由 3.0 提高到 5.2，总氮（TN）去除率大于 70%；Y. C. Chiu 等用 SBR 反应器运行 SND，当初始 COD/NH_4^+-N 为 11.1 时，SBR 工艺实现了同步硝化反硝化，并且，COD 和 NH_4^+-N 的去除率均达到 100%。众多研究表明：在 C/N 合适的范围内，提高 C/N，有助于提高 SND 的处理效果。

表 7-14 为实现同步硝化反硝化（SND）工艺汇总参数。因 SND 运行还不成熟，参数尚需进一步优化。

表 7-14　实现同步硝化反硝化（SND）工艺汇总参数

DO mg·L^{-1}	ORP mV	pH	有机负荷 kg（COD）· （kg MLSS·d）$^{-1}$	SRT d	活性污泥粒径 μm	实现 SND %	污泥浓度 g·L^{-1}	C/N	温度 ℃
0.5~1	150~200	7.5	0.5	30~50	50~100*	—	—	10*	25~35
					382*	98.5*	5*	2~24*	

注：* 取自 Pochana 的数据，用动态微生物絮体测定。

综上所述，SND 工艺由于硝化和反硝化在同一空间、同一时间进行，其构筑物单一，可以节省基建费，运行省时、省能耗、省资源（碳源和碱度缓冲剂），最终达到既去除有机物，又去除 NH_4^+、NO_2^- 和 NO_3^- 的目的。目前，该工艺正处在探索、研究和实验阶段，但很有前景。

虽然好氧反硝化细菌的研究获得很大进展，但离实际应用还有距离，其根本原因是在运行中好氧反硝化细菌增长慢、数量少。如果能掌握好氧硝化细菌与好氧反硝化细菌的习性及它们之间的相互关系，把握它们与活性污泥中其他微生物的关系，在运行中解决好氧反硝化细菌的富集与培养的技术，好氧的 SND 就能得以实现。

以上 6 种新型脱氮工艺，均明显优于传统硝化反硝化工艺，汇总于表 7-15。

由表 7-15 可看出，工艺①、③、④、⑤的前半段是好氧硝化，其中的细菌都是化能自养的亚硝化细菌，都需供氧、耗能。工艺④是限氧（DO：0.1~0.3 mg/L）自养硝化，耗能相对少些。工艺③~⑤的后半段与工艺①不同，均为厌氧氨氧化菌，以 NH_4^+ 作电子供体，以 NO_2^- 电子受体，直接同化由其他微生物异化作用产生的 CO_2，工艺①后半段的细菌则为兼性的厌氧反硝化细菌，碳源源于它自身用有机物还原亚硝酸过程，同时得到能量。工艺②是完全在厌氧条件下，厌氧氨氧化菌以 NH_4^+ 作电子供体，以 NO_2^- 电子受体，将 NH_4^+ 氧化为 N_2，完成脱氨作用。并以 CO_2 为碳源合成自身细胞。工艺④是工艺①和②的组合，兼有两者的优点，在整个脱氮过程中，尤其在反硝化时不消耗 BOD（表 7-12），废水中的有机碳源

表 7-15　微生物脱氮工艺汇总

序号	1	2	3	4	5	6	7
脱氮工艺类型	SHARON 短程硝化-反硝化	ANAMMOX 厌氧氨氧化	SHARON-ANAMMOX 短程硝化-厌氧氨氧化	OLAND 限氧自养硝化-厌氧反硝化	CANON 单相短程硝化-厌氧氨氧化	SND 同步硝化-反硝化	Nitrification-denitrification 传统硝化反硝化
微生物	亚硝化细菌，反硝化细菌	厌氧氨氧化菌	亚硝化细菌，厌氧氨氧化菌	亚硝化细菌，厌氧氨氧化菌	亚硝化细菌，厌氧氨氧化菌	好氧异养菌，好氧硝化细菌，好氧反硝化细菌，厌氧反硝化细菌	好氧异养菌，厌氧异养菌，氨氧化细菌，亚硝化细菌，硝化细菌
与氧关系	好氧/厌氧	厌氧	好氧/厌氧	微氧/厌氧	好氧/厌氧	好氧/微氧/厌氧	好氧/厌氧
好氧段 DO/(mg·L^{-1})	0.5~1.0	0	0.5~1.0	0.1~0.3	0.8~1.2	1.5~2	1~2, 2~3
电子供体	有机物，NH_4^+	NH_4^+	有机物，NH_4^+	有机物，NH_4^+	有机物，NH_4^+	有机物	有机物
电子受体	O_2/NO_2^-	NO_2^-	O_2/NO_2^-	O_2/NO_3^-	O_2/NO_2^-	O_2/NO_2^-	$O_2/NO_2^-/NO_3^-$
碳源	有机物	有机物→CO_2	有机物→CO_2	有机物→CO_2	有机物→CO_2	有机碳	有机碳
NH_4^+/NO_2^-	1:1.2	1:1.5	1:1	1:1.2	1:1.2		
废水特点 C/N	低，<1	低，<1	低，<1	低，<1	<0.81	COD/NH_4^+-N 3~6	BOD$_5$/TKN ≥3
反应器	SBR	SBR, BRC, MBI	SBR	SBR, MBR	SBR, RBC	SBR, MBR	A/O, A^2/O, A^2/O^2, SBR

注：1. 为了对微生物脱氮新工艺有简明、清晰的了解，而制作本表。

2. 本表内的数据是根据报道的资料综合而成，非指某具体研究的数据。

3. 各工艺处理的废水成分多样、复杂，微生物种类也多样，本表内微生物项的细菌只是其中的优势菌。

仅供给合成细胞用。所以，SHARON-ANAMMOX，OLAND 和单相 CANON 等组合工艺都是处理高氨氮、低有机碳污水最为简捷、最经济有效的处理工艺。

二、微生物除磷原理、除磷微生物及其工艺

用传统生物处理工艺处理污（废）水时，微生物生长需要吸收磷元素用以合成细胞物质核酸和合成 ATP 等，但含磷量高的污（废）水通常只被去除 19% 左右的磷，残留在出水中的磷还相当高。故需用除磷工艺处理，使出水磷的含量达到排放标准。

（一）微生物除磷原理

某些微生物在好氧时不仅能大量吸收磷酸盐（PO_4^{3-}）合成自身核酸和 ATP，而且能逆浓度梯度过量吸磷合成储能的多聚磷酸盐颗粒（即异染颗粒）于体内，供其内源呼吸用，这些细菌称为聚磷菌。聚磷菌在厌氧时又能释放磷酸盐（PO_4^{3-}）于体外，故可创造厌氧、缺氧和好氧环境，让聚磷菌先在含磷污（废）水中厌氧放磷，然后在好氧条件下充分地过量吸磷，最后通过排泥从污（废）水中除去部分磷，以达到减少污（废）水中磷含量的目的。

（二）聚磷细菌

如前所述，所谓聚磷菌是指能吸收磷酸盐，并将磷酸盐聚集成多聚磷酸盐（polyphosphate，PHA）储存在细胞内的一群微生物的统称。通常，聚磷菌又能形成聚 β-羟基丁酸（PHB）储存在体内。就目前所知，具有聚磷能力的微生物，绝大多数是细菌。聚磷的活性污泥是由许多好氧异养菌、厌氧异养菌和兼性厌氧菌组成，实质是产酸菌（统称）和聚磷菌的混合群体。从活性污泥中分离出来的聚磷细菌种类有 60 多种，其中聚磷能力强、数量占优势的聚磷菌是不动杆菌莫拉氏菌群、假单胞菌属、气单胞菌属、黄杆菌属和费氏柠檬酸杆菌等。有聚磷能力的还有硝化细菌中的亚硝化杆菌属、亚硝化球菌属、亚硝化叶菌属、硝化杆菌属和硝化球菌属等。从《伯杰细菌鉴定手册》（第九版）查到能形成多聚磷酸盐（异染颗粒）和聚 β-羟基丁酸（PHB）的细菌还有很多，见表 7-16。

表 7-16　能形成多聚磷酸盐和 PHB 的细菌

微生物名称	多聚磷酸盐	PHB	多糖类	与 O_2 关系
深红红螺菌（*Rhodospirillum rubrum*）	+	+	+	光厌氧，暗好氧
沼泽红假单胞菌（*Rhodopseudomonas palustris*）	−	+	+	光厌氧，暗好氧
绿色红假单胞菌（*Rhodopseudomonas viridis*）		+	+	光厌氧，暗好氧
嗜酸红假单胞菌（*Rhodopseudomonas acidophila*）	−	+	−	光厌氧，暗好氧
荚膜红假单胞菌（*Rhodopseudomonas capsulata*）	−	+	+	光厌氧，暗好氧
着色菌属（*Chromatium*）	+	+	+	厌氧
囊硫菌属（*Thiocystis*）	+	+	+	厌氧

微生物名称	多聚磷酸盐	PHB	多糖类	与 O_2 关系
乙基绿假单胞菌（*Chloropseudomonas ethylica*）	+	−	+	厌氧
格形暗网菌（*Pelodictyon clathratiforme*）	+	−	−	厌氧
贝日阿托氏菌属（*Beggiatoa*）	+	+	−	好氧，微好氧
浮游球衣菌（*Sphaerotilus natans*）	−	+	−	好氧
泡囊短波单胞菌（*Pseudomonas vesicularis*）	−	+	−	好氧
勒氏假单胞菌（*Pseudomonas lemoignei*）	−	+	−	好氧
石竹假单胞菌（*Pseudomonas caryophylli*）	−	+	−	好氧，兼性好氧
蜡状芽孢杆菌（*Bacillus cereus*）	+	+	−	好氧，兼性好氧
巨大芽孢杆菌（*Bacillus megaterium*）	−	+	−	好氧，兼性好氧

（三）除磷的生物化学机制

1. 厌氧释放磷的过程

产酸菌在厌氧或缺氧条件下将蛋白质、脂肪和糖类等大分子有机物，分解为 3 类可快速降解的基质（S_{bs}）：① 甲酸、乙酸和丙酸等低级脂肪酸；② 葡萄糖、甲醇和乙醇等；③ 丁酸、乳酸和琥珀酸等。聚磷菌则在厌氧条件下，分解体内的多聚磷酸盐（异染粒）产生 ATP，利用 ATP 以主动运输方式吸收产酸菌提供的 3 类基质进入细胞内合成 PHB，与此同时释放出 PO_4^{3-} 于环境中。

Comeau 提出乙酸吸收理论：质膜外的 CH_3COO^- 和 H^+ 结合成中性分子，进入细胞再水解成离子 CH_3COO^- 和 H^+，产生的 ATP 驱动 H^+ 排到体外，重建质子驱动力，使 CH_3COO^- 不断被输入细胞。体内的乙酸（CH_3COOH）被合成为 PHB。反应式如下：

$$CH_3COOH + ATP + HSCoA \longrightarrow CH_3COSCoA + ADP + Pi + H_2O \qquad (7-29)$$
$$\text{乙酰辅酶A}$$

$$2CH_3COSCoA + 2ADP + 2Pi + H_2O \longrightarrow CH_3COCH_2COOH + 2ATP + 2HSCoA \qquad (7-30)$$
$$\text{乙酰乙酸}$$

$$CH_3COCH_2COOH + NADH + H^+ \longrightarrow PHB + NAD^* \qquad (7-31)$$

式中的 ATP 由多聚磷酸盐分解产生，$NADH + H^+$ 由三羧酸循环（TCA）提供，所合成的 PHB 储存在细胞内。聚磷菌厌氧释放磷的生化反应模式见图 7-17。

2. 好氧吸磷过程

聚磷菌在好氧条件下，分解机体内的 PHB 和外源基质，产生质子驱动力（proton motive force，PMF）将体外的 PO_4^{3-} 输送到体内合成 ATP 和核酸，将过剩的 PO_4^{3-} 聚合成细胞储存物：多聚磷酸盐（异染颗粒）。聚磷菌好氧吸收磷的生化反应模式，见图 7-18。

20 世纪 90 年代，荷兰学者 Kuba 首先发现在 A/A（厌氧/缺氧）系统中有一类既能反硝化又能除磷的兼性厌氧细菌，被称为反硝化聚（除）磷菌（denitrifying phosphorus removing bacteria，简称 DPB）。它们能利用 O_2 或 NO_3^- 作为电子受体，其氧化细胞内 PHB 和其他碳源的代谢与 A/O 法中的聚磷菌相似。所不同的是，A/O 法中的聚磷菌要在厌氧时释放磷，在好氧时大量吸磷。而反硝化聚磷菌在反硝化的同时吸收大量的磷，并且它的吸磷速率大于放磷速率，从而达到除磷效果。目前，在运行中分离得到的菌种不多，已知有刘辉等分离的不动杆菌属，可以利用 NO_2^- 也可以利用 NO_3^- 作为电子受体，对磷、氮的最高去除率分别可达 82.94% 和 82.99%。安健等分离的蜡状芽孢杆菌对 NO_2^--N 和 $PO_4^{3-}-P$ 的去除率均可达 99%。

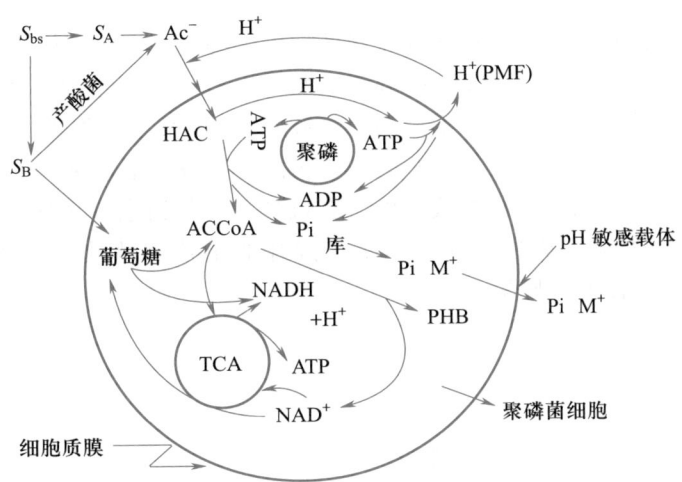

图 7-17　聚磷菌厌氧释放磷的生化反应模式图

注：S_A，S_B 为中间代谢产物；pmf 为质子驱动力。

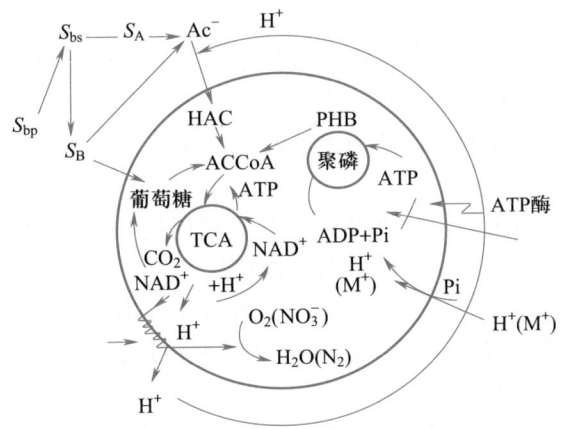

图 7-18　聚磷菌好氧吸收磷的生化反应模式图

Barak 等研究了有氧条件下脱氮假单胞菌（*Pseudomonas denitrificans*）细胞内聚磷酸盐（polyphosphate）的生成情况，发现它具有以 O_2 和 NO_3^- 作为电子受体，合成聚磷酸盐进行脱氮，具有同时去除磷酸盐和硝酸盐的能力。

第四节 有机固体废物处理中的微生物

当前各国城市的固体废物采用的处置和处理方法主要有焚烧法、填埋法和堆肥法。

焚烧法是物理方法，它多用来处理不可随意排放、有危险的特种废物，也处理城市污水处理厂的剩余污泥和生活垃圾。

堆肥法和填埋法是利用微生物化学的原理处理可生物降解有机固体废物的有效方法。目前，国内有垃圾处理量为 500～1 000 t/d 的大型堆肥厂，也有几十吨，甚至更小的堆肥厂。此外，还开发了用于社区的日产几百千克到 2 t 的小型垃圾微生物处理装置，就地处理小区的生活垃圾。通过以上多种措施，使有机固体废物能得到较好地解决。

适合用微生物处理的固体废物有城市生活有机垃圾，如厨余（食物废料和残余）、副食品加工废料和菜市场的菜下脚料、烂瓜果等，园林的杂草和整枝剪下的树枝条，以及污（废）水处理厂的剩余活性污泥等。

一、堆肥法

（一）堆肥法、堆肥化和堆肥的概念

堆肥法是一种古老的微生物处理有机固体废物的方法，俗称"堆肥"。农村将秸秆、落叶、禽畜粪便及人粪尿等一起用土坑堆积，依靠其本身滋生的微生物和土壤微生物发酵，腐熟后施用于农田。其产品即称堆肥。后来堆肥法被用来处理城市的生活垃圾，延至处理城市的各种有机固体废物。

堆肥化是依靠自然界广泛分布的细菌、放线菌和真菌等微生物，有控制地促进可生物降解的有机物向稳定的腐殖质转化的生物化学过程。

堆肥是堆肥化的产品。堆肥是优质的土壤改良剂和农肥，还可作园林绿化和花卉的优质栽培土。

最早的堆肥工艺多采用厌氧发酵堆肥法，其发酵周期长，一般为 4～6 个月，占地面积大。为了缩短发酵周期，节省用地，科研人员改进发酵方法，用泵将发酵的渗出液打循环，通入空气进行好氧发酵，结果缩短了腐熟时间，使发酵周期缩短至 20 d。1933 年，丹麦的达诺（Dano）开发"达诺"堆肥工艺，用旋转窑发酵筒进行好氧发酵，发酵周期进一步缩短至 3～4 d。此法广为欧洲国家、日本等采用。此外，还有厌氧发酵和好氧发酵结合的处理方法。20 世纪 70 年代后，随着现代化工业的发展，采用机械粉碎有机垃圾、搅拌和通空气等方法，进行高温快速好氧发酵也取得了较好的效果。

目前，我国各大城市都十分注重生态卫生文明建设，建成了一批具备一定处理能力和机械化程度的垃圾堆肥处理场。为清洁环境，改善环境质量起了很大作用。

（二）好氧堆肥

目前，好氧堆肥处理的物料主要有：① 有机垃圾；② 有机垃圾和粪水；③ 有机垃圾和

脱水污泥；④ 脱水污泥。

垃圾的化学组分主要是纤维素、半纤维素、糖类、脂肪和蛋白质等。它的理化性质列于表 7-17，随季节改变，其组分会变化。

表 7-17　垃圾的理化性质

项目	pH	水分/%	总固体/%	挥发物/%	碳/%	氮/%	速效氮/%	体积质量/($t \cdot m^3$)	孔隙率/%
数值	8	27.84	72.2	19.54	13.4	0.45	0.03	0.45	30

粪水和脱水污泥的理化性质见表 7-18 和表 7-19。

表 7-18　粪水的理化性质

项目	相对密度	pH	水分/%	总固体/%	挥发物/%	碳/%	氮/%	速效氮/%
数值	1.1	8.8	98.5	1.5	82.3	0.45	0.23	0.2

表 7-19　水处理厂脱水污泥组成与特征

批号	含水率/%	有机物/%	灰分/%	混凝剂/($mg \cdot L^{-1}$)	聚丙烯酰胺/%	气味	外观
1	70	50	50	$Al_2(SO_4)$	5~7	极臭	墨黑色
2	76.2	48.0	52.0	铁铝盐	5~7	刺鼻	黏稠，蚊蝇滋生

污水处理厂每天排放的剩余活性污泥量极大，其脱水污泥含水率仍有 70%~80%，黑臭，蚊蝇滋生，需要及时快速处理。

1. 好氧堆肥机理

好氧堆肥是在通入空气的条件下，好氧微生物分解大分子有机固体废物为小分子有机物，部分有机物被矿化成无机物；并放出大量的热量，使温度升高至 50~65 ℃，如果不通风，温度会升高到 80~90 ℃。这期间发酵微生物不断地分解有机物，吸收、利用中间代谢产物合成自身细胞物质，生长繁殖；以其更大数量的微生物群体分解有机物，最终有机固体废物完全腐熟成稳定的腐殖质。有机堆肥好氧分解过程，见图 7-19。

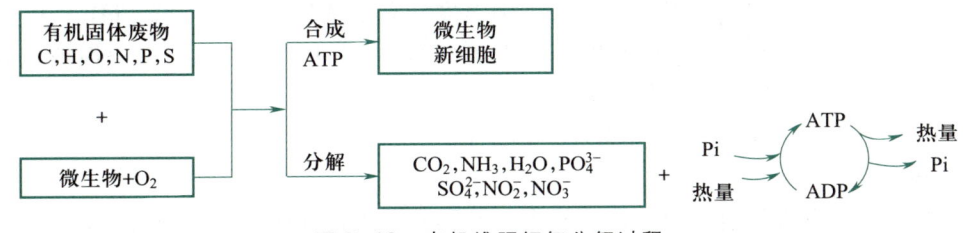

图 7-19　有机堆肥好氧分解过程

所发生的反应如下：

有机物质+好氧菌+氧气+水——→二氧化碳+水（蒸汽）+硝酸盐+硫酸盐+氧化物+能量+新细胞

$$(7-32)$$

2. 好氧堆肥发酵的微生物

好氧堆肥发酵的微生物有中温好氧的细菌和真菌，好热性的细菌、放线菌和真菌，嗜热高温细菌和放线菌。

微生物在堆肥中的作用与演替：通常，参与好氧堆肥的微生物是附着在垃圾上的本底微生物。堆肥发酵是分批进行的，每一批垃圾上附着的微生物数量有限，而且每一批的种类和数量都不一样，冬季垃圾本底微生物更少。所以，堆肥中的微生态系是临时组成的。堆肥初期，微生物处在迟滞期，由中温好氧的细菌和真菌通过分解易降解的糖类、蛋白质和脂肪等获得营养，逐渐生长繁殖，产生大量热量，使堆温升高至 50 ℃，接着由好热性的细菌、放线菌和真菌分解纤维素和半纤维素，微生物数量不断增加，温度不断上升至 60 ℃，真菌停止活动。根据堆肥卫生标准规定：堆温要维持 55~60 ℃持续 5~7 d，以使致病菌和虫卵被杀死。之后，继续由好热的细菌和放线菌分解纤维素和半纤维素，温度升至 70 ℃。此时，若温度继续升高，一般的嗜热细菌和放线菌也停止活动，堆肥腐熟稳定。

根据好氧堆肥实验经验，在建堆时喷洒 HEM 菌（高温高效有益菌），堆温升得很快，发酵 1 d 后堆温就升至 70 ℃以上，堆温升至 80 ℃以上仅需 3 d，其中的总大肠菌群的死亡率达 100%。而堆肥发酵细菌仍正常生长，在发酵结束时细菌总数仍有 10^{11} CFU/mL。添加 HEM 菌可以保证每一批堆肥微生物的数量，提高发酵速率和效果，增加堆肥腐熟度，缩短发酵周期，提高处理场地的周转率。

3. 有机堆肥好氧分解要求的条件

（1）碳氮比：碳氮比为（25∶1）~（30∶1）时发酵最好，有机物含量若不够，可掺杂粪肥。

（2）堆肥湿度要适当：通常情况下，含水率维持在 60%为宜，堆肥发酵良好。有报道称，30 ℃时，含水量应控制在 45%；45 ℃时，含水率应控制在 50%左右。

（3）供氧：氧要供应充足，通气量在 $0.05~0.2\ m^3/(min \cdot m^3)$。

（4）氮和碳含量：有一定数量的氮和磷，可加快堆肥速率，增加成品的肥力。

（5）温度：嗜温菌发酵最适温度 30~40 ℃，嗜热菌发酵最适温度 55~60 ℃，5~7 d 能达到卫生无害化。投加高温菌株发酵的发酵温度在 75 ℃左右为宜，杀灭致病菌效率高。

（6）pH：pH 为 5.5~8.5。微生物在整个发酵过程中能自身调节堆肥的 pH，好氧发酵的前几天由于产生有机酸，pH 达到 4.5~5，随温度升高氨基酸分解产生氨，pH 上升至 8.0~8.5，一次发酵完毕。经二次发酵氧化氨产生硝酸盐，pH 下降至 7.5，为中性或偏碱性肥料。所以，好氧堆肥不需外加任何中和剂。

（7）时间：一次发酵的发酵周期为 7 d 左右。

4. 好氧堆肥的优点

好氧堆肥分解有机物速率快，产热量大，堆肥升温迅速并能保持高温时间长，可有效杀死致病微生物和虫卵。腐熟速率快，腐熟程度高，异臭物质如氨、硫化氢和硫醇在好氧条件下转化为无臭味的氧化物 NO_3^- 和 SO_4^{2-}，故堆肥成品无臭味，肥效好，达到城镇垃圾农用控制标准值，见表7-20。发酵周期短，一次和二次发酵时间共20 d左右，堆肥基本稳定。

	有机质/%	总氮/%	总磷/%	总钾/%	腐殖酸总量/%	水分/%	pH
表7-20 垃圾堆肥成品肥效测定结果（2003年中试结果）							
垃圾好氧堆肥	31.00	1.82	2.30	1.63	18.30	32.40	8.14~8.78
城镇垃圾农用控制标准值	≥10	≥0.5	≥0.3	≥1.0	—	25~35	6.5~8.5

注：投加发酵菌剂。

5. 堆肥工艺

堆肥工艺有静态堆肥工艺、高温动态二次堆肥工艺、立仓式堆肥工艺和滚筒式堆肥工艺等。

（1）静态堆肥工艺：条状堆肥是静态堆肥工艺的一种，见图7-20。其工艺简单，设备少，处理成本低，发酵周期为50 d，操作条件差。用人工翻动，第2, 7, 12三天各翻动一次；在以后35天的腐熟阶段每周翻动一次。翻动的同时可喷洒适量水以补充蒸发掉的水分。

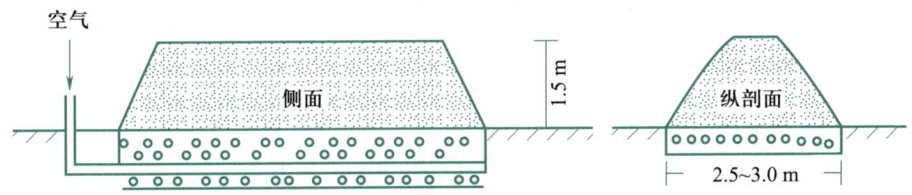

图7-20 条状堆肥示意图

（2）高温动态二次堆肥工艺：高温动态二次堆肥（见图7-21），分两个阶段，前5~7天为动态发酵，机械搅拌，通入充足空气，好氧菌活性强，温度高，快速分解有机物。发酵7天绝大部分致病菌死亡。7天后用皮带将发酵半成品输送到另一车间进行静态二次发酵，垃圾进一步降解稳定，20~25天完全腐熟。

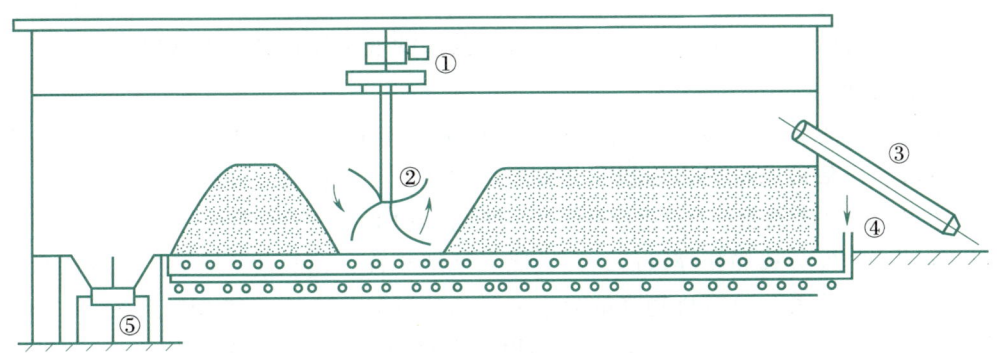

图7-21 高温动态二次堆肥工艺简图
① 吊车；② 抛料翻堆机；③ 进料皮带运输机；④ 供气管；⑤ 出料皮带运输机

（3）立仓式堆肥工艺：立式发酵仓高 10~15 m，分隔 6 格，见图 7-22。经分选、破碎后的垃圾由皮带输送至仓顶一格，受自重力和栅板的控制，逐日下降至下一格。一周全下降至底部，出料运送到二次发酵车间继续发酵使之腐熟稳定。从顶部至以下 5 格均通入空气，从顶部补充适量水，温度高，发酵极迅速，24 h 温度上升到 50 ℃ 以上，70 ℃ 可维持 3 天，之后温度逐渐下降。

该工艺占地少，升温快，垃圾分解彻底，运行费用低。缺点为水分分布不均匀。

（4）滚筒式堆肥工艺：滚筒式堆肥工艺又称"达诺"生物稳定法，见图 7-23。滚筒直径 2~4 m，长度 15~30 m，滚筒转速 0.4~2.0 r/min。滚筒横卧稍倾斜。经分选、粉碎的垃圾送入滚筒，旋转滚筒，垃圾随着翻动并向滚筒尾部移动。在旋转过程中完成有机物生物降解、升温和杀菌等过程，5~7 天后出料。

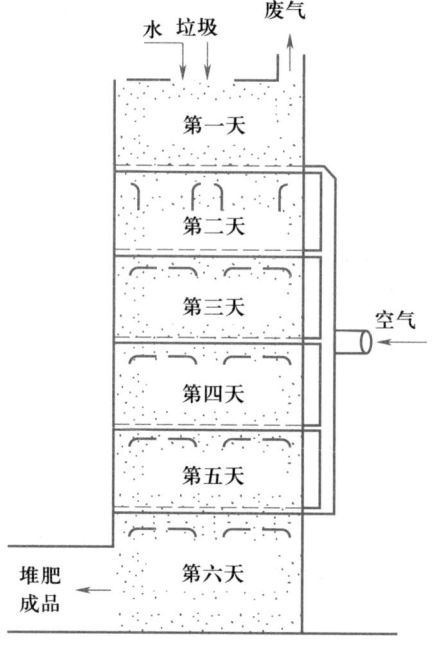

图 7-22　立仓式堆肥工艺简图

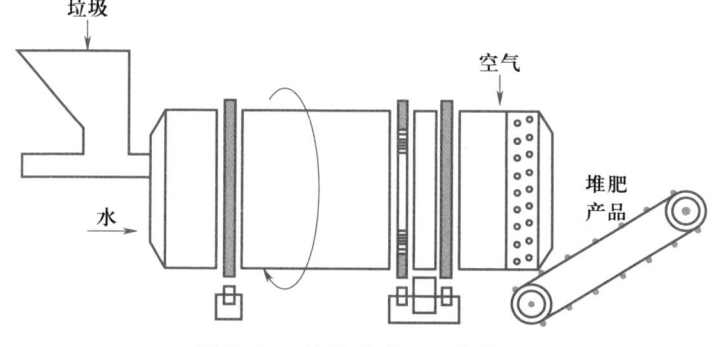

图 7-23　滚筒式堆肥工艺简图

以上的处理方法处理量大，如果管理不善，其渗滤液可能污染土壤和地下水。

（三）厌氧堆肥

厌氧堆肥的原理和污（废）水厌氧消化原理基本相似。不同的是：污（废）水厌氧消化是液体发酵；厌氧堆肥是固体发酵，其发酵过程如下所示：

$$有机物质+厌氧菌+二氧化碳+水 \longrightarrow 甲烷+氨+脂肪酸+乙醛+硫醇+硫化氢 \quad (7-33)$$

有机固体废物经分选和粉碎以后，进入厌氧处理装置，在兼性厌氧微生物和厌氧微生物的水解酶作用下，将大分子有机物降解为小分子的有机酸、腐殖质和 CH_4，CO_2，NH_3，H_2S 等。就产甲烷过程而言，与污（废）水中的甲烷发酵一致，也分 3 个阶段。

厌氧分解后的产物中含许多嗜热细菌和对环境造成严重污染的物质，其中含有脂肪酸、氨、乙醛、硫醇（酒味）、硫化氢等有害物质。因此，还需要有除臭装置和除臭细菌将有害物质去除。

参与厌氧堆肥的微生物有兼性厌氧的水解产酸菌、厌氧的产甲烷菌，厌氧脱氨菌和脱硫菌等。由于有机物分解不彻底，其产热量比好氧发酵的低。因此，堆肥的温度最高在 60 ℃。

（四）社区小型化有机垃圾微生物处理装置

小型化有机垃圾微生物处理装置是新型的生活垃圾处理方法。日本对此研究和应用较早，生产了供社区使用和家庭使用的生活垃圾处理装置和特效的微生物菌种。近 10 年来，我国也在开展此方面的研究，在上海除引进日本的处理装置外，还研制了日处理量 0.1 t，0.2 t，0.5 t，1 t 和 2 t 等规格的有机垃圾微生物处理机，筛选、培养出具有高效分解性能的微生物菌种，为全自动处理装置。

在社区使用小型有机垃圾微生物处理装置可及时使居民的生活垃圾在源头就被彻底分解，无害化，有利于环境保护，并制造有机肥料。这是一种有前途的装置，环境效益大，但投资成本高。

小型有机垃圾微生物处理装置是好氧装置，一般有两部分：前一部分由好氧微生物和兼性好氧微生物降解各种有机物，并部分无机化；第二部分是高温燃烧除臭装置。整个工艺历时 24 h 完成垃圾发酵和稳定化的过程。高性能的微生物处理装置是将两部分功能集合在一个装置中，利用多种具有分解功能的微生物和除臭微生物合理组合，自动调节，24 h 完成垃圾腐熟稳定化。对投入的垃圾在 12 ~ 24 h 内可减量 95%。有机垃圾微生物处理装置所用的菌种都是经人工筛选、培育的多种高效生理功能的微生物。有分解糖类、蛋白质、脂肪、骨骼、蟹壳和蛋壳等功能的混合微生物群体。有氨化微生物、氧化氨的亚硝化细菌和氧化亚硝酸的硝化细菌，有将 H_2S 氧化为 SO_4^{2-} 的氧化硫细菌。亚硝化细菌、硝化细菌和氧化硫细菌属除臭细菌，由嗜温菌和嗜热菌组合。菌种一次投入可使用 3 ~ 6 个月，半年清料一次，留少量腐熟物，再添加少量菌种继续发酵。半年后清料，重新投加新菌种。

二、沼气发酵

沼气发酵又称厌氧发酵，是指有机物质（如作物秸秆、杂草、人畜粪便、垃圾、污泥等）在厌氧条件下，通过种类繁多、数量巨大、功能不同的各类微生物的分解代谢而被稳定，同时伴随有甲烷和二氧化碳产生的过程。沼气发酵的产物——沼气是一种比较清洁的能源。同时发酵后的渣滓又是一种优质肥料，实践证明，沼肥对不同农作物均有不同程度的增产效果。

（一）沼气发酵基本原理

有机物的厌氧发酵过程可分为液化、产酸和产甲烷三个阶段，三个阶段各有其独特的微生物类群起作用。

1. 液化阶段

由厌氧或兼性厌氧的水解性细菌或发酵细菌起作用，该过程可将纤维素、淀粉等糖类水解为单糖进而形成丙酮酸；将蛋白质水解成氨基酸再形成有机酸；将酯类水解成甘油和脂肪酸，并进一步形成丙酸、乙酸、丁酸、琥珀酸、乙醇、氢气和二氧化碳。本阶段的水解性菌有梭菌属、杆菌属、弧菌属等专性厌菌，兼性厌菌有链球菌属和一些肠道菌等。

2. 产酸阶段

由产乙酸细菌利用第一阶段产生的各种有机酸分解成乙酸、氢气二氧化碳。以上两阶段起作用的细菌统称为不产甲烷菌。

3. 产甲烷阶段

由严格厌氧的产甲烷菌群完成。它们只能利用一碳化合物（CO_2、甲醇、甲酸、甲基胺和 CO）、乙酸和氢气形成甲烷，其中约有 30% 来自 H_2 和 CO_2 还原，70% 则来自乙酸盐。

在上述三个阶段中，产甲烷菌形成甲烷是关键。其中产甲烷菌是自然界碳素循环中厌氧生物链的最后一个成员，对自然界物质循环关系重大。

（二）沼气发酵的影响因素

1. 厌氧条件

产酸阶段的不产甲烷微生物大多数是厌氧菌，需要在厌氧条件下，把复杂的有机物分解成简单的有机酸等。而产气阶段的产甲烷细菌更是专性厌氧菌，不仅不需要氧，而且氧对产甲烷细菌反而有毒害作用。判断厌氧程度一般用氧化还原电位 E_h 表示。严格厌氧的产甲烷菌要求 E_h 为 $-300 \sim -350$ mV；而一些兼性产酸细菌则 E_h 为 $-100 \sim +100$ mV 就能正常生活。为了保证厌氧条件，必须修建严格密闭的沼气池，保证沼气池不漏水、不漏气。

2. 温度

厌氧消化与温度有密切的关系。一般来讲，池内发酵温度在 10 ℃以上，只要其他条件配合得当就可以开始发酵，产生沼气。不过在一定范围内，温度越高微生物活性越强，不但产气量增大，而且可以加速细菌的代谢使分解速度加快。根据温度不同，可把发酵过程分为常温发酵（低于 20 ℃）、中温发酵（30~36 ℃）及高温发酵（50~53 ℃）。

3. pH

产甲烷微生物细胞内的胞质 pH 一般中性。但对于产甲烷细菌来说，维持弱碱性环境是十分必要的，当 pH 低于 6.2 时，它就会失去活性。因此，在产酸菌和产甲烷细菌共存的厌氧消化过程中，系统的 pH 应控制在 6.5~7.8 之间，最佳范围是 7.0~7.2。为提高系统对 pH 的缓冲能力，需要维持一定的碱度，可通过投加石灰或含氮物料的办法进行调节。

4. 营养和原料处理

充足的发酵原料是产生沼气的物质基础。各种微生物在其生命活动过程中不断地从外界吸收营养，以构成菌体和提供生命活动所需的能量。同时，在降解有机物质过程中形成许多中间代谢产物。厌氧发酵要求的碳氮比例并不十分严格，原料的碳氮比例为 15∶1~30∶1，即可正常发酵。一般将贫氮有机物（如作物等）和富碳有机物（如人畜粪尿、污泥等）进行合理配比，从而得到合适的碳氮比。

5. 搅拌

在常规的发酵池中，发酵液通常自然分为四层，从上到下分别为浮渣层、上清层、活性层和沉渣层。有效地搅拌可以增加物料与微生物接触的机会，使系统内的物料和温度分布均匀，还可以使反应产生的气体迅速排出。对于流体状态或半流体状态的污泥，可以采用其他搅拌、机械搅拌、泵循环等方法，但对于固体状态的物料，通常的搅拌方式往往难以奏效，可以通过循环浸出液的方式替代搅拌。

6. 接种污泥

厌氧消化中细菌数量和种群会直接影响甲烷的生成。含有丰富沼气微生物数量的污泥叫接种物。在处理废水时，由于废水中含有的沼气菌数量比较少，所以开始时必须接种。不同来源的厌氧发酵接种物，对产气和气体组成有不同的影响。酒厂、屠宰场和城市下水污泥活性较强，可直接作为接种物添加。添加接种物可促进产气过程，提高产气率。也可把现有污水处理厂和工业厌氧发酵罐的发酵液作为"种"使用，可缩短菌体增殖的时间。使用工业废水为原料的沼气池启动时，特别要注意接种。

(三) 沼气发酵的原理

厌氧发酵工艺类型较多，按发酵温度、发酵方式、发酵级差的不同划分几种类型。使用较多的是按发酵温度划分厌氧发酵工艺类型。

1. 高温发酵工艺

高温发酵工艺的最佳温度范围是 48~55 ℃，此时有机物分解旺盛发酵快，产气量高。物料在厌氧池内停留时间短，非常适合于城市垃圾、粪便和有机污泥的处理。

2. 中温发酵工艺

中温发酵工艺是发酵温度维持在 30~35 ℃的沼气发酵，该发酵工艺有机物消化速度快，产气率较高，与高温发酵相比，中温发酵所需的热量要少得多。从能量回收的角度，该工艺被认为是较理想的发酵工艺。目前世界各国的大、中型沼气工程普遍采用此工艺。

3. 常温发酵工艺

常温发酵是指在自然温度下进行的厌氧发酵。该工艺的发酵温度不受人为控制，基本上随外界的温度而变化，因此夏季产气率高，冬季产气率低。其优点是沼气池结构相对简单，造价低。

三、有机固体废物的卫生填埋

卫生填埋法是在堆肥法的基础上发展起来的，始于 20 世纪 60 年代，其原理与厌氧堆肥相同，都是利用好氧微生物、兼性厌氧微生物和专性厌氧微生物对有机物质进行分解转化使之最终达到稳定化。

按规范要求，填埋场选址通常在市郊，有机固体废物须分层填埋并压实，每层厚度一般为 2.5~3 m，层与层之间须覆土 20~30 cm。填埋场底部要铺设水泥层，以防渗滤液渗漏造成地下水污染。为防止渗滤液造成二次污染，须在填埋场底部铺设渗滤液收集管，以便排放和处理。垃圾填埋后，由于微生物的厌氧发酵，会产生 CH_4、CO_2、NH_3、CO、H_2、H_2S 及 N_2 等气体，因此，在填埋场内还需按一定路径铺设排气管道，以收厌氧分解过程中产生的甲烷等气体。

填埋的废物分解速度较慢，一般经 5 年发酵产气。填埋坑中微生物的活动过程一般分为以下几个阶段：① 好氧分解阶段。这是垃圾填埋后的初始阶段，由于大量空气的存在，各种好氧微生物比较活跃，垃圾只是好氧分解，此阶段时间的长短取决于分解速度，可以由几天到几个月，好氧分解将填埋层中的氧气耗尽以后进入第二阶段。② 厌氧分解不产甲烷阶段。此阶段微生物利用 NO_3^- 和 SO_4^{2-} 作为电子受体，产生硫化物、N_2 和 CO_2，硫酸盐还原菌和反硝化细菌的繁殖速度大于产甲烷细菌。随着氧化还原电位的不断降低和高分子有机物的不断分解，产甲烷菌逐渐活跃，甲烷的产量逐渐增加，随后便进入稳定产气阶段。③ 稳定产气阶段。此阶段稳定地产生二氧化碳和甲烷等气体。填埋场气体一般含有 40% ~ 50% 的 CO_2 和 30% ~ 40% 的 CH_4，以及其他气体。所以，填埋场的气体经过处理以后可以作为能源加以回收利用。

填埋场产生的渗滤液，化学组分复杂，含有大量有机酸，氨氮含量高，还含有重金属。须用厌氧—缺氧—好氧生物处理方法综合处理，最后用化学混凝剂混凝、沉淀后再排放到水体、净化程度高。

第五节　废气生物处理中的微生物

大气中的废气来源很多，有各类化工厂、化纤厂、发电厂和垃圾焚烧厂等的废气，汽车尾气；污水处理厂和垃圾处理厂产生的臭气；在塑料、橡胶加工、油漆生产、汽车喷漆和涂料生产等诸多工业领域中，产品的生产和加工过程中会产生大量含有挥发性有机化合物（volatile organic compounds，VOCs）的废气。这些废气如不经处理排入大气会影响大气质量，影响动物和植物生长和人类的健康。某些有毒 VOCs 废气有致残致畸、致癌作用，对长期暴露其中的人体造成严重伤害。为此，各国颁布了相应的法令，限制该类气体的排放。我国于 1996 年颁布并实施的《大气污染综合排放标准》（GB 16297—1996），限定 33 种污染物的排放限值，其中包括苯、甲苯、二甲苯等挥发性有机物，还有恶臭、强刺激、强腐蚀及易燃、易爆的组分。上述物质均导致空气污染。

一、废气的处理方法

废气的处理方法有物理和化学方法（如吸附、吸收、氧化及等离子体转化法），还有生物净化法。如同污（废）水处理一样，生物净化法是经济有效的方法之一。生物净化法有植物净化法和微生物净化法。绿化就是利用植物吸收和转化大气中的污染物，包括日益增多的 CO_2。植物吸收 CO_2 和 H_2O 进行光合作用，放出大量 O_2，清洁空气。

微生物净化法可就地及时处理各种恶臭污染源的废气，早年有关人员对氨气、H_2S 等臭气，包括甲硫醇（MM）、二甲基硫醚（DMS）、二甲基二硫醚（DMDS）、二甲基亚砜（DM-SO）、二硫化碳（CS_2）和二氧化硫（SO_2）等研究较多。现在挥发性有机物（VOCs）也成为研究的热点。由于上述物质呈气态，必须先将这些物质溶于水后才能用微生物法处理。废气的组分较单一，不能满足微生物全部的营养要求，故需添加营养。

微生物净化气态污染物的装置有生物吸收池（图 7-24）、生物洗涤池、生物滴滤池（图 7-25）和生物过滤池。生物过滤池应用较多，技术较成熟。德国和荷兰建有几百座生物过滤池，多数处理食品和屠宰业的废气，处理效果很好。

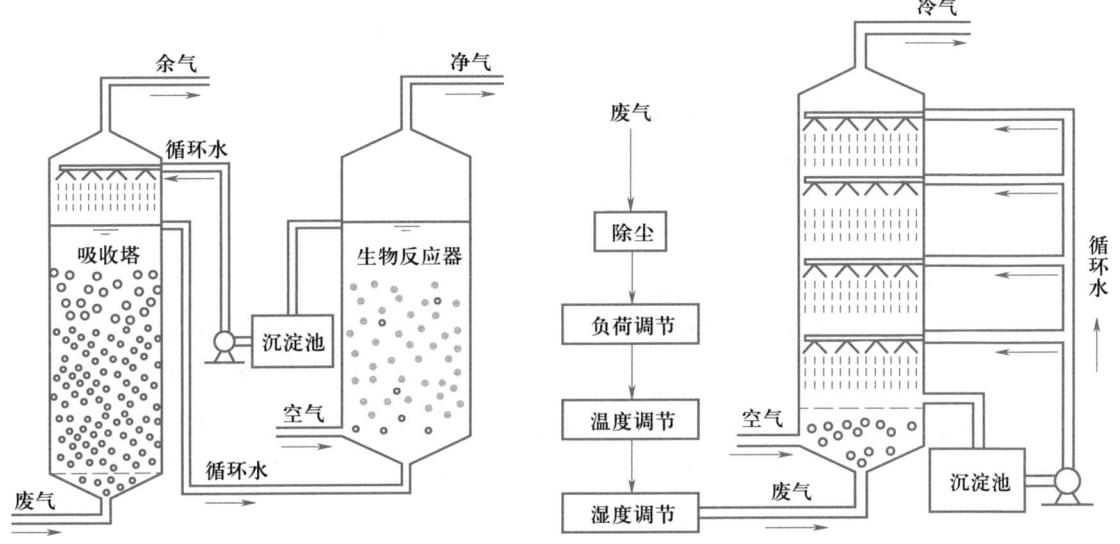

图 7-24　生物吸收法工艺流程示意图　　　图 7-25　生物滴滤法工艺流程示意图

废气生物处理主要适用于去除异味气体和含 VOCs 浓度较低的废气，其中总有机碳（TOC）<1 000 mg/m³；气体流量≤50 000 m³/h，气流均匀且连续；废气的温度一般≤40 ℃，生物滤池工艺同时要求进气湿度>95%；废气组分易溶于水，易生物降解。生物过滤池工艺对异味气体和易溶性有机气体去除效率较高，而生物洗涤池能够用于生物降解性较差的VOCs 废气处理。

二、几种典型废气的微生物处理方法

（一）含硫恶臭污染物的净化

1. 氧化硫的细菌代谢途径

含硫恶臭污染物有 H₂S、甲硫醇（MM）、二甲基硫醚（DMS）、二甲基二硫醚（DMDS）和二甲基亚砜（DMSO）。其中二甲基亚砜（DMSO）、二甲基二硫醚（DMDS）和二甲基硫醚（DMS）的微生物代谢途径，见图 7-26、图 7-27 和图 7-28。

（1）生丝微菌属：生丝微菌属对 DMSO 代谢的结果是产生 H₂SO₄ 和 CO₂，而其中间代谢产物 HCHO 经丝氨酸途径同化，合成细胞物质。

自养性的硫杆菌属（*Thiobacillus*）和甲基型的生丝微菌属（*Hyphomicrobium*）与一般硫化细菌的代谢一致。

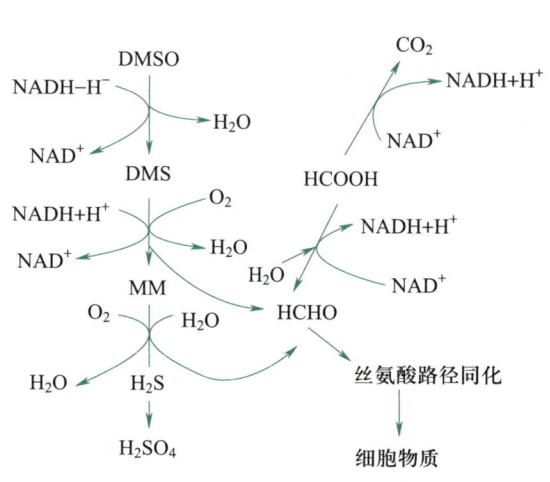

图 7-26 生丝微菌属（*Hyphomicrobium*）S 对 DMSO 的代谢途径

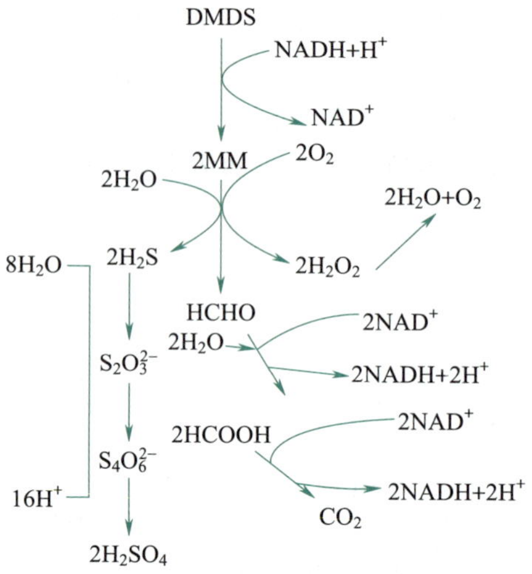

图 7-27 排硫硫杆菌（*Thiobacillus thioparus*）E6 对 DMDS 的代谢

（2）黄单胞菌属：黄单胞菌属（*Xanthomonas*）DY44 对硫的代谢性能独特，它氧化 H_2S 和甲硫醇（MM）不形成 S^0 或 SO_4^{2-}，而是形成类似于元素硫的聚合物。

（3）食酸假单胞菌：食酸假单胞菌（*Pseudomonas acidovorans*）只氧化 DMS 为 DMSO，就不再继续氧化。

（4）硫杆菌属：硫杆菌属（*Thiobacillus*）既能氧化上述恶臭硫化物，也能氧化 S^0，$S_2O_3^{2-}$ 和 $S_4O_6^{2-}$；硫杆菌属（*Thiobacillus*）ASN-1 菌株则氧化 DMS，利用 NO_2^- 和 NO_3^- 作最终电子受体，依靠钴胺酰胺（X）（甲基携带剂）引发的甲基转移反应而被氧化为 HCOOH 和 H_2S。

（5）排硫硫杆菌：排硫硫杆菌（*Thiobacillus thioparus*）E6 菌株氧化 DMDS 为 H_2SO_4 和 CO_2；排硫硫杆菌（*Thiobacillus thioparus*）TK-m 菌株则氧化 CS_2，经 COS 和 H_2S，进而氧化为 H_2SO_4 和 CO_2。

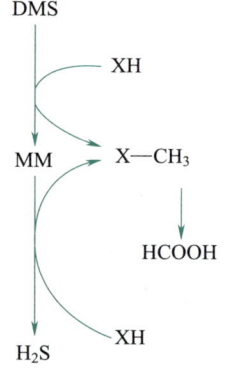

图 7-28 硫杆菌属（*Thiobacillus*）ASN-1 对 DMS 的代谢

（6）氧化硫硫杆菌：氧化硫硫杆菌（*Thiobacillus thiooxidans*）氧化 H_2S、S^0、$S_2O_3^{2-}$ 和 $S_4O_6^{2-}$ 为 H_2SO_4。

几种恶臭硫化物生物氧化活性的顺序是：H_2S>MM>DMDS>DMS。

生物处理恶臭硫化物的细菌列于表 7-21 中。

表 7-21　生物处理恶臭硫化物的细菌及其生理特性

微生物名称	营养类型	代谢硫化物活性					最适 pH	最适温度／℃
		H_2S	MM	DMS	DMDS	CS_2		
生丝微菌属								
Hyphomicrobium sp. S	甲基营养	+	+	+	−	−	7	25~30

微生物名称	营养类型	代谢硫化物活性					最适 pH	最适温度/ ℃
		H₂S	MM	DMS	DMDS	CS₂		
Hyphomicrobium sp. EG	甲基营养	+	+	+	−	−	7	25~30
Hyphomicrobium sp. 155	甲基营养	+	+	+	−	−	7	25~30
排硫硫杆菌								
Thiobacillus thioparus DW44	化能自养	+	+	+	+	−	6.6~7.2	28
Thiobacillus sp. HA43	化能自养	+	+	+			4~5	30
Thiobacillus thioparus TK−m	化能自养	+	+	−	−	+	6.6~7.2	30
Thiobacillus thioparus E6	化能自养	+	+	+	+	+	6.6~7.2	30
Thiobacillus thioparus T5	化能自养	+	+	−	−	+	6.6~7.2	30
Thiobacillus sp. ASN−1	化能自养	+	+	+	+	+	6.6~7.2	30
黄单胞菌属								
Xanthomonas sp. DY44	化能异养	−	−	+	−	−		30
食酸假单胞菌								
Pseudomonas acidonoran DMR−11	化能异养	−	−	+	−	−		30

2. 运行操作条件

运行操作条件为 pH 6.5~7.5，温度 25~35 ℃，平均温度 30 ℃，相对湿度 95% 以上，空气流速 <500 m³/h。

（二）废气中 CO_2、CH_4 和 NH_3 的净化

CO_2 大量排入大气，对人体虽没有直接毒害作用，但会引起"温室效应"，使整个地球的气候异常，温度普遍升高。气温变化无常，对农业威胁最大，灾害增多。据报道，大量 CH_4 和 NH_3 排放入大气也会引起"温室效应"。因此，解决废气中的 CO_2、CH_4 和 NH_3 非常必要。

单纯含 NH_3 或单纯含 CO_2 的废气可合在一起处理，调节两者的比例，然后用硝化细菌处理。首先将 NH_3 溶于水成 NH_4^+，通入生物滴滤池；同时按亚硝化细菌和硝化细菌要求的碳氮比通入 CO_2 和无机营养盐，再通入空气，即可运行处理。亚硝化细菌和硝化细菌将 NH_4^+ 氧化成 NO_2^- 和 NO_3^-，同化 CO_2 合成细胞物质。CH_4 可和 NH_3 溶于水，用氧化甲烷菌、亚硝化细菌和硝化细菌协同处理。

净化 CO_2 除需大力加强绿化、保护森林外，还可筛选对人类无害的、有经济价值的藻类同化 CO_2。日本利用能合成谷氨酸的海藻在光照下进行光合作用，吸收海水中的无机元素，对水光解产生 H_2，用以还原 CO_2 合成谷氨酸。其培养液经过滤除藻体，滤液中含谷氨酸钠，经蒸发获得谷氨酸钠结晶，即得调味品——味精。藻类种类很多，可开发其他藻类资源，合成更多有经济价值的产品。

藻类处理 CO_2 最主要的因素是阳光。必须保证一定的光强度和光照均匀度。日本有人

利用光纤作提高光强度和均匀度的材料，在每条光纤的表面挖几千个凹槽，使光从侧面发出，顶部设一面反光镜，将底部发出的光反射回底部，这样整个设备光照很均匀。

（三）废气中挥发性有机污染物的生物处理

废气中挥发性有机污染物包括苯及其衍生物、酚及其衍生物、醇类、醛类、酮类和脂肪酸等。挥发性有机污染物中有许多是"三致"物，净化此类污染物已成为目前研究的热点。

挥发性有机污染物的处理设备中，使用较多的是生物滴滤池。以下对其进行简单介绍。

（1）工艺流程：废气先经除尘、负荷调节、温度调节和湿度调节后，再进生物滴滤池处理。

（2）微生物菌种：据报道，降解挥发性有机污染物的微生物有细菌、放线菌和真菌。处理苯系有机污染物的细菌是黄杆菌属（*Flavobacterium*）、假单胞菌属（*Pseudomonas*）和芽孢杆菌属（*Bacillus*）。

（3）微生物对各种挥发性气体的降解能力：在处理各种化工废气时，要根据各种废气组成和特性，选择合适的处理工艺和设备，才能取得相应的良好效果。表 7-22 可作参考。

表 7-22　微生物对不同废气成分的降解能力

工艺	生物滤床			生物洗涤反应器
	处理效率 >80%	处理效率 50%~80%	处理效率 <50%	处理效率 >50%
废气成分	甲苯、混合二甲苯、甲醇、丁醇、丁酸、三甲基胺、糠醛、氨气	丙酮、苯乙烯、吡啶、乙酸乙酯、苯酚、氯化苯酚、二甲基硫醚、硫氰化物、硫酚、甲硫醇、H_2S	甲烷、戊烷、环己烷、乙醚、二氯甲烷、三氯甲烷、四氯甲烷、硝基化合物、二氧杂环乙烷	甲醇、乙醇、异丙醇、乙二醇、苯酚、乙二醇醚、乙酸甲酯、丙酮、甲醛、有毒和难降解的有机物

（4）运行条件：温度为 25~35 ℃，pH 为 7~8，湿度为 40%~60%，有的控制在 95% 以上。营养物的 C：N：P=200：10：1，有的按 C：N：P=100：5：1 供给营养，气体流速 500 m^3/h 以下。据报道，当处理负荷为 70 m^3（苯乙烯废气)/[m^3（填料)·h]，停留时间为 30 s 时，苯乙烯的去除效果为 96%。

第六节　生态修复中的微生物

一、微生物生态修复工程概述

（一）生物修复的概念

生物修复（bioremediation）是指利用生物特别是微生物对环境污染物的吸收、代谢、降解等功能，将存在于土壤、地表水、地下水和海洋等环境介质中的有毒有害污染物降解为

CO_2 和 H_2O，或将其转化为无害物质，从而使受污染的生态环境能够部分或完全恢复为正常生态环境的工程技术体系。生物修复技术的创新之处在于采用各种工程技术手段，营造出适宜的生物生长和代谢的环境条件，促进或强化自然环境条件下本来发生很慢或不能发生的生物降解或生物转化过程，从而将已污染或破坏的环境重新恢复与物理化学方法相比，生物修复被公认为是一种有效、安全、廉价、环境友好和无二次污染的技术方法。

生物修复的研究始于 20 世纪 80 年代，首次记录实际使用生物修复是在 1972 年美国宾夕法尼亚州的 Ambler 清除管线泄漏的汽油。开始时生物修复的应用规模很小，一直处于实验阶段。直到 1989 年，美国阿拉斯加海域受到大面积石油污染以后才首次大规模应用生物修复技术。阿拉斯加海滩污染后生物修复的成功最终得到了政府环保部门的认可，所以一般认为阿拉斯加海滩溢油的生物修复是生物修复发展的里程碑。从此，生物修复得到了政府环保部门的认可，并被多个国家用于土壤、地下水、地表水、海滩、海洋环境污染的治理。1991 年 3 月，第一届原位生物修复（in situ bioremediation）国际会议在美国圣地亚哥召开，学者们交流和总结了生物修复工作的实践和经验，出版了 "*in situ bioremediation*" 和 "*on site bioreclamation*" 两本论文集，标志着以生物修复为核心的环境生物技术进入了一个全新的发展时期。2002 年 10 月 Science 专门刊登环境微生物技术的研究特辑。因此，我们可以预料生物修复将是 21 世纪初环境生物技术的主攻方向之一。最初的生物修复主要是利用细菌治理石油、有机溶剂、多环芳烃、农药之类的有机污染。现在，生物修复已不仅仅局限在微生物的强化作用上，还拓展出植物修复（phytoremediation）、真菌修复（mycoremediation）等新的修复理论和技术。

（二）生物修复的类型

根据修复过程所采用的生物类群，生物修复可分为植物修复、微生物修复和动物修复等。通常我们所说的生物修复就是指微生物修复，即狭义的生物修复。根据所修复的污染物，生物修复技术分为有机物污染（如农药、石油、多环芳烃多氯联苯等）的生物修复、重金属污染的生物修复、放射性元素污染的生物修复等。根据所修复的环境介质，生物修复可分为污染土壤的生物修复、污染地表水的生物修复、污染地下水的生物修复、污染海洋的生物修复、污染底泥的生物修复等。根据对修复对象的扰动情况，生物修复可分为自然生物修复和人工生物修复。自然生物修复（intrinsic bioremediation）不进行任何工程辅助措施或不调控生态系统，完全依靠自然环境中的土著微生物发挥作用。自然生物修复需要具备以下环境条件：① 有充分和定的地下水流；② 有微生物可用的营养物；③ 介质有缓冲 pH 的能力；④ 存在使代谢能够进行的电子受体。如果缺少一项或两项条件，将会影响生物修复的速率和程度。

在自然的生物修复的速率很慢或者不能发生时，可采用人工生物修复（enhanced bioremediation），即通过补充营养盐、电子受体、微生物菌体，或者改善其他限制因子，从而促进生物降解过程。根据人工干预的情况，人工生物修复可以分为原位生物修复和异位生物修复两大类型。原位生物修复（in situ bioremediation），顾名思义就是在污染的原地点进行生物修复工程，对污染的环境介质（土壤、水体）不作任何搬迁，主要包括生物通气、生物冲淋等。异位生物修复（ex situ bioremediation）是将被污染的环境介质（土壤、水体、空气）搬运或输送到异地或反应器内进行生物修复处理，主要包括通气土壤堆、异位土地耕作、泥浆反应器等。异位生物修复一般适合于污染严重污染面积较小、易于搬运的污染场地。

（三）生物修复的特点

生物修复技术与传统的物理化学修复技术相比，具有许多优点：① 微生物降解较为完全，可将一些有机污染物降解为完全无害的无机物，二次污染问题较小；② 处理形式多样，操作相对简单；③ 对环境的影响较小，处理费用较少，为热处理费用的 $1/4 \sim 1/3$；④ 可处理多种不同种类的有机污染物，如石油、炸药、农药、除草剂、塑料等；⑤ 很容易与其他修复技术组合形成复合修复技术，如与植物联合修复有机污染土壤，且可同时处理受污染的土壤和地下水。然而，生物修复依赖于微生物的生长、代谢和繁殖活动。因此，生物修复技术存在一些固有的局限性：① 当污染物的溶解性较低，或者与土壤腐殖质、黏粒矿物结合得较紧时，微生物难以发挥作用，污染物不能被微生物有效地降解；② 专一性较强，特定的微生物只降解某种或某些特定类型的化学物质，污染物的化学结构稍有变化，同一种微生物的酶就可能不再起作用；③ 有一定的浓度限制，当污染物浓度太低且不足以维持降解细菌的群落时，生物修复不能很好地发挥作用，当污染物的浓度太高超过了微生物的忍耐限度时，容易对微生物产生毒害作用，从而使生物降解或生物转化过程不能发生；④ 微生物活性与温度、氧气、水分、pH 等环境条件的变化有关，因此微生物修复技术受各种环境因素的影响较大。

生物修复与城市污水和工业废水的生物处理有许多相似之处。例如，它们都是利用微生物对有机物的降解作用，同时也都是利用微生物的同化作用扩大繁殖，并通过工程措施保持较高的处理效率，在处理特殊废物时都需要驯化和筛选高效微生物。然而，生物修复和生物处理也有很多不同之处，主要表现在：① 处理对象不同。生物处理是控制排放口的污染物，生物修复主要处理已进入土壤、地下水、海洋等环境介质中的污染物。② 污染物的生物可降解性不同。如活性污泥法处理的废水大部分为生活污水，比较容易降解；然而，生物修复降解的化学品多是比较难降解的有毒化学品的复杂混合物，如燃油、杂酚油、工业溶剂的混合物。③ 污染物存在状态不同。生物处理的废水、废气和固体废物处于相对均匀混合状态，操作运行相对容易一些；生物修复的介质经常是多相的非均质的环境，如土壤，环境中污染物的浓度从很低到特别高，浓度可以相差 100 倍。

（四）生物修复中微生物的种类

在生物修复中起作用的微生物可根据其来源分为三种类型：土著微生物、外源微生物和基因工程（GEM）菌。

1. 土著微生物

环境遭受污染后，会对微生物产生自然驯化和选择，一些微生物种群在污染物的诱导下产生分解污染物的酶体系，进而可将污染物降解或转化。目前，实际应用于生物修复工程的多数是土著微生物，原因在于土著微生物降解污染物的潜力巨大，而且接种的外源微生物在环境中难以长期保持较高的活性，加之工程菌的利用在许多国家（如欧洲）受到立法上的限制。例如，加拿大的 Stauffer Management 公司数年来发展了一些农药污染土壤的生物修复技术，他们在特定环境中通过激发降解性土著微生物群落的功能达到修复目的。

环境中往往同时存在多种污染物，这时单一微生物的降解能力常常是不够的。实验表明，很少有单一微生物具有降解所有污染物的能力；此外，污染物的降解通常是分步进行的，在这个过程中需要多种酶系和多种微生物的协同作用，一种微生物的代谢产物可以作为另一种微生物的底物。因此，在实际的生物修复过程中，必须考虑激发原来环境中多种微生物的协同作用。

2. 外来微生物

土著微生物虽然广泛存在于土壤中，但其生长速度较慢，代谢活性不高，或者由于污染物的存在造成土著微生物的数量下降和活性降低，致使其降解污染物的能力降低。因此，有时需要在污染土壤中接种一些降解污染物的高效菌。例如，在 2-氯苯酚污染的土壤中，只添加营养物时，7 周内 2-氯苯酚浓度从 245 mg/kg 降为 105 mg/kg；然而在添加营养物的同时接种 *Peseudomonas putida* 纯培养物后，4 周内 2-氯苯酚的浓度即明显降低，7 周后其浓度仅为 2 mg/kg。

接种外来微生物会受到土著微生物的竞争，因此外来微生物的投加量必须足够多，才能形成优势菌群，以便迅速促进微生物降解过程。接种在土壤中用来启动生物修复的最初步骤的微生物称为"先锋微生物"，它们能起催化作用，加快生物修复的速度。

3. 基因工程菌

采用遗传工程手段，如组建带有多个质粒的新菌株、降解性质粒 DNA 的体外重组、质粒分子育种和原生质体融合技术等，可将多种降解基因转入同一微生物中，使其获得广谱的降解能力，或者增加细胞内降解基因的拷贝数来增加降解酶的数量，以提高其降解污染物的能力。例如，将甲苯降解基因从 *Pseudomonas putida* 转移给其他微生物，从而使受体菌在 0 ℃时也能降解甲苯。这比简单地接种特定的微生物要有效得多，因为接种的微生物不一定能够成功地适应外界环境的要求。Kulla 分离到两株分别含有两种可降解偶氮染料的假单胞菌，应用质粒转移技术获得了含有两种质粒、可同时降解两种染料的脱色工程菌。

尽管利用遗传工程提高微生物生物降解能力的工作已取得了良好的效果，但是，目前大多数国家对基因工程菌的实际应用有严格的立法控制。在美国，基因工程菌的使用受到"有毒物质控制法（TSCA）"的限制。一些人工基因工程菌释放到环境中会产生新的环境问题，导致对人和其他高等生物产生新的疾病或影响其遗传基因。但一些微生物学家指出，从科学的观点来看，决定一种微生物是否适宜于释放到环境中，主要取决于该微生物的生物特性（如致病性等），而不是看它究竟是如何得来的。他们认为，应该实事求是地对待基因工程菌问题，过分严格的立法和不切实际的宣传会阻碍现代微生物技术在环境污染治理中的推广应用。

二、生物修复的影响因素和主要方法

(一) 生物修复的影响因素

生物修复过程中主要涉及污染物、被污染的环境和微生物，因此，影响生物修复的因素主要有以下 3 个方面，即污染物、环境条件和微生物。

1. 污染物对生物修复的影响

（1）污染物的种类

污染物的化学组成和分子结构对其生物降解性具有决定性的作用。一般来讲，分子结构简单的有机物比结构复杂的有机物先被降解，分子量小的有机物比分子量大的有机物易降解。聚合物和高分子化合物之所以抗微生物降解，因为它们难以通过微生物细胞膜进入细胞内，微生物的胞内酶不能对其发生作用，同时也因其分子较大，微生物的胞外酶也不能靠近并破坏化合物分子内部敏感的反应键。研究表明，有机物的生物可降解性与其化学结构之间具有一定的定性关系和规律：① 链烃比环烃易被生物降解，链烃、环烷和杂环烃比芳香族化合物易被生物降解。② 单环烃比多环芳烃易被生物降解，大部分的 4 个以上稠环的高稠环芳香族化合物和环烷类化合物是抗生物降解的。③ 长链比短链脂肪易被降解，对于饱和脂肪族烃类，碳链长在 $C_{10} \sim C_{18}$ 比碳链长在 C_6 以下的烃容易降解。④ 不饱和脂肪族化合物比饱和脂肪烃化合物容易被生物降解，但脂肪烃的主链上若含有除碳原子以外的原子，其生物降解性将大大降低。⑤ 有机物的碳支链越多，越难被降解，如伯醇、仲醇易被生物降解，而叔醇却难以降解。⑥ 污染物的官能团也会影响其生物降解性能。一般带有氯取代基、醚基、氰基、酯基、磺酸基、甲基等化学基团的化合物比带有羧基、醛基、酮基、羟基、氨基、硝基、硫基等化学基团的化合物难生物降解。醇、醛、酸、酯、氨基酸比相应的烷烃、烯烃酮、羧基酸和氯代烃容易被降解。⑦ 取代基的位置和数量对有机物的生物可降解性也有很大的影响。如甲酚的邻、间、对取代物中，对位取代的甲酚较容易被微生物降解；氯代苯酚邻间对取代物中，邻位取代的氯酚较容易被微生物降解，间位取代的氯酚在初期对微生物有一定的抑制作用，经过特定的时间适应后可以降解直至完全矿化，而对氯酚在相同的条件下，不仅不能被生物降解，反而有较强的抑制作用。硝基取代的三种硝基酚中，厌氧状态下生物降解从易到难的顺序为邻硝基酚、间硝基酚、对硝基酚；但好氧条件下，对硝基取代物和间硝基取代物的生物降解性大于邻硝基取代物，取代基的种类和数量越多，生物降解难度越大。在多氯取代的芳香族化合物中，随着氯原子取代基数量的增加，其生物降解性降低，例如，多氯联苯中含有超过 4 个氯原子时几乎不能被生物降解。

此外，污染物的水溶性对其生物降解性能的影响也很显著。一般而言，溶解度较小的有机物的生物降解性也较差，这是由于其在水中的扩散程度较差，且很容易被吸附或捕集到惰性物质的表面上，难以与微生物进行接触反应，从而影响其生物降解性能。

（2）污染物的浓度

环境中污染物的浓度过高是生物修复的一个关键性问题，特别是当污染物的生物有效性很高时，就不太利于生物修复的进行。即使一些化学品在低浓度下可以被生物降解，但在高浓度下它们对微生物有毒，从而阻止或减缓微生物的代谢反应速率。例如，张倩茹（2003）分离和纯化了 5 株草胺抗性菌株（SZ1、SZ2、SZ3、SZ4 和 SZ5），5 个株均能以乙草胺为唯一的碳源和氮源，都能耐受 300 mg/L 以下的浓度，并且在 100 mg/L 浓度条件下生长良好。但是，当乙草胺浓度增加到 300 mg/L 以上，只有菌株 SZ4 仍然正常生长，而其他菌株则由于污染物的浓度增加导致其降解功能的丧失甚至死亡。此外，环境中污染物浓度过低也是生物修复的一个问题。当污染物的浓度降低到一定水平时，微生物的降解作用就会停止，这时微生物就无法进一步将污染物去除。

（3）复合污染

通常，污染场地是一个多种污染物共存的复合（混合）污染现场，复合污染对微生物的毒性与其单一污染有较大的区别，因此进一步影响到微生物对污染物的降解作用。张倩茹等（2004）的研究表明，乙胺和 Cu^{2+} 单因子作用对土著细菌活菌数量的抑制率分别为53.15% 和 83.08%。当乙草胺和 Cu^{2+} 同时或先后进入土壤环境后，由于两者的复合作用，导致其抑制效果更为明显，抑制率甚至高达 93.15%。

2. 环境条件对生物修复的影响

（1）氧气

微生物的氧化还原反应的最终电子受体主要有三类：溶解氧、有机物分解的中间产物和无机酸根。土壤中溶解氧的浓度分布具有明显的层次，从上到下存在着好氧带、缺氧带和厌氧带。由于微生物代谢所的氧气主要来自大气，因此氧的传递成为生物修复的一个控制因素。在表层土壤，微生物主要是好氧代谢；在深层土壤，由于水等阻隔，氧气的传递受到阻碍，微生物呼吸所需的氧气越来越缺少，这时微生物的代谢逐渐由好氧过渡到缺氧代谢，直到厌氧代谢。例如，烃类化合物的降解主要在好氧条件下进行。据推算，1 g 石油完全矿化为二氧化碳和水需要 3~4 g 氧气。因此，提供足够的氧气很可能是提高石油生物降解的重要因素。土壤通气条件受积水影响，也可受到氧气被消耗利用的影响。通过地耕法可以改善土壤通气条件，从而可以提高石油烃的生物降解率；也可以通过机械手段，直接向土壤中输入空气；也可以注入过氧化氢，但是必须对过氧化氢作为氧源进行可行性评价，因为过氧化氢对那些不具有过氧化氢酶的微生物有毒害作用。

（2）水分与湿度

水分是营养物质和有机组分扩散进入生物活细胞的介质，也是代谢废物排出生物机体的介质。而且，水分对土壤的通透性能、可溶性物质的特性和数量、渗透压、土壤溶液 pH 和土壤不饱和水力学传导率均有较大影响。因此，污染物的生物降解必须在一定的土壤水分与湿度条件下进行。湿度过大或过小都将影响土壤的通气性进而影响降解微生物在土壤环境中的降解活性或繁殖能力，以及其在土壤环境的移动性。一些研究表明，25%~85% 持水容量或 -0.01 MPa 是土壤水分有效性的最适水平。还有资料指出，当土壤湿度达到其最大持水量的 30%~90% 时，均适宜于石油烃的生物降解。

（3）营养元素

在土壤和地下水中，特别是地下水，N、P 等常是限制微生物活性的重要因素，为了使污染物得到完全的降解，必须保证微生物的生长所必需的营养元素。在环境中投加适当的营养元素，远比投加微生物更加重要。例如，石油烃污染土壤后，碳源的数量大量增加，氮、磷含量特别是可溶性氮、磷就成为污染物生物降解的调控或限制因子。为了达到良好的效果，必须在添加营养盐之前确定营养盐的形式、合适的浓度，以及碳、氮、磷合理的比例，肥料结构应选择疏水亲油型有利于形成适合微生物生长的微环境。

（4）温度

温度对微生物生长代谢影响较大，进而影响有机污染物的生物降解。总体而言，微生物生长范围较广，而每一种微生物都只能在一定温度范围内生长，有其生长的最适宜温度、最高耐受温度、最低耐受温度和致死温度。此外，温度变化会影响有机污染物的物理性质。例如，在低温条件下，石油的黏度增大，有毒的短链烷烃挥发性减弱，水溶性增强，从而降低了石油烃的可降解性。研究发现，高温能增加嗜油菌的代谢活动，一般在 $30 \sim 40$ ℃时活性最大。当温度高于 40 ℃，石油对微生物的膜状结构将产生损害。由于气候、季节的变化，环境温度随之发生波动，从而不同的微生物区系将在不同时期占据优势。因此，注重污染场地中微生物区系随温度发生变化的监控和研究，也是提高生物修复效率的一个重要方面。

（5）pH

土壤 pH 也是一个重要的环境因子。由于介质的不均一性，造成不同土壤环境下 pH 差异较大。pH 能影响土壤的营养状况（如氮、磷的可给性）和土壤结构，还会影响土壤微生物的生物学活性。一般情况下，多数真菌和细菌生存的最适宜 pH 为中性条件，这当然也是其发挥生物降解功能最适宜的环境条件。

3. 微生物对生物修复的影响

一般情况下，生物修复工程更多的是充分调动土著微生物的生物活性，使它们具有更强的代谢能力。为了加速生物降解的进行，有时也考虑接种外源微生物。接种一般要考虑两点，即接种是否必要和接种是否会成功。以下情况可考虑接种外源微生物：① 污染环境中存在土著微生物不易降解的污染物；② 污物度过高或有其他物质（如金属）对土著微生物产生毒性，使之不能有效地降解污染物；③ 需要对意外事故污染点进行迅速的生物修复；④ 污染物在降解过程中产生了有害的中间代谢产物，使土著微生物丧失了降解功能；⑤ 对难降解污染物、低浓度的污染现场进行外源微生物接种。

接种菌的筛选与培养应首先根据它们的生态适应性，其次是降解性和营养竞争能力。接种微生物的培养应在与实际应用环境相似的条件下进行，这样筛选出的微生物具有较强的生存能力。接种微生物进入环境后，因与土著微生物竞争和原生动物的捕食等原因，其数量会减少。如果接种量过少，就可能达不到预期的要求和效果。高接种量可保证足够的存活率和一定的种群水平，将起到加速降解的作用。一般情况下，接种量应达到 10^8 cfu/（g 土），但高接种量投资较大。

（二）生物修复的主要方法

生物修复技术是生物降解理论在实际中的应用，注重从工程学的角度解决和控制污染问题。这项技术的创新之处在于：一是精心选择、合理设计的环境条件中促进或强化天然条件下发生很慢或不能发生的生物降解和生物转化过程，二是能治理更大面积的污染场地。常见的生物修复的方法包括以下几个方面。

1. 施加营养物质

有机物污染环境中常缺乏微生物生长所需的营养元素，如氮、磷和铁，从而限制了微生物的代谢活动。这时，只要向污染环境中添加这些营养物，就可以显著提高微生物的活性和对污染物的降解能力，从而加速生物修复的进程和提高生物修复的效果。例如，钟毅等（2006）通过加除油菌、调节氮磷营养含量和水分含量等对中国北方某油田区原油污染土壤进行修复，180 天后土壤石油污染物去除率达 70.6%，去除速率达 0.15 g/(kg·d)，与自然条件相比，石油污染物半衰期由 929 d 减少为 103 d。

2. 提供电子受体

污染物降解的最终电子受体包括溶解氧、有机物分解的中间产物和无机酸根（如硫酸根、硝酸根和碳酸根等）。污染场地中的最终电子受体的种类和浓度极大地影响生物降解的速度和程度。O_2 是好氧微生物的电子受体，石油类化合物饱和芳香烃的降解需要 O_2。通常，土壤和地下水环境中是缺氧的，故补充氧气可提高污染物的降解速度。为了增加土壤中的溶解氧，可以对土壤鼓气或添加产氧剂，如投加双氧水、过氧化钙等，提高污染环境中溶解氧的浓度，从而更好地发挥好氧微生物对污染物的氧化分解作用。

对于厌氧微生物，可提供 CH_4、NO_3^- 或 SO_4^{2-} 等电子受体，从而促进有机污染物（如多环芳烃、氯代脂肪烃、多氯联等）的降解。向被石油污染的含水层加硝酸盐和硫酸盐可以促进石油烃类的降解，投加硫酸盐可促进苯的降解。例如，美国密歇根州的一个飞机染料污染场地，含有较高浓度的苯（760 g/L）、甲苯（4 500 g/L）、乙苯（840 ug/L）和二甲苯等，当施加适量的硝酸盐后，土壤中的苯、甲苯和乙苯的浓度均降低到 1 ug/L 以下，但二甲苯的异构体降解性较差，最终为 20~40 g/L。

3. 接种高效降解微生物

当环境中存在多种或高浓度的污染物时，如污染物泄漏事故导致局部环境污染，这时原来环境中的微生物种类和数量不足以降解或完全降解污染物，需要考虑接种适合于降解这些污染物的微生物。例如，Shapir 等报道，在受除草剂阿特拉津污染的土壤中投加 *Peudomonas sp.* ADP 进行生物强化，可使阿特拉津达到 90%~100% 的降解；Struthers 等将放射土壤杆菌（*A. radiobacter*）J14a 菌株接种到只具有少量野生降解菌的阿特拉津污染土壤中，发现阿特拉津的矿化速度提高了 2~5 倍。1993~1995 年 Spadaro 在波兰的 ODOT 进行了壤中 2，4-D 的生物修复的田间实验，在厌氧环境下加入厌氧消化污泥，处理 7 个月后，土壤中 2，4-D 从 1 100 mg/kg 降低到 18 mg/kg，并在大规模实验中证实了生物修复的可行性。

4. 改善环境条件

生物修复依赖于微生物的新陈代谢活动，为得到好的修复效果，需尽可能地创造适宜于微生物生长和繁殖的环境条件。影响微生物活性的外界因素主要有温度、湿度、氧化还原电位、pH、氧气含量、养分比例、盐度等。保持微生物最大代谢能力所需条件一般是：温度 15~35 ℃；湿度 25%~85%；氧化还原电位，好氧（或兼性）大于 50 mV；pH 5.5~8.5；氧气含量，好氧时占空间体积 10% 以上，厌氧时 1% 以下；养分比例，$C:N:P=120:1:1$。环境温度对微生物修复效果的影响显著。例如，郑金秀等（2006）以一株不动杆菌属细菌、一株产碱属细菌、两株假单胞属细菌构建成优势降解菌群投加到石油污染土中，进行微生物强化修复，结果表明，在 40 ℃ 翻土条件下的土壤修复率达到 68.82%，比 15 ℃ 同条件下的修复率高 25.88%。

5. 添加表面活性剂

生物修复成功与否不仅取决于微生物对污染物的降解能力，而且依赖于污染物的生物有效性。因此，增加污染物的溶解性和生物有效性是生物修复成功的必要条件。表面活性剂能够改变有机物的某些性质，增加污染物与微生物细胞接触速率，从而显著提高污染物的生物降解速率。例如，Grimberg 的研究发现，表面活性剂 TergitolNP-10 的添加促进了固相的溶解，从而促进了 *Pseudomonas stutzeri* 的生长和降解作用。陈延君等（2007）报道，降解体系中加入鼠李糖脂作为表面活性剂提高了正十六烷的降解率。

6. 提供共代谢底物

微生物对有机污染物的降解主要有两种方式：一是微生物在生长过程中以有机污染物作为唯一的碳源和能源，从而将有机污染物降解；二是通过共代谢途径，即微生物分泌胞外酶降解共代谢底物维持自身生长，同时也降解了某些非微生物生长必需的物质。共降解途径对于一些难降解有机污染物的生物降解是非常重要的，因为难降解有机污染物并不能单独支持微生物的生长。据报道，许多难降解有机污染物（如稠环芳烃、杂环化合物、氯化有机溶剂、氯代芳烃类化合物、表面活性剂和农药等）通过共降解开始而完成降解过程的。如甲烷氧化菌产生的甲烷单加氧酶是一种非特异性酶，可以通过共代谢降解多种污染物，包括三氯乙烯、五氯乙烯等。

在生物修复工程中，所添加的共代谢底物要符合以下几方面的要求：① 与微生物降解的目标底物相似或是其代谢的中间产物，能够明显提高降解效率；② 能维持污染物降解微生物的生长，不容易被其他非污染物降解微生物利用；③ 毒性较低、降解性好；④ 价格低、容易获得。目前研究较多的共代谢底物有水杨酸、邻苯二甲酸、联苯、琥珀酸钠等。例如，刘世亮等（2010）比较研究了邻苯二甲酸、琥珀酸钠作为共代谢底物对 BaP 的降解效率的影响，结果发现琥珀酸钠加强了 BaP 的代谢作用，促进了 BaP 的降解。

三、生物修复的工程技术

（一）原位生物修复的工程技术

原位生物修复是直接向污染场地中补充氧气、营养物或接种微生物对污染物就地进行处理，以达到污染去除效果的生物修复工艺。原位生物修复适合于污染土壤、地下水和地表水的治理。原位修复的工艺主要包括生物通气、生物注气、生物冲淋、P-T 工艺、土地耕作、有机黏土法等。

1. 生物通气法

生物通气法（bioventing）是一种强化污染物生物降解的修复技术。一般是在受污染的土壤上至少打两口井，安装鼓风机和真空泵，将空气强行排入不饱和土壤中，以增强空气在土壤中、大气与土壤之间的流动，为微生物活动提供充足的氧气。然后再抽出气体，土壤中一些挥发性污染物也随着去除（图 7-29）。在通入空气时，也可以加入一定量的氮气，为降解菌提供氮素营养，或者还可通过注入井、地沟等提供营养液，从而达到强化污染物降解的目的。

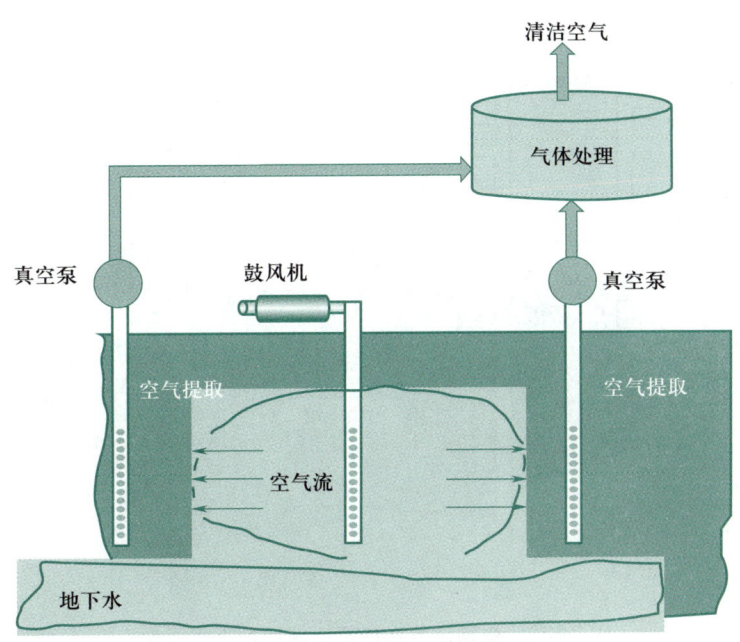

清洁空气

气体处理

真空泵　　　　鼓风机　　　　　　　　真空泵

空气提取　　　　　　　　　　　　　　空气提取

空气流

地下水

图 7-29　生物通气的工艺流程图

2. 生物注气法

生物注气法（biosparging）是指将空气压入土壤的饱和部分和地下水，同时从土壤的不饱和部分抽真空吸取空气，这样既向土壤提供了充足的氧气，又加强了空气的流通，使挥发性化合物进入不饱和层进行生物降解，同时饱和层也得到氧气有利于生物降解（图 7-30）。空气注气井通常是间歇式运行，这种方式在停滞期可使空气吹脱达到最小，在生物降解时可大量地供应氧气。运行中需要监测地下水的溶解氧和不饱和带中挥发性有机物的含量。

3. 生物冲淋法

生物冲淋法（bioflooding）又称液体供给系统（liquid delivery system），是指将含氧和营养物的水补充到亚表层，促进土壤和地下水中污染物的生物降解。生物冲淋法大多应用于石油烃类污染的治理，改进后也能用于处理氯代脂肪溶剂，如加入甲烷和氧促进甲烷营养菌降解三氯乙烯和少量的氯乙烯。

生物冲淋法向污染层提供营养物和氧时，在位于或接近污染地带有注入井（或沟）：还可以使用抽水井抽出地下水，经过必要的处理后添加营养物循环利用。在水力学设计时，可以考虑将靶标地区隔离起来，以使处理带的迁移达到最小。氧可以用空气或纯氧经喷射供给，也可以加入过氧化氢。由于水中氧溶解度的限制，向污染环境的亚表层提供大量溶解氧很困难，所以也可以供应硝酸盐、硫酸盐、三价铁盐等作为电子受体。

4. 泵出处理法

泵出处理法（pump and treat）简称 P-T 工艺，主要应用于污染的地下水和由此引起的污染土壤。P-T 工艺的主要构成是在污染区域钻两组井，一组是注入井，用来将接种的微生物、水、营养物和电子受体（如 H_2O_2）等注入地下水中，另一组是抽水井，通过向地面上

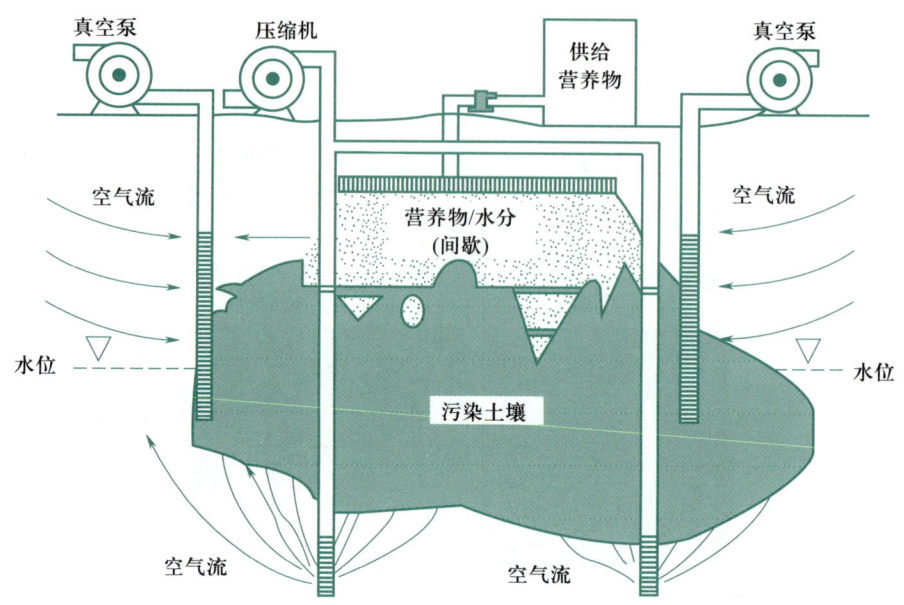

图 7-30 生物注气法修复土壤和地下水污染

(沈德中，2002)

抽取地下水，造成地下水在地层中流动，促进微生物的分布和营养物质的运输，保持氧气供应（图 7-31）。通常需要的设备是水泵空压机。美国 Keamfer 等采用 P-T 工艺，被石油污染的土壤和地下水中连续注入适量的 N、P 及电子受体 H_2O_2，运转两天后，对土壤和水中的样品进行微生物和化学分析，微生物种类有所增加，且多为烃降解细菌，石油烃的浓度有明显下降，工程取得良好的效果。

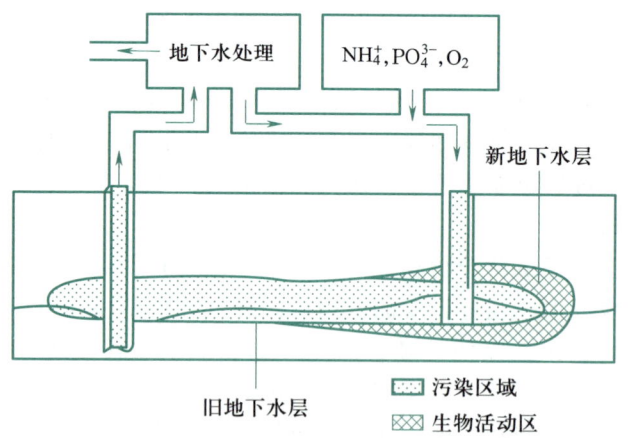

图 7-31 P-T 法处理污染土壤和地下水的示意图

(张从和夏立江，2000)

目前，世界各国普遍采用的是 P-T 工艺结合生物膜法或活性污泥法，在地面建立污水处理系统，将抽取的地下水进行处理，使污染物的浓度降低到一定标准后再重新注入地下或直接排放。P-T工艺是较为简单的处理方法，费用较省。然而，该技术采用的工程强化措施较少，处理时间会有所增加，而且在长期的生物修复中，污染物可能会进一步扩散到深层土壤和地下水中，因而适用于处理污染时间较长，污染状况已基本稳定或污染面积较大的场地。

5. 有机黏土法

有机黏土法是新发展起来的原位生物修复污染地下水的方法，即把阳离子表面活性剂通过注射井注入蓄水层，通过化学键键合到带负电的黏土表面，合成有机黏土矿物，从而形成有效的吸附区，控制有毒污染物在地下水中的迁移。利用现场的微生物，降解富集在吸附区的有机污染物，从而彻底消除地下水的有机污染物。有机黏土法修复过程见图7-32。该技术中所采用的表面活性剂主要是合成脂肪酸衍生物烷基磺酸盐、烷基苯磺酸盐、烷基硫酸盐等有机化合物。由于表面活性剂具有亲水性和疏水性两重性质，故它们倾向于聚集在空气-水界面和油-水界面上，能降低表面张力，促进乳化作用。

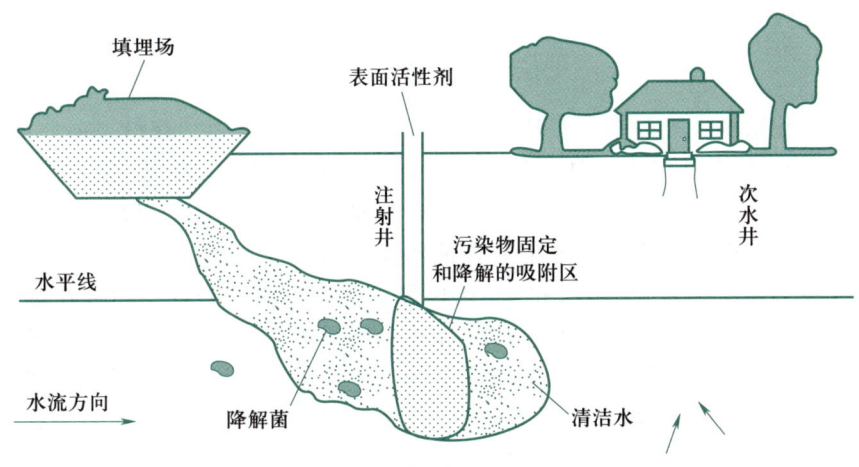

图7-32 有机黏土法处理污染地下水的示意图
(潘芳和杜锁军，2006)

（二）异位生物修复的工程技术

异位生物修复是将污染土壤挖出或将污染水体泵出，在场外或运至场外的专门场地进行集中生物降解的方法。其主要工艺包括预制床法、堆制法及泥浆生物反应器法等。异位生物修复可以设计和安装各种过程控制器或生物反应器，创造生物降解的理想条件。因此，处理时间相对较短。但是，异位生物修复一般适合污染物含量极高、面积较小的地块，成本也相对较高。

1. 预制床法

预制床法（prepared bed）也称为土壤堆处理（aerated soil pile treatment），是指将污染土壤移入一个特殊的制备床上，制备床底部用一种密度较大、渗透性很小的材料装填好，如聚乙烯或黏土，铺上石子和沙，将受污染的土壤以15~30 cm的厚度平铺在上面，然后通过施肥、灌溉、控制pH等方式保持最佳的降解状态，有时也需要加入一些微生物和表面活性剂

（图 7-33）。制备床的设计应满足处理高效和避免污染物外溢，一般的制备床设有淋出物收集系统和外溢控制系统，它通常建在异地处理点或污染物被清走的地点。

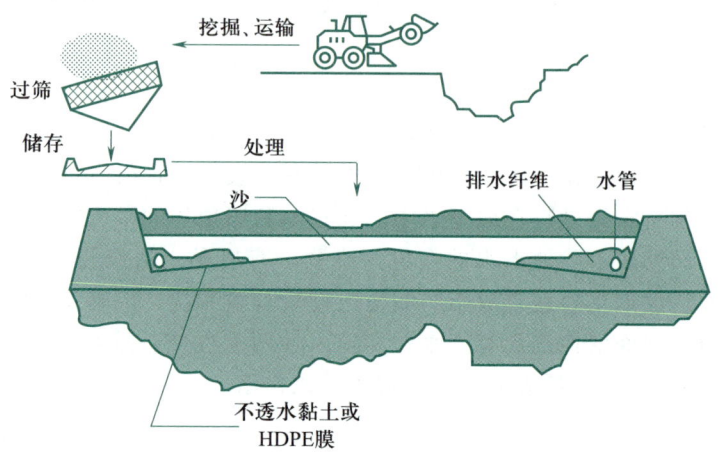

图 7-33 预制床法示意图

预制床法在五氯酚、杂酚油、石油、农药等污染土壤修复中，获得了一些成功的案例。例如，Eullis（1991）等用具有液体收集和水循环系统的预制床对斯德哥尔摩中部防腐油生产区的土壤进行治理，土壤中 PAHs 的浓度从 1 024.4 mg/kg 降至 324.1 mg/kg。张建等（2007）针对胜利油田滨一污水站产生的含油污泥，建立了面积 2 400 m^2 的预制床处理工程。他们首先在油泥中加入 2%肥料和 2%调理剂进行适当的预处理，然后在油泥中加入菌剂（0.5 kgt），然后进行翻耕、浇水等日常操作。结果发现，使用石油降解剂对含油量为 110～160 mg（以计）的污泥进行了生物修复，处理 160 d 后，含油污泥中的石油降解率可达 52.75%。而且他们针对北方冬季低温的特点，在处理场中建立了温室保温措施，适当的保温措施可以明显提高污泥中石油烃类的降解率。

2. 堆制法

堆制法（composting bioremediation）是利用传统的堆肥方法，将污染土壤与有机废物（如木屑、秸秆、树叶等）、粪便等混合起来，使用机械或压气系统充氧，同时加入石灰以调节 pH，经过一段时间依靠堆肥过程中的微生物作用来降解土壤中有机污染物（图 7-34）。堆制法包括风道式、好气静式、机械式 3 种，其中机械式（在密封容器中进行）易于控制，可以间歇或连续进行。良好的堆肥需要有合适的碳源（如稻草、木屑）和 C/N（一般 25～30）、pH（6～8）、足够的氧气、湿度、微生物等。提供氧气的方法主要有定期机械翻堆和鼓风机强制通气两种，可配入一定量的膨松剂以保持堆体的疏松通气。

3. 易位土壤耕作法

易位土壤耕作法是将污泥或污染土壤均匀地撒到土地表面，然后用拖拉机作业使之混合，耕层深度一般为 15～30 cm，通过施肥、灌溉和耕作措施增加土壤中的有效营养物和氧气，促进物质流动，并保持一定的温度、湿度和 pH，以提高土壤微生物的活性加快其对有机污染物的降解。但是耕翻需要根据土壤的通气情况反复进行。土地耕作对土地有一定的要

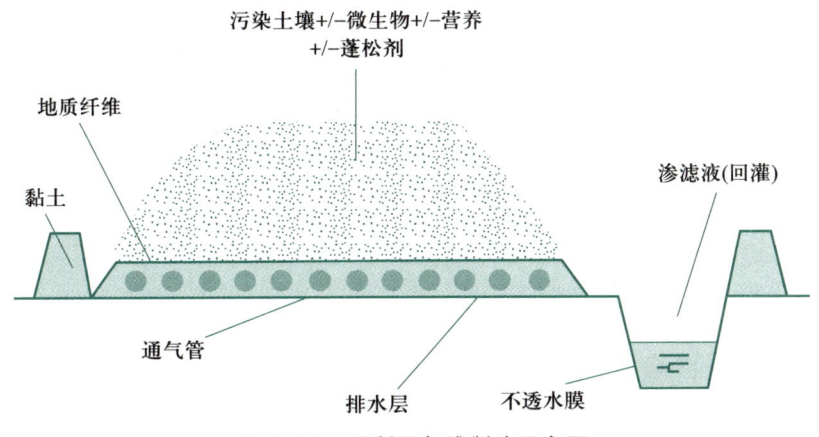

图 7-34　强制通气堆制法示意图

求，要求土壤均匀，没有石头、瓦砾，土地平整，应有排水沟或其他方式控制渗漏和地表径流，必要时需要调整 pH，防止土壤过湿或过干。需要随时对污染物含量、营养物含量、pH和通气等状况进行监测，以决定耕翻、加改良剂和调整 pH 等操作。通常分析测定费用占处理费用的大部分。

4. 泥浆生物反应器

泥浆生物反应器（bioslurry bioreactor）是将污染土壤转移至生物反应器中，加水混合成泥浆，调节至适宜的 pH，同时加入一定量的营养物质和表面活性剂，底部鼓入空气充氧，满足微生物所需氧气的同时，使微生物与污染物充分接触，加速污染物的降解，降解完成后，过滤脱水。该技术的典型性工艺流程图见图 7-35。生物反应器一般设置在现场或特定的处理区，通常为卧鼓型和升降机型，有间隙式和连续式两种，但多为间隙式。

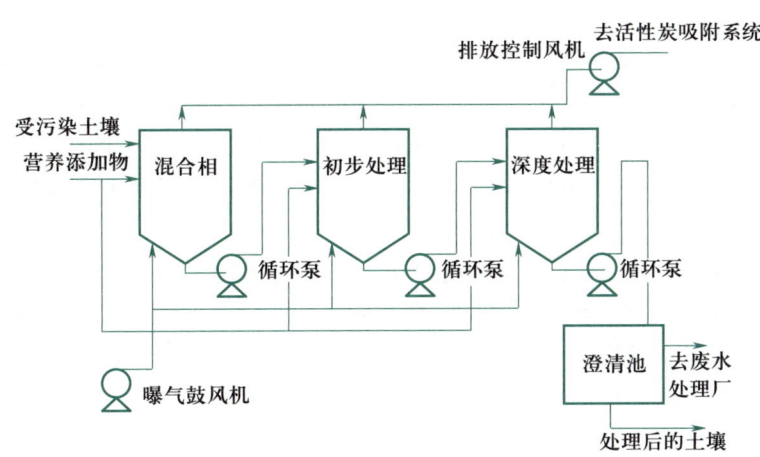

图 7-35　泥浆生物反应器的示意图

（陶颖等，2002）

目前，生物反应器在国外已进入实际应用，国内仅在实验室模拟阶段。Robert 等（1997）在生物反应器中使用白腐真菌（*Phanerochate chrysosporium*）处理多环芳烃污染土壤，处理 36 d 后，小分子量多环芳烃的降解率为 70%～100%，大分子量多环芳烃的降解率为 50%～60%。泥浆生物反应器具有增加土壤微生物与污染物的接触面积，可使营养物、电子受体和主要基质均匀分布等优点。因此，生物反应器的修复效率较高、速度快。但是由于它增加了物料处理、固液分离、水处理及能量消耗，泥浆生物反应器的处理成本要比土地耕作、堆制法等高，一般仅仅适宜于小范围的污染治理。

四、微生物生态修复工程

（一）土壤微生物修复

1. 重金属污染的土壤微生物修复

重金属主要是指生物毒性显著的汞、铅及类金属砷，其次是指毒性一般的铜、铬、镍、锌、钴、锡等，当前最引起人类关注重金属主要有汞、镉、铅、铬、砷等。重金属污染土壤的微生物修复原理主要包括生物富集（如生物积累、生物吸附）和生物转化（如生物氧化还原、甲基化与去甲基化、重金属的解和有机络合配位降解）。

（1）微生物对重金属的生物积累和生物吸附作用

微生物对重金属的生物积累（bioaccumulation）和生物吸附（biosorption）主要表现在胞外络合、沉淀和胞内积累 3 种形式，其作用机理有以下几种：① 金属磷酸盐、金属硫化物沉淀；② 细菌胞外多聚体；③ 金属硫蛋白、植物螯合肽和其他金属结合蛋白；④ 铁载体；⑤ 真菌来源物质及其分泌物对重金属的去除。微生物对重金属具有很强的亲和吸附性能，有毒金属离子可以沉积在细胞的不同部位或结合到胞外基质上，或被轻度整合在可溶性或不溶性生物多聚物上。研究表明，许多微生物（包括细菌、真菌和藻类）可以生物积累或生物吸附多种重金属和放射性元素。一些微生物（如动胶菌、蓝细菌、硫酸盐还原菌及某些藻类）能够产生胞外聚合物（如多糖、糖蛋白等具有大量的阴离子基团）与重金属离子形成络合物。Macaskie 等分离的柠檬酸细菌属（*Citrobacer*）具有一种抗 Cd 的酸性磷酸酯酶，其分解有机的 2-磷酸甘油，产生 HPO_4^{2-} 与 Cd^{2+} 形成 $CdHPO_4$ 沉淀。Bargagli 在 Hg 矿附近中分离得到许多高级真菌，一些菌根真菌和所有腐殖质分解细菌都能积累 Hg 达到 100 mg/kg 干重。

重金属进入细胞后，可通过"区域化作用"分配于细胞内的不同部位。微生物细胞可合成金属硫蛋白（MT），MT 可通过 Cys 残基上的基与金属离子结合形成无毒或低毒络合物。研究表明，微生物的重金属抗性与 MT 积累正相关，其原因可能是细菌质粒带有抗重金属的基因，如丁香假单胞菌和大肠杆菌均含抗 Cu 基因，芽孢杆菌和葡萄球菌含有抗 Cd 和抗 Zn 基因，产碱菌含抗 Cd、抗 Ni 及抗 Co 基因，革兰氏阳性菌和革兰氏阴性菌中含抗 As 和抗 Sb 基因。

（2）微生物对重金属的生物转化作用

微生物对重金属的生物转化作用包括重金属的生物氧化与还原、甲基化与去甲基化、重金属的溶解等。在细菌对重金属的生物修复的可行性研究中，关注较多的有 Hg 的脱甲基化和还原挥发、亚砷酸盐氧化和铬酸盐还原、Se 的甲基化挥发等。细菌对 Hg 的抗性归结于它含有两种诱导酶：Hg 还原酶和有机 Hg 裂解酶，其机制是通过 Hg 还原酶将有机的 Hg 化合物转化成低毒性挥发态 Hg。也有研究表明，土壤中分布着多种可以使铬酸盐和重铬酸盐还原的微生物，如产碱菌属（*ALcaligenes*）、芽孢杆菌属（*Bacillus*）、棒杆菌属（*Corynebacterium*）、肠杆菌属（*Enterobacter*）、假单胞菌属（*Pseudomonas*）和微球菌属（*Micrococus*）等，这些菌能将高毒性的 Cr 氧化为低毒性的 Cr^{6+}。可见，利用微生物对无机和有机 Hg 化合物还原和挥发作用，铬酸盐还原作用和亚砷酸盐氧化作用，可应用于重金属污染土壤的生物修复。

微生物也可通过改变重金属的氧化还原状态，使重金属化合价发生变化，改变重金属的稳定性。例如，某些自养细菌如硫铁菌类（*Thiobacillus ferrobacillusl*）能氧化 As、Cu、Mo 和 Fe 等，假单胞菌属能与 As、Fe、Mn 等发生生物化，降低这些重金属元素的活性。硫还原细菌可通过两种途径将硫酸盐还原成硫化物：一是在呼吸过程中，硫酸盐作为电子受体被还原；二是在同化过程中利用硫酸盐合成氨基酸，如胱氨酸和甲硫氨酸，再通过脱硫作用使 S^{2-} 排出细胞，与重金属 Cd 形成沉淀，这一过程在重金属污染治理方面有重要的意义。

2. 有机物污染土壤的微生物修复

土壤中有机污染物主要包括农药、石油、多环芳烃、含氯有机物、氯酚类、多氯联苯、二噁英等，它们中很多是持久性有机污染物，严重污染农业生态环境和农产品安全生产。大部分有机污染物可以被微生物降解或转化，从而降低其毒性或使其完全无害化。微生物降解有机污染物主要依靠两种作用方式：① 通过微生物分泌的胞外酶降解；② 污染物被微生物吸收至其细胞内后，由胞内酶降解。微生物降解和转化土壤中有机污染物的反应类型很多，主要有：氧化作用（包括醇的氧化、醛的氧化、甲基的氧化、氧化去烷基化、硫醚氧化、过氧化、苯环羟基化、芳环裂解、杂环裂解、环氧化等）、还原作用（包括乙烯基的还原、醇的还原、芳环羟基化）、基团转移作用（包括作用脱卤作用、脱烃作用等）、水解作用（包括酯类、胺类、磷酸酯及卤代烃等的水解）和其他反应型（包括酯化、缩合、氨化、乙酰化、双键断裂及卤原子移动等）。

（1）农药污染土壤的微生物修复

农药的微生物降解研究从最早的有机氯农药 DDT 开始已有几十年的历史。已报道的能降解农药的微生物包含细菌、真菌、放线菌、藻类等，大多数来自土壤微生物类群。其中细菌包括假单胞菌属（*Pseudomonas*）、芽杆菌属（*Bacillus*）、节杆菌属（*Arthrobacter*）、棒状杆菌属（*Corynebacterium*）、无色菌属（*Achromobacter*）、农杆菌属（*Agrobacterium*）、微球菌属（*Micrococcus*）、黄单胞杆属（*Xanthomonas*）、埃希氏杆菌属（*Escherichia*）、短杆菌属（*Brevibacterium*）、沙雷氏菌属（*Serratia*）、链球菌属（*Streptococcus*）、梭状芽杆菌属（*Clostridium*）、欧文氏菌属（*Erwinia*）、库特氏菌属（*Kurthia*）、气单胞菌属（*Aeromonas*）、乳酸杆菌属（*Lactobacillus*）、变形属（*Proteus*）、固硫细菌属（*Azotomonus*）、硫杆菌属（*Thiobacillus*）等；真菌包括青霉属（*Penicillium*）、根霉属（*Rhizopus*）、木霉属（*Trichoderma*）、镰刀菌属（*Fusarium*）、酵母菌（*Saccharomyces*）等；放线菌中的诺卡氏菌属（*Nocardia*），藻类中的菱形硅藻属（*Nitzschia*）等。

微生物的农药降解作用包括酶促降解和非酶促降解。酶促降解作用表现为：① 微生物以农药或其分子中某部分作为能源和碳源，部分微生物能以某种农药为唯一的碳源或氮源。② 微生物通过共代谢作用使农药降解。许多研究表明，由于某些化学农药的结构复杂，单一的微生物不能使其降解，需靠两种或两种以上的微生物共同代谢降解。③ 去毒代谢作用。微生物不是从农药中获取营养或能源，而是发展了为保护自身生存的解毒作用。非酶促降解作用是指微生物活动使环境 pH 发生变化而引起农药降解，或产生某些辅助因子或化学物质参与农药的转化，如脱卤作用、脱烃作用、胺和酯的水解、还原作用、环裂解等。

（2）多环芳污染土壤的生物修复

多环芳烃（polycyclic aromatic hydrocarbons，PAHs）是指分子中含有 2 个或 2 个以上苯环的碳氢化合物，如萘、蒽、菲、芘、联苯等。由于环境中 PAHs 分布的广泛性，能够降解它的微生物也是广泛存在的，许多细菌、真菌和藻类等都具有降解 PAHs 的能力。常见的细菌有红球菌属（*Rhodococcus*）、假单胞菌属（*Pseudomonas*）、分枝杆菌属（*Mycobacteriurn*）、芽孢杆菌属（*Bacillus*）、黄杆菌属（*FLavobacterium*）、气单胞菌属（*Aeromonas*）、拜叶林克氏菌属（*Beijernckia*）、棒状杆菌属（*Corynebacterium*）、蓝细菌属（*Cyanobacteria*）、微球菌属（*Micrococcus*）、诺卡氏菌属（*Nocardia*）和弧菌属（*Vbrio*）等。真菌也具有降解 PAHs 的能力，研究较多的是白腐真菌。但是，不同微生物对不同 PAHs 有不同降解能力（降解速率、降解程度）；而不同的 PAHs 对于不同的微生物降解也有不同的敏感性。一般来说，随着 PAHs 苯环数的增加，其微生物可降解性越来越低。

微生物对 PAHs 的降解通常有两种方式：一种途径是微生物在生长过程中以 PAHs 作为唯一的碳源和能源。一般情况下，微生物对 PAHs 的降解都是需要氧气，微生物产生加氧酶，然后在加氧酶的作用下使苯环分解。其中真菌主要产生单加氧酶，首先进行 PAHs 的羟基化，把一个氧原子加到 PAHs 上，形成环氧化合物，接着水解生成反式二醇和酚类。而细菌一般产生双加氧酶，把两个氧原子加到苯环上形成双氧乙烷，进而形成双氧乙醇，接着脱氢产生酚类。不同的途径会产生不同的中间产物，其中邻苯二酚是最普遍的。这些中间代谢产物经过相似的途径降解：苯环断裂，生成丁二酸、反丁烯二酸、丙酮酸、乙酸或乙醛。这些代谢中间产物都能被微生物所利用，同时产生 H_2O 和 CO_2。另一种途径是微生物可通过共代谢途径（PAHs 与其他有机物共氧化）降解大分子量的 PAHs。在共代谢降解过程中，微生物分泌胞外酶降解共代谢底物维持自身生长，同时也降解了某些非微生物生长必需的物质。多环芳烃环的断开主要靠加氧酶的作用，加氧酶能把氧原子加到 C—C 键上形成 C—O 键，再经过加氢、脱水等作用使 C—C 键断裂，从而达到开环的目的。

（3）氯代芳香族污染土壤的生物修复

氯代芳香族化合物及其衍生物是化工、医药、制革、电子等行业广泛应用的化工原料、有机合成中间体和有机溶剂。几乎所有的氯代芳香族化合物及其衍生物都有毒性且难降解，多数被列为美国国家环境保护局（EPA）环境优先控制污染物，如多氯联苯（PCBs）、氯苯、氯代硝基苯、氯酚（CPs）特别是五氯酚（PCP），以及二噁英（PCDDs 和 PCDFs）一直是近来研究的热点。土壤微生物对氯代芳香族污染物的降解主要依靠两种途径：好氧降解和厌氧降解。脱氯是氯代芳香族化合物生物降解的关键，好氧微生物可通过双加氧酶/单加氧酶作用使苯环基化，形成氯代儿茶酚，进行邻位、间位开环，脱氯；也可在水解酶作用下先脱氯后开环，最终矿化。如 Mars 等发现恶臭假单胞菌（*Pseudomonas putida*）GJ31 存在特异的氯代儿茶酚 2，3-双加氧酶，通过间位裂解途径降解氯苯，可使 3-氯代儿茶酚同时进行开环与脱氯，形成 2-羟基黏康酸。但是也有部分氯代芳香族污染物的降解是通过单加氧酶作用实现的，如 2，4-D、2，4，5-三氯苯氧乙酸和 2，4，5-TCP 等可通过单加氧酶作用得到转化降解。

氯代芳香族污染物的厌氧生物降解主要是依靠微生物的还原脱氯作用，逐步形成低氯代中间产物或被矿化生成 CO_2 和 CH_4 的过程。一般情况下，高氯代芳香族有机物易于还原脱氯，低氯代的芳香族有机物厌氧降解较难。近来人们已经分离到一些厌氧还原脱氯降解微生物，如对单氯酚、二氯酚类、羟基氯代联苯具有间位、邻位、对位脱氯活性的菌株 *Desulfmonile teidjei* DCB-1、*Desulfitobacterum ha fniense* DCB-2、*Desul-ftobacterum dehalogenans*、*Desulfovibrio dechloractivorans* 等。现有的研究表明，氯代芳香族污染物的厌氧微生物降解具有很大的应用潜力，已成为有机污染土壤环境修复的研究热点。美国 EPA 已提出将有机污染物厌氧生物降解作为生物修复行动计划的优先领域。

（二）地表水微生物修复

随着我国经济发展和人们生活水平的提高，污水产生量剧增，但由于我国污水处理率较低，大部分污水未经任何处理直接排入水体，造成我国地表水体的严重污染。为了改善我国的地表水环境，不仅需要治理生产区和生活区产生的污染，而且需要及时修复已受污染的水体，包括河流、湖泊、水库等。对于受污染地表水体的生物修复，原位修复技术主要有人工复氧、添加生物填料、投加微生物菌种或微生物促生剂、放养水生植物和放养水生动物等，异位修复一般采用传统的生物处理术（以生物膜法为例）和水处理的生态技术（包括土地处理和湿地处理等）。

人工复氧根据水体受到污染后缺氧的特点，人工向水体中充入空气或氧气，加速水体复氧过程和提高水体的溶解氧水平，恢复和增强水体中好氧微生物的活力，使水体中的污染物得以净化，从而改善受污染水体的水质，进而恢复水体生态系统。上海市环境科学研究院于新经港河道内三个断面各设置一个曝气点，于 1998 年 11~12 月进行了曝气复氧实验，结果表明：人工曝气大大提高了原先呈厌氧水体的溶解氧含量，从而刺激了降解有机物的好氧土著微生物的生长，COD_{Cr} 去除率达到 10.7%~22.3%，水体色泽由黑或者黑黄色变成乳白色，底泥亦由黑色转为乳白色，沉积物中的微生物由厌氧菌占优势转为兼性菌增多，并出现好氧菌。

目前在富营养化水体的生物修复中以投加混合微生物制剂的方式较多，投放的微生物主要包括光合细菌、有效微生物群、集中式生物系统、固定化细菌和基因工程菌等。

光合细菌是一大类能进行光合作用的原核生物的总称。光合细菌利用光能将污水中的有机碳源和其他营养物质转化为菌体，从而净化水质。投加光合细菌是目前较为广泛的一种生物修复方法，国内外已有不少有关光合细菌在有机废水处理中的作用和改善水产养殖池塘水质方面的研究。根据北京动物园水禽湖光合细菌净化水体的实验结果，光合细菌对于富营养化水体中浮游植物的数量和形成水华的铜绿微囊藻有一定的调控作用。然而，投加菌种所需费用较高，在 1 hm^2 的水禽湖中，夏季半年的时间里，共喷洒光合细菌 12 次，用量达 750 kg。

同时由于光合细菌属光能自养菌，不含有硝化和反硝化菌种，因此，光合细菌对微污染水或废水中的有机污染物的去除率较高，但对氮、磷的去除率相对较低。

有效微生物群是将好氧和厌氧性微生物采用独特的工艺加以混合发酵而制成的微生物活菌制剂，是由 10 个属 80 多种微生物复合培养而成的多能群，主要包括光合菌、放线菌、乳酸菌、酵母菌、乙酸杆菌等。各种微生物在生长过程中产生的有用物质及其分泌物，成为微生物群体相生长的基质和原料，通过相互关系，形成复杂而稳定的微生物系统，发挥多种功能。目前，国际上使用的商品化制剂有琉球大学发明的 EM 制剂、美国 Probiotic Solutions 公司研制的 Bio-energizer 和美国 Alken-Murry 公司开发的 Clear-Flo 等。Clear-Flo 系列菌剂专门用于湖泊和池塘生物清淤、养殖水体净化、河流修复和潮汐去除。1992 年美国 Moulin Vert 水渠使用 Clear-Flo 1200 3 个月 NH_4^+-N 从 0.02 mg/L 降为 0，COD 降低 84%，BOD 降低了 74%，无毒性检出。由于菌剂不断矿化污泥，恢复了水渠的自净容量，连续几年接种处理后便完成了水渠的修复工程。1993 年我国用 Clear-Flo7018Clear-Flo1200、Cear-FloT000 修复昆明的一条河流，由于接纳农家肥、动物类便、渔场副产品、化粪池渗漏液、工业废水和倾倒的垃圾，这条河的悬浮有机废物负荷很高，严重富营养化并产生恶臭，治理后 NH_4^+-N 和 H_2S 降低，污泥被分解，游离氧开始增高。Bio-energizer 是一种水体净化促生液，其含有降解污染物的多种酶及促进微生物生长的有机酸、微量元素、维生素等成分，可加速水体净化过程中微生物的生长和生物的演替。徐亚同等将 Bio-energizer 投加到上海市徐汇区上澳塘黑臭水体，对水体进行生物修复。结果表明：该净化促生液具有促进水体好氧洁净状态生态系统各类微生物的生长，及向良性生态系统演替的作用，可促进污染水体中微生物由厌氧向好氧演替，生物由低等向高等演替，水体中生物多样性增加，同时还可促进水体中有机物的降解，并有助于水体增氧，可消除水体黑臭。

水生植物也是去除水体中氮的重要工具和载体。一方面，水生植物可直接吸收利用水中的 N 和 P 等营养元素；另一方面，水生植物表面附着的微生物在除 N 过程中起着重要作用。常用的水生植物主要是漂浮植物和挺水植物，使用较多的漂浮植物有凤眼莲、浮萍、大漂、水花生、满江红等，挺水植物有芦苇、香蒲、灯芯草等。水生高等植物在春夏秋季水温高时对氮的去除可起到良好的作用，但在冬季植物停止生长并死亡，残体会重新释放氮素而重回到水域中，因此应在植物停止生长后及时去除植物残体，以防再次污染水体。

通过人工复氧、投加微生物菌种、投加微生物促生剂、放养水生植物、放养水生动物、添加生物填料等几种措施联用，可能可以更为有效地进行受污染水体的原位生物修复。黄民生等（2003）采用曝气复氧，投加高效微生物菌剂及生物促生液，放养水生植物，悬挂生物填料等构建的组合生物修复技术对苏州河严重污染支流——绥宁河进行原位污染治理和生物修复工程实验，结果表明：严重污染的水体消除了黑臭，COD 下降了 50% 以上，DO 升高了 2 mg/L 左右，透明度增加 10 cm 以上，但是实验期间主要微生物指标及底泥有机质含量未发生显著变化。熊万永等以水生生物（包括水生植物和水生动物）为主体，辅以适当的人工曝气，建立人工模拟生态处理系统，并应用于福州白马支河的修复，结果表明：曝气生态净化系统对消除河道水质的黑臭效果良好，是立足于就地生态净化，促进黑臭河流水质改善的一种有效治理方案。

（三）地下水微生物修复

由于地表生态环境的破坏和污染，地下水的开采量逐年增长，致使地下水水质日益恶化，污染问题越来越突出。据调查，美国现已有1%~3%的地下水受到有害物质的侵袭和污染。我国超过50%的城市地下水受到不同程度的污染，城镇主要污染源来自工业生产和居民消费，农村主要是由粗放式农业耕作和乡镇工业造成的。地下水污染生物修复可采用天然生物修复、原位生物修复和异位生物修复。其主要方法有添加优良的菌种、外源营养物、电子受体及其他必需的物质，提高微生物的代谢水平和降解活性，促进对污染物的降解速度，使受污染的地下水资源得以重新利用。典型的地下水污染的生物修复流程如图7-36。

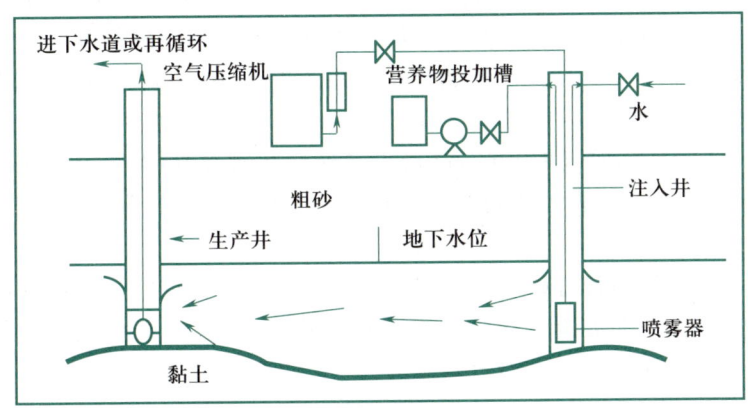

图 7-36　地下水污染的生物修复流程
（潘芳和杜锁军，2008）

对于水位埋藏浅的污染场地，可采用生物活性渗透反应墙技术。该技术最简单的形式是在地下挖一个垂直于地下水流方向的槽，将反应介质（如空气、营养物质、微生物等）直接注入槽中，当受污染的地下水流经反应槽时反应介质将污染物去除，使流出槽的水得到处理。

对水位埋深大的污染场地，可以采用井群注入技术，该技术最早采用单井注入技术，后来发展为双井和多井注入技术。采用单井注入技术原位生物修复汽油污染地下水时，可通过注入井向污染含水层注入氧气和营养物质氮、磷及其他无机盐，使用注入和生产井系统使氧和营养物质在污染水体中循环。

对于受污染的地下水，也可采用P-T工艺，将污染的地下水从含水层中抽到地面上的生物反应器加以处理，再将处理后的水回灌到地下或作其他用途。

投加、传质和混合是地下水生物修复技术的最关键的环节。因此在地下水生物修复工程设计当中，特别需要注意：① 最佳氧化-还原条件的构造和维护，最佳地质条件（如 pH 溶解氧和温度等）；② 微生物和营养物质等在水和直方的传递和分布；③ 有效的投加方式。

（四）海洋的微生物修复

近年来，随着海上油运及海洋石油开采的发展，溢油事故频频发生。据联合国环境规划署报告，流入海洋的石油每年为200万~2 000万 t，海洋石油污染已严重威胁到海洋生态环境的安全。我国海上各种溢油事故每年约发生 500 起，某些沿海地区海水含油量已超过国家规定的海水水质标准 2~8 倍，海洋石油污染十分严重。石油中的许多成分如苯、甲苯、乙苯、菲、苯并［a］芘等都被列为美国 EPA 优先污物范围，这些污染物具有潜在的致突变性和致病性，可通过直接或间接方式对环境人体健康带来严重损害。

石油烃化合物可分为 4 类：饱和烃、芳香族烃类化合物、树脂及沥青质。其中短链的饱和烃在溢油发生初期通过挥发等作用进入大气，其他的石油烃中，饱和正烷烃最易降解，其次是分支烷烃，再次是小分子量芳香烃，多环芳烃很难降解，树脂和沥青质极难被降解。直链烷烃的降解方式主要有 3 种：末端氧化、亚末端氧化和 ω 氧化。在好氧条件下，芳香烃首先被转化为儿茶酚或其衍生物，然后再进一步被降解。大分子量多环芳烃降解菌报道很少，许多四环或多环大分子量多环芳烃的降解是以共代谢的方式进行的。

能降解石油的微生物广泛存在于自然界，已报道的有 70 个属，其中，28 个属细菌，30 个属丝状真菌，12 个属酵母，共 200 多种微生物。海洋中最主要的降解细菌有无色杆菌属（*Achromobacter*）、不动杆菌属（*Acinetobacter*）、产碱杆菌属（*Alcaligenes*）等；真菌中有金色担子菌属（*Aureobasidium*）、假丝酵母属（*Candida*）等。石油降解菌通常生长在油水界面上，而不是油液中。

石油烃类的自然生物降解过程速度缓慢，因此可采取多种措施强化这一过程，常用的技术包括：投加表面活性剂促进微生物对石油烃的利用、提供微生物生长繁殖所必需的条件如施加营养、添加高效石油降解微生物等。

1. 投加表面活性剂

石油烃类基本不溶于水，但烃类物质通常只有在水溶性环境中与微生物接触才能被更好的利用。表面活性剂（分剂是集亲水基和水基结构于同一分子内部的两亲化合物，添加分散剂可以使油形成很微小的油颗粒，增加其与微生物和 O_2 的接触机会，从而促进石油的生物降解。目前，国外已有许多商品制剂可供使用，其中应用最多的有：Sugee2（一种原油分散剂，可以促进原油中 $C_{17} \sim C_{28}$ 的降解）和 Corexit（一种分散剂，与富集的微生物一起可以促进润滑油的降解。然而，并不是所有的分散剂都有促进作用，许多分散剂由于其毒性和持久性会造成新的污染。例如，在 1967 年 Torrey Canyon 油轮事件中，撒用了 10 000 t 的分散剂，结果造成了严重的生态破坏。因此，人们尝试利用微生物产生无毒害的表面活性剂来加速生物降解。生物表面活性剂是微生物在其代谢过程中分泌产生的具有一定表面活性的物质，这种物质可增强非极性底物的乳化作用，促进微生物在非极性底物中的生长。李习武等（2004）曾将一株能降解多种石油烃的 Eml 菌株产生的生物乳化剂分离出来，添加这种生物表面活性剂后细菌对多环芳烃的降解率提高了 20%。

2. 投加高效石油降解微生物

用于生物修复的微生物有土著微生物、外来微生物和基因工程菌。土著微生物的降解潜力巨大，但通常生长缓慢，代谢活性低；受污染物的影响，土著微生物的数量有时会急剧下降。而且，一种微生物可代谢的烃类化合物范围有限，污染地区的土著微生物很可能无法降解复杂的石油烃混合物。因此有必要添加外来菌种来促进降解过程。例如，在 1990 年墨西哥湾和 1991 年得克萨斯海岸实施微生物接种后，生物修复处理均获得了明显成功。但是，在受污染环境中接种外来微生物也存在多重压力。这是因为在海洋环境中，由于风、浪、海流及微生物间的竞争及捕食作用都有可能影响添加细菌的处理效果。

3. 投加 N、P 等营养盐和电子受体

微生物的生长需要维持一定数量的 C、N、P 营养物质及某些微量营养元素，因此投加营养盐是一种最简单而有效的方法。目前使用的营养盐有 3 类缓释肥料、亲油肥料和水溶性肥料。缓释肥料要求肥料具有适合的释放速率，可以将营养物质缓慢地释放出来；亲油肥料要求其营养盐可以溶入油中；水溶性肥料可以与海水混合。在阿拉斯加的溢油事件中通过添加肥料已取得了良好的去除效果。但是，添加肥料并不总是有效的。例如，在 Oudot 的研究中，当氮素的本底浓度很高时，添加营养并没有什么显著的效果。此外，由于海洋水体是一个开放的环境，如何解决肥料随水体的流失，也是一个值得关注的问题。

微生物的活性除了受到营养盐的限制外，环境中污染物氧化分解的最终电子受体的种类和浓度也极大地影响着污染物降解的速度和程度。石油烃类多以好氧生物降解进行，因此 O_2 对微生物而言是一个极为重要的限制因子。一般情况下，每氧化 3.5 g 石油需要消耗氧气 1 g。在海洋环境中，微生物每氧化 1 L 就要消掉 320 m^3 海中的溶解氧。此时，O_2 的迁移往往不足以补充微生物新陈代谢所消耗的氧气量。因此有必要采用一些工程措施，如人工通气以改善环境中微生物的活性和活动状况。另外，在石油污染水体中建立藻菌共生系统，通过藻类的光合作用，可以有效地增加水体中的溶解氧，在藻类和细菌等微生物的联合作用下，石油的降解速率能够得到显著提高。

思考题

1. 什么叫活性污泥？它有哪些组成和性质？
2. 好氧活性污泥中有哪些微生物？
3. 叙述好氧活性污泥净化污（废）水的机理。
4. 叙边氧化塘和氧化沟处理污（废）水的机制。
5. 菌胶团、原生动物和微型后生动物在水处理过程中有哪些作用？
6. 在污（废）水生物处理过程中，如何利用原生动物的演替和个体变化判断处理效果。
7. 如何培养活性污泥和进行微生物膜的挂膜？
8. 叙述生物膜法净化污（废）水的作用机理。
9. 什么叫活性污泥丝状膨胀？引起活性污泥丝状膨胀的微生物有哪些？
10. 促使活性污泥丝状膨胀的环境因素有哪些？
11. 为什么丝状细菌在污（废）水生物处理中能优势生长？
12. 如何控制活性污泥丝状膨胀？
13. 叙述高浓度有机废水厌氧沼气（甲烷）发酵的理论及其微生物群落。
14. 含硫高浓度有机废水一般有几种处理方法？
15. 简单分述 SHARON，ANAMMOX，OLAND 和 CANON 工艺的原理。
16. 何谓 SHARON-ANAMMOX 工艺？与传统脱氮工艺比，它有什么优点？

17. 同步硝化反硝化（SND）工艺设计原理是什么？其中有哪些细菌，它们之间关系如何？

18. 何为生物修复？阐述生物修复的原理和影响。

19. 什么是原位生物修复和异位生物修复？其各有什么特点？

20. 生物修复污染环境的方法措施有哪些？

第三篇 环境微生物学新技术及应用

第八章
微生物检测技术及应用

本章导读

本章主要介绍微生物检测技术的发展与应用。本章内容包括传统微生物检测技术、基于分子生物学的微生物检测技术、生物芯片技术和生物传感器技术。传统微生物检测技术涉及微生物的分离、培养及基于染色和显微技术的检测方法，同时也包括基于生理生化反应的检测方法。然而，传统技术存在一些局限，例如，操作复杂、耗时长、检测灵敏度低等。基于分子生物学的微生物检测技术则利用 DNA、RNA 或蛋白质等分子作为检测目标，具有高灵敏度、高特异性和快速性的优势。生物芯片技术则是一种高通量的检测方法，包括基因芯片和蛋白质芯片，能够同时检测多个目标。生物传感器技术结合了生物学和传感器技术，具有简单、快速、灵敏的特点，适用于环境检测等领域。本章的目的是介绍各种微生物检测技术的原理、特点和应用，帮助读者了解不同技术的优、缺点，选择合适的方法进行微生物检测。学习本章应注意理论知识的掌握，同时重点关注实验操作技巧，确保能够准确、高效地进行微生物检测。

第一节　传统微生物检测技术

一、微生物的分离和培养

分离和培养环境微生物是微生物学研究和应用中的关键步骤。它使我们能够研究和了解环境中的微生物种群，从而有助于环境监测、疾病诊断和食品安全等方面的应用。微生物的分离和培养采用传统微生物方法进行微生物检测，本小节主要介绍这一传统微生物检测技术的基本步骤、方法和应用。

（一）分离环境微生物的重要性

在环境微生物学领域，分离环境中的微生物至关重要。通过分离，我们才能获得纯培养的微生物菌株，这对于进一步的研究和应用具有重要意义。例如，在环境监测中，我们需要分离和鉴定潜在的病原微生物，以采取适当的控制措施。此外，分离还有助于研究微生物的生理和代谢特性。

（二）微生物分离和培养的基本步骤

采用传统方法分离培养环境微生物包括以下几个基本步骤。

1. 样本采集

自然水体、土壤、污水、活性污泥及空气等环境中均含有多种多样的微生物，要从这些环境中分离和培养微生物，首先要进行样本采集。采集样本时，应根据具体的环境特征选用适当的样品采集方法。例如，采集土壤样本时，可参考《土壤环境监测技术规范》（HJ/T 166—2004）或其他相关技术规范中的方法。采集后如不能立即进行分离培养，应根据目标微生物的特点采取适当的保存措施（通常在 4 ℃ 条件下保存），以确保微生物保持正常活性。

2. 微生物富集

在环境样品中往往存在种类繁多的微生物，且数量巨大。在进行微生物分离时，如果样品中需要分离的目标微生物的含量较少，而其他微生物含量较多，则直接分离可能会导致所需微生物被其他微生物掩盖，难以分离。富集培养是一种提高所需微生物含量的方法。它根据微生物的生理特点，设计一种选择性培养基，创造有利于所需微生物生长繁殖的条件，使其在培养基中迅速增长，数量增加，从而提高分离的概率。富集培养主要根据微生物的碳源、氮源、pH、温度、对氧气的需求等生理因素进行控制。例如，如果所需微生物是厌氧菌，则可以使用厌氧培养基进行富集。

3. 分离与纯化

经富集培养后，目标微生物得到增殖，丰度增加，在微生物群落中占据优势地位，其他种类微生物在数量上相对减少，但是微生物仍处于混杂生长状态。例如，从活性污泥中富集了以芳香族化合物为碳源的降解菌群，其中可能存在不同种类的细菌和真菌，降解能力也存在差异。因此，经过富集培养后的样品，仍需通过分离纯化，将最需要的菌株直接从样品中分离出来。微生物分离与纯化是指从混杂微生物群体中获得只含有某一种或某一株微生物的过程。具有不同特性的微生物在不同环境中生存，往往需要特殊的分离培养方法。

常用的微生物分离纯化方法主要有：倾注平板法、涂布平板法、平板划线法等方法（图 8-1）。

4. 接种与培养

接种是指将微生物的培养物或含有微生物的样品移植到适宜其生长繁殖的人工培养基上或生物体内的操作技术。微生物接种是微生物实验和科学研究中的基础操作技术，在微生物研究过程中具有重要作用。接种的关键是严格进行无菌操作，如果在接种过程中引入新的污染物，会严重影响后续实验操作。分离与纯化之后的微生物通常需要接种到适当的培养基中进行培养。

常用的接种方法有：

① 涂布接种：将含有微生物的样品均匀涂抹在固体培养基上，使微生物分散成单个

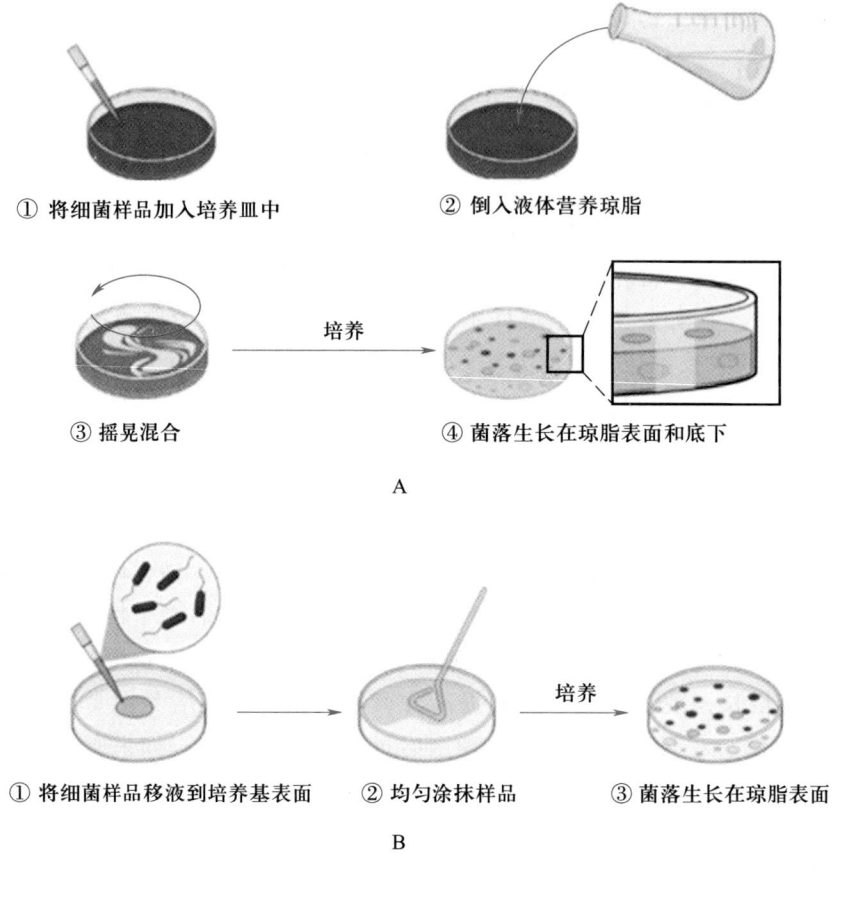

① 将细菌样品加入培养皿中　② 倒入液体营养琼脂

③ 摇晃混合　④ 菌落生长在琼脂表面和底下

A

① 将细菌样品移液到培养基表面　② 均匀涂抹样品　③ 菌落生长在琼脂表面

B

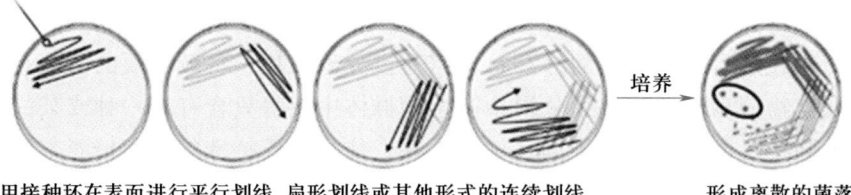

用接种环在表面进行平行划线、扇形划线或其他形式的连续划线　形成离散的菌落

C

图 8-1　细菌分离和纯化方法
A—倾注平板法；B—涂布平板法；C—平板划线法

细胞，在适宜的条件下生长繁殖，形成单个菌落。

　　② 浇混接种：将待接的微生物样品置于培养皿中，然后倒入冷却至 45 ℃左右的固体培养基，迅速轻轻摇匀，使菌液均匀分布在培养基表面。待培养基凝固后，置于合适的条件下培养，即可长出单个的微生物菌落。

　　③ 划线接种：用接种环在固体培养基上划线，使微生物依次分布在培养基上，形成菌

落群。

④ 斜面接种：将含有微生物的样品沿固体培养基的斜面涂抹，使微生物沿斜面生长，形成菌落带。

⑤ 穿刺接种：在保藏厌氧菌种或研究微生物的运动时常采用此法。适用于固体培养基或半固体培养基。穿刺接种时，用接种针蘸取含有微生物的样品，沿半固体培养基中心向下穿刺，使微生物在培养基中生长。穿刺接种的优点是可以使微生物进入培养基内部，有利于微生物的生长和培养，如某细菌具有鞭毛而能运动，则在穿刺线周围能够生长。

⑥ 液体接种：将含有微生物的样品接入液体培养基中，在适宜的条件下培养，使微生物生长繁殖。

微生物的培养，实质上是在模拟自然环境为微生物提供适合生长繁殖的条件。这个过程涉及多个方面，从选择培养基的成分到提供合适的温度、pH 和湿度，每一个因素都对微生物的生长和繁殖产生着深远的影响。

因为微生物对于环境的敏感性很高，有时甚至微小的变化都可能对培养结果产生显著影响。因此，在培养微生物时，操作者需要精确把控培养条件，密切观察微生物在培养基上的生长情况，以确保最佳的培养效果。

（三）培养基的选择

培养基的成分必须是提供微生物所需的营养物质，包括碳源、氮源、无机盐和生长因子等。有些微生物对于不同类型的培养基有特定的需求，因此培养基的选择需根据所培养微生物的特性而定。富集培养基适合某些特定微生物，而选择性培养基可以排除其他微生物的干扰。

常用的培养基可分为两大类。

① 固体培养基。固体培养基是指在培养基中加入琼脂等凝固剂制成的培养基。一般用于细菌观察和分离，可以使细菌生长成单个菌落。

② 液体培养基。液体培养基是指不含凝固剂的培养基。一般用于细菌生长繁殖，但不利于观察和分离。

常用的细菌培养基有：

① 营养琼脂培养基。它是一种常用的固体培养基，适用于多种细菌的培养。

② 麦康凯琼脂培养基。麦康凯琼脂含有蛋白胨、葡萄糖等营养物质，以及甲基红和 VP 试剂，适用于肠道菌群的培养。

③ 营养肉汤培养基。营养肉汤含有丰富的营养物质，适用于多种细菌的培养。

④ LB（Luria-Bertani）培养基。LB 培养基含有蛋白胨、葡萄糖等营养物质，适用于革兰氏阳性菌的培养。

⑤ TSB（Tryptic Soy Broth）培养基。TSB 培养基含有蛋白胨、葡萄糖、乳糖等营养物质，适用于革兰氏阴性菌的培养。

（四）培养条件和参数

环境微生物的种类繁多，包括细菌、真菌、藻类、原生动物等，它们生理特性各异，对培养条件的要求也不同。因此，对环境微生物进行培养时，控制培养条件和参数非常重要，需要根据微生物的类型、生理特性和实验目的来选择合适的培养条件和参数。

在分离和培养微生物时，控制培养条件和参数非常重要。温度、pH、氧气浓度、渗透压、水活度、氧化还原电位等因素会影响微生物的生长。

环境微生物的培养温度取决于微生物的类型和生理特性。一般来说，大多数环境微生物的培养温度为 25~37 ℃。部分环境微生物具有特殊的培养温度要求，如嗜热菌的培养温度为 45~50 ℃，嗜冷菌的培养温度为 10~20 ℃。

环境微生物的培养 pH 取决于微生物的类型和生理特性。一般来说，大多数环境微生物的培养 pH 为 7.2~7.4。部分环境微生物具有特殊的培养 pH 要求，如嗜酸菌的培养 pH 为 5.5~6.5，嗜碱菌的培养 pH 为 8.0~9.0。

环境微生物的培养时间取决于微生物的生长速度和实验目的。一般来说，大多数环境微生物的培养时间为 24~48 h。部分环境微生物具有特殊的培养时间要求，如一些厌氧菌的培养时间可能需要几天或几周。

此外，氧气浓度、渗透压、水活度、氧化还原电位等因素也会影响微生物的生长，在进行微生物培养时也需要考虑这些条件。

（五）微生物的分离和培养技术面临的挑战

微生物分离和培养技术是微生物学研究的基础，在环境监测、医学诊断、食品安全等领域具有重要应用。然而，该技术也面临着一些挑战。

微生物种类繁多，生理特性各异，对培养条件的要求也不同。一些微生物对营养、温度、pH、氧气等环境因子具有特殊要求，在实验室条件下难以满足其生长需求。此外，一些微生物具有特殊的生长方式，例如，生物膜、芽孢等，也增加了其培养的难度。目前，仍有大量（一般认为超过 90%）的环境微生物无法在实验室中获得纯培养。这使得我们对微生物的多样性和分布格局的认识仍然存在很大的局限性。

未来，随着新兴技术的不断发展，微生物分离和培养技术也将不断改进。例如，高通量测序技术可以快速识别和鉴定微生物，为微生物的培养提供了新的思路。人工智能技术可以帮助我们自动化地设计和优化培养条件，提高培养效率。这些新兴技术的应用，有望解决微生物难以培养的问题，使得更多的环境微生物被成功分离和培养出来。

二、基于染色和显微技术的微生物检测

染色和显微技术是环境微生物检测的重要组成部分，是指将微生物染成不同的颜色，并利用显微镜观察微生物的形态、结构、运动等，从而对微生物进行数量统计、鉴定、分类等分析。

（一）微生物染色技术

染色技术是染色和显微技术的基础，是将微生物染成不同的颜色，使其在显微镜下更容易观察和识别。染色技术可以根据染色原理分为两大类。

① 基础染色。基础染色是利用染料与微生物细胞中的蛋白质、核酸等物质发生化学反应而产生的染色。常用的基础染料有结晶紫、甲基蓝、乙基蓝、碱性红等。基础染色可以使微生物细胞染成蓝色、红色、紫色等。

② 特殊染色。特殊染色是利用染料与微生物细胞中的某些特定结构发生化学反应而产生的染色。常用的特殊染色有格里氏染色、耐酸染色、芽孢染色等。特殊染色可以使微生物细胞中的某些特定结构染成与基础染色不同的颜色，从而对微生物进行更深入的观察和分析。

（二）显微技术

显微技术是利用显微镜观察微生物的形态、结构、运动等的技术。在微生物领域常用的显微镜有光学显微镜、电子显微镜。

① 光学显微镜。光学显微镜是利用光线将微生物放大并观察的仪器。光学显微镜的放大倍数一般小于 2 000 倍。光学显微镜是环境微生物检测中最常用的显微镜。

② 电子显微镜。电子显微镜是使用电子来展示物件的内部或表面的显微镜。高速的电子的波长比可见光的波长短，因此电子显微镜的分辨率远高于光学显微镜的分辨率。光学显微镜的分辨率约为 200 nm，而电子显微镜的分辨率可以达到 0.2 nm，甚至更低。电子显微镜有透射电子显微镜（TEM）和扫描电子显微镜（SEM）两种主要类型。

图 8-2 为普通光学显微镜、扫描电子显微镜和透射电子显微镜下的大肠杆菌。

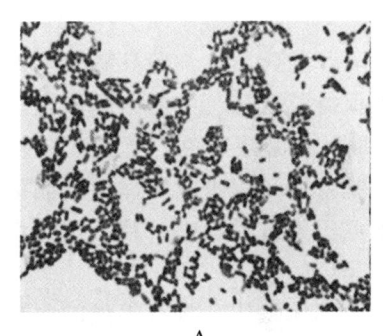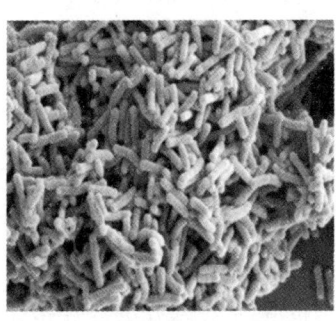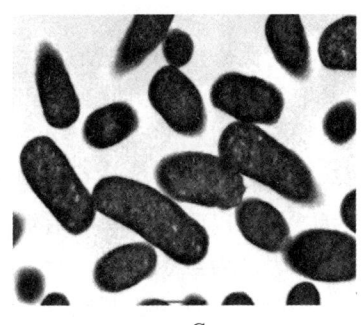

图 8-2　普通光学显微镜、扫描电子显微镜和透射电子显微镜下的大肠杆菌

A—普通光学显微镜；B—扫描电子显微镜；C—透射电子显微镜

（摘自 Kaluaniya M K，2020；Hendri N A M，2024）

（三）基于染色和显微技术的环境微生物检测方法

1. 微生物形态观察

微生物形态观察是利用显微镜观察微生物的形态、大小、排列等。形态观察是环境微生物检测中最基本的方法，可以用于微生物的初步鉴定。常用的形态观察方法有单染色、革兰氏染色、芽孢染色等。

单染色法的原理是利用染料与细菌细胞的亲和力不同来进行染色。常用的染料有结晶紫、亚甲蓝、伊红等。结晶紫是一种碱性染料，可与细菌细胞的蛋白质结合而着色。亚甲蓝是一种酸性染料，可与细菌细胞的多糖类物质结合而着色。伊红是一种酸性染料，可与细菌细胞的核酸结合而着色。单染色法是一种简单、易行的方法，适用于观察细菌的形态、大小及排列。单染色法虽然简单易行，但也存在一些局限性。例如，单染色法不能区分不同种类的细菌。

革兰氏染色是细菌学中最常用的染色方法之一，它是由丹麦细菌学家汉斯·克里斯蒂安·革兰（Hans Christian Gram）于1884年首次提出的。这种染色方法不仅可以观察细菌的形态，还可将细菌分为两大类：革兰氏阳性菌和革兰氏阴性菌（图8-3）。

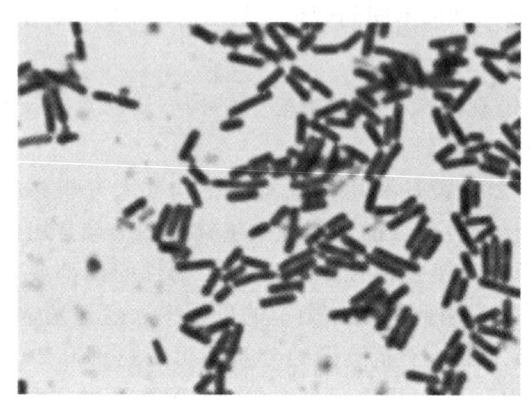

图8-3 革兰氏染色结果图
（摘自 Kristensen K，2023）

革兰氏染色的原理是利用细菌细胞壁的不同结构进行染色。革兰氏阳性细菌具有较厚的层状细胞壁，主要由肽聚糖组成。这些层状细胞壁能够吸附和保持革兰染色中的紫晶染色剂（紫晶是一种碱性染料）。在革兰氏染色过程中，革兰氏阳性细菌会保持紫色。革兰氏阴性细菌的细胞壁相对较薄，主要由脂多糖和蛋白质组成。这些细胞壁不足以吸附和保持紫晶染色剂，但可以吸附和保持后续染色中的红色对照染色剂。在革兰氏染色过程中，革兰氏阴性细菌会表现为红色。

芽孢染色是用于观察细菌芽孢的一种染色方法。芽孢是细菌的休眠体，具有很强的耐热性和耐干燥性，可帮助细菌在恶劣的环境中生存。芽孢染色法是利用细菌芽孢和菌体对染料的亲和力不同，利用不同染料进行着色，使芽孢和菌体呈现不同的颜色，从而进行区分的一种染色方法。芽孢壁厚且透性低，因此着色和脱色均较困难。因此，在染色过程中，先用弱碱性染料，如孔雀绿或碱性品红，在加热条件下进行染色。此时，染料不仅可以进入菌体，还可以进入芽孢。脱色时，进入菌体的染料可以被水洗掉，而进入芽孢的染料则难以透出。最后，再用复染液或衬托溶液进行处理，即可将菌体和芽孢区分开来（图8-4）。

2. 荧光原位杂交技术

前面所述的染色方法一般只可对全部细菌或某一大类细菌进行染色，不能针对特定的微生物进行染色。荧光原位杂交（fluorescence in situ hybridization，FISH）技术使用荧光标记的核酸探针与组织细胞或细菌中的特定DNA或RNA序列进行特异性杂交，然后，使用荧光显微镜观察杂交信号，以确定目标序列的存在、位置和数量，从而可以对特定微生物进行分析和研究（图8-5）。

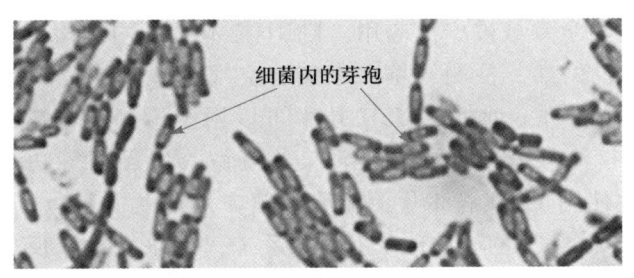

图 8-4 芽孢染色结果图

（摘自 Parker N，2016）

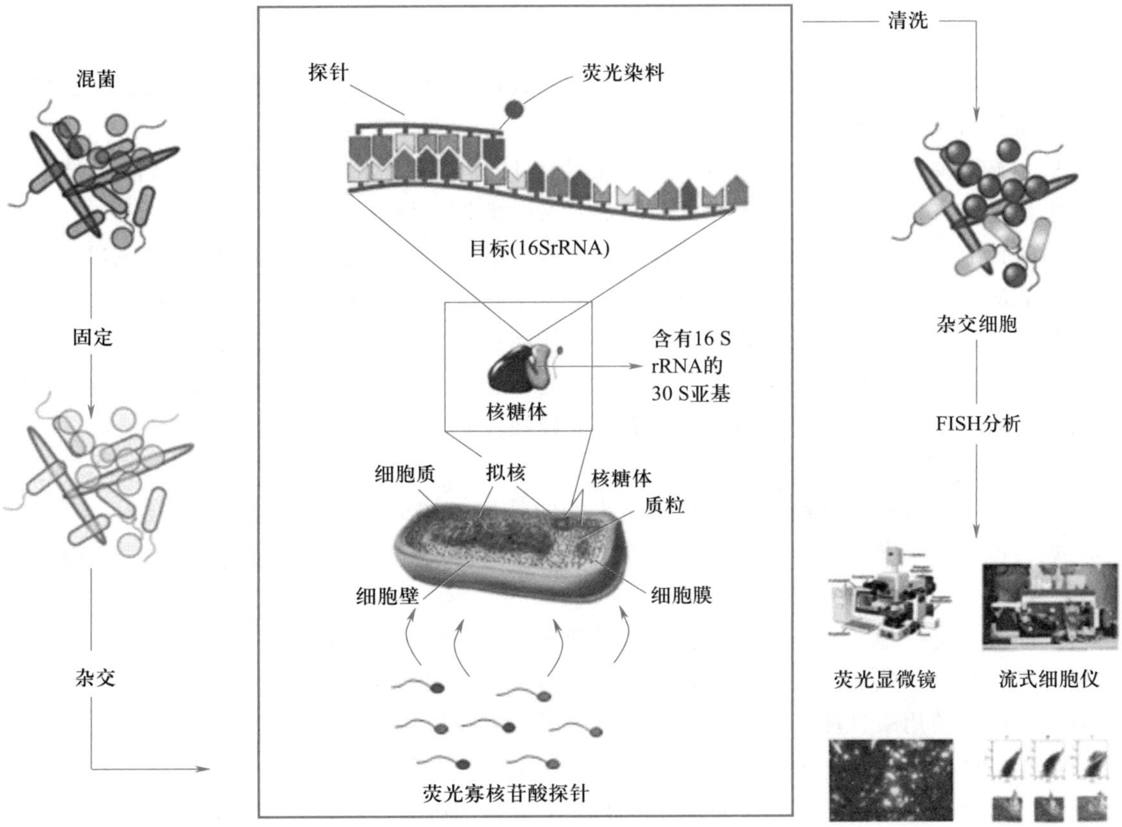

混菌

固定

杂交

探针　　荧光染料

清洗

目标(16SrRNA)

含有16 S
rRNA的
30 S亚基

核糖体

杂交细胞

FISH分析

细胞质　拟核　核糖体

质粒

细胞壁　　　　　　细胞膜

荧光寡核苷酸探针

荧光显微镜　　流式细胞仪

图 8-5　荧光原位杂交实验流程图

（摘自 Abbasian F，2018）

FISH 的基本原理是利用同源互补的碱基配对原则，将特定的探针与环境中的微生物 DNA 进行杂交。当探针与微生物 DNA 杂交时，会发出荧光信号。因此，通过使用荧光显微镜，研究人员可以直接观察到环境中的微生物。FISH 探针是 FISH 技术的核心。探针通常由单链 DNA 或 RNA 制成，其序列与环境中微生物的目标 DNA 序列互补，探针需要根据目标微生物的 DNA 序列进行设计。FISH 技术具有一系列优点，包括直接检测环境中的微生物，无须培养；可以检测单个微生物或微生物群落；具有高灵敏度和特异性等。

FISH 技术在微生物学领域被广泛应用。FISH 技术可以用于检测环境样品中不同微生物种群的存在和丰度，例如，检测土壤、水体、空气等环境样品中细菌、真菌、藻类等微生物群落的结构和多样性。此外，FISH 技术可以用于检测环境样品中微生物特定功能基因的表达，例如，检测环境样品中参与污染物降解、碳循环等功能基因的表达。1996年，Wagner 等人首次使用 FISH 技术检测硝化细菌，并建立了一套较完善的硝化细菌检测技术。此后，FISH 技术被广泛应用于活性污泥系统、硝化流化床反应器等污水处理系统中。2003 年，Satoh 等人使用 NSO190、NIT 和 CNIT 等探针研究旋转盘式生物膜法水处理装置中生物膜对脱氮菌的处理机能时，应用 FISH 法快速、准确地对硝化菌进行了定量计数观察。

3. 微生物数量计数

微生物数量计数是利用显微镜计数微生物的数量。数量计数可以用于微生物的污染程度评估、生长情况监测等。

采用显微镜进行微生物计数的方法主要有直接计数法、沉降计数法、显微滤膜计数法等，采用这些方法进行计数的过程中一般都要对微生物进行染色。

直接计数法是将微生物样品直接置于载玻片上，进行染色后，在显微镜下观察并计数；沉降计数法是将微生物样品与沉淀剂混合，使微生物沉降到载玻片上，进行染色后，在显微镜下观察并计数；显微滤膜计数法是将微生物样品过滤到滤膜上，进行染色后，在显微镜下观察并计数。以上三种方法操作都比较简单，适用于微生物数量较多的样品，但直接计数法和沉降计数法准确性较低，显微滤膜计数法准确性较高。

4. 微生物结构观察

微生物结构观察是利用显微镜观察微生物的结构，如细胞壁、细胞膜、鞭毛、芽孢等。结构观察可以用于微生物的鉴定、分类等。常用的结构观察方法有抗酸染色、电子显微镜观察等。

抗酸染色是一种常用的染色方法，用于观察细菌的耐酸性。该方法使用结晶紫、碘溶液和酒精进行初染，然后用酸性溶液脱色。当细菌具有耐酸性的细胞壁时，在初染过程中与结晶紫结合后，使用酸性溶液脱色也不会脱落，耐酸菌在抗酸染色中呈紫色。

电子显微镜观察是一种高分辨率的显微镜观察方法，可以观察微生物的细微结构。该方法使用电子束作为光源，可以穿透微生物的细胞壁和细胞膜，观察到微生物的内部结构，用于观察微生物的细胞壁、细胞膜、鞭毛、芽孢等结构。

（四）染色和显微技术在环境微生物检测中的应用

染色和显微技术在环境微生物检测领域具有广泛的应用，主要包括以下几个方面：

1. 微生物检测及初步鉴定

染色和显微技术可以用于检测环境微生物（如细菌、藻类、原生动物等）的形态、大小、结构及运动情况，初步判断微生物的种类。例如，常用的革兰氏染色、结晶紫染色、芽孢染色等染色方法，可以根据微生物的细胞壁成分、结构等特征，使其在显微镜下呈现不同的颜色，从而便于观察和鉴定。对于活性污泥系统，染色和显微技术可以用于分析污泥中丝状菌及其他微生物的情况，为系统的调控提供依据。

2. 微生物计数及群落结构研究

染色和显微技术可以用于对环境样品中微生物的分布及数量进行分析。此外，基于染色和显微技术结合分子生物学方法——FISH，还可以对样品中特定的微生物进行定量分析，进而研究样品中的微生物群落结构。

三、基于生理生化反应的微生物检测

生理生化反应是微生物生存和繁殖所必需的，是微生物的重要特征。基于生理生化反应的微生物检测是利用微生物的生理生化特性进行微生物的鉴定、分类及数量测定等。

（一）生理生化反应检测方法

1. 生化反应检测

生化反应检测是利用微生物对特定底物进行酶促反应，产生可观察到的物质或变化进行检测。

例如，乳糖发酵实验可以检测细菌对乳糖的发酵能力。乳糖是双糖，由葡萄糖和半乳糖组成。乳酸菌可以将乳糖分解为葡萄糖和半乳糖，然后再将葡萄糖和半乳糖发酵为乳酸。乳酸具有酸性，因此如果培养基呈酸性，则说明乳酸菌可以发酵乳糖。

尿素分解实验是用于鉴定尿素分解菌的生化反应检测方法。该实验的原理是利用尿素分解菌对尿素的分解能力。尿素分解菌可以将尿素分解为氨气和二氧化碳。氨气具有碱性，因此如果培养基呈碱性，则说明尿素分解菌可以分解尿素。

吲哚实验是用于鉴定吲哚生成菌的生化反应检测方法。该实验的原理是利用吲哚生成菌对酪氨酸的分解能力。酪氨酸是一种氨基酸，含有吲哚基团。吲哚生成菌可以将酪氨酸分解为吲哚。吲哚具有特殊的气味，因此如果培养基有吲哚的气味，则说明吲哚生成菌可以生成吲哚。

2. 生理反应检测

生理反应检测是利用微生物的某些生理特性进行检测，如营养要求、生长条件、抗药性等。常用的生理反应检测方法有营养要求检测、生长温度检测、生长 pH 检测、抗药性检测等。

微生物对氧气的需求不同。根据微生物对氧气的需求，可以将微生物分为好氧菌、兼性厌氧菌、厌氧菌等。将微生物接种到含有不同氧气含量的环境中检测微生物对氧气的需求，有氧条件下能够生长的微生物是好氧菌，缺氧条件下能够生长的微生物是兼性厌氧菌，无氧条件下能够生长的微生物是厌氧菌。

不同微生物对不同抗生素的敏感性不同。将微生物接种到含有不同浓度抗生素的培养基中，如果微生物在抗生素的抑制下仍然能够生长，则说明该微生物对该抗生素不敏感；如果微生物在抗生素的抑制下不能生长，则说明该微生物对该抗生素敏感。

表 8-1 列出了常用的细菌检测生理生化实验。

表 8-1　常用的细菌检测生理生化实验

实验名称	实验目的	实验原理
淀粉水解实验	检测细菌是否具有淀粉酶	淀粉酶催化淀粉分解为葡萄糖，葡萄糖与碘液反应呈蓝色，如果培养基中出现无色的水解圈，则表明细菌具有淀粉酶
糖发酵实验	检测细菌是否具有发酵能力	细菌在无氧条件下利用糖类进行发酵，产生各种代谢产物，如乳酸、乙醇、二氧化碳等。根据不同的代谢产物，可以判断细菌的种类
蛋白水解实验	检测细菌是否具有蛋白酶	蛋白酶催化蛋白质分解为氨基酸，氨基酸与试剂反应产生颜色变化，根据颜色变化可以判断细菌是否具有蛋白酶
脂肪水解实验	检测细菌是否具有脂肪酶	脂肪酶催化脂肪分解为脂肪酸和甘油，脂肪酸与试剂反应产生颜色变化，根据颜色变化可以判断细菌是否具有脂肪酶
碳水化合物利用实验	检测细菌是否可以利用某种碳水化合物	细菌在培养基中利用碳水化合物进行生长，如果培养基中出现气泡、沉淀等变化，则表明细菌可以利用该种碳水化合物
氮素来源实验	检测细菌的氮素来源	细菌在培养基中利用氨基酸、尿素、硝酸盐等作为氮源进行生长，如果培养基中出现气泡、沉淀等变化，则表明细菌可以利用该种氮源
氧化还原反应实验	检测细菌的氧化还原能力	细菌在培养基中进行氧化还原反应，产生各种代谢产物，根据不同的代谢产物，可以判断细菌的氧化还原能力

（二）生理生化反应检测的应用

基于生理生化反应的微生物检测在环境微生物检测领域具有广泛的应用，主要包括以下几个方面：

1. 微生物鉴定

可以用于微生物的初步鉴定，生理生化特征是微生物分离的重要依据，通过检测微生物营养要求、生长温度、氧气要求、抗原抗体反应等特征可以对微生物进行分类。

2. 微生物生理特性研究

可以对微生物的生理特性进行研究，包括营养需求、生长条件、代谢途径等。例如，通过检测微生物的代谢产物，可以了解微生物的代谢途径。

3. 新型环境生物技术开发

可以用于开发新型环境生物技术，例如微生物发酵过程研究、污染物降解过程研究等。

四、传统微生物检测技术的局限性

传统微生物检测技术是指在 20 世纪中叶之前发展起来的微生物检测技术，主要包括显微镜观察、培养计数、生化反应检测等。传统微生物检测技术具有操作简单、成本低廉等优点，但也存在一些局限性。

1. 灵敏度和特异性较差

传统微生物检测技术的灵敏度和特异性较差，不适合检测低浓度或难培养的有害微生物。例如，显微镜观察的灵敏度取决于微生物的数量和大小，培养计数的灵敏度取决于培养基的选择和培养条件，生化反应检测的灵敏度取决于底物的选择和反应条件。

2. 操作烦琐、耗时

传统微生物检测技术操作烦琐、耗时，不适合大规模检测。例如，显微镜观察需要人工进行样本制备、染色、观察，培养计数需要进行多次培养，生化反应检测需要进行多步反应。

3. 受环境条件影响

传统微生物检测技术受环境条件影响较大，不适合在复杂环境中检测。例如，显微镜观察受光照、温度等影响，培养计数受培养基、培养条件等影响，生化反应检测受底物、反应条件等影响。

4. 不能提供多维度信息

传统微生物检测技术不能提供多维度信息，不适合微生物鉴定、分类、功能研究等。例如，显微镜观察只能提供微生物的形态、大小等信息，培养计数只能提供微生物的数量信息，生化反应检测只能提供微生物的生理生化特性信息。

传统微生物检测技术的限制阻碍了其在环境中有害微生物检测方面的应用。然而，随着科学技术的不断进步，新兴的微生物检测技术如分子生物学技术、生物芯片技术及高通量组学技术正崭露头角。这些新技术具备诸多优势，包括高灵敏度、极强特异性、快速便捷，以及强大的抗干扰能力。值得注意的是，分子生物学技术能够通过 DNA 或 RNA 分析，精准识别微生物的种类和数量。生物芯片技术则能够同时检测多种微生物，提供更全面的信息。而高通量组学技术则通过大规模数据分析，深入了解微生物群落的结构和功能。这些新兴技术的涌现使得我们在环境微生物检测领域拥有更强大的工具来迅速、准确地开展微生物检测。同时，它们也为环境监测和生物安全领域提供了更加全面和深入的解决方案，有助于及时预防和应对微生物相关的环境风险。这一进步将极大地推动环境微生物学的发展，并为保护环境健康提供更可靠的技术支持。

第二节　基于分子生物学的微生物检测技术

一、基于 DNA 的微生物检测技术

DNA 是微生物的遗传物质，是其身份的唯一标志。基于 DNA 的微生物检测技术是利用 DNA 的唯一性和稳定性，通过对 DNA 的提取、扩增、检测等步骤来实现微生物的检测，具有灵敏度高、特异性强、准确度高、速度快等优点，在环境工程微生物学中得到了广泛

应用。

（一）基于 DNA 的微生物检测技术介绍

常见的基于 DNA 的微生物检测技术包括：

1. 聚合酶链反应（PCR）

PCR 是一种快速、灵敏、特异的 DNA 扩增技术。它可以将微量的 DNA 扩增到数百万甚至数十亿倍，从而提高检测的灵敏度。PCR 过程见图 8-6。

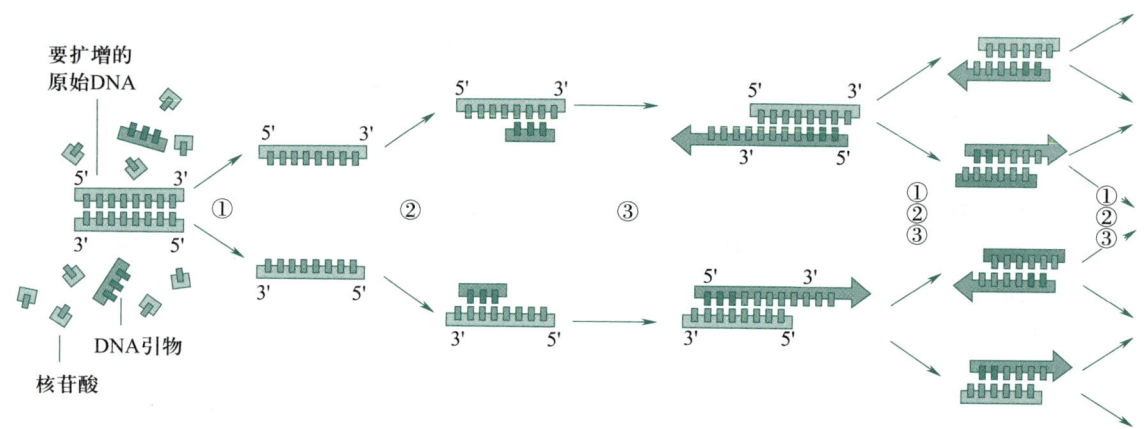

① 变性：94~96 ℃；② 退火：60 ℃左右；③ 延伸：72 ℃

图 8-6　PCR 过程示意图

（摘自 Ranjan S, 2016）

PCR 的基本原理是利用 DNA 聚合酶催化 DNA 的复制。PCR 反应通常包括以下三个步骤：

① 变性：将 DNA 双链分子解开成单链。

② 退火：引物（DNA 片段）与单链 DNA 的互补序列结合。

③ 延伸：DNA 聚合酶催化引物与 DNA 的结合处的 DNA 序列进行复制。

用 PCR 检测水中大肠杆菌。大肠杆菌是一种常见的粪便污染指示菌，可用于评估水质的安全性。PCR 技术可以快速、灵敏地检测水中大肠杆菌的存在。

具体方法如下：

① 从水样中取出一定量的 DNA。

② 使用特定的大肠杆菌引物对 DNA 进行扩增。

③ 使用凝胶电泳对扩增产物进行分离。

④ 对凝胶进行荧光检测。

如果凝胶电泳图上出现一条特定的荧光条带，则表明水样中存在大肠杆菌。条带的强度在一定程度上与水样中大肠杆菌的浓度成正比。图 8-7 为 PCR 产物凝胶电泳图。

上述方法可以确定某类细菌是否存在，并粗略进行定量，但是定量的准确度不高，为了更准确地采用 PCR 技术进行微生物定量，科学家又发明了荧光定量 PCR 技术。

2. 荧光定量 PCR 技术

荧光定量 PCR 技术 (real-time quantitative PCR, qPCR), 又称实时定量 PCR 技术, 是指在 PCR 反应进行的同时, 对其过程进行监测 (即实时), 因此数据可在 PCR 扩增过程中收集, 而非 PCR 结束之后。这为基于 PCR 定量方法带来了革命性的变革。荧光定量 PCR 示意见图 8-8。

qPCR 的基本原理是利用荧光报告基团 (荧光染料) 来检测 PCR 产物。荧光报告基团在特定的条件下会发出荧光信号, 其强度与荧光报告基团的数量成正比。在 PCR 反应中, 随着靶 DNA 的扩增, 荧光报告基团的数量也会相应增加, 从而可以实时监测到 PCR 反应的进程。qPCR 可以对环境样品中不同微生物群落的丰度定量, 从而了解微生物群落的结构和功能。例如, 分析土壤、水体、空气等环境样品中细菌、真菌、病毒等微生物群落的丰度和组成; 分析不同功能基因在环境样品中的丰度。

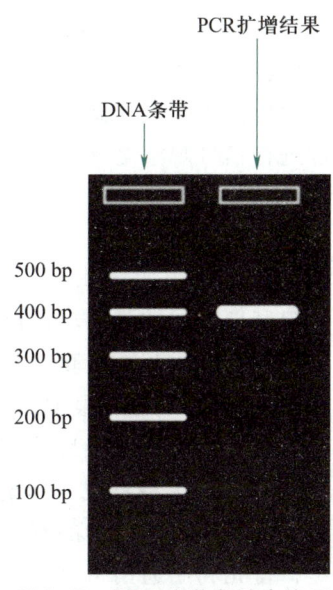

图 8-7 PCR 产物凝胶电泳图

3. 核酸探针技术

核酸探针技术是利用具有特异性结合能力的核酸探针与目标 DNA 分子进行杂交反应, 从而检测目标 DNA 存在与否的技术。核酸探针可以是单链 DNA、双链 DNA、RNA 等。在环境微生物领域, 荧光探针法是应用最广泛的核酸探针技术之一。

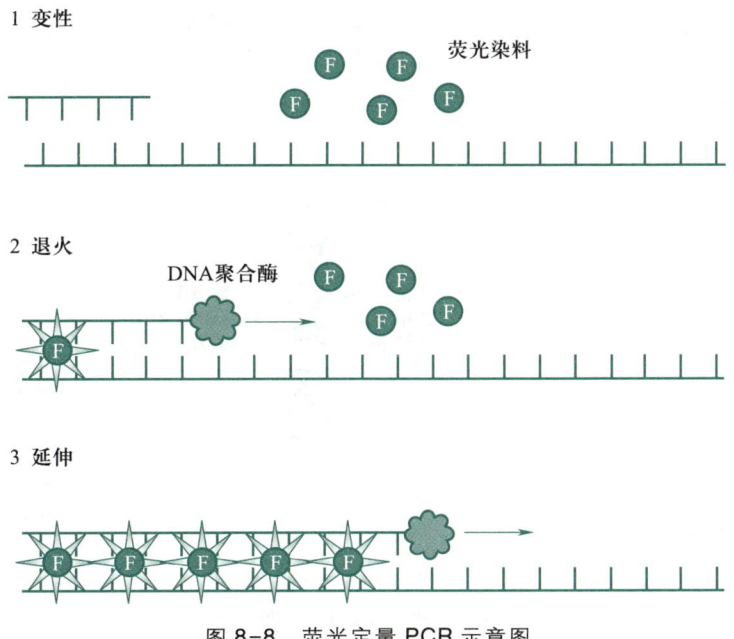

图 8-8 荧光定量 PCR 示意图

荧光探针法是利用荧光探针与目标 DNA 分子杂交后, 荧光信号的强度或变化来检测目标 DNA 存在与否的技术。本章第一节中提到的荧光原位杂交技术（FISH）就是一种典型的荧光探针法，荧光标记的核酸探针与细胞或细菌中的特定 DNA 或 RNA 序列进行特异性杂交，然后使用荧光显微镜观察杂交信号，以确定目标序列的存在、位置和数量。除了使用显微镜进行信号观察之外，还可以采用流式细胞仪对不用荧光探针标记的细胞或细菌进行筛选，从而实现定量分析。荧光探针法具有灵敏度高、操作简便等优点，在环境工程微生物学中广泛应用。

4. 限制性内切酶分析

限制性内切酶是一种可以识别并切割特定 DNA 序列的酶。限制性内切酶分析技术通常包括酶切和电泳两个步骤，首先将 DNA 与限制性内切酶混合对 DNA 进行切割，然后将酶切后的 DNA 进行电泳，根据 DNA 的大小进行分离。

末端限制性片段长度多样性分析技术（terminal restriction fragment length polymorphism，T-RFLP），是一种将荧光标记技术和限制性内切酶分析技术相结合的方法，是研究环境微生物群落多样性和结构的有效方法，由 Wen-Tso Liu 等人于 1997 年开发。T-RFLP 技术的原理是，首先利用通用引物对微生物的 16S rRNA 基因进行 PCR 扩增，产生大量的 PCR 产物。然后，利用限制性内切酶对 PCR 产物进行酶切，生成具有不同长度的限制性片段。最后，利用毛细管电泳或测序胶电泳对限制性片段进行分离，并通过荧光标记对限制性片段进行检测。T-RFLP 原理见图 8-9。

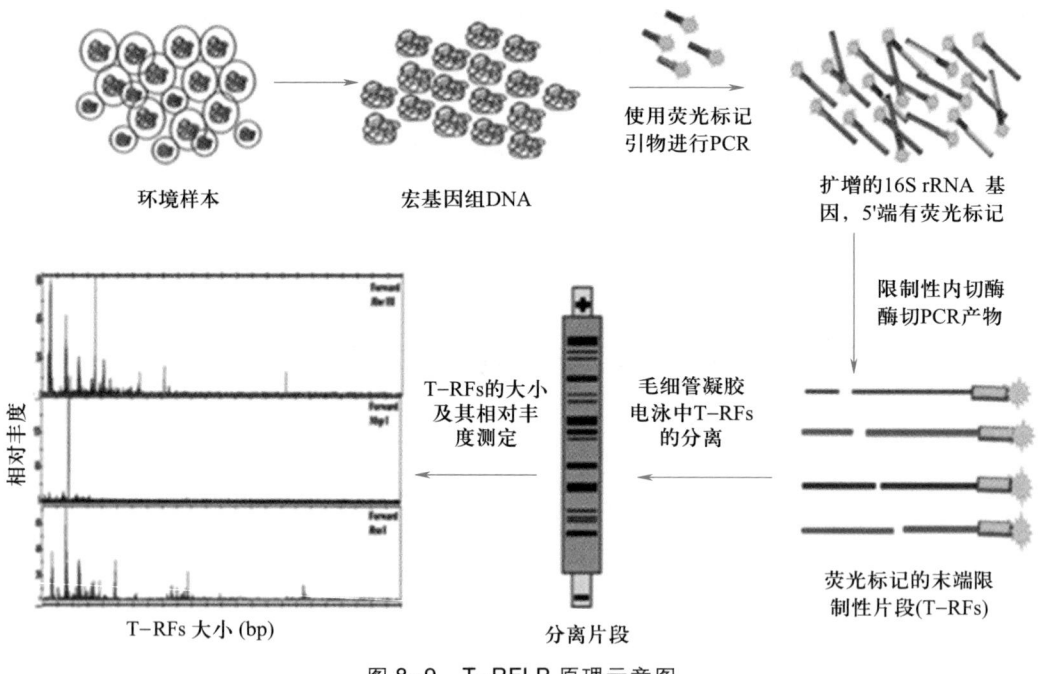

图 8-9　T-RFLP 原理示意图

（摘自 Rekadwad B，2020）

5. DNA 测序

上述基于 DNA 的微生物检测技术都是基于 DNA 的特征进行操作的，虽然方法简单，但不能获取 DNA 序列完整信息。而 DNA 测序可以直接获得 DNA 的碱基序列。它可以用于微生物的鉴定、分类和进化研究，也可以用于分析。

基于 DNA 测序的微生物检测技术的基本原理是利用 DNA 测序仪将 DNA 的碱基序列进行测定，然后通过生物信息学方法对 DNA 序列进行分析并与数据库进行比对，从而确定微生物的物种信息和功能信息。DNA 测序技术可以分为传统 DNA 测序技术（一代测序）和高通量 DNA 测序技术（二代测序、三代测序）。传统 DNA 测序技术使用 DNA 测序仪直接对 DNA 进行测序，成本较高，通量较低。高通量 DNA 测序技术使用高通量 DNA 测序仪对 DNA 进行测序，成本较低，通量较高。关于 DNA 测序技术的详细内容将在第九章中详细介绍。

（二）基于 DNA 的微生物检测技术的应用

1. 微生物物种和功能鉴定

对于纯培养微生物，可以通过对其 DNA 进行分析，了解微生物的物种信息和功能信息。

2. 微生物群落结构和功能分析

用于监测水、土壤、空气等环境样品中的微生物群落结构、多样性、功能等，为环境质量评价、环境污染控制等提供科学依据。

3. 生物安全检测

用于检测环境样品中的致病菌、污染菌、生物风险因子、抗生素抗性基因等，为环境安全保障提供技术支撑。

4. 微生物工程

用于筛选、鉴定具有特定功能的微生物菌株，为微生物工程的应用提供技术保障。

（三）基于 DNA 的微生物检测技术的优缺点

基于 DNA 的微生物检测技术具有以下优点。

（1）灵敏度高：可以检测到环境样品中微量的微生物，通常仅需采集非常少的环境样品即可提取 DNA 并开展相关检测。

（2）特异性强：通过对微生物的 DNA 进行分析，可以区分不同种类的微生物，较为准确地对微生物进行分类并获取微生物的功能信息。

（3）稳定性好：DNA 具有较好的稳定性，可以长期保存。

基于 DNA 的微生物检测技术也存在以下缺点：

（1）操作复杂：需要一定的专业知识和技能，对于 DNA 序列的分析，尤其是高通量 DNA 测序数据分析，需要较多的生物信息学知识和大数据分析技能。

（2）成本较高：DNA 检测试剂和仪器的成本较高。近年来，由于高通量测序技术的发展，目前 DNA 测序成本已经大大下降，未来随着测序技术的继续发展，DNA 测序的成本将进一步降低。

二、基于 RNA 的微生物检测技术

RNA 是微生物的遗传物质之一，是其功能表达的重要载体。基于 RNA 的微生物检测技

术是利用微生物的 RNA 进行检测的技术，具有灵敏度高、特异性强、准确度高、速度快等优点，近年来在环境工程微生物学中得到了快速发展。

（一）基于 RNA 的微生物检测技术介绍

基于 RNA 的微生物检测技术主要包括以下几种。

1. 逆转录酶链式反应

逆转录酶链式反应（reverse transcription-polymerase chain reaction，RT-PCR）是将 RNA 逆转录成 DNA，然后再利用 PCR 技术对 DNA 进行扩增的技术。RT-PCR 具有灵敏度高、特异性强、重复性好等优点，可以用于检测不同环境中微生物特定功能基因的表达情况。基于反转录和扩增步骤是在单个反应（或管）中还是在两个单独的反应（或管）中进行，RT-PCR 可以分为两类：一步 RT-PCR 和两步 RT-PCR（图 8-10）。

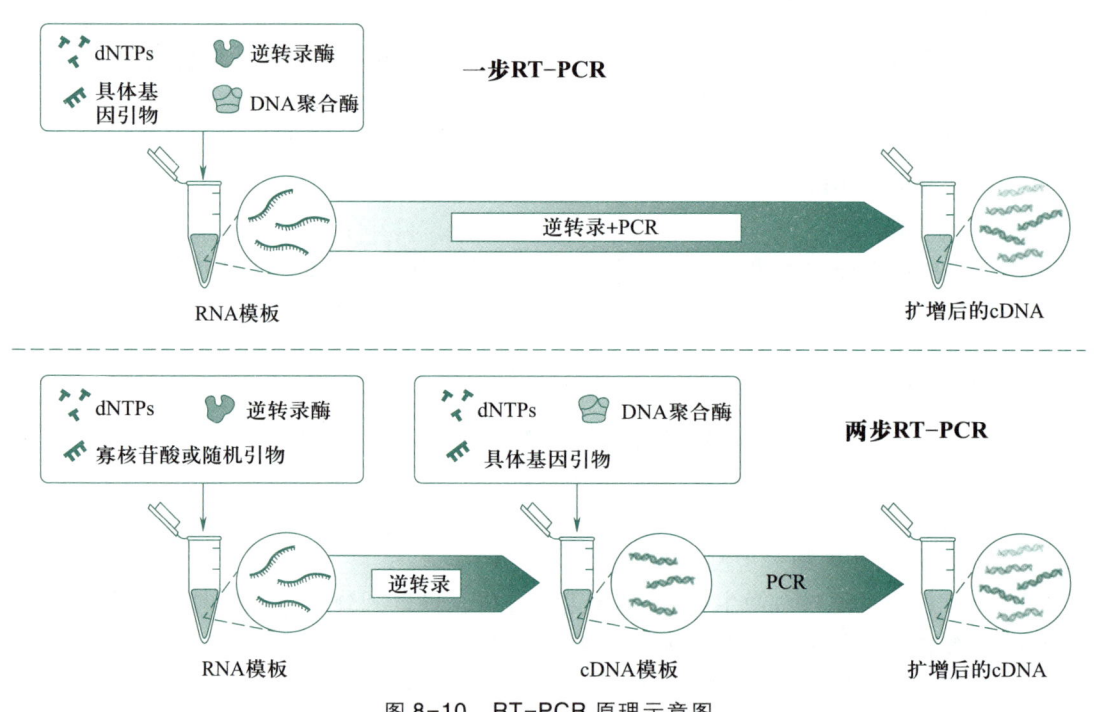

图 8-10 RT-PCR 原理示意图

环境中的许多病毒以 RNA 作为遗传物质。其中，一些基于 RNA 的病原病毒，如诺沃克病毒、胡椒轻斑驳病毒，并没有可量化的培养基检测方法。因此，为了检测环境样品中 RNA 病毒的存在，分子检测技术需要依 RT-PCR 技术将 RNA 转化为 DNA 并采用 PCR 技术进行检测。通过 RT-PCR，微生物学家可以对这些对人类和环境健康构成威胁的 RNA 病毒进行分析和研究。

RT-PCR 技术还可以作为一种工具用于测量环境中的微生物活性。信使 RNA（mRNA）是用于蛋白质翻译的单链模板，测量不同基因水平的 mRNA 指示了哪些基因在环境中的微生物中被表达。基因表达分析可以提供有关有机体在不同环境条件下采用哪些生物途径生存的线索。在某些情况下，可以利用基因表达来确定哪些微生物能够在恶劣条件下生存，并有能力修复被污染的土壤或水。

2. RNA 测序

RNA 测序（RNA sequencing，RNA-seq）是一种使用高通量技术来研究转录组的方法。它主要用于分析在特定条件下表达的 RNA 分子，可以提供关于微生物基因表达水平和变化的丰富信息。

进行 RNA 测序首先需要从待研究的环境样本中提取 RNA，通常包括总 RNA 或特定的 RNA 亚型（如 mRNA 或非编码 RNA）。然后，将 RNA 转录为 cDNA（互补 DNA）。这是因为 DNA 比 RNA 更稳定，且更适合测序。在进行测序之前，需要将 cDNA 片段连接到适配器序列，并进行适当的修饰，以便在测序平台上进行处理。最后使用高通量测序技术（如 Illumina、Ion Torrent 等）对文库进行测序。测序完成后，可通过生物信息学方法对序列进行分析，包括比对至参考基因组、表达量分析、差异表达基因识别等。

随着测序技术的进步，近年来出现了直接 RNA 测序技术（dRNA-seq），dRNA-seq 是直接对样品中 RNA 进行测序的技术。dRNA-seq 无须逆转录或扩增，从而避免引入偏倚，并且具有通量高、序列长、信息量丰富等优点，在环境工程微生物学中可以用于检测水、土壤、食品等样品中的微生物多样性、群落结构、基因表达等。目前最常用的 RNA-seq 策略是首先进行 cDNA 合成，之后再通过 PCR 来扩增这些 cDNA 链，不过这可能会降低 cDNA 文库的复杂性，影响 cDNA 的相对丰度，并造成某些种类的 RNA 丢失。此外，在 PCR 扩增过程中，RNA 的所有修饰都会丢失。

目前，已经有一些方法能够在制备 RNA-seq 文库时避免 PCR 扩增。例如，Illumina 平台的 FRT-seq 技术和 Helicos 平台的 DRS 技术。但是，这两种方法都产生较短的序列，不利于识别真核生物中的选择性剪接。为此，Oxford Nanopore 公司开发了一种利用纳米孔测序平台的直接 RNA-seq 方法。这种方法绕过了逆转录和扩增步骤，同时能够检测 RNA 修饰。纳米孔测序是在 RNA 分子穿过纳米孔时检测其序列的，不需要进行酶促合成反应。与传统的 RNA-seq 方法相比，直接 RNA-seq 具有许多潜在优势，包括无须扩增，避免了 PCR 或逆转录带来的偏倚等。

（二）基于 RNA 的微生物检测技术的优势

与基于 DNA 的微生物检测技术相比，基于 RNA 的微生物检测技术具有以下优势：

1. 反映微生物活性

DNA 是微生物遗传物质的载体，但它并不直接参与微生物的生长繁殖。RNA 则是微生物生命活动的重要调控分子，参与了微生物的蛋白质合成、基因表达、代谢等重要生命活动。因此，RNA 的存在和变化可以反映微生物的活性。传统的微生物检测技术主要检测微生物的 DNA 或细胞，这些技术的灵敏度和特异性较高，但不能反映微生物的活性。基于 RNA 的微生物检测技术，如 RT-PCR、RNA 测序等，可以直接检测微生物的 RNA。因此，这些技术具有更高的灵敏度和特异性，而且能够反映微生物的活性。

2. 检测 RNA 病毒

RNA 病毒是指以 RNA 为遗传物质的病毒。RNA 病毒的复制需要依赖宿主细胞的 RNA

合成系统，因此，RNA病毒的RNA含量较高。基于RNA的微生物检测技术可以直接检测RNA病毒的RNA，具有很高的灵敏度和特异性。传统的微生物检测技术对RNA病毒的检测灵敏度较低，而且容易受到宿主细胞DNA或细胞的影响。

（三）基于RNA的微生物检测技术的应用

1. 环境微生物及其功能活性监测

监测水、土壤、空气等环境样品中的微生物群落结构、多样性、活性及基因表达等，为微生物群落结构和功能的研究提供数据支撑。

2. RNA病毒检测

RNA病毒在环境中广泛存在，并可能对人类健康和生态安全造成威胁。基于RNA的微生物检测技术可以用于监测环境中RNA病毒的传播和流行，为疾病预防和控制提供重要信息。

三、基于蛋白质的微生物检测技术

蛋白质是微生物的重要组成部分，是其生命活动的重要载体。基于蛋白质的微生物检测技术是利用微生物的蛋白质进行检测的技术，具有灵敏度高、特异性强、操作简便、成本低等优点，近年来在环境工程微生物学中得到了快速发展。

（一）基于蛋白质的微生物检测技术介绍

基于蛋白质的微生物检测技术主要包括以下几种。

1. 酶联免疫吸附测定

酶联免疫吸附测定（enzyme linked immunosor bent assay，ELISA）是利用抗体-抗原反应进行检测的一种间接方法。其原理是利用抗体-抗原反应在固相载体上形成免疫复合物，然后通过酶的催化作用将检测结果转化为可视化的信号（图8-11）。通过检测可视化的信号，可以判断待测样品中是否存在特定的微生物。ELISA具有灵敏度高、特异性强、操作简便、成本低等优点。ELISA一般用于检验人体或动物样品中的病毒或环境污染物，目前在环境工程微生物领域的应用较少。

2. 蛋白质测序

蛋白质测序是指对蛋白质的氨基酸序列进行测定的过程。蛋白质测序方法主要分为两大类。

电泳法是利用蛋白质在电场中的迁移率差异进行分离的技术。常用的电泳法包括SDS-聚丙烯酰胺凝胶电泳（SDS-PAGE）、二维凝胶电泳等。SDS-PAGE通过结合十二烷基磺酸钠（SDS）和强还原剂的作用，使蛋白质丧失原有的电荷和结构状态，仅保持其原有的分子量特征，从而在聚丙烯酰胺

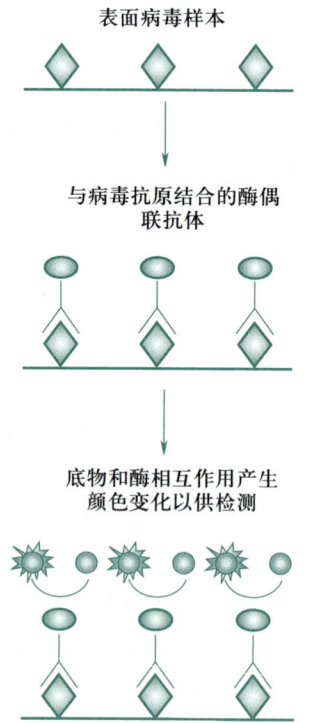

表面病毒样本

与病毒抗原结合的酶偶联抗体

底物和酶相互作用产生颜色变化以供检测

图8-11 酶联免疫吸附测定原理图

凝胶电泳过程中根据分子量的大小进行有效分离（图8-12）。二维凝胶电泳（two-dimen-sional gel electrophoresis，2-DE）是蛋白质组研究中最有效的分离技术，它由两向电泳组成，第一向是以蛋白质电荷差异为基础进行分离的等电聚焦凝胶电泳，第二向是以蛋白质分子量差异为基础的 SDS—PAGE。电泳法可以用于粗略鉴定蛋白质的种类和大小，但无法获得蛋白质的完整氨基酸序列。

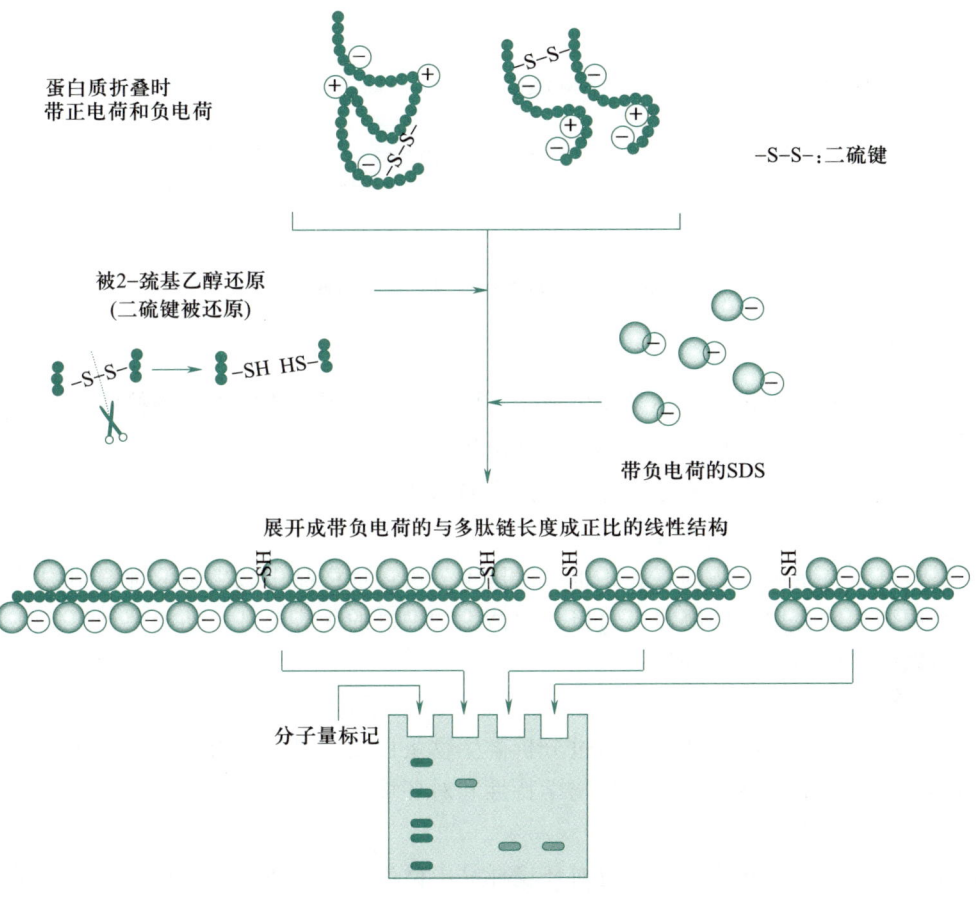

图 8-12　SDS-PAGE 原理图

　　质谱法是利用蛋白质的质量和电荷来进行鉴定的技术。常用的质谱法包括 MALDI-TOF 质谱、LC-MS 质谱等。质谱法可以准确获得蛋白质的完整氨基酸序列，是目前蛋白质测序的主要方法。图 8-13 为蛋白质测序过程示意。

（二）基于蛋白质的微生物检测技术的优势

　　与基于 DNA 和 RNA 的微生物检测技术相比，基于蛋白质的微生物检测技术具有以下优势。

1. 灵敏度更高

　　蛋白质是微生物活细胞中的重要组成部分，其含量比 DNA 和 RNA 高得多。因此，基于蛋白质的微生物检测技术可以检测到低丰度微生物的存在。

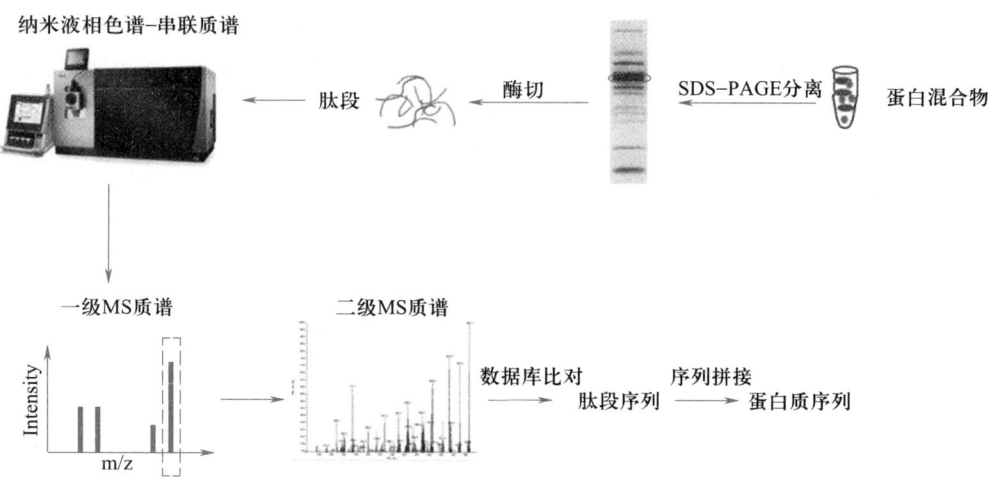

图 8-13　蛋白质测序过程示意图

2. 特异性更强

蛋白质的结构相对稳定，不易发生突变。因此，基于蛋白质的微生物检测技术具有更强的特异性，可以区分不同种属、不同菌株的微生物。

（三）基于蛋白质的微生物检测技术的应用

1. 微生物检测及微生物种群结构分析

可以检测到特定微生物的存在，也可以用于分析环境样品中微生物的种群结构。通过对环境样品中微生物蛋白质的测序，可以获得微生物种群的优势菌种、功能菌种等信息，从而了解环境微生物的多样性和功能。

2. 微生物功能分析

可以用于分析微生物的功能。通过分析微生物蛋白质，可以获得微生物的代谢途径、信号通路等信息，从而了解微生物的生物学特性和对环境的影响。

3. 微生物新物种发现

用于发现新的微生物物种。通过对环境样品中微生物蛋白质进行分析，可以发现与已知物种氨基酸序列差异较大的蛋白质，从而推测这些蛋白质可能属于新的微生物物种。

第三节　生物芯片技术

一、生物芯片技术概述

（一）生物芯片的定义与特点

生物芯片技术是将生物学、微电子学、化学和计算机科学等多学科技术相融合，将微小生物元件集成到一个芯片上，用于进行生物学检测、分析和合成等的一种新兴技术。生物芯片技术起源于核酸分子杂交。所谓生物芯片，一般指高密度固定在固相支持介质上的生物信息学（基因片段、DNA 片段或多肽、蛋白质、糖分子、组织等）的微阵列杂交型芯片（microarray），阵列中每个分子的序列及位置都是已知的，并且是预先设定好的序列点阵。微流控芯片（microfluidic chips）和液相生物芯片是在微阵列芯片后发展的生物芯片新技术，生物芯片技术是系统生物技术的基本内容。生物芯片是根据生物分子间特异性相互作用的原理，将生化分析过程集成于芯片表面，从而实现对 DNA、RNA、多肽、蛋白质及其他生物成分的高通量快速检测。狭义的生物芯片是指通过不同方法将生物分子（寡核苷酸、cDNA、多肽等）附着于硅片、玻璃片（珠）、塑料片（珠）、凝胶、尼龙膜等固相介质上形成的生物分子点阵，因此生物芯片技术又被称为微阵列技术，含有大量生物信息的固相基质称为微阵列，又称生物芯片。

生物芯片技术具有高灵敏度、高通量、微量化、自动化、低成本、高选择性和快速响应等优点，在环境工程微生物学领域具有广泛的应用前景。

① 高灵敏度：生物芯片可以检测到极低浓度的微生物。

② 高通量：生物芯片可以同时检测大量的微生物，提高实验进程，有利于图谱的快速对照和阅读。

③ 微量化：微量化减少了试剂用量和反应液体积，可提高样品浓度和反应速率。

（二）生物芯片的结构

生物芯片由基板、生物元件和信号传感器三部分组成。

基板是生物芯片的载体，通常由玻璃、硅、聚合物等材料制成。基板的材料和结构对生物芯片的性能有重要影响。

生物元件是生物芯片的核心，用于进行生物学检测、分析和合成等。生物元件可以是基因、蛋白质、酶、细胞等。

信号传感器是生物芯片的输出部分，用于将生物元件产生的信号转化为可识别的输出信号。信号传感器可以是光学传感器、电化学传感器、热传感器等。

（三）生物芯片的类型

根据生物元件的类型，生物芯片可分为以下几种类型。

① 基因芯片（gene chip）：它是最常见和广泛使用的生物芯片类型之一。基因芯片主要用于检测和测量基因的表达水平，通过固定的 DNA 探针来配对检测样本中的 RNA 或 DNA 分子。基因芯片在基因表达调控、疾病诊断和药物研发等领域发挥着重要作用。

② 蛋白质芯片（protein chip）：它用于检测和测量蛋白质的表达水平和相互作用。蛋白质芯片通常使用特定的抗体或亲和分子来捕获和检测目标蛋白质，从而实现对蛋白质样本的分析。蛋白质芯片在蛋白质组学研究、蛋白质相互作用网络分析和药物筛选等方面发挥着重要作用。在环境微生物学领域，蛋白芯片可以用于检测环境中微生物产生的蛋白质，如毒素、酶等。

③ 细胞芯片（cell chip）：它用于研究和分析细胞的功能和行为。细胞芯片通常通过固定的细胞培养基或细胞载体来模拟和控制细胞环境，从而实现对细胞行为和反应的监测和分

析。细胞芯片在细胞生物学研究、药物筛选和组织工程等领域发挥着重要作用。

④ 组织芯片（tissue chip）：它用于模拟和研究组织的结构和功能。组织芯片通常通过固定的细胞培养基和支架结构来模拟组织的微环境，从而实现对组织行为和反应的模拟和分析。组织芯片在组织工程、药物毒性研究和疾病模型构建等方面具有重要意义。

其中，细胞芯片和组织芯片主要应用于医学诊断和药物研究上，对于环境微生物领域几乎没有涉猎，故下文将主要介绍基因芯片和蛋白质芯片。

（四）生物芯片的制备步骤

根据基因芯片上固定的探针不同，可以将基因芯片分为寡核苷酸芯片及 cDNA 芯片等类型。

1. 基板的选择

基板是生物芯片的载体，其材料和结构对生物芯片的性能有重要影响。常用的生物芯片基板材料包括玻璃、硅、聚合物等。图 8-14 为三种基板材料类型。玻璃基板具有良好的化学稳定性和机械强度，但其成本较高。硅基板具有良好的导热性和导电性，但其加工难度较大。聚合物基板具有成本低、易加工等优点，但其化学稳定性较差。

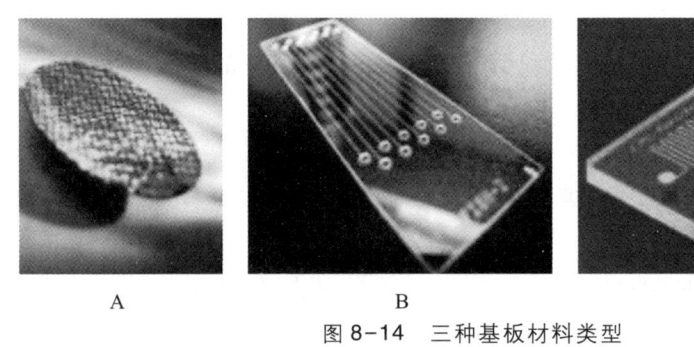

A　　　　　　　　　B　　　　　　　　　C

图 8-14　三种基板材料类型

A—硅；B—玻璃；C—聚合物

2. 生物元件的制备

生物元件是生物芯片的核心，其制备方法对生物芯片的性能有重要影响。常用的生物元件制备方法包括以下几种：

① 印刷法。印刷法是将生物元件直接印刷到基板上的方法。印刷法具有操作简单、成本低等优点，但其制备精度较低。

② 微加工法。微加工法是利用光刻、刻蚀等技术在基板上加工出微小结构的方法。微加工法具有制备精度高、成本较高等特点。

③ 生物工程法。生物工程法是利用生物技术将生物元件固定在基板上的方法。生物工程法具有制备成本低、生物活性高等特点。

3. 信号传感器的选择

信号传感器是生物芯片的输出部分，用于将生物元件产生的信号转化为可识别的输出信号。常用的生物芯片信号传感器包括以下几种。

① 光学传感器。光学传感器利用光学原理将生物元件产生的信号转化为光信号。光学

传感器具有灵敏度高、成本低等优点。

② 电化学传感器。电化学传感器利用电化学原理将生物元件产生的信号转化为电信号。电化学传感器具有灵敏度高、选择性强等优点。

③ 热传感器。热传感器利用热传导原理将生物元件产生的信号转化为热信号。热传感器具有成本低、操作简单等优点。

4. 芯片的封装

芯片的封装是将生物芯片的各个组件组装在一起的过程。芯片的封装可以保护生物芯片免受环境因素的影响，并提高芯片的稳定性和可靠性。常用的生物芯片封装方法包括以下几种。

① 聚合物封装。聚合物封装是最常见和广泛应用的生物芯片封装方法之一。它使用聚合物材料作为封装基底，将芯片固定在基底上，并通过化学或物理方法形成密封层。聚合物封装具有良好的生物相容性和机械强度，可以提供稳定的保护和连接接口。

② 玻璃封装。玻璃封装主要应用于需要高透明性和化学稳定性的生物芯片。它使用玻璃基底作为封装材料，通过黏合或热压等方法将芯片固定在玻璃基底上，并形成密封层。玻璃封装具有优异的光学特性和化学稳定性，适用于光学检测和显微镜观察等应用。

③ 陶瓷封装。陶瓷封装适用于需要高温和耐腐蚀性能的生物芯片。它使用陶瓷材料作为封装基底，通过黏合或烧结等方法将芯片固定在基底上，并形成密封层。陶瓷封装具有良好的热导性和化学稳定性，可在高温和腐蚀环境下提供可靠的保护。

④ 薄膜封装。薄膜封装是一种较为简单和经济的封装方法。它使用薄膜材料（如聚合物薄膜）将芯片封装起来，并通过黏合或热压等方法固定。薄膜封装具有灵活性和适应性强的优点，可适用于各种芯片尺寸和形状。

生物芯片的设计和制备是一个系统工程，需要考虑多方面的因素。随着生物芯片技术的不断发展，生物芯片的设计和制备将更加精细化和智能化。

（五）生物芯片的发展趋势

生物芯片技术具有广阔的应用前景。随着生物芯片技术的不断发展，将会为环境工程微生物学的研究和应用提供新的手段和方法。以下是生物芯片技术在环境工程微生物学领域的未来发展趋势。

① 生物芯片的集成化和智能化。生物芯片将向集成化和智能化方向发展，以提高芯片的性能和应用效率。芯片实验室（微全分析系统）具有高度集成性，它把生物和化学领域所涉及的样品制备、生物与化学反应、分离检测等基本操作单位集成或基本集成在一张微型芯片上，用以完成不同的生物或化学反应过程，并对其进行分析。

② 生物芯片的多功能化。生物芯片将向多功能化方向发展，以满足环境工程微生物学领域的多样化需求。

③ 生物芯片的成本降低。生物芯片的成本将不断降低，以使其更加普及和应用。

总之，生物芯片技术是环境工程微生物学领域的一项新兴技术，具有广阔的应用前景。随着生物芯片技术的不断发展，将会为环境工程微生物学的研究和应用提供新的手段和方法。

二、基因芯片

（一）基因芯片的概念和原理

基因芯片是目前生物芯片家族中最完善、应用最广泛的芯片。基因芯片将许多特定的寡聚核苷酸或 DNA 片段（称为探针），固定在芯片的每个预先设置的区域内，利用碱基互补配对原理将待测样本标记后同芯片进行杂交，通过检测杂交信号并进行计算机分析，从而检测对应片段是否存在、存在量的多少，以用于基因的功能研究和基因组研究、疾病的临床诊断和检测等众多方面。基因芯片原理见图 8-15。

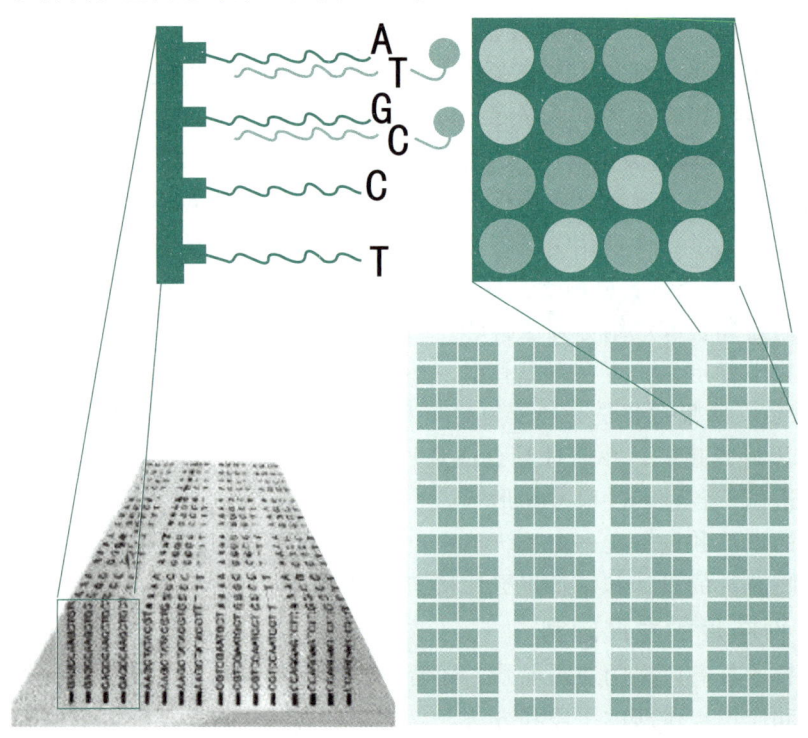

图 8-15　基因芯片原理

（摘自 Carr S M，2008）

基因芯片利用杂交的原理，即 DNA 根据碱基配对原则，在常温下和中性条件下形成双链 DNA 分子，但在高温、碱性或有机溶剂等条件下，双螺旋之间的氢键断裂，双螺旋解开，形成单链分子。变性的 DNA 黏度下降，沉降速度增加，浮力上升，紫外吸收增加。当消除变性条件后，变性 DNA 两条互补链可以重新结合，恢复原来的双螺旋结构，这一过程称为复性。复性后的 DNA，其理化性质能得到恢复。利用 DNA 这一重要理化特性，将两条以上不同来源的多核苷酸链，通过互补性质，使它们在复性过程中形成异源杂合分子的过程称为杂交（hybridization），杂交体中的分子不是来自同一个二聚体分子。由于温度比其他变性方法更容易控制，当双链的核酸高于其变性温度（T_m 值）时，解螺旋成单链分子；当温度降

到低于 T_m 值时，单链分子根据碱基的配对原则，再度复性成双链分子。因此通常利用温度的变化使 DNA 在变性和复性的过程中进行核酸杂交。

核酸分子单链之间有互补的碱基顺序。通过碱基对之间非共价键的形成，即出现稳定的双链区，这是核酸分子杂交的基础。杂交分子的形成并不要求两条单链的碱基顺序完全互补，因此不同来源的核酸单链彼此之间，只要有一定程度的互补顺序就可以形成杂交双链，分子杂交可发生在 DNA 与 DNA、RNA 与 RNA 或 RNA 与 DNA 的两条单链之间。如图 8-15，利用分子杂交这一特性，先将杂交链中的一条用某种可以检测的方式进行标记，再与另一种核酸（待测样本）进行分子杂交，然后对待测核酸序列进行定性或定量检测，分析待测样本中是否存在该基因或该基因的表达有无变化。通常将被检测的核酸称为靶序列（target），用于探测靶 DNA 的互补序列被称为探针（probe）。在传统杂交技术如 DNA 印迹（southern blotting）和 RNA 印迹（northern blotting）中，通常标记探针被称为正向杂交方法，而基因芯片通常采用反向杂交方法，即将多个探针分子点在芯片上，样本的核酸靶标进行标记后与芯片进行杂交。优点是可以同时研究成千上万的靶标甚至将全基因组作为靶序列。

具体地讲，利用核酸的杂交原理，基因芯片可以实现两大类检测：RNA 水平的大规模基因表达谱的研究和 DNA 的结构及组成的检测。

（二）基因芯片的分类

根据所用探针的类型分为 cDNA 微阵列（或 cDNA 微阵列芯片）和寡核苷酸阵列（或芯片）两类。

1. cDNA 微阵列

cDNA 微阵列利用大量的 DNA 片段与待测样品进行杂交，从而确定待测样品的 DNA 表达情况，其制备过程如下。首先，将各种生物随机克隆和随机测序的 cDNA 片段进行归类。其次，将每一类 cDNA 片段的代表（代表一个独立基因）克隆，即进行体外扩增，并将这些大小和序列不同的 cDNA 片段进行纯化。再次，将这些 cDNA 片段有序地、密集地固定在由硅片、玻璃片等组成的 cDNA 微阵列中，可以利用机械手等方式将这些片段进行固定。最后，利用 cDNA 微阵列对各个基因的表达情况进行分析。cDNA 微阵列技术主要应用于以下四个方面：

① 检测不同环境下基因的表达差异。生物在不同的环境中生长，有些生物的生存条件极为恶劣（如高温、高热、高盐等），通过 cDNA 微阵列技术，可观测到细胞各个基因的表达差异，进而找到差异基因，对其进行分析研究，或许可以找到适应极端环境的方法。

② 研究生物的代谢过程。cDNA 微阵列技术可以从细胞的全基因水平研究生物或细胞的生命活动。结合某些组学技术，可以得到细胞不同生长阶段的全基因表达谱，并掌握相关调控基因的信息，更好地研究生物的代谢过程。

③ 诊断和预测疾病的发生机理。由于 cDNA 微阵列中有数千种 DNA 片段，可以对大量 DNA 进行对比研究，因此可以在该阵列中比较几种相同疾病的不同亚类型，通过对比研究可以帮助诊断和预测相关疾病等。

④ 发现新基因。cDNA 微阵列可以对样品进行差异性分析，在和样品进行杂交时，如果某些基因一直无法确定其强弱和位置，那么该基因就有可能是新基因。

cDNA 微阵列具有较高的敏感度和便利性。例如，可以对探针标记集中不同颜色的荧光染料进行重复利用，这样在同一张膜中进行依次杂交实验，就可以分析不同细胞基因表达的差异。然而，cDNA 微阵列技术也有所不足，即检测成本太高，且技术和设备上存在一定难度。

2. 寡核苷酸微阵列

寡核苷酸微阵列技术的原理和 cDNA 微阵列类似，不同的是，该技术并不是利用 DNA 片段进行杂交检测，而是通过碱基互补配对原则进行杂交，其本质区别在于寡核苷酸微阵列的探针较短，一般为 20~70 nt，其具有以下优点。第一，无须进行扩增，可以降低扩增出现的错误率或直接避免扩增失败。第二，对同源序列基因而言，寡核苷酸微阵列技术可以有效减少特异性杂交，确保基因表达情况分析的正确性。

另外也可根据芯片的功能可分为基因表达谱芯片和 DNA 测序芯片两类；根据应用领域不同而制备的专用芯片如毒理学芯片（toxchip）、病毒检测芯片（如肝炎病毒检测芯片）、P53 基因检测芯片等。

（三）基因芯片的设计和制备

一类是原位合成（即在支持物表面原位合成寡核苷酸探针），适用于寡核苷酸；一类是预合成后直接点样，多用于大片段 DNA，有时也用于寡核苷酸，甚至 mRNA。

1. 光导原位合成法

原位合成有两种途径，一是原位光刻合成，该方法的主要优点是可以用很少的步骤合成极其大量的探针阵列。某一含 N 个核苷酸的寡聚核苷酸，通过 4×N 个化学步骤能合成出 4 个可能结构。例如，合成想要 8 核苷酸探针，通过 32 个化学步骤，8 h 可合成 65 536 个探针。而如果用传统方法合成然后点样，那么工作量巨大。同时，用该方法合成的探针阵列密度可高达到 $10^6/cm^2$。另一种原位合成是压电打印法（piezoelectric printing），原理与普通的彩色喷墨打印机相似，所用技术也是常规的固相合成方法。不过芯片喷印头和墨盒有多个，墨盒中装的是四种碱基合成试剂。喷印头可在整个芯片上移动。支持物经过包被后，根据芯片上不同位点探针的序列需要将特定的碱基喷印在芯片上特定位置。冲洗、去保护、偶联等则与一般的固相合成技术相同。该技术采用的化学原理与传统的 DNA 固相合成一致，因此不需要特殊制定的化学试剂，每步产率可达到 99% 以上，可以合成出长度为 40~50 个碱基的探针。尽管如此，原位合成方法仍然比较复杂，除了在基因芯片研究方面享有盛誉的 Affymetrix 等公司使用该技术合成探针外，其他中小型公司大多使用合成点样法。

2. 点样法

点样法是将预先通过液相化学合成好的探针、PCR 技术扩增 cDNA 或基因组 DNA 经纯化、定量分析后，通过由阵列复制器（arraying and replicating device，ARD）或阵列点样机（arrayer）及电脑控制的机器人，准确、快速地将不同探针样品定量点样于带正电荷的尼龙膜或硅片等相应位置上（支持物应事先进行特定处理，例如包被以带正电荷的多聚赖氨酸或氨基硅烷），再由紫外线交联固定后即得到 DNA 微阵列或芯片。点样的方式分两种，其一为接触式点样，即点样针直接与固相支持物表面接触，将 DNA 样品留在固相支持物上；其二为非接触式点样，即喷点，它以压电原理将 DNA 样品通过毛细管直接喷至固相支持物表面。打印法的优点是探针密度高，通常 1 cm² 可打印 2 500 个探针；缺点是定量准确性及重现性不好，打印针易堵塞且使用寿命有限。喷印法的优点是定量准确，重现性好，使用寿命长；缺点是喷印的斑点大，因此探针密度低，通常 1 cm² 只有 400 点。点样机器人有一套计算机控制三维移动装置、多个打印/喷印头、一个减震底座，上面可放内盛探针的多孔板和多个芯片。根据需要还可以有温度和湿度控制装置、针洗涤装置。打印/喷印针将探针从多孔板取出直接打印或喷印于芯片上。检验点样仪是否优秀的指标包括点样精度、点样速度、一次点样的芯片容量、样点的均一性、样品是否有交叉污染及设备操作的灵活性、简便性等。

（四）基因芯片的检测技术

杂交信号的检测是 DNA 芯片技术中的重要组成部分。以往的研究中已形成许多种探测分子杂交的方法，如荧光显微镜、隐逝波传感器、光散射表面共振、电化传感器、化学发光、荧光各向异性等，但并非每种方法都适用于 DNA 芯片。由于 DNA 芯片本身的结构及性质，需要确定杂交信号在芯片上的位置，尤其是大规模 DNA 芯片由于其面积小、密度大、点样量很少，所以杂交信号较弱，需要使用光电倍增管或冷却的电荷耦联照相机（charged-coupled device camera，CCD）、摄像机等弱光信号探测装置。此外，大多数 DNA 芯片杂交信号谱型除了分布位点以外，还需要确定每一点上的信号强度，以确定是完全杂交还是不完全杂交，因而探测方法的灵敏度及线性响应也是非常重要的。杂交信号探测系统主要包括杂交信号产生、信号收集及传输和信号处理及成像 3 个部分。

基因芯片由于所使用的标志物不同，因而相应的探测方法也各具特色。大多数研究者使用荧光标志物，也有一些研究者使用生物素标记，联合抗生物素结合物检测 DNA 化学发光。通过检测标记信号来确定 DNA 芯片杂交谱型。

1. 荧光标记杂交信号的检测

使用荧光标志物的研究者最多，因而相应的探测方法也就最多、最成熟。由于荧光显微镜可以选择性地激发和探测样品中的混合荧光标志物，并具有很好的空间分辨率和热分辨率，特别是当荧光显微镜中使用了共焦激光扫描时，分辨能力在实际应用中可接近由数值孔径和光波长决定的空间分辨率，而传统的显微镜是很难做到的，这便为 DNA 芯片进一步微型化提供了重要的检测方法基础。大多数方法都是在入射照明式荧光显微镜（epifluoescence microscope）基础上发展起来的，包括激光扫描荧光显微镜、激光共焦扫描显微镜、使用了 CCD 相机的改进的荧光显微镜及将 DNA 芯片直接制作在光纤维束切面上并结合荧光显微镜的光纤传感器微阵列。这些方法基本上都是将待杂交对象以荧光物质标记，如荧光素或丽丝胶（Lissamine）等，杂交后经过 SSC 和 SDS 的混合溶液或 SSPE 等缓冲液清洗。

2. 激光扫描荧光显微镜

探测装置比较典型，方法是将杂交后的芯片经处理后固定在计算机控制的二维传动平台上，并将一物镜置于其上方，由氩离子激光器产生激发光，经滤波后通过物镜聚焦到芯片表面，激发荧光标志物产生荧光，光斑半径为 $5\sim10\ \mu m$。同时通过同一物镜收集荧光信号经另一滤波片滤波后，由冷却的光电倍增管探测，经模数转换板转换为数字信号。通过计算机控制传动平台 X-Y 方向上步进平移，DNA芯片被逐点照射，所采集荧光信号构成杂交信号谱型，送计算机分析处理，最后形成 $20\ \mu m$ 像素的图像。这种方法分辨率高、图像质量较好，适用于各种主要类型的DNA芯片及大规模DNA芯片杂交信号检测，广泛应用于基因表达、基因诊断等方面研究。

3. 激光扫描共焦显微镜

激光扫描共焦显微镜与激光扫描荧光显微镜结构非常相似，但是由于采用了共焦技术因而更具优越性。这种方法可以在荧光标记分子与DNA芯片杂交的同时进行杂交信号的探测，而无须清洗掉未杂交分子，从而简化了操作步骤，大大提高了工作效率。Affymetrix公司的S. P. A. Forder等人设计的DNA芯片即利用此方法。其方法是将靶DNA分子溶液放在样品池中，芯片上合成寡核苷酸阵列的一面向下，与样品池溶液直接接触，并与DNA样品杂交。当用激发光照射使荧光标志物产生荧光时，既有芯片上杂交的DNA样品所发出的荧光，也有样品池中DNA所发出的荧光，如何将两者分离开来是一个非常重要的问题。而共焦显微镜具有非常好的纵向分辨率，可以在接受芯片表面荧光的同时，避开样品池中荧光信号的影响。一般采用氩离子激光器（488 nm）作为激发光源，经物镜聚焦，从芯片背面入射，聚集于芯片与靶分子溶液接触面。杂交分子所发的荧光再经同一物镜收集，并经滤波片滤波，被冷却的光电倍增管在光子计数的模式下接收。经模数转换反转换为数字信号送微机处理，成像分析。在光电信增管前放置一共焦小孔，用于阻挡大部分激发光焦平面以外的来自样品池的未杂交分子荧光信号，避免其对探测结果的影响。激光器前也放置一个小孔光阑以尽量缩小聚焦点处光斑半径，使之能够只照射在单个探针上。通过计算机控制激光束或样品池的移动，便可实现对芯片的二维扫描，移动步长与芯片上寡核苷酸的间距匹配，在几分钟至几十分钟内即可获得荧光标记杂交信号图谱。其特点是灵敏度和分辨率较高，扫描时间长，比较适合研究使用。

4. CCD相机的荧光显微镜

这种探测装置与以上的扫描方法都是基于荧光显微镜，但是以CCD相机作为信号接收器而不是光电倍增管，因而无须扫描传动平台。由于不是逐点激发探测，因而激发光照射光场为整个芯片区域。由CCD相机获得整个DNA芯片的杂交谱型。这种方法一般不采用激光器作为激发光源，由于激光束光强的高斯分布，会使得光场光强度分布不均，而荧光信号的强度与激发光的强度密切相关，因而不利于信号采集的线性响应。为保证激发光匀场照射，有的学者使用高压汞灯经滤波片滤波，通过传统的光学物镜将激发光投射到芯片上，照明面积可通过更换物镜来调整；也有的研究者使用大功率弧形探照灯作为光源，使用光纤维束与透镜结合传输激发光，并与芯片表面呈 $50°$ 角入射。由于采用了CCD相机，因而大大提高了获取荧光图像的速度，曝光时间可缩短至零点几秒至十几秒。其特点是扫描时间短，灵敏度和分辨率较低，比较适合临床诊断用。

5. 光纤传感器

有的研究者将 DNA 芯片直接做在光纤维束的切面上（远端），光纤维束的另一端（近端）经特制的耦合装置耦合到荧光显微镜中。光纤维束由 7 根单模光纤组成。每根光纤的直径为 200 μm，两端均经化学方法抛光清洁。化学方法合成的寡核苷酸探针共价结合于每根光纤的远端组成寡核苷酸阵列。将光纤远端浸入到荧光标记的靶分子溶液中与靶分子杂交，通过光纤维束传导来自荧光显微镜的激光（490 μm），激发荧光标志物产生荧光，仍用光纤维束传导荧光信号返回到荧光显微镜，由 CCD 相机接收。每根光纤单独作用互不干扰，而溶液中的荧光信号基本不会传播到光纤中，杂交到光纤远端的靶分子可在 90% 的甲酸胺（Formamide）和 TE 缓冲液中浸泡 10 s 去除，进而反复使用。这种方法快速、便捷，可实时检测 DNA 微阵列杂交情况而且具有较高的灵敏度，但由于光纤维束所含光纤数目有限，因而不便于制备大规模 DNA 芯片，有一定的应用局限性。

6. 生物素标记的杂交信号探测

以生物素（biotin）标记样品的方法由来已久，通常都要联合使用其他大分子与抗生物素的结合物（如结合化学发光底物酶、荧光素等），再利用所结合大分子的特殊性质得到最初的杂交信号，由于所选用的与抗生物素结合的分子种类繁多，因而检测方法也更趋多样化。特别是如果采用尼龙膜作为固相支持物，直接以荧光标记的探针用于 DNA 芯片杂交将受到很大的限制，因为在尼龙膜上荧光标记信号信噪比较低。因而使用尼龙膜作为固相支持物的研究者大多是采用生物素标记的。

三、蛋白质芯片

（一）蛋白质芯片的概念和原理

蛋白质芯片技术是继基因芯片后发展起来的生物检测技术，是蛋白质组学研究中除了酵母双杂交、双向电泳技术、质谱技术等之外的一种重要的工具。它是一种高通量、微型化和自动化的研究蛋白和蛋白、蛋白和 DNA 或 RNA、蛋白和小分子等相互作用的技术方法。蛋白质芯片技术的原理是对固相载体进行特殊的化学处理，再将已知的蛋白分子产物固定其上（如酶、抗原、抗体、受体、配体、细胞因子等），根据这些生物分子的特性，捕获能与特异性结合的待测蛋白，然后用 CCD（charged-coupled device）照相技术或激光扫描系统获取数组图像，最后用专门的计算机软件进行图像分析、结果定量和解释。图 8-16 是蛋白质芯片双抗夹心法的原理示意图。

由于蛋白质芯片的探针蛋白特异性高、亲和力强，所以对生物样品的要求较低，故可以简化样品的前处理，甚至可直接利用生物材料进行检测，而它以蛋白质代替 DNA 作为检测目的物，蛋白质是基因表达的最终产物，因而它比基因芯片更进一步接近生命活动的物质层面，有着比基因芯片更加直接的应用前景。蛋白质芯片为获得重要生命信息（如未知蛋白组分、序列；体内表达水平生物学功能、与其他分子的相互调控关系、药物筛选、药物靶位的选择等）提供了有力的技术支持，在环境微生物领域，该技术可用于检测环境中微生物

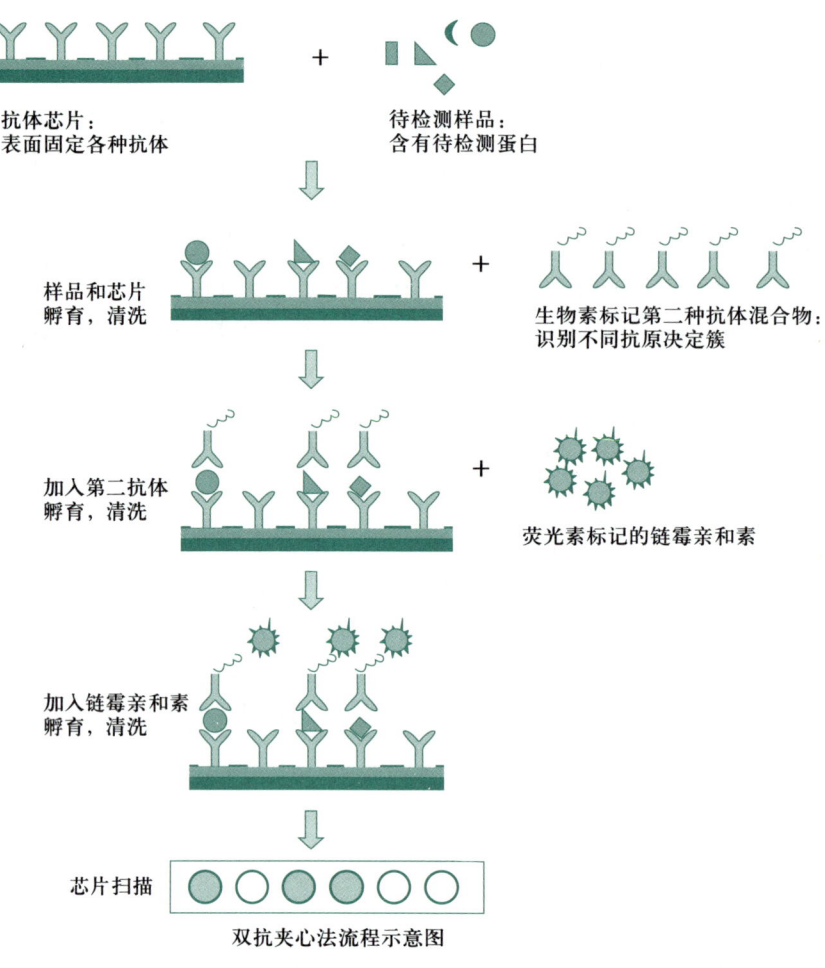

抗体芯片：
表面固定各种抗体

待检测样品：
含有待检测蛋白

样品和芯片
孵育，清洗

生物素标记第二种抗体混合物：
识别不同抗原决定簇

加入第二抗体
孵育，清洗

荧光素标记的链霉亲和素

加入链霉亲和素
孵育，清洗

芯片扫描

双抗夹心法流程示意图

图 8-16　蛋白质芯片双抗夹心法的原理示意图

（摘自 Feng D D，2020）

产生的毒素、酶等。

（二）蛋白质芯片的分类

蛋白质芯片是最具发展潜力的一类生物芯片。目前主要分为两种：第一种成为亲和表面芯片（high affinity biochemical surfaces），是较为常用的一种，其原理就是将大量的蛋白质、蛋白质检测试剂或检测探针以预先设计的方式固定在玻片、硅片及纤维膜等固定载体上组成密集的阵列，利用特异的蛋白/蛋白相互作用，捕获特异的特殊修饰的蛋白；第二种成为微型化凝胶电泳板，即样品中的待测蛋白质在电场作用下通过芯片上的微孔道进行分离，然后经喷射进入质谱仪来检测待测蛋白质的分子量及种类。

（三）蛋白质芯片的设计和制备

1. 载体的选择

用于连接、吸附或包埋各种生物分子使其以水不溶状态行使功能的固相材料统称为载体。制作蛋白质芯片的载体材料必须符合下列要求：载体表面必须有可以进行化学反应的活性基团，以便于蛋白分子进行耦联；使单位载体上结合的蛋白分子达到最佳容量；载体应当是惰性的并且有足够的稳定性，包括物理的、化学的和机械的稳定性；载体具有良好的生物兼容性。蛋白阵列的制作会用到各种载体，最常用的有硝化纤维、磺化聚二氟乙烯（PVDF）膜、硅树脂、玻璃和塑料。硝化纤维和 PVDF 膜是传统的 WesternBlotting 和基因库筛选技术的自然延伸，而玻璃和塑料等不渗透的载体具有可以加快抗原抗体反应的进程、提高重复性、减少背景信号等优点。许多人选择经过处理的显微镜载玻片来固定生物分子（蛋白、肽或抗体），因为载玻片廉价、处理简便而且具有足够的稳定性和惰性。尽管载玻片有吸附非特异性蛋白的性质，但通过几种预处理和使用阻断剂可以减少背景信号。因此在准备蛋白阵列的时候，表面化学是很关键的。

2. 载体的活化

要固定生物分子，载体必须经过处理以活化表面的活性基团。氨基、硫醇基和醛基的活化方法已经成熟。如含醛基的硅烷可以通过耦联醛基直接连接蛋白质。羟基的活化方法主要是用含有环氧基团的有机烷氧基硅烷处理，通过环氧基团进一步耦联或衍生化。

3. 探针蛋白的制备

对以阵列为基础的蛋白质芯片来说，所应用抗体或蛋白的收集是很关键的。蛋白质芯片的探针，可根据研究目的的不同，选用某些特定的抗原、抗体、酶和受体等。单克隆抗体，是比较好的一种探针蛋白，用其构筑的芯片可用于检测蛋白质的表达丰度及确定新的蛋白质。传统的杂交瘤细胞技术用于单克隆抗体的研制所需时间长，制约了抗体阵列密度的发展，而基因工程抗体则给蛋白质芯片的发展带来了新的机遇。噬菌体抗体库技术就是典型的代表，它可以同时有效地处理大量的分子，而且抗体分子不经过动物的阴性选择，能从任一种属获得少有的抗体专一性和提高亲和力。

4. 探针蛋白在载体上的固定

为了在固相支持物上固定蛋白并且同时保持活性和折叠构象，现已经发展了两种主要的方法来达到这个目的：① 利用聚丙烯酰胺凝胶能够吸附容纳 4 000 000 u 大小的蛋白质分子，而且其吸附的蛋白能够保持原来的活性，然而有反应速率较低和芯片准备步骤复杂等缺点；② 通过化学键来固定蛋白质的技术提供了另外一种选择，准备步骤较为简单及能与多种仪器联合使用，使这项技术比凝胶捕获方法更容易接受。

5. 封闭

封闭液通常用含 BSA 的缓冲液，其目的不仅是封闭芯片上未结合配基的醛基，同时也在芯片表面形成一层 BSA 的分子层，减少以下步骤中其他蛋白质的非特异结合。

（四）蛋白质芯片的检测技术

将蛋白质芯片与荧光素标记的生物靶分子（核酸或蛋白质等）进行杂交，洗脱未结合组分后通过共聚焦荧光扫描仪或 CCD 荧光成像仪在特定的波长下激发荧光，获得反应结合的信号。其具体方法与基因芯片检测技术一致。

四、生物芯片在微生物检测中的应用

在环境保护上生物芯片有着广泛的用途，一方面可以快速检测污染微生物或有机化合物对环境、人体、动植物的污染和危害，我们可以采用蛋白芯片来检测有机污染物，利用基因芯片检测环境中的各种微生物。另一方面也能够通过大规模的筛选寻找保护基因，制备防治危害的基因工程药品或治理污染源的基因产品。

（一）生物芯片在微生物群落结构分析中的应用

生物芯片可用于快速、高效地检测环境中的微生物，如细菌、病毒、真菌等。生物芯片检测具有高灵敏度、高通量和快速响应等优点，可以用于环境监测、污染物处理和生物安全等领域中环境微生物组成的调查和分析。

（1）控制水质

法国一家主要的水管理企业 Lyonnaise des Eaux，投资了 850 万欧元与芯片公司共同开发生物芯片，以检测公共饮用水中的微生物。由于生物芯片提供的信息量巨大，因此能比常规的方法检测出更多种的微生物并可检测微生物的遗传指纹。这种方法精确可靠，整个过程可在 4 h 内完成，费用比常规方法低 10 倍。

（2）瞬时检测病原细菌

利用细菌已知序列的特殊基因或特异的 DNA 序列，设计特异探针，负载于生物芯片上，可检测样品中对应细菌。有研究者用 $invA$、$virA$ 和 23S rRNA 基因为模板设计基因芯片，检测水环境中致病微生物，结果表明可以将水中致病菌沙门氏菌、志贺氏菌和大肠杆菌区分检测出来。

（3）检测土壤微生物及鉴定微生物群落

美国橡树岭国家实验室的 Jizhong Zhou 等人分别构建了世界上第一块用于土壤环境检测的功能基因芯片和用于微生物群落鉴定的群落基因组芯片。张于光等人与 Jizhong Zhou 等人合作，利用环境检测功能基因芯片，对青藏高原和秦岭地区的土壤微生物相关功能基因的多态性和在全球气候变化中的响应进行了研究，该芯片含有固氮、硝化、反硝化等 2 704 个基因，这是我国首次利用基因芯片进行此类研究。Jack 等人则通过使用通用引物扩增细菌核糖体 16S rRNA，并将扩增产物与含有探针的低密度芯片进行杂交，从而直接检测鉴定土壤中的微生物。Wu 等人用含有 $nirS$、$nirK$、$nitN$ 等和在系统进化上与之相联系的甲烷单加氧酶基因（$pmoA$）等 120 多个功能基因的芯片分析了海洋沉积物和土壤中硝化和反硝化微生物种群的分布，研究表明海洋沉积物和土壤中的功能基因家族具有明显的分布差异。

（二）生物芯片在环境微生物功能分析中的应用

生物芯片可用于分析环境中微生物的功能，如代谢活性、基因表达等。生物芯片功能分析具有高通量和快速响应等优点，可以用于环境微生物的生态学研究。

（1）基因表达分析

生物芯片可用于分析微生物的基因表达，如基因转录、翻译等，以研究微生物对污染物的响应。细菌的 mRNA 在总 RNA 中含量很低，难以进行纯化分析，而应用基因芯片则不需纯化总 RNA，即可获得 mRNA 的表达信息。De Saizieu 等用 64 000 寡核苷酸探针来检测 100 个肺炎链球菌的基因，并测量了肺炎链球菌在指数生长期和静止期的基因表达差异性。

（2）代谢活性分析

生物芯片可用于分析微生物的代谢活性，如酶活性、代谢产物等，以评估水体的污染程度。Cohen 等用常规光蚀刻技术制备芯片，酶及底物加到芯片上的小室，在电渗作用中使酸及底物经通道接触，发生酶促反应。通过电泳分离，可得到荧光标记的多肽底物及底物的变化，以此来定量酶促反应结果。动力学常数的测定表明，该方法可行，荧光物质稳定。

（三）生物芯片在环境微生物代谢产物合成检测中的应用

生物芯片可用于环境中微生物代谢产物的合成监测等。生物芯片检测食品和环境中的污染物不论从敏感性，还是特异性方面都可以满足实际要求。有学者研制出了检测食品和环境样品中的小分子污染物和生物毒素的蛋白免疫芯片，该套芯片可以检测食品和环境样品中的阿特拉津、对硫磷、罂粟碱、雌二醇、涕灭威、葡萄球菌肠毒等，最低检限为 0.001 μg/mL。

第四节　生物传感器技术

一、生物传感器技术的结构和类型

生物传感器是指将生物活性物质与物理或化学传感器结合，形成一种能将生物信息转换为可测量的物理或化学信号的器件。生物传感器具有高灵敏度、高选择性、快速响应等优点，在环境工程微生物学领域具有广泛的应用前景。

（一）生物传感器的结构

生物传感器由生物识别元件、换能器和信号处理系统三部分组成，其结构示意见图 8-17。

1. 生物识别元件

生物识别元件是生物传感器的核心，它负责特异性地识别并与分析物（即需要检测的物质）结合。这些生物识别元件可以是多种不同类型的生物分子，包括但不限于以下几种。

① 酶。酶是一类高效的催化剂，能特异性地催化化学反应。在生物传感器中，酶可以将目标分析物转化为易于检测的产物。例如，葡萄糖氧化酶常用于血糖监测传感器中，专门识别葡萄糖并催化其与氧气的反应。

② 抗体。抗体是免疫系统产生的蛋白质，能特异性地识别并结合特定的抗原（如病原体、蛋白质或小分子）。在生物传感器中，抗体可用于检测各种生物标志物，如病原体或生物标志物。

③ 核酸。特定序列的 DNA 或 RNA 片段可以作为生物识别元件，用于检测特定的遗传

标记或微生物。这类传感器利用互补的核酸序列特异性地结合目标 DNA 或 RNA。

④ 细胞受体。某些细胞表面的受体能特异性地识别并结合特定的分子，如激素、神经递质等。利用这些受体作为生物识别元件，可以检测这些分子的存在和浓度。

⑤ 生物细胞或微生物。在某些情况下，整个细胞或微生物也可以作为生物识别元件。例如，利用微生物的代谢活动来检测特定的环境污染物或营养物质。

这些生物识别元件的选择取决于要检测的分析物种类及所需的灵敏度和特异性。生物传感器利用这些元件的生物特异性结合能力，将生物化学事件转换为可测量的物理信号，如电信号、光信号等。这些信号随后可以被传感器的其他组成部分检测并转化为数据。

2. 换能器

换能器是生物传感器的一个关键组件，它负责将生物识别元件与分析物之间的相互作用转换为可以量化的信号。换能器的类型和工作原理根据所需应用和检测的物质而有所不同，但主要可以分为以下几类。

① 电化学换能器。这是最常见的换能器类型之一，它通过检测电化学过程中的变化（如电流、电压或电阻）来监测生物化学反应。例如，当酶与其底物反应产生或消耗电子时，电化学传感器可以检测这种变化。血糖监测仪中常用的葡萄糖氧化酶传感器就是一个电化学生物传感器的例子。

② 光学换能器。光学换能器利用生物化学反应引起的光学特性变化，如荧光、吸光或散射来检测分析物。例如，一些生物传感器利用特定波长的光来激发荧光标记，其强度的变化与分析物的浓度相关。

③ 热量换能器。这类换能器检测生物化学反应过程中产生或吸收的热量。许多生物化学反应伴随着热量的释放或吸收，通过测量这些微小的温度变化，可以推断出反应物的浓度。

④ 质量换能器。质量换能器，如石英晶体微天平，通过检测生物化学反应导致的质量变化来监测分析物。当分析物与生物识别元件结合时，会引起质量的微小变化，从而影响振动频率。

⑤ 压力换能器。这些换能器通过监测生物化学反应引起的压力变化来检测分析物。例如，在一些基于细胞代谢的传感器中，代谢活动产生的气体会改变压力，进而被检测。

每种类型的换能器都有其特定的优势和局限性。选择合适的换能器需要考虑所需的灵敏度、选择性、响应时间和成本等因素。换能器将生物识别元件与分析物之间的相互作用转换为电信号、光信号、热信号等，使之能够通过电子设备进行读取和分析。这样，生物传感器就可以提供关于分析物浓度或存在的实时、定量的信息。

3. 信号处理系统

信号处理系统负责对生物传感器输出的物理或化学信号进行处理，它的主要功能是接收换能器产生的原始信号，对这些信号进行放大、过滤和转换，最终将其转化为易于理解和分析的数据。它包括信号放大器、滤波器、模拟-数字转换器、微处理器、输出接口和显示模块、数据存储和传输模块等部分。整体来看，信号处理系统在生物传感器中起到至关重要的作用，它不仅确保信号的准确性和稳定性，而且使得数据的读取、分析和传输变得更加便捷和高效。通过这些高级的信号处理技术，生物传感器能够在各种应用场景中提供可靠的实时监测。

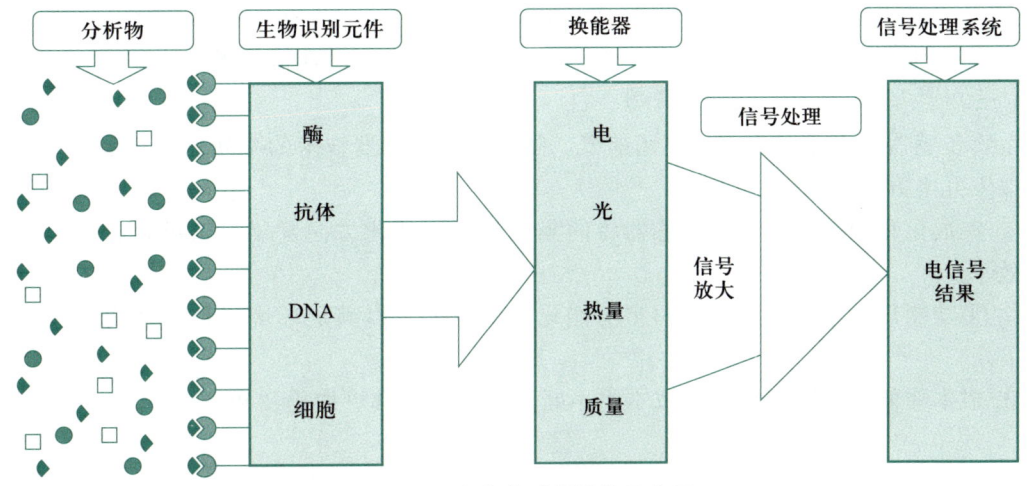

图 8-17　生物传感器结构示意图

(摘自 Singh S，2019)

（二）生物传感器的类型

根据生物识别元件的不同，生物传感器可分为以下几种类型。

① 蛋白质传感器。蛋白质传感器是利用蛋白质的生物活性进行检测的生物传感器，在环境工程微生物学领域具有广泛的应用前景。

② 酶传感器。酶传感器是利用酶的生物催化活性进行检测的生物传感器，主要用于检测污染物、药物等。

③ 抗体传感器。抗体传感器是利用抗体的生物识别性进行检测的生物传感器，主要用于检测微生物、毒素等。

④ 基因传感器。基因传感器是利用基因的生物信息进行检测的生物传感器，主要用于检测污染物、病原微生物等。

根据换能器的类型，生物传感器可分为以下一些类型。

① 电化学生物传感器。这类传感器利用电化学方法来检测生物识别元件与分析物相互作用的结果。常见的电化学生物传感器包括电位计、电流计和电导率传感器。例如，血糖监测器通常使用电化学传感器来检测葡萄糖浓度。

② 光学生物传感器。光学生物传感器是基于生物化学反应引起的光学特性变化来检测分析物，如荧光、吸光或散射。这类传感器可以用于检测不同类型的生物分子，包括蛋白质、核酸和小分子。

③ 热量生物传感器。热量生物传感器通过测量生物化学反应产生或消耗的热量来检测分析物。这些反应通常伴随着热量的释放或吸收，从而改变传感器的温度。

④ 质量生物传感器。质量生物传感器，如石英晶体微天平，通过检测生物化学反应导致的质量变化来监测分析物。这些传感器非常灵敏，能够检测极微小的质量变化。

⑤ 声学生物传感器。声学生物传感器（如表面声波传感器）利用声波的变化来检测生物识别事件。生物化学反应的发生可以改变声波的传播特性，从而被检测。

⑥ 压力生物传感器。这些传感器监测由于生物化学反应引起的压力变化。例如，在基于细胞代谢的传感器中，代谢活动产生的气体会改变压力，进而被检测。

（三）生物传感器的发展趋势

生物传感器技术具有广阔的应用前景。随着生物传感器技术的不断发展，生物传感器将朝着以下几个方向发展。

① 集成化和智能化。生物传感器将向集成化和智能化方向发展，以提高芯片的性能和应用效率。

② 多功能化。生物传感器将向多功能化方向发展，以满足环境工程微生物学领域的多样化需求。

③ 成本降低。生物传感器的成本将不断降低，以使其更加普及和应用。

二、生物传感器的工作原理及生物识别元件的固定化方法

（一）生物传感器的工作原理

生物传感器的工作原理是利用生物识别元件与目标物质之间的特异性识别和结合，将生物信息转换为可测量的物理或化学信号。生物传感器的工作过程可以分为以下几个步骤：

1. 样品预处理

首先要对样品进行预处理，去除干扰物质，使目标物质达到可以检测的浓度。

2. 生物识别元件与目标物质的结合

生物识别元件与目标物质发生特异性识别和结合，形成生物复合物。

生物识别元件与目标物质的结合是生物传感器工作的基础。生物识别元件可以是蛋白质、酶、抗体、基因等，这些生物活性物质具有与目标物质特异性结合的能力。例如，抗体与抗原可以特异性结合，酶可以与底物发生特异性催化反应。

3. 信号传感器的响应

生物复合物的形成会引起传感器元件的响应，产生可测量的物理或化学信号。

信号传感器是生物传感器的输出部分，负责将生物识别元件与目标物质之间的相互作用转化为可测量的物理或化学信号。常用的信号传感器包括电化学传感器、光学传感器、热传感器等。

4. 信号处理和分析

信号处理系统对传感器元件输出的物理或化学信号进行处理，并转换为可识别的数字信号。

信号处理系统负责对生物传感器输出的信号进行处理，以获得检测结果。生物传感器的工作原理可以简述为：生物识别元件 + 目标物质 → 生物复合物 → 信号传感器响应 → 信号处理和分析。

（二）生物识别元件的固定化方法

生物传感器的生物识别元件是生物传感器的核心部件，需要固定在固相载体上，以便与样品中的目标物质进行结合。生物识别元件的固定化方法可以是物理吸附法、化学键合法、共价键合法等。

1. 物理吸附法

物理吸附法是利用生物识别元件与固相载体之间的物理作用力来固定生物识别元件的方法。物理吸附法操作简单，成本低，但灵敏度和特异性较差。常用的物理吸附法包括以下几种。

① 静电吸附法：利用生物识别元件和固相载体之间的静电作用力来固定生物识别元件。

② 范德华力吸附法：利用生物识别元件和固相载体之间的范德华力来固定生物识别元件。

③ 亲和力吸附法：利用生物识别元件和固相载体之间的亲和力来固定生物识别元件。

2. 化学键合法

化学键合法是利用生物识别元件和固相载体之间的化学键来固定生物识别元件的方法。化学键合法灵敏度和特异性较高，但操作复杂，成本较高。常用的化学键合法包括以下几种。

① 耦联反应法：利用生物识别元件和固相载体上的活性基团发生耦联反应来固定生物识别元件。

② 交联反应法：利用生物识别元件和固相载体上的活性基团发生交联反应来固定生物识别元件。

3. 共价键合法

共价键合法是利用生物识别元件和固相载体之间的共价键来固定生物识别元件的方法。共价键合法灵敏度和特异性最高，但操作最复杂，成本也最高。常用的共价键合法包括：酰化反应法、酯化反应法、醚化反应法。

4. 凝胶包埋法

凝胶包埋法是将生物识别元件包埋在凝胶中，以固定生物识别元件的方法。凝胶包埋法操作简单、成本低；可以保护生物识别元件免受损伤；可以提高生物识别元件的稳定性等优点。凝胶包埋法常用于固定酶、抗体、核酸等生物识别元件。凝胶包埋法中使用的凝胶可以是琼脂、明胶、聚丙烯酰胺等。琼脂和明胶是天然凝胶，价格低廉，但稳定性较差。聚丙烯酰胺是合成凝胶，稳定性较好，但价格较高。

5. 夹心法

夹心法是将生物识别元件固定在固相载体上，然后将目标物质和标记探针分别与固定化后的生物识别元件结合，形成夹心结构，从而检测目标物质的方法。这种方法的特点是操作简单，不需要任何化学处理，固定生物量大，响应速度较快，重现性较好，尤其适用于微生物和组织膜制作。BOD 传感器的微生物膜一般采用这种方法制作。

三、生物传感器在环境检测中的应用

（一）生物传感器应用概述

生物传感器在环境监测中的应用主要涉及以下几个方面：

1. 水环境监测

酶传感器可以用于检测水中的重金属，如铅、汞、镉等。抗原抗体传感器可以用于检测水中的农药，如杀虫剂、除草剂等。生物电传感器可以用于检测水中的有机污染物，如苯、甲苯、乙苯等。

2. 大气环境监测

酶传感器可以用于检测大气中的酸雨，如硫酸、硝酸等。光学传感器可以用于检测大气中的臭氧。电化学传感器可以用于检测大气中的二氧化硫、二氧化氮等。

3. 土壤环境监测

酶传感器可以用于检测土壤中的重金属，如铅、汞、镉等。抗原抗体传感器可以用于检测土壤中的农药，如杀虫剂、除草剂等。生物电传感器可以用于检测土壤中的有机污染物，如苯、甲苯、乙苯等。

（二）生物传感器在环境检测中的应用实例

1. 利用酵母细胞制造的生物传感器监测水中的重金属污染

在该实例中，酵母细胞被用作生物传感器。酵母细胞具有对重金属敏感的特性，当暴露在含有重金属的水样中时，酵母细胞会发生特定的生物反应。

具体操作过程如下：首先，将酵母细胞培养在含有营养物质的培养基中，使其生长繁殖。然后，将培养好的酵母细胞与待测试的水样接触，让酵母细胞吸收水样中的重金属。酵母细胞在吸收了重金属后，会产生一系列的生物反应，如改变细胞的形态、代谢活性或释放特定的化学物质。这些生物反应可以通过不同的方法进行监测和测量。例如，可以使用光谱仪来测量酵母细胞产生的荧光信号，或者使用电化学方法来测量细胞释放的电流变化。最后，通过与已知重金属浓度的对比，可以确定待测试水样中的重金属浓度。

2. 利用细菌传感器来监测水中的有机污染物

在该实例中，细菌被用作生物传感器。细菌具有对特定有机污染物敏感的特性，当暴露在含有目标有机污染物的水样中时，细菌会产生特定的生物反应。

具体操作过程如下：首先，选择适合的细菌株，这些细菌株应具有对目标有机污染物的高度敏感性和特异性。将细菌培养在含有营养物质的培养基中，使其生长繁殖。在待测试的水样中加入一定量的细菌，并与有机污染物发生作用。细菌在与有机污染物作用后，会产生特定的生物反应，如产生荧光、释放特定的气体或改变细胞形态等。这些生物反应可以通过不同的方法进行监测和测量。例如，可以使用荧光光谱仪来测量细菌产生的荧光信号，或者使用气体传感器来测量细菌释放的气体。然后，通过与已知有机污染物浓度的对比，可以确定待测试水样中的有机污染物浓度。

3. 基于抗体-抗原特异性结合原理的生物传感器检测水体中的细菌

假设我们要检测水体中的某种细菌，该细菌的表面具有特定的抗原。我们可以将该细菌的抗原固定在生物传感器的表面，作为生物识别元件。当水体中的细菌通过生物传感器时，细菌表面的抗原与生物传感器表面的抗体特异性结合，形成生物复合物。

生物复合物的形成会引起信号传感器的响应，产生可测量的物理或化学信号。例如，如果信号传感器是电化学传感器，那么生物复合物的形成会导致电流或电压的变化。信号处理系统对传感器元件输出的物理或化学信号进行处理，并转换为可识别的数字信号。例如，如果信号传感器是电化学传感器，那么信号处理系统可以将电流或电压的变化转换为细菌浓度的数字。因此，通过测量生物传感器输出的物理或化学信号，我们可以间接地测量水体中细菌的浓度。

微生物经过酶标记、铁蛋白标记或胶体金标记获得标记抗体。免疫标记技术是将一些既易测定又具有高度敏感性的物质标记到特异性抗原或抗体分子上，通过这些标记物的信号增强放大效应来显示反应系统中抗原或抗体的含量。抗体标记主要是用于微生物抗原的定位分析，在某些情况下，也可以对混杂有大量其他分子样本的微生物进行定量检测。由于抗体与其相应微生物具有很高的亲和力，所以带有易识别标记物的抗体可以定位分析抗原，并且是一种理想的定量测定方法。

（三）基于酶催化反应原理的生物传感器检测水体中的污染物

假设我们要检测水体中的某种污染物，该污染物可以被某种酶催化反应。我们可以将该酶固定在生物传感器的表面，作为生物识别元件。当水体中的污染物通过生物传感器时，酶与污染物发生催化反应，产生可测量的物理或化学信号。

如果信号传感器是电化学传感器，那么酶催化反应会产生一定的电信号。信号处理系统对传感器元件输出的电信号进行处理，并转换为可识别的数字信号。因此，通过测量生物传感器输出的物理或化学信号，我们可以间接地测量水体中污染物的浓度。

有机磷杀虫剂在农业中使用量非常大，快速测定有机磷杀虫剂的方法对于其有效应用和控制十分必要。Marty 等设计了一种基于乙酰胆碱水解的电流型酶电极，基本原理如下：

$$\text{乙酰胆碱} + H_2O \xrightarrow{\text{乙酰胆碱酯酶}} \text{胆碱} + \text{乙酸} \tag{8-1}$$

$$\text{胆碱} + O_2 \xrightarrow{\text{胆碱氧化酶}} \text{甜菜碱} + H_2O \tag{8-2}$$

H_2O_2 然后在阳极被氧化：

$$H_2O_2 \longrightarrow O_2 + 2e^- + 2H^+ \tag{8-3}$$

将两种酶共固定化在可光交联聚合物（PVA-SbQ）上，氨基甲酸和有机磷农药加到系统中使乙酰胆碱酯酶失活，过氧化氢产生量减少，根据电流的降低能定量农药。

两种酶共固定化以后最适 pH 为 8，用调至 pH=8 的水作为测定稀释液结果重复性不佳响应也很弱，缓冲液浓度至少为 0.025 mol/L。电极能在 25~35 ℃工作，40 ℃时膜稳定性将下降。固定化酶的稳定性好，在干燥状态 4 ℃下保存 1 年或 0.025 mol/L 磷酸缓冲液

（pH＝8）中保存 2 个月后两种酶活力仅微弱损失。固定化乙酰胆碱酯酶活性抑制取决于农药浓度和作用时间，抑制物浓度可测线性范围为 $10^{-8} \sim 10^{-5}$ mol/L。抑制物与酶的复合物可描述如下：

$$\lg x = \lg\left(100 - \frac{k_a I t}{2.303}\right) \tag{8-4}$$

式中：k_a 为分子恒定速率；I 为抑制物浓度；x 为经用抑制剂在不同作用时间处理后酶活与起始酶活之比的百分数；t 为在加入底物（胆碱）前用抑制剂处理酶的时间。

这种方法检测氨基甲酸农药的灵敏度较高，对有机磷农药灵敏度较低。鉴于低浓度农药能导致明显的电压，用较低的酶活力便可检出微量农药，该方法不仅成本低，且易操作，但灵敏度则需进一步提高。

（四）生物传感器在环境监测中的优势

与传统的环境监测方法相比，生物传感器具有以下优势。

① 特异性高。生物传感器利用生物物质与待测物质的特异性反应，具有较高的特异性。

② 响应速度快。生物传感器可以快速响应待测物质的变化。

③ 操作简单。生物传感器的操作简单，易于使用。

④ 成本低。大部分生物传感器的成本较低。

（五）生物传感器在环境监测中应用面临的挑战

生物传感器在环境监测中具有广泛的应用前景，但也面临着一些挑战。主要包括：

1. 灵敏度和选择性

生物传感器的灵敏度和选择性是其最重要的性能指标。灵敏度决定了传感器能够检测到目标物质的最低浓度，选择性决定了传感器能够区分目标物质与其他物质的能力。目前，生物传感器的灵敏度和选择性仍有待提高。

2. 稳定性和可靠性

生物传感器在环境中工作时，会受到各种因素的影响，如温度、湿度、光照等。因此，生物传感器需要具有良好的稳定性和可靠性，才能在恶劣环境中长期稳定工作。

3. 成本

生物传感器的成本是其推广应用的一大障碍。目前，生物传感器的成本仍然较高，需要进一步降低。

4. 其他挑战

除了上述挑战外，生物传感器在环境监测中应用还面临着以下挑战：生物传感器的检测范围有限，目前大多数生物传感器只能检测单一或少数物质；生物传感器的检测速度较慢；生物传感器的检测方法需要简化，以便在野外或工程现场进行应用。

思考题

1. 采用哪些方法可以对污水处理厂活性污泥中的微生物类群进行检测？

2. 与传统的分离培养方法相比，分子生物学技术在微生物群落结构和功能分析方面有哪些优势？

3. 请比较分析基于 DNA、RNA 和蛋白质的微生物检测技术在环境微生物领域的应用场景。

4. 生物芯片在环境微生物领域的应用目前面临哪些挑战？

5. 请分析说明生物传感器技术研究和应用的技术瓶颈。

第九章

微生物组学及应用

本章导读

　　微生物组学是研究微生物群落结构和功能特征的重要领域。本章的主要内容包括微生物组学的基本概念和相关的技术手段，涵盖基因组学、转录组学、蛋白质组学及代谢组学等多个层面。分别介绍这些组学方法在研究微生物群落结构和功能、探究微生物基因表达的动态调控机制、探索微生物功能和相互作用及揭示微生物代谢途径的复杂性等方面的应用。通过学习本章，读者将深入了解微生物组学在环境微生物领域的重要应用。

第一节　基 因 组 学

一、基因组学概述

（一）基因组与基因组学

　　基因组是指生物体所有遗传信息的总和，包括 DNA 序列、基因的排列和组织方式等。基因组学是研究生物体基因组的科学领域，基因组学的发展与技术进步密切相关，随着高通量测序技术的出现和发展，我们能够更加深入地了解和研究基因组。基因组学的主要目标是解析基因组的结构、功能和演化，以及基因与表型之间的关系。通过对基因组的研究，可以揭示生物体的遗传特征、进化历史及与环境的相互作用。基因组学在许多领域都有广泛的应用，包括医学、农业、环境科学等。

　　在环境工程微生物学中，基因组学的应用尤为重要。通过对环境中微生物的基因组进行测序和分析，我们可以了解环境系统中微生物的多样性、功能潜力及其对环境的适应能力。基因组学的研究可以帮助我们发现新的微生物物种，理解微生物在环境中的作用，以及开发利用微生物来解决环境问题的方法。

（二）基因组学的研究内容

　　基因组学的研究内容主要包括两方面：一是基因组的测序，二是基因功能的分析鉴定，这两方面研究内容分别属于结构基因组学和功能基因组学的研究范畴。

1. 结构基因组学

结构基因组学属于基因组分析研究的早期阶段，不仅是后期基因组学研究的核心基础，也是剖析生物基因组结构特性的研究。结构基因组学的目标是生物体全基因组测序，通常需要通过基因作图、核苷酸序列分析确定基因组成、进行基因定位等步骤，最终建立起生物体基因组的高分辨率遗传图谱、物理图谱、基因序列图谱、转录图谱等内容。

遗传图谱是通过遗传重组确定的基因和遗传标记绘制在染色体上相对位置所得到的图谱，其通过计算连锁的遗传标志间的重组频率来确定序列的相对距离，最终绘制出遗传连锁图谱。其可以用于对多种疾病进行遗传分析和基因定位。

物理图谱是以遗传图谱为基础进行基因定位而绘制的一种图谱，通常是以已知基因序列的标签位点为标记，以 DNA 的实际长度为核心，用分子生物学技术将遗传标记定位在基因组实际位置的图谱。其能够描绘在 DNA 分子上并识别标记位置之间的距离，以及已知序列标签的位点。通常物理图谱的绘制是利用限制性内切酶将染色体切成片段再通过序列连接来确定物理距离，这是进行后续 DNA 测序和基因组结构研究的基础。

基因序列图谱是在遗传图谱和物理图谱的基础上，对基因组 DNA 进行大规模绘制的图谱，属于最详细也最准确的物理图谱。通常需要通过标记位点和短序列进行拼接获得 DNA 的全部序列图谱，也是人类基因组计划的最终目标之一。

转录图谱也称为表达序列图谱，是以表达序列标签为标记绘制的分子遗传图谱，通常通过挑选表达序列标签来绘制特异基因序列。

2. 功能基因组学

功能基因组学属于基因组分析的后期阶段，因此也被称为后基因组学。它从基因组信息与外界环境相互作用的高度，阐明基因组的功能。功能基因组学目标是运用高通量、大规模、自动化的数据收集和分析手段，加速生物遗传信息的分析进程，打破传统遗传分析的局限，通过系统化的数据采集方法和途径描述生物体复杂的生物学现象。其主要研究内容包括：基因组信息的识别和鉴定、基因功能信息的提取和鉴定、基因多样性的分析等。

① 基因组信息的识别和鉴定。要提取基因组功能信息，识别和鉴定基因序列是必不可少的基础工作。基因识别需采用生物信息学、计算生物学技术和生物学实验手段，并将理论方法和实验结合起来。基于理论的方法主要从已经掌握的大量核酸序列数据入手，发展序列比较、基因组比较及基因预测理论方法。

② 基因功能信息的提取和鉴定。它包括基因突变体的系统鉴定，基因表达谱的绘制，"基因改变-功能改变"的鉴定，蛋白质水平、修饰状态和相互作用的检测。

③ 基因多样性的分析。基因多样性代表生物种群之内和种群之间的遗传结构的变异。每一个物种包括由若干个体组成的若干种群。各个种群由于突变、自然选择或其他原因，往往在遗传上不同。因此，某些种群具有在另一些种群中没有的基因突变（等位基因），或者在一个种群中很稀少的等位基因可能在另一个种群中出现很多。这些遗传差别使得有机体能在局部环境中的特定条件下更加成功地繁殖和适应。

3. 比较基因组学

比较基因组学是一门研究不同生物体基因组之间相似性和差异性的学科。它通过对不同物种的基因组进行比较和分析，揭示了生物进化、功能和适应性的重要信息。比较基因组学的研究方法包括序列比对、基因家族分析、基因结构比较和功能注释等。通过比较基因组学的研究，我们可以了解到不同物种之间的遗传关系、基因家族的扩张和收缩、基因结构的变化及功能基因的进化等。

此外，比较基因组学还可以用于环境污染和生态系统监测。通过比较受污染环境中的物种基因组与未受污染环境中的物种基因组之间的差异，可以评估环境污染对基因组的影响程度，发现潜在的生态风险和环境胁迫响应机制，有助于监测和评估生态系统的健康状况，指导环境保护和恢复工作。

（三） 环境微生物基因组学

环境微生物基因组学是研究环境中微生物基因组的科学领域。它主要关注微生物在自然环境中的遗传特征、功能及与环境的相互作用。微生物在环境中扮演着重要的角色，参与了许多生态过程和生物地球化学循环。环境微生物基因组学的研究对象有很多，包括水体、土壤、空气等不同环境，由于空气中的微生物种类和分布规律研究尚少，我们主要介绍水环境和土壤环境的微生物基因组学。

1. 水环境微生物基因组学

目前，利用传统微生物技术研究水环境中微生物的群落结构和功能仍存在以下几个方面的困难：一方面，目前已知的微生物种类少，未培养微生物可能占总微生物资源的90%以上，而这些生物在水体生态环境中有非常重要的作用；另一方面，水环境中的物质代谢降解途径复杂，许多微生物的代谢途径仍不清楚，研究微生物群落结构及功能对实现水环境的修复和治理具有重要意义。

水环境微生物基因组学是研究水体中微生物基因组的科学领域。水体是微生物生存和繁殖的重要环境之一，其中包括海洋、湖泊、河流、地下水、冰川等。通过对水体中微生物的基因组进行测序和分析，可以了解水体微生物的多样性、功能及其对水质的影响。水体基因组学的研究有助于我们更好地了解水体生态系统的结构和功能，并为水质管理和环境保护提供科学依据。

2. 土壤环境微生物基因组学

土壤是比水生生态环境更为复杂的生态系统，土壤微生物栖息在土壤的表面和土壤颗粒形成的微孔中，就微生物的分布和生长条件来说，土壤的环境极度不均一，使得土壤微生物的多样性大大超过其他生境的微生物多样性。每克土壤中包含了数以亿计的微生物细胞，这些细胞可能属于几千甚至上百万个物种，但大多数的微生物无法在实验室成功培养，因此，微生物组学方法是研究土壤微生物群落结构和功能的有效方式。

到目前为止，土壤宏基因组学技术已在新基因发现、生物活性物质的发现及土壤微生物生态等多个方面得到了广泛的应用。通过对土壤环境微生物基因组的研究，可以深入了解土壤微生物的多样性、丰度、分布和相互作用等生态特征，揭示土壤生态系统的结构和功能。

还可以深入了解土壤微生物的代谢途径、功能基因及其调控机制，从而揭示土壤生态系统中关键生物地球化学过程的微生物驱动机制，为土壤管理、农业生产和环境保护提供科学依据和技术支持。

二、基于测序技术的基因组学技术方法

（一）DNA 提取

DNA 的提取可以简单地分为裂解和纯化两大步骤，裂解是破坏样品细胞结构，从而使样品中的 DNA 游离在裂解体系中的过程，纯化则是使 DNA 与裂解体系中的其他成分，如蛋白质、盐及其他杂质彻底分离的过程。

1. 裂解过程

常规的裂解液都含有去污剂（如 SDS、Triton X-100、NP-40、Tween 20 等）和盐（如 Tris、EDTA、NaCl 等）。去污剂使蛋白质变性，破坏膜结构，去除与核酸相互作用的蛋白质。盐用来提供合适的裂解环境，如 Tris；抑制核酸酶对核酸的降解，如 EDTA；维持核酸结构稳定，如 NaCl。裂解体系中还可能加入蛋白酶，利用蛋白酶将蛋白质消化成小的片段，促进 DNA 与蛋白质的分离，同时，也便于后续的纯化操作。

2. 纯化过程

（1）酚氯仿抽提法

利用酚氯仿对裂解体系进行反复抽提以去除蛋白质，实现 DNA 与蛋白质的分离；再用醇将 DNA 沉淀下来，实现核酸与盐的分离。酚氯仿抽提是去除蛋白质的有效手段，但如果蛋白质含量超过了其饱和度，裂解体系中的蛋白质就不会被一次性去除，需要进行多次反复抽提，而每次的抽提均会导致核酸的损失。酚氯仿抽提最大的优势是成本低廉，对实验条件要求较低。

（2）高盐沉淀法

高盐沉淀法是酚氯仿抽提方法的一个变种，其省略了酚氯仿抽提操作的麻烦，并且几乎克服了酚氯仿抽提方法的一切缺点，只是得到 DNA 的纯度不够稳定。

（3）离心柱纯化

该方法利用某些固相介质，在某些特定的条件下，选择性地吸附核酸而不吸附蛋白质及盐的特点，实现核酸与蛋白质及盐的分离，是目前试剂盒提取广泛使用的方法。该方法受人为操作因素影响小，提取 DNA 的纯度和稳定性很高，其缺点是当样品过量时，需要反复进行离心，对样品的提取效率较低。

（4）磁珠法

为了适应现代分子生物学检测实验高通量、高灵敏度、自动化操作的需要，磁珠法应运而生。如图 9-1 所示，该方法将纯化介质包被在纳米级的磁珠表面，通过介质对 DNA 的吸附，在外加磁场的作用下使 DNA 附着于磁珠并定向移动，从而达到核酸与其他物质分离的目的。与其他纯化方法相比，磁珠法具有无可比拟的优势，包括提取灵敏度高（只需微量的

样本），纯化的纯度高（能够使核酸完全与杂质分离），提取产量高（每毫克磁珠能吸附500 μg DNA），分离速度快（磁场分离只需几秒钟），自动化操作（通过机器自动完成操作过程，无须人力），高通量提取（可同时完成数百个样品的提取），无毒无害无污染（试剂中不含任何有毒物质）。

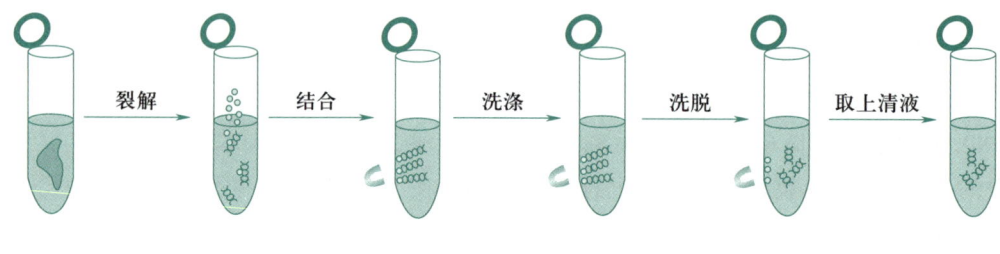

○磁珠

图 9-1 磁珠法提取 DNA 流程

磁珠法利用了磁性颗粒活性基团在一定条件下可与核酸结合和解离的原理，尽可能地避免了提取过程中核酸的丢失，还能很好地去除标本中存在的干扰物质影响，获得质量较高的核酸模板。随着磁珠法提取技术的发展，DNA 提取才真正开始实现标准化、快速化和自动化。

而基于磁珠法提取的商业试剂盒也得到广泛应用。这种试剂盒不需要任何有机溶剂，无须重复离心，目前可以从各类环境样本中提取高质量的 DNA 和 RNA，且耗时更短、回收率更高。最显著的优势是可以通过机械设备实现提取过程自动化和无人源干扰。

3. DNA 的保存

提取得到的 DNA 通常使用 TE buffer 进行最后的溶解，其含有的 EDTA 可以减少 DNA 被可能残留的 DNase 降解的风险，但是如果提取方法合适、操作得当，则几乎不会残留 DNase，使用无菌水溶解 DNA 也是可以的。

提取到的 DNA 一般情况下在−20 ℃保存是没有问题的，但是要避免反复冻融，因此，最好在提取完成之后按照后续实验所需进行分装，这样每次使用一个分装好的 DNA，避免反复冻融造成的 DNA 降解。如果提取的 DNA 需要长期保存（一年以上），最好保存于−80 ℃。

（二）DNA 测序技术

1. 一代测序

一代测序技术是指早期开发的测序方法，其中最著名的包括由 Frederick Sanger 于 1975年提出的链终止法和由 Walter Gilbert 于 1977 年发明的链降解法。这些技术被称为第一代测序技术。1977 年，Walter Gilbert 和 Frederick Sanger 发明了第一台测序仪，并将其应用于测定噬菌体 X174 的基因组序列，该序列包含 5375 个碱基。这一重大成就标志着人类首次成功测序了一个完整的基因组。由于他们在开发和应用测序技术方面的杰出贡献，Walter Gilbert 和Frederick Sanger 于 1980 年共同获得了诺贝尔化学奖。他们的工作为后续测序技术的发展奠定了基础，对生命科学领域的研究和理解产生了深远影响。

目前，基于第一代测序技术的测序仪几乎都是采用 Sanger 提出的链终止法。如图 9-2，链终止法是一种经典的 DNA 测序技术，其基本原理是在 DNA 链合成的过程中，通过随机地加入特殊的 dNTP，即 dideoxynucleotides（ddNTPs），这些 ddNTPs 缺少 3' 羟基，因此会导致 DNA 链的终止。在反应中同时存在正常的 dNTPs 和少量的 ddNTPs，DNA 链的延伸过程中，当 ddNTPs 被加入时，由于没有 3' 羟基，会使得 DNA 合成反应终止。因此，反应产生了一系列不同长度的 DNA 片段，这些片段的终止位置对应着待测 DNA 的碱基序列，通过分析这些片段的长度和顺序，可以确定 DNA 的序列信息。

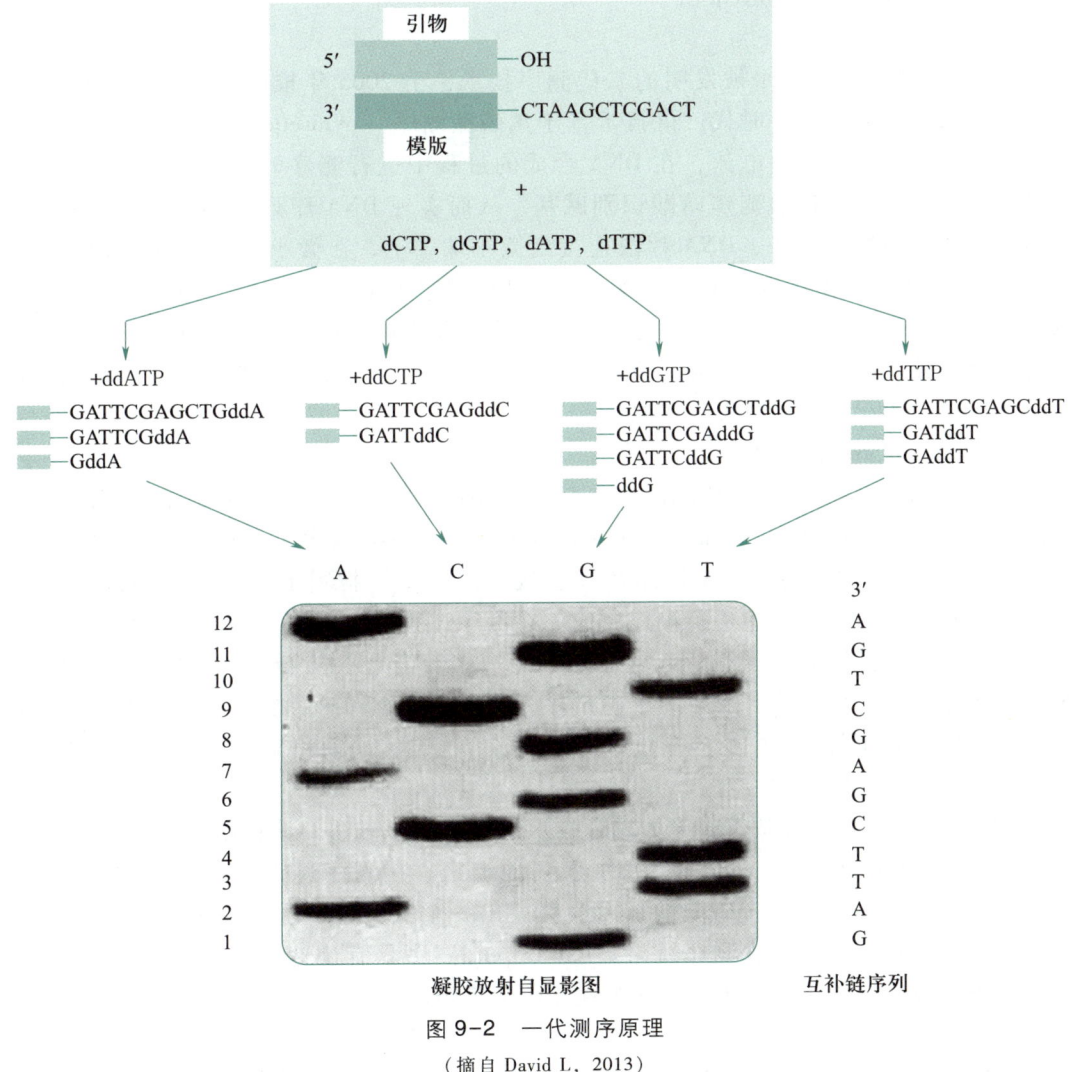

图 9-2　一代测序原理
（摘自 David L, 2013）

一代测序技术的优势在于其高度准确性，远超过后续的二、三代测序技术，因此被视为测序领域的"黄金标准"。每次反应可获得 700~1 000 bp 的 DNA 序列，超过了二代测序的序列长度。此外，其价格相对较低，设备运行时间短，适用于低通量的快速研究项目。然而，其劣势在于一次反应仅能产生一条序列，导致测序通量较低；虽然单个反应价格低廉，但大规模获取序列的成本较高。

2. 二代测序

二代测序是指第二代高通量测序技术（high-throughput sequencing，HTS），也称为下一代测序技术（next-generation sequencing，NGS）。与传统的一代测序技术相比，二代测序技术具有更高的通量和更快的速度。高通量测序技术是对传统 Sanger 测序技术革命性的变革，该技术的出现使得对一个物种的转录组和基因组进行测序分析成为可能。二代测序技术包括 Roche/454、Illumina、Ion Torrent 等。

（1）Roche/454 测序

Roche/454 测序是第一个被发明的二代测序技术，于 2005 年推出，引领生命科学和生物学研究进入了高通量测序时代。该技术基于焦磷酸测序（pyrosequencing）原理，DNA 片段无须进行荧光标记，无须电泳，在 DNA 合成的过程中进行测序，碱基在加入序列中时，会脱掉一个焦磷酸，通过检测焦磷酸识别碱基，从而实现 DNA 序列的测定。Roche/454 测序的过程主要包括样品制备、DNA 片段连接到微小珠子上、在微小珠子上进行 PCR 扩增、单个 DNA 分子固定到微小珠子上、对微小珠子进行测序等步骤。相比于传统的 Sanger 测序方法，Roche/454 测序具有高通量、快速、成本低廉等优点，被广泛应用于基因组学研究、疾病诊断等领域。然而，由于其与其他高通量测序技术相比，通量仍然较低，因此，近年来在二代测序技术的竞争中逐渐失去了地位。

（2）Illumina/Solexa 测序

Illumina/Solexa 的第一款二代测序仪（Genome Analyzer）最早由 Solexa 公司于 2006 年研发，2007 年 Solexa 公司被 Illumina 公司收购。Illumina/Solexa 测序是一种基于荧光标记的二代测序技术，该技术通过将 DNA 样品片段连接到固相支持材料上，并在流动细胞中进行 PCR 扩增，然后在流动细胞中进行测序反应。在测序过程中，每个 DNA 片段会被扩增成千上万份，并与荧光标记的核苷酸一起被添加到反应中。当这些核苷酸与 DNA 片段结合时，释放出的荧光信号会被记录下来并用于确定序列。Illumina/Solexa 测序以其高通量、高准确性和较低的成本而闻名，被广泛应用于基因组学研究、临床诊断和个性化医学等领域。

（3）Ion Torrent 测序

Ion Torrent 测序是一种基于半导体芯片技术的二代测序方法。该技术通过测量氢离子释放来检测 DNA 合成的过程，实现对 DNA 序列的测定。在测序过程中，当 DNA 聚合酶在 DNA 模板上进行合成时，每个碱基的加入会释放出一个氢离子，这些离子会被检测器探测到并转换成电信号，最终形成测序结果。Ion Torrent 测序具有快速、简单、低成本等特点，广泛应用于基因组学研究、临床诊断和个性化医学等领域。

3. 三代测序

第一代测序技术（Sanger 测序）的发展及二代测序技术的普及和改进，为三代测序的出现奠定了基础。三代测序技术的代表性平台包括 Pacific Biosciences（PacBio）和 Oxford Nanopore Technologies（ONT）。三代测序技术的优势在于可以生成更长的序列，克服了二代测序中读长短的问题，此外，与前两代测序技术相比，其最大的特点就是单分子测序，测序过程无须进行 PCR 扩增。

然而，三代测序技术也存在一些挑战，例如相对较低的序列准确性和较高的错误率，以及设备成本和数据分析复杂性较高。因此，三代测序通常与二代测序技术结合使用，通过二者之间的互补优势，提高测序结果的准确性和全面性。三代测序技术的不断改进和发展，为基因组学研究、个性化医学和农业科学等领域提供了更加深入和全面的基因组信息。

（1）PacBio 技术平台

PacBio 测序是一种三代测序技术，由 Pacific Biosciences 公司开发。该技术利用单分子实时测序原理，通过监测 DNA 聚合酶在 DNA 模板上的活动来实现测序。在测序过程中，DNA 聚合酶会将荧光标记的核苷酸加入正在合成的 DNA 链，这些核苷酸的荧光信号被单个荧光探测器实时记录下来，从而确定 DNA 序列。

PacBio 技术的优点在于其无须 PCR 扩增，因此不会引入由扩增导致的突变；具有较长的读长，平均读长可达到数十千碱基对，甚至更长；覆盖均匀，GC 偏向性较弱；基于测序的自我矫正，可实现准确率达到 99.9%；此外，PacBio 技术还能直接检测到甲基化信息，并可同时进行表观遗传学识别。然而，PacBio 技术也存在一些缺点，如单条序列错误率较高，与其他技术相比 PacBio 测序成本较高。

（2）ONT 技术平台

Oxford Nanopore 测序是一种创新的三代测序技术，由 Oxford Nanopore Technologies 公司开发。该技术利用纳米孔技术，将 DNA 或 RNA 分子拉伸通过微小孔道，并根据通过孔道的离子电流变化来识别碱基，从而实现对 DNA 或 RNA 序列的测定。Oxford Nanopore 测序具有无须 PCR 扩增、实时测序、长读长和设备便携性等优势，能够在短时间内生成大量的测序数据，广泛应用于基因组学研究、临床诊断和环境监测等领域。虽然该技术仍面临一些挑战，如较高的错误率和数据分析的复杂性，但其不断改进和发展有望为生物学领域带来更多创新和突破。

（三）DNA 序列数据分析

针对环境微生物领域，扩增子测序和宏基因组测序使用最多，适用范围最广（细菌、真菌），下文中将着重介绍这两种测序数据分析方法。图 9-3 为扩增子和宏基因组测序数据分析流程，表 9-1 为扩增子和宏基因组分析软件介绍。

1. 扩增子测序数据分析

扩增子分析的第一阶段任务是将原始序列（一般是 fastq 格式）转换为特征表。原始序列通常以双端 250 bp（PE250）形式从 Illumina 测序平台生成。分析时，首先将原始序列根据标签（barcode）进行分组，这个过程又叫"拆分"（demultiplexing）。然后将序列合并以获得扩增子序列，并去除标签和引物。通常还需要质量控制步骤以去除低质量的扩增子序列。所有这些步骤都可以使用 USEARCH 或 QIIME 完成，或者也可选择测序服务公司提供的纯净扩增子数据用于下一步分析。

挑选出代表性序列作为物种的代表是扩增子分析的关键步骤，主要包括聚类生成 OTU 和去噪生成 ASV 两类方法。UPARSE 算法将具有 97% 相似性的序列聚类为 OTU，但此方法可能无法检测"种"或"株"之间的细微差异。DADA2 是最近开发的一种去噪算法，可挑选出更准确的代表性序列——ASV。QIIME2 流程中有两种去噪方法可选，即 DADA2 插件的 denoise-paired/single 和 Deblur 插件的 denoise-16S，此外 USEARCH 中的-unoise3 也可用于高速去噪并挑选 ASV。最后，可以通过量化每个样本中特征序列的频率来获得特征表，即 OTU 或 ASV 表。同时，可以对特征序列进行分类，通常在界、门、纲、目、科、属和种的层级上进行分类，从而为微生物群提供了更多级别的降维视角。

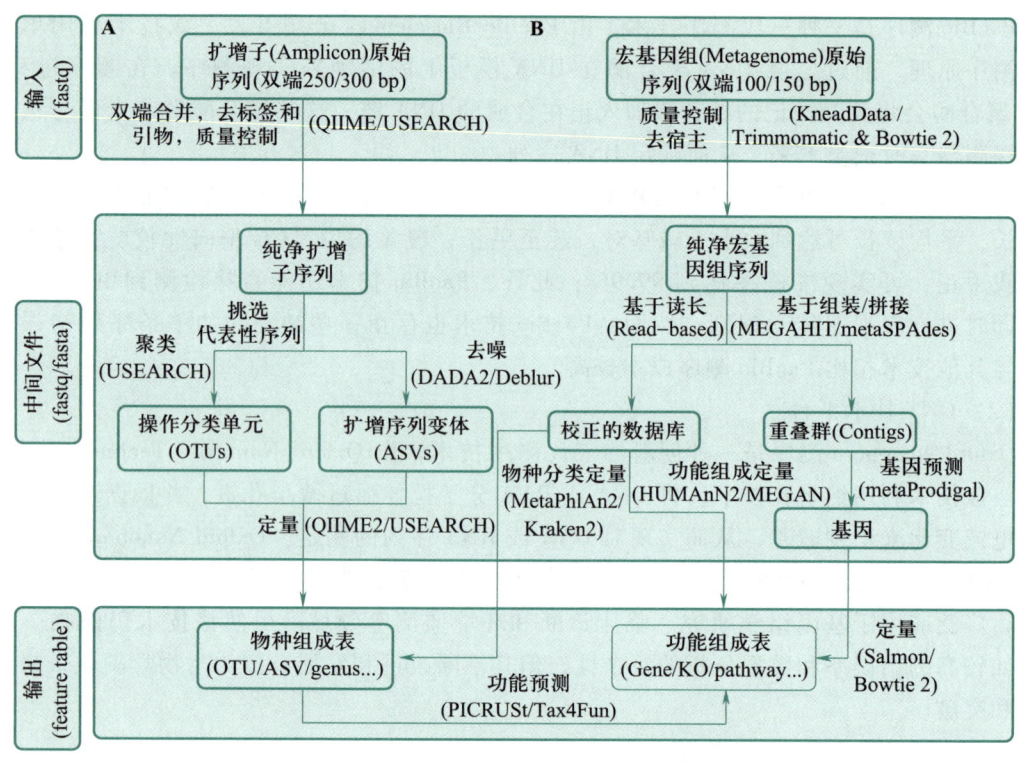

图 9-3　扩增子和宏基因组测序数据分析流程

（摘自 Liu Y X，2020）

表 9-1　扩增子和宏基因组分析软件介绍

软件名称	软件描述和软件优势
QIIME	本领域最常用的分析流程（被引 72 万次），提供了丰富的分析流程、脚本和社区支持。该软件的版本较复杂，安装也有一定难度。2018 年起未再更新
QIIME 2	是 QIIME 的后续，提供了命令行和可视化界面支持。支持自定义复合分析。较高的透明性和可视化性促进其在大数据时代的广泛应用
USEARCH	一种命令行、跨平台、高速计算的比对工具，有超越 BLAST 的速度和准确度。32 位版本需小于 4GB 内存，64 位版更高效
VSEARCH	基于 64 位版 USEARCH，免费使用，可模拟和替代 QIIME 2 中 vsearch 插件使用

软件名称	软件描述和软件优势
Trimmomatic	用于宏基因组原始数据的质控，是基于 Java 开发的 Illumina 数据低质读、切割和去引物及接头工具
Bowtie 2	一种快速的比对工具，用于比对序列至参考基因组/数据库以发现基因变异或定量
MetaPhlAn2	一种物种分类工具，使用超过 10 000 个标记基因家族数据库实现高精度分类，输出结果为物种相对丰度
Kraken 2	一种物种分类工具，使用 k-mer 方法通过比对 NCBI 数据库建立分类模型，速度快、准确度高
HUMAnN2	基于 UniRef 数据库的功能分析工具，用于宏基因组物种功能注释，支持跨平台
MEGAN	一个图形界面、跨平台软件，用于宏基因组物种和功能分析，提供多种可视化方案，如散点图、Voronoi 树图、聚类图、网络图等
MEGAHIT	一个超快、内存优化的宏基因组组装软件
metaSPAdes	高质量的宏基因组组装软件，可实现从头组装，但对计算资源要求较高
MetaQUAST	组装结果质控软件，可评估 N50 和错配率，输出 PDF 或 HTML 报告
MetaGeneMark	跨平台、高精度基因预测软件，适用于新基因组和宏基因组
Prokka	快速的微生物基因组注释工具，基于 BioPerl 开发，自动化程度高，整合多种基因库和数据库
CD-HIT	构建非冗余基因集
Salmon	基于 k-mer 的快速转录序列定量方法
metaWRAP	分箱流程，有超过 140 个工具，支持 conda 安装。集成 BinRefinement、Blobology、Binning 等多种模块

通常，16S rRNA 扩增子测序只能用于获得有关物种分类组成的信息。但是近几年开发了许多可用的软件包来预测潜在的功能信息。该预测的原理是将 16S rRNA 序列或分类学信息与数据库中的基因组或文献中的功能描述联系起来。PICRUSt 是一种基于 Greengenes 数据库 OTU 表的功能预测软件，可用于预测如 KEGG 通路的宏基因组功能组成信息。新开发的 PICRUSt2 软件包可以基于任意 OTU/ASV 表直接预测宏基因组功能，详见，NBT：PICRUSt2 预测宏基因组功能，PICRUSt2：OTU/ASV 等 16S 序列随意预测宏基因组，参考数据库增大 10 倍。R 包 Tax4Fun 可以基于 SILVA 数据库预测微生物群的 KEGG 功能。原核生物分类功能注释（FAPROTAX）流程基于已发表微生物的代谢和生态功能执行功能注释，例如硝酸盐呼吸、铁呼吸、植物病原体、动物寄生虫或共生体，从而使其可用于对环境、农业和动物微生物组的功能分类和研究。BugBase 是 Greengenes 的扩展数据库，用于预测表型，如需氧性、革兰氏染色和致病性，该数据库常用于医学研究。

2. 宏基因组测序数据分析

宏基因组测序数据比扩增子测序提供了更高精度的物种组成信息，同时还能提供功能基因的信息，但数据量大、分析过程涉及软件众多，一般只能在高性能 Linux 服务器上开展分析。宏基因组相关软件安装推荐使用 Bioconda，可高效安装所需的软件和流程，并自动化解决依赖关系。宏基因组分析计算量大，多任务并行需要队列管理软件防止拥挤，如 GNU Parallel 软件。

宏基因组数据分析的第一个关键的步骤是质量控制和去除宿主污染，这些步骤需要 KneadData 流程或联合使用 Trimmomatic 和 Bowtie 2。Trimmomatic 是一种灵活的质量控制软件包，适用于 Illumina 测序数据，可进行修剪低质量序列、文库引物和接头序列。使用 Bowtie 2 软件，那些与宿主基因匹配的序列将被滤除。KneadData 是一个集成的分析流程，包括 Trimmomatic、Bowtie 2 和相关脚本，可用于质量控制，滤除宿主来源的序列，并输出纯净序列。

宏基因组学分析的主要步骤是使用基于序列和/或基于组装的方法将纯净数据转换为物种组成表和功能组成表。基于序列的方法是直接比对纯净序列至预定义的参考数据库，可直接获得特征表。MetaPhlAn2 是一种常用的生物物种分类学分析工具，可将宏基因序列与预定义的标记基因数据库比对，从而进行生物分类。Kraken2 基于精确 k-mer 匹配方法将序列与 NCBI 中非冗余序列数据库进行匹配，利用最低共同祖先（lowest common ancestor，LCA）算法进行物种分类。物种分类的软件众多，根据其优缺点具有不同的适用范围。HUMAnN2 是一种广泛使用的功能定量分析软件，特色是可以用于探索样本内和样本间的贡献多样性（物种对特定功能的贡献）。MEGAN 是一种跨平台的图形用户界面（GUI）软件，可进行分类和功能分析。此外，一些研究提供了特定研究对象的宏基因组参考集，可以实现更高的数据利用率和更高质量的物种和功能注释。

基于组装的方法使用 MEGAHIT 或 metaSPAdes 等工具将纯净序列组装为长序列，即重叠群（contig）。MEGAHIT 用于快速装配大量、复杂的宏基因组数据集，而且内存占用小；而 metaSPAdes 通常可以生成更长的重叠群，但需要更多的计算资源。metaGeneMark 或 Prokka 等软件可以识别出重叠群中的基因。从重叠群中预测的冗余基因集需要用 CD-HIT 等工具去除重复。最后，可以使用基于比对的工具 Bowtie2 或非比对的方法 Salmon 来生成基因丰度表。宏基因组数据集中基因数量通常在百万级别，需要结合蛋白数据库的层级功能注释实现降维，如 KEGG 中的 KO、模块或通路表。

此外，宏基因组学数据可用于挖掘基因簇或组装微生物基因组草图。AntiSMASH 软件和数据库可以挖掘重叠群中潜在的生物合成基因簇，为挖掘新功能基因、酶、代谢通路、代谢物和抗生素等提供了非常重要的线索。分箱（binning）是一种恢复宏基因组数据中部分或完整微生物基因组的方法。可用的分箱工具包括 CONCOCT、MaxBin2 和 MetaBAT2。分箱工具根据四核苷酸频率和丰度将重叠群分类为不同的"箱"（bins），类似于基因组草图。用多个软件优化分析结果和用重新组装的方法可以获得更好的"箱"。

基于箱可以对微生物开展种级别甚至菌株级别的物种、功能分析。得到符合一般质量要求的箱（最常用的指标是污染度小于 10%，且完整度大于 50%）后，可以使用 GTDB-tk 对箱进行物种注释。在箱层面进行数据挖掘一般有两种思路："单菌型"和"群落型"。

"单菌型"是类似单菌基因组的分析，把每个箱当作一个基因组去挖掘。这类研究通常使用比较严格的筛选阈值，针对少量的目标箱开展分析。可以绘制单菌基因组模型，如常见的基因组圈图，表示基于箱的重叠群信息。或者基于箱基因组信息，绘制细菌的细胞模型，侧重基因组的代谢通路特征，这类研究是针对目标菌开展详细的功能探讨，有可能是潜在的新基因组，或已知物种可能的新功能等。对于关注的功能，还可详细展示基因分布的结构特征，位置关系。因为执行某个功能通常需要多个基因共同完成，这类基因一般在基因组上成簇排列，所以上下游基因通常有功能上的联系。在获得箱基因组后，有比较完整的长片段，所以可以开展上下游基因位置关系的研究，可以辅助了解基因功能，进行功能预测等。

除了针对目标箱基因组层面的挖掘，"群落型"的分析策略也逐渐兴起，这类研究与16S、宏基因组的群落研究有所不同，本质是多个箱基因组的综合分析，只是箱的数量很多，所以更关注样本、群落整体的功能特征，因为有单菌基因组信息，所以可以实现16S不能做的群落物种和功能分析。例如，近年来许多研究针对海洋、高原、极地等特殊环境进行大规模宏基因组测序，并分析组装和分箱得到的箱集合，研究其中存在的生物合成基因簇和抗生素抗性基因，探索微生物"暗物质"。

三、基因组学在环境工程中的应用

（一）基因组学在微生物群落结构分析方面的应用

基于基因组学的微生物群落结构分析在环境工程领域被广泛应用。通过对环境中微生物群落的基因组学研究，可以深入了解微生物在不同环境中的丰度和多样性，从而为环境污染的监测、评估和治理提供科学依据。就污水处理而言，通过对微生物群落的基因组学分析，可以深入了解污水处理系统中微生物的类群和多样性特征，从而优化处理工艺和提高处理效率；利用这种技术还可以快速检测并监测处理系统中的微生物群落变化，及时发现并解决可能导致污泥膨胀、处理效率变差等问题，保障污水处理的稳定性和可靠性。基于基因组学的微生物分析方法是污水处理领域的重要技术手段之一。例如，潘婧冉等采集某餐厨垃圾处理厂油水分离、厌氧发酵、沼渣脱水等3个工艺单元产生的废液样品，采用16S rRNA基因高通量测序技术，研究其菌群组成、丰度、优势菌群及其与环境因子的相关性，发现初始油水分离样品中的微生物群落种类相对较少，而经厌氧发酵和沼渣脱水处理后样品中的微生物群落种类较丰富。

其次，基于基因组学的微生物群落结构分析还可以应用于环境修复领域。借助基因组学方法，筛选具有环境修复能力的微生物菌株，可以研发高效的生物修复技术，用于处理土壤、水体等不同环境中的污染问题。同时，通过调控微生物群落的结构和功能，可以实现对环境污染物的生物降解、转化和清除，为环境工程领域的绿色发展和可持续利用提供新途径。这些应用将基因组学与环境工程紧密结合，可为解决环境污染问题提供了有力支持，具有重要的理论和实践意义。例如，刘慧杰对污染胁迫下红树林沉积物微生物群落响应等方面进行了研究，从红树林沉积物中分离得到了多株降解菌，采用 PCR-DGGE 技术分析了 PAHs 降解单菌的不同组合对单一和混合的 PAHs 降解规律。

（二）基因组学在微生物功能研究方面的应用

基于基因组学的微生物功能分析在环境工程领域有着重要的应用价值。首先，通过对环境微生物功能基因的研究与分析，可以深入了解微生物在环境中的降解功能、代谢途径，为环境中复杂污染物的治理提供科学依据。这种分析技术能够帮助环境工程师精准地选择适合的微生物菌种或微生物群落，用于生物修复、生物降解或生物转化等环境治理工程，提高污染物的去除效率和环境修复的成功率。

例如，通过对微生物基因组的分析，可以预测微生物是否具有特定的代谢能力。这些预测结果可以为环境修复、废物处理及生物能源开发等方面提供重要的参考。通过宏基因组技术可以考察微生物群落与环境污染物之间的关系，并通过环境微生物的富集手段，从污染环境中筛选出具有不同降解污染物功能的细菌。目前，已经发现微生物具有降解农药、多氯联苯、多环芳烃、石油烃、染料和酚类化合物等多种有机污染物转化和降解相关的微生物功能基因。例如，吕莹以 7 种芳香类 VOCs 为唯一碳源，筛选出了对芳香类 VOCs 具有较高的耐性及降解效果的功能降解菌，用于构建混合菌群降解体系，利用宏基因组学对降解功能基因单加氧酶和双加氧酶进行分析，从基因层面证实了芳香类 VOCs 降解酶的存在。

此外，基于基因组学的微生物功能分析在环境生物风险因子（如致病菌和抗生素抗性基因）方面的应用也十分重要。通过对环境样品进行宏基因组学分析，可以快速准确地检测和鉴定潜在的致病菌和抗生素抗性基因的存在，从而及时评估环境中的生物风险。这种分析技术可以帮助监管部门和环境管理者有效监测和控制环境中的生物污染源，减少因致病菌和抗生素抗性基因的传播而导致的公共卫生和环境安全风险，保障人类健康和生态系统的稳定。范增增等考察了夏、冬两季养猪废水中高环境风险四环素抗性基因（TRGs）在水平潜流人工湿地中的分布和去除情况，发现养猪废水中 3 种高环境风险 TRGs（tetM、tetO、tetW）均有检出，人工湿地可有效消减废水中的 TRGs，夏、冬两季时出水中 TRGs 的绝对丰度较进水分别降低 1.1~2.4 和 1.7~2.9 个数量级。

第二节　转录组学

一、转录组学概述

（一）转录组与转录组学

1. 转录组

转录组的定义具有广义和狭义两种。广义上的转录组是指细胞在一定条件下所有转录产物的集合（即全部的 RNA），包括信使 RNA、转运 RNA、核糖体 RNA 和非编码 RNA 等；狭义的转录组仅包括从细胞基因组中被转录出来的全部信使 RNA，即并不是所有的 RNA 都属于转录组，转录组仅指编码 RNA，即可以被翻译成蛋白质的 RNA 分子，而那些非编码 RNA 则不属于转录组。图 9-4 为转录过程。

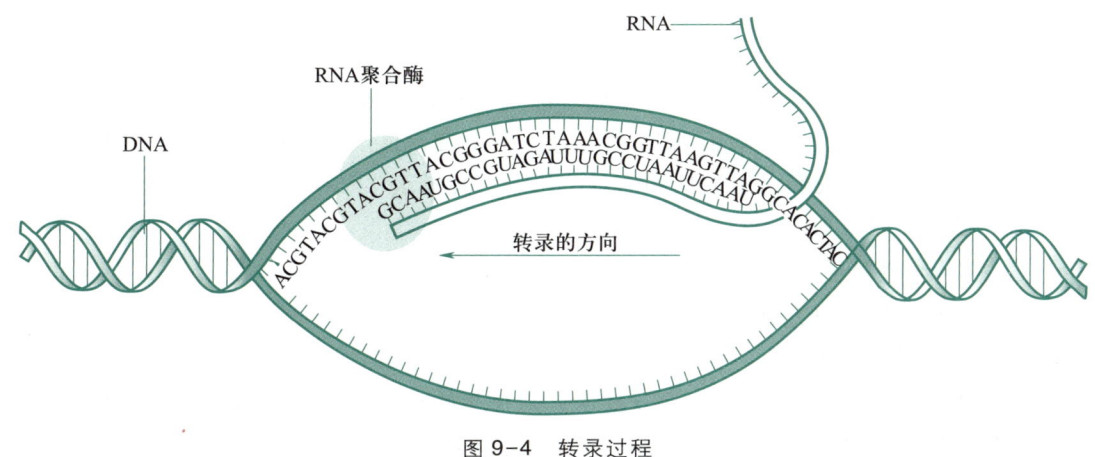

图 9-4　转录过程

转录组是基因功能和结构研究的基础，通过对生物转录组进行分析，可以研究全基因组范围内的基因表达情况，并对差异基因进行筛选分析，有利于预测新基因，进而对新基因进行表达分析和功能注释。

细胞中有两类 RNA，即编码 RNA 和非编码 RNA。编码 RNA 仅仅由信使 RNA（mRNA）这类分子构成，mRNA 是编码蛋白基因的转录产物，会在基因组表达的较晚阶段被翻译成蛋白质。mRNA 在细胞内的含量很少，大约占总 RNA 的 4%，且寿命很短，一旦合成，很快就被降解。例如，细菌中的 mRNA 合成后在几分钟内就会被降解，而真核生物中的 mRNA 大约在合成后数小时内被降解。最后，非编码 mRNA 并非毫无作用，它们比编码 RNA 更加多样，主要分为两种类型，即核糖体 RNA（rRNA）和转运 RNA（tRNA）。前者不仅是细胞中含量最丰富的 RNA，同时是核糖体的组分，蛋白质的合成就发生在核糖体上；后者是参与蛋白质合成过程的小分子，主要作用是将氨基酸携带到核糖体上，确保两者可以按照 mRNA 规定的核苷酸序列进行顺序连接。总之，细胞中的 RNA 大多数都是非编码 RNA，编码 RNA 仅占其中很小一部分。

2. 转录组学

研究转录物组的产生和调控规律的科学称为转录物组学。与基因组相比，转录物组是动态的，同一细胞的转录物组在不同的生长时期和生长环境下是不完全相同的。转录物组也常称为转录组，而转录物组学也常称为转录组学。细胞的功能是从基因的表达开始的，转录组可高通量地获得基因表达的有关信息，从而可以揭示基因表达与一些生命现象之间的内在联系。据此我们可以高通量表征细胞生理活动规律，确定细胞代谢特性。

近年来，转录组学得到了迅速发展，逐渐成为微生物学领域的研究重点，受到了研究者的青睐，具有非常重要的作用和意义。首先，随着蛋白质组和功能基因组的不断深入发展，对生物转录组信息的需求不断增加。对蛋白质组学来说，其需要更多的转录组信息来支撑，单一的蛋白质组数据和分析并不能准确、清楚地鉴定基因的功能，需要转录组加以补充和说明，因此转录组学得以迅速发展。其次，转录组是系统生物学研究的重要组成部分，它向上承接基因组，向下连接蛋白质组，和细胞功能、细胞代谢等关系密切，不可或缺。同时，转录组学可以对基因的表达情况进行掌握，研究基因的差异性表达，有助于找到关键基因。因此，必须对转录组有所了解和掌握，才能全面、系统探究生命活动的奥秘。最后，受到测序技术等现实方面的限制，转录组一直未能进行深入挖掘，尚未形成主流的发展方向。目前，随着高通量测序技术的发展，基于RNA测序技术的出现，可以对细胞或组织中的RNA进行全面测序，提供了更多的转录组数据和信息，拓展了转录组学和生物体的研究范围，转录组学因此得到迅速发展。

（二）微生物转录组学的研究内容

转录组学在微生物研究领域应用广泛，主要研究内容包括：

1. 转录组测序与分析

基于高通量测序技术（如RNA-seq技术）对微生物样品进行转录组测序，获取RNA序列数据。通过生物信息学分析，对转录本进行定量和定性分析，识别不同条件下的基因表达水平和转录变化。

2. 基因表达调控机制

研究微生物中的基因表达调控机制，包括转录因子、非编码RNA等调控元件的作用及其调控网络。通过转录组数据分析，揭示基因的调控关系，理解微生物对环境的适应性和响应机制。

3. 差异基因表达分析

比较不同条件下微生物转录组的差异，发现与特定生理、生态过程相关的差异表达基因。这有助于揭示微生物在不同环境中的适应策略，以及与宿主互作的响应。

4. 功能基因组学研究

结合转录组数据与其他组学数据（如基因组、蛋白质组），揭示微生物基因的功能及其在生物过程中的作用。通过功能注释和通路分析等方法，推断基因的功能和代谢途径。

5. 微生物群落转录组学

研究微生物群落中各个成员的转录组，了解微生物群落的组成、功能和相互作用。通过分析微生物群落的转录组数据，揭示微生物群落在生态系统中的功能与稳定性。

二、转录组学技术方法

研究转录组学的技术方法可以分为基于杂交（hybridization）方法的微阵列（microarray）技术和基于测序（sequencing）方法的RNA-seq技术。目前，常用的RNA-seq多是基于二代测序技术（next-generation sequencing，NGS）。两者之间最大的差别在于：微阵列基于预先设计的标记探针与目标cDNA序列的杂交，然后检测实验组和对照组之间基因表达差别。目前一些商业化微阵列芯片一次可检测数万个不同的基因。但是由于是提前设计好的模板，所以无法检测出新的转录本，且基因表达过低或过高时检测不准；而RNA-seq则是可以读出序列，然后再与基因组序列进行比对，因此，可以发现新的转录本甚至新的基因。

（一）基因芯片技术

基因芯片是转录组学常用的基本技术之一，其原理为：在固相支持物（硅片、玻璃片、聚丙烯等组成）中将大量（几百甚至几万个）的寡核苷酸或 DNA 片段密集排列组成探针，然后将待测样品（也称靶 DNA）标记后与微阵列进行杂交，通过杂交信号的强弱和探针的位置和序列，进而确定待测样品的 DNA 表达情况和突变情况。

微阵列技术的具体内容见第八章第三节。

（二）RNA 测序技术（RNA-seq）

RNA-seq 是一种快速且高通量的转录组学技术方法，不依赖于预先设计的探针或已知的序列碱基特征，因此具有较高的灵敏度和检测新基因及遗传变异的能力。理论上，如果测序深度足够深，RNA-seq 可以覆盖到所有基因，包括尚未发现的新基因，并能实现全长基因水平的定量。并且 RNA-seq 本身是一种测序技术，能获得基因的碱基组成信息，因此除了用于定量基因表达外，还可用于基因组结构研究，这是基因芯片无法比拟的。但是高通量的方法存在一定的假阳性问题，并且二代测序在建库时也存在非特异性扩增的偏移，三代测序定量相对准确但价格昂贵。

RNA-seq 的具体内容见第八章第二节。

（三）芯片数据的分析

芯片数据的原始数据是一张图像，图像上的荧光颜色及强度反映了不同探针的杂交程度。两套目标化合物分别用红色和绿色荧光团标记。如果只有一种目标化合物，杂交点呈现绿色；如果只有另一种目标化合物，杂交点呈现红色。如果完全是两者杂交，则相应的点呈现黄色。

从一个芯片中直接提取可信的生物学信息是困难的。尽管有大量的内部对照，实验技术上还是会受到很多干扰。数据整理涉及图像处理的许多技术细节、内部对照的检查、丢失数据的处理、可靠测定方法的选择及不同芯片比例的统一。一个芯片上会有许多冗余的数据，即一个基因可能由几个点代表，除了直接的重复实验，这些点可能对应一个基因的不同区域。探针对（一个探针与寡核苷酸完全匹配，另一个探针则有一个特异的错配核苷酸）用来核实数据。不同的寡核苷酸覆盖序列上目标区域的不同部位。

数据处理的初步目标是得到一个基因表达表。它是源自原始数据，包含基因相对表达水平的矩阵。这个矩阵的行对应着不同的基因，列代表着基因不同来源。当然基因表达表不仅仅是芯片本身的"复制平板"。芯片的荧光谱包括原始数据，而基因表达表则是从这些原始数据中提取出来的。芯片上许多点的数据为计算每个基因的相对表达水平提供依据。一般实验是两种来源样本表达模式的对比——也许一个是某种已知属性的对照组，另一个是测试的样本组。我们希望比较不同实验条件生长和/或不同生理状态的生物体，或来自不同的个体、不同组织或不同发育阶段的 DNA。分析基因表达矩阵的两个途径包括：① 基于基因的比较，即通过表达矩阵中的行数据来比较不同基因表达模式的分布；② 基于样本的比较，即通过表达矩阵列数据比较不同样本的表达模式。

(四) RNA 测序数据的分析

1. 测序数据储存格式

第二代测序得到的是长度为 50~250 bp 的短片段，称为 reads。通常测序仪输出的测序结果以 FASTQ 文件进行存储。FASTQ 格式是一种用于存储生物序列（通常是核苷酸序列）及其相应测序质量得分的文本文件。为了简洁起见，序列字母和质量得分都用单个 ASCII 字符表示。该格式最初由 Wellcome Trust Sanger 研究所开发，用于捆绑 FASTA 序列及其质量数据，但最近已成为存储高通量测序仪输出的实际标准。FASTQ 文件中，1 个 read 通常由 4 行组成：第 1 行以 @ 开头，之后为序列的标识符及描述信息（与 FASTA 格式的描述行类似）；第 2 行为 read 的序列信息；第 3 行以 "+" 开头，可以再次添加序列描述信息（可选）；第 4 行为质量得分信息，与第二行的序列相对应，长度必须与第二行相同。图 9-5 为单末端测序 FASTQ 文件格式。

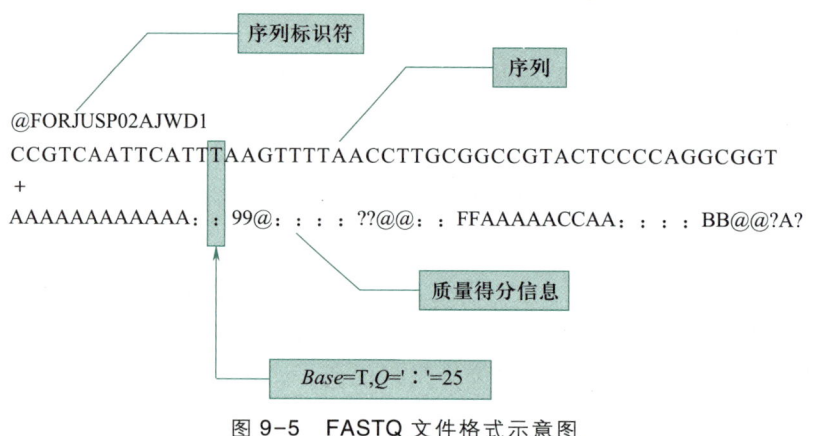

图 9-5　FASTQ 文件格式示意图

(摘自 Robert Edgar, 2010)

2. 测序数据质量控制及数据预处理

测序结果的好坏会影响后续数据分析的可靠性，故在测序完成后需要通过一些指标对原始测序结果进行评估，如 GC 含量，序列重复程度，是否存在接头等。评估 Illumina 测序结果的常用工具为 FastQC，另一个 NGSQC 适用于所有测序平台。根据质量评估的结论来决定具否需要再采取相关的手段，如去接头、过滤低质量 reads、截短序列（主要截断序列起始的接头或者低质量 reads）等。常用的工具有 FASTX- Toolkit 和 Trimmomatic 等。如果经过处理之后测序结果评估仍然较差，说明该样本的测序质量较低，应慎重考虑是否用于后续数据分析。

3. 比对

比对是将预处理后的 RNA 测序数据与参考基因组或转录组进行配对的过程。对于微生物，如果已有相关的参考基因组，可以利用 Bowtie、HISAT2 等工具将测序数据比对到参考基因组上，以便后续的表达定量和差异表达分析。

4. 表达定量

表达定量是衡量基因或转录本在不同条件下的表达水平的过程。通过比对后的数据，可以使用 HTSeq、featureCounts 等工具计算基因或转录本的表达量，为后续的差异表达分析提供基础数据。

5. 差异表达分析

差异表达分析是比较不同条件下基因表达量的统计学方法，用于识别在不同生物条件下表达显著变化的基因。使用 DESeq2、edgeR、limma 等工具，可以对表达量数据进行统计学分析，识别差异表达的基因，并进一步探究其生物学意义。

6. 功能注释

功能注释（functional annotation）是对差异表达的基因进行功能和通路分析的过程，帮助理解这些基因在生物学过程中的作用。通过富集分析、GO、KEGG 等方法，可以发现这些基因在哪些生物过程中发挥作用，并对相关的通路进行深入研究。

此外，还可以进行网络分析或其他数据可视化分析。网络分析是探索基因之间相互作用的方法，可以帮助理解基因调控网络和代谢通路的复杂关系。通过构建基因互作网络或代谢通路网络，可以发现基因之间的关联性，以及它们在生物学过程中的相互作用。

三、转录组学在环境微生物领域的应用

（一）转录组学在环境毒理学中的应用

在环境毒理学领域，RNA-Seq 技术已经被广泛应用。通过分析微生物在不同环境条件下的基因表达模式，可以揭示污染物暴露对微生物群落的影响，识别污染物的毒性机制，发现用于环境监测和生态系统健康评估的生物标志物，为环境治理策略的制定提供了科学依据。

Elena Cerro-Gálvez 等人研究了南极沿海水域的天然细菌群落，通过元转录组学分析发现，全氟辛烷磺酸暴露对天然南极海洋微生物群落的组成和功能有直接影响，硫代谢转录本的富集与全氟辛烷磺酸脱硫一致，并且 γ 变形杆菌属、玫瑰杆菌属和黄杆菌属对于全氟烷基酸有明显反应。

（二）转录组学在环境治理功能微生物研究中的应用

通过比较微生物在不同环境条件下的高通量转录组数据，结合宏基因组及定量 PCR 等其他研究手段，有助于发现环境条件对微生物代谢活性的影响以及微生物应对环境变化而进行的转录调控，了解微生物的转录活性对时空变化的响应模式，从而为环境治理技术的开发提供理论支撑。

通过分析加入菲的土壤样品中的微生物转录组数据，发现涉及芳香族化合物代谢及胁迫应答的转录子显著增加，可以获知多环芳烃（PAH）这类有毒污染物对土壤微生物活性的影响及土壤微生物对 PAH 胁迫的应答模式；另外还第一次发现了重金属 P 型 ATP 酶和硫氧还蛋白与 PAH 胁迫相关联。Hollibaugh 等通过分析美国佐治亚州的某河口水样的微生物宏转录组，结合定量 PCR 的结果发现，泉古菌门的 Marine group 1 分支是该环境中参与氨氧化的优势微生物类群，高达 37% 的转录子与氨吸收和氨氧化有关，但未发现与氨氧化细菌相关

的转录子，说明古菌极可能主导了该环境中的氨氧化过程。

（三）转录组学在推测污染物代谢途径中的应用

微生物转录组学在推测污染物代谢途径中发挥着关键作用。通过分析微生物在暴露于污染物后的基因表达模式，可以识别出参与污染物降解和代谢的关键基因和可能的代谢途径。

Vila-Costa 等在海水中添加二甲基巯基丙酸内盐（DMSP）进行了富集实验（DMSP 中的 C3 部分可以作为贫营养海水中 γ 变形菌纲和拟杆菌门中的多种浮游细菌的碳源），研究了与 DMSP 降解相关的微生物及其基因。作者分析了添加 DMSP 后转录活性升高的多种酶，以 KEGG 数据库中的路径 00640 为基础，构建了 DMSP 中 C3 部分的可能降解路径，其最终去向可能是以乙酰辅酶 A 的形式加入三羧酸循环过程。McCarren 等通过高分子量溶解性有机碳的短期添加实验，揭示了与海洋中有机碳循环相关的微生物及代谢途径：高分子量溶解性有机碳的降解过程伴随着微生物的演替过程，降解初期主要参与的微生物包括 *Idiomarina* 和 *Alteromonas* 两个属，高度表达的转录子包括 TonB-关联的转运蛋白、氮同化相关基因、脂肪酸分解代谢相关基因及三羧酸循环相关酶；随着高分子量溶解性有机碳的不断降解，微生物群体组成及转录活性也在发生变化，到实验后期，优势微生物为 *Methylophagar* 属，高度表达的基因涉及一碳化合物的同化和异化路径的多个步骤。

第三节　蛋白质组学

一、蛋白质组学概述

（一）蛋白质组与蛋白质组学

1. 微生物蛋白质组

微生物蛋白质组是指某一微生物种群或细胞中所有蛋白质的集合，包括在特定生长条件下表达的全部蛋白质。通过对微生物蛋白质组的研究，可以全面了解微生物的生物学特性、代谢途径、蛋白质互作网络等信息。

2. 蛋白质组学

蛋白质组的概念提出来以后，随后产生了蛋白质组学，其以蛋白质组为研究对象，分析细胞内动态变化过程中蛋白质的组成成分、表达水平与修饰状态的改变，通过了解蛋白质之间的相互作用与联系，从而在整体水平上研究蛋白质的组成与调控的活动规律。

蛋白质组研究技术已被应用到各种生命科学领域，在认识某种特定的细胞、组织或器官的蛋白质种类及功能，明确各种蛋白质之间及与其他分子的相互作用网络等方面发挥重要作用。

（二）蛋白质组学的研究内容

1. 定性蛋白质组学与定量蛋白质组学

从一般的角度看，蛋白质组学可分为定性蛋白质组学和定量蛋白质组学两大类。定性蛋白质组学研究的目标是确定样品中所存在的整套蛋白质，并不关心这些蛋白质的丰度。定性蛋白质组学面临着生物样品中不同蛋白质的浓度差异及低浓度的蛋白检测非常困难的问题，因而也增加了确定这些蛋白质的难度。如果要确定生物样品中蛋白质的浓度，就需要对蛋白质进行量化，即采用定量蛋白质组学技术。定量蛋白质组学还可进一步区分为相对定量蛋白质组学和绝对定量蛋白质组学。相对定量蛋白质组学可以确定两个或多个蛋白质组的差异，例如健康人，与患者蛋白质组的差异，高产菌株与低产菌株蛋白质组的差异。绝对定量蛋白质组学就是要确定样品中蛋白质的浓度，其难度更大，需要通过添加已知数量的同位素作为参考标准来进行绝对量化。

2. 自上而下法与自下而上法

蛋白质组学研究中自上而下法与自下而上法的主要区别在于二者在样品处理中使用不同的策略。自上而下蛋白质组学研究样品中蛋白质的完整序列，这就尽可能避免了样品的改变。自上而下法通常使用二维凝胶电泳技术，所以也常称这种方法为基于凝胶的蛋白质组学法。如图9-6，自下而上蛋白质组学通常要用胰蛋白酶先对样品进行消化，然后用高通量分析方法对消化后的特定肽片段进行分析。样品中存在的蛋白质是通过对其一个或多个特定的肽片段的检测而推断出来的，这就意味着在完整蛋白质与这些胰蛋白酶片段二者之间存在对应关系。自下而上蛋白质组学的理念来自基因组 DNA 序列检测中所用的鸟枪法策略，所以也将其称为鸟枪蛋白质组学法。由于自下而上蛋白质组学法不使用凝胶电泳技术，所以也常称为无凝胶电泳蛋白质组学法。

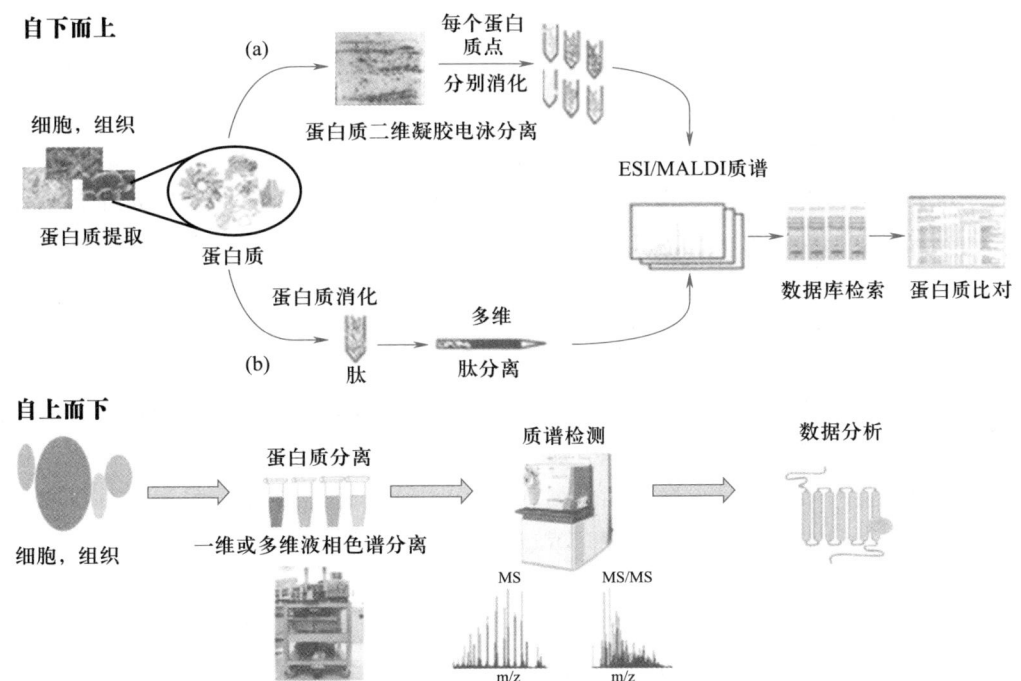

图 9-6　基于自上而下和自下而上法的蛋白质组学研究流程

（摘自 Fournier M L，2007；Lindon J C，2016）

3. 发现蛋白质组学、定向蛋白质组学及靶向蛋白质组学

随着质谱技术的飞速发展，其在蛋白质组学研究中得到了广泛的应用。基于在选择及使用质谱仪器的不同方法，可以将蛋白质组学区分为发现蛋白质组学、定向蛋白质组学及靶向蛋白质组学。

发现蛋白质组学，也常常称为鸟枪蛋白质组学。发现蛋白质组学分析过程中，前体离子在一个调查扫描期间被检测并自动选择，其采用一个简单的启发式算法，通常依赖于数据分析过程而完成。发现蛋白质组学技术所产生的数据集，可以识别大量蛋白质，并可在样品之间进行定量比较，这可通过用稳定同位素标记法或无标记法来进行量化。鸟枪法不需要样品组成的任何先验知识，因此在所分析的每个样品中的每个蛋白质都是新发现的，这也是该方法称为"发现蛋白质组学"的原因。发现蛋白质组学方法的目标通常是识别尽可能多的蛋白质。

定向蛋白质组学是指利用 MS 和 MS/MS 实验针对研究者所选择的一些特定离子而进行的分析。与发现蛋白质组学方法相比，在定向蛋白质组学研究中，由于仅仅聚焦于一个蛋白质组中特定的、预先选择的部分进行鉴别和量化，所以其重复性更好。

靶向蛋白质组学是指在一个样品中，仅仅选择一些预先确定的肽进行检测和量化，实验所用的仪器通常是三重四极杆质谱仪。靶向蛋白质组法对一个蛋白质组中的预先选择的一小部分（一般只有一百到几百个肽）进行实验，具有很高的检测灵敏度和动态范围，能产生高度可重复的、精确的数据集。支撑靶向蛋白质组学的主要质谱方法是选择反应检测。

二、蛋白质组学技术方法

（一）蛋白质提取

大部分蛋白质都可溶于水、稀盐、稀酸或碱溶液，少数与脂类结合的蛋白质则溶于乙醇、丙酮、丁醇等有机溶剂中，因此，可采用不同溶剂提取分离和纯化蛋白质及酶。

1. 水溶液提取法

稀盐和缓冲系统的水溶液对蛋白质稳定性好、溶解度大，是提取蛋白质最常用的溶剂，通常用量是原材料体积的 1~5 倍，提取时需要搅拌均匀，以利于蛋白质的溶解。提取的温度要视有效成分性质而定。一方面，多数蛋白质的溶解度随着温度的升高而增大，因此，温度高利于溶解，缩短提取时间。但另一方面，温度升高会使蛋白质变性失活，因此，基于这一点考虑，提取蛋白质和酶时一般采用低温（5℃以下）操作。为了避免蛋白质提取过程中的降解，可加入蛋白水解酶抑制剂（如二异丙基氟磷酸和碘乙酸等）。

2. 有机溶剂提取法

一些和脂质结合比较牢固或分子中非极性侧链较多的蛋白质和酶，不溶于水、稀盐溶液、稀酸或稀碱中，可用乙醇、丙酮和丁醇等有机溶剂，它们具有一定的亲水性，还有较强的亲脂性，是理想的脂蛋白的提取液，但必须在低温下操作。丁醇提取法对提取一些与脂质结合紧密的蛋白质和酶特别优越，一是因为丁醇亲脂性强，特别是溶解磷脂的能力强；二是

丁醇兼具亲水性，在溶解度范围内不会引起酶的变性失活。另外，丁醇提取法的 pH 及温度选择范围较广，也适用于动、植物及微生物材料。

(二) 蛋白质质量控制

通过各种方法把蛋白质提取出来以后，我们还需要对提取出来的蛋白进行质量控制，以确认是否成功提取到足够的蛋白，蛋白质量是否符合标准等。一般质量控制分两个部分：

1. 含量测定

测定提取的蛋白浓度和蛋白质量，并根据提取蛋白质量计算蛋白得率，评估蛋白提取效果。常用的蛋白定量方法有 BCA 和 Bradford 法，需要注意的是定量试剂的不兼容问题，如果样品中有 SDS、Triton 等去污剂，就不要用 Bradford 法来测定蛋白浓度，可以选用 BCA 方法；如果样品里加入了还原剂、EDTA 浓度大于 2 mmol/L 以上，就不要用 BCA 方法来测定蛋白；如果同时含有去污剂和还原剂，则需要用丙酮对蛋白进行沉淀，重新用不含有上述物质的 buffer 复溶蛋白后再进行蛋白定量。

2. 十二烷基硫酸钠-聚丙烯酰胺凝胶电泳 (SDS-PAGE) 分析

一般我们会取等量蛋白样本进行 SDS-PAGE，然后通过条带来评估提取蛋白的效果及蛋白定量的准确性。

总的来说，在样本蛋白提取的整个过程中涉及的样本类型比较复杂，遇到的问题可能也各种各样，总结一下，大致有如下几个要素是我们需要注意和遵守的：在保证蛋白提取效果的情况下，尽可能用简单的处理方法提取蛋白；高丰度蛋白是质谱检测的头号大敌，在实验中要尽可能地减少引入高丰度蛋白的可能；SDS 等去污剂与后续质谱不兼容，提取蛋白时需要慎用，上质谱前必须去除；提取出蛋白后需要妥善保管和保存蛋白液，尽量避免反复冻融导致的蛋白降解；样本种类复杂，各类前处理方法需要灵活搭配使用。

(三) 蛋白质分离

目前用于蛋白质组分离的技术主要有：凝胶电泳技术、色谱技术等。

1. 凝胶电泳技术

二维凝胶电泳 (2-DE) 是蛋白质组学研究中经典的分离技术，也是目前唯一能将数千种蛋白质同时分离并展示的技术。它是 1975 年由美国科罗拉多大学的 OFarrerll 提出的。这种分离技术将复杂的蛋白质混合物首先在一个方向上电泳分离，然后在另一个方向上进一步分离。第一步通常是等电聚焦，在等电聚焦过程中，蛋白质混合物被加载到一个带有 pH 梯度的凝胶上，并在两端施加电场，其中一个电极是酸性的，另一个是碱性的。在这个过程中，蛋白质会根据其等电点在 pH 梯度中移动，当蛋白质达到其等电点时，它们会在凝胶中停止移动，因为在这一 pH 下它们带有零净电荷，即净电荷为零。这样就实现了蛋白质的分离，从而形成一个 pH 梯度上的蛋白质图谱。第二步是根据蛋白质的相对分子质量进行分离，采用十二烷基磺酸钠-聚丙烯酰胺凝胶电泳 (SDS-PAGE) 方法对不同蛋白质进行分离，最终形成一个复杂的二维图谱。2-DE 方法可以将蛋白质混合物同时分离成几百乃至几千个蛋白质单独的蛋白质点 (图 9-7)。

这种技术的优势在于其高分辨率和高灵敏度，能够同时分析数百至数千种蛋白质，并能

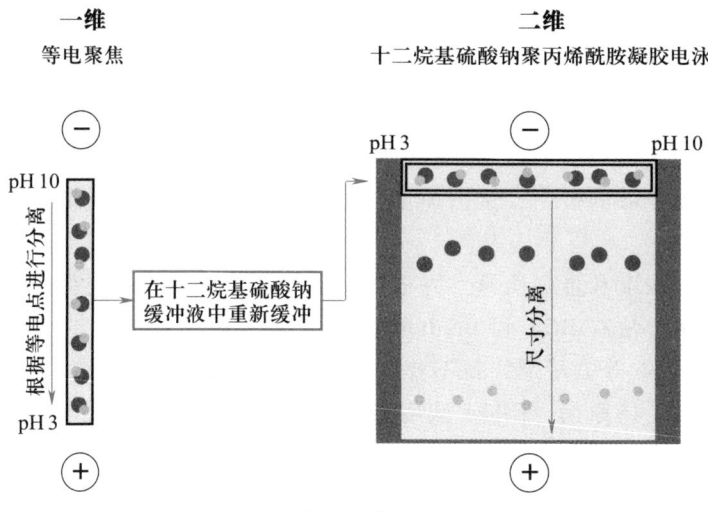

一维 二维
等电聚焦 十二烷基硫酸钠聚丙烯酰胺凝胶电泳

pH 3 pH 10

pH 10

根据等电点进行分离

在十二烷基硫酸钠缓冲液中重新缓冲

尺寸分离

pH 3

图 9-7 蛋白质二维凝胶电泳分离
（摘自 Raak N，2018）

够检测到微量的变化。通过比较不同样品之间的蛋白质图谱，可以揭示生物体在不同状态下蛋白质表达的差异，对于揭示蛋白质组学的复杂性和生物过程的机制具有重要意义。

　　2. 色谱技术

　　近年来，色谱技术的发展为蛋白质和多肽的分离分析提供了新的手段。色谱技术是利用各种物质在固定相和流动相之间不同的分配系数，使其在相对运动着的两相间经反复多次分配，以不同速度移动，从而获得分离的方法。液相色谱法是蛋白质组学非凝胶蛋白分离技术中最常用的方法。通过与质谱技术联用，一维液相色谱分离技术可以比较充分地发挥快速、灵敏、易于自动化的优势，成为目前蛋白质组学研究中的主要方法之一。

　　目前报道的主要有以下几种分离模式：① 离子交换色谱-反相液相色谱串联，这种组合是迄今为止蛋白质组学研究中应用最广泛的联用技术之一。它是利用蛋白质和多肽表面所带电荷与离子交换色谱带点固定相之间静电作用力的差异来实现对多肽混合物的分离；而反相液相色谱是基于疏水性的差异实现对多肽的分离。② 体积排阻色谱-反相液相色谱串联，体积排阻色谱是根据溶质分子体积的大小不同，在通过具有体积筛分作用的固定相时的保留程度不同，而达到分离的一种色谱模式。这种分离模式可以提供比较高的分辨率，但是由于体积排阻色谱的成本比较高，在一定程度上制约了这种技术的应用。③ 反相液相色谱-反相液相色谱串联，将尺寸不同的反相柱串联，第二根反相色谱柱快速分离第一相中没有分开或没有完全分开的组分，从而可以得到较理想的分离效果。多维 LC-MS/MS 技术能够弥补 2DE-MS 技术在蛋白质分离过程中的丢失、上样量的限制、较窄的分离范围等缺陷。同时，能无偏向性地分离高丰度和低丰度的蛋白质，实现高度自动化和具有很好的实验重复性。

　　除了以上主要蛋白质分离技术以外，还有诸如非凝胶电泳技术、双相系统法、酶联反应法、流式细胞法、蛋白质芯片技术、酵母双杂交系统及噬菌体展示技术等主要用于研究蛋白质间相互作用的技术。这些技术作为重要补充，在蛋白质组研究中也起着不容忽视的作用。

（四）蛋白质组定量技术

蛋白质组定量是指准确测定蛋白质组间的相对含量，而不是测定蛋白质组间的绝对含量，常用的定量技术有电泳定量法和色谱定量法。

1. 电泳定量法

电泳法的原理为：惰性支持介质具有稳定、不易发生化学变化的特点，如醋酸纤维素、琼脂糖凝胶等，在电场的作用下，蛋白质中带电荷的供试品，会向与之对应的电极方向以不同的速度进行游动，进而使蛋白质的各组分分离，最终形成狭窄的区带，这时就可以用相关方法记录其电泳区带图谱或计算出蛋白质各组分含量。

2. 质谱定量法

质谱定量法包括质谱标定法和质谱定量法。质谱标定法通过已知浓度的标准蛋白质样品的质谱信号强度与浓度之间的关系，来推导未知蛋白质样品的浓度。质谱定量法则是直接通过质谱技术测定蛋白质的丰度，是一种高度精确的定量方法。

（五）蛋白质的鉴定技术

要想对蛋白质的功能和结构进行研究，需要对蛋白质进行精确鉴定，这同时是蛋白质组学研究的核心。质谱技术是蛋白质组学的基本技术之一，是鉴定蛋白质分子的主要工具之一。在蛋白质组学中，常用的质谱技术有以下几种：

1. 飞行时间质谱

一种常用的技术是飞行时间质谱（TOF 质谱）。TOF 质谱是一种高分辨率质谱技术，可以用于鉴定和分析复杂的蛋白质混合物。

在 TOF 质谱中，蛋白质样品首先通过电喷雾离子源（ESI）或基质辅助激光解吸电离（MALDI）等方法将其转化为离子。然后，这些离子被加速进入飞行时间质谱仪中，离子根据其质荷比（m/z）值被加速，并通过一个飞行管道飞行到探测器。离子的飞行时间取决于其质量和电荷，较轻的离子会更快地到达探测器。一旦离子到达探测器，它们会引发电离事件，产生一个电流脉冲。这些电流脉冲被记录下来，并通过数据处理和分析来确定蛋白质的质量和序列信息。通过比较实验测得的质谱图与已知蛋白质质谱数据库中的参考质谱图进行匹配，可以确定蛋白质的身份和结构。这种比对过程可以使用各种算法和工具进行自动化，以提高鉴定的准确性和效率。

2. 离子阱质谱

离子阱质谱是另一种常用的技术。在离子阱质谱中，蛋白质样品首先通过电喷雾离子源（ESI）或基质辅助激光解吸电离（MALDI）等方法将其转化为离子。然后，这些离子被引入到离子阱中，其中包括一个电场和磁场来控制离子的运动。在离子阱中，离子受到电场和磁场的作用，形成稳定的轨道。通过调节电场和磁场的参数，可以选择性地保留或排除特定质荷比（m/z）值的离子。然后，离子被逐个释放出离子阱，并进入到质谱仪中进行质量分析。在质谱仪中，离子根据其质量和电荷被分离，并通过一个探测器进行检测。通过测量离子的质量和相对丰度，可以生成一个质谱图。质谱图可以提供蛋白质样品中离子的质量信息和相对丰度信息。与飞行时间质谱相类似，通过比对实验测得的质谱图与已知蛋白质质谱数据库中的参考质谱图进行匹配，可以确定蛋白质的身份和结构。

3. 蛋白指纹质谱技术

蛋白质指纹质谱技术是在基质辅助激光解吸附电离技术的基础上进行改进形成的，即将传统基质改为以色谱原理设计的蛋白质芯片。在蛋白质指纹质谱技术中，如果待测蛋白质的性质不同，其相应芯片中的芯池也会有所变化，其原理为：芯池中的蛋白质会经过激光进行离子化，然后通过质谱检测系统进行检测，经过软件系统分析后，最终获得蛋白指纹质谱图。

总之，蛋白质指纹质谱技术不仅可以实现大规模的样品分析，还可以通过直观的图谱比较，发现或捕获特异性相关蛋白质。目前，蛋白指纹质谱技术在各个医学领域中已有所使用，在进行蛋白质水平的药物筛选、揭示蛋白质激酶的作用、识别特定蛋白质的表达物、蛋白质的翻译后修饰等方面具有独特的优势，且被证实准确迅速。

近年来，蛋白质芯片技术异军突起，获得了比较快速的发展，其是适应基因组和蛋白质组学发展要求而产生的一种实用型生物芯片技术。

蛋白质芯片技术充分利用蛋白质分子之间、蛋白质分子与其他微生物组学及其生物分子的互作原理，并根据使用目的不同，以一定的方式将大量标记蛋白质或抗体分子或其他与蛋白质作用的探针分子固定在固相支持物上，形成较高密度的微阵列，并将待检样品与该微阵列进行反应，然后根据标记的不同，采用不同的方法如荧光扫描仪电荷耦合系统（CDD）等对蛋白质信号进行检测，并运用相关的软件对检测结果进行分析。

关于蛋白质芯片技术的具体内容见第八章第三节。

三、蛋白质组学的应用

（一）蛋白质组学在鉴定污水生物处理功能性蛋白质/酶方面的应用

1. 活性污泥法中的应用

废水的生物处理对于全面了解废水污染物降解去除生化过程具有重要作用。活性污泥在废水生物处理中起着重要的作用。环境的变化（比如温度和溶解氧等）和废水水质的变化都会影响活性污泥微生物生长、代谢等生命活动，导致处理系统处理效果波动。通过对活性污泥微生物进行宏蛋白质组学研究，找出其中废水生物处理系统抗冲击和恢复稳定的关键酶，可以寻找确定提高微生物抗冲击能力和加速系统处理效果恢复的助剂，从而帮助污泥处理系统稳定地发挥作用。

2004 年，Wilmes 等运用宏蛋白质组学技术研究 EBPR 活性污泥微生物蛋白质的表达情况。每隔 15 min 收集一次样品，提取和纯化了其中的总蛋白，发现了好氧和厌氧环境交替进行过程中可以增强生物除磷，其中活性污泥微生物的蛋白质发挥着重要作用：高表达的蛋白点被切除并采用 Q-TOF-MS 鉴定，鉴定出一种外膜蛋白、一种乙酰辅酶 A 的乙酰基转移酶和 ABC-型的支链氨基酸的运输系统的一种蛋白质组分，这些蛋白质很可能源于尚未纯培养聚磷菌（polyphosphate accumulating organism，PAO）红环菌属（*Rhodocyclus*）。

2. 膜生物反应器中的应用

膜生物反应器（membrane bioreactor，MBR）在废水生物处理中具有良好的应用前景，但是膜污染是限制其进一步推广的主要因素，其中污泥性质又与膜污染密切相关。已有研究表明，膜表面泥饼由胶质、矿物颗粒、离子和微生物引起，但主要归因于胞外多聚物（extracellular polymeric substances，EPS）。EPS 主要由蛋白质和多糖组成，其中蛋白质又是影响EPS 形成的关键因子。

Miyoshi 等对连续运行的 MBR 处理的城市污水活性污泥进行研究，将抽提的蛋白质通过2-DE 分离，结果显示引起膜污染的蛋白质的组成与污泥停留时间具有重大关联，另外通过N-端氨基酸序列法对 2-DE 图谱上的点进行分析，发现了两类主要的膜外蛋白质，即源自假单胞菌属（*Pseudomonas*）的 OprF 和 OprD，这两类蛋白都嵌入到膜外蛋白中，并且是细胞脂多糖的重要组分。它们为胞外物质的转运提供通道，并且具有相似的结构、属性和功能。OprF 和 OprD 可以作为 MBR 中膜污染的指示剂，也可以作为研究污膜表面泥饼形成机制的模式化合物。

（二）蛋白质组学在揭示污染物生物降解机制中的应用

研究微生物群落中总蛋白质可以检测到参与代谢的功能蛋白、分析污染物的降解途径、发现新的功能蛋白揭示菌群、揭示适应胁迫环境的机制。微生物对污染物的降解实际上是生物酶对污染物的分解过程，在此过程中微生物还会遭遇冲击负荷，导致理化性质的波动，而这些波动可以通过蛋白质的表达差异体现出来。虽然研究生物处理系统中微生物对污染物的生物降解机理可以通过检测、鉴定代谢过程中的关键中间产物推断，但更直接的方法是分析污染微生物降解过程中微生物酶类的变化。

第四节 代 谢 组 学

一、代谢组学概述

（一）代谢组和代谢组学

1. 代谢组

代谢组（metabolome）就是代谢物（metabolite）的集合，是指一个生物或细胞在特定生理时期内产生的所有小分子量代谢物，所谓小分子量代谢物包括代谢中间产物、次生代谢产物、信号分子等。

和基因组不同，代谢组是基因表达的下游产物，直接反映细胞的生理状态，是细胞变化和表型之间相互联系的核心。代谢组变化的信息可以揭示基因和表型之间的关系，甚至推测出基因的功能。

2. 代谢组学

代谢组学是研究某一生物所有代谢物的一门科学，通过对这些代谢物进行定性或定量分析，为人们提供生物的代谢途径和变化的关键信息。

测量生物的代谢物并非新方法，这种方法很早就有科学家提出，只是因技术手段的限制而并不成熟。随着新的科学技术不断出现，其他学科的工具和手段逐渐被应用在代谢组学研究中，代谢组学有了较大的进展。

与基因组学、转录组学、蛋白质组学相比，代谢组学具备三个特点：一是基因和蛋白质表达的微小变化，在代谢物中会产生较大的变化，更加容易检测；二是代谢组学技术具备相对完整的代谢物数据库，和全基因组测序数据库相比，代谢物数据库则简单得多；三是和基因、蛋白质的种类相比，代谢物的种类数量较少，结构简单，便于研究者进行研究分析。

代谢组学备受科学家青睐，在微生物学的诸多领域应用十分广泛，如微生物鉴定、代谢通路鉴定、功能性基因研究等。尽管代谢组学在微生物学领域中具有一定的优势，但由于种种原因，其研究方法依旧比较滞后。首先，和植物、动物相比，培养液中微生物细胞数量较少，其代谢物的浓度过低，并不利于微生物样品的制备和提取工作；其次，微生物的代谢产物虽然种类较少，但其成分十分复杂，难以进行准确鉴定；最后，微生物代谢组学很难在高效灭活的同时分离细胞内外的代谢产物，无论采取哪种方式，总是有所欠缺。综合看来，微生物代谢组学有十分光明的发展前景，需要不断改善微生物代谢组学的研究技术。

（二）代谢组学的研究内容

自代谢组学的概念被提出之后，代谢组学得到了人们的关注并迅速发展，其相关概念不断被提出，一般认为代谢组学从以下层次进行研究。

① 代谢物非靶向分析。代谢物非靶向分析是对生物体内源性代谢物进行系统全面的分析，是一种无偏向的分析技术，可以发现新的生物标志物。对于代谢物非靶向分析，色谱与高分辨质谱的联用必不可少。

② 代谢物靶向分析。针对某一种或几种代谢物进行靶标分析，获得更加具有针对性的结果。例如，为了研究某基因改造后对生物产生的具体影响，可以将研究限制在该基因编码的蛋白中，通过对该蛋白作用的特定底物或直接产物进行研究，分析代谢物的成分和作用等。基于多反应监测模式的三重四极杆质谱被认为是质谱定量的"金标准"，也是靶向分析使用较多的方法。

③ 拟靶向代谢组学。拟靶向代谢组学的核心是通过非靶向方法的"拟"靶向化来实现的，包括三个步骤：基于三重四极杆飞行时间质谱的非靶向分析；母离子/产物离子对的选择；使用三重四极杆或 QTRAP 质谱系统采用 MRM 方式基于上述离子对对样品进行分析。该技术由于结合了非靶向和靶向分析技术的双重优势，在代谢物分析的覆盖度上与非靶向方法接近，在灵敏度上与靶向分析一样，应用日益广泛。

④ 代谢轮廓分析。基因的改变会对生物代谢的途径造成影响，但我们在解释代谢途径的作用时，可以不必关注这些影响，而是关注一定数量的预先确定的代谢产物，这些代谢产物可能属于某一类代谢途径独有或者某一类化合物，可以有效帮助我们解释整个代谢途径，对代谢轮廓有所了解。

⑤ 代谢指纹分析。不分离鉴定某一具体的单一组分，而将目标定在得到某一生物体的

代谢物图谱。在基因组学中，为了研究大量的品系或者由于临床诊断的需要等，必须确定生物的所有代谢物种类及其含量，这样才能更好地进行研究，这种方法可以区分出不同的样品，在生物分类中应用较为广泛。

二、微生物代谢组学技术方法

（一）样品处理

微生物代谢组学研究通常进行胞内代谢物的分析，由于细胞内酶系活跃、代谢物转换迅速，因此取样和样品制备方法会显著影响分析结果的准确性和重复性。样品的处理主要包括快速取样、样品淬灭和提取代谢物等。

1. 快速取样

在进行取样工作时，需要注意取样的速度。这是因为一些代谢物在微生物体内的转换时间非常短暂（<2 s），因此从反应器中快速收集样品并立即终止细胞代谢是至关重要的，否则会由于取样过程中底物浓度的显著变化使得细胞生理稳定状态受到破坏，不利于微生物代谢物的后续研究工作。对于连续培养模式，通常培养基中底物浓度非常低，使得取样过程中细胞生理状态的变化更加迅速，因此对取样技术的要求很高。而对于分批培养模式，一般由于底物浓度足够高而不会导致细胞的生理状态发生显著改变，因此对于取样技术的要求较低，甚至可以采用过滤的方式，如微生物培养液通过 0.2 μm 滤膜快速过滤方法收集菌体。

2. 样品淬灭

淬灭即迅速降低细胞内的代谢酶活性，使代谢反应终止。对于胞内代谢物，由于取样或脱离培养环境后细胞内的代谢状态迅速改变，胞内代谢物的种类和含量也随之发生变化，为了保证特定时间内样品的代谢物的真实信息，需要对样品进行淬灭，以保证样品代谢反应的终止。在进行淬灭工作时，需要快速淬灭酶活力并保持生物细胞的完整性。然而，实际上无论选用哪种淬灭方法，都不可避免会破坏生物细胞的完整性。因此，需要采用破坏较小的淬灭技术，常用的淬灭方法见表9-2。在进行实际工作时，微生物代谢组研究者需要根据具体情况进行选择。

表 9-2　各样品淬灭方法的优缺点

淬灭方法	优缺点
有机溶剂淬灭	破坏细胞壁和细胞膜，导致细胞内代谢物大量渗漏
−80 ℃生理盐水淬灭	仅导致大肠杆菌 6% 的细胞膜受损
甲醇淬灭	仅破坏微生物细胞膜的 10%
快速过滤	很大程度减少代谢物的损失

3. 提取代谢物

为了从整体上分析代谢物，代谢物的提取方法应该满足以下几个要求：① 能够最大限度地提取代谢物；② 无偏向性，不排除具有特殊物理、化学性质的分子；③ 不破坏或改变代谢物的物理或化学特性。提取代谢物是微生物代谢组研究的关键步骤，主要包括物理法、化学法、物理化学结合法等。

物理法是指采用物理手段，将代谢物和细胞进行分离的方法，如微波法、超声法、机械法、煮沸法等。化学法是指采用化学的方法提取微生物的代谢物，常用的提取代谢物化学法有冷甲醇提取方法、热甲醇提取方法、高氯酸或碱提取方法、甲醇-氯仿混合液提取方法和乙腈提取方法。其中酸、碱提取法是传统的代谢物提取方法，通常用于提取对酸或碱稳定的代谢物；高氯酸提取法已广泛应用于细菌的代谢物提取，该方法对核苷酸类物质和水溶性代谢物提取效果较好，并且容易实现自动化，缺点是较低的 pH 使有些代谢物不稳定；甲醇-氯仿法对非极性的代谢物具有较好的提取效果，然而高极性代谢物在甲醇和氯仿中的溶解度较小而影响其提取效果，并且该方法还存在费时和氯仿毒性大等缺点；甲醇或乙醇提取法具有简单快速且无盐加入、提取剂易于去除、代谢物易于浓缩以及 pH 变化小等优点，但是利用热甲醇或热乙醇提取，高温对热不稳定的代谢物有破坏作用。

（二）代谢组数据的采集

对提取出的代谢物进行检测、分析和鉴定，这是代谢组学研究的核心环节，通过对代谢物进行检测和鉴定，可以分析出代谢物的组成成分，进而找到微生物代谢的关键信息。细胞内的代谢产物通常有数百种，甚至数千种，而稳定性、质量浓度等各不相同，如果代谢物的浓度较低，在检测时很容易被忽略，因此需要利用高灵敏度、高通量、无偏向性的分析方法进行检测。

在进行代谢物鉴定和分析工作时，通常使用质谱技术和核磁共振技术，这是微生物代谢组学的主要研究平台，也是代谢组学分析的两大主流技术。如果仅采用质谱技术，在两种化合物质量相同的情况下，是很难将这两种物质进行分离的，这时就可以和液相色谱、气相色谱、毛细管电泳等系统进行联用，即利用色谱分离减少等压干扰。

1. 直接注入质谱法

质谱在代谢组学分析中可提供丰富的结构信息，包括代谢物分子离子峰、碎片离子峰等，可以根据分子离子峰质荷比（m/z）和碎片离子峰的断裂方式与标准代谢物样品的质谱信息比对来推断代谢物的结构，即定性分析；结合总离子流中代谢物的丰度可以对鉴定代谢物进行定量分析。质谱较其他技术具有更高的灵敏度、较快的检测速度和宽广的动态范围，还可以和液相色谱、气相色谱联用，大大提高对复杂基质的分析能力。由于质谱技术优势和不断完善，样品可以不经过分离而直接进行质谱分析，在代谢组学研究过程中称之为直接注入质谱法（direct injection mass spectrometry，DIMS），这种方法主要用于代谢物靶标分析、代谢物指纹分析和代谢物印迹分析。

2. 气相色谱-质谱联用

由于代谢组学分析的对象种类繁多，性质差异很大，浓度范围分布广，而且还存在离子化程度和基质干扰等问题，要对它们进行无偏向的全面分析，单一的分析手段难以胜任。色谱-质谱联用技术是代谢组学研究中常用的方法，具有分离效率高和灵敏度好等优点。

在微生物代谢组学分析平台中，气相色谱-质谱联用（GC-MS）发展最为成熟，较早地应用于代谢组学研究。GC-MS适合分析低级性、低沸点代谢物或者衍生化后具有挥发性的物质。在GC-MS联用中，GC具有很好的代谢物分离性能，具有高选择性、高灵敏度和高分辨率的特点，可以根据代谢物挥发的温度梯度，高效地将代谢物分离开。随着全二维气相色谱-质谱联用技术（GC×GC-MS）的引入，它的分离性能得到很大提高，传统的GC-TOF-MS能够检测100~500种化合物，而GC×GC-TOF-MS能够在65 min内分析大约1 200种化合物。在GC-MS联用中，代谢物的离子化模式包括电子轰击离子化（electron impact ioniza-tion，EI）和化学离子化（chemical ionization，CI）。采用EI离子化方式，一般采用标准的电子轰击电离源和标准电压（-70 eV），化合物的碎片离子峰较稳定并具有可比性，国际上已建立了通用的化合物库（如美国国家标准技术研究院质谱数据库），这极大地方便了微生物代谢组学研究中的化合物定性。相对于EI模式，CI更为温和，主要提供分子离子峰的信息，对于检测和确定未知代谢物非常有帮助。随着算法的改进、数据库的不断完善，GC-MS在代谢组研究中的应用使得捕获更多的生物学相关信息成为可能。GC-MS存在的缺陷是该方法主要用于分析具有挥发性和热稳定性的化合物，难挥发性物质或半挥发性物质需要衍生化处理以后才能进行分析。

3. 液相色谱-质谱联用

液相色谱-质谱联用（LC-MS）是微生物代谢组学研究的另一重要分析平台，液相色谱通常以高效液相色谱（high performance liquid chromatography，HPLC）作为主要的分离手段，该技术具有高通量、高检测灵敏度和高分辨率等特点，与质谱（MS）或串联质谱（MS/MS）的联用还可以得到代谢组分的结构信息。与GC-MS相比，HPLC和MS之间的接口相对更为复杂，因此HPLC-MS在代谢组学领域中的应用相对较晚，但是目前HPLC-MS已经成为广大生物分析实验室和代谢组学研究领域中广泛应用的工具。在HPLC-MS中，梯度洗脱反相高效液相色谱法由于水溶液样品的兼容性好，需要样品量少等特点在代谢组学研究中应用最为广泛。LC-MS分析的样品，不需要进行衍生化处理，适用于不稳定、不易衍生化、难挥发和相对分子质量较大的代谢物。

尽管有许多关于LC-MS在微生物代谢组研究中的报道，但该分析平台还存在一些尚未解决的问题，如高密度细胞培养过程中，高盐浓度无疑会抑制ESI的离子化效率，还可能阻塞蠕动泵。此外，LC-MS中的HPLC柱的化学物质和三维结构会影响色谱的分离度和灵敏度。最常用的反相色谱柱对极性代谢物的保留时间很小，甚至会发生代谢物与流动相的共洗出，这大大减小了数据分析的空间。所以，提高液相色谱的分离能力和鉴定化合物的能力，是液质联用成功应用于微生物代谢组学的关键。

4. 毛细管电泳-质谱联用

毛细管电泳-质谱联用（CE-MS）是近几年发展较为迅速的新型分析技术，因其具有分析迅速、高灵敏度、高通量、样品不需要特殊处理和样品需要量少等优点而日益受到代谢组学研究者的重视。

毛细管电泳是20世纪80年代问世的一种以毛细管为分离通道，以高压直流电场为驱动力的新型液相色谱分离技术，是经典的电泳技术和现代微柱分离技术相结合的产物。1987年，Olivares首次报道了毛细管电泳和质谱的联用技术，随之，该项技术迅速获得认可和欢迎，并出现商品化的仪器。由于 CE 需要较高的离子强度、挥发性低的缓冲液，而 ESI 需要相对较低的盐浓度才能获得好的雾化和离子化，因而 CE 末端与质谱的接口是影响整个检测的关键因素之一。所有 CE-ESI-MS 接口的目标是为了获得稳定的物雾流和高效的离子化，因此接口技术必须优化，每一种接口选择相应的缓冲液。CE-ESI-MS 接口共有三种类型：同轴液体鞘流、无鞘接口和液体连接。

与传统的分离方法相比，灵敏度高是 CE-MS 最显著的特点之一；其次，样品需要量少也是 CE-MS 在代谢组学研究中的一大优势，其样品体积仅需要几纳升。CE-MS 对于极性较强、离子化的代谢物具有很好的分析效果。在 CE-MS 使用过程中，根据所带电荷不同，可将样品中的离子性代谢物分为阴离子代谢物和阳离子代谢物。据此，可以分别建立阳离子代谢物 CE-MS 分析方法和阴离子代谢物 CE-MS 分析方法。

5. 核磁共振

核磁共振波谱（nuclear magnetic resonance spectroscopy，NMR）是一种基于具有自旋性质的原子核在核外磁场作用下，吸收射频辐射而产生能级跃迁的谱学技术。基于核磁共振技术的代谢组学研究，主要是利用生物样品的核磁共振谱图所提供的生物体内全部小分子代谢物的丰富信息，通过对这些信息的多元统计分析和模式识别处理，了解相关生物体在功能基因组学、药理毒理学、病理生理学等方面的状况和动态变化，揭示它们的生物学意义，发现生物标志物，并从分子水平上认识生命运动的规律。生命科学领域中常用的是氢谱（^1H NMR）、碳谱（^{13}C NMR）及磷谱（^{31}P NMR）三种，该技术能够对复杂样品中的代谢物同时完成定性和定量分析。

NMR 技术在代谢组学中的应用广泛，通常用于动物体液的代谢过程分析，也可用植物代谢组学和微生物代谢组学。微生物胞内代谢物从小的无机离子到疏水性的脂质及复杂的天然产物，浓度范围跨越 9 个数量级（pmol 至 mmol），而 NMR 的灵敏度较低，因此利用 NMR 技术进行微生物代谢组学研究时，应考虑样品的检测范围。

在仪器平台的选择上，由于 GC-MS 和 LC-MS 在分离对象上的差别，使得其在代谢物的分离分析上具有各自的独特优势。两类仪器的联合使用可以实现对更多物质类型的检测分析，具备较强的应用价值。表 9-3 为 GC-MS、LC-MS、NMR 三种代谢物分析方法的优缺点。

表 9-3 GC-MS、LC-MS、NMR 三种代谢物分析方法的优缺点

平台	适用样品类型	优势	劣势
气质联用	分子量小、易挥发物质	分辨率、灵敏度高、技术及数据库成熟	样品处理过程复杂、对样品要求高
液质联用	不稳定、难挥发物质	样品处理简单、分辨率、灵敏度高	数据库不完善、可分析的化合物受限
核磁共振	数量少、复杂的物质	样品处理简单、可进行定量分析	灵敏度低，可分析的化合物少

（三）处理分析数据

在经过微生物代谢物的鉴定和检测工作之后，会获得一些基本的数据，我们需要对这些数据进行处理和分析，消除其中的干扰因素，这是代谢组学研究的关键环节。

在进行数据处理之前，需要进行基线校正、特征检测、滤噪、标准化及归一化等工作，最后获得较为精准的数据。随着科学技术的发展，很多软件可以代替人工完成很多数据处理工作，目前，已经有很多软件（如 MZmine、XCMS 软件等）可以将原始数据进行预处理，包括峰检测、峰对齐、注释等操作，以获得结果比较清晰的代谢物和相对丰度二维数据表格。目前，常用的代谢组学数据预处理软件有基于 R 语言的 XCMS、基于图形用户界面的 MSDLAL 等软件。

代谢组学得到的是大量的多维的信息。多变量数据分析（MVDA）技术可用于揭示包含在数据集中的信息：分析哪些变量对于数据分类有贡献及其贡献的大小，从而发现与表型相关的生物标志物，发现代谢途径或源自代谢物的调控信息。

多变量数据分析工具是统计数据分析算法，它可以实现数据集中系数的降维和可视化系数的簇行为来产生科学假设。目前，主要的数据分析技术有寻找模式的非监督方法和监督方法两类。应用在此领域常见的方法有非监督方法中的聚类分析（CA）和主成分分析（PCA），监督方法中的线性判别分析（LDA）、偏最小二乘法（PLS）、偏最小二乘法判别分析（PLS-DA）和人工神经网络（ANN）等。代谢组学的数据分析过程中，最常用到的是非监督方法中的主成分分析（PCA）和监督方法中的偏最小二乘法（PLS-DA），这两种方法通常以得分图（score plot）获得对样品分类的信息，载荷图（loading plot）获得对分类有贡献的变量（代谢物）及其贡献大小，从而用于发现可作为生物标志物的变量（代谢物）。对不同样品间代谢物的方差分析或检验可以得到其统计显著性差异。

基于 NMR 代谢组学研究中，统计全相关谱是一种分子识别的新方法，它利用各种强度变量具有多个共振线的优势，从一套波谱中产生一个准 2D-NMR 谱，用以显示各种峰强度与整个样品的相互关系。这一方法不仅可以通过光谱强度之间的强相关性来识别相同分子的峰，而且通过校验较低相关系数甚至负相关得到更多关于同一生化途径中涉及的两个或多个分子之间相互关系的信息，这些相关信息对于生物标志物的分析和鉴定都有重要的意义。

三、代谢组学的应用

（一）代谢组学在微生物降解环境污染物代谢表型研究上的应用

自然微生物群落是一个有机的统一体，所有微生物细胞协同作用构成代谢网络，而且该网络是跨基因组的网络。这些微生物通过分解有机污染物共享碳源或通过共代谢作用提供特定分解阶段的基因，所有的相关微生物及其分解作用构成了特定污染物的代谢网络。由于工业污染物是异生质，这些新出现在自然界的化合物，大多都无相应具备完整代谢途径的单个微生物可以完全分解它，因此必须依靠群落内多种微生物的相互协作，共同组成一个完整的分解代谢网络。某些微生物在漫长的进化过程中可能拥有了能够将外源异生质通过化学转化过程使之进入其中心代谢途径的能力，这对环境保护来说很有应用价值。

深入了解污染物在微生物内的代谢途径，将有助于人们优化生物降解的条件，从而实现快速的生物修复。目前这些代谢中间体大都通过萃取、分析方法进行逐个研究，并借助专家经验拟合出代谢途径，其动力学过程亦很少触及。代谢组学法的采用有可能改变这一现状。代谢组学研究不仅有助于理解微生物体内的代谢网络，而且有助于帮助我们了解化合物的转化过程，这对于构建系统的异生质微生物降解网络十分有益。

（二）代谢组学在生物能源合成上的应用

与乙醇相比，作为燃料汽油的高级醇具有更高的能量密度和更低的吸湿性。此外，支链醇还具有更高的辛烷值。但是高级醇不能用经济的办法在自然界生物合成。2008 年 Liao 研究组在《自然》（Nature）杂志上，发表了用大肠杆菌的非发酵途径合成支链高级醇及生物燃料的论文。他们充分利用大肠杆菌本身的氨基酸合成途径，在大肠杆菌中引入酿酒酵母、乳酸乳球菌及丙酮丁醇梭菌的关键酶 2-酮酸脱羧酶，催化不同种类的底物 2-酮酸，进一步通过外源酿酒酯母乙醇脱氢酶催化，合成不同的高级醇；同时采取多种措施协调引入异源途径酶引起的代谢不平衡问题，通过这个方法生产高产率、高专一性的异丁醇。

2009 年，Liao 研究组在《自然生物技术》杂志上，发表了利用 CO_2 光合成直接生产异丁醛的论文。异丁醛是其他化学品合成的前体，可以很容易转化为其他重要化学品。他们通过对细长聚球蓝细菌的基因工程改造增加固定 CO_2 的 1，5-二磷酸核酮糖羧化酶/加氧酶的表达量，接着利用源自乳酸乳球菌、枯草芽孢杆菌及大肠杆菌的相关基因进一步改造工程菌，使之利用 CO_2 和光能生产异丁醛气体。该研究生动展示了将 CO_2 直接生物转化为燃料和化学品的诱人前景，获得了 2010 年美国总统绿色化学挑战奖。

脂肪酸是被细胞用作化学和能量储存物的初级代谢物，目前主要从植物油和动物油中分离制备。实际上，脂肪酸也可以从可再生原料出发通过微生物转化法生产。美国加州大学与 LS9 公司等采用合成生物学技术，利用大肠杆菌自身的脂肪酸合成途径，直接将脂肪酸代谢扩展到燃料（生物柴油）、脂肪醇和蜡等化学品的生物合成。同时，将人工合成的半纤维素酶基因在大肠杆菌中表达，从而使工程菌不仅能够利用葡萄糖，也可直接利用半纤维素作为原料，为直接利用植物纤维素原料奠定了基础。2010 年 7 月，LS9 公司在《科学》（Science）杂志上发表了微生物法烷烃生物合成的论文，通过工业合成生物学平台技术，用大肠杆菌生产 C13～C17 的烷烃和烯烃的混合物。这种"可再生石油"技术，可有效地将可再生资源转化为燃料和化学品，获得了 2010 年美国总统绿色化学挑战奖。

（三）多组学联用

目前微生物研究的单一组学手段不足以完全表征微生物复杂的生理生化现象，如宏基因组中预测的基因在实际环境中不一定能够正常表达，而宏转录组的基因表达水平并不代表生物体中蛋白质的数量与生理活性。将多组学的多层面生理生化信息，如宏基因组的功能基因注释、宏转录组的基因表达水平、宏蛋白质组的功能蛋白挖掘、代谢组的代谢物转化与分布进行整合分析，可以避免不同技术的检测偏差，实现组学数据间的交叉验证（如关键功能蛋白质及 mRNA 的相关性），更全面地揭示微生物生理状态，是理解微生物群体在污染物降解机制和阐明生态修复原理的重要工具。

微生物群体多组学整合研究中宏基因组学具有良好的合作延展性。宏基因组和宏转录组的整合分析中可以实现测序序列的共同组装从而提高组装重叠群的质量，并在分类注释、基因注释、基因组分箱、代谢途径构建等多方面进行共同分析。张彤团队首先基于宏基因组学功能注释和靶向代谢组重建微生物群体水平的双酚 A 的矿化代谢网络，通过组装基因组发现鞘氨醇单胞球菌（*Sphingomonas*）具有完整的双酚 A 降解基因，而罗氏极小单胞菌（*Pusillimonas*），绿脓杆菌（*Pseudomonas*），亮杆菌（*Leucobacter*）和潘多拉菌（*Pandoraea*）仅具备部分双酚 A 降解相关基因。进一步通过宏转录组分析基因组中的基因表达水平发现 *Sphingonomas* 可能与 *Pseudomonas* 存在交叉喂养（cross-feeding）的协同作用强化了混合菌群的双酚 A 降解效率。

宏基因组和宏蛋白质组的整合分析中，宏基因组可以提供源自相同样本/环境的基因数据库从而改善蛋白质或肽段的注释结果，并且基于分类注释结果在公共数据库针对性寻找合适的参考数据。例如，Festa 研究团队以菲作为唯一碳源培养天然菲降解菌群、人工菌群（由天然菌群分离来的 7 种微生物组成）和 *Sphingobium* AM（由天然菌群分离的单菌）的过程中，人工菌群和单菌都展现出相比天然菌群更强的降解能力，表明天然菌群中微生物间的负相互作用。基于天然微生物菌群构建功能宏基因组学，团队发现天然菌群中未成功培养的伯克霍尔德菌（*Burkholderia*）具备菲降解基因簇，通过宏蛋白质组检测发现两种微生物在天然菌群中都具有降解酶活性，说明二者间可能存在底物竞争的负相关作用。

思考题

1. 基因组学、转录组学、蛋白质组学和代谢组学的区别是什么？
2. 常见的 DNA 测序方法有哪些？请挑一种测序方法简要说明测序数据的分析流程。
3. 请比较两种转录组学分析平台技术的优缺点。
4. 蛋白质组学和代谢组学有什么共通点？它们研究中最常用到的是什么技术？
5. 微生物组学在环境领域的应用有哪些？请举例说明。

第十章
合成生物学及应用

本章导读

　　合成生物学（synthetic biology）是一门汇集生物学、基因组学、工程学和信息学等多种学科的交叉学科，是一门结合了生命科学观察分析方法和工程学设计思维的学科，使人类通过工程方法设计、改造甚至从头合成有特定功能的生物系统。本章介绍了合成生物学的发展历程、原理方法、意义与应用（特别是在环境治理方面的应用）。

第一节　合成生物学概述

　　1953 年，沃森和克里克从 DNA（脱氧核糖核酸）的 X 射线衍射图上解读了 DNA 的双螺旋结构，隐藏了几十亿年的生物密码终于渐渐地被破译，生命的奥秘向人类打开了大门。生命科学研究经历了从定性描述到定量分析的重大转变。随着基因工程、基因组学、生物信息学等相关领域技术的发展和对生物科学课题的深入挖掘，人们对于遗传、变异、发育、疾病等生命现象进行了深入的分析和探讨。随着 2003 年人类基因组计划的完成，人类积累获得了大量基因和蛋白质的结构和功能信息。分析和设计已经成为生物学发展必不可少的因素。在这一发展趋势下，如何利用这些信息解决目前人类面临的环境、能源、健康等问题，合成生物学（synthetic biology）应运而生。合成生物学是多学科融合的产物，是人们在对于基础生命科学有了一定探索和认识后开始进行拆解、改造、再创造生物的过程。

一、合成生物学的诞生与历史

　　与所有其他学科相同，合成生物学的诞生并不是偶然现象，而是历史发展沉淀的必然。合成生物学的出现是以生物学、化学、物理学、数学、计算机科学、信息科学、工程科学等相关学科的发展为基础的。分子生物学的发展为合成生物学提供了在微观世界操作的技术手段；系统生物学和基因组学的发展使人类拥有了从全局角度探究分析问题的能力和理论依据；生物信息学的发展为合成生物学提供了可靠的数据分析处理方法。合成生物学的产生是在各学科快速发展的情况下的必然结果。

合成生物学这一概念的提出最早可以追溯到 1910 年，法国化学家斯特凡·勒杜克（Stephane Leduc）在其出版的《生命与自然发生的物理化学理论》一书中首次提出了"合成生物学"一词，并在其一年后出版的《生命的机理》一书中对"合成生物学"进行了初步解释。他将活的有机体的组成成分与有机合成化学相关联，同时认为"合成生物学"可以归纳为形状和结构的合成，即在形状发生和机能发育两个层面上，将生命表型与液体物理化学表型作相关"合成"的描述和比拟。这一解释与真正认识生命、改造生命的科学还存在较大差距，但斯特凡·勒杜克指出的"描述、分析、合成"的认识道路对至今的科学实践仍具有重要意义。

合成生物学发展的一个重要节点是生物分子的人工合成。1953 年，美国生物化学家合成了第一个具有生理活性的多肽激素——催产素；1955 年，英国生物化学家首次阐明了胰岛素分子的氨基酸序列；1965 年，中国科学院生物化学研究所和有机化学研究所与北京大学合作，实现了人工全合成结晶牛胰岛素，这是用化学方法合成的第一个具有生理活性的蛋白质，它促进了科学家对生命的理解，是合成科学发展道路上的又一个里程碑。也是在 1965 年，印度科学家确定了氨基酸的三联密码子，为"中心法则"的确立提供了关键的实验证据。20 世纪 80 年代中后期，随着 PCR 技术的广泛应用，化学合成的寡聚脱氧核苷酸（oligoDNA）进入了几乎每一个分子生物学实验室。1981 年，中国科学院在世界上首次人工合成了与天然 tRNA 具备同样生物活性的完整酵母丙氨酸 tRNA 分子。至此，DNA、RNA、蛋白质都实现了人工合成，为进一步研究生物分子结构和功能奠定了重要基础。而重组 DNA 分子技术、PCR 技术、重组质粒技术、转基因技术使得人们具有了"阅读基因、撰写基因、编辑基因"的能力。1978 年，波兰遗传学家斯吉巴尔斯基（Waclaw Szybalski）在他的一篇文章就诺贝尔生理学或医学奖颁给发现限制性内切核酸酶而发表的评论提到："对于限制性内切核酸酶的工作不仅可以给我们提供重组 DNA 的工具，而且引领我们进入了一个新的'合成生物学'的领域"。1980 年，合成生物学第一次作为文章的标题出现在了学术期刊上。

20 世纪后期（80—90 年代）开展了人类基因组计划，基因组学的迅速发展为生物体合成提供了"蓝图"，生物信息学、系统生物学、计算生物学等学科的发展，为合成生物学的出现奠定了良好的生物基础。世纪之交，一系列利用基因元件构建逻辑路线的成功实践则将工程化理念引入了合成生物学概念。2000 年，E. Kool 在美国化学学会年会上重新定义了"合成生物学"概念，标志着现代合成生物学这一学科的出现，自此，崭新的合成生物学迎来了飞速发展并得到了国内外的广泛关注。

二、合成生物学的发展历程

2014 年，詹姆斯·J·科林斯（James J. Collins）等系统回顾了合成生物学的起源与发展历程，并把合成生物学发展分为了三个阶段：创建时期（2000—2003年）、扩张和发展时期（2004—2007年）、创新和应用转化时期（2008—2013年）。而由中国国家自然科学基金委员会、中国科学院联合组织编写的《中国合成生物学2035发展战略》指出，目前合成生物学已经进入了全面发展的新阶段。

2000年，Collins团队构建了可以启动具有相互抑制作用的转录因子表达的基因开关，从而使具有这一开关线路的细胞可以通过表达状态对外界产生响应。2001年，Weiss和Knight建立了首个细胞-细胞通信线路，Park等最早建立了转录后调控线路，Cell等首次合成了病毒。在创建阶段产生了许多具有合成生物学特征的研究手段和理论，特别是基因线路工程的建立及其在代谢工程中的成功运用。

2004年，合成生物学领域第一个国际性会议"合成生物学1.0"在美国麻省理工学院召开，2005年前后，出现了关于大肠杆菌信号线路和元件设计的重要研究，新设计的元件和线路不断涌现，群体感应、光感应线路都在这个时期产生。在扩张和发展时期，合成生物学领域覆盖范围逐步扩大，但工程技术进步较为缓慢。

2008年开始，合成生物学开始进入快速发展阶段，人们开发了控制转录、翻译、蛋白质调控、信号识别等生命活动的基因线路。2009年，Tigges等首次在哺乳动物细胞中实现了对基因表达的周期性调控；2012年，Chau等在酵母中制造了空间极化，在系统性控制复杂表型中起到了关键作用。在基因组合成方面，2008年，Becker等合成了蝙蝠SARS样冠状病毒基因组；2010年，Gibson等首次人工合成了原核生物（支原体）；2011年，Dymond等首次在酵母细胞合成了真核生物的部分基因组。在这一阶段，涌现出了大量的新技术和工程手段，人工合成基因组能力大幅提升，基因组编辑水平出现了重大突破。

2014年开始，随着合成生物学领域的不断拓展和发展，人们正在从模仿生命走向创造生命。2014年，Annaluru等合成了第一条酵母染色体，并在酵母细胞中呈现正常功能，2015年，人类实现人工合成氨基酸，并可通过这些人工合成非天然氨基酸控制大肠杆菌和细菌的生长。2017年，酿酒酵母的另外5条染色体成功合成，其中4条以中国学者为主完成。酿酒酵母细胞染色体的合成，意味着首个人工构建完整真核细胞已不再遥远。在全面发展的新阶段，合成生物学已经开启了全面提升生物技术、生物产业和生物医药水平的新篇章。

三、合成生物学的定义与内涵

《自然生物技术》期刊于2009年12月邀请了20位科学家对合成生物学的定义进行讨论。哈佛大学的乔治·丘奇（George Church）教授认为：基因工程关注的是单个基因（尤其是克隆和过表达），将其延伸到系统范围即基因组工程。介于二者之间的则是代谢工程。合成生物学是建立标准的生物元件、装置、系统组装及功能化过程，这种分层次组装的特性，可以允许在不同水平（亚分子水平直至超生态系统水平）上实施计算机辅助设计。斯坦福大学德鲁·恩迪（Drew Endy）认为，合成生物学通过探索如何重新改造或组装生命分子，为我们提供了一条探索生命本质的新科学途径。同时，生物工程师不仅能提供生物技术的应用，还能在开发新工具中作出贡献，因而可使新的生命构建过程越来越容易、安全。他特别指出，合成生物学的重要原则是标准化（standardization）、解耦合（decoupling）和模块化（modularization）。这三大原则也是目前被广泛认可的合成生物学的重要科学原则。

合成生物学内涵非常丰富，《中国合成生物学 2035 发展战略》一书指出合成生物学具有明显的"会聚（convergence）"特性。也就是说，合成生物学会聚了科学研究（scientific research）带来的"发现（discovery）能力"，工程学理念（engineering concept）带来的"建造（construction）能力"，以及颠覆性技术（disruptive technology）带来的"发明（invention）能力"，从而全面提升社会的"创新（innovation）能力"。因此，合成生物学是在人工设计的指导下，采用正向工程学"自下而上"的原理，对生物元件进行标准化的表征，建立通用型的模块，在简约的"细胞"或"系统"底盘上，通过学习、抽象和设计，构建人工生物系统并实现其运行的定量可控。这就是合成生物学的生命工程学内涵。

从本质上来说，合成生物学是在分子水平上对生命系统的重新设计和改造，基因组工程、细胞代谢工程、线路工程等是其核心的技术手段。因此，在一定意义上可以认为合成生物学也就是生物技术在基因组时代的延伸。当然，这种延伸是有质的飞跃的，是全新一代的生物技术。一方面，合成生物学将原有的生物技术上升到了工程化、系统化和标准化的高度，把生物技术推向"民主化"的工程生物学层次，其社会影响将是深远而巨大的。另一方面，在全基因组和系统生物学知识基础上有目标地设计、改造，乃至重新合成、创建新生命体系的工程化生物技术，不仅能完成传统生物技术难以胜任的任务，还将在学科交叉和技术整合的基础上，孕育出基于"设计能力提升""元件底盘标准化"和"构建测试技术创新"工程平台支撑下的"建物致用"革命。这就是合成生物学的生物技术内涵。

同时，合成生物学从其发端到现在的实践乃至将来的发展，还有另一层重要的内涵，就是与"自上而下"的系统生物学相辅相成，从"合成"的理念和策略出发，颠覆生命科学传统研究从整体到局部的"还原论"策略，通过"从创造到理解"的方式，开启"建物致知"理解生命本质（生命起源生物演化、生物体结构功能关系等）的新途径（正交生命和人造生命），建立生命科学研究新范式。这就是合成生物学的生命科学内涵。

上述三个内涵，比较全面地反映了合成生物学的工程技术本质和科学理论本质。

四、合成生物学的意义与应用

合成生物学的建立推动了生物学向工程学的转化，它构建了"设计—构建—测试—学习"的工程化平台，利用平台挖掘生物系统运动规律，开发生物技术，研究生物本质。从发展趋势来看，合成生物学能够在改善人类健康，解决资源、能源、环境等重大问题上提供有效的解决方案，为人类社会进步与发展提供跨越性甚至颠覆性发展机遇。合成生物学对生命系统设计与构建的基础是对核酸、蛋白质等生物分子的编辑控制。基因工程、代谢工程、蛋白质工程/元件工程等是其核心的技术手段。合成生物学是这些生物技术发展的产物，并在其基础上形成了质变。

一方面，合成生物学在基因组学和系统生物学的基础上，可以对生命体系进行人工、可操纵的设计改造工作。不仅能完成传统生物技术难以胜任的任务，还将实现自然进化无法完成的功能与行为，极大提升生物技术的能力。另一方面，合成生物学将"工程化"概念引入了生物科学研究，使得人工干扰、重构、合成、创造新的生命体成为现实。人们在探索生命起源、生命系统运动规律等方面拥有了前所未有的强大工具，拓宽了广阔的研究空间。

在技术设计方面，传统的生物工程技术如蛋白质工程，本质上是一种试错方式，仅能对天然蛋白质序列进行小的改造。在没有高通量筛选手段时效率很低，同时很难按照人类设想创造出相应功能的生物分子。过去新菌种的产生主要依靠诱变，从本质上来讲也是产生大量突变体后进行人工筛选。而合成生物学从"靠天吃饭"转化为"理性设计"，可以按照人们的需要去设计、构建、创造新菌种。

在生命的认识与创造方面，合成生物学的基础是"中心法则"和基因表达的生理生化调控机制，合成生物学的产生使得人们从以往对基因的认识上升到了对基因组的认识。形成了"基因组测序（读）—基因组编辑（编）—基因组合成（写）"的生物技术流程。基因测序技术为修改和创造奠定数据基础，2003 年，绘制人类基因组图谱花费约 30 亿美元，而到了 2019 年花费下降到不到 1 000 美元。测序技术成本的下降促使了数据的大量积累，大规模测序成为现实。基因组编辑技术为生物的创造设计提供了理论支撑和技术手段，从最初的依赖细胞自然发生的同源重组到目前几乎可以在任意位点进行靶向切割，编辑技术的不断进步为新物种的创造提供了更多的可能性。基因组合成技术从只能合成单链寡核苷酸到目前合成基因组，从最初的柱式合成到目前超高通量芯片合成技术、酶促合成技术，基因组合成技术效率不断提高，成本逐步下降，为基因组的人工设计和改造创造提供了新方法、新手段。

在工程化标准化方面，合成生物学具有"工程化"的主要学科特点。合成生物学以现有的生物元件为基础，通过设计构建有特定用途的生物或生物系统来实现生物体的特定功能。合成生物学的工程化特点体现在生物元件的标准化表征。现代生命科学研究表明生命系统的组织结构也具有模块化和层次化的特征。因此，将生命系统的各组成部分模块化和标准化，采用"层层堆叠"、数学模型预测等策略创建复杂人工生物系统，也将会成为工程学原理与生物学成功结合的关键。合成生物学研究项目在确立了实验方案之后，需要经过选取所需的标准化生物元件和模块、设计研究方案、获得新的生物系统及最后实现预期的功能等几个阶段。该实施过程与制造计算机等工程项目极为相似。生物系统也可以看作是由"硬件"和"软件"两部分组成。"硬件"指的是 DNA、蛋白质等组成生物系统的基础生物元件，而"软件"指的则是基因组所携带的遗传信息极其丰富的表达调控信息。经过许多年的研究，大家对于生物系统的"硬件"部分已经有了较为详细的了解，同时也具备了人工合成"硬件"的能力。为了便于借助计算机进行生命系统的模拟设计，除了生物元件的实验表征、标准化设计及功能测试，生物元件的虚拟数据库建设也非常重要。早在 2003 年，美国科学家就建立了标准生物元件登记库（RSBP），用于收集符合标准化条件的生物元件。截至 2018 年，RSBP 注册的元件已经超过 2 000 个。而如何利用"软件"来控制"硬件"是目前合成生物学研究的重点问题。虽然科学家们围绕着基因组测序及多种组学和表观遗传学研究开展了很多工作，但是对于整个生物系统遗传信息的解读仍然不够透彻，主要表现在对于调控"硬件"的信息流构成的相关知识还不完备，缺乏完整深入的"软件"编程能力，对于

"软件"和"硬件"的完美匹配还需要深入的研究。

合成生物学的发展为人类应对资源、能源、健康、环境、安全等领域的重大挑战提供了新的方案，对促进生物产业及生物经济的发展、支撑国家建设与安全具有重大战略意义。为实现"碳达峰""碳中和"的战略目标和贯彻绿色的发展理念，目前化学品和材料生产的技术路线正在从化学制造向生物制造转变。在生物基化学品研究方面，合成生物学的发展大幅提升了菌种设计改造能力，不仅可以获得新菌种，而且可以显著提高原料的利用能力和转化效率。例如，利用合成生物学改造生产柠檬酸的黑曲霉菌（*Aspergillus niger*），其发酵浓度可超过 220 g/L，对底物的转化率可以接近 100%。在合成生物能源方面，利用合成生物学技术，从酶催化到材料合成，可以建立合成生物能源的高效低成本生产体系，有望解决与能源生产和存储相关的重大问题。例如，传统代谢工程与合成生物学等新兴技术的集成，为正丙醇、异丙醇等高级醇的生物合成提供了新的手段。在合成生物材料方面，目前，可制造的合成生物材料种类已经覆盖至尼龙、蛋白质材料、无机纳米材料、柔性生物电子材料、活体功能材料等。例如，在无机纳米材料方面，传统上主要利用物理、化学方法制造，但科学家已经证明经合成生物学改造的微生物或在无机催化材料、无机抗菌材料乃至信息存储材料的开发中具有潜力。同时合成生物学在复杂疾病诊疗、疫苗研制、天然药物开发、农业与食品领域、环境保护领域都取得了良好的应用，具有广阔前景。以环境保护领域为例，近年来，生态环境中塑料、重金属和新污染物等造成的环境污染日益严峻，已严重威胁生态安全和人类健康，污染治理和环境修复迫在眉睫；同时，工农业生产技术变革也导致环境中有害物质的种类变得日益复杂，传统环境科学沿用的基于分析化学的检测方法逐渐体现出操作复杂、设备庞大、不适用现场监测、不能覆盖新污染物种类等不足。利用合成生物学技术，可以开发出人工合成的微生物传感器，精准识别或富集环境中的污染物；也可以通过"定制"微生物去除难降解的有机污染物，并实现"废物利用"和资源转化。

第二节　合成生物学原理

前一节内容主要介绍了合成生物学的诞生与历史、发展历程、定义与内涵、价值与应用，在了解了合成生物学的历史和本质，也对合成生物学的研究有了一定的理解后，本节主要就合成生物学原理进行展开，包括合成生物学的解析思路、合成生物系统的设计与组装、合成生物系统的调控与优化、合成生物系统数学模拟与性能分析、无细胞合成生物系统等。通过对本节的学习，我们将对合成生物学有更加深入的了解，对于合成生物学中常用的研究思路和方法也有更好的掌握。

一、合成生物学的解析思路

合成生物学是一个新兴的领域，广泛应用于基于生物学设计原理开发的新型生物系统。它遵循设计—构建—测试—学习（DBTL）的循环，开发一个新型生物系统。从上一节的描述中，我们知道合成生物学可以从不同的角度来定义。一方面，可以从工程学的角度来认识合成生物学，它可以被视为一门全新的科学，将工程学的方法引入生物学的科学学科；另一方面，从人工的角度来考虑，因为它的目标是获得自然界不存在的或从未在自然生物体中观察到的功能或特性，因此合成生物学聚集了两个主题：① 已开发（微）生物体的生物学性质，同时考虑到跨学科观点；② 实现最终目标所需的合理设计。基于此，合成生物学科分为两个部分，一方面，是对现有生物进行再造，其结果是直接修改或纳入新陈代谢途径，这更符合基因工程的传统理念。在这一再造领域中，还考虑了生成新的基因回路，以实现所选（微）生物体的预定功能。另一方面，是（微）生物体的全新发展，即结合新技术。这种方法可被视为合成生物学人工定义的一部分，旨在规划和构建一个具有从头开始设计的基因组的合成细胞。

合成生物学的最终目标是控制生命的过程。代谢和调节途径的设计和构建使其在处理生命过程方面具有前所未有的能力。这通常需要对代谢途径、调节回路或基因网络进行实质性的调整。合成生物学是高度跨学科的，它依赖于对基因功能、新陈代谢、活细胞的能量学和活细胞的基本设计原理的深入理解。

从上述描述中，我们可以得知合成生物学的显著特点，区别于现有其他生物学科的主要特点，即"工程化"，将复杂的人工生物系统合理简化以探索自然生物现象及其广泛的应用，并利用基因等元素设计和构建具有崭新功能的合成生物系统。

合成生物学工程化有两种策略：自上至下（逆向工程）和自下至上（前/正向工程）；前者主要用于分析阶段，试图利用抽提和解耦方法来降低自然生物系统的复杂性，将其层层凝练成工程化的标准模块。例如，通过敲除基因组中除复制和功能性之外非绝对必需的遗传物质，简化基因组构建，达到模拟和预测的目的；后者通常是指通过工程化方法，利用标准模块，由简单到复杂构建具有期望功能的生物系统的方法。

两种策略都涉及最关键的三个工程化概念：生物系统解耦、抽提和标准化。

（一）生物系统解耦

解耦是将复杂问题分解为简单问题，将复杂系统分解成简单的要素，在统一框架下分别设计。即将一个复杂问题分解成许多相对简单的、可以独立处理的问题，最终整合成具有特定功能的统一整体的过程。例如，在建筑领域中，一个项目通常会被解耦成设计、预算、建造、项目管理和检查等相对简单的、可以独立处理的过程；在超大规模的集成电路制造时，通过解耦成芯片制造与芯片设计两个相对简单独立的过程，使构建容易实现。在工业生产中，经常会出现一些较复杂的设备或装置，必须设置多个控制回路对该种设备进行控制。系统中每一个控制回路的输入信号对所有回路的输出都会有影响，而每一个回路的输出又会受到所有输入的作用。解耦控制装置就是用于排除输入、输出变量间的交叉耦合，将多变量系统转变为多个单变量的控制系统，从而实现控制独立性，不会相互影响。生物工程中，工程师可以将复杂的"生物系统"解耦成许多套相互独立的"装置"（如标准化的细胞、标准化的核苷酸序列等），便于利用已有的标准来加速开发。

DNA 合成技术推动了解耦方法的进程，只有在充分发展的基因和基因组合成技术的支持下，人们才有精力和能力致力于设计和构建基因组等合成生物学领域的研究。

（二）生物系统抽提

抽提包括建立装置和模块的层次，允许不同层次间的分离和有限的信息交换，开发重设计的和简化的装置和模块，构建具有统一接口的部件库。

自然界的生物系统具有复杂性，不仅不断有调控细胞行为的分子机制被发现，而且不断有既有法则以外的特例出现，而应对这种复杂性的有力的技术就是"抽提"。分层次进行抽提是工程化常用的方法，例如，系统边界概念的引入使得许多内部信息得以顺利隐藏，有利于简化复杂系统；可以分别从不同水平对生物系统的独立性和协同操作进行描述，这也是将部件组装成复杂系统的先决条件。

目前，生物工程中两种抽提形式值得进一步深化和推进。① 利用抽象的层次模型以不同水平的复杂程度描述生物功能的信息。生物工程的抽象层次模型必须做到在每一个水平的工作不需要考虑任何其他水平的细节；而不同水平间原则上只允许有限的信息交流。② 对组成生物系统的部件和装置进行重新设计和构建，使其适当简化以方便模拟和组合，如转录启动子、核糖体结合位点和开放读码框（ORF）的重新设计和崭新组合等。

（三）生物系统标准化

现代生物学围绕"中心法则"这一个大多数天然生物系统运行遵循的核心规律，已经发展出许多被广泛采用并认可的标准。现在已经存在许多具有代表性的标准，比如 DNA 序列数据、微阵列数据、蛋白晶体学数据、遗传特征、系统生物学模型、酶命名法则和限制性核酸内切酶活性等。但由于缺乏正式的、可广泛应用的各类基本生物功能标准，往往会造成巨大的社会资源浪费。

合成生物学是一门将分子生物学和工程原理相结合的学科，它的实施取决于特征良好的遗传元素，如编码序列（CDS）、启动子、核糖体结合位点（RBS）和转录终止子，这些元素可以以不同的组合组装在一起，形成遗传回路，然后进行测试。为了使这些元素更好地组合装配，避免装配构造中涉及的烦琐和重复的过程，根据合成生物学学科的工程范式，人们试图使用更简单的标准化过程，定义基因元素（或"部分"）可以符合的标准，使它们能够像螺母一样很容易地连接在一起。

标准化（standardization）包括建立生物功能的定义、建立识别生物部件的方法及标准生物元件的注册登记。为了实现元件的"即插即用"性能，需要规范不同部件之间的连接标准化定义，并开发各种生物功能（启动子活性）、实验测量（蛋白质浓度）和系统操作（遗传背景、发酵液、生长速率、环境条件等）的标准，有利于加速和保护特定生物部件遗传信息的交换使用和共享及工程化生物系统检验、证实和授权程序的顺利进行。标准化的过程离不开协调，协调是为了使标准的整体功能达到最佳，并产生实际效果，通过有效的方式协调好系统内外相关因素之间的关系，适应或平衡关系所必须具备的条件。

例如，在分子克隆的合成生物学方法中，DNA 片段被视为"部分"或"模块"，以一种标准的方式相互连接。遗传元素的两侧是与其他 DNA 序列的末端兼容的 DNA 序列，这使得各部分得以精准地拼接在一起。生物部分的标准化结构和功能组成是生物工程学科的目标之一。这些标准化部件适合于模块化组装，产生不同的基因结构，以评估功能。标准部分可以很容易地交换并被不同宿主生物的遗传元素取代，简化了载体构建的过程。

二、合成生物系统的设计与组装

合成生物学强调"设计"和"重设计"，设计、模拟和实验是合成生物学的基础。合成生物学的基本出发点之一是将复杂的生命系统拆分为各个功能元件，通过对生物元件进行标准化、模块化定义，以实现对生物元件的生物装置，直至构建一个新的生物系统。

传统遗传工程也可以利用生物元件构建设计的工程化系统，但由于所使用的模块及其组装方式没有得到很好的定义或标准化，当组装较大的系统时往往会产生难以预计的相互作用，从而导致次优组合和不确定性结果的产生。而合成生物学开始于具有标准化接口的生物元件，有利于建立最优组合方式。

（一）合成生物系统的标准化和模块化

1. 合成生物学的标准化——生物积块

按照一定标准或规范设计和构建生物元件，并对其进行详尽的描述及质量控制、测试等使其具有特征明显、功能明确且能与其他元件进行自由组装等特性，这些过程称为生物元件的标准化。

标准化有利于灵活应用模块生物元件进行多种操作，为了克服常规基因操作中烦琐的切、连、转、筛，即 DNA 片段的分离、体外连接、导入受体细胞和筛选的过程，以及从成百上千种限制性内切核酸酶和底物中进行选择出合适的，更加灵活、高效、方便地使用 DNA 元件，合成生物学家提出了生物积块（BioBrick）的概念，并构建了相应的 DNA 元件文库——iGEM Registry。

生物模块不仅包括基因模块，还包括亚细胞模块、生物合成的基因网络、代谢途径和信号传导通路、转运机制等。生物积块有大也有小，小型的生物积块通常是具有一定功能的 DNA 片段，即组件（part）；稍大一些的可以是由几个 Part 组成的基因调控线路，即装置（device）；再大些可以是由调控线路组成的级联线路、调控网络，甚至调控系统（system）。生物积块的构建是为了实现在活细胞内标准化组合、搭建具有相应功能的生物模块从而构建生物系统，只要通过标准化处理、具有标准的酶切位点，都可以称为生物积块。

（1）生物积块通用符号、功能描述

作为一个新兴的工程化学科，合成生物学对于自己的零件——生物积块有着完备的规范相关定义和描述，向使用者提供必要的零件信息，如零件规格、功能和使用说明。随着合成生物学的发展，生物积块标准已经被广泛应用，并且已经创建了一个标准部件存储库，其中包含了越来越多的由 iGEM Registry 构建和提交的生物积块部件，便于为了方便研究者查阅，其中包括生物积块的功能、示意图、碱基顺序（不包括前缀和后缀）、片段的设计者对于该片段功能的阐述，以及其他使用者提供的使用经验等。表 10-1 为部分常用生物积块图示及其功能描述。

表 10-1　部分常用生物积块图示及其功能描述

图标	功能描述
	启动子（promoter）：一种 DNA 序列，调控转录机制并导致下游 DNA 序列的转录
	蛋白质编码序列（protein coding sequences）：编码特定蛋白质的氨基酸序列。一些蛋白质编码序列仅编码一个蛋白质结构域或半个蛋白质，一些则编码从起始密码子到终止密码子的全长蛋白质
	终止子（terminator）：一种 DNA 序列，通常出现在基因或操纵子 mRNA 的末端并导致转录停止
	DNA 元件（DNA）：为 DNA 本身提供功能。DNA 部分包括克隆位点、瘢痕、引物结合位点、间隔位点、重组位点、耦联转位元件、转座子、折纸和适配体
	蛋白质结构域（protein domain）：与其他蛋白质结构域一起克隆以构成蛋白质编码序列的蛋白质的一部分。一些蛋白质结构域可能会改变蛋白质的位置，改变其降解速率，靶向蛋白质进行切割，或使其易于纯化。
	核糖体结合位点（ribosome binding site）：在 mRNA 中发现的 RNA 序列，核糖体可以与该序列结合并开始翻译
	翻译单位（translational units）：由核糖体结合位点和蛋白质编码序列组成，从翻译起始位点 RBS 开始，到翻译终止位点终止密码结束

（2）生物积块标准连接方法

生物积块标准化体现在每一个 DNA 模块的结构都是标准化的：除了本身的功能序列以外，它们都具有相同的前缀和后缀，由一个包含限制性内切酶 *Eco*R I 和 *Xba* I 识别位点的"前缀"和一个包含 *Spe* I 和 *Pst* I 识别位点的"后缀"组成，并且经过特殊的遗传工程手段处理，确保真正的编码序列中不含有这四个酶切位点。整个生物积块被克隆在由 iGEM 组委会提供的质粒载体上，可按照设计的需要剪切和拼接。

有了上述四个标准化的酶切位点之后，插入片段由限制性核酸内切酶处理以后可以从载体上切割出来，通过琼脂糖凝胶电泳分离回收后可得到纯度足够高的插入片段。

（3）生物积块定量机制

除了用标准化功能模块作为承载功能的硬件之外，还需要标准化的系统量化平台和抽象的概念信号作为承载功能的软件。iGEM Registry 提供了衡量和代表输入输出信号的标准——PoPS 和 RIPS。

使标准生物部分成功组装主要靠两种不同分子的通量，即 RNA 聚合酶和核糖体，它们分别是转录和翻译的主要角色。RNA 聚合酶沿着一个转录单位扫描所有的生物部分，而核糖体则沿着 mRNA 通过已经被转录的部分。RNA 聚合酶和核糖体被称为常见的信号载体，它们的通量可以被认为是生物电流，并表示为 PoPS（RNA polymerase per second，RNA 聚合酶每秒）和 RIPS（ribosomal initiations per second，核糖体每秒）。PoPS（RIPS）被定义为每秒穿过 DNA（mRNA）切片的 RNA 聚合酶（核糖体）的数量。PoPS 用于衡量基因的被转录水平，RIPS 用于衡量 mRNA 的翻译水平。

PoPS 仅仅是转录水平上通用的信号载体，提出初衷是为了提供一个标准的衡量单位和信号描述方式，方便对基因线路规范化的表述。但并不是所有情况都可以用这种信号，当翻译水平和代谢水平的组件不涉及 RNA 聚合酶的转录过程，就无法采用。PoPS 不等于转录速率，转录速率通常是与特定转录相关的参数，衡量的是单位时间内的转录率，而 PoPS 是指 DNA 特定位点的关键转录速率。这两者在某些情况下具有相同的物理含义，例如，编码区域下游的 PoPS 等于编码区域的转录速率；但在某些情况下含义却是不同的，如在某些特殊位点，根本不存在转录速率的说法。

2. 合成生物学的模块化设计

在生物元件标准化的基础上，生物模块的设计与构建就容易多了。合成生物学中称具有标准接口、功能相对独立的生物大分子、信号传导路径和基因线路等为模块。模块的规模可大可小，小到具体的启动子、终止子，大到单细胞、多细胞及细胞群体系统。模块化设计和构建是"标准化、解耦合、抽提"三个概念的综合应用，最大限度地体现了合成生物学的工程化思想精髓，是合成生物学的标志性内容。

模块化的目的是降低合成生物系统设计的复杂度，使实验设计、验证和优化等操作简单化。所谓的模块化系统设计不只是简单地连接逐个基因，而是首先利用"解耦"的思想，将整个系统按照某一标准（功能、时间等）进行分割，分割成相对独立的子系统；以"标准化"的思想定义和验证各子系统之间的输入、输出连接关系；利用逐步细化的"抽提"方法得到一系列以功能模块（子系统）为单位的算法描述。在设计好整个系统结构后，我们就已经在宏观上明确各个模块应具有什么功能，应放在体系结构的哪个位置；再由小到大逐层验证和优化模块、子系统乃至系统的功能；最后通过实验加以实现。

模块化设计的基本原则是保持"功能独立"。只有"功能独立"的模块才可以降低开发、测试、维护等阶段的成本。"功能独立"并不意味着模块之间绝对的孤立，而是需要各个模块相互配合，模块之间进行信息交流。"功能独立"的模块具有各自的作用，但只有当所有的模块完美配合，系统的功能才能以最佳状态最大限度发挥，因此，在设计一个模块时不仅要考虑模块可以提供的功能，还要考虑模块与模块之间的信息交流。

进行模块化设计和评价模块设计优劣的三个特征因素主要为："信息隐藏""内聚-耦合"和"封闭性-开放性"。

信息隐藏：为了避免某个模块的行为干扰同一系统中的其他模块，设计模块时要注意信息隐藏，在设计和确定模块时，一个模块内包含的信息对于不需要这些信息的其他模块来说是不能访问和知晓的。建立的模块彼此之间仅仅交换那些为了完成系统功能所必需的信息，而其他一切内容被"隐藏"。模块的信息隐藏可以通过接口设计来实现，生物系统中，接口指的是各种信号分子、蛋白质、RNA 等生物介质。总而言之，生物模块的信息隐藏可以理解为尽量不产生不必要的信号物质，尽量将信号物质快速降解以避免对其他模块产生干扰。

内聚-耦合：内聚（cohesion）是一个模块内部各成分之间相关联程度的度量；耦合（coupling）是模块之间依赖程度的度量。内聚和耦合呈现出一种此消彼长的关系，模块设计更追求强内聚、弱耦合，即要增加生物模块内部组分间的依赖性，削弱模块与模块之间的依赖性和相互作用。

封闭性-开放性：如果一个模块可以作为一个独立体被应用，则称模块具有封闭性；如果一个模块可以被扩充，则称模块具有开放性。

（二）合成生物系统的层级化结构和逻辑结构

1. 合成生物系统的层级化结构

合成生物系统的构建可分为三个基本层次，即生物元件、生物装置和生物系统。具有一定功能的 DNA 序列组成的最简单的生物积块称为生物元件（part），不同功能的生物元件按照一定的逻辑和物理连接组成复杂的生物装置（device），不同功能的生物装置协同运作组成更加复杂的生物系统（system），含有多种不同功能生物系统的生物体彼此通信互相协调组成再复杂些的多细胞或细胞群体生物系统。生物元件、生物装置、生物系统共同构成合成生物系统的层级化结构。

（1）生物元件

生物元件是指具有特定功能的核苷酸或者蛋白质序列，能够通过标准化组装方法与其他生物元件组装成具有更复杂功能的模块。

每一个生物元件都有一个标准的名字编码，我们可以方便地从一块 DNA 元件的名字编码中判断出它在具体生物过程中所发挥的功能。常见的生物元件如下：启动子（promoter，P）是操纵子（operon，O）的一个组成部分，是 RNA 聚合酶结合并开始转录过程的特定 DNA 序列的一部分，专一地与 RNA 聚合酶结合并决定转录从何处起始的部位，控制基因表达（转录）的起始时间和表达的程度。启动子与称为转录因子（transcription）的蛋白质结合，控制基因的活动。转录因子是"起始复合物（initiation complex）"的组成成分，指导 RNA 聚合酶的转录起始。生物中有许多启动子，各启动子效率并不同，强启动子每 2 s 启动依次转录，而弱启动子每 10 min 才启动一次。诱导型、构成型和杂交型启动子主要应用于合成生物学中设计和构建合成基因电路、生物合成途径和生物技术应用的复杂装置。可诱导启动子是基因表达的重要启动子。细菌的启动子通常具有一些为 RNA 聚合酶与启动子相结合所必需的特定的结构保守区，其碱基变化会影响 RNA 聚合酶的识别能力和结合亲和力，控制转录水平的高低。原核表达系统中通常使用的可调控的启动子有 P_{lac}（乳糖启动子）、P_{trp}（色氨酸启动子）、P_{tac}（乳糖和色氨酸的复合启动子）、P_{T7} 噬菌体启动子等。真核生物的启动子与原核生物不同，而且启动转录的活性除需启动子外，还需某些外加序列。

核糖体结合位点（ribosome binding site，RBS）是指 mRNA 分子中紧靠启动子下游、起始密码子 AUG 上游的一段非翻译区序列，用于结合核糖体并开始翻译，RBS 也被称为 SD 序列（shine dalgarno sequence）。翻译起始密码位于它的下游位置，其功能是初始化翻译。原核生物的 RBS 中有 SD 序列，长度一般为 4~9 个核苷酸，富含 G、A。该序列与核糖体 16SrRNA 的 3' 端互补配对，促使核糖体结合到 mRNA 上，有利于翻译的起始。RBS 的结合强度取决于 SD 序列的结构及其与起始密码子 AUG 之间的距离，相距一般以 4~10 个核苷酸为佳，9 个核苷酸为最优。RBS 的不同强度可以帮助调节具有广泛生物学功能的单基因表达或基因簇。

终止子（terminator，T）是细胞的重要组成部分，指结束基因转录的 DNA 信号序列。在一个基因的 3'端或是一个操纵子的 3'端往往有特定的核苷酸序列，它可以停止 RNAP 的转录过程，这一序列被称为转录终止子，简称终止子。按照发挥作用时是否需要蛋白质因子的辅助可以将终止子分为两类：一类为不依赖 ρ 因子的终止子，这类终止子一般都有一段富含 GC 的反向重复序列（inverted repeat sequence），其后跟随一段富含 AT 的序列，因而转录生成的 mRNA 序列中能形成发夹式结构，后继一连串寡聚 U 序列。正是 RNA 聚合酶转录生成的这段 mRNA 结构阻止 RNA 聚合酶继续沿 DNA 移动，并使聚合酶从 DNA 链上脱落下来，终止转录。另一类是依赖 ρ 因子的终止子，即其终止转录的作用需要 ρ 因子的协同，或至少是受 ρ 因子的影响，终止点前无寡聚 U 序列，回文对称区不富含 GC。不同终止子的作用也有强弱之分，有的终止子几乎能完全停止转录，有的则只是部分终止转录，还有一部分 RNA 聚合酶能越过这类终止序列继续沿 DNA 移动并转录。如果一串结构基因群中间有这种弱终止子的存在，则前后转录产物的量会有所不同，这也是终止子调节基因群中不同基因表达产物比例的一种方式。

操纵子（operon）是细菌的基因表达调节装置，由启动子和其他 DNA 调节元件与串联的多个相关基因组成，由同一套调节蛋白调节。操纵子通常由 2 个以上的编码序列、启动序列、操纵序列及其他调节序列在基因组中成簇串联组成。某些操纵序列是原核阻遏蛋白的结合位点，当操纵序列结合阻遏蛋白时会阻碍 RNA 聚合酶与启动序列的结合，或使 RNA 聚合酶不能沿 DNA 向前移动，阻遏转录，介导负调节（negative regulation）。原核操纵子调节序列中还有一种特异 DNA 序列可结合激活蛋白，使转录激活，介导正调节（positive regulation）。

在基本部件中，被调控基因的激活或者抑制通常是通过转录调控因子与启动子操纵位点的直接作用实现的。目前合成生物学的早期研究主要依赖于这些转录单元，尤其是以 LacI-P_{lac}、cI-Pl，以及 TetR-P_{tet} 对等作为复杂人工线路的"积木"。

（2）生物装置

有了上述标准化的生物元件作为基础，就可以利用转录激活因子、转录阻遏蛋白、转录后机制（如 DNA 修饰酶）和核糖体调节器等结合下文将生物系统的逻辑结构构建稍微复杂些的生物装置（device）。

生物装置通过调控信息流、代谢作用、生物合成功能及与其他装置和环境进行交流等方式处理"输入"产生"输出"。可以说，生物装置包含了一系列转录、翻译、蛋白质磷酸化、变构调节、配体/受体结合和酶反应等生化反应。不同装置各自的生物化学属性具有各自的优势和限制。

利用 iGEM Registry 提供的标准化系统量化方法，我们可以将一些生物装置进行标准化抽提，描述成如下形式：具有一定生物学功能，并且能够为外源物质所控制的一串 DNA 序列。报告基因（reporter gene）——产物易于被检出的基因，在分子生物学实验中用于替换天然基因的位置，以检验其启动子及调节因子的结构组成和效率，常用的为各种荧光蛋白编码基因，如 gfp（green fluorecent protein）基因等。转换器（inverter）——一种遗传装置，它在接收到某种信号时停止下游基因的转录，而未接收到信号时开启下游基因的转录。信号转导装置（signaling transduction）——是指环境与细胞之间或者邻近的细胞与细胞之间接收信号和传递信号的装置。蛋白质生成装置（protein generator）——产生具有一定功能蛋白质的装置。目前已经工程化的遗传装置还有很多，如控制基因表达的各种基因开关、切换基因表达状态的双稳态开关、模拟各种逻辑门功能的生物装置等。这些具有不同功能的生物装置可用来构建具有特定功能的更复杂的基因线路。

（3）生物系统

为了得到更加复杂的调控行为或生物功能，可将装置以串联、反馈或者前馈等形式连接，组成更加复杂的级联线路或者调控网络，即所谓的生物系统。

自然生物系统中的调控级联线路是非常普遍的，如转录调节网络、蛋白质信号通路和代谢网络。在活体细胞中，许多信号转导和蛋白激酶通路通过级联过程来调控其活性，如级联线路调控基因的递进式表达，可以触发大肠杆菌鞭毛、酵母菌孢子的形成或者控制细菌的细胞周期。在活体细胞中，许多信号转导和蛋白激酶通路也得益于级联过程来调控其活性。如在果蝇和海胆等多细胞生物体中，许多时间顺序事件通常由级联过程来调控。

（4）细胞群体系统及多细胞系统

对于合成生物系统而言，合成具有特定功能的单个单元，甚至大量完全独立的单元都难以获得具有完整功能的生物系统。由于基因表达过程中内源和外源噪声的影响及其他细胞的作用，互不通信的一组细胞即使起源相同也可能具有不同表型和异步行为，不可能互相协作，完成的生物功能也有限。为了更高效地实现人类期望的功能，需要多个细胞甚至多种细胞协同运作。利用通过细胞间通信协调彼此的群体感应（quorum sensing，QS）行为是目前工程化细胞群体系统的主要手段。群体感应（QS）是设计遗传细菌检测程序的关键。QS是细菌使用的细胞间通信的一种分子语言。细菌QS的基本过程是化学信号（如N-酰基高丝氨酸内酯-AHLs）的自动产生，一旦在当地环境中积累到一定的阈值，将通过转录调控因子相互作用诱导基因表达。相比于单细胞而言，细胞群体系统及多细胞系统的人工构建则复杂得多，不仅要考虑细胞间的协同，还要考虑信号分子的跨膜运输、环境因素的分布梯度等。

在群体感应系统中，细菌产生并向环境中释放一种被称为自诱导剂（autoinducer，AI）的化学信号分子，其浓度随细胞密度的增加而增加。细菌能够感受不同浓度自诱导剂信号分子的刺激而改变基因表达模式。革兰氏阳性和革兰氏阴性细菌使用群体感应通路来调节各种各样的生理活动，比如共生、毒力产生、抗生素生产、运动、孢子形成及生物膜形成等。通常情况下，革兰氏阴性细菌使用酰化高丝氨酸内酯作为自身诱导剂，而革兰氏阳性菌使用经过加工的寡肽作为诱导信号。细菌在种内和种间都能进行自诱导剂介导的群体感应，此外，细菌自诱导剂也能够引起宿主的生物特异性反应。一般来讲，在群体感应中，信号分子的特质、信号终止机制及由细菌群体感应系统控制的靶基因不同，但在任何情况下，彼此通信的能力使细菌能够协调基因表达，从而协调细菌群体的基因表达。

2. 合成生物系统的逻辑结构

合成生物学一个重要的设计原则是通过合理设计基因线路来揭示天然生物系统。根据合成生物学的性质，我们应重点关注生物系统的工程化过程，即合成启动子-控制细胞-细胞间相互作用。生物系统的模块化设计中小到DNA片段、大到调控网络，各个模块的逻辑结构都有一些共性。较为简单的基因调控单元为调控网络基元和基础基因线路。这些简单模块可以利用逻辑拓扑结构中的前馈、反馈等的合理组合连接成具有一定功能的遗传线路，同样，遗传线路又可连接成调控网络乃至生物系统。

调控网络基元（motif）是转录因子和靶基因之间相互调控关系的特定小规模组合，通常由一组相关基因和调节元件按照一定的拓扑结构构成。基础基因线路（elementary gene circuit）也是比较简单的基因线路形式，如果一个基因的表达受单一转录因子的调节并在给定条件下对一种信号分子作出反应，则可称为"基础基因线路"。

原核生物基因表达调控主要发生在转录水平，因此我们以转录水平的调控为主来介绍遗传线路的各种逻辑结构。对于这些逻辑结构的分类方式有很多种，大体可以归纳为串联、反馈和前馈等类型。其中，反馈可分为正反馈和负反馈；前馈可分为一致前馈和非一致前馈等。

（1）串联结构与并联结构

串联与并联的概念最早来自电路串联，即把元件逐个顺次连接起来组成线路，其上游模块的输出信号可作为下游模块的输入信号。对于生物模块来讲，信号可以是蛋白质、RNA及其他小分子。并联可以简单理解为多个串联结构的并行，并联的基因元件间有一条以上的相互通路。

（2）单输入结构

细胞可以看作是一个典型的输入-输出通信系统，基因调控网络是该通信系统的重要组成。基因线路的信号输入可以分为单输入（single input）和多输入（multi input）。单输入模块（single input module，SIM）结构中，只有一个主模块作为下层模块的输入。

这种结构在自然生物的转录基元（motif）中很常见，主要功能是实现一组基因的共表达，还可以实现模块时序表达的功能，即模块 1 到模块 N 按预定义顺序表达：如果主模块代表激活因子，激活下层启动子模块，启动子序列和结合位点不同，导致各个启动子的激活阈值不同，当主模块的活性缓慢递增时，阈值最低的启动子先启动，以此类推，阈值最高的启动子最后启动，实现基因表达的时序控制。同理，当主模块代表阻遏子基因时，可以实现类似的时序控制。通过高时间分辨率的检测手段可以观测到在大肠杆菌中有许多系统具有SIM 结构。这个结构依赖一个重要的属性——时间序列与基因功能序列相吻合，即在一个多基因过程中，越早需要的蛋白质/代谢物，它的基因越先被激活。这种时序控制可以防止蛋白质产物在需要之前过早生成，实现能源的节约，避免不必要的干扰。

（3）多输入结构

多输入结构也称为密集交盖调节网（dense overlapping regulons，DOR），这种结构与单输入结构最大的不同在于一组调控因子共同控制一组基因。DOR 结构在原核生物和真核生物中常见，多与碳代谢、厌氧环境生长及胁迫响应等相关。多输入结构可以看作逻辑门阵列，多个输入进行组合运算后控制下游模块。由于转录网络、代谢网络等不同水平的调控相互影响，因而很难确定每个多输入模块的规模。

（4）前馈结构

前馈控制也称预先控制和提前控制。前馈控制的基本原理是测取进入过程的扰动量

（包括外界扰动和设定值的变化），并按照其信号产生合适的控制作用区改变控制量，使被控制的变量维持在设定值上。前馈控制是在偏差出现之前就采取控制措施。

前馈控制与反馈控制有几点不同。前馈控制的特点是在干扰进入系统后，分成干扰通路和补偿通路这两条不同途径影响最终变量。从定义来说，单纯前馈结构中信号的传递并未形成一个闭合的回路，因此，前馈控制属于开环控制。前馈控制在偏差出现之前就采取控制措施，而反馈控制则是在偏差出现之后。前馈控制将干扰测量出来并直接引入调节装置，对于干扰的克服比反馈控制及时。在生物学中前馈控制比较常见，条件反射活动就是一种前馈控制系统活动。基因线路利用前馈来表示上游基因通过两条不同的途径影响下游基因的表达。根据这两条途径对最终基因的影响效果是否一致，可以将前馈分为一致前馈（coherent feed-forward）和不一致前馈（ncoherent feedforward）。一致前馈模块直接和间接调节途径对输入模块的作用相同，不一致前馈则相反。

（5）反馈结构

反馈又称回馈，是指系统的信号输出会反过来影响系统的输入，并进一步影响自身的一种控制机制。输出对输入的影响可能会导致最终输出的降低，这称为负反馈；而当输出对输入的影响导致最终输出增加时，即为正反馈。反馈的正负特点由具体的网络动力学特性决定。以基因的调节为例，正反馈调节的作用是增强目标基因的表达，而负反馈的作用是减弱目标基因的表达。

（6）组合逻辑结构

将上述基本逻辑结构进行合理组合，设计基因线路，可以实现细胞内复杂代谢调控。常见的组合逻辑结构有：前馈-反馈结构、多层反馈结构和反馈-单输入结构等。前馈-反馈结构可以在一个基因线路中同时使用，用于中间产物的调节或基因线路噪声的降低。正反馈或负反馈在生物的各种调控中发挥着重要的作用，但往往不是以单一的正、负反馈形式出现。生物系统中的基因调控往往是多层正反馈、多层负反馈或者正、负反馈交叉耦合的。

除了上述组合逻辑结构外，还有很多其他的组合结构。理论上，任何人工的生物调控机制均可以通过上述逻辑结构的合理组合来实现。

合成生物系统的逻辑结构把系统分为若干个逻辑单元，分别实现自己的功能。合成生物系统逻辑结构的分析对其进一步的开发具有重要作用。在自然生物系统中，某些普遍存在的系统性基因网络结构可能具有进化劣势而得以在漫长的自然进化过程中被保留和扩散。这些系统网络结构可以被视为一种生命的"设计原则"。了解这样的"设计原则"不仅有助于人们建造人工生物系统，也有助于生物学家更加深刻理解生命的本质。

（三）合成生物系统基因线路

合成基因线路是经过人工设计的、由不同功能的生物分子和基因元件组成的自动控制装置。合成基因线路是合成生物学中重要的组成部分。本部分主要介绍组成基因线路的调控元件——逻辑门和开关基因线路、基因线路调控开关，并简单介绍了基因线路的应用实例。

基因线路是合成生物学中重要的一部分，是由各种调控元件和被调控的基因组合而成的遗传装置，在给定条件下可调节并可定时定量地表达基因产物。人们利用基本的生物元件设计和构建了基因开关、振荡器、放大器、逻辑门、计数器等合成器件，实现对生命系统的重新编程并执行其特殊功能。

利用转录水平的调控机理，合理组合转录元件、基础基因线路、基因模块的拓扑结构。目前基因线路的功能主要分为两大类：逻辑基因线路和其他功能遗传线路。

合成生物学中逻辑基因线路起源于数字电路中逻辑运算的思想，主要是借鉴控制理论和逻辑电路的设计规则研究基因线路的逻辑关系与调控方法，模拟各种逻辑关系和数字元件的基因线路，类似于计算机编程一样实际是对生物体的一种编程语言，生成 DNA 序列，使基因线路在细胞内运行。

其他功能遗传线路是具有特定生物功能的遗传线路，主要是利用基因模块原有的功能设计全新的基因线路并利用基因重组、基因克隆等基因操作手段对现有的生物系统进行改造，使生物系统具有特定的期望功能。

1. 基因线路调控元件

基因表达过程是储存着遗传信息的基因经过一系列步骤表现出其生物功能的整个过程包括将基因转录成其互补的 RNA 序列。基因线路的调控也主要体现在对基因转录和翻译的调控，特别是基因的转录调控。转录调控以转录起始调节为中心，通过启动子（promoter）、RNA 聚合酶（RNAP）和调控基因编码的调控蛋白质之间的相互作用实现基因表达的开启或关闭。主要通过 DNA 与蛋白质之间的相互作用和蛋白质与蛋白质之间的相互作用实现基因表达的调控。

原核生物基因表达调控的基本功能单位是操纵子，基本结构包括：结构基因、启动子调控基因、终止子（terminator）等。真核生物的基因表达调控元件包括顺式作用元件和反式作用元件。顺式作用元件是存在于基因旁侧序列中能影响基因表达的 DNA 序列，包括启动子、增强子和调控序列等，它们本身不编码任何蛋白质，仅仅提供一个作用位点，要与反式作用因子相互作用而行使功能。反式作用因子是指能直接或间接地识别或结合在各类顺式作用元件核心序列上以参与调控靶基因转录效率的蛋白质，多为转录因子。

（1）启动子

启动子（promoter）是指位于结构基因 5′ 端上游，可被 RNAP 特异性识别和结合的一段特殊 DNA 序列。作为基因的一个组成部分，启动子本身并不控制基因活动，而是通过 RNAP 及调节蛋白的相互作用实现基因转录的开启或关闭。启动子的结构影响了它与 RNAP 和调节蛋白的亲和力，从而影响了基因表达水平。

（2）终止子

终止子（terminator）是位于基因编码区下游，能够给予 RNAP 转录终止信号的特殊 DNA 序列。在一个操纵元中至少在结构基因群最后一个基因的后面有一个终止子。原核生物的终止子均具有回文结构，回文序列的两个重复部分（每个 7~20 bp）由几个不重复的碱基对阶段隔开，回文序列的对称轴一般距转录终止点 16~24 bp。原核生物终止子的分类在前文生物元件一节中已给出。

（3）弱化子

弱化子又称衰减子（attenuator），是指原核生物操纵子中能显著减弱甚至终止转录作用的一段核苷酸序列，该区域位于操纵子的上游，能形成不同的二级结构，利用原核生物转录和翻译的耦联机制对转录进行调节。弱化子可使操纵子的转录开始后还未进入第一个结构基因时便终止，不能使所有正在转录中的 mRNA 全部都中途终止，仅有部分中途停止转录，称为衰减作用或弱化作用。

（4）增强子

增强子（enhancer）是指位于结构基因附近，能够明显增强该基因转录活性的一段 DNA 序列。增强子是真核基因中一类顺式作用元件，与反式作用元件相互作用，能显著增强启动子转录活性。增强子有两类，其中能够在特定的细胞或特定的细胞发育阶段选择性调控基因转录表达的增强子称为细胞特异性增强子；而在特定刺激因子的诱导下，才能发挥其增强基因转录活性的增强子称为诱导性增强子。

增强子的作用特点是：① 具有远距离效应，即增强子可在距转录起始位点相当远的距离起增强作用，具有启动子的上游或下游都能起作用；② 无方向性，即增强子即可位于转录始位点上游 5' 端调控区，也可存在于基因的 3' 端调控区，还可以存在于基因的内含子；③ 无物种和基因特异性，即增强子只有启动子存在时才能发挥作用，但对启动子不具有特异性，对异源基因也具有增强功能；④ 有组织或细胞特异性，即增强子的效应需特定的蛋白质因子参与；⑤ 增强子的作用与其序列的正反方向无关，将增强子方向倒置依然能起作用。

（5）阻遏子

阻遏子（repressor）是基于某种调节基因表达的一种调控蛋白质，在原核生物中具有抑制特定基因（群）产生特征蛋白质的作用，也称阻遏蛋白。由于它能识别特定的操纵基因，当操纵序列结合阻遏蛋白时会阻碍 RNA 聚合酶与启动序列的结合，或使 RNA 聚合酶不能沿 DNA 向前移动，阻遏转录，介导负调节，因而可抑制与这个操纵基因相联系的基因群，也就是操纵子的 mRNA 合成。

（6）绝缘子

绝缘子（insulator）是在基因组内建立独立的转录活性结构域的边界 DNA 序列。作为真核生物基因组的调控元件之一，绝缘子能够阻止邻近的增强子或沉默子（silencer）对其界定的基因的启动子发挥调控作用。绝缘子的活性可能与 CTCF 蛋白密切相关。

绝缘子的抑制作用具有"极性"的特点，即只抑制处于绝缘子所在边界另一侧的增强子或沉默子，而对处于同一染色质结构域内的增强子或沉默子没有作用。绝缘子由多种组分所构成，它们自主协同阻断增强子或沉默子的作用，但绝缘子界定结构域的机制仍不明。

（7）核糖体结合位点

核糖体结合位点（ribosome bind site，RBS）是 mRNA 上的起始密码子 AUG 上游的一段非翻译区，核糖体可以识别并结合这一序列来启动翻译过程。在原核生物中该序列称为 SD 序列，位于 mRNA 的起始 AUG 上游约 8~13 核苷酸处的一段由 4~9 个核苷酸组成的共有序列-AGGAGG，可被核糖体 RNA 的 16SrRNA 亚基通过碱基互补精确识别，促使核糖体结合到 mRNA 上，有利于翻译的起始。

（8）转录因子

转录因子（transcription factor，TF）是一种可以直接与操作区域的启动子序列结合并启动或停止基因表达的蛋白质。它可以通过激活或抑制靶基因，单独或借助复杂蛋白分子的帮助来完成其功能。原核生物转录起始不需要转录因子，RNAP 可以直接结合启动子。但是转录因子可以和操纵子的调节序列结合来调控转录。开发快速有效的转录因子识别方法，从基因组序列中预测某个物种的全部转录因子，对研究基因转录调控具有重要意义。

真核生物转录起始十分复杂，往往需要多种蛋白质因子的协助，转录因子与 RNA 聚合酶Ⅱ形成转录起始复合体，共同参与转录起始的过程。真核生物的转录因子也称为反式作用因子，可分为两类：第一类为通用转录因子，它们与 RNA 聚合酶Ⅱ共同组成转录起始复合体时，转录才能在正确的位置开始，除 TFⅡD 以外，还发现 TFⅡA、TFⅡF、TFⅡE、TFⅡH 等，它们在转录起始复合体组装的不同阶段起作用；第二类转录因子为组织细胞特异性转录因子，这些转录因子是在特异的组织细胞或是受到一些类固醇激素或生长因子或其他刺激后，开始表达某些特异蛋白质分子时才需要的一类转录因子。

典型的真核转录因子含有 DNA 结合区、转录调控区、核定位信号区及寡聚化位点等功能区域，这些功能区域决定了各个转录因子的具体功能。DNA 序列中有很多具有重要作用的顺式作用元件，能够识别并与之结合的氨基酸序列就是转录因子的 DNA 结合区；转录调控区是转录因子的关键功能区域，其包括转录激活区和转录抑制区，这个结构区共同决定着各个转录因子的具体调控功能。核定位信号区是转录因子中富含精氨酸和赖氨酸残基的区域，转录因子在合成后需转入细胞核内才能发挥其功能而且转录因子有无功能就取决于核定位信号区；转录因子之间能够相互聚合的功能结构域称为寡聚化位点，寡聚化位点影响着转录因子与顺式作用元件的结合各转录因子的特异性、核定位特性。

2. 逻辑门基因线路

合成生物学中逻辑门基因线路起源于数字电路中的逻辑运算，借鉴其控制理论和逻辑电路的设计规则来研究基因线路的逻辑关系与调控方法，即模拟各种逻辑关系和数字元件的遗传路线，复杂的生物学被抽象成 {0，1} 空间的映射关系，这有助于更好地深入认识网络自身的主要功能。

（1）"与"门基因线路

"与"门（AND gate）是常见的逻辑门之一，其逻辑计算原则是只有输入信号全部同时为"真"时，才会输出"真"的信号。其真值表见表 10-2（0 表示"假"，1 表示"真"）。

表 10-2　"与"门真值表

输入1	输入2	输出
0	0	0
1	0	0
0	1	0
1	1	1

"与"门基因线路的设计在逻辑门基因线路中非常常见，通常是基于 DNA 结合蛋白设计的。

（2）"或"门基因线路

"或"门（OR gate）逻辑计算原则是输入信号有一个为"真"时，输出即为"真"，其真值表见表 10-3。

		表 10-3　"与"门真值表
输入 1	输入 2	输出
0	0	0
1	0	1
0	1	1
1	1	1

在逻辑门的基因线路设计中，我们可以通过串联启动子基因线路或者在两个分散的组件中表达目标基因来实现"或"的逻辑运算。

（3）"非"门基因线路

"非"门（NOT gate）是数字逻辑中实现逻辑非的逻辑门，又称反相器（inverter），其真值表见表 10-4。

	表 10-4　"非"门真值表
输入 1	输出
0	1
1	0

"非"门基因线路设计时，通常是由阻遏子和它们作用的启动子共同组成，即通过连接输入的启动子和阻遏子来关闭输出启动子。

（4）"与非"门基因线路

"与非"门（NAND gate）是"与"门和"非"门的结合，"与非"门的结果是对两个输入信号先进行"与"门运算，再对"与"门运算的结果进行"非"门运算。其真值表见表 10-5。

		表 10-5　"与非"门真值表
输入 1	输入 2	输出
0	0	1
1	0	1
0	1	1
1	1	0

在逻辑门的基因线路中，"与非"门与前面三个逻辑门（"与"门、"或"门、"非"门）相比，更复杂一些，它是几个逻辑门的组合。

（5）"或非"门基因线路

"或非"门（NOR gate）与"与非"门类似，是"或"门和"非"门的结合，"或非"门的功能是将"或"门功能的结果进行"非"门运算，当任一输入为"真"或两者都为"真"时，其输出为"假"；反之，当输入同时为"假"时，输出才为"真"。其真值表见表 10-6。

表 10-6　"或非"门真值表

输入 1	输入 2	输出
0	0	1
1	0	0
0	1	0
1	1	0

3. 开关基因线路

开关基因线路是指某种化学诱导物存在或缺乏时，或者在两个独立的外源刺激作用下，基因处于两种可能状态中的一种。它是除逻辑门基因线路以外，最基本的基因表达调控部件。

（1）转换开关

转换开关类似于"非"门逻辑门运算，输出是输入的转换函数，即输入为低时，输出高，反之，输入高时输出为低。天然系统中有许多基因调控的转换开关存在，如正控阻遏系统，是一种天然的转换开关，即效应物分子的存在使激活蛋白处于非活性状态，转录不能进行；效应分子输入为低时，基因表达，系统输出为高。

（2）双相开关

双相开关即基因本身转录既有正调控作用又有负调控作用。例如，λ 噬菌体的一个双相操纵子 P_{RM} 由阻遏蛋白 CI 和反阻遏蛋白 Cro 结合到相邻的三个结合位点 OR_1、OR_2 和 OR_3 来调控。OR_1 具有较高的亲和力，CI 蛋白浓度低时首先跟 OR_1 结合并促进与 OR_2 结合和自身转录，当 CI 蛋白浓度逐渐增高时，OR_1、OR_2 和 OR_3 三个位点均被结合，CI 基因的转录受到抑制，CI 蛋白浓度逐渐降低。由于双向开关的调控，CI 蛋白浓度低时促进了基因的转录即正调控，CI 蛋白浓度高时抑制了基因转录表达，为负调控。

（3）核糖开关

核糖开关（riboswitch）是一种小的非编码调节 RNA，主要存在于 mRNA 上游，形成一个环，在配体分子存在时动态改变并激活或抑制基因功能。核糖体开关包括两部分：① 一个负责与小配体分子结合的适配体；② 一个表达平台，它可以通过动态变化来响应适配体的调节，允许激活或抑制基因功能。配体分子包括蛋白质、氨基酸、化学品、金属、抗生素等。它可以与小的调控 RNA 结合，动态地改变 RNA 的二级结构，使它们能够激活或抑制基因功能，检测金属、化学物质等。跟其他 RNA 调控结构不一样，它直接与小分子配体结合，大部分核糖开关只有一个识别靶向配体的结合位点或适配体，这些适配体一般位于基因表达区域附近，当适配体与代谢产物结合时、改变自身结构，在转录或翻译水平上行使基因调控的功能。核糖开关是复杂折叠的 RNA 区域也可作为特定代谢产物的受体。利用结构的变化来控制基因表达从而与代谢物结合，即通过形成抑制构象来过早地终止转录或者抑制翻译的起始。很多研究表明在很多生物体内，核糖开关在参与调节基本代谢过程中是最强的遗传因子。目前，许多自然发生的核糖体开关已经被鉴定和测试。许多核糖体开关已被人工设计、表征并用于代谢工程，用于监测赖氨酸浓度、治疗学、生物传感和合成生物学应用。

（4）RNA 开关

RNA 开关通常连接一个输入域（RNA 适配子）和一个输出域（RNA 基因调控组件），调节基因表达的控制元件与一个配体结合如蛋白质或小分子。对外源小分子响应的合成 RNA 开关已经可以在不同宿主细胞的多种输出域中使用。当 RNA 开关的输入域和输出域不同时，新的输入域能被选中重新合成并很快地与现存的开关平台融合。

（5）双稳态开关

双稳态开关可以控制基因表达，它可以将细胞的基因表达从一个稳态转变到另一个稳态。双稳态开关由两个互相竞争的转录因子（调控蛋白）组成，它们分别控制着两个基因的表达。通过调节两个转录因子的浓度，可以控制细胞在两种不同的状态之间切换。当一个转录因子的浓度升高时，它会抑制另一个基因的表达，从而使细胞处于一个稳态。

4. 基因线路调控方式

合成生物学的目的是通过各种人工生物体的应用，解决环境、能源、健康等方方面面的问题。基因线路是合成生物学中重要的一部分，是由各种调节元件和被调节的基因组合成的遗传装置，可以在给定条件下可调、可定时定量地表达基因产物。除了上述基因线路的介绍，基因线路的调控方式也备受关注。

（1）基因线路纠错

基因线路纠错是通过检测生物体内的变化产生相应的反应，阻止转录、翻译或者进一步反应的进行，使其按照正确的方向进行转录或翻译。如 RNA/DNA 嵌合寡核苷酸介导的嵌合体修复，根据 RNA 可提高同源配对效率，合成的 RNA/DNA 杂合寡核苷酸分子基因线路，将其导入细胞后，嵌合体可有效地与基因组中同源序列配对，并在靶位点处形成错配碱基对，体内的修复机能以导入的 RNA/DNA 寡核苷酸为模板，修改基因组中的同源序列，从而实现定点纠错。

（2）基因线路放大

生物体在生存和发展的过程中一定经历过生长和环境信号编码处理。基因线路的放大，顾名思义，就是通过设计基因线路，使环境中的信号放大，能更灵敏、准确地检测到环境中信号的变化，从而作出相应的反应。比如基因开关和逻辑门的线路放大，通过基因线路的放大，可以更好、更快、更灵敏地检测到物质信号的变化，有效地应用于多个领域。

5. 基因线路实例

在合成生物学基因线路中，人们利用基本的生物学元件设计和构建了基因开关、振荡器放大器、逻辑门、计数器等合成器件，实现对生命系统的重新编程并执行特殊功能。

（1）振荡器与生物节律

基因振荡是一种基因调控机制，它由振幅的幅度和周期来决定基因表达的时间。这种基因表达的时间控制可以实现在大规模基因网络中仅利用少量的调控因子即可调控相对较多的基因，从而实现对复杂细胞行为的调控。合成振荡器为数字化的生物生活系统开辟了一条新的途径，它表现出了预测性行为。振荡器有潜力以一种依赖时间的方式"每天一个剂量"，而不是依赖于编程的电路。构建振荡器主要需要电路中的负反馈或正反馈/负反馈。

（2）细胞记忆基因线路

逻辑和记忆是基因线路中重要的功能可以产生复杂、相关性的反应。细胞记忆可以定义为对短暂刺激的一种延长反应，早期设计的双稳态开关或拨动开关都属于细胞记忆基因线路的一种。细胞记忆基因线路是很多基因线路中的核心部分，可以与基因逻辑运算结合用于DNA计算机，也可与其他的开关基因线路或逻辑门基因线路结合，形成更复杂、精确的基因线路。

（3）光控开关与生物成像

光控开关与生物成像系统由感受光照刺激的光感应器和调控遗传线路响应的应答因子组成，利用光感应器来接收光照刺激将刺激信号传递给应答调节因子，通过应答调节因子对遗传线路进行调控，从而开关基因线路或者产生能被人类视觉感官看到的色彩，进而成像。

（四）合成生物系统的设计组装与构建

合成生物学通过引入"设计—构建—评估—优化"的工程化设计原理，通过多轮筛选，得到最优的生产菌株。"设计—构建—评估—优化"的工程化设计原理主要包括四个部分：① 利用生物信息学方法设计合成目标化合物的代谢途径；② 在宿主中构建设计好的代谢途径；③ 通过分析检测手段评估所构建的代谢通路中的瓶颈环节；④ 针对瓶颈部分进行优化，有效提高目标化合物的产量。在"设计—构建—评估—优化"的思想指导下经过多轮循环能够得到高产的工程菌株。

1. 合成生物系统的设计

（1）合成生物系统底盘细胞的选择

在开展一个合成生物系统设计的最初，需要根据目标产品的特性，选择一个性状优良的底盘细胞，也就是用于该产品生产的宿主。底盘细胞选择的优劣将直接影响合成生物系统设计的成败。

因为一个底盘细胞往往需要很多的遗传操作和基因改造才有可能成为一个良好的细胞工厂，所以底盘细胞首要的特性就是具有遗传可操作性和稳定性，能够在可控的条件下接受外源DNA。尤其是在对一个特定的表型进行文库的组合构建和筛选的过程中，高效的转化系统是十分必要的。除了转化方法外，同源重组效率也是底盘细胞遗传可操作性和稳定性的重要方面。为了实现外源 DNA 的稳定遗传，通常需要将其整合到底盘细胞的基因组中。为了重塑与目标产物相关的代谢网络，也需要对宿主基因组中相关的基因进行操作与调控。近年来发展起来的 CRISPR/Cas9 技术已经在多个物种中实现了成功应用，通过引入 DNA 单链或者双链的断裂提高对特定序列的编辑能力，提高了很多底盘的遗传可操作性。其次，底盘细胞需要有特征明确且可控的代谢工程模块，从而可以实现对表型有目标的调控。比如，具有强度和功能已知且可控的启动子、终止子、转录调控开关等各种元件。人工生物模块的设计、构建和完善将有助于实现对复杂生物系统的操控和检测。针对目标胎盘细胞开发定量化、模块化、标准化的功能模块是合成生物系统研究的重要方面。此外，底盘细胞最好能够有各种组学分析的工具和算法，从而可以对细胞在不同操作和环境下进行各种组学特性的表征。清晰的组学表征和调控网络将有助于根据目标产物的特性对底盘的适配性进行评价和优化。

一个好的底盘细胞还需要尽可能具备以下特性：① 能够在含有廉价碳源的基础培养基中生长；② 生长周期短，能够在短时间内实现生物个体的快速增殖和目标产物的生产；③ 代谢率高，快速高效的代谢速率是高生产率和高转化率所必不可少的；④ 发酵过程简单，便于降低操作成本和最大限度地控制大规模生产的风险；⑤ 具有强大的环境适应性，如尽可能耐受生产过程中的高温和低 pH 等不利条件及生物质预处理中的抑制剂；⑥ 对高浓度底物和产物具有耐受性，从而获得目标化合物的高效价。

常用的底盘细胞主要是细菌和真菌。大肠杆菌因其生长速度快、遗传操作简便等特性，是目前最为常用的底盘细菌。在真菌中，酿酒酵母因其遗传背景清晰、基因操作工具完备而最为常用。此外，还有其他常用的底盘细菌，包括丙酮丁醇梭菌、谷氨酸棒杆菌、枯草杆菌、链霉菌和黑曲霉等。

长久以来，人们一直在不断地从自然界中探索新的具有某些优良性状的野生型底盘。随着合成生物学的发展，人们开始根据特定目标产品对这些野生型底盘进行局部或全面改造形成性状更加优良的基因工程底盘细胞。随着合成基因组学的发展，人类开始具备在全基因组水平的设计与合成能力，对底盘细胞基因组进行全面而系统的设计和构建。

（2）所需元件和途径挖掘

合成生物学中的元件包括编码蛋白质的特定功能性酶及对基因表达进行调控的各类调控元件如启动子、终止子和核糖体结合位点等。为了获得所需的元件和目的途径，需要开展下面一系列的研究。

① 天然宿主的基因组序列测定与分析

利用目前较为成熟的第二代测序技术（也常称为高通量测序技术，以 Illumina 公司为代表），通过将基因组片段打断成不同大小的片段进行序列测定，随后利用软件对其进行组装、预测和分析。为了获得拼接更好的基因组序列，可以结合第三代测序技术，也就是单分子测序技术。基于序列同源性的计算机辅助基因组注释是目前使用最多的基因及功能注释方法。尽管在自动化和样品通量方面具有优势，但是这些方法都不能鉴定出与数据库中所储存的序列没有任何同源性的新基因的功能。细菌中，某一代谢途径的相关基因通常以基因簇或者操纵子的形式存在于基因组中，这一排布特点有助于原核生物合成生物系统中相关元件和途径的挖掘。

② 天然宿主的转录组测序/蛋白质组学分析

基因组序列可以让我们了解到这个物种中所有的基因组成。但这些基因并不会同时全部表达，转录组/蛋白质组的测定可以帮助我们鉴定某个天然产物合成途径中所需表达的各个酶。尤其当特定天然产物是在宿主的某种状态下才得以生产，那么比较该宿主在该天然产物合成和不合达成两个状态下的转录组，可以极大地促进代谢通路的鉴定。同一代谢途径中的酶的编码基因通常具有类似的转录模式，可作为鉴定的辅助。

③ 天然宿主中代谢途径的分析

对特定底物和产物的鉴定是合成生物系统中挖掘特定功能性酶的必备技术。通过稳定性同位素标记技术可以示踪目标化合物的去向及流量分配，从而可以用于新代谢途径的挖掘和解析。在这种情况下可以鉴定新的细胞途径和代谢物而无需新的遗传修饰或重组蛋白质研究使得代谢途径挖掘的对象生物体可以具备更大的灵活性。

④ 其他技术手段的辅助

通过转录组或者蛋白质组的分析，可以锁定一些与目标代谢途径相关的关键酶，但是对其具体的功能却不清楚。此时可以借助一些其他的技术手段对其活性进行研究，主要包括：基于体外活性的代谢组学分析，通过示踪纯化后的酶所诱导的复杂代谢提取物的变化，鉴定其对应底物和产物；离体代谢组学分析，通过鉴定与敲除/表达水平变化相关联的细胞代谢组变化，鉴定其对应的底物和产物；计算酶学，很多的酶都具有较为保守的结构域，通过序列或者三维结构的比对可以对未知功能的酶进行功能预测；通过晶体结构的解析，还可以鉴定与纯化的酶相关的共结晶的小分子，从而鉴定与其紧密结合的配体（底物/产物/中间体）等。

除了特定功能性酶外，对基因表达进行调控的各类调控元件也是合成生物系统所需挖掘的对象。可以通过计算机预测、定义和挖掘，实现对生物元件的抽象化和标准化，以便获得具有明确定义的特定功能元件。此外，还需对挖掘出的元件进行模块化和定量化，以提高元件的可用性和通用性。

（3）计算机辅助设计与分析

所有工程学科的复杂系统的设计过程都离不开定量化的组成元件，以及能够预测这些元件所组成的系统输出的方法。因此，我们需要基于所选的底盘细胞、挖掘的元件和途径，利用这些方法对合成生物系统进行设计和理论分析。

通过数学建模可以为生物系统的设计提供全局性的支撑，指导元件的选择并预测所构建系统的输出。由于生物元件在不同的底盘细胞中具有行为模式的复杂性和难以预测性，这种由下至上的设计过程通常需要相应的计算机软件的辅助，并且对相对简单的系统的应用效果较好。对于复杂系统，则需要通过"设计—构建—检验—重设计"循环对原始设计加以验证和修正。基于酶分类和可能的化学转化类型，已经设计了几种算法来搜索所有可能的途径并根据一些参数（例如途径所需经历的反应步数、热力学效率和最大预测产量）对这些途径进行评估排序，以便寻找理论上最适合于生产某种化合物的代谢途径。对于选定的代谢途径，需要依据所需的元件类型采用合适的策略实现候选元件的计算识别。除此之外，为了优化通过候选途径的代谢流量，需要根据单独的催化效率及总体途径反应化学计量来找到途径内的每一部分的最佳组合。

对于可能的最优代谢途径，经过计算机辅助的设计或重设计后，可以通过计算机模拟并预测其整合到候选底盘细胞的代谢模型后，其代谢网络与外源途径的拓扑结构的相互适应的过程与内源途径和代谢物的竞争、不可预测的副产物和反馈环路都是底盘细胞对外源途径产生的一些可能的影响。基于每个反应的化学计量、质量守恒及目标途径通量最优化的目标函数可以计算出一个新的代谢网络的流量稳态分布。在代谢稳态网络的构建过程中，通常以生物量的最大化生产为目标函数，在合成生物系统中也会使用"代谢网络调整最小化"为目标函数以在通量分布最接近野生型的情况下寻找可行的构建方案。这方面的计算机模拟软件主要由用于代谢模型快速重建的高通量模型生成软件和用于快速高效地分析建模结果的代谢网络可视化软件所构成。

2. 合成生物系统的组装与构建

完成合成生物系统的设计后，需要利用一系列的方法快速、高效地完成从单个转录单元的合成组装到整个合成生物系统的组装构建，用以实现设计的目标功能。

（1）转录单元的合成组装

为了保证在特定底盘中转录单元功能的正常发挥，可以通过计算机辅助的密码子优化将转录单元的编码序列的密码子的使用频率与其底盘相匹配，以实现转录单元的高效翻译。常用的密码子偏好性计算方法包括 Fop、CAI、ENc 及 tAI 等。除了密码子偏好性之外，其他的一些因素，包括密码子上下游序列、mRNA 的二级/三级结构、GC 含量和隐藏的终止密码子等，也是编码序列重编所需要考虑的因素。由于细胞中的 tRNA 可重复加载氨基酸用于同一mRNA 的翻译（Codon reuse），在编码序列的某一区域通常倾向于使用同一密码子以提高翻译效率。常用的编码序列重编软件包括 Synthetic Gene Developer、Gene Designer 2.0 和 Codon Optimization OnLine （COOL） 等。如何定量预测密码子同义替换对蛋白质翻译的影响将是编码序列优化领域未来发展的重要方向。

在对编码序列进行优化后，需要选取合适的功能元件，比如启动子、RBS 及终止子等实现对编码序列的预期调控。组装好的转录单元可以直接通过同源重组整合到底盘基因组中，也可以通过合适的质粒载体以实现其复制和表达。除了常规的分子克隆方法，许多优秀的克隆方法可用于进行转录单元的组装，包括限制性内切酶依赖的组装技术（BioBrickst™、Bgl-Bricks 和 Golden gate 等）和同源序列依赖的拼接技术（In-Fusion™、SLIC 和 Gibson 恒温组装等）。Gibson 恒温组装利用 5′ 外切酶产生同源悬挂序列，DNA 聚合酶填补同源配对后的序列缺陷，最后由耐热 DNA 连接酶实现 DNA 片段之间的无痕连接。Golden gate 方法利用Ⅱ型限制性内切酶切割位点在识别序列外部的特点，通过切割后的悬挂序列的互补性来实现DNA 片段的无缝顺序拼接。Gibson 恒温组装和 Golden gate 都可以一步实现转录单元的高效组装，这有利于节省后续对转录单元的元件组成进行优化替换的时间。

（2）多基因代谢途径的构建

目标代谢途径通常不只包含一个基因，多基因代谢途径的组装是合成生物系统构建过程中常见任务。对组装好的转录单元，既可以利用具有不同选择性标记的多个质粒携带不同的转录单元转化进入底盘，也可以将多个转录单元组装到同一个质粒中转化进入底盘，还可以直接将代谢途径整合到底盘基因组中。在选择质粒载体时，需要考虑以下三个方面的因素：① 质粒拷贝数；② 筛选标记；③ 多克隆位点。一般而言，低拷贝质粒在不同的发酵过程中要比高拷贝质粒更稳定，并且通常可以容纳更大的异源表达序列。然而，高拷贝质粒将有助于目的基因的过度表达。营养标记和抗性基因是常用的筛选标记基因。不同的底盘中可供选择的筛选标记并不相同，这也决定了该底盘使用多质粒系统时的灵活程度。Gibson 恒温组装和 Golden gate 组装方法可以克服多克隆位点的限制，在多基因途径的组装中使用越来越广泛。

（3）染色体和基因组的组装

当外源 DNA 的大小超过一定程度时，质粒将很难承载，会导致一系列的 DNA 复制和稳定性等问题。经过长期的发展，多种人工染色体被构建出来用于在不同的生物体中实现大片段 DNA 序列（染色体或者基因组）的承载。

① 细菌人工染色体（bacterial artificial chromosome，BAC）

用于细菌（通常为大肠杆菌）中的大片段 DNA 载体。BAC 载体以大肠杆菌的育性质粒（F-质粒）为基础改造而来，可承载高达 300 kb 左右的 DNA 片段，通常在细胞中以单拷贝的形式存在。其典型组成包括：一个来源于细菌育性质粒（F-质粒）的复制起始位点，repE 基因（人工染色体的复制及拷贝数控制），parA、parB 和 parC 基因（用于在分裂过程中将染色体 DNA 平均分配至子细胞），抗性基因（提供筛选标记）及多克隆位点（外源 DNA 的插入）等。在反式作用因子（TRF）存在的情况下，通过在 BAC 载体中添加第二个复制起始位点（oriV）可以增加 BAC 载体在细胞中的拷贝数。

② P1 噬菌体人工染色体（P1 artificial chromosome，PAC）

用于细菌（通常为大肠杆菌）中的大片段 DNA 载体。PAC 载体以 P1 噬菌体的基因组为模板改造而来，在同源状态下可以环状形式独立于细菌基因组而存在，其承载能力与 BAC 类似。PAC 载体可以通过 P1 噬菌体的"溶源-裂解"过程以实现外源 DNA 的快速扩增。

③ 酵母人工染色体（yeast artificial chromosome，YAC）

用于酵母中的大片段 DNA 载体，包含真核生物染色体维持所需的所有元件（复制起始位点、着丝粒和端粒）及原核生物质粒所需元件。与 BAC 或者 PAC 相比，YAC 的承载能力显著增强（超过 1 000 kb），但是与酵母内源染色体的分离过程较为复杂，克隆后不易获得大量的染色体 DNA。由于酵母本身的高效同源重组系统，YAC 常被用于外源大片段 DNA 的体内组装。

④ 人类人工染色体（human artificial chromosome，HAC）

可用于在人类细胞中承载大片段 DNA 的微染色体。相较于人类细胞中常用的基于病毒的基因传递系统，HAC 具有以下优势：首先，HAC 中的着丝粒的存在能够保证 HAC 长期以单拷贝的形式稳定存在于细胞内，而不会整合到底盘的基因组中，从而可以最小化外源 DNA 序列被沉默的风险；其次，HAC 的 DNA 承载能力是目前人工染色体中最强的，上限并不清楚；再次，HAC 可以实现细胞之间的转移；最后，由于缺乏病毒序列，HAC 载体能够最小化底盘免疫原性应答的不良反应和细胞性状转化的风险。现有的 HAC 主要来自两个方面：一是对自然界中的人类染色体的工程化改造（比如通过 21 号染色体的截短改造而来的 21HAC）；二是直接从头设计。

（4）合成生物系统的构建

将 DNA 组装成较大的 DNA 片段甚至是全基因组后，需要实现对这些片段进行移植和复活，才能最终完成合成生物系统的构建。对于病毒基因组，可通过体外或体内的病毒组装过程以实现合成基因组的复活。以 *Poliovirus* 的合成基因组为例，可通过 RNA 聚合酶将合成的病毒基因组 cDNA 转录成 RNA，通过体外的翻译、复制和病毒颗粒组装，最终形成一个有功能的病毒颗粒。原生质体融合是实现基因组移植和复活的一个常用手段，可以减少操作过程中机械剪切力对大片段 DNA 的损伤，实现合成基因组的快速移植。为了避免移植和复活过程中各种可能存在的问题，另外一种合成生物系统的构建和复活策略是利用目的生物体本身的同源重组系统，直接利用合成的序列替换其原有的野生型序列。

人工合成细胞（artificial cells）是合成生物系统构建的终极目标之一。除了前面所介绍的利用合成基因组的方法通过剔除或更换生命有机体的基因组来创建之外（自上而下），还可以通过非生命组分的有序组装来形成能够复制天然细胞的基本性质的有机整体（自下而上）。由自下而上的方法所构建的人工合成细胞将减轻合成生物系统对自然界原有细胞环境的依赖，有可能实现对自然界原有细胞环境的部分或者完全替代，但是这一领域发展得还不是很成熟。目前，自下而上的方法所构建的人工合成细胞有很多种不同的形式，它们既可以是具有细胞样结构并展现出活细胞的一些关键特征（如进化、自我复制和新陈代谢）的整体生物细胞模仿物，也可以是仅模仿细胞的一些性质（如表面特征、形状、形态或一些特定功能）的工程材料。自下而上的方法所构建的人工合成细胞必须具备三个最基本的元件：携带信息的分子（决定人工合成细胞的功能和性质）、细胞膜（为人工合成细胞内的分子提供一个栖息地同时也是与外界进行物质交换的媒介）和代谢系统（提供能量）。

3. 合成生物系统的分析与筛选

合成生物学包括对现有生物系统的重设计和改造，以及对自然界中不存在的新生物系统的设计和构建两个方面。无论是在原有的基础上进行改造还是从头设计，都需要有合适的技术对按照现有设计和构建的合成生物系统进行分析和筛选，以便检测合成生物系统是否实现了预设的功能，并将符合预期的合成生物个体筛选出来，为后续重设计和功能优化提供数据参考和起始材料。快速、准确和高通量的分析和筛选技术，可极大地加速合成生物系统的功能分析过程，是未来发展的重要方向。

（1）合成生物系统分析技术

合成生物系统涉及生命活动的整个过程，传统的对生命系统进行检测的分析技术（生化、细胞、遗传）同样适用于对合成生物系统的分析。同时，由于合成生物系统自身的特殊性，也对分析技术提出了新的要求，发展出了新的技术。首先是对于核酸类物质（DNA 和 RNA）的分析技术。1977 年，Sanger 等人发明了双脱氧链终止法（即 Sanger 测序，又称为一代测序），并于次年公布了利用此方法测定的全长为 5 375 bp 的噬菌体 phiX174 的基因组序列。迄今为止，Sanger 测序还广泛地用于分子克隆中的短链 DNA 测序。对于通过合成生物学手段构建的长链 DNA，包括复杂的代谢途径合成的染色体和基因组，则需要借助从 20 世纪末开始出现并迅猛发展起来的二代测序技术。二代测序的大规模平行测序的思路可以极大地提高测序的能力和速度，降低测序的成本。

然后是对多肽类和蛋白质类物质的分析技术。多肽类和蛋白质类物质既可以是合成生物系统的最终产物（比如酶制剂和疫苗），也可以是合成生物系统发挥其功能的关键因子。传统的蛋白质生化分析手段（如蛋白质凝胶电泳、柱色谱和高效液相色谱等）及荧光定位等细胞生物学分析手段，目前仍然广泛地用于目标蛋白质的分析。质谱是对多肽和蛋白质进行定性和定量分析的一个重要手段。iTRAQ、SILAC、MRM 和 SWATH 等定量蛋白质组学技术不仅能鉴定出不同状态下表达的蛋白质，而且能对其丰度进行精确定量。这对合成生物系统的分析具有重要意义。另外，对于多肽和蛋白质的结构生物学分析也可以为蛋白质功能的设计和优化提供极其有用的信息。

合成生物系统的一个重要功能就是生产异源代谢产物或者一些具有重要功能的全新化合物。在合成生物系统的分析技术中，对于代谢产物的分析技术占据了非常重要的地位。代谢产物手性和同分异构体的存在给分析过程带来了不小的难度，对于这些代谢产物的分析主要依赖于液相色谱、气相色谱和质谱等技术手段。

前面介绍的分析技术，所得到的都是对某一个细胞群体的平均值，但是这些平均值是否准确地反映了所研究的每个不同的单细胞的行为是需要实验验证的。近年来，单细胞技术的兴起和发展为在单细胞水平分析合成生物系统提供了强有力的手段，是对过去经典方法的重要补充。由于单细胞中的被分析物含量特别少，对分析的灵敏度和精确度都提出了更高的要求。随着技术的发展，现在我们已经能够对单细胞的核酸序列、酶活、转录活性和代谢状态等进行研究分析。

分析所需的单细胞可以通过流式细胞仪（FACS）方法进行分离、通过显微操作将特定位置的单个细胞分离出来和通过微流控技术进行单细胞分选等方法获得。FACS 分选的方法需要较大的起始细胞量，而显微操作技术则依赖于人工操作无法实现高通量。微流体装置以高通量方式运输、固定、培养、注入试剂、保持观察和取出单个细胞，其应用为通过光谱、质谱或其他方式进行单细胞分析提供了便捷的单细胞样品来源和分析平台。

通过对单细胞进行 DNA 和 RNA 测序，我们可以高精度地了解单个细胞水平的基因组突变情况和表达状况，从而获得对特定样本中的细胞基因型组成和细胞转录状态组成的全面认识。基于荧光报告基因和定量时差显微镜（quantitative time-lapse microscopy，QTLM）可以准确跟踪特定蛋白质在单个活细胞中的动态行为。利用此项技术，人们发现许多调节因子会经历持续和重复的激活脉冲。通过调节脉冲的振幅、频率或持续时间，可以使其具有不同的生物学输出特性。由于代谢物结构多样、动态范围很大、可以在很短的时间内动态地对环境做出反应和不能进行扩增及标记（荧光标签会干扰其正常功能的发挥）的特性，单细胞代谢组学分析是单细胞分析里面最难进行的一种。但也正因为如此，单细胞代谢组学可以提供其他单细胞分析所不能提供的合成生物系统功能的更加即时和动态的表征。

除了对以上具体的合成生物系统对象进行分析外，我们通常还需要在整体水平（通路、网络、单个细胞、细胞群体）对合成生物系统进行分析。在分析的过程中，通常需要根据具体的分析对象，采用多种方式对合成生物系统进行全面的定性和定量分析，以便获得对合成生物系统的运行过程中的重要参数及最终功能的实现程度的评估，进而为下一步的设计和优化奠定基础。

（2）合成生物系统筛选技术

除了分析技术，合成生物系统功能的实现和优化还依赖于有效的筛选技术的建立和应用，尤其是高通量自动化的筛选技术。筛选技术可以分为筛（screening，连续检测每一个变异个体）和选（selection，并行检测群体中的所有个体）两个方面，其核心是对合成生物系统适应度（fitness，对特定突变体执行所选功能的能力的定量描述）的选择。合成生物系统的筛选技术主要可分为：体内（in vivo）、体外（in vitro）和计算机分析三个大类。无论哪种筛选技术，在筛选的过程中都需要尽量减少假阴性和假阳性事件的发生。新的筛选技术正在被不断开发出来，为日益增长的挑战提供定制解决方案，增加筛选过程的可控性、通量和准确度。相比较于其他两类筛选技术，体内筛选技术是最接近合成生物系统的基因型和表型之间真实关系的筛选技术，在筛选的过程中细胞保持了其自身的完整性和代谢活性。体内筛选过程主要依赖于对细胞死活、生长率的差异或基于报告基因的活性（例如基于荧光报告基因的流式细胞筛选技术）来实现对合成生物系统的筛选。生物逻辑电路（比如生物传感器）也可以用在此处，通过监视细胞的整体状态或通过响应与筛选过程相关的一个或多个输入因子以实现增强体内筛选技术的筛选效果。

三、合成生物系统的调控与优化

合成生物系统组装构建后一般都无法直接达到理想的功能状态，还需要进行很多其他后续的优化如增加底物供给、提高代谢途径中酶的表达量、优化调控代谢途径的因子、对途径中关键酶的改造优化及敲除竞争性通路等。下面将对合成生物系统优化过程中的主要方法和需要注意的问题加以介绍。

（一）合成生物系统的优化

1. 单一基因的优化

合成生物系统优化的基本操作单元是对单一转录单元的优化，而其中对于转录单元表达量的优化显得尤为重要。可以利用不同的调控元件实现基因表达水平的优化，包括启动子、RBS、终止子和适配体等。

启动子的活性差异非常大，可分为组成型表达和诱导型表达两大类。组成型启动子提供恒定水平的表达，诱导型启动子可以控制基因何时被表达。当基因表达会对细胞造成不良影响时，这种控制是可取的。然而，在选择使用诱导型启动子之前，应该考虑以下几个因素：① 诱导剂诱导表达的经济代价；② 启动子对诱导剂的敏感性；③ 诱导时间；④ 不存在诱导剂时的背景表达。除了天然启动子之外，已经通过诱变文库（如易错 PCR）的高通量筛选或人为设计来开发合成型启动子。天然启动子和合成启动子相互补充可以为基因表达的优化调控提供更为连续、定量和可控的材料。人为设计的合成型启动子允许对序列进行更显著的处理，产生与天然启动子具有低序列同源性的合成启动子，从而实现外源途径与内源代谢网络的正交调控。终止子对于 mRNA 转录的终止和 mRNA 的半衰期具有重要的调控作用与启动子类似，野生型和合成型的终止子都是可供选择的优化对象。

核糖体结合位点（RBS）是 mRNA 转录物起始密码子上游的核苷酸序列，具有保守的 Shine-Dalgarno 序列（AGGAGG），负责在蛋白质翻译起始过程中募集核糖体。RBS 序列的亲和力和数目可以调控核糖体结合到 RBS 上的速率和翻译起始的效率。RBS 功能的发挥与其所处的序列环境相关，一些 RBS 在新的环境中可能无法发挥其预期的功能。一些软件已经被开发以解决这一问题，针对给定的期望翻译起始速率，设计相应的 RBS 序列，比如 RBS Calculator 和 RBS Designer。

适配体是近年快速发展起来的调控基因表达的手段。适配体是短的单链核酸，具有非常高的结合亲和力和特异性（在许多方面可以和单克隆抗体相媲美），可结合宽范围的不同配体。由于在配体结合时发生 RNA 的构象变化，适配体可以用作有效的条件性基因表达的调节剂。通过调节核糖体和剪接体等蛋白质复合体与 mRNA 的结合，适配体可以根据配体的存在与否调节 mRNA 的翻译起始和选择性剪切等，从而实现对目的基因原位选择性调控。

2. 多基因途径的组合优化

通过合成生物学手段对特定代谢途径（内源或外源）进行组合优化以提高特定产物的产量或者生产全新的产品是实现合成生物系统的实际应用的关键步骤。最佳的多基因途径需要平衡途径中的酶的活性以获得最大产量并避免累积中间代谢物（特别是有毒的中间代谢物）。目前多基因途径的优化技术主要可以分为理性和非理性两个方面。

由于细胞代谢的高度复杂性、对大多数生产途径的先验知识的有限性及缺乏前瞻性的设计标准，非理性优化是进行多基因代谢途径初期优化的一个优良方案。基于自然界中的自发突变或者人为诱变所创造的遗传多样性，通过一定的筛选手段即可实现多基因代谢途径的定向进化过程。以酿酒酵母的乙醇耐受性进化为例，由于乙醇耐受的多基因性和复杂性，利用不断升高的乙醇压力下酵母的自发突变进行长期的定向进化是提高其耐受性的有效方式。相对于不耐受的菌株，耐受菌株在高浓度乙醇条件下具有更高的适应性（fitness），通过不断提高乙醇浓度和长期筛选，就有可能富集并筛选出积累了耐受突变的菌株基于耐受菌株。通过基因组改组技术（genome shuffling）可以将不同的耐受菌株的耐受基因组合到某一个特定菌株之中，从而进一步提高耐受性。

随着研究的深入，人们对于一些常用底盘的代谢网络及一些目的多基因途径已经有了一些理解，基于这些知识，可以实现多基因途径的理性优化。通过转录组、代谢组和蛋白质组等的分析，可以为途径限速步骤和有害中间体的寻找提供帮助。通过对途径关键酶类的转录水平的组合调控（用底盘特异的不同强度的启动子突变体对代谢途径进行从头装配，随后进行高通量筛选），可以实现底盘特异的代谢流量的平衡，从而定制优化目标代谢途径（customized optimization of metabolic pathways by combinatorial transcriptional engineering，COM-PACTER）。

3. 基因组简化和重构

基因组具有冗余性，冗余基因的敲除通常不会对生命体的存活造成影响。基因组中的基因可以划分为必需基因和非必需基因两大类，非必需基因的敲除将有助于简化基因组。基因组的精简化可以避免不必要的能量和物质浪费，使得细胞具有较为明确的调控网络，从而有利于根据后续需求有目的性地改变生命体的性状。另外，通过基因组的精简化可以获得在一定的条件下对生命体的存活所必需的一套遗传物质，对这些精简化的基因组的研究将有助于理解生命所必需的核心功能和基本元件。基因组的精简化和重构是合成生物学的一个核心和前沿研究课题，也是从头设计合成生命体的必要基础。

（二）合成生物系统的调控

在前面的章节中，提到"单一基因的优化"，旨在通过对单个基因的修饰来改善其性状，如提高代谢物的表达量，优化菌株自身性状等。合成生物系统对单基因的调控作用通常表现在 DNA 水平、RNA 水平、蛋白质水平等，涉及 RBS Calculator、RBS Designer 和 UTR Designer。基于热动力学原理设计的在线工具，通过构象变化来调控基因表达的核糖开关（riboswitch）等，体现了基因表达调控的多样、智能与多功能性。同时，随着对生物体更深入的认识与生物技术的飞速发展，研究者基于此基础，开发出更智能、更高效的基因调控方式成为可能。

1. 合成生物系统在 DNA 水平的调控与优化

随着后基因组时代的到来，需要大量的蛋白质亲和试剂来进一步探究蛋白质组学的功能与特性，被广泛应用的抗体发挥了至关重要的作用。但是抗体的低产、高价与稳定性差等特性限制了对其进一步应用，造成了蛋白质亲和试剂制造使用的瓶颈。针对此问题，研究者进行了进一步的探索，合成了人工亲和试剂，它们有类似于抗体的特性，但同时规避了抗体本身特性差的一些缺陷，如免疫球蛋白结构域（scFV、Fab、FV）、支架蛋白、核酸适配体与其他一些小分子配体等人工亲和试剂。

相比于传统的亲和试剂，人工合成亲和试剂更易于设计和操作，但它们的筛选工作却展现出耗时耗力，需要大量的体外筛选特性，这限制了它们的使用。因此合成方法是急需解决的问题。

2. 合成生物系统在 RNA 水平的调控与优化

从 RNA 水平上分析合成生物系统对基因的调控与优化过程，包括启动子方面的优化，RBS Calculator、RBS Designer 和 UTR Designer 等基于热动力学原理设计的在线工具，以及通过构象变化来调控基因表达的核糖开关这三部分内容，来阐述快速高效调控方式的机理与应用。

（1）通过修饰启动子来调控转录效率

启动子位于结构基因 5' 上游，能与 RNA 聚合酶特异性结合并将其活化，以开启基因的转录。对于启动子的修饰，传统的方法是对原有启动子的 -10 区与 -35 区进行间隔序列的修饰或者通过易错 PCR 的方式，在启动子序列范围内引入随机突变，以改变原有启动子的转录强度。也有通过将增强子等顺式激活元件序列与原有启动子结合或串联的方式组合在一起，即构建混合启动子。

对于有复杂调控机制的代谢网络通路而言，最优最适的转录效率是至关重要的，通过表征不同转录强度启动子所介导的预期产物的产量，以获得最优的可介导的最高产物产量的启动子。

（2）通过优化 RBS 与 UTR 来调节转录效率

RBS Calculator、RBS Designer、UTR Designer 等工具借助于热动力学与数学模型的方式来参与基因转录起始的调节进程。对于细菌等微生物而言，在蛋白质翻译过程中的限速步骤就是翻译起始过程。RBS 和其他一些 RNA 调控元件对于翻译起始进程有着积极有效的调控。

RBS 序列，即核糖体结合位点，是距起始密码子上游几个或者几十个碱基数的一段非编码区域，一般长度为 5 或 6 个碱基，其可以与核糖体中的 16SrRNA 的 3′端碱基互补配对，从而驱使核糖体结合于 mRNA 上以便翻译起始的进行。区别于传统构建烦琐且后续筛选工作困难的 RBS 文库的方式。根据 mRNA 与核糖体结合的相互作用，通过热力学数学公式计算的方式，设计不同 RBS 序列来优化翻译起始速率，设计出 RBS Calculator 工具，进而达到改善预期生物特性的目的；通过 mRNA 折叠与 RBS 相互作用的关系，同样根据热动力学模型数学计算的方式，设计出了 RBS Designer 工具，以在转录水平上精细而又便捷地调控微生物转录效率。

UTR（untranslated regions）即非翻译区是 mRNA 分子两端的非编码序列。通过对不同 mRNA 分子与对翻译起始折叠有关的非翻译区（UTR）的精确分析，也以热动力学数学模型的方式预测与 mRNA 翻译起始有关的 UTR 区域，以此来调节蛋白质的转录效率。

借助于这些工具，能有效地对代谢途径等进行在 RNA 水平上的调控，用以优化生物途径，增加预期产物的生产量或改善生物体性状。

（3）通过核糖开关来调节转录效率

核糖开关可以响应配体分子结合，促使核糖开关的构象发生变化，以调节基因表达水平来激活或者抑制其蛋白质表达的 mRNA 分子。大部分核糖开关只有一个识别靶向配体的位点或者适配体（aptamer），适配体是一段寡聚核苷酸链或者肽链可以特异性地与目标靶分子结合。当配体分子结合在位于核糖开关中的"aptamer"区域时，引起构象改变，从而调控 mRNA 的表达水平。

核糖开关的调控方式在自然界并不鲜见，在细菌中广泛存在。其调控方面涉及代谢物的微生物合成、分解代谢、信号传递等方面。

3. 合成生物系统在蛋白质水平的调控与优化

合成生物系统中在蛋白质层面的调控与优化大多数依赖于支架蛋白。支架蛋白通常含有多个蛋白质结合域，从而将多个蛋白质聚合在一起使它们发生相互作用。在代谢工程领域，即使代谢途径中的酶以正确的构象表达出来，其有效酶浓度通常很低，致使酶分子与目标靶物质的分子间碰撞明显降低，从而代谢流不能及时有效地向预期方向流动，因而目标代谢物的产量很低。支架蛋白可以用来解决这一问题。

物质分子在时间与空间上的有序组合对于胞内复杂信号的传递有着至关重要的作用，在生物体复杂的信号传递进程中，支架蛋白越来越起着至关重要的作用。空间上的排布对于需要高保真的胞内信息传递有着至关重要的作用。通过支架蛋白、区室化（如细胞器）的作用与细胞膜的固定等方式，胞内的蛋白质分子可组装成特殊的结构，蛋白质分子在空间上的有序组合排列无疑会增加信号传递的准确性。

胞内信号传递过程也需要支架蛋白的作用，如对于酵母有丝分裂原激活蛋白激酶（mitogen-activated protein kinase，MAPK）途径中至关重要的 Ste5 与哺乳动物 Ras-Raf-MEK-MAPK 中的激酶抑制因子（kinase suppressor of Ras，KSR）。支架蛋白在细胞与细胞间的通信交流过程中也起着很重要的作用，如神经元突触的信号传递过程。

支架蛋白因其结构和功能的多样性与高效性在一系列的生命活动中发挥着重要的功能。因此，生物体内的反应得以有条不紊且快速地完成。随着对生命活动发掘与认识的进一步深入，未知的途径与信号活动日益为人所知，而支架蛋白在改善和提升生物体的生命活动方面有着不可或缺的作用。

4. 合成生物系统的全局调控与优化

全局转录调控（global transcription machinery engineering，gTME）的概念由麻省理工学院的 Alper 等于 2006 年提出，即通过改变基因组转录水平以获得预期提高细胞表型的一种定向进化方法，在全局范围内对细胞进行目标表型的强化，可通过易错 PCR、DNA shuffling 等技术对细胞内的转录因子等元件进行突变，可在全局水平上改变基因的转录效率，从而改变生物体的表型。传统方法中，由于载体、宿主与转化效率等因素的限制，在多基因位点的修饰较为困难，因而在涉及多种基因控制产物合成的代谢途径中，此方法作用甚微。与之相比，全局转录调控可在基因组水平上对多基因在转录水平上进行修饰，以改变生物体的性状。全局转录调控用易错 PCR、DNA 重排（DNA shufling）等技术对 σ 因子与其他的转录因子等转录调控元件进行突变修饰，构建相关的转录调控元件的突变库，再经过几轮筛选，筛选最有益的突变体。同时，将表征优化提高的转录调控元件的突变体通过基因工程的手段导入其他的宿主中，同样能使它们的表型得到显著提升。

全局转录调控技术作为一种定向进化技术，具有简单高效、易于设计的特性，其在菌株特性改造中日益成为一种强有力的改造工具，并且在筛选优质菌株方面已经取得了很多进展。例如，全局转录调控技术可在基因组水平对菌株进行改造，由此多基因的表型可以得到显著改善。随着生物技术的发展与生物信息的日益完善，全局转录调控技术与最新的技术相结合，在更深层次、更高水平上对生物体特性进行修饰成为可能，从而更进一步揭示基因型与基因的关系，并为工业微生物进一步的菌种特性改善提供新思路与新方法。

四、合成生物系统数学模拟与性能分析

（一）合成生物学建模和辅助工具

合成生物系统的模型和大部分自然生物系统的模型是类似的，故大部分已有的系统生物学工具可以被直接运用到合成生物系统的建模分析中。系统生物学试图用数学建模来理解生物系统，在基因、分子、细胞甚至是组织和个体的层面上来阐明生物学中一些规律，这与合

成生物系统的建模研究内容有着广泛的交叉，所以使用现有的系统生物学分析技术，能有效提高研究效率，并减轻研究者们重新构建模型的工作负担。但上文也提到，实际的合成生物系统中存在随机性（stochasticity）、非线性（non-linearity）、进化性（evolution）和多级调控（multi-level regulation）等性质，而现有的生物学建模工作在大部分情况下只着眼于通用元件（generic parts）的模拟，即把合成生物系统中的元器件视为功能确定并且特性恒定的实体，但实际上生物元件的功能在很多时候并不是完全确定的，它们会随着环境的不同而改变，即上文提到的进化性（evolution）——元器件的功能可能随着环境的变化而进化，抑或在传代过程中发生改变最后甚至可能完全改变以前的功能。所以对合成生物系统的建模需要考虑引入自适应元件（adaptive-generic parts）来描述某些生物元器件。

（二）合成生物系统建模的基本分析方法

模型是对相应的系统和系统内各个部分的关键热点相互作用关系的抽提（abstraction），其中所谓热点就是那些对研究有作用或者是令研究者感兴趣的内容，是对系统一些本质特征的描述，这种描述可以通过数学表达式、图表或者计算机程序进行表达。当需要对一个合成生物系统进行数学建模研究时，研究者总是最希望能够预先最大限度地了解这个系统的运作原理，然后再根据系统运作的原理，对关键的步骤和感兴趣的地方进行数学描述或者进行计算机模拟。如果能够理清楚一个合成生物系统的全部工作原理，并且对整个系统进行建模，将各种影响因素纷纷考虑进去，那么由模拟得出来的结果，应该会更精确、更接近真实值，且能为实验提供更具体的指导。但生物系统是非常复杂的，首先是高度复杂的代谢通量、蛋白质、RNA 和基因网络，此外，它们相互连接后可以构成各种反馈或前馈回路；与此同时，非线性（non-linearity）、环境噪声（noise）、强随机性（stochasticity）、元器件的功能和一些特征容易随外界信号的改变而改变等特性均存在于系统中，所以要完全地将其本来面貌进行揭示，对各种调控信号进行解析，需要耗费大量时间和精力，而且大部分情况下以现有知识也难以做到。但数学建模并不需要将系统的全貌揭示出来，真正值得研究关注的也许只有几个核心的部分和少量与其相关联的关键性影响因素，如果能对这些部分进行分析和整理，将复杂的实物系统抽象成一个简单且便于理解的数学描述，然后再进行建模和计算，就可以提出一个简便而有效的模型。建模并不是一个将系统所有特性都描绘清楚的过程，每一个模型都应该有其需要对应解决的问题。通常情况下，一个数学模型只能展示一个系统某个或某几个特定的方面，建模的目的在于回答一些特定的问题。

进行建模分析，首先需要清楚应该使用何种方法对这个系统进行建模，即分析系统模型的逻辑结构，通常情况下，先从系统的运转原理入手，并力所能及地了解系统中关键性步骤的运行机制。分析过程必须依据与系统相关的一些信息，在分析的时候，研究人员也应尽可能获得更多有利于分析的信息。在建模过程中，这些信息主要有以下三个来源：建模目的、前人经验和实验数据。

第一个信息来源是建模目的。建模目的规定了研究者应该从何种角度去抽象地描述一个系统。一个模型只能反映系统的某一个或某几个特性，难以真正对实际系统有一个面面俱到的描述，同一个系统中可能存在多个研究对象，而不同研究者针对同一个系统也可能有不同的研究目的。所以，对同一个系统，由于建模目的的不同，研究者们建立模型时分析的角度是不同的，对一些问题的界定也不同。比如，系统中同一个行为，在一个模型中可能被定义为系统的内部相互作用，而在另一个模型中就可能被归类于系统边界上发生的行为。一般来说，若只考察系统的输入与输出变量间的关系，则只需要把系统当作整体来研究；而若需要解读系统内部的结构，那么就需要对系统的内部结构做一个细致的分析。由此可见，建模目的会影响研究者对系统的分析，同一个实际系统可能在不同模型中的表述就不一样，所以建模目的是模型分析的一个重要信息来源。

第二个信息来源是前人经验。很多系统已有前人研究，有些部分经过长期的研究积累，已经有众多的分析方法和建模数据可以借鉴，甚至可能已经形成了一些原理、定理和经典模型。这些研究成果就可以被后人采用，将大大节省同类研究消耗的时间和精力。所以在建模之前，尽力查找和阅读相关的参考文献是非常必要的。

第三个信息来源是实验数据。每一个问题都有其自身的特殊性，而仅仅通过前人的研究成果，很难准确地对自己模型做出合理的分析和评价，所以通过实验数据对模型进行完善，也成为建模过程中一个重要的方法。在获得了足够的建模信息之后，可以根据已经掌握的信息选取合适的分析方法来决定如何对系统进行建模。最主要的步骤是分析模型的逻辑结构，其大致可以分为三个步骤：提出研究问题、建立假设、对模型进行简化或者改进。在确定了模型的逻辑结构后，需要将模型中的参量抽提出来，并通过一些数学方法对它们的数值进行确定或者估测。

1. 模型拓扑结构的分析与确定

建模的主要目的是得到输入量（input）、输出量（output）、常量（constant）、参量（parameter）和变量（variables）之间的相互关系，这种相互关系可以通过数学表达式、计算机程序、逻辑关系或以上各种方式综合来表示。随着所考察问题的性质不同，一个系统可以有不同类型的数学模型，它们代表了系统的不同侧面的属性，对系统建模实质就是对各个变量和参量间的关系按照研究需要的角度进行描述是显示系统或其部分的行为和特性的一个简化描述，并不能完全真实反映实际结构。

当需要建立一个模型时，首先需要定性分析模型的结构，然后再定量研究模型中涉及的参数。建模过程其实就是一个从定性分析到定量控制的过程。而分析模型结构，大致可以划分成以下几个步骤：

第一，找到需要探究的问题，即明确自己的建模目的。

第二，当研究问题被确定后，研究者要仔细地分析每一个与问题相关联的因素，以及这些因素涉及的变量、参数和常量。选取合适的方法分析，对快速确定与研究目标相关的因素具有重要的促进作用。常见的分析方法大致可以分为以下几种：① 机理法（mechanistic approach），又称为推理法，即在能够清楚知道系统的运转原理的情况下，研究者可以直接根据待模拟系统的运行机理，并结合相应的物理、化学和生物知识，写出相应的数学方程。随后再根据相应的方法确定好方程的各项参数，完成建模。② 统计法（statistical method）。当系统的内部结构不太清楚时，研究者可以通过实验检测的方法，选取一些典型的输入量，来测量系统输出量的情况，从而根据其变化情况进行一个大致的推断，这种过程的实际操作方法可以有很多种可以改变系统所处的外在条件以观测系统的变化情况，或是将系统某部分拿掉以观察系统的功能改变。这种方法适用于数学中常说的"黑箱"模型（black-box model）或灰箱模型（gray-box model）。但这个方法不适用于实验测试较为困难或者成本较高的建模。③ 类比法。如果研究者通过简单的分析发现所需要处理的系统和某一种基本模型非常类似，那么可以借鉴前人的研究成果，通过类比的方法对需要研究的系统进行描述。但借鉴的过程中需要注意，每一个模型都有其自己的假设和先决条件在进行类比时，必须仔细分析所类比的对象，不可简单地照搬挪用。虽然上述三种方法都可以独立建立起一个相应的模型，但是在建模分析过程中，很多时候并不能只靠单一的分析方法就得出结论，更多的时候，研究者可能需要综合以上各种方法，通过细致、理性和全面的分析，才能将系统的逻辑结构梳理清楚。此外，由于合成生物系统模型的特殊性，研究者在分析过程中应充分考虑到生物系统中存在的强随机性（stochasticity）、非线性（non-linearity）、进化性（evolution）和高环境噪声（noise）。不然很可能造成后期模拟的失真，导致模拟结果与现实情况相去甚远。

第三，当把各种因素分析清楚后，研究者针对要研究的问题提出相应的假设。假设是形成一个模型的基础，并可以减少模型的复杂性。

2. 模型动力学参数的确定

当模型的逻辑结构被理清楚之后，则需要对模型中一些关键参数的值或是具体范围进行估计和测试。一部分参数具有物理含义，比如反应速率、酶催化速率和转录翻译速率等，这些参数中大部分只要通过普通的实验就可以很好地测量并得到较为准确的结果。而另一部分参数没有什么特殊的物理或数学含义，比如为了符合模型的结构而加上的一些修正常数或是在"黑箱"模型中设定的参数等这部分参数中，只有极少数能够通过简单的实验进行测量，大部分参数用实验测量起来都会非常困难和昂贵，小部分此类参数更是无法通过实验进行测量，甚至有些时候有关系统的信息可能过少，使得即使想构建黑箱模型也无从下手。在这种情况下，采用逆向工程分析方法。

逆向工程（又称逆向技术）（reverse engineering analysis method），是一种产品设计技术再现过程，即对一项目标产品进行逆向分析及研究，从而演绎并得出该产品的处理流程、组织结构、功能特性及技术规格等设计要素，以制作出功能相近，但又不完全一样的产品。逆向工程源于商业及军事领域中的硬件分析。其主要目的是在不能轻易获得必要的生产信息的情况下，直接从成品分析，推导出产品的设计原理。

将可观察到的信息直接转化为已包含参数的模型方程，这种方法将模型离散的拓扑空间也考虑在内。有时，结合系统的拓扑和数值参数同时确定两种类型的参数，在理解未知系统方面具有许多优点。但一般来说，来自实验观测的参数估计需要复杂的技术，所以此时，需要研究者使用一些基本的参数分析方法来对一些参量的数值或其变化范围进行估算。

参数估计（parameter estimation）通常被归类为模型的优化问题，其过程涉及定位目标参数的最优（最小或最大）值，最优值代表了模型的模拟结果与实验所得数据一致。这可以表示为 $\min_{\theta}\Phi(\theta)$。表示实验和仿真之间的拟合优度的函数 $\Phi(\theta)$ 是参数矢量 θ 的标量函数。其最优值有时是通过模型的迭代来调整 θ 的分量值，有时则是通过修正模型假设来确定

θ 的分量值。函数 $\Phi(\theta)$ 经常以实验数据点与相应模拟点之间的加权平方和误差来表示。一般来说，对于线性或分段线性模型可以手动调整和完善参数值以达到目标函数最优化的目的。

（三）合成生物学计算模型概述

1. 模型的假设

生物系统在不同尺度上表现出复杂性，很难准确地预测其输出。但生物系统通常可以简化到允许用户获得对合成基因线路理解的水平。例如，通过简化单个组件的动态，其过程可能形成与系统功能有关的具有价值的信息。简化模型需要做出各种假设，常用的假设是细胞内和细胞群体内的同质性。空间均匀随时间变化的系统可以通过普通微分方程（ODE）来建模。然而，特征分类随时间变化的系统，空间隔离，或细胞内梯度可能需要使用偏微分方程（PDE）。与空间均匀性密切相关的是细胞群体均一性的假设，该假设在生物系统模型中使用非常频繁。除了同质性假设，大多数涉及酶动力学或转录规则的模型也假设平衡、稳态或准稳态。这样的假设可以消除模型的时间依赖性，并将 ODE 转换为更简单的代数方程。制定模型基础假设的任务是在减少系统复杂性的同时保留对于为手头应用进行可靠预测至关重要的系统特征。如果基于某些假设的模型与实验观察到的行为不一致，则必须修改假设。

2. 模型的框架类型

生物系统的数学模型可以分为两大类：确定性和随机性。

（1）确定性数学模型

确定性数学模型模拟一个真实的系统，是一个实际系统，包含数值参数的分析方程（通常为 ODEs 或 PDE）。这些方程通常是细胞物质的质量平衡，由这种模型预测的系统状态是可重现的。

（2）随机性数学模型

随机性模型是指随机相互作用的粒子或物种代表真实的系统。物种之间每个反应的速率遵循概率方程，此外，反应之间的时间也可以变化。在确定性模型中，每个交互和每个参数值是确定的。因此，这些模型预测相同的参数值集合和初始条件的系统动力学相同。然而，实际系统的特征具有随机波动性。为了捕捉这些波动及其对系统行为的影响，采用随机性数学模型，用随机相互作用的粒子或物种代表真实的系统。物种之间每个反应的速率遵循概率方程，反应速率由概率速率定律决定。随机模拟算法（SSAs）如 Gillespie 算法用于模拟系统的状态。

所以随机建模中一种方法是假设系统由随机相互作用的生物分子组成，其中分子之间的反应用概率确定的速率参数建模为泊松过程。另一种方法是将随时间变化的系统视为离散时间随机过程。这种方法使用随机变量或向量 X_n，来表示系统在几个（有限或无限）可能状态中的离散状态。系统状态越少构建随机模型就越容易。

（3）模型中的参数

任何模型都包含几个不代表系统状态的变量，但它们的值控制模型中方程的动力学。这些变量包括反应速率常数、平衡常数、扩散性和其他物理性质，这些被称为模型的"参数"，而不是"状态变量"，例如表示系统状态的物种浓度。为了从模型中做出有用的预测，必须准确地估计模型中的参数。基于物理和化学规律的机制模型包括具有物理、化学或生物学意义的参数。然而，可能在很多情况下系统没有太多的信息可用，并且构建"黑匣子"模型是唯一可用的选项。这种模型的参数不具有物理或生物学意义，但是它们的估计对于模型的成功是不可或缺的。

（四）合成生物系统数学模型的分析与评价

1. 稳定性分析与评价

稳定性（stability）是指系统抵御外部干扰以保持理想工作状态的能力。在扰动作用下系统偏离了原来的平衡状态，如果扰动消除后，系统能够以足够的准确度恢复到原来的平衡状态，则系统是稳定的；反之，则系统不稳定。稳定性分析（stability analysis）在合成生物学的研究中具有重要的作用。

生物系统的不确定性体现在很多方面，比如在基因表达过程中，尽管研究者可以努力让细胞在恒定的环境条件下生长，但基因表达仍旧存在一定的随机性，因为其受到转录和翻译速率波动的影响。由于细胞内基因的拷贝数有限，基因的表达量易受到影响，进而不同的蛋白质表达量会显著改变细胞的表型行为。细胞生存环境中的噪声会对合成生物系统中各行为的稳定性造成很大的影响，这些噪声可以分为基因表达本身产生的噪声（称为固有噪声），以及细胞其他成分的变化带来的噪声（称为外在噪声），如转录因子和 RNA 聚合酶丰度的影响。这些已经通过相应的实验验证和测量。所以，对系统进行稳定性分析在合成生物学研究中是必不可少的一步。

稳定性（stability）和鲁棒性（robustness）通常很容易被混为一谈。稳定性更强调在某个条件下，系统抵御瞬时外界扰动的能力；而鲁棒性则是系统在内部结构发生扰动的情况下，对外部干扰抵御能力的保持程度，即自身参数改变后或环境扰动持续存在的情况下系统保持稳定的能力。不过二者虽有区别，但也紧密联系，一般来说，系统的鲁棒性越高，其稳定性也越强，反之亦然。在数学建模和系统工程中，常用的稳定性分析与评价方法主要有以下几种，这些方法均可以有效地评价合成生物系统模型的稳定性。

① 代数稳定性判据。这种判据方法包括了劳斯稳定性判据（Routh criterion）和赫尔维兹稳定性判据（Hurwitz criterion）。劳斯和赫尔维兹分别于 1877 年和 1895 年提出了判别系统稳定性的代数判据，用于判定一个多项式方程中是否存在位于复平面右半部的正根。这种分析方法的好处是可以不用求解方程即可非常方便地评判系统参数对其稳定性的影响，而且此分析方法不仅适用于系统绝对稳定性的分析，对于系统相对稳定性，此分析方法也有其用武之地。但是这种方法也存在一定的局限性，那就是难以应用于高阶系统，因为对于高阶系统，其计算行列式会变得非常复杂。此外，代数稳定性判据还有一个缺点就是，对带有延迟环节的系统稳定性的判定束手无策。

② 李亚普诺夫稳定性分析方法。这个分析方法是俄国数学家和力学家 A. M. 李亚普诺夫在 1892 年提出的系统稳定性分析方法。李亚普诺夫稳定性分析方法既适用于分析线性系统（linear system）和定常系统（time-invariant system）的稳定性，也可分析伪线性系统

（non-linear system）和时变系统（time-varying system）的稳定性。

根据系统是否含有参数随时间变化的元件，自动控制系统可分为定常系统与时变系统两大类。定常系统（time-invariant system）又称为时不变系统，其特点是系统的自身性质不随时间而变化。具体而言，系统响应的性态只取决于输入信号的性态和系统的特性，而与输入信号施加的时刻无关，即若输入 $u(t)$ 产生输出 $y(t)$，则当输入延时 τ 后施加于系统 $u(t-\tau)$ 产生的输出为 $y(t-\tau)$。时变系统（time varying system）是其中一个或一个以上的参数值随时间而变化，从而整个特性也随时间而变化的系统。

其他的方法比如奈奎斯特稳定性判据、采用伯德图判断系统的稳定性和根轨迹法等，也可以用于合成生物系统的稳定性分析与评价，读者可以根据所建立模型的实际情况，选取合适的方法进行模型的稳定性分析。

2. 鲁棒性和敏感性分析

合成生物学的主要研究目标是设计和构建具有期望行为的生物系统。不过，这依旧存在很多挑战：大多数新构建的系统无法按照研究人员的设想起作用，需要进行系统优化和调节。发生这种现象的一个重要原因，是我们缺乏关于系统中分子的浓度和相应的参数值的了解以至于合成生物系统的设计遇到了阻碍。当前技术的局限性及生物系统外部复杂的环境因素导致了这些不确定性的产生。工程学中，人们提出通过系统的鲁棒性和敏感性来表征这种不确定性对于系统行为的影响程度。

鲁棒性可以被定义为系统在面对扰动时保持功能的能力。多年来，许多研究已经在理论和实验上证明了鲁棒性是许多生物过程的关键特性，并提出了许多促进鲁棒性的机制。现在，鲁棒性被认为是生物系统的基本特征之一，因为它允许其在分子噪声和环境波动的存在下正确运作。已经有很多研究者总结了这种生物鲁棒性的作用，并讨论了其与生物系统的演变、生物网络的模块化及鲁棒性与脆弱性之间的权衡关系。特别是在合成生物学的背景下，鲁棒性是在设计层面需要考虑的关键问题。

敏感性是用于衡量系统模型中，某一个参量的改变对系统的某一个评价指标或者整个系统行为的影响程度，若影响较大，则系统对此参量的敏感性较高，反之则较低。敏感性分析有时候也被称为灵敏度分析（这种分析过程同样也是改变模型的参数，观察模型输出随着不达参数的变化规律），仔细思考，可以发现这一点和鲁棒性有一些异曲同工之处，鲁棒性界定的是系统抗干扰的能力，而敏感性则是分析系统在扰动下，输出量或行为的变化程度，所以敏感度的大小其实某种程度上可以反映出系统的鲁棒性。

在实际的合成生物系统建模中，人们较为关心的问题是模型参数或结构发生多大幅度的变化时系统会出现不稳定，而这种变化程度分析可以通过公式来进行，将系统 S 的属性 A 相对于一组扰动 P 的鲁棒性定义为由扰动概率 prob（p）加权的所有扰动（$p \in P$）的评估函数 D_a^s 的平均值，其具体计算方式如下：

$$R_a^s P = \int_{p \in P} \text{prob}（p）\ D_a^s \mathrm{d}p \tag{10-1}$$

这个式子可以确定系统在多大程度的扰动下仍然能保持其功能。但面对不同的问题，这个函数需依据特定方式为每个特定问题重新定义，才可实现其评估功能并计算系统的鲁棒性。

3. 敏感性分析的一般步骤

① 选取不确定因素。不确定因素是指在对合成生物系统进行分析与评价过程中涉及的系统行为有一定影响的基本因素。敏感性分析不用对全部因素都进行分析（尽管只要在模型中出现的参数都有可能成为影响合成生物系统的不确定因素，比如 RNA 转录或者蛋白质翻译速率、诱导物浓度等），而只需对那些影响较大的、相对重要的不确定因素进行分析即可。不确定因素的选取通常结合系统的实际情况、研究者的研究目标及前人的研究经验进行。

② 设定不确定性因素 F 的变化程度。敏感性分析通常针对不确定因素的不利变化进行，当然这并不代表有利变化可以被忽略。通常会选取不确定因素变化的百分率作为其上下浮动的边界，如 ±5%、±10%、±15% 和 ±20% 等。不过百分数的具体取值在进行敏感性分析时并不重要，因为敏感性分析的目的并不在于考察系统行为或输出量在某个变量或参量具体的百分数变化下发生变化的具体数值，而只是借助它进一步计算敏感性分析指标，即敏感度系数和临界点。

③ 选取分析指标 A。敏感性分析指标指的是研究者想要了解的某一个目标量，通过改变参数，测量这个目标量的变化幅度，从而体现出此分析指标对该不确定性因素的敏感度。

④ 计算敏感性指标 E。敏感度系数可以反映分析指标对不确定性因素的敏感程度。敏感度系数越高，敏感程度越高。计算公式为

$$E = \frac{\Delta F}{\Delta A} \tag{10-2}$$

式中：E 代表分析指标 A 对因素 F 的敏感度系数；ΔF 代表不确定性因素 F 的变化率,%；ΔA 代表不确定性因素 F 变化 ΔF 时，分析指标 A 的变化率,%。

⑤ 对敏感性分析结果进行分析。如果计算结果为 E>0，那么则表示分析指标 A 与不确定性因素 F 是同方向变化的，即 F 朝有利方向变化时，A 也会朝向有利的方向变化；而当 E<0 时则表示二者呈反方向变化，即 F 越有利，A 的值越不利。而 E 的绝对值越大，就说明分析指标 A 对不确定性因素 F 的敏感度系数越高，反之，则越低。但需要注意的是敏感度系数的计算结果可能因不确定性因素变化率取值不同而有所变化。但其数值的绝对大小并不是研究者进行此步分析的最终目的，更重要的应该是分析指标对各不确定性因素敏感度系数的相对值。研究者可以借此了解各不确定性因素的相对影响程度，以选出对系统行为影响较大的不确定性因素。

但是，敏感性分析也有其局限性。首先，在敏感性分析中，分析某一因素的变化时，研究者通常假定其他因素不变，而实际的生物系统中，各因素之间是相互影响的，比如诱导物浓度的提高可能会增加其对细胞的毒性，使细胞的生长状态发生改变，从而可能影响蛋白质的表达。其次，敏感性分析也不能说明这种不确定性因素在未来发生变动的可能性大小，换言之，单纯的敏感性并没有考虑不确定性因素在未来发生变动的概率，而这种概率很可能对合成生物系统有重要的影响。另外，若系统对于某一个参量敏感度非常高，并不意味着在这种情况下系统一定不稳定，因为在实际系统中，这个参量出现较为明显波动的概率极小；而

对某个参量敏感度低也并不意味着系统就能稳定运行，也许这个参量在实际实验中，很容易由于各种外界因素引起较大的变动，最终导致系统行为发生变化。所以可以预见，若未来的敏感性分析想要更加精确地预测系统的行为，必将对上述两个主要的局限性提出有效的解决方案。

五、无细胞合成生物系统

合成生物学的主要理念是将工程学原理应用于生物系统。合成生物学包括设计和创造新的生物成分及重新设计现有的生物系统，其核心在于受到多样化强大生命世界的启发，以快速可靠的人工设计生物功能应用于多个领域，它的特殊性在于重新程序化现有的生物体系，以加速"设计—构建—测试"循环，从而快速获得目标体系和产品。在过去的几十年中，合成生物学的增长和发展已经改变并将继续改善生物技术、医药、食品和环境等各个领域。然而，将生物体用于这一目的也面临着重大挑战，如复杂性高、标准化困难、不兼容性、产量低、蛋白质折叠不正确及缺乏必要的前体和酶。面对细胞的复杂特征及问题，须开发新的更容易的工程化手段。因此，为克服这些挑战，目前一项新的合成生物学手段正在兴起——无细胞合成生物学（cell-free synthetic biology，CFSB）。

无细胞合成生物学是无须活细胞的合成生物学手段，通过体外实现并控制基因转录和蛋白质翻译，从而人工设计出新的具有生物功能的产品或体系。无细胞生物合成体系是没有细胞膜的开放体系，没有复杂的生物学过程的激活作用，无须保持DNA遗传的能力，可将目的基因在体外快速转录翻译为目的蛋白，只专注于目标代谢网络，并且清除物理障碍（允许简单的基质添加、产物移除和快速取样）。由于它的简单性、开放性和易放大性，给生物合成工程化提供了极大的自由度，可与其他学科和技术手段任意融合。相比于细胞体系，无细胞合成更容易实现标准化操作；因为较小细胞噪声影响更具备可预见性；无细胞生长问题因而对元件的相容性更高；只聚焦于目标产品的合成路线更简单。并且通过无细胞系统的使用，避免了细胞生长（催化剂合成）和细胞产物（催化剂利用）之间的竞争，提供最大化的合成效率及效益。无细胞合成生物学目前已成功地应用在蛋白质结构功能解析、药物的高通量筛选、膜蛋白的可溶表达、非天然氨基酸的嵌入、对细胞有毒性分子的合成、生物能源的合成和人工细胞的构建等。简而言之，无细胞系统提供了前所未有的自由度，可以自由设计、改进和控制生物系统。无细胞合成生物学是在体外实现生物学中心法则的工程科学它的理念在于跳脱细胞的束缚，在体外重新整合细胞资源专注于用户自定义化的目标产品的合成。无细胞合成的基本操作流程是：获取细胞中转录和翻译所需要的基本组分，然后在体外外源添加DNA模板以维持基因转录、蛋白质翻译过程或代谢过程运转，从而合成目标产品（蛋白质、小分子等）。

无细胞合成的特殊操作模式使得其系统存在着三个典型的特点：① 去除了细胞膜，可直接调控细胞内部的生物活动（转录、翻译、代谢等）；② 去除了天然基因组DNA，消除了不需要的基因调控，也消除了细胞生长相关的需求，因而所有的物质和能量资源利用专注于目标产品的合成或目标体系的应用；③ 开放的操作体系，该体系具有无物质运输障碍，易添加底物去除产品，可快速地对系统过程进行监测和快速取样分析的特点。总的来讲，无细胞合成生物学因其减少了对细胞的依赖性，导致其具有工程化最大的自由度，从而不论在基础科学还是工程应用中都发挥了重要的作用。

自 20 世纪 60 年代首次用于破译遗传密码以来，无细胞蛋白质合成（cell-free protein synthesis，CFPS）已成为合成所需蛋白质的一个重要方法，并在生物技术领域得到了广泛应用。使用无细胞平台而非活细胞的主要优势包括：对有毒产物或底物的耐受性更高、效率高、方便的高通量筛选格式、合成率高、易于生产复杂蛋白质、易于加入非标准氨基酸（NSAAs），以及在没有细胞壁和细胞膜的情况下能够专注于特定的代谢途径。CFPS 的开放性和灵活性为合成生物学应用提供了前所未有的操作、监测、优化和采样自由度。

活细胞外合成生物学提供了前所未有的自由度和灵活性，打破了基于细胞的合成生物学的界限。无细胞合成生物学科实现各种前景广阔的应用，包括创新医疗疗法、生产功能性蛋白质和生物材料、探索基本生物逻辑系统、开发生物传感器和诊断方法、创建复杂的代谢系统、快速原型设计和重组生物合成途径、制造高附加值分子及发现新型天然产物。

最近的技术进步使 CFPS 成为生物技术行业先进生物制造的可行方法。实验室规模的无细胞反应（微升体积）可线性扩展到工业规模的生物大分子生产（100 L 体积）。虽然无细胞表达技术需要能量底物、NTPs、AAs 和辅助因子，从而增加了 CFPS 反应的成本，但与基于细胞的蛋白质生产相比，利用可扩展的无细胞生产平台，可以生态、有效地生产疫苗和抗体药物共轭物等高价值药物蛋白质。此外，有几种方法可以降低试剂成本，如使用廉价的非磷酸化能量底物（葡萄糖和麦芽糊精）代替昂贵的磷酸化底物（磷酸烯醇丙酮酸）；排除辅酶 A 和烟酰胺腺嘌呤二核苷酸等辅助因子；减少核苷酸和氨基酸等其他成分。对大规模无细胞基因表达和反应器优化的系统评估，将推动无细胞生物反应器作为具有成本效益和可持续发展的生物制造平台。

因此，要进一步改进无细胞合成生物学，应解决以下问题：无细胞系统通常使用累积信号或产物的批处理过程，并且不会随着时间的推移保持恒定的速率，因此限制了其模拟动态细胞调控过程的能力，在这种过程中，信号的产生和降解受到动态环境波动的调控。在无细胞系统中建立稳健的反馈和前馈调节机制将有利于开发环境响应型人工细胞和可持续的无细胞生物制造。数学建模和代谢通量分析有助于基于细胞的代谢工程的发展，这些方法的整合应能改善无细胞代谢工程，从而在无细胞平台中实现生物合成途径的原型设计、优化和重组。由于 CFPS 反应中不同批次之间的差异会给蛋白质生产的预先确定带来困难，因此机器学习可帮助确定 CFPS 中的关键参数，最大限度地减少优化过程中的实验工作量，并降低蛋白质生产的可变性。因此，实施无细胞系统中的机器学习算法将大大改善生物制造优化。此外，从不同生物体中建立高效无细胞系统的方法将扩展无细胞技术的各种传感和代谢能力。

通过了解无细胞环境并建立稳健、动态的无细胞系统，可以充分发挥无细胞合成生物学的优势。我们将期待无细胞合成生物学在建立经济、高效的生物平台方面发挥越来越重要的作用，从而产生许多创新成果。

第三节　合成生物学在环境治理中的应用

一、合成生物学在环境治理中的发展历史

天然微生物体系是地球循环的重要驱动力，深度参与了人类活动的各类场景，在各类污染物环境修复中具有重大的应用潜力。微生物把有机物转化为简单无机物，使得生命元素的循环往复成为可能，使各种复杂的有机化合物得到降解，从而保持生态系统的良性循环。自然界中广泛存在各种降解天然有机物的微生物，部分微生物经过长期的自然驯化，也具备了降解人工合成有机化合物的能力。自1989年以来，通过自然筛选、驯化微生物而来的降解菌株，以及随之开发的大量高效、低成本、环境友好型的生物修复技术，已被广泛用于清除受污染农田、地下水、河流、湖泊和海洋等环境中的污染物。20世纪80年代末，美国首次利用生物修复技术成功清除了埃克森·瓦尔迪兹（Exxon Valdez）油轮在阿拉斯加海域漏油造成的大面积污染。2010年，微生物治理技术在墨西哥湾钻井平台溢油事件中又一次发挥了重要作用。在我国，2016年多种石油烃降解菌被用于修复厦门市观音山人造沙滩的重油污染，石油污染物的总降解率达到99.7%，降解后的油泥达到重新填埋标准。在不断获得具备有机污染物降解能力的纯培养菌株的基础上，科学家开始察觉系统挖掘降解菌株代谢潜能，解析污染物降解途径，鉴定关键降解基因和酶，并指明污染物代谢的分子机制，不断拓展着人类在分子生物学层面的认知。例如，早在1953年，Wada和Yamasak就首次报道了尼古丁的微生物代谢途径。随后的60多年间，国内外学者先后发现并深入阐明了4种不同的尼古丁微生物代谢途径（吡咯途径、吡啶途径、杂合途径和甲基化途径），对途径涉及的降解、调控基因进行了功能鉴定、体外表征和机理解析。其中，我国许平和唐鸿志团队完整揭示了尼古丁吡咯降解途径的代谢、分子和调控机理，填补了当时世界上相关研究领域的空白。

经过前期对于生物降解资源挖掘与机理研究的积累，研究者发现许多天然状态下的生物资源在环境修复应用中并不能达到预期。进入21世纪后，大量新兴技术如合成生物学、微生物组学开始涌现。高通量筛选、机器学习、数学模拟等技术开始在生物修复领域得到广泛应用。与此同时，近一个世纪以来工农业生产技术变革也导致环境中有害物质的种类日趋复杂，传统环境科学沿用的基于分析化学的检测方法逐渐体现出了操作复杂、设备庞大、不适用现场检测、不能覆盖新污染物种类的不足。环保领域中针对持久性有机污染物与新污染物的分析方法日渐成为各个发达国家的战略需求，并进一步演变为应对环境监测与环境管理国际竞争的重要技术支撑。1967年，Updike和Hicks将固定有葡萄糖氧化酶的聚丙烯酰胺膜修饰到电极上用于检测葡萄糖，标志着生物传感器技术的诞生。

生物传感器在工业生产、医药健康等高产值领域应用的成功经验，启发着利用污染物降解生物资源，进行识别与传感的元件构建及分子组装的研究和应用。1985年，瑞士汽巴-嘉基（CIBA-GEIGY）公司报道了利用单甲基硫酸盐降解的生丝微菌（*Hyphomicrobium*）MS

219 固定在组合玻璃电极上制成生物传感器，用于检测环境中的甲基硫酸盐含量，对浓度低至 1 mmol/L、高至 1 mol/L 的甲基硫酸盐进行响应，响应时间为 5~30 min。此后，针对汞离子等重金属子、双对氯苯基三氯乙烷（DDT）等卤化有机物、微囊藻毒素等生物质污染物的生物传感器被陆续创制出来，应用于环境检测领域。

二、合成生物学在环境治理中主要的应用方向

合成生物学在环境治理中的应用正逐渐广泛起来，尤其是在污染物检测和增强微生物降解污染物的能力这两个方面。在生物传感器方面，合成生物学使得设计能够选择性地检测污染物的生物体。例如，裴磊等人已经开发出了能同时检测重金属、农药、酚类和砷等污染物的生物传感器；在微生物降解污染物方面，合成生物学提供了改造微生物的工具，已经有相关应用案例，如特纳（Tumer）实验室在 2013 年对单胺氧化酶 MAO-N 的底物口袋进行了定向进化，使得其能催化降解的底物从苯甲胺拓展到二苯甲胺，且其降解产物的手性是特定的，纯度可达 99%。后续三、四节将针对合成生物学在环境监测和污染物降解两个方面进行更详细的介绍。

三、合成生物学在污染物检测中的应用

前文提到合成生物学检测污染物主要是通过构建生物传感器实现的。所谓生物传感器即是一种利用生物学元件来捕捉目标分子并将其转化为可测量信号的装置，这种信号可以是荧光、化学发光、比色、电化学和磁反应等形式。与标准分析方法相比，生物传感器具有成本低、效率高、无须复杂样品制备等优势。在合成生物学的推动下，生物传感器领域取得了新的发展，引入了许多新概念，结合先进的检测技术，生物传感器正成为环境监测的重要工具，可以识别各种环境危害物质。

生物传感器通常由三部分组成，分别是生物识别元件、转换器和信号处理器。

① 生物识别元件（生物感应部分）：这部分负责特异性地与目标分析物（如病原体、有机化合物、金属离子等）结合。根据其设计，生物识别元件可以是酶、抗体、受体蛋白、核酸序列、细胞或组织等。

② 转换器（传感部分）：当生物识别元件与目标分析物结合时，转换器将生物识别元件转换成可测量的信号，通常是电信号。转换器的种类多样，可以是电化学传感器、光学传感器、热传感器或声传感器等。

③ 信号处理器：这部分负责接收从转换器传来的信号，并对其进行放大、处理和显示，使其能够被用户读取和理解。信号通常以电压、电流、光强度或温度变化的形式出现。

生物传感器可以被设计用来响应来自环境的特定信号。它们可以用来识别水和食物中的致病微生物，如沙门氏菌或大肠杆菌，或检测土壤、空气或水中的有害化学物质。杜克大学的 Homme Hellinga 和他的同事提出了一种具有新功能的受体和传感器蛋白的计算设计，如结合靶向化学物质。他们重新设计了大肠杆菌中的糖结合蛋白，重新设计的蛋白质被插入一

个工程基因电路，然后整合到一个细菌中，创造出一个全新的生物传感器，当它感知到目标化学物质时就会变成绿色。类似的微生物传感器也可以用来检测环境污染物。

（一）重金属的检测

重金属主要分布在大气、水体和土壤中，通过多种途径对人类生活产生有害影响，如图 10-1 所示。随着工农业及经济的迅猛发展，重金属尤其对水环境带来了严重的负面影响。重金属通过冶炼、电镀、采矿、燃烧和城市垃圾排放等工农业生产活动和人类生活进入水体。进入水体的重金属首先进入沉积物中，随着水力条件的变化不断释放到水体中，造成重复污染，尤其是沉积物中的汞、铅和镉等重金属，会沿着水生食物链被各类生物体富集，对生态环境和人类健康造成重大危害。中国学者的众多研究表明，重金属排放到太湖和鄱阳湖等湖泊系统中，严重影响了湖泊的生态安全，已经对当地生态系统造成了巨大的破坏，包括一些鱼类的灭绝、农业产量的减少及淡水的污染等。

重金属污染危害巨大，因此急需发展合适的重金属污染检测方法。目前重金属检测方法主要有电感耦合等离子体发射光谱法（ICP－AES）、电感耦合等离子体质谱法（ICP－MS）、原子吸收光谱法（AAS）和原子荧光光谱法（AFS）等。但这些方法都需要借助大型仪器检测，相比于这些方法，利用生物传感器具有高特异性和灵敏度、快速响应和即时检测、便于携带和现场应用等优势，目前已经取得了一系列进展。

刘等人研究开发了一种生物传感器，可作为环境中锌毒性测定的一种便利评估系统，将恶臭假单胞菌 X4 中不同 *czcRS* 操纵子与 *lacZ* 基因融合，研究不同操纵子的诱导性和特异性，通过 β-糖苷酶活性数据证实 *czcRS*

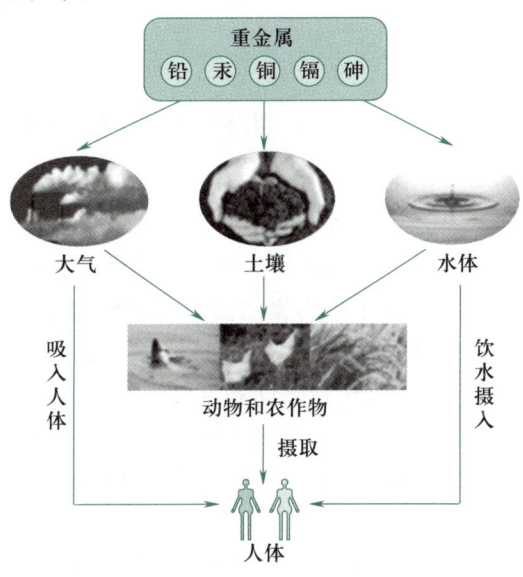

图 10-1　重金属对人体产生有害影响的多种途径

启动子对锌具有定量响应性；将无启动子增强型绿色荧光蛋白基因（*egfp*）与恶臭假单胞菌 X4 染色体上的 *czcRS* 启动子融合，构建了具有锌特异性生物传感器功能的恶臭假单胞菌 X4（*PczcRSGFP*）；在 4 种不同的锌改良土壤的水浸提液中，报告菌株检测到样品中 90% 左右的锌含量；Wei 等研究者将 C. Metallidurans CH34 抗铅操纵子 *Pbr operon* 的铅特异性结合蛋白 PbrR 和 *Ppbr* 启动子与下游红色荧光蛋白（RFP）一起导入大肠杆菌，实现了对铅离子的高灵敏度和高选择性的全细胞检测，该表面工程菌能有效地保护拟南芥种子萌发免受高浓度铅离子的毒害，构造路径如图 10-2 所示。

Yin 等将来自耐汞菌株铜绿假单胞菌 PA1 的羧酸酯酶 E2 展示在大肠杆菌 Top10 细菌的外膜上，构建了能同时吸附和检测 Hg^{2+} 的基因工程菌株，透射电子显微镜分析表明，Hg^{2+} 可被羧酸酯酶 E2 吸收并积累在大肠杆菌细菌的外膜上，因此该表面展示羧酸酯酶 E2 的大

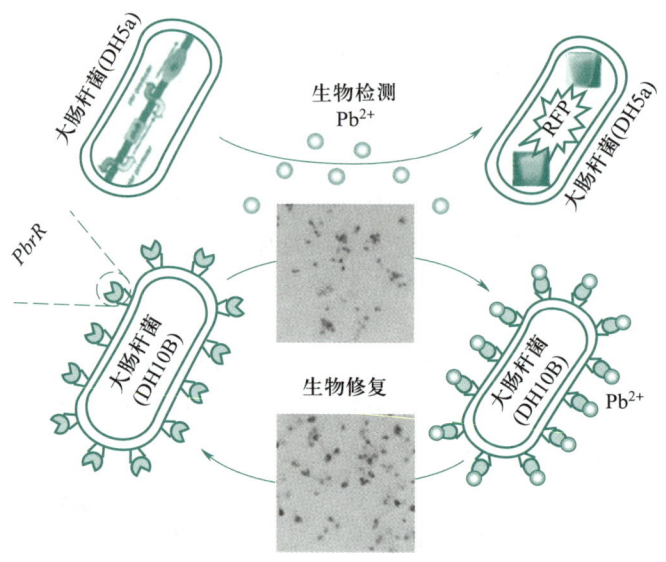

图 10-2　一种基于大肠杆菌的生物传感器构造路线图

肠杆菌可用于检测水样中 Hg^{2+} 的浓度，在对环境中汞污染进行生物检测和生物修复方面具有较大潜力。英国爱丁堡大学研究者利用具有感知水中砷离子功能的启动子，设计了相应的生物感应器。该启动子在有砷离子存在的情况下能改变细胞的代谢反应，并最终改变溶液的 pH，这种砷离子生物检测器的最低砷离子检测限为 5×10^{-9}。利用微生物作为检测器，不仅可以大大降低成本，且较之其他砷离子检测器而言，利用 pH 的变化作为砷离子存在与否的信号很容易被 pH 检测仪甚至更方便的 pH 试纸检测到，使仪器的实用性大大提高。爱丁堡大学设计的砷离子生物检测器系统如图 10-3 所示。整个系统只有在砷离子或乳糖存在时才有响应。装置 1 中的启动子 3 为组成型常开启动子，下游 *lacI* 基因表达的产物 LacI 抑制启动子 4 的启动。

① 当环境中只有乳糖存在而无砷离子存在时，乳糖与 *LacI* 结合，解除 *LacI* 对启动子 4 的抑制，启动子 4 顺利启动，其下游的尿素酶基因表达产生尿素酶。尿素酶催化尿素转化为氨和二氧化碳，环境的 pH 升高，其值为 9~10。

② 当环境中的砷离子浓度较低时（如 5×10^{-9}），响应低浓度砷离子的高敏感装置 2 启动。砷离子与 ArsR 结合，解除其对启动子 2 的抑制，下游的 λcI 基因顺利表达，产生的 CI 蛋白抑制装置 1 的启动子 4，关闭尿素酶基因的表达，阻止其对尿素的催化作用。此时由于没有相应酸或碱的产生，系统的 pH 维持在中性状态（由于少量残余尿素的存在，pH 可能会略高于中性），即 pH 约为 7。

③ 当环境中砷离子浓度较高时（如 2×10^{-8}），响应高浓度砷离子的装置 3 启动。砷离子与 ArsD 结合，解除其对启动子 1 的抑制，下游的 *lacZ* 基因顺利表达，*lacZ* 基因编码的 β 半乳糖苷酶催化乳糖的发酵，使其分解为乙酸和乳糖酸，此时 pH 约为 4.5。

Ma 等开发了基于 SDA 和 CRISPR/ Cas12a 的适配体传感器用于环境中镉离子（Cd^{2+}）的检测，Cd^{2+} 与其适配体结合，使得体系中仅存单链模板链无法引发后续 SDA 以生成激活

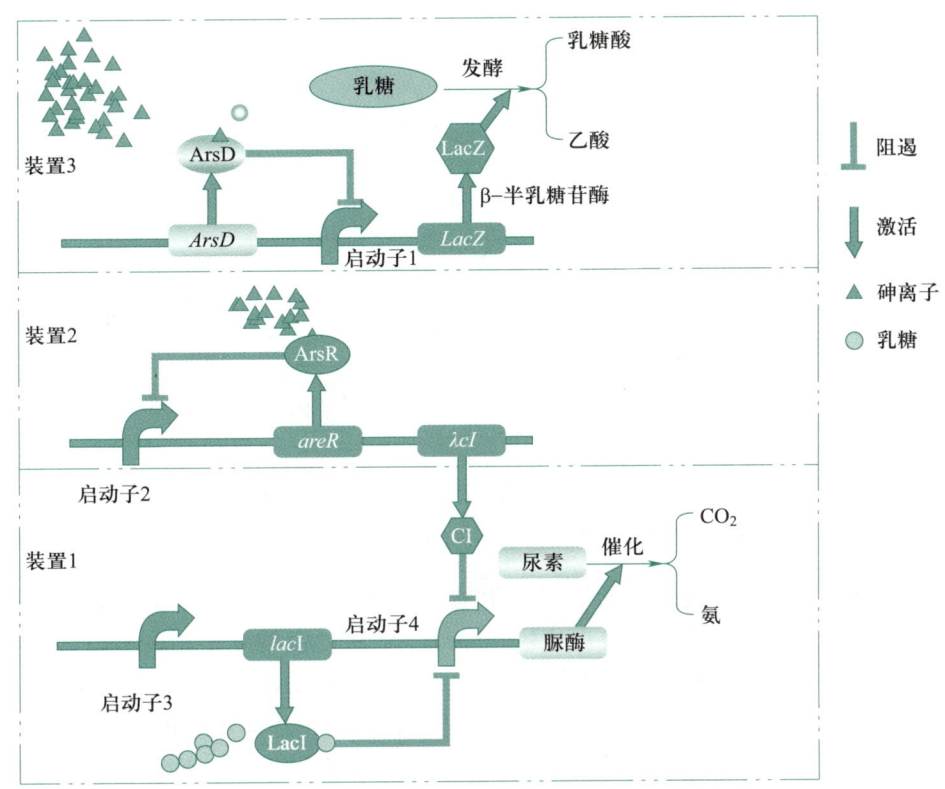

图 10-3　微生物砷离子生物检测器系统图

Cas12a 的靶 DNA 链，进而导致荧光信号的下降，检测限低至 60 pmol/L。DNAzyme 是一类化学本质为短链 DNA，具有催化活性的酶，稳定性强。如图 10-4A 所示，Li 等利用 DNAzyme 和 CRISPR/Cas12a，实现了对 Pb^{2+} 的强特异性检测。当待测样品中存在 Pb^{2+} 时，DNAzyme 被激活并切割底物链，产生大量与 crRNA 结合的激活链，使得 Cas12a 反式切割荧光报告子，输出信号。同理，Xiong 等实现了对钠离子（Na^+）的精密检测。此外，已报道一些金属离子能够与特定 DNA 序列强结合，导致 DNA 双链的错配。如图 10-4B 所示，Hang 等利用汞离子（Hg^{2+}）特异性诱导 dsDNA 中 $T-Hg^{2+}-T$ 错配这一特性，结合 CRISPR/Cas12a，实现了检测限 0.45 fmol/L 的超灵敏检测。

（二）有机污染物的检测

合成生物学在有机污染物的检测主要集中在开发基于微生物的生物传感器。利用基因工程技术开发特定传感器使其在接触特定的化学物质时产生可测量的信号，可以是电流也可以是光强。例如，Sunantha 和 Vasudevan 等人展示了一种基于电化学方法的生物传感器，这种生物传感器可以通过监测电导率的变化来检测有机氯农药，该生物传感器检测极限可达 10^{-12} 级别；西班牙的 Lorenzo 教授课题一直致力于合成生物学框架内的甲苯及其衍生化合物的生物监测研究。该课题组构建了 Xyl R-Pu-Lux 的甲苯类化合物的检测模块，将其整合到恶臭假单胞菌 KT2440 基因组，并通过二步转座策略，剔除抗性基因，实现了符合环境监测

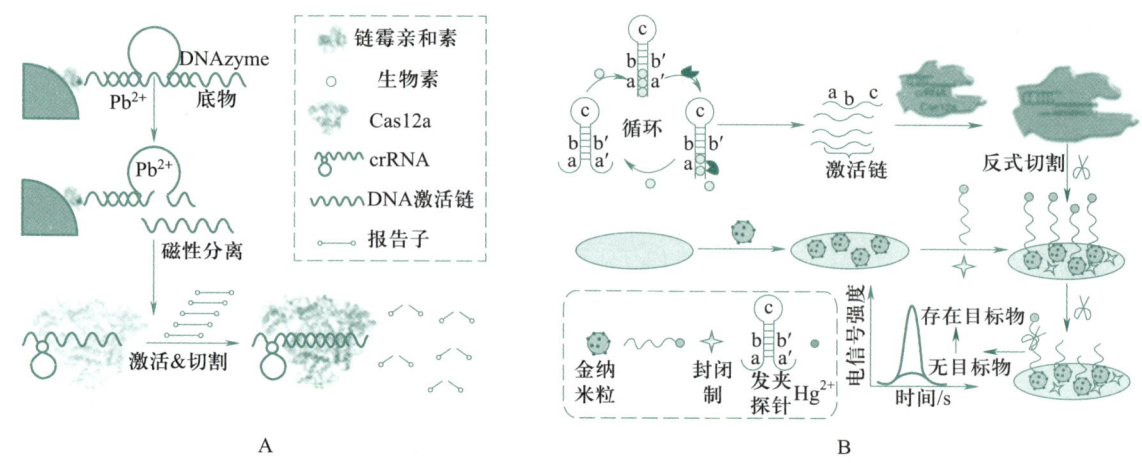

图 10-4　CRISPR/Cas 传感器检测重金属离子

A—铅离子；B—汞离子

要求的甲苯检测工程菌株的构建；密歇根大学的 i GEM 团队更是在此基础上，在此模块中加入自杀机制，提高了工程菌株的应用价值，降低了其对环境的副作用；Atkinson 等人开发了一种基于合成生物学和材料工程的生物传感器，该传感器能够在几分钟内检测到特定化学物质。他们通过编程大肠杆菌 *Escherichia coli* 并且合成了包含八个组分的电子传输链实现的电流传输来响应特定化学物质。这种生物传感器能够迅速检测到引起微生物繁殖的硫代硫酸盐等物质，以及城市水域样品中的内分泌干扰物；Aminian-Dehkordi 等人介绍了利用生物信息学工具来识别合成途径，将不可检测的分子转化为可检测的配体。这种策略成功检测到了苯甲酸、马尿酸和可卡因等物质。

在有机磷农药的检测方面，目前研究者尚未发现可以直接感应有机磷的转录调节因子。已有报道的有机磷全细胞微生物传感器通常是由有机磷水解酶（OPS）和能被水解产物激活的调控基因组成。例如，对氧磷和对硫磷可经 OPS 水解生成 4-硝基苯酚，而 4-硝基苯酚则能激活相应的调控基因和下游报告基因的表达。在这方面，相关报道较多的调控蛋白有 DmpRP、MopR PHl、CapRP、MphRP 和 PhhRB7。其中，来自 *Pseudomonas* sp. CF600 的野生型 DmpR 是二甲基苯酚调控蛋白，与其同源协同构建的微生物传感器常用于检测（甲基）苯酚和间苯二酚，并已成功应用于 *E.coli*、*Moraxella* sp. 和 *Pseudomonas fluorescens* 中。野生型 DmpR 本身不受 4-硝基苯酚的调控，通过诱变 DmpR 的效应物结合区域可以提高其对氯代苯酚和对位取代苯酚的特异性，由此得到的突变体 E135K、F42L、K6E/F42G、D116G/K117M/F163L 和 Q10R/K117M 对多种对位取代苯酚（包括 4-硝基苯酚）的敏感性相比野生型有明显增强；而通过定向进化技术获得的 DmpR 突变体 DM01 和 DM12 则可检测低于 10 μmol/L 的对硫磷。

在芳香化合物检测方面，目前，已有众多以单芳烃（如 BTEX-苯、甲苯、乙苯、二甲苯）或多环芳烃等污染物作为监测对象的微生物传感器的相关报道。在这些研究中，萘作为结构最简单的多环芳烃，萘降解菌的生理生化性质及遗传信息的相关研究是最为透彻的。

调控基因 *nahR* 在效应物水杨酸盐的诱导下，可激活萘降解途径中的 *nah* 和 *sal* 操纵子的转录，因此 *nahR* 可作为检测萘和水杨酸盐的全细胞微生物传感器核心元件。Werlen 等通过在携带 NAH7 大质粒的 *Pseudomonas putida* 染色体上插入 *sal* 启动子和 *luxAB* 报告基因构建成的萘微生物传感器，其在水相中的最低检测限为 0.5 μmol/L，气相中为 50 nmol/L。将携带 *phnR* 转录因子、P~*phnS*~ 启动子和 *egfp* 融合表达的质粒转化入菲降解菌 *Burkholderia sartisoli* RP007，获得的重组工程菌 *Burkholderia sartisoli* RP037 在菲、萘、水杨酸盐存在的条件下均可以表达 *egfp*。同样的，利用 *P. putida* MT-2 中大质粒 TOL 上的 XylR 调控蛋白和 P~u~ 启动子，研究者们也成功构建了用于监测 BTEX 的全细胞微生物传感器。

此外，查阅了目前利用合成生物学在重金属、有机磷农药和芳香化合物检测方面的文献，总结了检测化合物、构建元件、输出信号等信息，绘制成了表 10-7。

表 10-7 合成生物学构建微生物传感器检测应用汇总

化合物	构建元件	输出信号	检测限	底盘生物
对硫磷	*dmpR*-P~*dmp*~-*rfp*	荧光	10 μmol/L	*E. coli*
毒死蜱	*chpR*-P~*chpA*~-*atsAB*	荧光	25 nmol/L	*E. coli*
萘	*nahR*-P~*sal*~-*luxAB*	生物发光	0.5 μmol/L（水相） 50 nmol/L（气相）	*P. putida*
萘	*nahR*-P~*sal*~-*gfp*	荧光	6 μmol/L（水相） 0.6 μmol/L（气相）	*P. putida*
萘	*nahR*-P~*nahG*~-*luxCDABE*	生物发光	12 μmol/L	*P. fluorescens*
菲	*phnR*-P~*phns*~-*egfp*	荧光	0.3 mg/mL	*Burkholderia sartisoli*
BTEX	*xylR*-P~u~-*luc*	生物发光	10~20 μmol/L	*E. coli* DH5α
BTEX	*tod*-*luxCDABE*	生物发光	0.03 mg/L	*P. putida*
甲苯	*xylR*-P~u~-*luxCDABE*	生物发光	362 μmol/L	*E. coli* DH5α
甲苯	*xylR*-P~*ars*~-*gfp*	荧光	283 μmol/L	*E. coli* DH5α
砷	*arsR*-P~*ars*~-*lacZ*	pH	5 μg/L	*E. coli* JM109
亚砷酸盐/砷酸盐	*arsR*-P~*ars*~-*phiYFP*	荧光	0~8 μmol/L	*E. coli* DH5α
砷	*arsR*-P~*ars*~-*luxCDABE*	生物发光	0.74 μg/L	*E. coli*
砷	*arsR*-P~*ars*~-*crtl*	沉淀	0.5 μg/L	*Rhodopseudomos palustris*
镉	*cadR*-*crtl*	沉淀	50 mmol/L	*Deinococcus radiodurans*
镉	*cadR*-*lacZ*	pH	1 mmol/L	*Deinococcus radiodurans*
镉	*cadR*-*gfp*	荧光	250 μmol/L	*E. coli* Top10
铬酸盐	*chrB*-P~*chr*~-*gfp*	荧光	100 nmol/L	*E. coli*

化合物	构建元件	输出信号	检测限	底盘生物
铜	*cusC-gfp/rfp*	荧光	26 μmol/L	*E. coli*
锌	*zraP-gfp/rfp*	荧光	16 μmol/L	*E. coli*
锌	*czcR3-gfp*	荧光	5 μmol/L	*P. putida*
镍/钴	*cnrYXH-luxCDABE*	生物发光	9 μmol/L 钴 0.1 μmol/L 镍	*Ralstonia eutropha*

四、合成生物学在靶标污染物降解中的应用

合成生物学的另一个主要应用就是对靶标污染物实现精准高效降解。该过程的实现主要是利用合成生物学的方法，针对性地重新设计或者改造现有降解菌株，构建出一种新的可以降解靶标污染物或者同时降解多个污染物的菌株。针对水体这种复合型污染环境也可以进行微生物系统的理性设计和组装，合理构建具有抗逆性的针对难降解有机污染物的高效菌群。

阿特拉津，也叫莠去津，是一种三嗪类的杀虫剂。被广泛应用在作物中，特别是玉米。对于浮游植物和淡水藻类有剧毒，容易污染含水土层。利用合成生物学的方法，亚特兰大埃默里大学的一个团队装备了一种工程菌株的大肠杆菌，这种菌株具有寻找除草剂莠去津并进行代谢的能力。转化的关键是合成开关的结合，它允许细菌追逐化学物质，并从另一种细菌中提取基因来分解阿特拉津。Justin Gallivan 和他的团队已经利用 RNA 开发出一种与阿特拉津结合的分子（一种合成的核糖开关）。它是一个 RNA 片段，与一个小分子结合，并在此过程中改变形状，这就改变了基因表达。在第二步中，携带开关的细菌被装备了从另一种细菌中分离出来的阿特拉津降解基因来对阿特拉津进行降解。

（一）在重金属污染修复中的应用

Kuroda 等人在酵母细胞表面展示具有螯合二价重金属能力的组氨酸寡肽（hexa-His），并与编码 α-凝集素 C 端的基因融合，成功地构建了一种新型的酵母细胞，比亲本菌株吸收的铜离子多 3~8 倍，且比亲本对铜具有更强的耐受性，成功增强了酵母细胞对重金属的吸附性能。Biondo 等在重金属耐受性较好的细菌 *Cupriauidus metallidurans* CH34 表面展示了植物螯合素蛋白的融合蛋白 SS-EC20sp-IgAβ，并利用强启动子控制其表达，相比亲本菌株重组菌株显示出更高的固定外部介质中 Pb^{2+}、Zn^{2+}、Cu^{2+}、Cd^{2+}、Mn^{2+} 和 Ni^{2+} 离子的能力。Li 等通过基因工程改造大肠杆菌过表达植物螯合肽合成酶 PCS，该重组工程菌不仅提高了对镉、铜、钠和汞的耐受性，而且对镉、铜、钠和汞离子的富集有增强作用。Tang 等将一种镉（Cd）特异性结合蛋白整合到铜绿假单胞菌表面，该菌株显示出对镉的优异吸附能力，并且具有遗传稳定性，为铜绿假单胞菌在环境修复中的应用提供了方向。

（二）降解六氯苯中的应用

六氯苯（hexachlorobenzene，HCB）的化学性质稳定，很难被自然降解，对生态环境具

毒性效应，被《关于持久性有机污染物的斯德哥尔摩公约》列为 12 种 POPs 之一，已被全球禁用。但是在过去很长一段时间内，六氯苯广泛应用于工业生产中，已造成了严重的环境污染。因此，利用合成生物学的技术构建彻底降解六氯苯的工程菌，对解决六氯苯的难降解问题具有重要的理论和实际意义。Yan 等将催化元件（一个经改造的单加氧酶，可催化六氯苯至五氯酚的转化反应）的编码基因 *camA+B+C* 定点重组在五氯酚降解菌 *Sphingobiumchlorophenolicum* ATCC39723 代谢非必需元件的编码基因 *pcpM* 上，从而把五氯酚降解菌成功改造成具有降解六氯苯功能的工程菌。

（三）降解双酚 A 中的应用

国内学者余珂等人利用三种菌株铜绿假单胞菌（*Pseudomonas* sp.）、鞘氨醇杆菌（*Sphingonomas* sp.）和嗜油脂极小单胞菌（*Pusillimonas* sp.）的协同能力实现了对双酚 A 的高效降解，并通过组学信息证明了菌株的合作模式和合成生物学技术介入其中的可能。他们指出，合成生物学调控菌群交流和代谢互作用于降解污染物，不仅可以提高微生物修复过程的效率，还将为去除其他难降解污染物的生物修复合成菌群提供新的思路。最近也有相关报道表明，鞘氨醇杆菌对双酚 A 的降解能力依赖于群体感应分子 AHLs 的存在，针对性采用合成生物学方法来操纵 QS 效应是有效提高降解效率的路径之一。

（四）降解甲基对硫磷和对硝基酚中的应用

甲基对硫磷［（methyl parathion，MP）俗称甲基 1605，学名 O，O-二甲基-O-（4-硝基苯基）硫代磷酸酯］，是一种高毒级有机磷杀虫剂，其水解产物为另一环境污染物对硝基酚（para-nitrophenol，PNP）。硝基酚具有 3 种同异构体，它们的代谢途径已经研究清楚。甲基对硫磷降解菌 *Pseudomonas* sp. strain WBC-3 中的甲基对硫磷水解酶作用于甲基对硫磷生成对硝基酚，进而通过氧化途径开环进入三羧酸循环（tricarboxylic acid cycle，TCA 循环）彻底降解；*Pseudomonas* sp. strain NyZ402 也通过氧化途径降解 PNP，同时也能利用邻苯二酚；*Alcaligenes* sp. strain NyZ215 是一株邻硝基酚（ortho-nitrophenol，ONP）的降解菌，该菌在 *ompAB* 编码的邻硝基酚单加氧酶和邻苯二醌还原酶的作用下，氧化 ONP 至中间代谢物邻苯二酚，接着邻苯二酚开环后进入 TCA 循环彻底降解。通过合成生物学的技术，利用染色体整合自杀载体 pEX18Tc，将菌株 WBC-3 中的催化元件（甲基对硫磷水解酶）的编码基因 *mph* 重组至菌株 NyZ402 中的代谢非必需基因 *pnpAI* 上，构建出不含抗性标记、稳定共降解 MP 和 PNP 的工程菌 NyZ-M；用同样的方法将菌株 NyZ215 中的两组催化元件（邻硝基酚单加氧酶和邻苯二醌还原酶）的编码基因 onpAB 基因及菌株 WBC-3 的 *mph* 基因同时整合至菌株 NyZ402 中的代谢非必需基因 *pnpAl* 上，将菌株 NyZ215 和菌株 NyZ402 的两个代谢系统组成一个完整的上下游代谢网络，构建出了不含抗性标记，稳定共降解甲基对硫磷、邻硝基酚的工程菌 NyZ-MO。

（五）降解联苯及其卤代衍生物中的应用

Burkholderia xenovorans LB400、*Cupriavidus necator* H850 和 *Pseudomonas pseudoalcaligenes* KF707 能够矿化联苯和部分氧化联苯的多种卤代衍生物（PCB）。通过合成生物学的方法，利用 Tn5 转座子将有功能的氯邻苯二酚代谢途径的催化元件导入 H850 菌和 KF707 菌中，再

将 2-氯苯甲酸-1，2-双加氧酶、甲基苯甲酸双加氧酶及其产物二氢二醇脱氢酶这 3 种催化元件分别导入 H850 菌、KF707 菌和 LB400 菌中，从而获得 3 株工程菌 B. *xenovorans* RW118、*C. necator* RW112 和 *P. pseudoalcaligenes* RW120。这 3 株工程菌都能够彻底矿化苯甲酸、联苯、所有单氯苯甲酸同分异构体、3，5-二氯苯甲酸、所有单氯联苯同分异构体、3，5-二氯联苯、2，2-二氯联苯、2，3-二氯联苯和 2，4-二氯联苯，而不会累积产物——氯苯甲酸；同时还能以两种多氯联苯工业产品 Aroclor 1221 和 Aroclor 1232 为唯一碳源和能源生长。此外，RW118 菌株还能够矿化 Aroclor 1016，仅剩余痕量的联苯；RW120 菌与 RW112 菌共培养时可以矿化 Aroclor 1242。这是利用合成生物学的方法构建的多株具有相同功能的工程菌，从而可彻底降解作为工业产品的多氯联苯混合物。

五、合成生物学在环境治理应用现阶段的瓶颈及未来发展方向

近 15 年来，基于合成生物学的环境检测与生物修复技术得到了一定的突破，但从整体层面而言，其仍存在一些直接制约大规模实际应用的瓶颈性问题（图 10-5）。

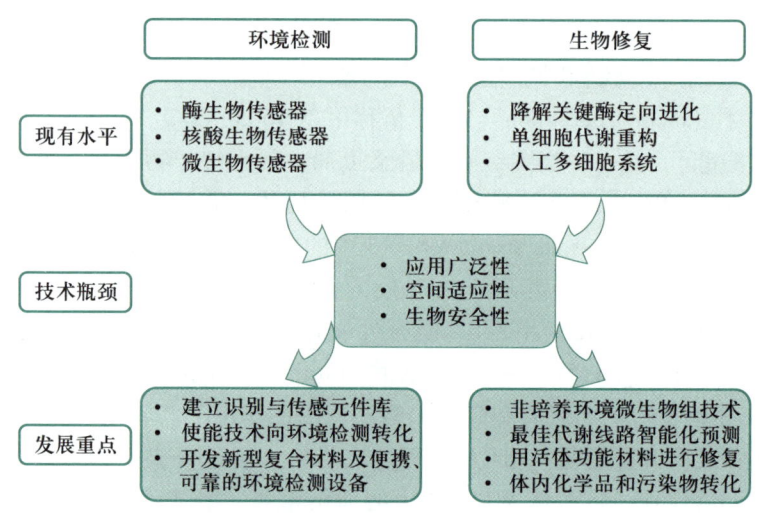

图 10-5　环境检测与生物修复的现有水平、技术瓶颈及未来发展重点

（一）环境检测与生物修复的现有水平

1. 应用广泛性

尽管微生物具有几乎无穷的代谢潜力，从理论上可以完成一切自然和人工化合物的分解代谢，但如何将微生物的代谢潜力转化为降解能力，为新的非天然化合物创制相应的人工降解元件和降解菌株，从而将可降解污染物谱拓展开来，并将这一过程自动化、高通量化，使其适应化工等行业的发展进程，成了限制合成生物学环境监测与生物修复应用的瓶颈之一。目前包括聚乙烯（polyethylene，PE）、聚丙烯（polypropylene，PP）、聚苯乙烯（polystyrene，PS）、聚氯乙烯（polyvinyl chloride，PVC）、聚对苯二甲酸乙二醇酯（polyethylene glycol terephthalate，PET）在内的可见污染物，因其高度的环境耐受性，极难被自然降解，会造成

严重的土地侵占和巨大的环境隐患；多环芳烃（polycyclic aromatic hydrocarbon，PAH）及二噁英类污染物是一类广泛存在于环境中的有机污染物，能够通过食物链富集作用严重威胁人类健康和生态安全；重金属污染物，包括汞、镉、铅及砷等生物毒性显著的重金属物质具有富集性，很难在环境中被固定矿化。另外，新污染物包括持久性有机污染物（persistent organic pollutants，POPs）、环境内分泌干扰物（endocrine disrupting chemicals，EDCs）、药品和个人护理品（pharmaceuticals and personal care products，PPCPs）等具有生物毒性，痕量污染即具有高环境和健康风险。针对各类传统污染物和新污染物，仍需广泛挖掘和创制降解元件，并总结出一般化的设计规律和创制方法。

2. 空间适应性

未来合成生物学在环境检测与生物修复领域应用中一项重要的目标是实现在污染场地的原位环境治理，这一目标的前提是人工生命在自然环境的释放和稳定生存。但污染场地实际应用环境相比于实验室理想环境存在营养贫瘠、条件极端恶劣且波动剧烈等问题，使得人工生命系统在实际应用中的效率达不到预期，甚至完全无法在实际环境中维持稳定存在。如何使人工生命适应强酸、强碱、高温、极寒、干旱、高压、盐碱、辐射等极端环境并稳定繁殖，与此同时按照设想执行代谢功能，成了限制环境检测与生物修复应用的瓶颈之一。

3. 生物安全性

随着合成生物学的快速发展，人工改造或创制生命系统变得越来越容易，随之而来的则是人工生命系统的生物安全性问题日益凸显。未来合成生物学在环境保护中应用需要注意抑制合成生物的恶性快速生长、自然环境逃逸，避免人工生物元件通过水平转移造成基因入侵，预见并预防人工生物合成有毒代谢物。目前我国在人工生物安全性的伦理问题、立法问题等领域纸上讨论较多，实际人工生物安全性控制技术研究储备较少。因此，急需加强合成生物安全防控的研究，实现人工生命系统全过程可知、可控，为合成生物学环境领域应用提供安全性保障。

基于以上三点发展性限制，合成生物学在环境中的应用未来将重点在以下四方面进行发展和突破。

（二）合成生物学在环境中的应用未来

1. 生物传感与环境检测

环境健康问题关系到公共健康保障事业的发展，因此对环境健康危害的评估将成为环境检测的重要内容之一，发展兼具污染物识别与毒性指示功能的生物传感器势在必行，而基于多线路并行或多模块整合的多功能生物传感器将为此提供技术支撑。近年来高效基因组编辑及 DNA 合成技术等合成生物学先进核心技术的涌现，使得对基因组进行"编"和"写"的能力得到了进一步提升，同时扩大了宿主的应用范围，为在真核细胞内实现以合成、基因编辑为目标的基因组工程乃至细胞工程提供了可能。在此基础上，结合机器学习等计算机辅助手段对元件和模块设计能力的提升与生物支架的进展及应用，基于污染物生物识别和传感的元件构建与分子组装将有望在五年内获得实质性的进展。此外，随着基于 RNA 线路工程的进展与合成生物学记录装置的发展，污染物生物传感器在线路工程方面也将形成新的发展思路，为基于无细胞污染物生物传感器的发展，实现便携生物传感环境监测设备的技术突破创造了条件。

为顺应生物传感器在环境监测方面的发展趋势,未来的 5~15 年应当针对不断涌现的新污染物,解决污染物生物识别分子、传感通路及毒性效应分子对不同结构特征污染物响应的共性与特异性等关键科学问题,为发展多功能生物传感监测技术奠定理论基础;借助大数据与计算机辅助手段建立污染生物识别与传感元件智库,为发展以新型有毒污染物发现为目标的生物传感器提供设计思路。关键技术问题包括智能技术向污染物生物传感器研究与应用的转化,适用于污染物生物传感的底盘与生物支架的构建及元件与线路高效工程化平台的建立,以及基于 RNA 线路工程设计思路的污染物生物传感器与基于人工生物组件的新型复合材料在发展便携、可靠的环境监测设备中的技术问题。

根据国家层面环境监管对持久性有机污染物与新污染物的分析方法技术储备的需求,应优先开展基于生物响应特征的复杂样品持久性有机污染物成分解析生物传感系统,以及以新型毒性污染物发现为目标的集成生物传感系统。针对环境健康危害评估纳入环境监测项目的趋势,继以污染物分析为目标的生物传感系统之后,还应开展多功能环境持久性污染物生物识别与毒性评价偶联系统的研究;最后在使技术向环境监测转化条件成熟的基础上,开展污染物环境过程指示性人工生物模拟记录装置的研发,聚焦环境过程等难点问题,促进"由创造到理解"的研究范式转化。

2. 污染物多靶点和细胞毒性分析

基于多组学分析方法和计算毒理学,揭示化学污染物的关键分子起始事件和调控网络,明确其特异性生物识别与感知受体。结合受体类型,合成可特异性识别效应污染物浓度变化的人工感知元件。构建对应底盘细胞中的相应基因线路,合成特异性的毒性响应线路,提升污染物多靶点毒性效应筛选的灵敏度。通过实现细胞内基因的同步表达、细胞之间信号转导以及细胞之间不同功能的相互配合,构建人工合成生态系统即多细胞体系,开展污染物对复杂生物学功能影响的体外研究。应用新型 CRISPR/Cas9 基因编辑技术,针对不同萜类化合物的毒性通路特征,通过对线路的结构特异性的筛查,从受体活性到基因转录响应,定向筛选高特异性突变体,通过改造典型信号通道中的生物传感器核心元件,构建具有特定功能靶点的人源细胞系、酿酒酵母、斑马鱼等新型毒物识别与感知系统,用于污染物的精准筛查及毒性机制研究。

开展体内化学品和污染物的转化研究,揭示人体内微生物对污染物转化的构效关系,明确化学品转化中的关键转化酶、相关基因与信号通路。选择特定底盘生物,通过构建与污染物代谢相关的核心生物元件,发展污染物转化与体内代谢生物系统,结合多靶点生物感知系统,揭示污染物的转化和代谢对污染物毒性效应的贡献。结合复杂样品代谢物识别高通量筛选技术,开展环境污染物在生物体内的转化方式、转化途径、转化代谢与多靶点毒性效应研究。

通过构建信号通路特定受体调控元件、酶活性元件、基因线路调控元件或组装包括细胞、酵母在内的新型工程生物体系,开发一体化的高通量筛选检测模块,发展针对有毒化学品的快速、简便的高通量筛选技术及平台。结合色谱制备和质谱鉴定解析技术,集成过滤、富集、分离等功能的小型化样品前处理装置,开发特异性有毒物质分析与识别模块,开展未知污染物的快速分离与效应识别研究。

3. 微生物改造和污染物生物降解

在确保生物安全的前提下，基于特定目标污染物，针对性地构建高效稳定的人工微生物体系具有极强的应用潜力；同时，综合考虑工程细胞应用会导致与环境的相互作用问题，采用酶制剂和原生细胞等非增殖系统，可为环境修复提供颠覆性的科学理念和技术工具。

针对特定目标污染物，对降解相关元器件进行挖掘与创制。系统研究微生物降解难降解污染物过程的本质、规律、网络和分子基础，深度挖掘或人工进化与各类污染物的分解代谢相关的菌种和基因元器件。采用不依赖于培养的环境微生物组技术，直接从所取样品中提取宏基因组 DNA，通过深度宏基因组和宏转录组测序探明样品中的微生物功能基因组成和表达谱。开发快速进化工具，建立高通量筛选平台技术，借助计算化学的手段，开发高通量的分子模拟、分子对接、计算机虚拟等元件设计工具，建立高通量的筛选技术，如基于微流控的技术等，在筛选出的天然元件基础上，进行高通量筛选，开展人工定向进化，创制新型、高效的降解元件。建立超进化元件库，综合计算化学和分子生物学方法，实现功能元件的分子机制更替、功能域重组、催化中心及周边优化等，扩大元件对底物的识别范围，提高降解效率，获得系列超进化元件，建立相应元件库。

设计构建目标污染物高效降解线路并与环境底盘菌株进行适配。通过计算模拟降解合成细胞/体系，优化代谢线路装配，构建合成细胞的基因组水平代谢模型，定量模拟污染物的动态降解过程，预测合成细胞降解污染物的效率，实现合成细胞/体系最佳代谢线路装配模式的自动智能化预测。利用并开发新的基因装配编辑和调控技术，从而快速构建出高效降解的合成生物体系。以合成生物学设计理念消除代谢瓶颈和增强适配性，开发高性能胞内分子传感器，以此为基础构建降解代谢途径的实时动态调控系统，为智能化的生物合成降解体系提供基础。进行降解菌株抗逆性改造，并将抗逆元件和高效降解途径进行合理装配，构建高效和抗逆多功能微生物降解网络，检测其适配性和降解效率，从而构建多种抗逆性污染物的降解细胞，构建人工合成的多细胞体系，提高其对环境有毒污染物的降解耐受性和降解速率，构建复合功能代谢网络。

4. 人工多细胞系统构建和生物修复

以合成生物学"理性设计、人工构建"为基本思想的合成微生物组构建技术被认为是最有效地控制微生物组活动与功能的方法之一。它采用工程化设计理念，基于微生物组织功能进行有目标的人工多细胞体系设计、构建和定向调控，从而实现对微生物组织功能的完全控制，对了解微生物组学基本理论问题有重要意义。同时，由于人工构建多细胞体系比传统菌群或单一微生物具有更高的稳定性与鲁棒性，因此特别适合于复杂环境和极端环境的应用，在环境、健康、农业、工业乃至国防领域具备巨大的应用潜力。

针对环境生物修复的具体问题，合成微生物组研究将以人工多细胞体系的功能高效性、群落稳定性、安全可控性为研究目标，开发代谢功能设计与重构技术、多细胞体系动态模拟与预测技术、微生物组实时解析技术、工程化微生物组的人工选择与定向控制技术等核心技术，实现简单多细胞体系的全人工构建和复杂微生物组的工程化控制，开展石油烃污染等常见污染环境修复的工程化应用，POPs、EDCs 等新污染物的示范性应用。

目前，关于合成微生物组基本理论基础、原理和技术手段的研究有限，微生物组的人工构建及应用仍面临重大挑战，未来研究将重点解决以下基路问题。未来 5 年左右，仍将以基础理论和原理研究为主，激励定量生物学、物理学、工程学、数学等研究者深入参与人工多细胞体系构建和合成微生物组的研究，实现生物学−生态学与工程学等学科的实质性交叉，建立人工多细胞体系研究的重点实验室及其环境修复应用的工程化研究中心等研究平台，以推动合成微生物组研究的基本理论框架和基础技术体系建设。具体包括以下方面：① 微生物组与功能的关系。针对特定功能应用，通过多组学的研究，在不同层次上对微生物或微生物组的结构与功能进行解耦，建立微生物组成与功能的定量关系。基于高通量表征与数学仿真技术，对细胞间代谢耦合进行计算预测，实现人工多细胞生物体系的代谢网络重构。② 微生物相互作用、代谢分布与微生物组演替规律。定量研究微生物相互关系、代谢分布等微观过程对群落构建、演替与微生物进化等宏观过程的影响，揭示群落生态过程的影响与机制，预测群落演替方向。实现常见微生物相互作用、代谢分工等简单多细胞体系的模块化设计，并进一步研究模块化组合对微生物组动态过程的影响机制。③ 实时群落解析技术。建立污染环境特征微生物参考基因集，开发以纳米孔测序等为代表的便携、实时测序技术及对应的快速分析技术，实现污染环境微生物群落的实时解析。④ 微生物组构建的机理模型和计算仿真技术。实现基于互作、代谢等微观机理的简单多细胞体系的快速预测，以及基于多细胞模块的复杂微生物组动态的预测。

未来 15 年，将以复杂体系——微生物组的工程化设计与控制为主，建立人工微生物组构建与调控的工程化管理与控制技术体系。具体包括以下方面：① 人工合成微生物组的生物安全性评估，建立可实施的人工微生物组的环境应用标准。② 研究复杂微生物组的人工选择原则、干预手段与调控技术，研究信号分子、代谢物、微生物及噬菌体调控微生物群落组成与功能的作用和途径。③ 微生物组人工构建的工程技术，通过物理学、化学、数学、工程学等学科的交叉研究，进行复杂环境中复杂微生物组的人工构建和工程化改造。④ 以石油烃等常见污染环境的生物修复为研究对象，进行合成微生物组工程化应用。

思考题

1. 请简述合成生物学的三大内涵。
2. 合成生物学与传统生物学在研究方法和目标上有何本质区别？
3. "生物积块"（BioBricks）是如何促进标准化生物部件的开发和应用的？
4. 在设计合成生物系统时，如何确保系统的稳定性和可预测性？
5. 合成生物学中的"自下而上"和"自上而下"的研究策略有何区别和联系？
6. 在构建合成基因线路时，如何确保不同生物元件之间的兼容性和协调性？
7. 合成生物学治理环境问题相比于传统治理方式有哪些优势？
8. 未来合成生物学还可被怎样应用于环境治理？
9. 合成生物学在未来环境治理中可能面临哪些挑战？

第十一章
展　望

　　环境工程微生物学作为微生物学与环境科学相结合的交叉学科，在环境物质循环、环境污染治理等方面发挥了重要作用。前几章我们已经学习了微生物检测技术、微生物组学及合成生物学的相关知识，接下来我们将对环境工程微生物学与环境健康、生态系统的相互关系进行阐述，并介绍在当前研究背景下，环境工程微生物学带来的一系列范式变革，并对未来环境工程微生物学的研究方向进行展望。

第一节　面向环境健康的环境微生物学

一、环境微生物引发的水、大气、土壤污染问题

　　世界卫生组织（WHO）调查资料显示，目前发展中国家每年因饮用或使用含有致病微生物的水源死亡的人数约有 500 万人。近年来向发达地区移民的人数大大增加，联合国（United Nations，UN）估计，到 2050 年，世界近三分之二的人口将居住在城市，UN 预计这可能使现存的部分农用土地转变为建筑用地，从而直接影响环境微生物的种类及分布情况，进而对环境、人类健康产生影响。

　　在环境中存在着许多微生物能够对环境产生污染，它们分泌的代谢产物也可能对环境产生影响。

　　病毒能够通过空气传播进入人体呼吸道或其他部位引起病症，D. M. Kuhn 等人发现大气中的颗粒污染物如 $PM_{2.5}$ 能够吸附空气中的微生物并对人体造成损伤，同时大气中的 $PM_{2.5}$ 能够与环境微生物进行协同作用，导致毒性的增加，如表 11-1 所示。

　　存在于土壤表层的微生物包括细菌、真菌、放线菌、藻类和原生动物等，大部分土壤微生物是有益的，但也存在来自人畜排泄物或尸体污染的致病微生物。

　　水体中也存在可引发腹泻、肠胃炎、肺炎、伤寒等多种疾病的致病微生物，可能给人群健康带来威胁。中国科学院大学余志晟等人研究了中国不同流域中病原微生物污染与指示性

微生物的对应关系，如表 11-2 所示。

表 11-1 可吸入病原体和 $PM_{2.5}$ 的协同毒性效应

研究地点	研究对象	$PM_{2.5}$ 浓度	病原体种类	毒性效应
智利圣地亚哥	儿童（年龄<15岁）（n-72 479）	41.2 pg/m³	呼吸道合胞病毒	呼吸系统感染发病率显著升高（P<0.05）
美国犹他州	住院患者（n = 146 397）	7 μg/m³	呼吸道合胞病毒和流感病毒	下呼吸道感染发病率显著升高（P<0.05）
中国合肥市	门诊患者（n = 13 312）	76.64 μg/m³	流感病毒	流感发病率显著升高（P<0.05）

表 11-2 中国不同流域中病原微生物污染与指示性微生物的对应关系

位点	样本量	污染程度	病原菌	指示性生物
海河流域	80	严重	SC 噬菌体	粪大肠菌、大肠埃希氏菌、肠球菌
	84	严重	沙门氏菌、诺如病毒	粪大肠菌、粪大肠菌群、F（+）噬菌体、通用拟杆菌
	48	部分严重	肠病毒、轮状病毒、星状病毒、诺如病毒、腺病毒	总大肠菌群、粪大肠菌群、非自养微生物
	80	严重	大肠杆菌噬菌体	总大肠菌群、粪大肠菌群、大肠埃希氏菌、肠球菌
	84	严重	沙门氏菌、大肠杆菌、溶血性弧菌、腺病毒、诺瓦克病毒、肠病毒、轮状病毒、脊髓灰质炎病毒	拟杆菌、总细菌、总大肠菌群、粪大肠菌群、大肠埃希氏菌、肠球菌
淮河流域	20	部分严重	大肠杆菌、沙门氏菌、弧菌、志贺氏菌	总大肠菌群、细菌总数、粪大肠菌群、大肠埃希氏菌、肠球菌
珠江流域	45	未知	人、牛、猪、鸡源拟杆菌	总细菌、大肠埃希氏菌、粪大肠菌群
	20	严重	沙门菌、志贺菌、弧菌、大肠杆菌	菌落总数、总大肠菌群、粪大肠菌群、大肠埃希氏菌、肠球菌
	31	严重	拟杆菌	大肠菌群、粪肠菌群
长江流域	60	严重	沙门氏菌	菌落总数、总大肠菌群、耐热大肠菌群、大肠埃希菌、肠球菌

位点	样本量	污染程度	病原菌	指示性生物
松辽流域	46	部分严重	志贺氏菌、沙门氏菌、弧菌、大肠杆菌	菌落总数、大肠埃希氏菌、肠球菌
鄱阳湖	27	部分严重	沙门氏菌、金黄色葡萄球菌、志贺氏菌	菌落总数、总大肠菌群、肠球菌、粪大肠球菌
西安市	83	部分严重	肠道病毒、伤寒沙门氏菌、志贺氏菌、大肠埃希氏菌	细菌总数、大肠菌群、粪大肠菌群

二、微生物导致的新污染物环境问题

"新污染物"是一个标准词汇，用于预测具有严重损害后果的环境风险，这已经成为目前科学家们逐渐关注的一个环境问题。

从历史的角度来看新出现的污染物，我们将从 5000 年前古希腊人和罗马人对铅矿的开采开始，当时古希腊人和罗马人使用铅基金属来制备生活中所需要的容器用具，因此，我们推测在当时的铅矿矿井周围，空气、水、土壤中的铅污染较为严重。然而，当时的古希腊人和罗马人不知道铅可能导致的风险，无法测量环境中痕量铅的浓度。

直到 20 世纪开始，人们才逐渐开始关注"新污染物"这一概念。新污染物意识的出现应该归功于蕾切尔·卡逊和她在 1962 年出版的《寂静的春天》一书，她在书中提出并论证了：人们为了消灭蚊子和其他害虫而广泛使用的滴滴涕（DDT）导致了许多鸟类的死亡。在该书出版后，学术研究也紧随其后，大量事实数据证明了 DDT 的风险：DDT 在《寂静的春天》出版前大约 100 年首次合成，并在第二次世界大战期间开始大量利用并在环境中传播。

近二十年来，人们对"新污染物"的定义已经从新发现的污染物（已经在环境中存在了一段时间，但最近才引起关注的污染物）扩展到新出现的污染物（最近才出现的污染物）。

这些新出现的污染物（emerging contaminants，ECs）主要来自药品、个人护理产品（Pharmaceutical and Personal Care Products，PPCPs）、激素和化肥制造等行业。新出现的微污染物，如药物、内分泌干扰物（Endocrine Disrupting Chemicals，EDCs）、化妆品、纳米颗粒和全氟化合物（PFAS），对个体和群落的健康构成了重大挑战。我们可以直观地从图 11-1 中了解环境中 ECs 的来源。

S. D. Richardson 等人发现新污染物可以在环境中通过微生物降解转化为更具危险性的污染物，通常这些转化产物在环境中相当稳定，并且比母体化合物的含量更高。

氯消毒副产物（DBPs）指在饮用水氯消毒时产生的不利于人体健康的意外产物。M. J. Plewa 等人对于含氮 DBP（N-DBP）进行了量化，它们通常比不含氮的 DBP 具有更大的细胞毒性和基因毒性。在美国、英国和澳大利亚，氯胺消毒法是一种新颖的消毒策略，但

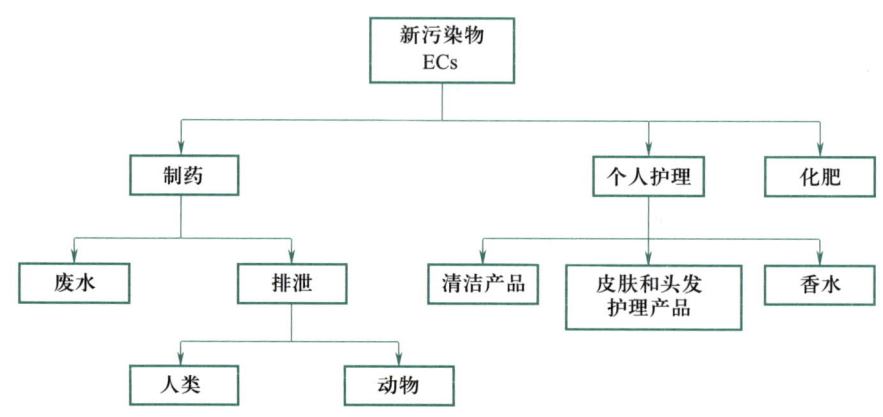

图 11-1　环境中新污染物的来源

其能够增加 N-DBP 的形成，在各种水环境中，藻类能够作为 N-DBP 前体促进 N-DBP 如卤代乙腈、卤化氰和卤代硝基甲烷的生成，增加了自来水潜在的健康风险。

　　Jan Funke 等人发现河流和溪流中的氧尿醇浓度一般比抗癫痫药卡马西平和普里米酮高 10 倍。他们推测这可能是由于在污水处理厂微生物处理过程中，人体排出的别嘌呤醇和氧嘌呤醇的核糖体耦联物发生了分裂，最终导致污水处理厂出水中的氧尿醇浓度升高。

　　微生物被分为原核微生物、真核微生物和非细胞类微生物，真核微生物又能够分为真菌、藻类和原生动物，由此可见，藻类是环境中的一类不可忽视的微生物。自 20 世纪 80 年代以来，全世界范围内的淡水浮游植物大量繁殖的现象普遍增加，大多数湖泊的夏季峰值强度增加，湖泊藻华在 2010 年后表现出显著的增加。

　　Richardson S. D. 等人发现处理过的废水和农业径流能够向环境水体中排放藻毒素。藻毒素在水中的自然降解过程十分缓慢，藻毒素有很高的耐热性，加热煮沸都不能将毒素破坏。水生有害藻华（harmful algal blooms，HABs）能够从很大程度上影响淡水和海洋生态系统的物质循环，HABs 能够通过受污染的海产品、皮肤接触和直接吸入引起人类急性疾病。池振明等人在《现代微生物生态学》一书中提到部分藻类所产生的毒素及其敏感宿主，如表 11-3 所示。

表 11-3　某些产毒素的藻类

藻类	毒素	敏感宿主
铜锈微囊藻	微囊毒素-FDF	家畜，注射小白鼠 30 min 便引起死亡
束丝藻属	束丝藻毒素	家畜和鱼
鱼腥藻	鱼腥藻-VFDF	家畜、水鸟和鱼，注射小白鼠后 2~10 min 便引起死亡
巨大鞘丝藻	皮肤炎毒素	人
一种膝沟藻	石房蛤毒素	人出现麻痹，水生贝壳类动物中毒
另一种膝沟藻	没有特征	引起鱼中毒

藻类	毒素	敏感宿主
一种多甲藻	甲藻毒素	引起鱼中毒
短裸甲藻	神经毒素	引起水生贝壳类动物中毒

在上文中已经提到，纳米颗粒被归类于 ECs 之一，微塑料作为纳米颗粒的重要组成部分，已经对环境造成了较大影响。微塑料（microplastics，MPs）的主要成分有聚乙烯（PE）、聚丙烯（PP）、聚氯乙烯（PVC）、聚苯乙烯（PS）、聚对苯二甲酸乙二醇酯（PET）等，其粒径在 1~5 mm，在江河湖泊、水库、海洋等水环境中都有分布，其密度范围在 $0.9~1.1\ g/cm^3$。随着环境中的塑料碎片不断增加，MPs 可能成为病原体运输的载体，并导致一系列环境行为。

MPs 对有害微生物的吸附最早被 Masó 等人发现，随后 Zettler 等人描述了"塑料群落"这一概念，强调了海洋微塑料在其表面容纳不同微生物群落的潜力。随后，越来越多的研究证明，在海洋各区域，MPs 表面都存在大量致病微生物，在塑料圈落中发现了大量弧菌，这一现象在夏季尤为明显。Yang Y 等人发现 MPs 表面上的抗微生物耐药性细菌浓度比周围海水高 100~5 000 倍。

在海水环境中，与天然颗粒相比，塑料圈中的群落在导致传染病的代谢途径中更加活跃。附着在 MPs 表面的微生物比自然环境中微生物更容易发生水平基因转移（horizontal gene transfer，HGT），并可导致致病岛（Pathogenicity islands，PAIs，一组病原菌基因组内与毒力相关的 DNA 序列）的表达，增强微生物的致病能力。Wu X J 等人通过 16S rRNA 基因高通量测序技术得出类似结论：MPs 生物膜具有广谱和独特的抗性基因组，MPs 可能作为抗生素耐药基因（antimicrobial resistance gene）的载体进入淡水环境并产生风险。

三、新污染物的微生物治理方法

目前 ECs 的净化及去除方法主要有氧化法、吸附法及膜处理技术等。

高级氧化工艺（advanced oxidation processes，AOPs）是一种有广泛前景的技术，用于部分或完全矿化由高活性羟基自由基、过氧化氢（H_2O_2）、过氧化物和硫酸盐自由基引起的污染物。最广泛研究的 AOP 技术是 Fenton 工艺，涉及亚铁离子（Fe^{2+}）活化 H_2O_2 形成羟基自由基。Adak 等人发现多相光催化（如 TiO_2、ZnO、Fe_2O_3）和基于臭氧的氧化系统（如 O_3/UV、O_3/H_2O_2、$UV/H_2O_2/O_3$）也能够降解有机污染物。

但是传统的羟基 AOPs 成本高，为了克服这一缺点，研究者们提出了一些新兴技术：硫酸盐自由基氧化技术、电化学氧化技术（electrochemical AOPs，EAOPs）、辐射诱导的氧化技术等。

其中硫酸盐自由基 AOPs 与废水中的有机污染物的反应具有较强的选择性，且硫酸盐自由基的高氧化电位有助于高效降解复杂的有机化合物。虽然 EAOPs 是一种传统氧化工艺，但通过将多组电氧化技术串联，如将电 Fenton 工艺和 Cl₂ 电化学氧化相结合，为有效处理新出现的污染物提供了新的思路。Wang J L 等人已经发现基于伽马射线的 AOPs 已成功用于降解废水中的农药、染料、有机污染物和药物。

对于吸附法去除 ECs 来说，活性炭的液固吸附是去除废水或饮用水源中污染物的关键方法，然而活性炭吸附法的再生步骤复杂且价格昂贵，并可能导致吸附剂的损失。

30 多年来，已经有许多研究者对吸附工艺进行了改进，采用的吸附材料包括但不限于金属有机框架、分子印迹聚合物、壳聚糖基材料和纳米纤维素。其中，金属有机框架吸附剂主要用于处理农药、增塑剂等物质，分子印迹聚合物吸附剂主要用于处理 PPCPs 和 EDCs，壳聚糖基材料和纳米纤维素吸附剂主要用于处理金属螯合物和燃料。

近年来抗生素在畜牧行业和医疗领域应用极多，导致其在环境中的分布广泛，加剧了抗生素耐药细菌（antibiotic-resistant bacteria，ARB）和抗生素耐药基因（antibiotic-resistant gene，ARG）的出现和传播。SLIPKO K 等人发现纳滤膜和反渗透膜可以有效去除水中的 ARG，且膜孔径越小，对 ARG 的去除效果越好，但同时膜污染越严重，对所采用膜的再生成本就越高。

活性污泥法是最常用的微生物废水处理技术，最初设计用于去除有机碳，后来扩展到去除氮和磷。然而传统的微生物污水处理技术无法降解废水中存在的各种复杂有机污染物，研究者们逐渐开始研究以藻类、厌氧菌或特定菌株为工作微生物的反应机制，以此来去除污废水中的 ECs。

藻类通过生物修复和生物吸附等生物过程有效地处理被有机污染物污染的水，该方法具有材料成本低、资金投入少、操作简单、维护少、不形成降解副产物等优点。

Tolboom 等人在实验室利用以藻类为基础的生物反应器（开放式池塘和鼓泡塔光生物反应器）对药物和 EDCs 进行了有效的去除，其中该生物反应器对美托洛尔、三氯生和水杨酸的去除率可达 90%，对卡马西平和曲马朵的去除率也能够维持在 50%~90%。Bai 和 Acharya 评估了美国亚利桑那州和内华达州交界处米德湖中微藻（*Nannochloris* sp.）对五种常见 PPCPs（三甲氧苄啶、磺胺甲噁唑、卡马西平、环丙沙星和三氯生）的去除效果，他们发现微藻对环丙沙星的消除率能够达到 90% 以上。

早在二十世纪末就有研究者发现，部分微污染物如高度卤化的芳香族化合物能够在严格厌氧的条件下被微生物降解。近年来利用厌氧生物反应器去除 ECs 的方法也逐渐进入人们的视野。

虽然目前已经有许多研究者在实验室条件下通过纯培养或富集培养方法对结构简单的污染物进行了高浓度厌氧降解，但是对于更复杂的化合物如药品、杀菌剂、杀虫剂、激素、全氟化合物等物质，目前学术界对这些新污染物的微生物降解途径及其转化产物的研究较少。

A. K. Ghattas 等人介绍了多种具有一个或几个官能团（或结构基团）的污染物的厌氧生物转化反应。P. G. P. Veetil 等人发现在硫酸盐还原和产甲烷条件下，杀菌剂三氯生能够发生厌氧降解，而后通过二苯醚键的裂解转化为 2,4 二氯苯酚和儿茶酚，随后还原脱氯分别转化为儿茶酚和苯酚，其中苯酚和儿茶酚可以通过辅酶 A 的活化和随后的芳香环还原进行厌氧降解。抗生素甲氧苄啶由两个芳香环组成，其中一个是双胺化嘧啶环，另一个是苯基三甲基醚，V. M. Monsalvo 等人发现甲氧苄啶在厌氧膜生物反应器中具有生物降解性，而 T. Alvarino 等人发现甲氧苄啶在上流式厌氧污泥床反应器中具有高生物降解性。

MPs 的主要成分有聚乙烯（polyethylene，PE）、聚丙烯（polypropylene，PP）、聚氯乙烯（polyvinyl chloride，PVC）、聚苯乙烯（polystyrene，PS）、聚氨酯（polyurethane，PU）、聚对苯二甲酸乙二醇酯（polyethylene glycol terephthalate，PET）等，由于 MPs 组成成分的复杂性，且环境中的 MPs 具有难降解性，目前水环境和土壤环境中的 MPs 已经对生态系统造成了严重的影响。而许多研究发现 MPs 聚合物在微生物菌株存在下可以被水解。

Bhatt 等人发现利用微生物独特的代谢机制能够将 MPs 转化为安全环保的生物塑料，微生物酶的催化位点含有很少的氨基酸，这些氨基酸在 MPs 的降解中起重要作用。E. H. Acero 等人发现部分放线菌门微生物能够降解聚对 PET，如温变菌属细菌（*Thermobifida* spp.）和热单胞属细菌（*Thermomonospora* spp.），细菌细胞能够吸收降解 PET 获得的中间产物，并利用 PET 水解酶进行水解。

最早在 1968 年，R. T. Darby 等人发现真菌能够降解 PU，此后，人们发现许多真菌都能够用于降解 PU 泡沫塑料。除了真菌，人们发现细菌菌株也能够对 PU 进行降解，如塔宾曲霉（*Aspergillus tubingensis*）、枝孢霉（*Cladosporium* spp.）和青霉属细菌（*Penicillium* spp.）。此外，J. K. Ru 等人发现根霉（*Rhizopus* spp.）、曲霉（*Aspergillus* spp.）、木白腐菌属（*Phanerochaete* spp.）对 PS 具有降解能力。V. V. Iakovlev 等人发现混合微生物培养能够降解 PVC 和 PP，且细菌和真菌菌株对 PVC 和 PP 的降解均有较好的效果。

第二节　面向生态系统完整性的环境微生物学

一、环境变化对生态系统的影响

当今世界气候变化复杂，人类活动及其对气候和环境的影响导致了前所未有的动植物灭绝，造成生物多样性的丧失，目前针对动植物物种、群落的研究已经得到了广泛关注，然而很少有研究者探讨气候变化对微生物的影响。微生物构成了生物圈的生命支持系统，因此，要了解人类和地球上的其他生命形式（包括我们尚未发现的生命形式）如何抵御人为气候变化，将"看不见的大多数"微生物群落纳入研究范围至关重要。

研究者对海洋生物普查发现，约有 90% 的海洋生物量是微生物。除了数量庞大之外，海洋微生物还发挥着关键的生态系统功能，通过固定碳元素和氮元素使有机物再矿化，海洋微生物形成了海洋食物网，从而形成了全球碳循环和营养循环的基础。

虽然海洋浮游植物仅占全球植物生物量 1% 左右，但 M. J. Behrenfeld 发现其光合作用的 CO_2 固定量（每年全球净初级生产量约为 5×10^{-11} gC）和氧气产量却占全球的一半。硅藻占海洋初级生产总量的 25%~45%，与其他浮游植物群相比，硅藻具有相对较高的沉降速度，且深海中碳封存颗粒约有 40% 来源于硅藻。

海洋酸化使海洋微生物的 pH 远远超出历史范围，这从很大程度上影响了海洋微生物的细胞内稳态，低 pH 能够改变细菌和古细菌的基因表达，从而改变细胞生长效率、碳循环和能量通量，最终导致微生物食物网的改变。

土壤储存了约 $2×10^{12}$ t 有机碳，比大气和植被中碳的总和还要多。陆地环境中的微生物总数约为 10^{29} 个，与海洋环境中的微生物总数相似。T. W. N. Walker 等人发现短期的实验室增温和长期（超过 50 年）的自然地热增温起初都能够促进土壤微生物的生长和呼吸，微生物的 CO_2 释放量增多，对于基质的消耗也增多，但最后却导致生物量减少和微生物活性降低。一项为期 10 年的研究发现，土壤中的微生物群落通过改变基质的组成和使用方式来适应温度的升高，在这种情况下碳的损失量较正常状态下少。

永久冻土的融化和退化使微生物能够分解冻土中存储的碳，释放 CO_2 和 CH_4，永久冻土的融化导致饱和水土壤的增加，从而促进产甲烷菌在厌氧环境下产生 CH_4 和 CO_2。微生物矿化作用的增加导致了大量 CO_2 排放，从而形成了加速气候变化的正反馈循环。

N. Tas 和 B. J. Woodcroft 等人利用宏基因组学技术对特定微生物进行了研究，这些微生物的代谢产物为有机物并在代谢过程中释放 CO_2 和 CH_4。N. Tas 和 B. J. Woodcroft 等人将这些微生物与永久冻土融化过程中发生的生物地球化学联系起来，发现微生物群落的功能发生了显著变化，参与好氧和厌氧碳分解和养分循环的基因丰度增加。

部分藻类能够分泌藻毒素（神经毒素、肝毒素和皮肤毒素等），影响娱乐、饮用水生产、农业灌溉和渔业的用水，从而对人类健康产生危害。

气候变化直接或间接地促进了蓝藻的繁殖，许多形成水华的蓝藻可以在相对较高的温度下生长。湖泊和水库的热分层更加明显，从而使浮力强的蓝藻向上漂浮，形成密集的水面藻华，这使它们更好地接触到光线，因此比非浮力的浮游植物有机体具有选择优势。夏季持续的干旱增加了水库、河流和河口的水力停留时间，这些停滞的温暖水域为蓝藻水华的生长提供了理想的条件。

有害的蓝藻属藻类微囊藻（*Microcystis* spp.）能够很好地适应环境中较高浓度的 CO_2，其能够吸收 CO_2 和 HCO_3^-，并在羧酶体中积累无机碳。因此，气候变化和 CO_2 水平的增加预计会影响蓝藻繁殖的菌株组成。

二、微生物对生态系统稳定性的贡献

生物多样性对维持生态系统稳定性十分重要，微生物与动、植物之间的相互作用有助于建立稳定的生态系统。

S. Jiao 等人通过对不同栖息地的土壤进行调查，以此来评估影响陆地生态系统中微生物多样性的因素，他们发现细菌和真菌之间的复杂共生关系能够影响土壤微生物多样性及功能。

微生物的相互作用塑造了陆地生态系统中植物的多样性，通过形成互利共生关系，微生物在 4.5 亿多年前帮助植物在陆地上定居，部分具有致病能力的微生物还能够推动植物免疫的多样化。

根系分泌物中的主要成分为低分子化合物，如氨基酸、有机酸、糖和其他次生代谢物，同时还有少量高分子化合物，如多糖和蛋白质，这些高分子量化合物质量占根系分泌物总质量的 50% 以上。S. Nardi 等人发现植物根系能够分泌多种化合物来调节附近的土壤微生物群落以应对食草动物的威胁，这些微生物能够产生抗菌化合物或间接通过诱导植物生理系统抗性来帮助植物控制病害。

豆类植物与根瘤菌是典型的植物-微生物共生系统，植物-根瘤菌共生关系建立的第一步是基于植物分泌的信号分子，该信号分子激活了负责诱导结瘤过程的基因的表达。

还有研究者发现真菌能够在昆虫生长过程中起到重要作用。真菌能够直接或间接为昆虫提供养分，分解不可消化的化合物（如纤维素）或对食物中的毒素进行分解；真菌能够稳定昆虫巢穴结构并产生驱虫剂或抗菌代谢物。真菌与昆虫之间的相互依赖关系会随着时间的推移增加，最终真菌与昆虫的共生关系可能从兼性转为专性，例如，真菌与白蚁（termites）、豚草甲虫（ambrosia Beetle）和树峰（wood wasps）等昆虫都能够形成专性共生。

影响植物的大多数非生物因素包括干旱、洪水、极端温度、盐度和营养缺乏，这些非生物胁迫因素往往会阻碍植物的发育、生长。

Gul 等人利用组学技术发现微生物可以通过改变植物的生理机能以规避环境胁迫对作物栽培的不良影响。植物促生长微生物（PGPMs）包括促进植物生长的细菌/根瘤菌、促进植物生长的真菌、放线菌和参与固氮的细菌。PGPMs 能够帮助植物应对非生物胁迫，其能够通过生物、化学反应来提高植物的整体免疫功能，还能够提高抗氧化剂、酶合成的基因表达水平。PGPMs 还能够诱导生成广泛的代谢物，如植物激素、生长诱导素、渗透保护剂来促进作物的生长和代谢。

重金属在世界范围内普遍存在于水、土壤和空气环境中，重金属污染的排放对植物和动物健康有负面影响。而有些植物的内生菌能够提高宿主对重金属的耐受性，降低重金属毒性。对于红树林（mangrove）来说，寄生在其上的拟盘多毛孢属细菌（*Pestalotiopsis* spp.）能够显著提高红树林对铜（Cu）、铅（Pb）、锌（Zn）和铬（Cr）等重金属的耐受性；荨麻科植物（*Boehmeria nivea*）具有丰富的根际内生菌，如芽孢杆菌（*Bacillus* spp.）和假单胞菌（*Pseudomonas* spp.），能够保护其免受 Pb 和 Cu 重金属的影响。

现阶段农业技术已经取得了一些进步，然而干旱仍然是植物面临的主要环境压力，干旱可能导致植物细胞的渗透压失衡，而部分微生物能够提高植物在干旱环境中的适应能力。海藻糖是一种非还原性糖，含有两个葡萄糖分子，可以储存能量，微生物可以通过 TPS/trehalose-6-phosphate phosphatases（TPS/TPP）途径加速海藻糖的生物合成，维持渗透物浓度，并稳定植物细胞内膨压。

三、微生物生态位的移动

生态位（ecological niche），又称生态龛，指一个种群在生态系统中，在时间空间上所占据的位置及其与相关种群之间的功能关系与作用，表示生态系统中每种生物生存所必需的生境最小阈值。

当今环境变化对生态系统造成了极大影响，同时人类活动向环境中排放的各类污染物也导致了微生物生态位的大范围变化。例如，在第一节中提到的全球范围内分布广泛的 MPs，MPs 能够吸附周围环境中的营养物质和有机物，从而为 MPs 聚合物上微生物生物膜的形成提供必要的基质，因此，MPs 生物膜可被视为环境中一种新的生态位，这一点也已经被许多研究者证实：MPs 生物膜上的细菌群落与天然基质上（如纤维素、玻璃珠等）的细菌群落存在明显的生态位分区；Arias-Andres 等人发现，与自由生活细菌和颗粒附着细菌相比，MPs 生物膜具有更高的多样性和物种丰富度。

根据微生物适应生态位改变的方式可以分为特异微生物（specialists）和广谱微生物（generalists），特异微生物和广谱微生物既可以是绝对而言的，也可以是相对而言的。就绝对性而言，特异微生物是指该微生物只能在特定环境中生存；而就相对性而言，这一概念是从生态位理论引申出来的，生态位理论认为生态位有很多维度，若某个物种在某个维度上的生态位相对另一个物种来说较为狭窄，那么该物种就是特异微生物，而生态位比较宽的另一物种就是广谱微生物。

耶拿大学 Bas E. Dutilh 教授指出，研究这些不同微生物的一个关键问题是如何定义微生物生态位，到目前为止，微生物生态位的定义主要是根据主观环境参数来完成的，很难对生态位进行无偏见的量化。

因此，来自耶拿大学的生物信息学家与乌得勒支大学的研究人员使用了一种新颖的数据驱动方法来描述微生物生态位，研究人员发现微生物群落可以迅速适应环境，它们的组成能够反映所有影响当地环境的因素，所以物种群落本身而不是外部栖息地条件是影响当地生态地位的决定性因素。

研究人员分析和量化了来自世界各地的不同微生物样本的数千个宏基因组数据集，他们发现在大多数栖息地，相互竞争的广谱微生物可以增长得更快，从而在生态位获得主导地位，这与特异微生物在环境中占主导地位的传统观念相悖。

Bas E. Dutilh 等人还发现，广谱微生物的基因组比特异微生物的基因组更具可变性，基因在进化过程中不断出现与消失，这使他们能够通过水平基因转移（lateral gene transfer，LGT）整合来自其他生物的遗传信息，从而迅速适应当地的生态位。而与特异微生物相关的功能通常与非常具体的代谢过程有关，因此特异微生物在进化上是稳定的。

生态位构建（niche construction）是生物体主动修改本身并决定当地生态位的过程，具体行为包括动物建造巢穴、洞穴，植物对养分循环做出的生理改变。Lewontin 提出生态位构建并不是指生物体被动地适应环境条件，而是主动地构建和修改自身所处环境中的条件。生物体既是自然选择的对象，又是自然选择条件的创造者，从而影响自身的进化。

生态位构建理论对人文科学也产生了特别的影响，包括生物人类学、考古学和心理学，人们现在认识到，生态位构建在人类进化过程中发挥了重要作用。Creanza 等人通过数学建模发现：由人类活动导致的生态位构建与通过生物进化形成的生态位构建具有同等效力，且这种生态位构建能够改变人类基因的选择，从而推动人类的进化。对比早期与最近的人类基因组不难发现，许多基因在近期受到了选择，而这种选择很可能是由于人类活动导致的。例如乳糖不耐受可能就是过去两万年间基因与人类活动共同进化的一种结果。

第三节 研究范式变革下的环境微生物学

一、基因编辑技术的前景

基因编辑技术是环境工程微生物学的一项核心使能技术。CRISPR 基因编辑技术在生命科学领域掀起了一场全新的技术革命，助推了环境工程微生物学快速发展。然而，目前 CRISPR 基因编辑技术的性能尚有欠缺；智能设计、表达和递送系统等相关技术也不能满足医疗和农业领域的应用需求。未来基因编辑技术的发展方向：一方面亟待开发更精准、高效、全面和智能的 CRISPR 基因编辑技术；另一方面，需利用大数据分析和人工智能技术，不断开发全新的颠覆性基因编辑技术。

（一）基因编辑技术概述

基因编辑是指在基因组尺度对生物体进行精确设计与高效改造，被生物学界公认为"自聚合酶链反应（PCR）技术以来最具颠覆性和革命性的生物学突破"，是合成生物学核心的使能技术之一。基因编辑技术主要利用工程化的序列特异性核酸酶（sequence specific nuelease，SSN）在基因组特定位点切割产生 DNA 双链断裂（DNA double strand break，DSB），DSB 激活锥体固有的同源重组（homologous recombination，HR）和非同源末端连接（non-homologous end joining，NHEJ）两种自我修复机制，从而实现基因组的定点编辑。目前基因编辑技术经历了从锌指核酸酶（zinc finger nuclease，ZFN）、转录激活因子样效应物核酸酶（TAKEN）到规律成簇的间隔短回文重复（CRISPR）系统的三次技术革新。

1. ZFN 技术

ZFN 技术出现于 20 世纪 90 年代，主要包括用于识别和结合特定 DNA 序列的锌指蛋白（ZFP）和非特异地切割 DNA 的限制性核酸内切酶 Fok I。利用一对串联的锌指来结合特异 DNA，将 Fok I 的两个亚基带到特定基因组位点，对 DNA 进行切割产生 DNA 双链断裂。该技术靶向结合效率高，但是其识别特定 DNA 的锌指序列需要通过文库筛选来确定，耗时费力，成本也高，至今难以被大规模地应用。

2. TALEN 技术

TALEN 技术发明于 2009 年，与 ZFN 相似，由两部分构成：一部分是由 33～35 个氨基酸的重复单元组成，位于 12 位和 13 位的两个可变氨基酸残基负责识别并结合 DNA 序列，通过构建 12 位和 13 位不同的可变氨基酸残基，理论上可以靶向几乎任何 DNA 序列；另一部分是限制性核酸内切酶 Fok I。将 TALEN 与特定的表观遗传修饰酶或一些转录调控效应因子进行融合，可实现基因的表达调控。与 ZFN 相比，TALEN 更为灵活，筛选、构建更加容易，效率有所提高，是合成生物学等领域广泛使用的工具。但是 TALEN 技术构建较为复杂、成本依然偏高。

3. CRISPR 技术

CRISPR 系统作为细菌或古细菌的"免疫系统",于 2012 年被开发并成为目前最便捷高效的基因编辑工具。相比于 ZFN 技术和 TALEN 技术,CRISPR 技术构建简单、价格低廉、易于编程且高效,已广泛应用于生命科学多个领域,迅速成为全世界生命科学研究的焦点。CRISPR 相关技术在 2013 年、2015 年、2017 年和 2021 年先后被《科学》(*Science*)期刊评为"年度十大科学突破"之一,并获得 2020 年度诺贝尔化学奖。

(1)传统 CRISPR 技术

CRISPR 系统包含与目的 DNA 片段匹配的向导 RNA 及具有核酸酶功能的 Cas 蛋白。向导 RNA 引导 Cas 蛋白结合靶位点,切割靶 DNA,产生 DSB 损伤,再通过易错的非同源末端连接或者高保真的同源重组修复等方式进行修复。非同源末端连接会形成碱基丢失、插入或置换等小片段突变,同源重组需要以内源或者外源导入的同源序列作为修复模板进行编辑。在部分细胞中(如植物或者哺乳动物细胞),同源重组效率远远低于非同源末端连接,倾向于产生核苷酸的插入和缺失。目前最为常用的 Cas9 蛋白可改造形成单链 DNA 切割活性的 Cas9(Cas9 nickase,nCas9)或无切割活性的 Cas9(deadCas9,dCas9),将其与其他功能蛋白融合,定位到靶位点,可实现各种基因组靶向操作。

(2)单碱基编辑技术

碱基编辑(base editing,BE)主要利用 Cas9 变体(dCas9/nCas9)与脱氨酶蛋白融合而成,可将一定窗口内的胞嘧啶核苷酸转化为胸腺嘧啶核苷酸(C→T)、将腺嘌呤核苷酸转化为鸟嘌呤核苷酸(A→G)。新型糖基化酶碱基编辑器利用细胞自身 DNA 修复系统直接将胞嘧啶脱氨形成的"非常规碱基"修复生成特定碱基,并首次实现碱基颠换编辑。在大肠杆菌中可将胞嘧啶编辑成腺嘌呤,结合其他碱基编辑器可以实现任意碱基间的变化;在哺乳动物细胞中可将胞嘧啶特异性编辑成鸟嘌呤。碱基编辑技术突破了传统编辑技术的制约,无须产生 DNA 双链断裂,也无须供体 DNA 的参与,具有简单、广适、高效的特点。

(3)引导编辑和转座编辑

将莫洛尼鼠白血病病毒反转录酶(moloney murine leukemia virus reversetranscrijptase,M-MLV RT)与 nCas9(H840A)融合,同时在向导 RNA 的 3′端延伸出一段序列作反转录的引物和模板构建的引导编辑技术 BU,可以实现 12 种任意类型的碱基置换、多碱基替换,以及特定碱基序列的插入与删除。经过优化的引导编辑技术可以在基因组上一次性精确删除长达 10 000 个碱基的 DNA 序列。此外,基因组范围脱靶效应评估,证明引导编辑具有更高特异性,不会导致非 pegRNA(prime editing guide RNA)依赖的脱靶。

将 CRISPR 系统与转座子结合可以实现位点特异性 DNA 片段的高效、特异插入,该功能不需要 Cas 蛋白的核酸内切酶活性,不产生 DNA 双链断裂,不依赖于内源修复机制,因而安全性更高。然而,迄今为止还没有关于转座子相关 CRISPR 系统在真核生物中应用的报道。

(二)CRISPR 基因编辑技术存在的问题及未来发展

CRISPR 基因编辑技术虽然发展迅速,但目前其精确性、高效性、全面性和智能性四大方面尚有欠缺（表 11-4）。

	瓶颈问题	未来发展
表 11-4		CRISPR 基因编辑技术瓶颈与未来发展
精确性	基因组脱靶	利用蛋白质工程等方法开发低脱靶编辑系统
	副产物编辑	通过蛋白质理性设计、定向进化及从头 AI 设计等方式开发低副产物编辑系统
高效性	动植物细胞同源重组效率低	精细化调控修复途径；控制细胞周期；提高供体模板可利用性
	引导编辑效率低	优化 pegRNA 结构；调控修复途径关键蛋白；提高 PE 的反转录效率及表达水平
	微生物多靶点同时编辑效率低	提高修复效率；应用不引入 DSB 的编辑技术
全面性	PAM 框范围受限	通过工程化改造 Cas9、挖掘新型 Cas 蛋白等方式开发不同 PAM 类型编辑系统；开发无 PAM 需求的 Cas 新变体
	碱基编辑种类不足	利用功能蛋白与 DNA 修复途径相结合等方式开发新型高效的碱基编辑器
	特定细胞器编辑问题	改造 RNA 解决细胞器 RNA 递送问题；利用细胞自身的导向 RNA 或蛋白质，开发细胞器 CRISPR 编辑技术
	DNA 大片段操作问题	开发新型转座技术；挖掘可操作大片段的 DNA 修复系统
	植物编辑组分递送及再生过程优化	挖掘再生促进因子；开发新型生物介质、新材料等递送系统
	动物编辑组分递送	开发以 mRNA-LNP 为代表的新型递送技术
	微生物通用遗传操作系统缺乏	建立通用型遗传操作系统工具库；建立 CRISPR/Cas 瞬时表达或 RNP 直接转化的编辑筛选体系
	原核微生物基因组转录激活	挖掘更多转录激活因子
智能性	位点编辑差异性大、结果不可预测	利用大数据信息系统、机器学习预测编辑结果
	智能化设计不足	利用人工智能结合大数据信息系统进行智能化设计

二、大数据组学

（一）蛋白质组学未来研究方向

蛋白质作为生命基础，是生命活动的核心。蛋白质可以作为化学催化剂、结构成分及生理过程的媒介，是生物功能的最终执行者，如何准确识别蛋白的种类，量化生命体中蛋白质的表达是解析生命本质的基础。在此背景之下，蛋白质组学应运而生，蛋白质组学本质上指的是大规模、高通量、高精度地解析生命体中的蛋白质组成，从而为阐明生命体的基本生命构成、生命活动的动态变化过程提供技术基础（图11-2）。

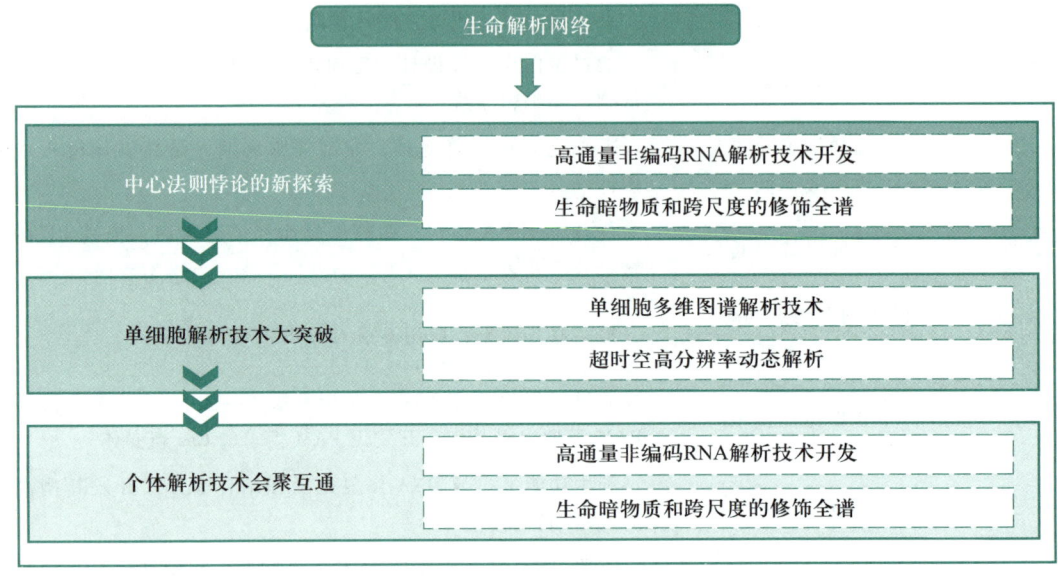

图 11-2　蛋白质组学的未来发展方向

现今的蛋白质组学在大规模、高通量的样本检测上已取得了一定的成果，但随着生命科学整体的发展和研究者对生命过程认知的不断加深，仅对简单样本进行定性、定量检测显然已经无法满足生命科学的要求。对复杂样本的多方位、融合性深度解析成为蛋白质组学研究新的挑战。故此，系统性设立新一代的蛋白质组学技术，使之能更加适应当今生命科学乃至整个大科学的要求，是我国蛋白质组学未来的发展方向，也是提升我国生命科学领域在国际上的重要地位的必然要求。质谱（mass spectrum，MS）技术已经从特定寡聚体的人工测序发展到高通量的肽链自动测序，并发展到通过独立数据分析进行多肽的平行测序，如 SWATH-MS。但质谱技术仍然无法达到大样本队列常规、完整的蛋白质组测序级深度。新一代蛋白质组学在高通量、高准确性、高重现性和低成本性等方面做出质的突破，能够实现万种样本微克量的完全蛋白质组学测序。

今后十年，蛋白质组学领域的发展将主要围绕以下几大方向。

（1）蛋白质的解析技术开发

研发全新的用于发现并鉴定尚未被注释为非编码基因但有蛋白质编码功能的基因产物的解析技术；发展、优化目前已有的低丰度蛋白质提取、检测技术，提高对单拷贝数、极低丰度蛋白质的检出灵敏度；基于深度学习，开发出更加精确的图谱解析及蛋白质预测技术和图谱计算、蛋白质模型预测技术，提高谱图解析度，从而推进对已存在但未被检出的蛋白质，以及未发现的蛋白质的检测。

发展目标如下：① 开发并建立新型蛋白质提取技术、低丰度蛋白质富集鉴定及定量分析技术，实现对极低丰度（fmol 级别）甚至寡拷贝、单拷贝蛋白质的检出；② 开发并优化靶向蛋白质检测技术、低丰度蛋白富集鉴定技术，建立蛋白质全库，达到对模式动物 98% 以上蛋白质的覆盖；③ 对新检出蛋白质的功能进行预测，从而实现对生命活动中蛋白质功能的全面解析。

（2）新型蛋白质修饰解析技术的开发

发展生物大分子动态修饰的精准标记、检测和鉴定的新技术；发展检测和鉴定生物大分子动态修饰属性、揭示生物大分子动态修饰与生物功能关系的方法；利用生物大分子特异标记、富集与检测等新技术手段解析生物大分子修饰的调控机制；结合基因编辑、表观测序等新技术手段研究生物大分子修饰在生理过程和病理变化中的调控机制及其规律。

发展目标如下：① 发现 10~20 种新型蛋白质动态修饰，对常见蛋白质修饰（如糖基化、乙酰化修饰等）达到 90% 以上可能位点的覆盖；② 开发针对标记的特异性富集、检测手段，实现对重要生理过程具有调控作用的蛋白质修饰的实时动态监控；③ 针对生理、病理相关关键的蛋白质修饰，结合基因编辑、表观遗传测序技术，开发新型分子探针，利用分子探针阐明蛋白质修饰与生理、病理的关系，实现对疾病发生发展过程的精准功能调控。

（3）定量蛋白质组鉴定分析技术、高精度质谱仪和配套试剂的研发

研发具有自主知识产权的飞行时间质谱仪、三重四级杆质谱仪及配套的相关试剂；研发超灵敏、超快速、低成本的蛋白质组定性和定量技术及配套试剂；开发蛋白质及其变异体或修饰体的动态变化检测技术；开发具有较高通量和准确度的目标蛋白质检测技术；开发能够应用于高通量检测的蛋白质组分析技术、质谱仪及配套的相关试剂，实现样本的高效检测和快速诊断。

发展目标如下：① 开发具有自主知识产权的飞行时间质谱仪、三重四级杆质谱仪，保证其主要参数接近或部分达到国际水平；② 研发超灵敏、超快速、低成本的蛋白质组定性和定量技术及配套试剂，使其效能达到或超过国际同类产品；③ 针对体液（包括血液、脑脊液、尿液等）样本开发 10 种以上具有自主知识产权的低成本、快速、超灵敏蛋白质组定性、定量检测技术，达到对疾病的高效检测和快速诊断；④ 针对性地建立 10~20 种作为疾病标志物的蛋白质检测方法，实现对疾病的精准诊断及治疗效果的实时追踪。

（4）蛋白质组学超高分辨率解析技术的开发

立足单细胞蛋白质组学图谱解析技术，从单个细胞的视角上更为精确地解析组织细胞的类型和功能，解决传统组学中由于整体表达数据掩盖单个细胞独特功能而造成的信息量丢失问题，绘制生物体"细胞元素周期表"，构建无时空偏差的细胞全基因表达图谱。对单细胞内染色质修饰及蛋白质翻译后修饰进行全谱检测和准确定量，构建跨维度基因表达图谱。通过单细胞多维组学解析，描绘生命体"细胞地图"，描绘生命体各种细胞类型及其组织区域的特异性分布，解析主要生理及病理过程中的细胞区域分布规律及分工原则。

发展目标如下：① 发展单细胞多组学图谱及活体原位单细胞组学解析技术，创建在体或活体的实时细胞分离、分辨或标定技术；② 实现单细胞蛋白质的高灵敏度检测（覆盖度由当前的 30% 达到转录组水平的 70% 以上），实现单细胞特定染色质修饰和特定位点蛋白质翻译后修饰的高精度定性与定量；③ 发展基于谱系追踪的细胞分化进程全组学变化的解析

技术；④ 开创性实现 1 000 种多物种细胞谱系全组学高维度进化树的绘制。

（二）代谢组学未来研究方向

代谢是生命的基本特征。代谢组学（metabolomics）是研究生命体在内在或者外在因素（如基因或环境）改变的情况下，其内源性小分子代谢物（相对分子量小于 2 000 Da）在种类和数量上的变化及其规律。通过对生命体代谢组的研究，能够使我们更直接、更准确地掌握机体的表型信息，因此代谢组学已被广泛应用于生命科学的各个研究领域。与代谢组学同等重要的是代谢流量组学（fluxomics），即生命体内代谢反应速率的集合，它表征的是基因、蛋白质、代谢物之间各种相互作用导致的代谢网络的动态行为和最终功能。代谢组与代谢流量组提供互补的信息；同时掌握两者，能够使我们全面理解与认识生命体的代谢过程，在此基础上实现对生命活动的设计与操控（图 11-3）。

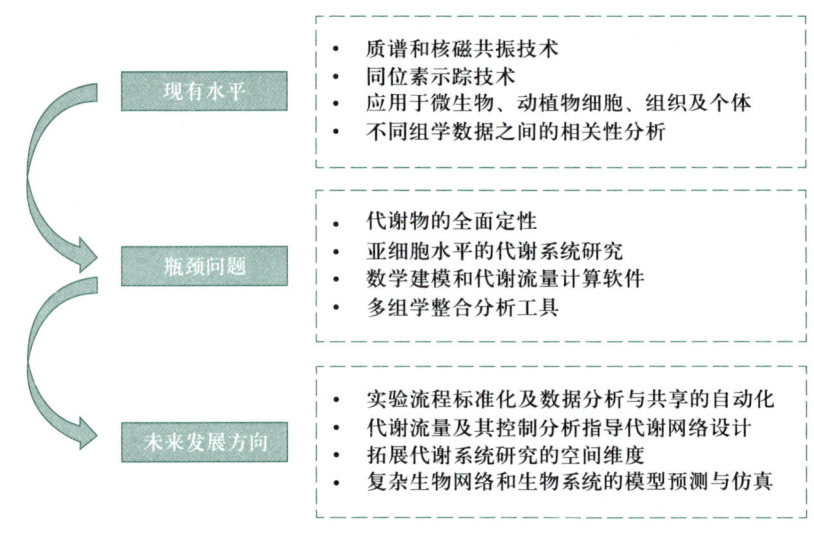

图 11-3　代谢组和代谢流量组技术的现有水平、瓶颈问题及未来发展方向

生物体的高度复杂性使得生命过程中产生的代谢物具有数目众多、种类复杂等特点。例如，目前人类代谢组数据库（human metabolome database，HMDB）已收录了超过 11 万种代谢物的信息。如果加上植物和微生物产生的次级代谢产物，所有代谢物的种类可能达到上百万种。核磁共振（nuclear magnetic resonance，NMR）和质谱技术被广泛应用于代谢组学研究。质谱由于具有高选择性、高灵敏度和较大的检测动态范围，能够一次检测出几百至数千个代谢物，因此成为主要的研究工具。其中，高分辨质谱如飞行时间（time-of-flight，TOF）质谱、轨道离子阱质谱（orbitrap）等能够提供化合物的精确分子量，并可以通过串联质谱技术采集二级碎片信息对代谢物进行结构鉴定。质谱技术可以方便地与气相色谱和液相色谱等分离技术相结合，极大地提高对代谢组的分析能力，例如，通过液相色谱和质谱的正负离子检测，在生物样本中可检测出超过数万个代谢特征峰。与代谢组及其他组学不同的是，代谢流量不能被直接检测，需要利用同位素示踪技术，结合代谢组学分析，进而通过数学建模计算得到。比较典型的是基于稳定同位素 ^{13}C 标记的稳态代谢流量分析技术。近年来在建立同

位素^{13}C、^{15}N 或 ^2H 动态示踪技术的基础上，出现了动态代谢流量分析技术，其能够解析细胞应对外界环境改变（如营养条件改变、药物投放等）的极为快速的代谢动态变化。目前代谢组学与代谢流量组学已被应用于微生物、动植物细胞、组织及个体，以及动物-微生物、植物-微生物等混合体系，用于发现具有特定生物学意义的代谢物（如疾病诊断生物标志物）、发现新的代谢途径、鉴定新的代谢调控机制，以及揭示代谢网络应对内在或外在因素改变的普遍运行规律。值得一提的是，代谢组学与代谢流量组学已被应用于指导代谢网络的优化设计与改造，包括鉴定底盘细胞的代谢网络、识别代谢途径的限速步骤和限制因子等。

目前代谢组学与代谢流量组学研究仍然存在许多挑战：代谢物的全面定性仍是难点，例如对于大多数生物样本，目前只有 4%~5% 的 LC-MS 峰能够进行代谢物定性；代谢的空间分布问题尚未解决，尽管目前的质谱成像技术能够观察不同组织中的代谢物及若干代谢物已有遗传编码的荧光报告系统，亚细胞水平的代谢系统研究仍是难点；大多数生物实验室不具备数学建模的能力，无法进行代谢流的定量分析。

未来代谢组学与代谢流量组学需要优先发展的方向如下。

（1）创新发展分析方法

随着质谱等分析仪器的不断发展，发展大规模的代谢物定性方法，推动代谢组实验流程的标准化及数据分析与共享的自动化，使得代谢组学得到更加广泛的应用；结合同位素动态示踪技术、代谢流量与代谢组研究，发展代谢流量及其控制的先进分析方法，建立识别生物合成途径限速步骤和限制因子的方法，使其成为指导代谢网络优化设计与改造的有力工具。

（2）拓展代谢研究的空间维度

开发细胞器快速分离纯化技术，提高质谱成像技术的分辨能力与精度，设计不同标记底物的平行示踪实验或者混合使用多种标记底物，将同位素示踪、代谢组学与质谱成像、细胞器纯化或代谢物荧光报告系统相结合，研究不同组织、细胞及细胞器内的代谢及其之间的互作。

（3）建立代谢计算平台

开发能够让科研人员直观便利地进行数学建模与流量计算的软件，建立一个能够指导示踪实验的设计、定量解析代谢流及相关统计分析的一体化计算工具包。

近年来，将代谢组、代谢流量组与转录组、蛋白质组等相结合的多组学整合分析因其能够更为全面地理解生物学机制，引起了越来越多的关注。当前的多组学分析大多是不同组学数据之间的相关性分析。基因组规模的结合代谢途径和蛋白合成途径的数学模型（macromolecular expression，ME）已被用于整合多组学数据，系统揭示表型背后的复杂生物学机制，并用于指导代谢工程设计。然而，目前只有极少数几种微生物的 ME 模型。因此未来需要结合组学分析技术的发展，建立能够整合分析各种动态和空间组学数据的多种模式生物中的全细胞数学模型，实现复杂生物网络和生物系统的模型预测与仿真。

思考题

1. 哪些微生物能够导致水、大气、土壤环境污染？

2. 新污染物的定义是什么？请举出 3~5 个常见的新污染物种类。

3. 新污染物的传统治理方法有哪些？利用微生物对新污染物进行净化处理的方法有哪些？

4. 生态位的定义是什么？特异微生物（specialists）和广谱微生物（generalists）有何区别？

5. 请简要介绍微生物之间的抗生素水平基因转移。

6. 请简要概述 CRISPR 基因编辑技术的三次技术革新。

7. 大数据组学中蛋白质组学及代谢组学的定义分别是什么？

参考文献

［1］ ABDEL RAHMAN R O, HUNG Y-T. Application of ionizing radiation in wastewater treatment: An overview ［J］. Water, 2020, 12 （1）: 19.

［2］ AGATHOKLEOUS E, BARCELó D, ASCHNER M, et al. Low levels of contaminants stimulate harmful algal organisms and enrich their toxins ［J］. Environmental Science & Technology, 2022, 56 （17）: 11991-2002.

［3］ AHMADZADEH S, DOLATABADI M. Removal of acetaminophen from hospital wastewater using electro-Fenton process ［J］. Environmental Earth Sciences, 2018, 77 （2）: 53.

［4］ ALPER H, FISCHER C, NEVOIGT E, et al. Tuning genetic control through promoter engineering ［J］. Proceedings of the National Academy of Sciences, 2005, 102 （36）: 12678-12683.

［5］ ALVARINO T, SUAREZ S, LEMA J M, et al. Understanding the removal mechanisms of PPCPs and the influence of main technological parameters in anaerobic UASB and aerobic CAS reactors ［J］. Journal of Hazardous Materials, 2014, 278: 506-13.

［6］ ARIAS-ANDRES M, KLüMPER U, ROJAS-JIMENEZ K, et al. Microplastic pollution increases gene exchange in aquatic ecosystems ［J］. Environmental Pollution, 2018, 237: 253-61.

［7］ ARIAS-ANDRES M, ROJAS-JIMENEZ K, GROSSART H. Collateral effects of microplastic pollution on aquatic microorganisms: An ecological perspective ［J］. Trac-Trends in Analytical Chemistry, 2019, 112: 234-40.

［8］ ATSUMI S, HANAI T, LIAO J C. Non-fermentative pathways for synthesis of branched-chain higher alcohols as biofuels ［J］. Nature, 2008, 451, 86-89.

［9］ ATSUMI S, HIGASHIDE W, LIAO J C. Direct photosynthetic recycling of carbon dioxide to isobutyraldehyde ［J］. Nat Biotechnol 27, 1177-1180 （2009）.

［10］ BAI X, ACHARYA K. Algae-mediated removal of selected pharmaceutical and personal care products （PPCPs） from Lake Mead water ［J］. Science of The Total Environment, 2017, 581-582: 734-40.

［11］ BAO L J, WEI Y L, YAO Y, et al. Global trends of research on emerging contaminants in the environment and humans: A literature assimilation ［J］. Environmental Science and Pollution Research, 2015, 22 （3）: 1635-43.

［12］ BEHRENFELD M J. Climate-mediated dance of the plankton ［J］. Nature Climate Change, 2014, 4 （10）: 880-7.

［13］ BHATT P, PATHAK V M, BAGHERI A R, et al. Microplastic contaminants in the aqueous environment, fate, toxicity consequences, and remediation strategies ［J］. Environmental Research, 2021, 200: 111762.

［14］ Black R P. Bergey's manual of systematic bacteriology Volume 3 ［M］. Baltimore: Williams & Wilkins,

1989.

[15] BLANEY L, LAWLER D F, KATZ L E. Transformation kinetics of cyclophosphamide andifosfamide by ozone and hydroxyl radicals using continuous oxidant addition reactors [J]. Journal of Hazardous Materials, 2019, 364: 752-61.

[16] BOWLEY J, BAKER-AUSTIN C, PORTER A, et al. Oceanic hitchhikers-assessing pathogen risks from marine microplastic [J]. Trends in Microbiology, 2021, 29 (2): 107-16.

[17] BOYD P W, CLAUSTRE H, LEVY M, et al. Multi-faceted particle pumps drive carbon sequestration in the ocean [J]. Nature, 2019, 568 (7752): 327-35.

[18] BruSlind Linda. General Microbiology [M]. Cor Vallis: Oregon State University, 2019.

[19] BUNSE C, LUNDIN D, KARLSSON C M G, et al. Response of marine bacterioplankton pH homeostasis gene expression to elevated CO_2 [J]. Nature Climate Change, 2016, 6 (5): 483.

[20] CAVICCHIOLI R, RIPPLE W J, TIMMIS K N, et al. Scientists' warning to humanity: Microorganisms and climate change [J]. Nature Reviews Microbiology, 2019, 17 (9): 569-86.

[21] CHANDWANI S, AMARESAN N. Role of ACC deaminase producing bacteria for abiotic stress management and sustainable agriculture production [J]. Environmental Science and Pollution Research, 2022, 29 (16): 22843-59.

[22] CHEN L, WANG X, LU W, et al. Molecular imprinting: Perspectives and applications [J]. Chemical Society Reviews, 2016, 45 (8): 2137-211.

[23] CHEN Y, LIN M, ZHUANG D. Wastewater treatment and emerging contaminants: Bibliometric analysis [J]. Chemosphere, 2022, 297: 133932.

[24] CREANZA N, FELDMAN M W. Complexity in models of cultural niche construction with selection and homophily [J]. Proceedings of the National Academy of Sciences of the United States of America, 2014, 111: 10830-7.

[25] DARBY R T, KAPLAN A M. Fungal susceptibility of polyurethanes [J]. Applied Microbiology, 1968, 16 (6): 900-5.

[26] DELAUX P-M, SCHORNACK S. Plant evolution driven by interactions with symbiotic and pathogenic microbes [J]. Science, 2021, 371 (6531): 796.

[27] DHAKA S, KUMAR R, DEEP A, et al. Metal-organic frameworks (MOFs) for the removal of emerging contaminants from aquatic environments [J]. Coordination Chemistry Reviews, 2019, 380: 330-52.

[28] DOSHI N, MITRAGOTRI S. Macrophages recognize size and shape of their targets [J]. PLoS ONE, 2010, 5 (4): e10051.

[29] ENDY D. Foundations for engineering biology [J]. Nature, 2005, 438 (7067): 449-453.

[30] FESTA S, COPPOTELLI B M, MADUEÑO L, et al. Assigning ecological roles to the populations belonging to a phenanthrene – degrading bacterial consortium using omic approaches [J]. PLOS ONE, 2017, 12: e0184505.

[31] FLEMMING H-C, WUERTZ S. Bacteria and archaea on Earth and their abundance in biofilms [J]. Nature Reviews Microbiology, 2019, 17 (4): 247-60.

[32] FRèRE L, MAIGNIEN L, CHALOPIN M, et al. Microplastic bacterial communities in the Bay of Brest: Influence of polymer type and size [J]. Environmental Pollution, 2018, 242: 614-25.

[33] FUNKE J, PRASSE C, EVERSLOH CL, et al. Oxypurinol-A novel marker for wastewater contamination of the aquatic environment [J]. Water Research, 2015, 74: 257-65.

［34］ GANGADHARAN PUTHIYA VEETIL P, VIJAYA NADARAJA A, BHASI A, et al. Degradation of triclosan under aerobic, anoxic, and anaerobic conditions ［J］. Applied Biochemistry and Biotechnology, 2012, 167 (6): 1603-12.

［35］ GHATTAS A-K, FISCHER F, WICK A, et al. Anaerobic biodegradation of (emerging) organic contaminants in the aquatic environment ［J］. Water Research, 2017, 116: 268-95.

［36］ GUERRA-RODRíGUEZ S, RODRíGUEZ E, SINGH D N, et al. Assessment of sulfate radical-based advanced oxidation processes for water and wastewater treatment: A review ［J］. Water, 2018, 10 (12): 1828.

［37］ GUL N, WANI I, MIR R, et al. Plant growth promoting microorganisms mediated abiotic stress tolerance in crop plants: A critical appraisal ［J］. Plant Growth Regulation, 2023, 100 (1): 7-24.

［38］ HAN G Z. Origin and evolution of the plant immune system ［J］. New Phytol, 2019, 222 (1): 70-83.

［39］ HANG X M, ZHAO K R, WANG H Y, et al. Exonuclease Ⅲ-assisted CRISPR/Cas12a electrochemiluminescence biosensor for sub-femtomolar mercury ions determination ［J］. Sensors and Actuators B: Chemical, 2022, 368: 132208.

［40］ HERRERA-MORALES J, TURLEY T A, BETANCOURT-PONCE M, et al. Nanocellulose-Block Copolymer Films for the Removal of Emerging Organic Contaminants from Aqueous Solutions ［J］. Materials, 2019, 12 (2): 230.

［41］ HIRSCH A M, LUM M R, DOWNIE J A. What makes the rhizobia-legume symbiosis so special? ［J］. Plant Physiology, 2001, 127 (4): 1484-92.

［42］ HOLLIBAUGH J T, GIFFORD S, SHARMA S, et al. Metatranscriptomic analysis of ammonia-oxidizing organisms in an estuarine bacterioplankton assemblage ［J］. The ISME Journal, 2011; 5 (5): 866-878.

［43］ HONG S M, CANDELONE J P, PATTERSON C C, et al. Greenland ice evidence of hemispheric lead pollution two millennia ago by Greek and Roman civilizations ［J］. Science, 1994, 265 (5180): 1841-3.

［44］ HUANG D-L, WANG R-Z, LIU Y-G, et al. Application of molecularly imprinted polymers in wastewater treatment: A review ［J］. Environmental Science and Pollution Research, 2015, 22 (2): 963-77.

［45］ HUISMAN J, CODD G A, PAERL H W, et al. Cyanobacterial blooms ［J］. Nature Reviews Microbiology, 2018, 16 (8): 471-83.

［46］ HULTMAN J, WALDROP M P, MACKELPRANG R, et al. Multi-omics of permafrost, active layer and thermokarst bog soil microbiomes ［J］. Nature, 2015, 521 (7551): 208.

［47］ IAKOVLEV V V, GUELCHER S A, BENDAVID R. Degradation of polypropylene in vivo: A microscopic analysis of meshes explanted from patients ［J］. Journal of Biomedical Materials Research Part B: Applied Biomaterials, 2017, 105 (2): 237-48.

［48］ JANSSON J K, TAS N. The microbial ecology of permafrost ［J］. Nature Reviews Microbiology, 2014, 12 (6): 414-25.

［49］ JIAO S, PENG Z, QI J, et al. Linking bacterial-fungal relationships to microbial diversity and soil nutrient cycling ［J］. Msystems, 2021, 6 (2).

［50］ JIMENEZ-MEJÍA R, MEDINA-ESTRADA R I, CARBALLAR-HERNÁNDEZ S, et al. Teamwork to survive in hostile soils: Use of plant growth-promoting bacteria to ameliorate soil salinity stress in crops ［J］. Microorganisms, 2022, 10 (1).

［51］ JOHNSON C N, BALMFORD A, BROOK B W, et al. Biodiversity losses and conservation responses in the Anthropocene ［J］. Science, 2017, 356 (6335): 270-5.

[52] KARNER M B, DELONG E F, KARL D M. Archaeal dominance in the mesopelagic zone of the Pacific Ocean [J]. Nature, 2001, 409 (6819): 507-10.

[53] KAWAI F, ODA M, TAMASHIRO T, et al. A novel Ca^{2+}-activated, thermostabilizedpolyesterase capable of hydrolyzing polyethylene terephthalate from Saccharomonospora viridis AHK190 [J]. Applied Microbiology and Biotechnology, 2014, 98 (24): 10053-64.

[54] KHAN S, NADIR S, SHAH Z U, et al. Biodegradation of polyester polyurethane by aspergillus tubingensis [J]. Environmental Pollution, 2017, 225: 469-80.

[55] KLEIN S, BRANDT H, KöNIG S. Genetic parameters and selection strategies for female fertility and litter quality traits in organic weaner production systems with closed breeding systems [J]. Livestock Science, 2018, 217: 1-7.

[56] KLEPZIG K D, ADAMS A S, HANDELSMAN J, et al. Symbioses: A key driver of insect physiological processes, ecological interactions, evolutionary diversification, and impacts on humans [J]. Environmental Entomology, 2009, 38 (1): 67-77.

[57] KORDOWSKA-WIATER M, KUZDRALIńSKI A, CZERNECKI T, et al. The Production of arabitol by a novel plant yeast isolate Candida parapsilosis 27RL-4. Open Life Science. 2017, 12 (1), 326-336.

[58] LALAND K, MATTHEWS B, FELDMAN M W. An introduction to niche construction theory [J]. Evolutionary Ecology, 2016, 30 (2): 191-202.

[59] LEHMAN P W, KUROBE T, LESMEISTER S, et al. Impacts of the 2014 severe drought on the Microcystis bloom in San Francisco Estuary [J]. Harmful Algae, 2017, 63: 94-108.

[60] LI N, SHENG G-P, LU Y-Z, et al. Removal of antibiotic resistance genes from wastewater treatment plant effluent by coagulation [J]. Water Research, 2017, 111: 204-12.

[61] LUTZONI F, NOWAK M D, ALFARO M E, et al. Contemporaneous radiations of fungi and plants linked to symbiosis [J]. Nature Communications, 2018, 9 (1): 5451.

[62] MALVIYA S, SCALCO E, AUDIC S, et al. Insights into global diatom distribution anddiversity in the world's ocean [J]. Proceedings of the National Academy of Sciences of the United States of America, 2016, 113 (11): E1516-E25.

[63] MCCALLEY C K, WOODCROFT B J, HODGKINS S B, et al. Methane dynamics regulated by microbial community response to permafrost thaw [J]. Nature, 2014, 514 (7523): 478.

[64] MCCARREN J, BECKER J W, REPETA, D J, et al. Microbial community transcriptomes reveal microbes and metabolic pathways associated with dissolved organic matter turnover in the sea [J]. Proceedings of the National Academy of Sciences 2010, 107: 16420-16427.

[65] MIYOSHI T, AIZAWA T, KIMURA K, et al. Identification of proteins involved in membrane fouling in membrane bioreactors (MBRs) treating municipal wastewater. International Biodeterioration&amp [J]. Biodegradation, 2012, 75: 15-22.

[66] MONSALVO V M, MCDONALD J A, KHAN S J, et al. Removal of trace organics by anaerobic membrane bioreactors [J]. Water Research, 2014, 49: 103-12.

[67] MORIN-CRINI N, LICHTFOUSE E, FOURMENTIN M, et al. Removal of emerging contaminants from wastewater using advanced treatments: A review [J]. Environmental Chemistry Letters, 2022, 20 (2): 1333-75.

[68] MUELLER U G, KARDISH M R, ISHAK H D, et al. Phylogenetic patterns of ant-fungus associations indicate that farming strategies, not only a superior fungal cultivar, explain the ecological success of leafcutter ants

[J]. Molecular Ecology, 2018, 27 (10): 2414-34.

[69] NARDI S, CONCHERI G, PIZZEGHELLO D, et al. Soil organic matter mobilization by root exudates [J]. Chemosphere, 2000, 41 (5): 653-8.

[70] NELSON D M, TREGUER P, BRZEZINSKI M A, et al. production and dissolution of biogenic silica in the ocean-revised global estimates, comparison with regional data and relationship to biogenic sedimentation [J]. Global Biogeochemical Cycles, 1995, 9 (3): 359-72.

[71] PANTHEE B, GYAWALI S, PANTHEE P, et al. Environmental and human microbiome for health [J]. Life, 2022, 12 (3): 456.

[72] PLöHN M, SPAIN O, SIRIN S, et al. Wastewater treatment by microalgae [J]. Physiologia Plantarum, 2021, 173 (2): 568-78.

[73] PRIYADARSHINI M, DAS I, GHANGREKAR M, et al. Advanced oxidation processes: Performance, advantages, and scale-up of emerging technologies [J]. Journal of Environmental Management, 2022, 316: 115295.

[74] PURNICK P E M, WEISS R. The second wave of synthetic biology: from modules to systems [J]. Nature reviews Molecular cell biology, 2009, 10 (6): 410-422.

[75] RATHI B S, KUMAR P S, SHOW P L. A review on effective removal of emerging contaminants from aquatic systems: Current trends and scope for further research [J]. Journal of Hazardous Materials, 2021, 409: 124413.

[76] RICHARDSON S D, KIMURA S Y. Emerging environmental contaminants: Challenges facing our next generation and potential engineering solutions [J]. Environmental Technology & Innovation, 2017, 8: 40-56.

[77] RICHARDSON S D, KIMURA S Y. Water analysis: Emerging contaminants and current issues [J]. Analytical Chemistry, 2016, 88 (1): 546-82.

[78] RICHARDSON S D, TERNES T A. Water analysis: Emerging contaminants and current Issues [J]. Analytical Chemistry, 2014, 86 (6): 2813-48.

[79] Robertson L A. Kuenen J G. Aerobic denitrification: a controversy revived [J]. Archives of Microbiology, 1984, 139 (4): 351-354.

[80] ROJAS S, HORCAJADA P. Metal-Organic frameworks for the removal of emerging organic contaminants in water [J]. Chemical Reviews, 2020, 120 (16): 8378-415.

[81] RU J, HUO Y, YANG Y. Microbial degradation and valorization of plastic wastes [J]. Frontiers in Microbiology, 2020, 11.

[82] RUSSO V, HMOUDAH M, BROCCOLI F, et al. Applications of metal organic frameworks in wastewater treatment: A review on adsorption and photodegradation [J]. Frontiers in Chemical Engineering, 2020, 2.

[83] SATHICQ M B, SABATINO R, DI CESARE A, et al. PET particles raise microbiological concerns for human health whiletyre wear microplastic particles potentially affect ecosystem services in waters [J]. Journal of Hazardous Materials, 2022, 429: 128397.

[84] SCHIRMER A, RUDE M A, LIX, et al. Microbial Biosynthesis of Alkanes [J]. Science, 2010, 329, 559-562.

[85] SCHULTZ T R, BRADY S G. Major evolutionary transitions in ant agriculture [J]. Proceedings of the National Academy of Sciences of the United States of America, 2008, 105 (14): 5435-40.

[86] SCHUUR E A G, MCGUIRE A D, SCHAEDEL C, et al. Climate change and the permafrost carbon feedback [J]. Nature, 2015, 520 (7546): 171-9.

［87］SETTLE D M，PATTERSON CC. Lead in albacore：Guide to lead pollution in Americans ［J］. Science, 1980，207（4436）：1167-76.

［88］SHAFFIQUE S，KHAN M A，IMRAN M，et al. Research progress in the field of microbial mitigation of drought stress in plants ［J］. Frontiers in Plant Science，2022，13.

［89］SIMMONDS P，ADRIAENSSENS E M，ZERBINI F M，et al. Four principles to establish a universal virus taxonomy ［J］. PLOS Biology，2023，21（2）：e3001922.

［90］SINGH B K，BARDGETT R D，SMITH P，et al. Microorganisms and climate change：Terrestrial feedbacks and mitigation options ［J］. Nature Reviews Microbiology，2010，8（11）：779-90.

［91］SLIPKO K，REIF D，WöGERBAUER M，et al. Removal of extracellular free DNA and antibiotic resistance genes from water and wastewater by membranes ranging from microfiltration to reverse osmosis ［J］. Water Research，2019，164：114916.

［92］SUN X，CHEN B，XIA B，et al. Impact of mariculture-derived microplastics on bacterial biofilm formation and their potential threat to mariculture：A case in situ study on the Sungo Bay，China ［J］. Environmental Pollution，2020，262：114336.

［93］TAHERAN M，NAGHDI M，BRAR S K，et al. Emerging contaminants：Here today，there tomorrow！［J］. Environmental Nanotechnology，Monitoring & Management，2018，10：122-6.

［94］TANCA A，PALOMBA A，FRAUMENE C，et al. The impact of sequence database choice on metaproteomic results in gut microbiota studies ［J］. Microbiome，2016，4：51.

［95］TAS N，PRESTAT E，WANG S，et al. Landscape topography structures the soil microbiome in arctic polygonal tundra ［J］. Nature Communications，2018，9.

［96］TIJANI J O，FATOBA O O，BABAJIDE O O，et al. Pharmaceuticals，endocrine disruptors，personal care products，nanomaterials and perfluorinated pollutants：A review ［J］. Environmental Chemistry Letters，2016，14（1）：27-49.

［97］TOLBOOM S N，CARRILLO-NIEVES D，DE JESúS ROSTRO-ALANIS M，et al. Algal-based removal strategies for hazardous contaminants from the environment-A review ［J］. Science of The Total Environment，2019，665：358-66.

［98］TREGUER P，BOWLER C，MORICEAU B，et al. Influence of diatom diversity on the ocean biological carbon pump ［J］. Nature Geoscience，2018，11（1）：27-37.

［99］VANWOLFEREN M，PULSCHEN A A，BAUM B，et al. The cell biology of archaea ［J］. Nature Microbiology，2022，7（11）：1744-1755.

［100］VILA-COSTA M，RINTA-KANTO J M，SUN S，et al. Transcriptomic analysis of a marine bacterial community enriched with dimethylsulfoniopropionate ［J］. The ISME Journal，2010，4，1410-1420.

［101］WACŁAWEK S，LUTZE H V，GRüBEL K，et al. Chemistry of persulfates in water and wastewater treatment：A review ［J］. Chemical Engineering Journal，2017，330：44-62.

［102］WALKER T W N，KAISER C，STRASSER F，et al. Microbial temperature sensitivity and biomass change explain soil carbon loss with warming ［J］. Nature Climate Change，2018，8（11）：1021.

［103］WANG J L，XU L J. Advanced oxidation processes for wastewater treatment：Formation of hydroxyl radical and application ［J］. Critical Reviews in Environmental Science and Technology，2012，42（3）：251-325.

［104］WANI Z A，ASHRAF N，MOHIUDDIN T，et al. Plant-endophyte symbiosis，an ecological perspective ［J］. Applied Microbiology and Biotechnology，2015，99（7）：2955-65.

［105］ WEI W, LIU X Z, SUN P Q, et al. Simple whole-cellbiodetection and bioremediation of heavy metals based on an engineered lead-specific operon ［J］. Environmental science & technology, 2014, 48 （6）: 3363-3371.

［106］ WILLEY J M, SHERWOOD L M, WOOLVERTON C J. Prescott's microbiology ［M］. 9th ed. New York: McGraw-Hill, 2014.

［107］ WILMES P, BOND P L. The application of two-dimensional polyacrylamide gel electrophoresis and downstream analysis to a mixed community of prokaryotic microorganisms ［J］. Environmental Microbiology, 2004, 6: 911-920.

［108］ WOODCROFT B J, SINGLETON C M, BOYD J A, et al. Genome-centric view of carbon processing in thawing permafrost ［J］. Nature, 2018, 560 （7716）: 49.

［109］ WU X, PAN J, LI M, et al. Selective enrichment of bacterial pathogens by microplastic biofilm ［J］. Water Research, 2019, 165: 114979.

［110］ YANG X, FAN C, SHANG C, et al. Nitrogenous disinfection byproducts formation and nitrogen origin exploration during chloramination of nitrogenous organic compounds ［J］. Water Research, 2010, 44 （9）: 2691-702.

［111］ YANG Y, LIU G, SONG W, et al. Plastics in the marine environment are reservoirs for antibiotic and metal resistance genes ［J］. Environment International, 2019, 123: 79-86.

［112］ YU K, YI S, LI B, et al. An integrated meta-omics approach reveals substrates involved in synergistic interactions in a bisphenol A （BPA） -degrading microbial community ［J］. Microbiome, 2019, 7: 16.

［113］ ZETTLER E R, MINCER T J, AMARAL-ZETTLER L A. Life in the "Plastisphere": Microbial communities on plastic marine debris ［J］. Environmental Science & Technology, 2013, 47 （13）: 7137-46.

［114］ ZHANG T T, YANG Y L, GAO J F, et al. Synergistic degradation of chloramphenicol by ultrasound-enhanced nanoscale zero-valent iron/persulfate treatment ［J］. Separation and Purification Technology, 2020, 240: 116575.

［115］ ZHANG Y, LU J, WU J, et al. Potential risks of microplastics combined with superbugs: Enrichment of antibiotic resistant bacteria on the surface of microplastics in mariculture system ［J］. Ecotoxicology and Environmental Safety, 2020, 187: 109852.

［116］ ZHOU J, XUE K, XIE J, et al. Microbial mediation of carbon-cycle feedbacks to climate warming ［J］. Nature Climate Change, 2012, 2 （2）: 106-10.

［117］ "中国学科及前沿领域发展战略研究 （2021-2035） "项目组. 中国合成生物学 2035 发展战略 ［M］. 北京: 科学出版社, 2023.

［118］ 蔡元锋, 贾仲君. 基于新一代高通量测序的环境微生物转录组学研究进展 ［J］. 生物多样性, 2013, 21 （04）: 402-411.

［119］ 柴春月. 微生物组学及其应用研究 ［M］. 北京: 中国农业出版社, 2022.

［120］ 常璐, 黄娇芳, 董浩. 合成生物学改造微生物及生物被膜用于重金属污染检测与修复 ［J］. 中国生物工程杂志, 2021, 41 （01）: 62-71.

［121］ 陈铭. 生物信息学 ［M］. 北京: 科学出版社, 2018.

［122］ 陈世霞, 王雷, 韩志英. 宏蛋白质组学技术在废水生物处理工艺研究领域中的应用 ［J］. 应用生态学报, 2014, 25 （10）: 3056-3066.

［123］ 陈延君, 王红旗, 王然, 等. 鼠李糖脂对微生物降解正十六烷以及细胞表面性质的影响 ［J］. 环境科学, 2007, 28: 2117-2122.

[124] 池振明. 现代微生物生态学［M］. 北京：科学出版社，2005.

[125] 邓晔，冯凯，魏子艳，等. 宏基因组学在环境工程领域的应用及研究进展［J］. 环境工程学报，2016，10（07）：3373-3382.

[126] 丁炜，朱亮，徐京，等. 好氧反硝化菌及其在生物处理与修复中的应用研究进展［J］. 应用与环境生物学报，2011，17（6）：923-929.

[127] 范增增，赵伟，杨新萍. 高风险四环素抗性基因在人工湿地中分布和去除的季节变化［J］. 应用生态学报，2022，33（11）：2997-3006.

[128] 高志勇. 生物芯片发展及寡核苷酸基因芯片应用研究［M］. 北京：科学出版社，2017.

[129] 耿柠波，张海军，王菲迪，等. 代谢组学技术在环境毒理学研究中的应用［J］. 生态毒理学报，2016，11（3）：26-35.

[130] 胡海燕，刘慧敏，孟璐，等. 宏基因组学在微生物抗生素抗性基因检测中的应用［J］. 微生物学通报，2019，46（11）：3110-3123.

[131] 胡永隽，何池全，徐高田. 生物芯片技术及其在水体环境生物监测中的应用［J］. 生态学杂志，2005，（10）：1250-1252.

[132] 黄磊，高国辉，马佳骏，等. 合成生物学技术在环境保护中的应用［J］. 微生物学杂志，2023，43（06）：1-11.

[133] 黄逸群，文凌宇，唐鸿志. 微生物群系降解污染物的多组学策略与应用［J］. 中国科学：生命科学，2023，53（05）：686-697.

[134] 黄志华，曹海鹏，杨先乐，等. 一株可溶性有机磷去除菌的分离及其生物学特性［J］. 微生物学通报，2010，37（7）：969-974.

[135] 莱斯克. 基因组学概论［M］. 2版. 薛庆中，胡松年，译. 北京：科学出版社，2015.

[136] 乐毅全，王士芬. 环境微生物学［M］. 北京：化学工业出版社，2018.

[137] 李春. 合成生物学［M］. 北京：化学工业出版社，2019.

[138] 李君文，高志贤，靳连群，等. 用于食品安全评价和环境污染检测的生物芯片研究与应用［C］//中华预防医学会. 预防医学学科发展蓝皮书（2006卷）. 2006：1.

[139] 李珂，张洪勋，余志晟，等. 中国水环境微生物污染研究进展［J］. 科技导报，2021，39（15）：110-6.

[140] 刘慧杰. 红树林湿地微生物对典型有机物污染的响应及其在生物修复中的作用研究［D］. 厦门大学，2009.

[141] 刘世亮，骆永明，吴龙华，等. 污染土壤中苯并［a］芘的微生物共代谢修复研究［J］. 土壤学报，2010，47：364-369.

[142] 刘秀红，常雁红，罗晖. 环境领域中固定化酶的应用［J］. 安徽农业科学，2014，000（021）：7171-7174.

[143] 吕莹. 典型芳香类VOCs降解菌的筛选及其降解机制研究［D］. 北京科技大学，2024.

[144] 马文丽，张超. 基因芯片技术及其应用［M］. 北京：化学工业出版社，2016.

[145] 潘婧甜，高苏，赵国柱，等. 餐厨垃圾厌氧消化处理主要过程的微生物群落结构分析［J］. 微生物学通报，2019，46（11）：2886-2899.

[146] 宋凯. 合成生物学导论［M］. 北京：科学出版社，2010.

[147] 孙彩玉，李永峰，邱雪颖. 生态与环境基因组学［M］. 哈尔滨：哈尔滨工业大学出版社，2013.

[148] 王国惠. 环境工程微生物学［M］. 北京：科学出版社，2011.

[149] 王家玲. 环境微生物学［M］. 北京：高等教育出版社，2004.

[150] 王健，李慧敏，邓晓蓓. 大气颗粒物吸附的空气微生物毒性效应的研究进展［J］. Asian Journals of

Ecotoxicology，2021，16（3）．

［151］王伟伟，蒋建东，唐鸿志，等．环境遇见合成生物学［J］．生命科学，2021，33（12）：1544-1550．

［152］许志茹，那冬晨，李永峰，等．环境分子生物学研究技术与方法［M］．哈尔滨：哈尔滨工业大学出版社，2012．

［153］闫建俊，白云凤，张忠梁．合成生物学研究进展及应用前景［J］．山西农业科学，2011，39（09）：1014-1016．

［154］叶景雯，姜双城，钟崇铭，等．转录组学在海洋生物微塑料毒理学中的应用研究进展［J］．广东海洋大学学报，2023，43（05）：126-134．

［155］袁林江．环境工程微生物学［M］．北京：化学工业出版社，2011．

［156］张莉鸽，王伟伟，胡海洋．合成生物学在环境有害物监测及生物控制中的应用［J］．生物产业技术，2019（01）：67-74．

［157］张倩茹，周启星，张惠文，等．乙草-铜离子复合污染对黑土农田生态系统中土著细菌群落的影响［J］．环境科学学报，2004，24：326-332．

［158］张小凡．环境微生物学［M］．上海：上海交通大学出版社，2013．

［159］张永康，王景峰，谌志强．合成生物技术在生物传感器中的应用现状与发展趋势［J］．军事医学，2022，46（03）：231-235．

［160］赵学明，陈涛，王智文，等．代谢工程［M］．北京：高等教育出版社，2015．

［161］郑平．环境微生物学教程［M］．北京：高等教育出版社，2010．

［162］钟毅，李广贺，张旭，等．污染土壤石油生物降解与调控效应研究［J］．地学前缘，2006，13（1）：128-133．

［163］周群英，王士芬．环境工程微生物学［M］．4版．北京：高等教育出版社，2015．

郑重声明

读者意见反馈

为收集对教材的意见建议，进一步完善教材编写并做好服务工作，读者可将对本教材的意见建议通过如下渠道反馈至我社。

咨询电话　400-810-0598

反馈邮箱　hepsci@ pub. hep. cn

通信地址　北京市朝阳区惠新东街 4 号富盛大厦 1 座
　　　　　高等教育出版社理科事业部

邮政编码　100029

防伪查询说明

用户购书后刮开封底防伪涂层，使用手机微信等软件扫描二维码，会跳转至防伪查询网页，获得所购图书详细信息。

防伪客服电话　（010）58582300

数字课程账号使用说明

一、注册/登录

访问 https://abooks.hep.com.cn，点击"注册/登录"，在注册页面可以通过邮箱注册或者短信验证码两种方式进行注册。已注册的用户直接输入用户名加密码或者手机号加验证码的方式登录。

二、课程绑定

登录之后，点击页面右上角的个人头像展开子菜单，进入"个人中心"，点击"绑定防伪码"按钮，输入图书封底防伪码（20 位密码，刮开涂层可见），完成课程绑定。

三、访问课程

在"个人中心"→"我的图书"中选择本书，开始学习。